LUGARES DE INTERÉS
GEOLÓGICO DE NAVARRA

Fran Sanz Morales

LUGARES DE INTERÉS
GEOLÓGICO DE NAVARRA

Segunda edición revisada y ampliada

Gobierno de Navarra **Nafarroako Gobernua**
Departamento de Cohesión Territorial Lurralde Kohesiorako Departamentua

Título
Lugares de interés geológico de Navarra (Segunda edición revisada y ampliada

Consejero de Cohesión Territorial
Óscar Chivite Cornago

Director General de Obras Públicas e Infraestructuras
Pedro Andrés López Vera

Dirección Facultativa de la edición
Servicio de Estudios y Proyectos
José María León Zudaire

Autor
Fran Sanz Morales

Edita
Gobierno de Navarra
Departamento de Cohesión Territorial. Dirección General de Obras Públicas e Infraestructuras

© Gobierno de Navarra

ISBN 978-84-235-3728-0
DL NA 783-2025

Promoción y distribución
Fondo de Publicaciones del Gobierno de Navarra
C/ Navas de Tolosa, 21 / 31002 PAMPLONA
Teléfono: 848 42 71 21. Fax: 848 42 71 33
fondo.publicaciones@navarra.es / www.cfnavarra.es/publicaciones

PRÓLOGO

Centenares de millones de años, la paciencia infinita del tiempo ha convertido a Navarra en un territorio especialmente rico en su patrimonio geológico. Esta publicación es un inventario de la herencia geológica de Navarra, un patrimonio inigualable por su diversidad, peculiaridad y belleza. Pretende ser un viaje por los cuatro puntos cardinales de la Comunidad Foral, un recorrido que nos permite ascender a las montañas, bajar a las simas, escondernos en las cuevas, disfrutar del paisaje lunar de Bardenas o sentir el vértigo de los desfiladeros esculpidos por el agua.

La segunda edición revisada de Lugares de Interés Geológico de Navarra, elaborado por la Dirección General de Obras Públicas e Infraestructuras del Gobierno de Navarra, incluye una descripción detallada de 114 lugares que destacan por su valor científico, didáctico o paisajístico. No pretende ser una guía turística al uso, sí puede servir como referencia para la docencia en materia geológica.

Así, quiero agradecer al geólogo y profesor de la Universidad Pública de Navarra, Francisco Sanz Morales y al geólogo del Servicio de Estudios y Proyectos de la Dirección General de Obras Públicas e Infraestructuras, José María León Zudaire, su generoso trabajo para tener en nuestras manos esta edición.

Este documento pretende aportar un granito de arena más para el conocimiento de nuestra tierra. Sólo desde el conocimiento de nuestra riqueza geológica garantizaremos su respeto y cuidado. Aprenderemos a valorar la herencia recibida y tomaremos conciencia de que vivimos en una tierra privilegiada.

Óscar Chivite
Consejero de Cohesión
Territorial

ÍNDICE

PUNTO DE PARTIDA

Antecedentes

Este documento constituye el inventario oficial actualizado de algunos de los Lugares de Interés Geológico (LIG) más relevantes de Navarra. Se trata de un documento de síntesis de otros trabajos anteriores, publicados y no publicados, así como de nuevas aportaciones relativas a sectores no identificados hasta la fecha.

Entre los documentos existentes y más relevantes que han tratado anteriormente la geología regional de Navarra y su geodiversidad desde diferentes puntos de vista, destacan por orden cronológico los realizados por Santesteban (1980), Castiella et al (1982), León (1985), Del Valle y Villanueva (1988), Floristán (1995), Gobierno de Navarra (1997), Uriz (1999) y Galán y Palacio (2011).

Alcance y objetivos

El objetivo principal de este documento es poner en valor el patrimonio geológico de nuestro territorio a través de la definición y caracterización de los lugares de interés geológico de mayor representatividad en Navarra. Cada uno de ellos se ha identificado mediante una ficha sintética, sumando un total de 114 LIGs en este documento. Asimismo, y de forma orientativa, se incluye una relación de otros lugares de interés geológico que pueden implementarse en un futuro este inventario oficial, incluyendo aquéllos que tienen un interés solamente local. Con todo ello, la cifra total estimada de posibles lugares de interés geológico alcanza los 200 puntos, aproximadamente. Tanto estos lugares de interés geológico, como la lista de otros lugares propuestos, serán objeto de continua revisión y actualización, con el fin de ir mejorando el conocimiento de estos lugares que forman parte del patrimonio natural. Se recomienda visitar el visor online del Inventario Español de Lugares de Interés Geológico (IELIG) del Instituto Geológico y Minero de España (IGME).

Cada uno de los lugares descritos incluye una serie de aspectos relevantes: Un código de identificación y nombre sintético, su valor científico, didáctico y turístico (codificado mediante colores), su ubicación en el mapa, vías de acceso al área delimitada (de forma muy simplificada), descripción sintética que explica el porqué de su importancia como lugar de interés geológico, mapa geológico y finalmente, algunas imágenes que permiten apreciar la zona descrita. Algunos de los LIGs no contienen imágenes debido a que actualmente no se dispone de autorización para publicarlas.

El aspecto más importante de este inventario radica en el hecho de que la valoración de su interés se ha llevado a cabo siguiendo la metodología oficial del IGME-CSIC de acuerdo con García-Cortes et al (2019) "BASES CONCEPTUALES Y METODOLOGÍA DEL INVENTARIO ESPAÑOL DE LUGARES DE INTERÉS GEOLÓGICO (IELIG)". Esto permite, además, actualizar la base de datos del IELIG (Inventario Español de Lugares de Interés Geológico) de España para toda la provincia. Asimismo, la mencionada cuantificación del interés científico, didáctico y turístico se ha depurado siguiendo la metodología descrita en García-Cortés y Cabrera (2021).

Una novedad respecto a documentos anteriores es el hecho de proporcionar un polígono que delimita el contorno del LIG. Se trata de una propuesta que establece un límite orientativo de cada lugar, basándose en aspectos geológicos, aunque también desde otros puntos de vista como la ordenación del territorio, los aspectos ambientales o su capacidad turística. Algunos de los contornos delimitados coinciden, se superponen o implementan otros espacios ya definidos como lugares protegidos desde un punto de vista medioambiental. Así, los contornos propuestos constituyen una nueva herramienta para la gestión y la protección de estos espacios naturales.

Aspectos clave y metodología

El patrimonio geológico está formado por un conjunto de lugares con elementos geológicos de relevancia y valor especial, denominados Lugares de Interés Geológico ó LIGs (Carcavilla et al, 2014).

La legislación vigente que trata específicamente del **patrimonio geológico** y los lugares de interés geológico está representada por la Ley 33/2015, de 21 de septiembre, por la que se modifica la Ley 42/2007, de 13 de diciembre, del Patrimonio Natural y de la Biodiversidad. En dicha ley se define el concepto de Patrimonio Geológico: *Conjunto de recursos naturales geológicos de valor científico, cultural y/o educativo, ya sean formaciones y estructuras geológicas, formas del terreno, minerales, rocas, meteoritos, fósiles, suelos y otras manifestaciones geológicas que permiten conocer, estudiar e interpretar: a) el origen y evolución de la Tierra, b) los procesos que la han modelado, c) los climas y paisajes del pasado y presente y d) el origen y evolución de la vida.*

Los lugares de interés geológico se han codificado siguiendo la nomenclatura oficial del IELIG según García-Cortes et al (2019).

Dominios geológicos	Cód.	Nº de LIG previstos o ya inventariados	Dominios geológicos	Cód.	Nº de LIG previstos o inventariados
1. Cuenca del Duero-Almazán	DU	*129*	2. Baleares	BL	*89*
3. Cuenca del Ebro	EB	*129*	4. Prebético y Cobertera Tabular de la Meseta	PT	188
5. Cuenca del Guadalquivir y Cuencas Béticas Postorogénicas	GR	227	6. Subbético	SB	*177*
7. Cuenca del Guadiana	GA	32	8. Campo de Gibraltar	CG	14
9. Cuenca del Tajo-Mancha	TM	168	10. Zonas Internas Béticas	BE	138
11. Cuencas Levantinas	LV	32	12. Zona Cantábrica	CA	134
13. Canarias	IC	*80*	14. Zona Asturoccidental-Leonesa	AL	140
15. Cordillera Ibérica	IB	162	16. Zona de Galicia Tras-os-Montes	GM	111
17. Cordilleras Costero-Catalanas	CT	62	18. Zona Centroibérica	CI	251
19. Pirineos	PS	*189*	20. Zona de Ossa-Morena	OM	113
21. Cordillera y Cuenca Vascocantábricas	CV	*165*	22. Zona Sudportuguesa	SP	31
Total LIG previstos o ya inventariados					2.761

Tabla de dominios geológicos de la península (Fuente: García-Cortes et al, 2019).

No obstante, las fichas de todos los LIGs inventariados en este documento se han ordenado y clasificado en diferentes dominios tectónicos definidos en el mapa geológico de Navarra 1:200.000, vigente a fecha de hoy y elaborado por el Gobierno de Navarra.

La información de los lugares de interés geológico descritos en este documento se puede ampliar a través del visor del **Inventario Español de Lugares de Interés Geológico** (IELIG) del IGME-CSIC.

Asimismo, toda la información geológica que se cita brevemente en las fichas sintéticas se puede implementar a través de los contenidos (mapas y memorias) del servicio de cartografía de la Dirección General de Obras Públicas e Infraestructuras del Gobierno de Navarra. Además, la información geológica puede consultarse online a través del portal IDENA o el visor geológico del Gobierno de Navarra *https://geologia.navarra.es*.

El interés geológico se ha indicado de dos formas. En primer lugar, se describe el tipo de interés basándose en la disciplina geológica para la que el interés es máximo (estratigráfico, tectónico, geomorfológico, etc). En segundo lugar, cuantifica el valor para tres tipos de interés: a) científico; b) didáctico y c) turístico. Existe un rango de valores para todos ellos que ha codificado de la siguiente manera:

X > 6,65 VALOR MUY ALTO

6,65≤ X ≥ 3,33 VALOR ALTO

X < 3,33 ≥ 1,25 VALOR MEDIO

X < 1,25 VALOR BAJO

La imagen de fondo que acompaña a cada polígono corresponde a la cartografía topográfica Ráster del Instituto Geográfico Nacional. De la misma manera, se ha incluido un segundo plano geológico superponiendo la imagen de relieve en blanco y negro junto con la cartografía geológica 1:25.000 del mapa geológico online del Gobierno de Navarra. Todas estas imágenes han sido capturadas a partir del visor de Infraestructura de Datos Espaciales de Navarra (IDENA).

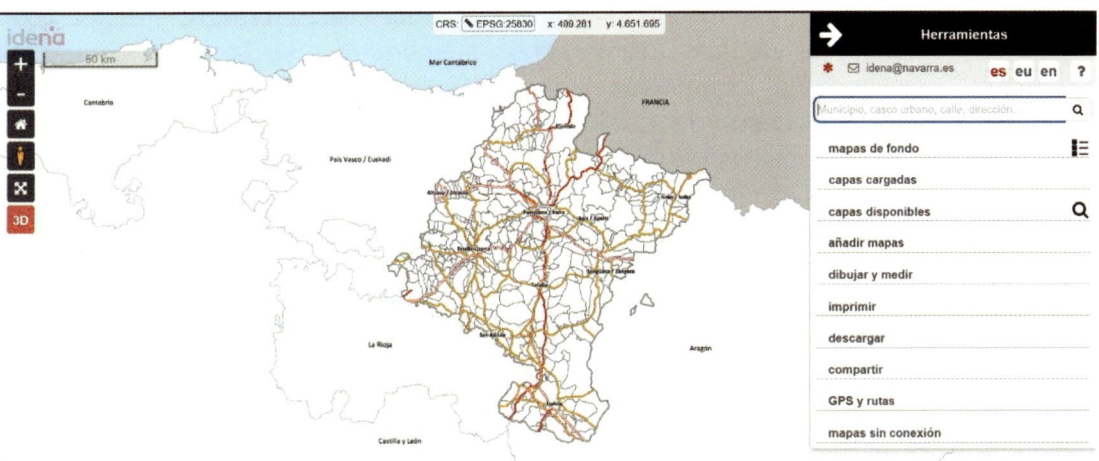

Imagen del visor IDENA del Gobierno de Navarra.

Finalmente, otro aspecto relevante de este documento es la base de referencias bibliográficas que se aporta al final del mismo. Incluye todas aquéllas que se han considerado adecuadas para ayudar a definir mejor las características geológicas de cada Lugar de Interés Geológico. Esta base de datos bibliográfica se irá implementado en un futuro en las sucesivas revisiones y actualizaciones de cada LIG.

Carácter de la obra y consejos de prudencia y seguridad

Este documento **no tiene el objetivo de ser una guía turística** para la visita de lugares de interés geológico de Navarra. La mayoría de los lugares identificados se han seleccionado debido a su importancia científica de mayor o menor relevancia con el fin de que puedan ser objeto de investigación, conservación y protección. No obstante, en ocasiones, estos lugares de interés se han identificado en áreas de difícil accesibilidad, incluyen áreas expuestas o de difícil orientación, no tienen autorizado el acceso, o bien no se consideran aptas para la visita turística o didáctica, a menos que se lleven a cabo medidas de adecuación para el acceso y la seguridad de las personas.

Esta circunstancia tiene lugar en zonas donde los rasgos geológicos sólo son visibles en secciones de carretera, por lo que no es posible su visita por razones de seguridad vial. También en otros puntos, como el interior de las cuevas (cavidades de áreas kársticas en general) donde se requiere de autorización y/o medidas de seguridad, equipación técnica y acompañamiento de guías especializados. En otros puntos, la orientación puede ser difícil o el terreno es más irregular como los terrenos kársticos (superficie rocosa fracturada, presencia de oquedades, simas y cavidades, etc), o bien, requieren exigencia física. En otras ocasiones, el área delimitada es muy extensa (por ejemplo, en la delimitación de grandes estructuras geológicas) y donde no todos los puntos son accesibles.

En todos estos casos, la finalidad de esta guía es únicamente, la de delimitar áreas que recojan todos los rasgos de interés de cada LIG desde dicho punto de vista científico, sin indicar rutas o senderos específicos para su recorrido, ya que este aspecto se escapa del alcance del presente documento. Los comentarios sobre algunos de los riesgos descritos en el texto son orientativos. Su definición precisa y minuciosa está fuera del alcance de este documento y correspondería a un/a técnico competente en la materia si así lo estimase oportuno la autoridad competente.

Es responsabilidad de todo usuario/a respetar siempre la naturaleza y actuar con prudencia tomando las debidas precauciones siempre que se salga al campo de excursión, incluyendo la información existente sobre el lugar elegido. Para más información sobre el acceso y recorrido de las áreas aquí reflejadas, se recomienda utilizar mapas, guías técnicas y turísticas existentes, GPS, consultar redes de rutas y senderos homologados ya publicados, seguir los senderos señalizados siempre que sea posible, consultar visores online a disposición del público (IDENA, Google Maps, Google Earth, etc) o cualquier otra fuente de información adecuada, consultar la previsión meteorológica, llevar el equipo necesario, ir acompañados de personas que tienen conocimiento del lugar, planificar previamente la ruta que se quiere realizar y seguir siempre las indicaciones y la normativa existentes en ese lugar, especialmente en lugares con alguna figura de protección medioambiental. Además, visitar el medio natural en las estaciones recomendadas según cada caso. Los autores de este documento no se responsabilizan de los actos de todo usuario/a que, por imprudencia o ignorancia, puedan dar lugar a cualquier tipo de accidente.

Un notable porcentaje de Lugares de Interés Geológico de Navarra están delimitados por polígonos que se superponen, parcial o totalmente, sobre **Espacios Naturales Protegidos**. Esta circunstancia es claramente entendible, ya que la definición de un LIG como elemento de patrimonio geológico es una herramienta más para gestión y protección del medio natural. Por tanto, **toda persona que visita estos lugares debe respetar el entorno de acuerdo con las directrices que establece la legislación medioambiental en cada caso, seguir las indicaciones y consultar los accesos y rutas autorizadas**. Sirva como referencia la Ley Foral 9/1996, de 17 de junio, de Espacios Naturales de Navarra o el Decreto Foral 230/1998, de 6 de julio, por la que se aprueban los planes rectores de uso y gestión de reservas naturales de Navarra.

Toda la información puede consultarse en la web https://www.navarra.es/es/medio-ambiente/espacios-naturales-protegidos" del Gobierno de Navarra. También, en la legislación de referencia que se indica en la ficha de cada LIG en la base de datos online del IELIG. Se recuerda también que, de acuerdo con la legislación vigente, está prohibida la recogida indiscriminada de muestras de rocas, minerales, fósiles, plantas o animales.

Por otro lado, este documento puede servir como texto de referencia para actividades docentes en el aula para cualquier nivel del sistema educativo, principalmente para los/as docentes de Educación Secundaria Obligatoria y Bachillerato. La importancia del conocimiento del patrimonio geológico es, de acuerdo con la Ley LOMLOE y la legislación vigente de ámbito autonómico como los Decretos Forales 71/2022 y 72/2022, un saber básico de relevancia en la educación de la Sociedad. El conocimiento del entorno inmediato es, sin duda alguna, la mejor forma de entender la geología de una región.

D.–La dinámica y composición terrestres.

D.1. Estructura, dinámica y funciones de la atmósfera.

D.2. Estructura, dinámica y funciones de la hidrosfera.

D.3. Estructura, composición y dinámica de la geosfera. Métodos de estudio directos e indirectos.

D.4. Los procesos geológicos internos, el relieve y su relación con la tectónica de placas. Tipos de bordes, relieves, actividad sísmica y volcánica y rocas resultantes en cada uno de ellos.

D.5. Los procesos geológicos externos: agentes causales y consecuencias sobre el relieve. Formas principales de modelado del relieve y geomorfología.

D.6. La edafogénesis: factores y procesos formadores del suelo. La edafodiversidad e importancia de su conservación.

D.7. Los riesgos naturales: relación con los procesos geológicos y las actividades humanas. Estrategias de predicción, prevención y corrección.

D.8. Clasificación e identificación de las rocas: según su origen y composición. El ciclo litológico.

D.9. Clasificación químico-estructural e identificación de minerales y rocas.

D.10. La importancia de los minerales y las rocas: usos cotidianos. Su explotación y uso responsable.

D.11. La importancia de la conservación del patrimonio geológico.

Extracto del Decreto Foral 72/2022 sobre el currículo de las enseñanzas de la etapa de Bachillerato en la Comunidad Foral de Navarra. 1º de Bachillerato, asignatura de Biología, Geología y Ciencias Ambientales, saberes básicos, bloque D.

H.–Geología de España y Navarra.

H.1. Historia geológica de la Tierra: Ciclos Hercínico y Alpino.

H.2. Eventos geológicos en la historia geológica de la Península Ibérica, Baleares y Canarias: origen del océano Atlántico, Mar Cantábrico, Mediterráneo y formación de las principales cordilleras y cuencas.

H.3. Principales dominios geológicos de la Península Ibérica, Baleares y Canarias.

H.4. Unidades geológicas en Navarra: Zona Pirenaica, Vasco Cantábrica, Zona de Transición, Macizo del Ebro y Macizos Paleozóicos.

H.5. Puntos de interés geológico en Navarra. *

Extracto del Decreto Foral 72/2022 sobre el currículo de las enseñanzas de la etapa de Bachillerato en la Comunidad Foral de Navarra. 2º de Bachillerato, asignatura de Geología y Ciencias Ambientales, saberes básicos, bloque H.

MAPA GEOLÓGICO DE NAVARRA

Escala 1:200.000

Edición actualizada y revisada por el Servicio de Obras Públicas. Año 1997

DIRECCIÓN
Esteban Fucí Parício
Javier Castiella Muruzabal

CARTOGRAFÍA Y MEMORIA
Alfredo García de Domingo
Joaquín del Valle de Lersundi

REVISIÓN
María Jesús Larrulaga Susova

SIGNOS CONVENCIONALES

LEYENDA

LITOLOGIA

LEYENDA

CORTES GEOLOGICOS

I - I'

II - II'

ESQUEMA DE SITUACION

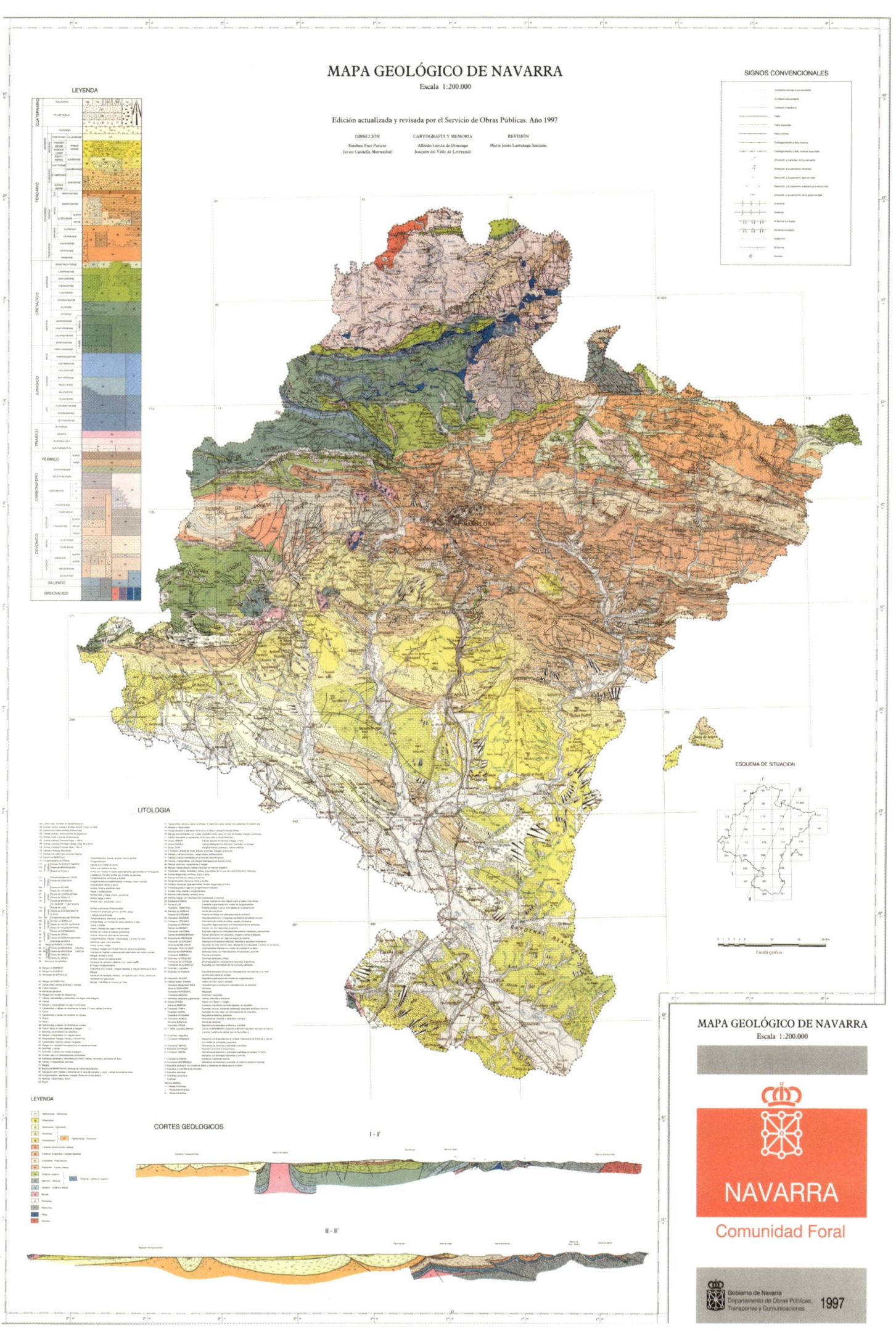

MAPA GEOLÓGICO DE NAVARRA

Escala 1:200.000

NAVARRA

Comunidad Foral

Gobierno de Navarra
Departamento de Obras Públicas,
Transportes y Comunicaciones

1997

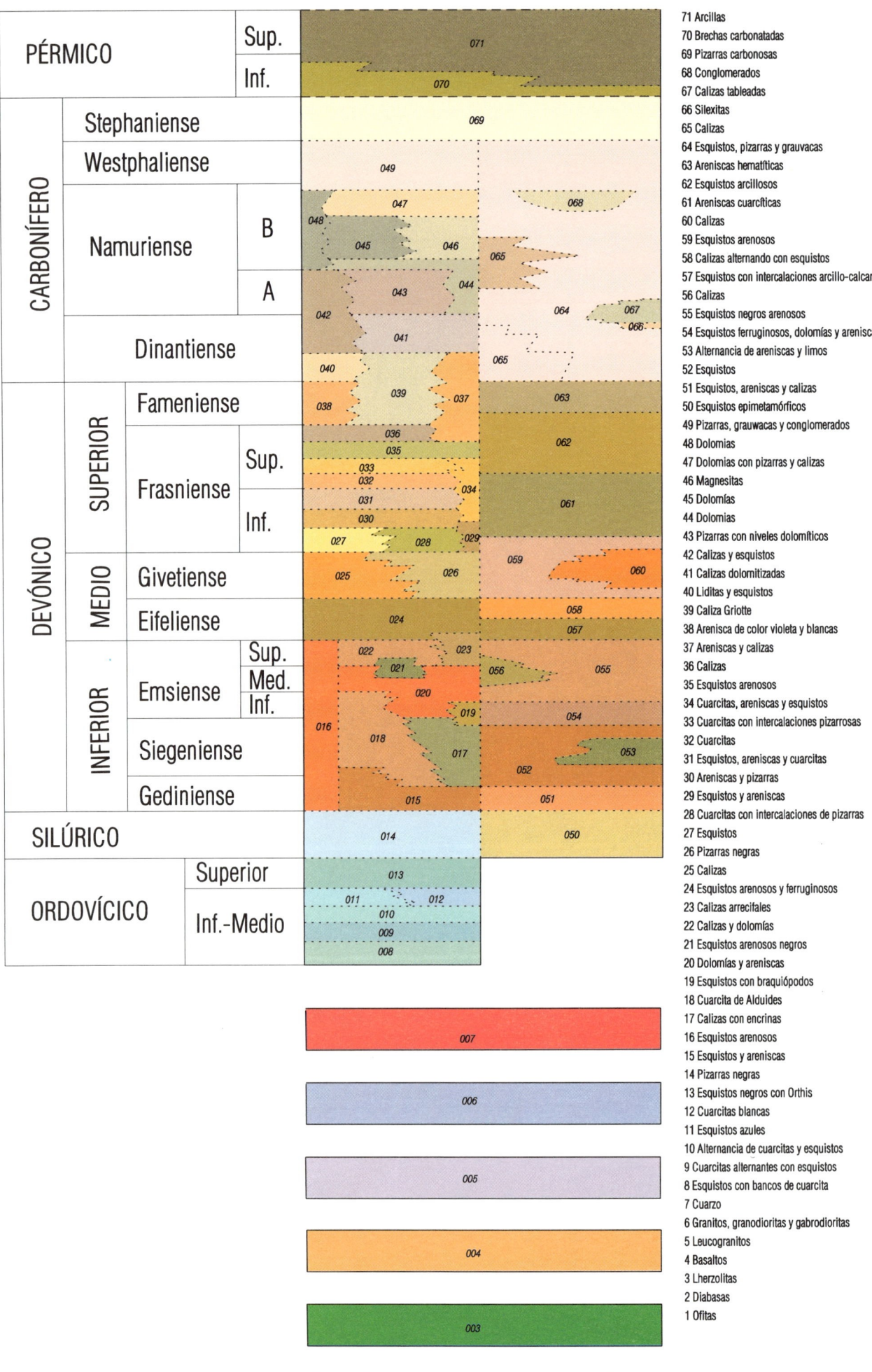

PALEOZOICO

PÉRMICO		Sup.	071
		Inf.	070
CARBONÍFERO	Stephaniense		069
	Westphaliense		049
	Namuriense	B	048 / 047 / 045 / 046
		A	042 / 043 / 044
	Dinantiense		041 / 040
DEVÓNICO	SUPERIOR	Fameniense	038 / 039 / 037
		Frasniense Sup.	036 / 035 / 033 / 032 / 034
		Frasniense Inf.	031 / 030 / 027 / 028 / 029
	MEDIO	Givetiense	025 / 026
		Eifeliense	024
	INFERIOR	Emsiense Sup.	022 / 023
		Emsiense Med.	021
		Emsiense Inf.	020 / 019
		Siegeniense	016 / 018 / 017
		Gediniense	015
SILÚRICO			014
ORDOVÍCICO	Superior		013
	Inf.-Medio		011 / 012 / 010 / 009 / 008

71 Arcillas
70 Brechas carbonatadas
69 Pizarras carbonosas
68 Conglomerados
67 Calizas tableadas
66 Silexitas
65 Calizas
64 Esquistos, pizarras y grauvacas
63 Areniscas hematíticas
62 Esquistos arcillosos
61 Areniscas cuarcíticas
60 Calizas
59 Esquistos arenosos
58 Calizas alternando con esquistos
57 Esquistos con intercalaciones arcillo-calcareas
56 Calizas
55 Esquistos negros arenosos
54 Esquistos ferruginosos, dolomías y areniscas
53 Alternancia de areniscas y limos
52 Esquistos
51 Esquistos, areniscas y calizas
50 Esquistos epimetamórficos
49 Pizarras, grauwacas y conglomerados
48 Dolomías
47 Dolomías con pizarras y calizas
46 Magnesitas
45 Dolomías
44 Dolomías
43 Pizarras con niveles dolomíticos
42 Calizas y esquistos
41 Calizas dolomitizadas
40 Liditas y esquistos
39 Caliza Griotte
38 Arenisca de color violeta y blancas
37 Areniscas y calizas
36 Calizas
35 Esquistos arenosos
34 Cuarcita, areniscas y esquistos
33 Cuarcitas con intercalaciones pizarrosas
32 Cuarcitas
31 Esquistos, areniscas y cuarcitas
30 Areniscas y pizarras
29 Esquistos y areniscas
28 Cuarcitas con intercalaciones de pizarras
27 Esquistos
26 Pizarras negras
25 Calizas
24 Esquistos arenosos y ferruginosos
23 Calizas arrecifales
22 Calizas y dolomías
21 Esquistos arenosos negros
20 Dolomías y areniscas
19 Esquistos con braquiópodos
18 Cuarcita de Alduides
17 Calizas con encrinas
16 Esquistos arenosos
15 Esquistos y areniscas
14 Pizarras negras
13 Esquistos negros con Orthis
12 Cuarcitas blancas
11 Esquistos azules
10 Alternancia de cuarcitas y esquistos
9 Cuarcitas alternantes con esquistos
8 Esquistos con bancos de cuarcita
7 Cuarzo
6 Granitos, granodioritas y gabrodioritas
5 Leucogranitos
4 Basaltos
3 Lherzolitas
2 Diabasas
1 Ofitas

007
006
005
004
003
002
001

Fuente: Mapa geológico 1:25.000
del Gobierno de Navarra
(Leyenda litológica).

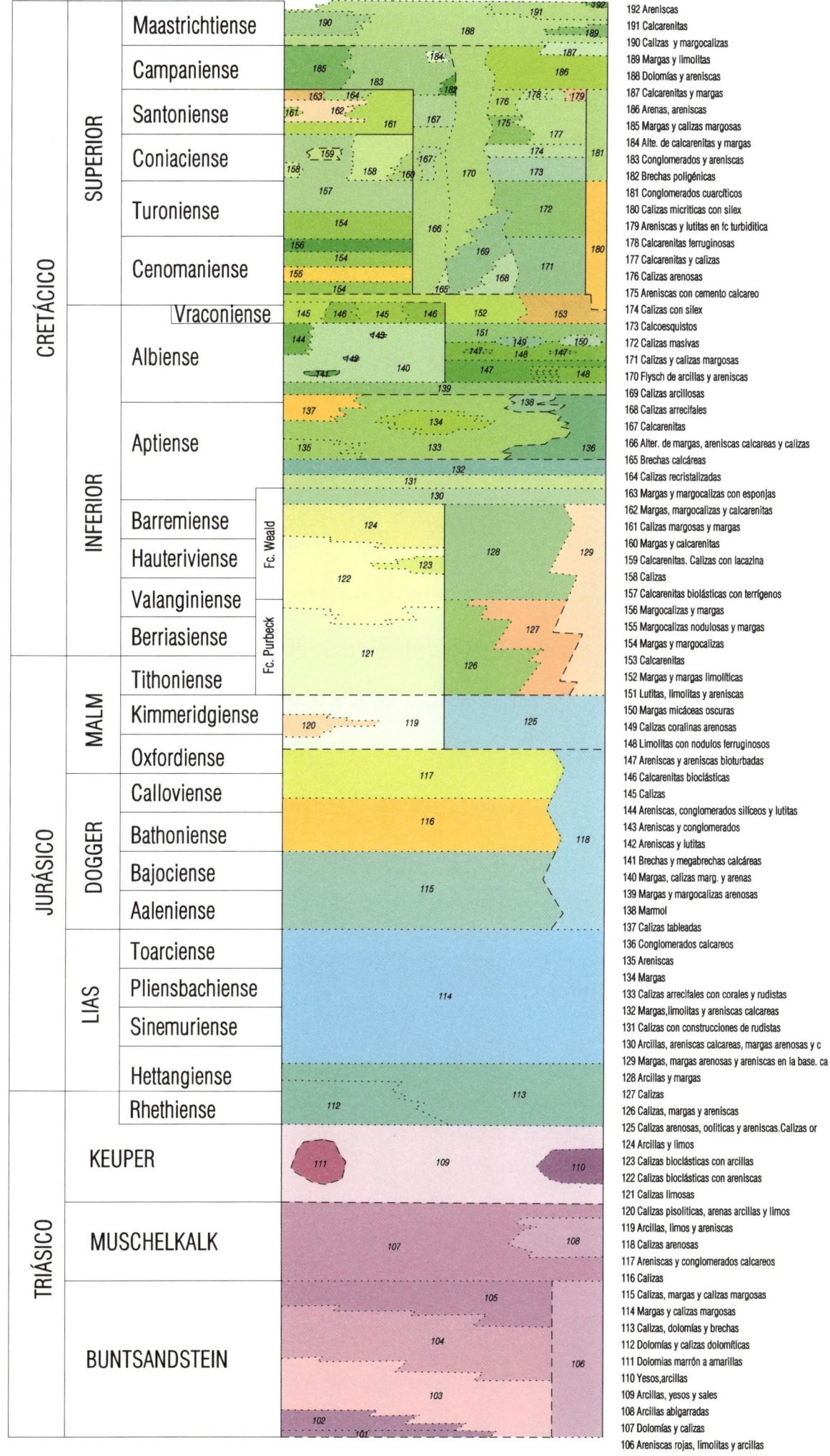

Fuente: Mapa geológico 1:25.000
del Gobierno de Navarra
(Leyenda litológica).

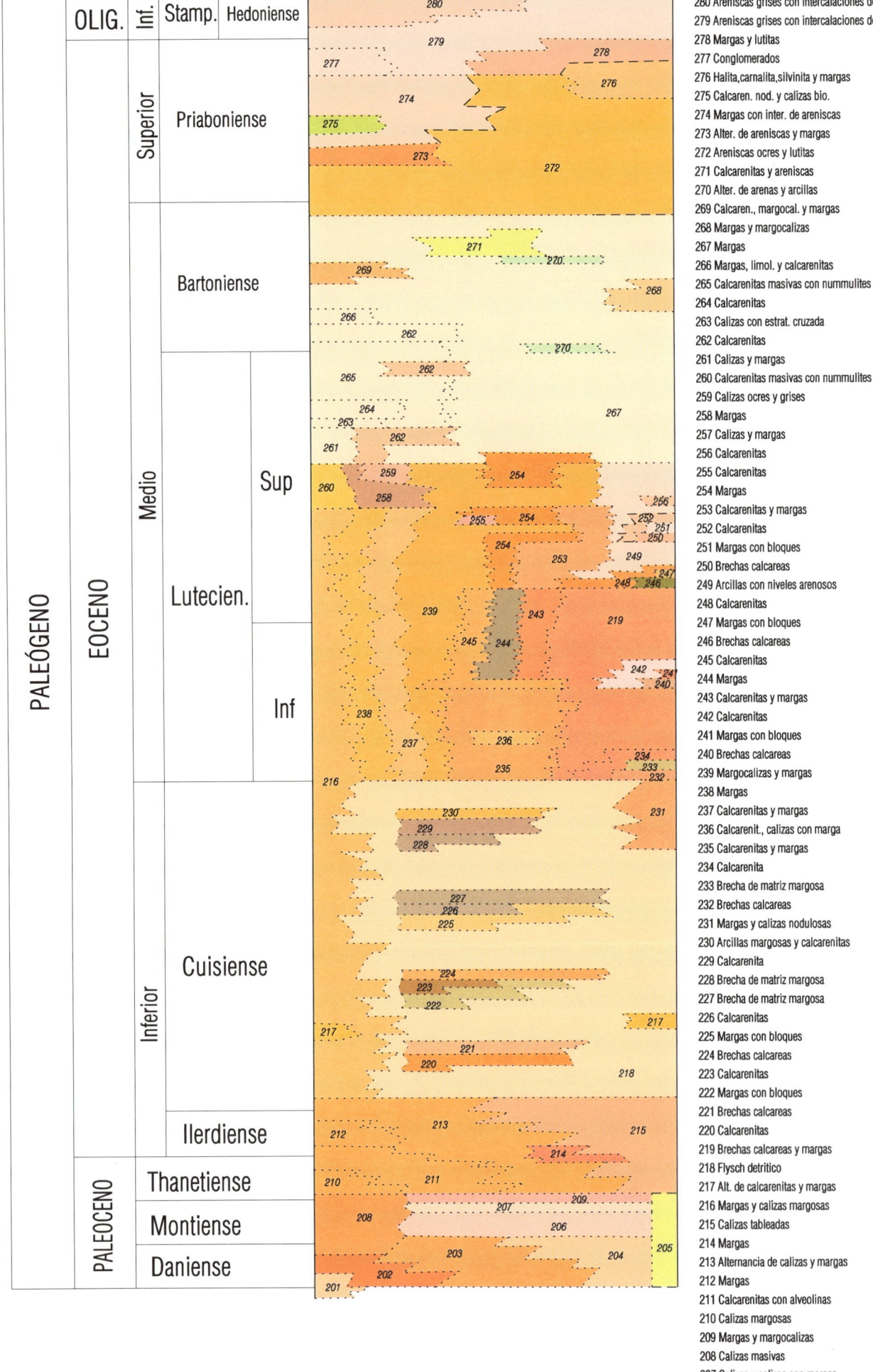

TERCIARIO MARINO

	OLIG.	Inf.	Stamp.	Hedoniense
PALEÓGENO	EOCENO	Superior	Priaboniense	
			Bartoniense	
		Medio	Lutecien.	Sup
				Inf
		Inferior	Cuisiense	
			Ilerdiense	
	PALEOCENO		Thanetiense	
			Montiense	
			Daniense	

280 Areniscas grises con intercalaciones de lutitas rojas
279 Areniscas grises con intercalaciones de lutitas grises
278 Margas y lutitas
277 Conglomerados
276 Halita,carnalita,silvinita y margas
275 Calcaren. nod. y calizas bio.
274 Margas con inter. de areniscas
273 Alter. de areniscas y margas
272 Areniscas ocres y lutitas
271 Calcarenitas y areniscas
270 Alter. de arenas y arcillas
269 Calcaren., margocal. y margas
268 Margas y margocalizas
267 Margas
266 Margas, limol. y calcarenitas
265 Calcarenitas masivas con nummulites
264 Calcarenitas
263 Calizas con estrat. cruzada
262 Calcarenitas
261 Calizas y margas
260 Calcarenitas masivas con nummulites
259 Calizas ocres y grises
258 Margas
257 Calizas y margas
256 Calcarenitas
255 Calcarenitas
254 Margas
253 Calcarenitas y margas
252 Calcarenitas
251 Margas con bloques
250 Brechas calcareas
249 Arcillas con niveles arenosos
248 Calcarenitas
247 Margas con bloques
246 Brechas calcareas
245 Calcarenitas
244 Margas
243 Calcarenitas y margas
242 Calcarenitas
241 Margas con bloques
240 Brechas calcareas
239 Margocalizas y margas
238 Margas
237 Calcarenitas y margas
236 Calcarenit., calizas con marga
235 Calcarenitas y margas
234 Calcarenita
233 Brecha de matriz margosa
232 Brechas calcareas
231 Margas y calizas nodulosas
230 Arcillas margosas y calcarenitas
229 Calcarenita
228 Brecha de matriz margosa
227 Brecha de matriz margosa
226 Calcarenitas
225 Margas con bloques
224 Brechas calcareas
223 Calcarenitas
222 Margas con bloques
221 Brechas calcareas
220 Calcarenitas
219 Brechas calcareas y margas
218 Flysch detrítico
217 Alt. de calcarenitas y margas
216 Margas y calizas margosas
215 Calizas tableadas
214 Margas
213 Alternancia de calizas y margas
212 Margas
211 Calcarenitas con alveolinas
210 Calizas margosas
209 Margas y margocalizas
208 Calizas masivas
207 Calizas y calizas con margas
206 Calizas bioclásticas
205 Brechas, calizas y areniscas
204 Calcarenitas, calizas y margocalizas
203 Calizas dolomíticas
202 Calizas, brechas y conglomerados
201 Lutitas rojas y niveles de micrita

Fuente: Mapa geológico 1:25.000
del Gobierno de Navarra
(Leyenda litológica).

TERCIARIO CONTINENTAL

Era/Sistema	Serie			
NEÓGENO	PLIOCENO			
	MIOCENO	Superior		Turoliense
				Vallesiense
		Medio	Serraval. (Aragoniense)	Astaraciense
			Langhiense	
		Inferior	Burdigaliense (Rambliense)	Orleaniense
			Aquitaniense	
PALEÓGENO	OLIGOCENO	Superior	Chattiense	Ageniense
		Inferior	Stampiense	Arverniense
				Sueviense
				Hedoniense

413 Conglomerados, arenas y fangos rojizos y ocres
412 Calizas brechoides
411 Arcillas y limolitas rojas
410 Conglomerados calco-arenosos masivos o en canales
409 Areniscas y lutitas
408 Lutitas y areniscas ocre-amarillentas
407 Areniscas y lutitas ocre-amarillentas
406 Conglomerados, areniscas y lutitas
405 Areniscas y limos
404 Conglomerados
403 Ortobrechas y lutitas amarillentas
402 Margas y calizas
401 Calizas y margas grises
400 Arcillas rojas con areniscas
399 Arcillas rojas
398 Areniscas y fangos (paleocanales)
397 Arcillas y margas grises
396 Arcillas con niv. de calizas
395 Conglomerados
394 Conglomerados
393 Niveles de arcilla
392 Areniscas
391 Yesos
390 Areniscas
389 Arcillas rojas
388 Arcillas rojas
387 Canales de conglomerados
386 Arcillas rojas
385 Calizas, areniscas, margas y lignitos
384 Areniscas, limolitas y arcillas
383 Limolitas y arcillas
382 Areniscas ocres en paleocanales
381 Arcillas rojas y areniscas
380 Congl., areniscas y limolitas
379 Calizas y margas grises
378 Arcillas con niv. de calizas
377 Arcillas rojas con paleocanales
376 Arcillas rojas
375 Calizas grise con silex
374 Areniscas
373 Areniscas, limos y arcillas
372 Conglomerados
371 Arcillas limos, areniscas y conglomerados
370 Conglomerado
369 Lutitas ocres y roja
368 Conglomerados y areniscas pardas
367 Calizas pulverulentas
366 Areniscas rojas
365 Limolitas y arcillas
364 Conglomerados
363 Limolitas, margas y calizas
362 Arcillas rojas, margas, yesos y areniscas
361 Calizas blancas
360 Areniscas
359 Areniscas, limolitas y arcillas
358 Conglomerados y areniscas
357 Yesos
356 Margas grises y yesos
355 Yesos
354 Yesos
353 Areniscas, limolitas y arcillas
352 Yesos
351 Areniscas
350 Arcillas rojas, areniscas y yesos
349 Yesos y margas
348 Margas y yesos
347 Arcillas rojas y areniscas
346 Margas y yesos
345 Dolomías laminadas y yesos
344 Areniscas
343 Calizas
342 Arcillas ocres, areniscas, calizas, dolomías y yeso
341 Yesos y margas
340 Arcillas rojas, areniscas y calizas micríticas
339 Areniscas y calizas tableadas, margas y yesos
338 Yesos
337 Yesos y margas
336 Calizas micríticas
335 Areniscas
334 Yesos y dolomías
333 Arcillas ocres, areniscas y calizas micríticas
332 Arcillas rojas y areniscas
331 Areniscas y lutitas
330 Areniscas, limolitas, arcillas y yesos
329 Areniscas ocres y lutitas
328 Alternancia de areniscas y lutitas ocres
327 Yesos y arcillas grises
326 Margas y arcillas
325 Areniscas y limos ocres
324 Limolitas, arcillas y margas
323 Lutitas rojas con yesos
322 Arcillas, limos y areniscas
321 Conglomerados calcáreos con areniscas y lutitas
320 Lutitas, areniscas y margas
319 Alternancia de areniscas y lutitas ocres
318 Lutitas ocres y areniscas
317 Areniscas, limos y arcillas
316 Yesos y arcillas rojas
315 Margas y yesos, areniscas y calizas
314 Arcillas rojas, margas y yesos
313 Arcillas, margas y yesos
312 Yesos
311 Yesos, calizas y areniscas
310 Niveles de calizas lacustres
309 Arcillas y lutitas rojas con areniscas y yesos
308 Areniscas canaliformes y lutitas
307 Limolitas y arcillas
306 Areniscas, limolitas y arcillas rojas
305 Areniscas y lutitas rojas
304 Margas y areniscas
303 Yesos
302 Arcillas y yesos
301 Lutitas y areniscas canaliformes

Fuente: Mapa geológico 1:25.000 del Gobierno de Navarra
(Leyenda litológica).

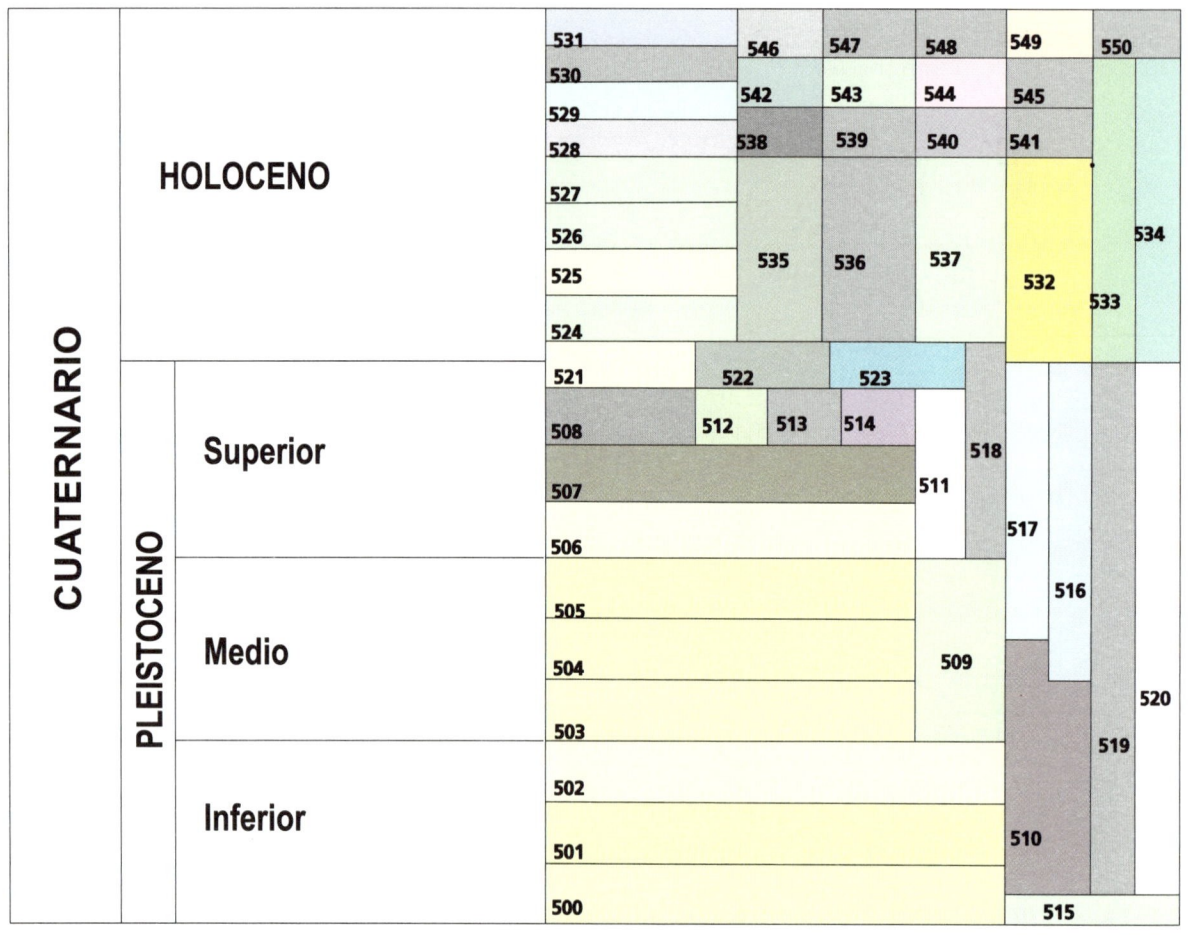

Fuente: Mapa geológico 1:25.000 del Gobierno de Navarra
(Leyenda litológica).

FICHAS IDENTIFICATIVAS
DE LUGARES DE INTERÉS GEOLÓGICO

A	Dominio norpirenaico

B	Dominio surpirenaico

C	Dominio de transición (Cuenca de Pamplona)

D	Dominio Vasco-Cantábrico

E	Dominio de la Depresión del Ebro

F	Dominio de la Cordillera Ibérica

A LUGARES DE INTERÉS GEOLÓGICO DEL DOMINIO NORPIRENAICO DE NAVARRA

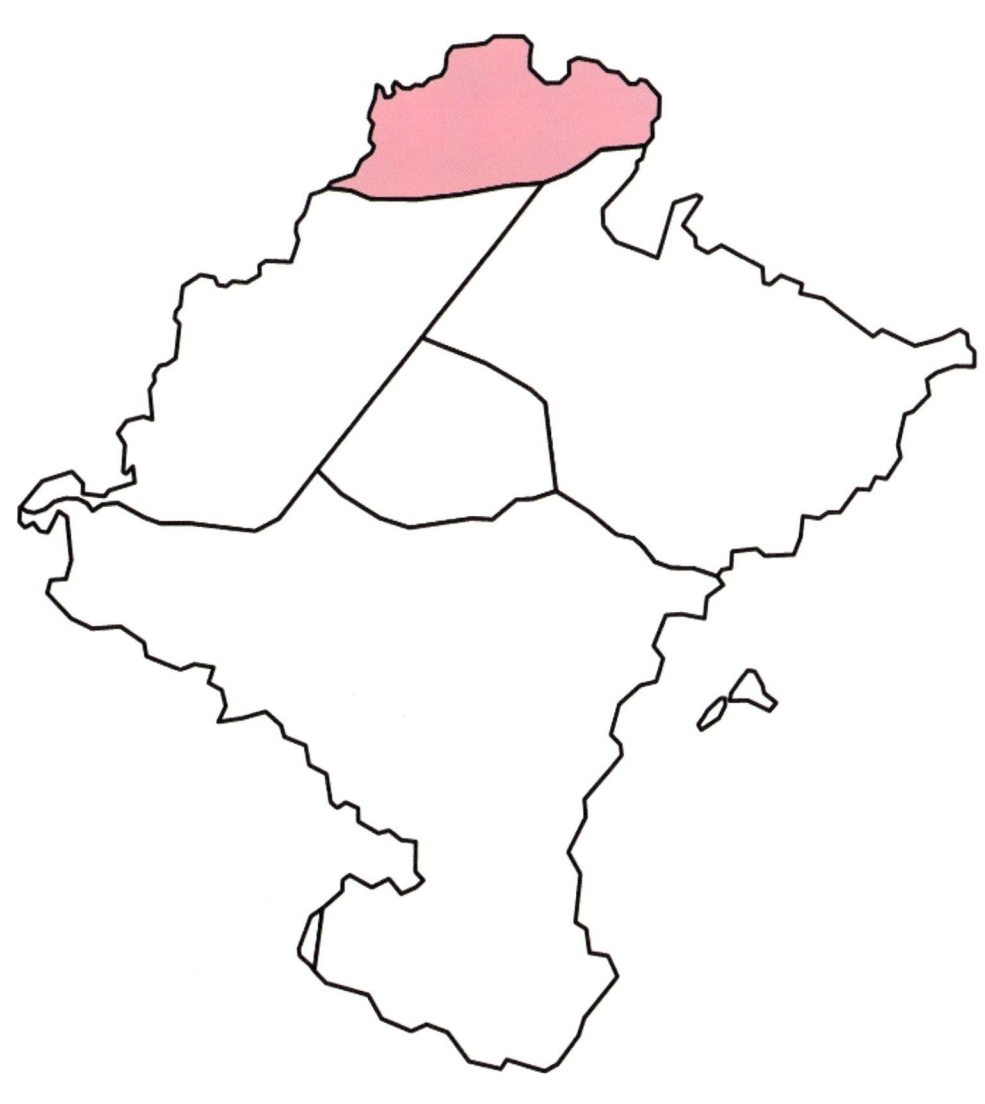

CÓDIGO Y DENOMINACIÓN
PS003 Granitos pérmicos de Peñas de Aia

VALOR Y TIPO DE INTERÉS GEOLÓGICO

Valor del interés geológico	Tipo de interés geológico	
Científico	Principal	Petrológico-geoquímico
Didáctico	Secundario	Minero-metalogenético, tectónico, estratigráfico
Turístico		

UBICACIÓN DEL LIG

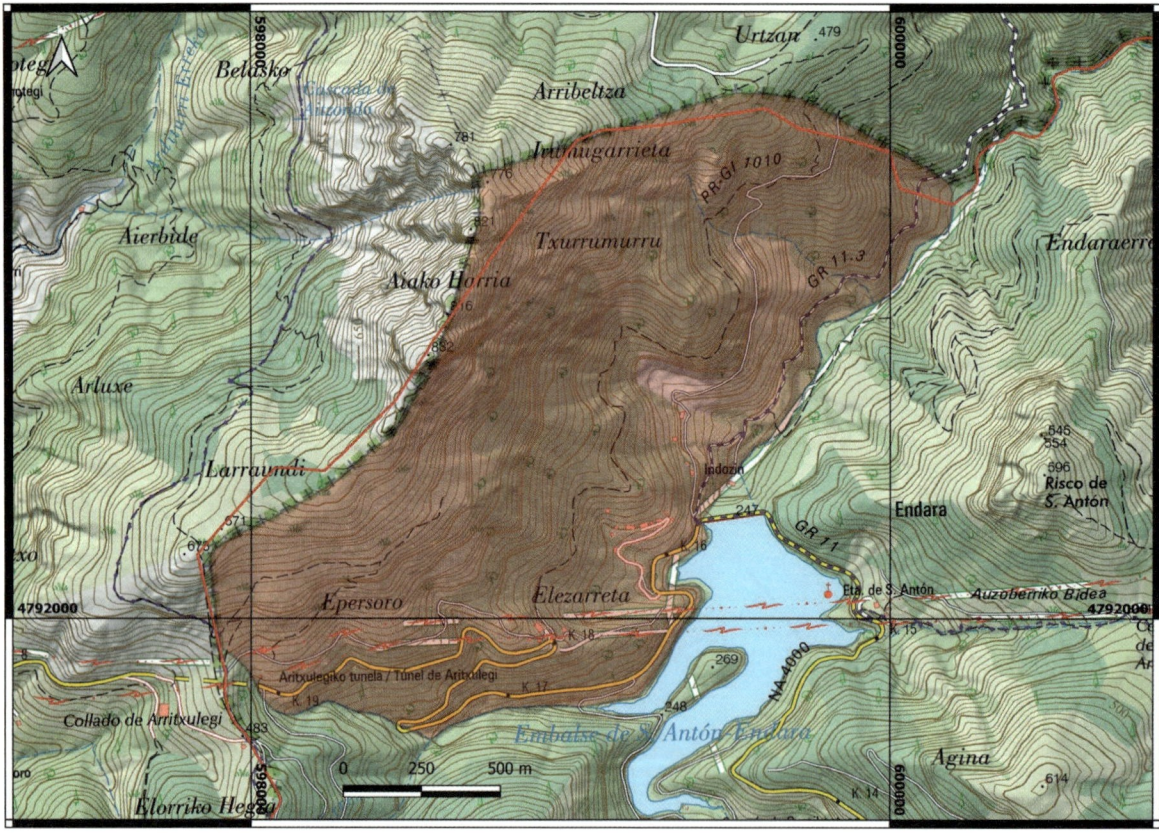

Ubicación y accesos	GI-3454 desde Irún y NA-4000 desde Lesaka. Aparcamiento de vehículos en Km. 8 GI-3454 (ascenso hacias las cimas) y Km. 11 (Explanada junto al alto de Erlaitz). Pendientes pronunciadas, escarpes expuestos, requiere orientación. Algunos pasos entre cimas son expuestos y requieren agarre. Consultar guías técnicas para elegir la ruta más aconsejable y los requisitos necesarios.

POR QUÉ ES TAN IMPORTANTE ESTE LUGAR

Constituye el único macizo granítico y de gran extensión en Navarra. Su antigüedad se remonta a la Época Pérmico superior, hace 270 millones de años. Presenta varios tipos de rocas en su interior (granodioritas y granitos principalmente). Este granito se emplazó en rocas más antigüas de 340 M.a. y que hoy vemos convertidas en rocas metamórficas, como los esquistos y pizarras. Estos granitos contienen muchos minerales de cobre, plomo, zinc y plata que han sido explotadas desde la época romana. Una importante fractura, la falla de Aritxulegi, separa esta gran masa de granito en dos grandes unidades, una al norte de la falla (unidad exterior), y una al sur (unidad central).

ESQUEMA GEOLÓGICO

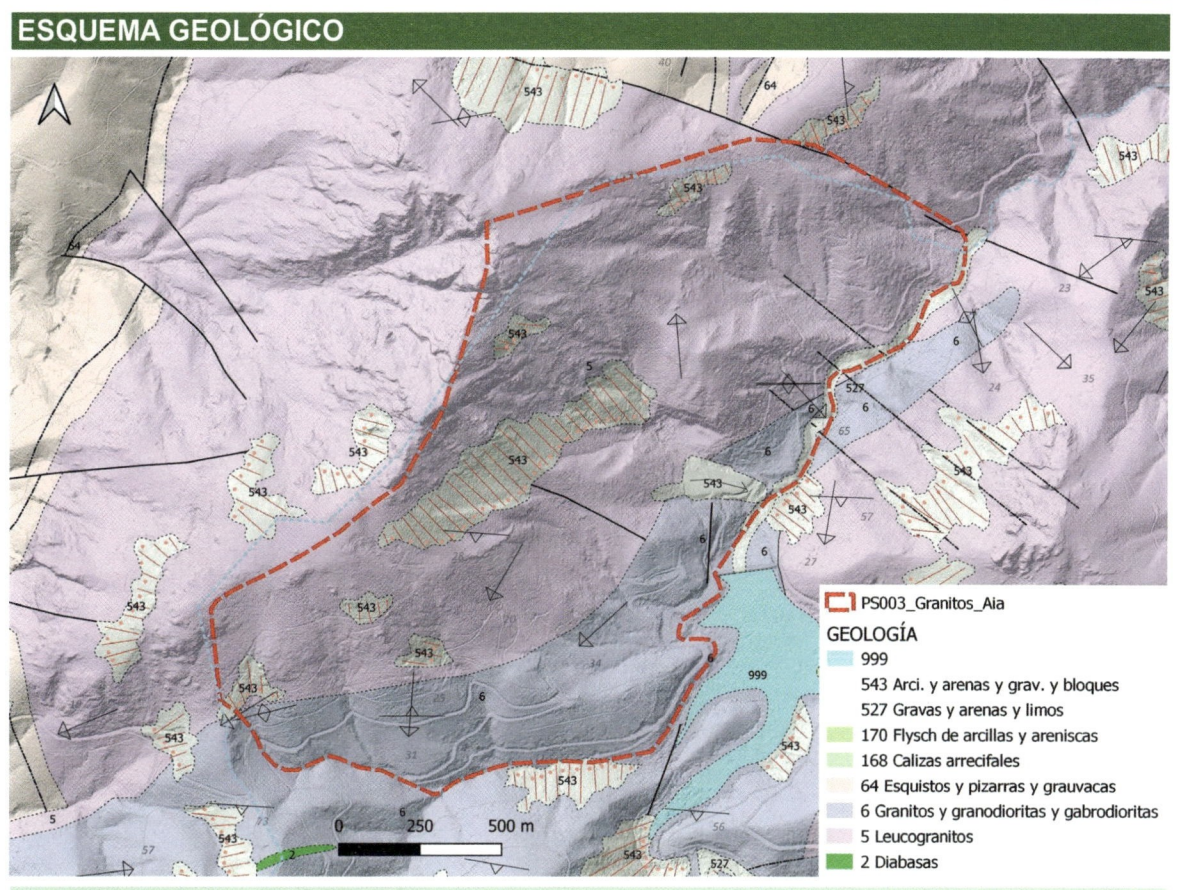

PS003_Granitos_Aia

GEOLOGÍA
- 999
- 543 Arci. y arenas y grav. y bloques
- 527 Gravas y arenas y limos
- 170 Flysch de arcillas y areniscas
- 168 Calizas arrecifales
- 64 Esquistos y pizarras y grauvacas
- 6 Granitos y granodioritas y gabrodioritas
- 5 Leucogranitos
- 2 Diabasas

Encuadre geológico de los granitos de Peñas de Aia.

Aspecto general de las peñas graníticas de Aia. Se aprecian importantes fracturas (se marcan unas pocas con líneas amarillas) asociadas a su extensa historia geológica. Los granitos se emplazaron en el Pérmico inferior (aproximadamente 270 Ma)

IMÁGENES REPRESENTATIVAS

Vista de las peñas graníticas de Aia desde la cara sur. Los granitos son rocas muy duras que tienden a erosionarse formando relieves redondeados, en este caso surcados por abundantes fracturas. Su presencia y su alto relieve (832 m) contrastan con las áreas circundantes a cotas cercanas al nivel del mar.

Detalle de la roca encajante que engloba al macizo granítico. Está formada por esquistos y pizarras de colores oscuros y pertenecientes al periodo Carbonífero (aproximadamente 340 M.a.). También están muy fracturados y atravesados por vetas blancas de cuarzo.

IMÁGENES REPRESENTATIVAS

Otro detalle de las peñas graníticas y la intensa red de fracturación que presentan.

Perfiles de suelos desarrollados sobre el sustrato granítico de Peñas de Aia.

LUGARES DE INTERÉS GEOLÓGICO DE NAVARRA.
DOMINIO NORPIRENAICO

CÓDIGO Y DENOMINACIÓN

PS005a Areniscas y conglomerados pérmicotriásicos del Monte La Rhune

VALOR Y TIPO DE INTERÉS GEOLÓGICO

Valor del interés geológico	Tipo de interés geológico	
Científico	Principal	Estratigráfico
Didáctico	Secundario	Petrológico-geoquímico, geomorfológico
Turístico		

UBICACIÓN DEL LIG

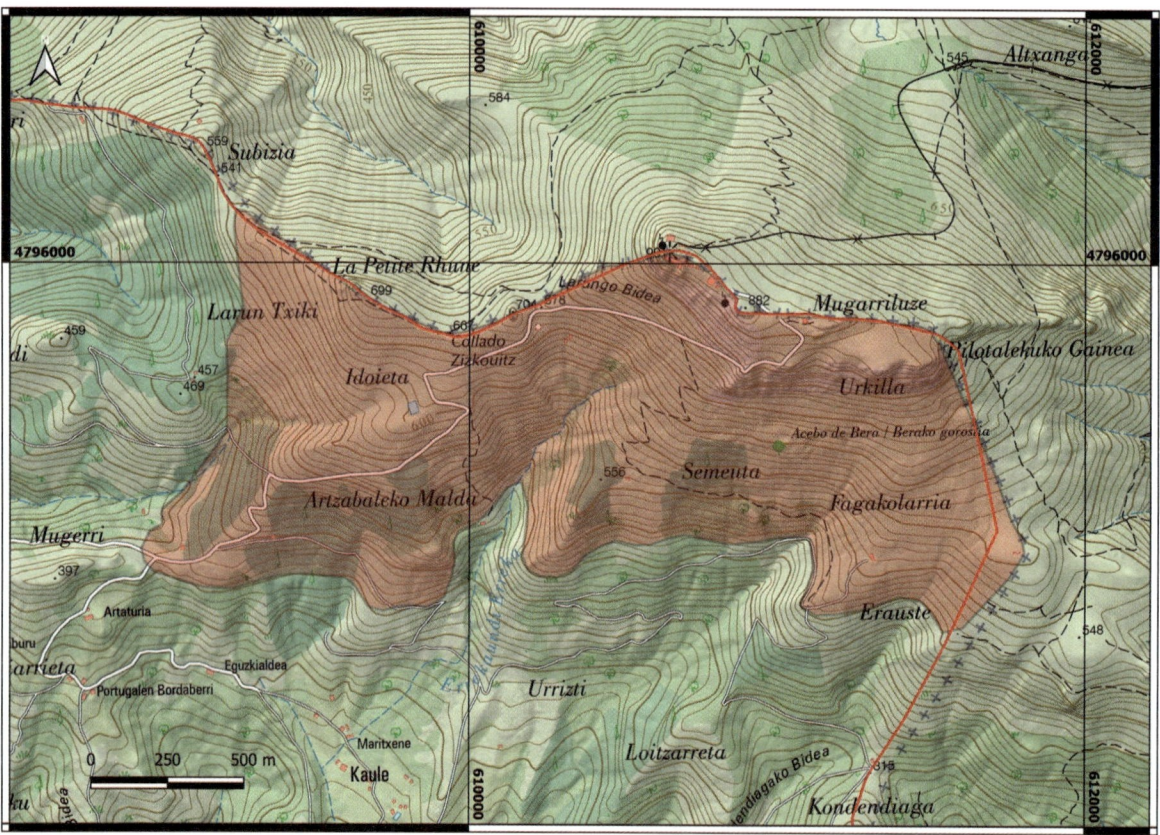

Ubicación y accesos

Collado de Ibardin desde carretera NA-1310 Km. 6,5. Pista de acceso hasta la cima del Monte Larun. La distancia y el desnivel acumulado dificultan el recorrido. Escarpes expuestos y riesgo de desprendimiento de bloques. Una segunda opción es el ascenso por el lado francés haciendo uso del tren de cremallera.

POR QUÉ ES TAN IMPORTANTE ESTE LUGAR

Este lugar constituye un excelente ejemplo de erosión diferencial, marcada por al prominencia de los duros y potentes conglomerados y areniscas que coronan la montaña, y los esquistos, pizarras, y ocasionalmente basaltos, que afloran en la mitad inferior. Los conglomerados y areniscas pertenecen a la época Triásico Inferior, que se remonta a unos 250 Ma. Los esquistos y pizarras inferiores son todavía más antiguas y pertenecen al Periodo Carbonífero (355-299 Ma). Tras un duro ascenso, la cima otorga al visitante una visión panorámica 360º excelente.

ESQUEMA GEOLÓGICO

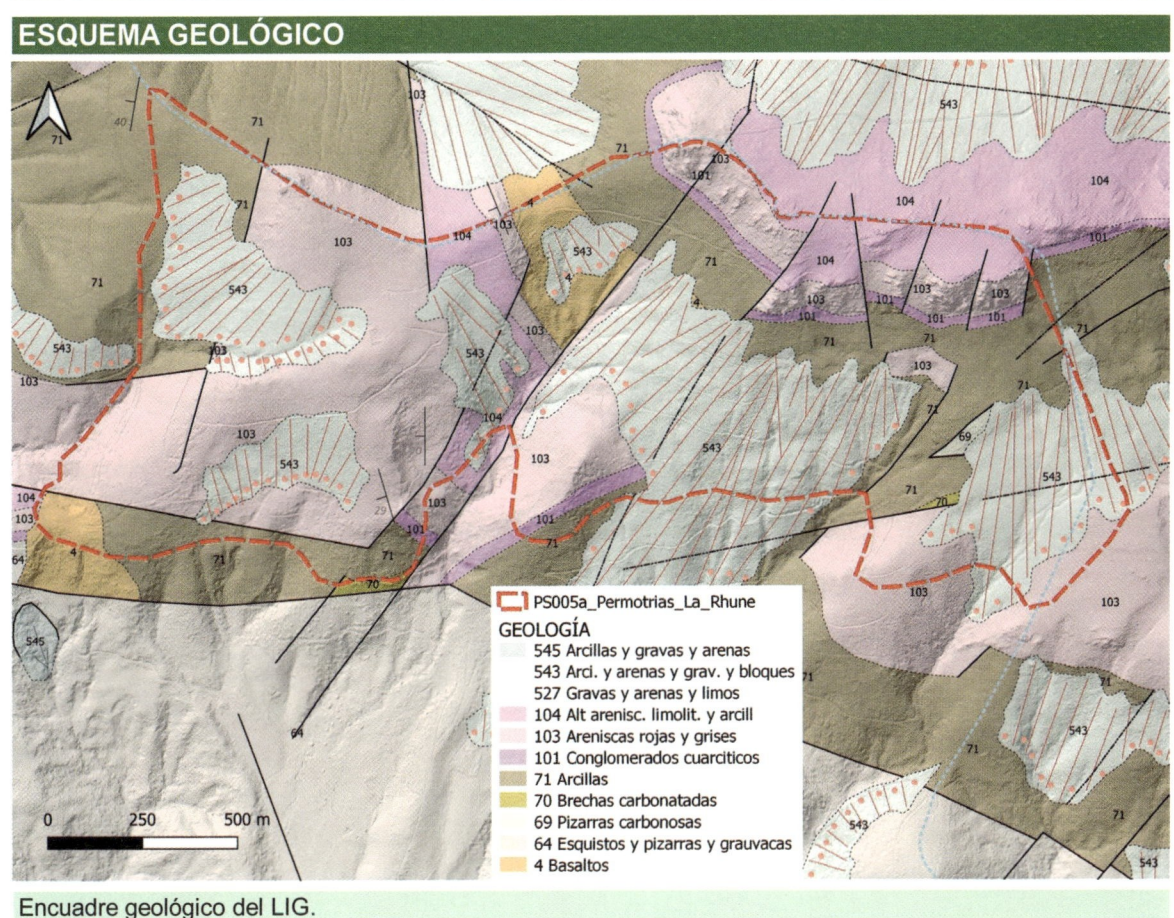

PS005a_Permotrias_La_Rhune

GEOLOGÍA

545 Arcillas y gravas y arenas
543 Arci. y arenas y grav. y bloques
527 Gravas y arenas y limos
104 Alt arenisc. limolit. y arcill
103 Areniscas rojas y grises
101 Conglomerados cuarciticos
71 Arcillas
70 Brechas carbonatadas
69 Pizarras carbonosas
64 Esquistos y pizarras y grauvacas
4 Basaltos

0   250   500 m

Encuadre geológico del LIG.

Aspecto general del macizo rocoso desde el ascenso por terreno español. La cima está formada por conglomerados y areniscas triásicas del Buntsandstein.

IMÁGENES REPRESENTATIVAS

Afloramiento de materiales paleozoicos del Carbonífero, formados principalmente por esquistos, pizarras y grauvacas.

Afloramientos de lutitas paleozoicas del Pérmico sobre las que se ha desarrollado un suelo de tonos pardos.

IMÁGENES REPRESENTATIVAS

Areniscas del Buntsandstein en la cima del monte Larun. En la imagen se ve una clara forma lenticular de base cóncava que representa un paleocanal. Además, estas areniscas muestran una clara estratificación cruzada.

Formación de suelos desarrollados sobre distintos sustratos geológicos. A la izquierda, suelo sobre basaltos paleozoicos. A la derecha, suelo sobre niveles de areniscas rojizas triásicas.

IMÁGENES REPRESENTATIVAS

Detalle de los conglomerados del Triásico Inferior (Buntsandstein). Se trata de pudingas cuarcíticas muy cementadas que ofrecen una alta resistencia a la erosión.

Aspecto general de los conglomerados del Buntsandstein durante el ascenso al monte Larun.

LUGARES DE INTERÉS GEOLÓGICO DE NAVARRA.
DOMINIO NORPIRENAICO

CÓDIGO Y DENOMINACIÓN

PS005b Areniscas y conglomerados permotriásicos de Gorramendi-Itsusi

VALOR Y TIPO DE INTERÉS GEOLÓGICO

Valor del interés geológico	Tipo de interés geológico	
Científico		
Didáctico	**Principal**	Estratigráfico
Turístico	Secundario	Geomorfológico

UBICACIÓN DEL LIG

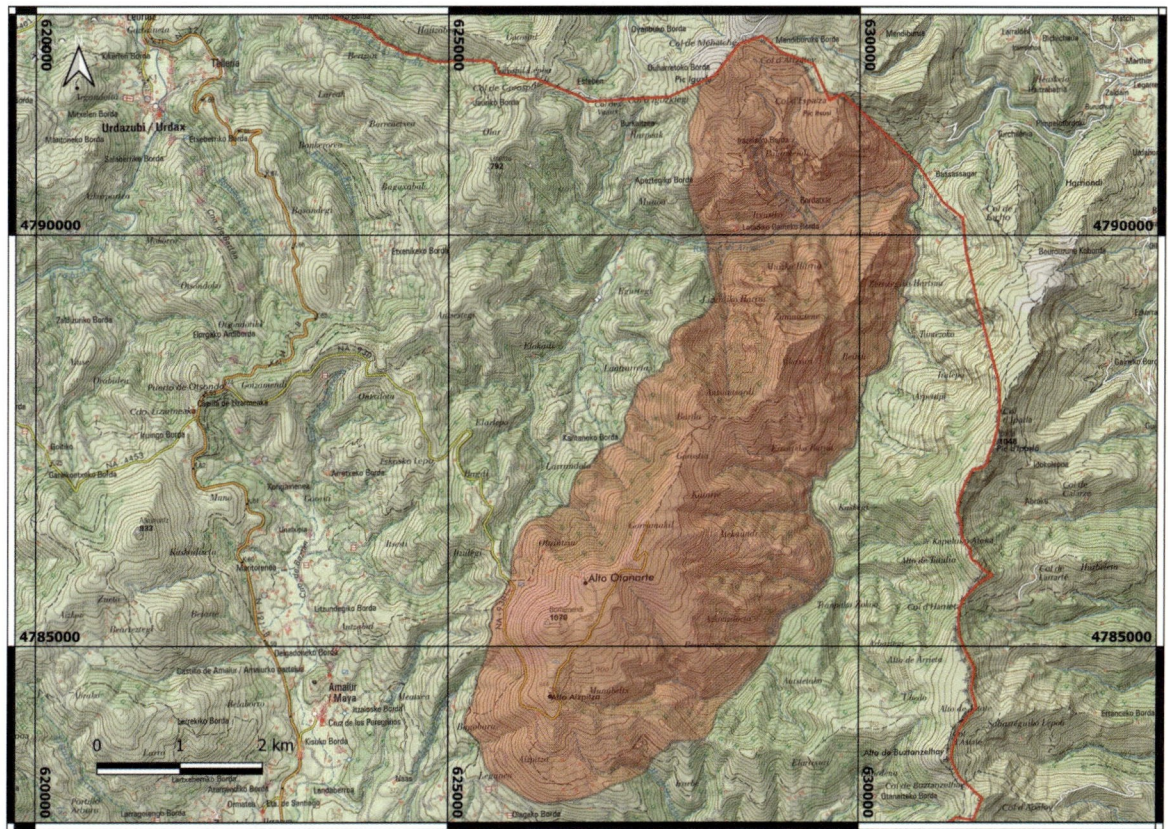

Ubicación y accesos	El acceso al monte Gorramendi se realiza desde la carretera N-121-B hacia el Km. 63,5, en el puerto de Otsondo. El acceso a Peñas de Itsusi debe realizarse desde territorio francés. Consultar mapa de carreteras. Peñas con pendientes muy pronunciadas, escarpes expuestos y riesgo de caída de bloques.

POR QUÉ ES TAN IMPORTANTE ESTE LUGAR

Constituye un buen ejemplo para la observación de la serie detrítica triásica constituida por una secuencia de unidades formadas por conglomerados, areniscas, limolitas y lutitas, disupuestas sobre un sustrato paleozoico infrayacente.

ESQUEMA GEOLÓGICO

PS005b_Permotrias_Gorramendi_Itsusi

GEOLOGÍA

- 548 Canchales.Brechas calcareas
- 547 Coluvión de bloques
- 545 Arcillas y gravas y arenas
- 543 Arci. y arenas y grav. y bloques
- 537 Arenas y arcillas y gravas
- 536 Cantos y gravas y arenas
- 533 Glacis de acumulacion
- 527 Gravas y arenas y limos
- 524 Terrazas
- 523 Arcillas de decalcificacion
- 519 Glacis
- 170 Flysch de arcillas y areniscas
- 169 Calizas arcillosas
- 168 Calizas arrecifales
- 151 Lutitas y limolitas y areniscas
- 109 Arcillas y yesos y sales
- 107 Dolomías y calizas
- 105 Arcillas rojas con areniscas
- 104 Alt arenisc. limolit. y arcill
- 103 Areniscas rojas y grises
- 101 Conglomerados cuarciticos
- 71 Arcillas
- 70 Brechas carbonatadas
- 67 Calizas tableadas
- 66 Silexitas
- 65 Calizas
- 64 Esquistos y pizarras y grauvacas
- 59 Esquistos arenosos
- 56 Calizas
- 54 Esquistos ferruginosos y dolomías y areniscas
- 51 Esquistos y areniscas y calizas
- 50 Esquistos epimetamórficos
- 13 Esquistos negros con Orthis
- 12 Cuarcitas blancas
- 11 Esquistos azules
- 10 Alternancia de cuarcitas y esquistos
- 9 Cuarcitas alternantes con esquistos
- 4 Basaltos
- 2 Diabasas
- 1 Ofitas

Encuadre geológico del LIG

Aspecto general del monte Gorramendi durante su ascenso. La cima está coronada por materiales detríticos del Triásico Inferior (areniscas y lutitas principalmente).

IMÁGENES REPRESENTATIVAS

Detalle de estratificación cruzada de gran escala en las areniscas del Triásico Inferior que coronan el monte Gorramendi.

Otro aspecto general del monte Gorramendi, que ofrece notables panorámicas del entorno que le rodea.

IMÁGENES REPRESENTATIVAS

Aspecto general de la serie triásica durante el ascenso a Peñas de Itsusi.

Detalle de la serie triásica, formada por capas tabulares de conglomerados, areniscas y lutitas de tonos rojizos.

LUGARES DE INTERÉS GEOLÓGICO DE NAVARRA.
DOMINIO NORPIRENAICO

CÓDIGO Y DENOMINACIÓN

PS005c Areniscas y conglomerados permotriásicos del Monte Mendaur

VALOR Y TIPO DE INTERÉS GEOLÓGICO

Valor del interés geológico	Tipo de interés geológico	
Científico	Principal	Estratigráfico
Didáctico	Secundario	Petrológico-geoquímico
Turístico		

UBICACIÓN DEL LIG

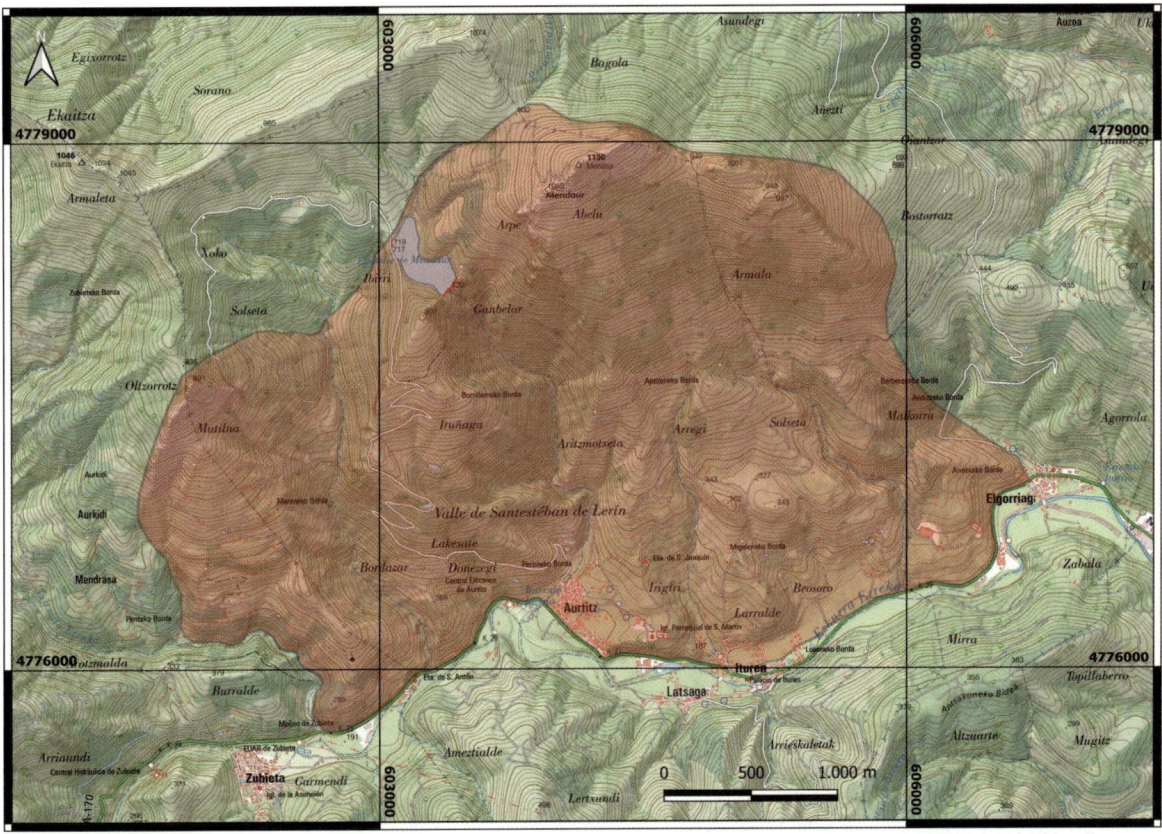

Ubicación y accesos	Desde la carretera NA-170 que procede desde Santesteban, el acceso puede llevarse a cabo desde diferentes localidades, como por ejemplo Aurtitz, el en pK 26,5 de dicha carretera. Exigencia física. Pendiente pronunciada. Requiere orientación. Escarpes expuestos en la cima con riesgo de desprendimiento de bloques.

POR QUÉ ES TAN IMPORTANTE ESTE LUGAR

Esta cima de 1.130m de altitud tallada en areniscas de la Época Triásico Inferior, constituye el límite sur del dominio norpirenaico a través del río Ezkurra que circula bajo sus pies. Sus estratos con buzamiento hacia el sur ofrecen un excelente ejemplo de hogback y permiten dejar al descubierto en su margen norte capas más antiguas de Pérmico y Carbonífero, mostrando así la transición entre diferentes épocas geológicas. Los bosques que tapizan el recorrido y los afloramientos de basaltos que se sitúan cerca del embase de Mendaur, completan un recorrido de gran interés geológico.

ESQUEMA GEOLÓGICO

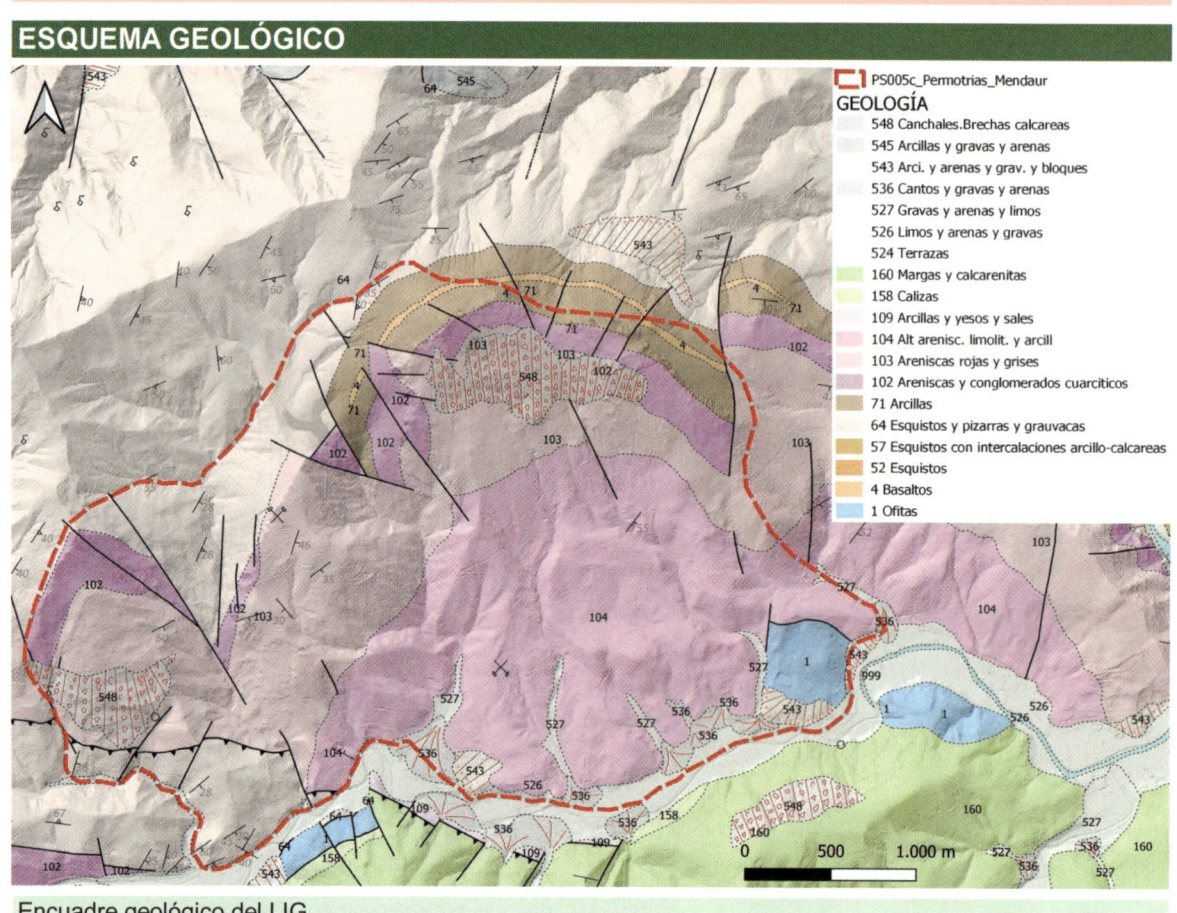

PS005c_Permotrias_Mendaur

GEOLOGÍA

- 548 Canchales.Brechas calcareas
- 545 Arcillas y gravas y arenas
- 543 Arci. y arenas y grav. y bloques
- 536 Cantos y gravas y arenas
- 527 Gravas y arenas y limos
- 526 Limos y arenas y gravas
- 524 Terrazas
- 160 Margas y calcarenitas
- 158 Calizas
- 109 Arcillas y yesos y sales
- 104 Alt arenisc. limolit. y arcill
- 103 Areniscas rojas y grises
- 102 Areniscas y conglomerados cuarciticos
- 71 Arcillas
- 64 Esquistos y pizarras y grauvacas
- 57 Esquistos con intercalaciones arcillo-calcareas
- 52 Esquistos
- 4 Basaltos
- 1 Ofitas

Encuadre geológico del LIG.

Interesante afloramiento de areniscas con estratificación cruzada durante el ascenso al monte Mendaur.

IMÁGENES REPRESENTATIVAS

Detalle de los materiales paleozoicos formados por pizarras, esquistos y grauvacas del Devónico Superior - Carbonífero Inferior.

Detalle de los diques de basalto del Pérmico que afloran en la unidad paleozoica durante el ascenso al monte Mendaur.

IMÁGENES REPRESENTATIVAS

Arriba, aspecto de las capas de conglomerados (pudingas cuarcíticas). Abajo, ermita sobre areniscas triásicas que coronan la cima de la montaña.

LUGARES DE INTERÉS GEOLÓGICO DE NAVARRA. DOMINIO NORPIRENAICO

CÓDIGO Y DENOMINACIÓN

PS005d Areniscas y conglomerados permotriásicos de Santesteban

VALOR Y TIPO DE INTERÉS GEOLÓGICO

Valor del interés geológico	Tipo de interés geológico	
Científico	Principal	Estratigráfico
Didáctico	Secundario	
Turístico		

UBICACIÓN DEL LIG

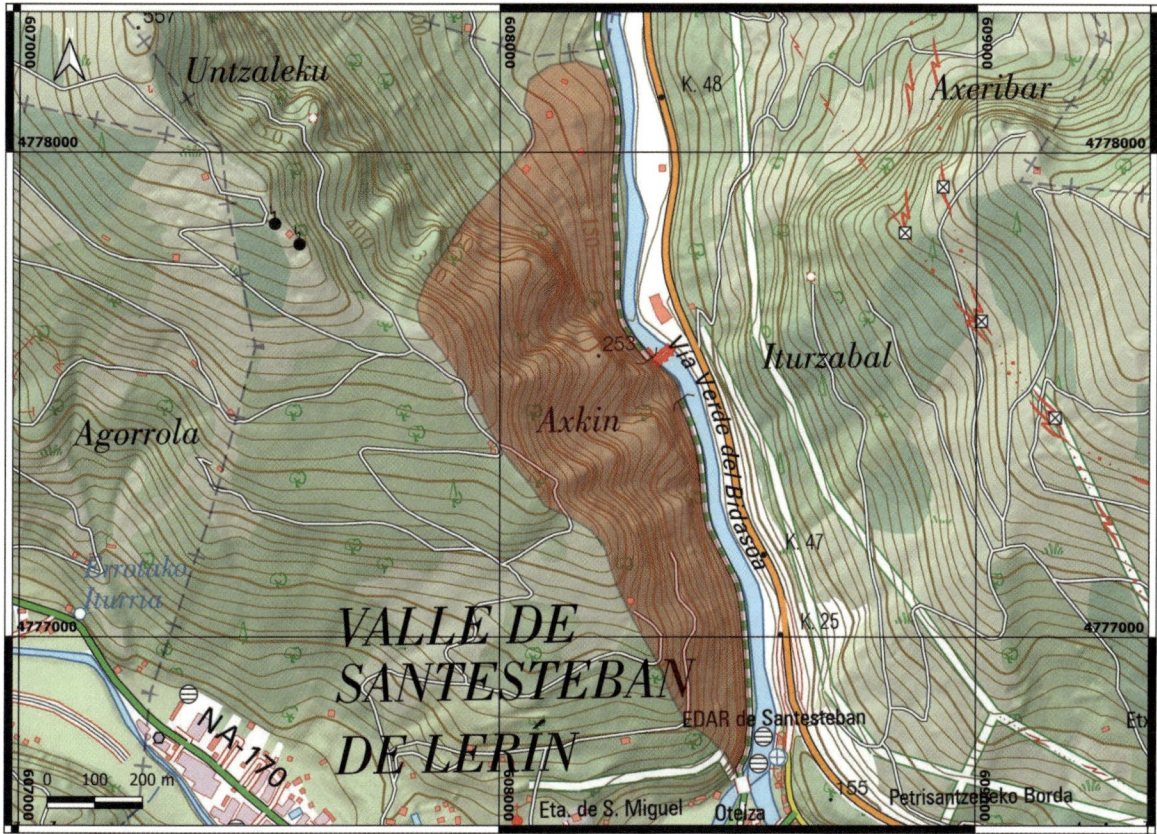

Ubicación y accesos	El recorrido se desarrolla por la pista que parte desde la localidad de Santesteban hacia el norte, remontando el cauce del río Bidasoa por su margen derecha. En algunos puntos se indica riesgo de desprendimientos. Precaución en épocas de crecidas.

POR QUÉ ES TAN IMPORTANTE ESTE LUGAR

Constituye un buen ejemplo para observar de cerca la serie triásica del Buntsandstein, formada por conglomerados, areniscas y lutitas de característicos colores rojizos. La vegetación enmascara el tránsito con la serie paleozoica que aflora más hacia el norte.

ESQUEMA GEOLÓGICO

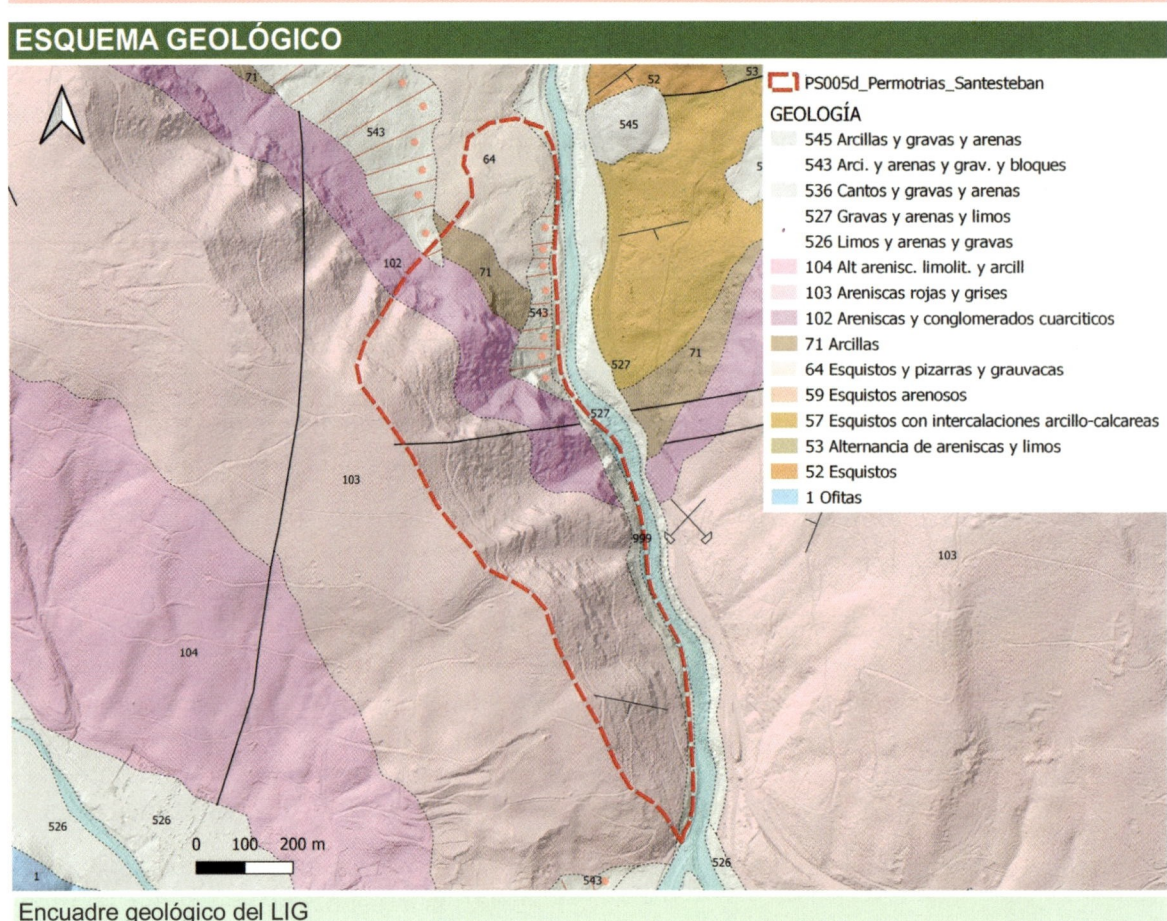

PS005d_Permotrias_Santesteban

GEOLOGÍA

- 545 Arcillas y gravas y arenas
- 543 Arci. y arenas y grav. y bloques
- 536 Cantos y gravas y arenas
- 527 Gravas y arenas y limos
- 526 Limos y arenas y gravas
- 104 Alt arenisc. limolit. y arcill
- 103 Areniscas rojas y grises
- 102 Areniscas y conglomerados cuarciticos
- 71 Arcillas
- 64 Esquistos y pizarras y grauvacas
- 59 Esquistos arenosos
- 57 Esquistos con intercalaciones arcillo-calcareas
- 53 Alternancia de areniscas y limos
- 52 Esquistos
- 1 Ofitas

Encuadre geológico del LIG

Afloramiento de la serie triásica donde se observan niveles basales de conglomerados cuarcíticos y niveles superiroes de areniscas con estratificación cruzada.

IMÁGENES REPRESENTATIVAS

Detalle de la serie del Triásico Inferior con tu característico color rojizo. Arriba, detalle de las capas de arenisca. Abajo, contacto entre los conglomerados de la basé y las areniscas suprayacentes.

LUGARES DE INTERÉS GEOLÓGICO DE NAVARRA. DOMINIO NORPIRENAICO

CÓDIGO Y DENOMINACIÓN

PS042 Serie permotriásica de Alkurruntz

VALOR Y TIPO DE INTERÉS GEOLÓGICO

Valor del interés geológico	Tipo de interés geológico	
Científico	Principal	Estratigráfico
Didáctico	Secundario	Edafológico, geomorfológico
Turístico		

UBICACIÓN DEL LIG

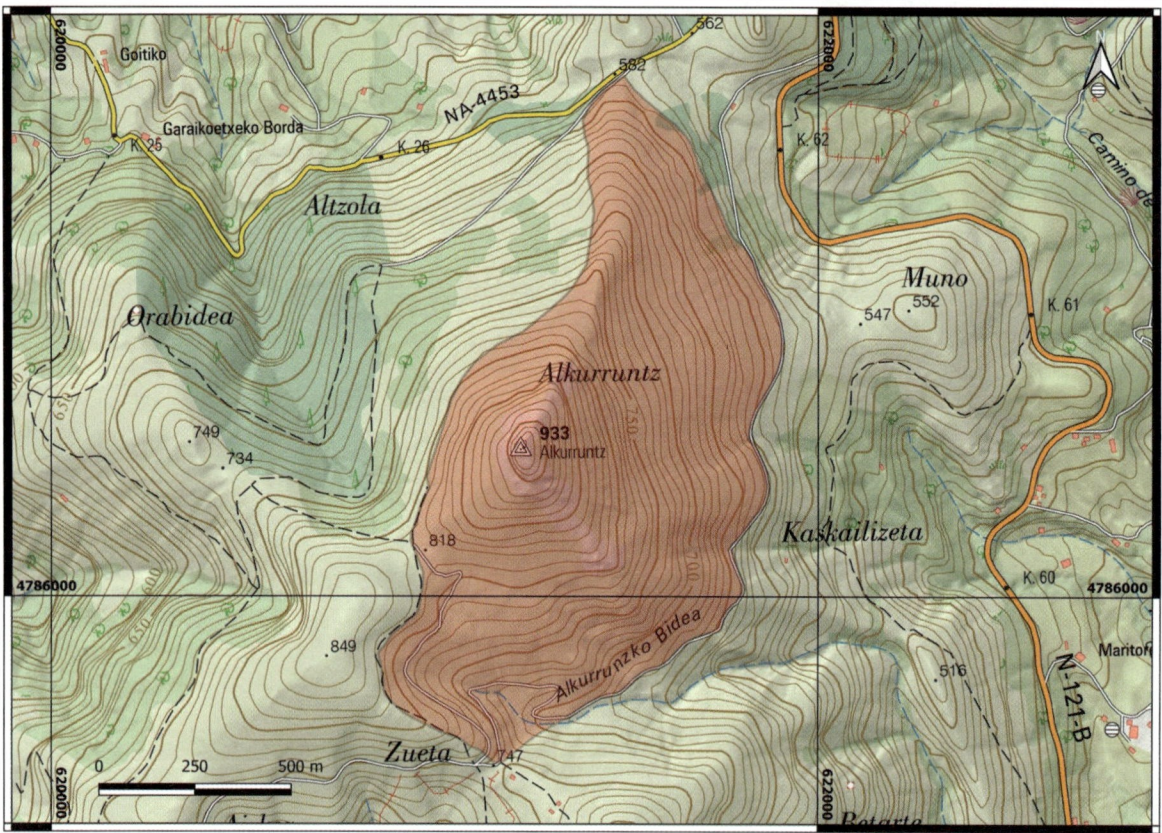

Ubicación y accesos	En torno al Km. 62,5 de la carretera N-121-B se encuentra el merendero del Puerto de Otsondo. Desde aquí puede hacerse un recorrido a pie hasta Alkurruntz siguiendo los senderos y caminos existentes. Pendientes pronunciadas, escarpes expuestos, desprendimiento de bloques cerca de la cima.

POR QUÉ ES TAN IMPORTANTE ESTE LUGAR

El recorrido hasta la cima del monte Alkurruntz permite ver la transición de materiales paleozoicos del Devónico Medio, constituidos por esquistos arenosos, y los materiales detríticos del Triásico Superior (Facies Buntsandstein), destacando los afloramientos de areniscas con estratificación cruzada de la parte superior. Además, a lo largo del camino puede reconocerse la turbera de Alkurruntz, de notable interés edafológico.

ESQUEMA GEOLÓGICO

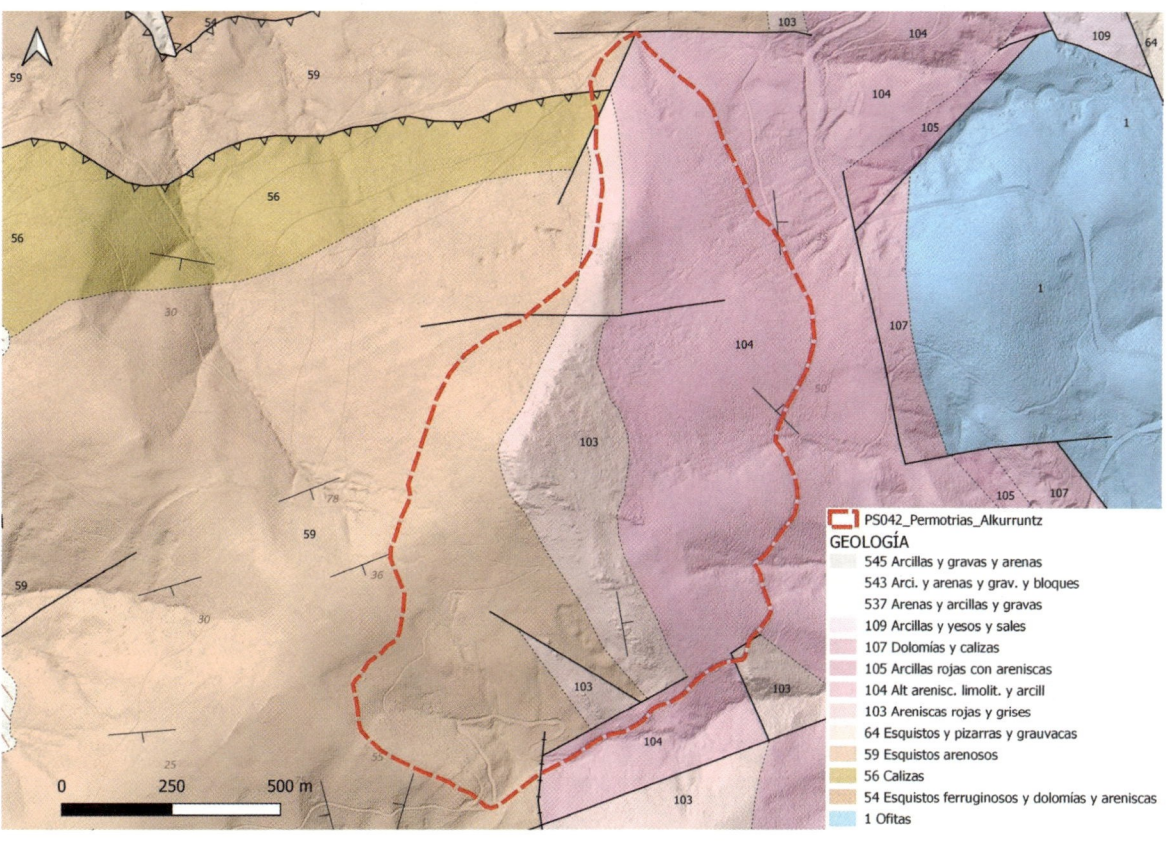

PS042_Permotrias_Alkurruntz
GEOLOGÍA
- 545 Arcillas y gravas y arenas
- 543 Arci. y arenas y grav. y bloques
- 537 Arenas y arcillas y gravas
- 109 Arcillas y yesos y sales
- 107 Dolomías y calizas
- 105 Arcillas rojas con areniscas
- 104 Alt arenisc. limolit. y arcill
- 103 Areniscas rojas y grises
- 64 Esquistos y pizarras y grauvacas
- 59 Esquistos arenosos
- 56 Calizas
- 54 Esquistos ferruginosos y dolomías y areniscas
- 1 Ofitas

0   250   500 m

Encuadre geológico del LIG

Vista lateral oblícua de un barranco con clara sección en "V". Los estratos buzan hacia el este (a la izquierda en la imagen). La erosión de las aguas de escorrentía tallan una sección con esa morfología que permite a los geólogos/as estimar el sentido de buzamiento de los estratos según apunta el vértice de dicha "V".

IMÁGENES REPRESENTATIVAS

Arriba, detalle de afloramiento en la ladera este del monte Alkurruntz, en el que se aprecian lutitas y areniscas de tonos rojizos pertenecientes a la serie del Triásico Inferior. Abajo, detalle de los esquistos arenosos del Devónico Medio, en la vertiente oeste de dicho monte.

IMÁGENES REPRESENTATIVAS

Detalle de afloramiento de esquistos arenosos del Devónico en el que se aprecia la esquistosidad y la densa red de fracturación que presentan, dada la larga historia geológica que han sufrido (orogenias Varisca y Alpina).

IMÁGENES REPRESENTATIVAS

Arriba, vista panorámica del monte Alkurruntz. En el collado y ladera que desciende hacia el sur se desarrolla la turbera de Alkurruntz. Abajo, detalle de afloramiento de las areniscas triásicas del Buntsandstein, con un notable desarrollo de estratificación cruzada y característicos tonos rojizos.

IMÁGENES REPRESENTATIVAS

Más detalles de estratificación cruzada de las areniscas. Se trata de una estructura sedimentaria de gran interés, ya que constituye un criterio de polaridad estratigráfica en campo.

LUGARES DE INTERÉS GEOLÓGICO DE NAVARRA.
DOMINIO NORPIRENAICO

CÓDIGO Y DENOMINACIÓN

PS005e Paleozoicos y permotriásicos de Bértiz

VALOR Y TIPO DE INTERÉS GEOLÓGICO

Valor del interés geológico	Tipo de interés geológico	
Científico	Principal	Estratigráfico
Didáctico	Secundario	Edafológico
Turístico		

UBICACIÓN DEL LIG

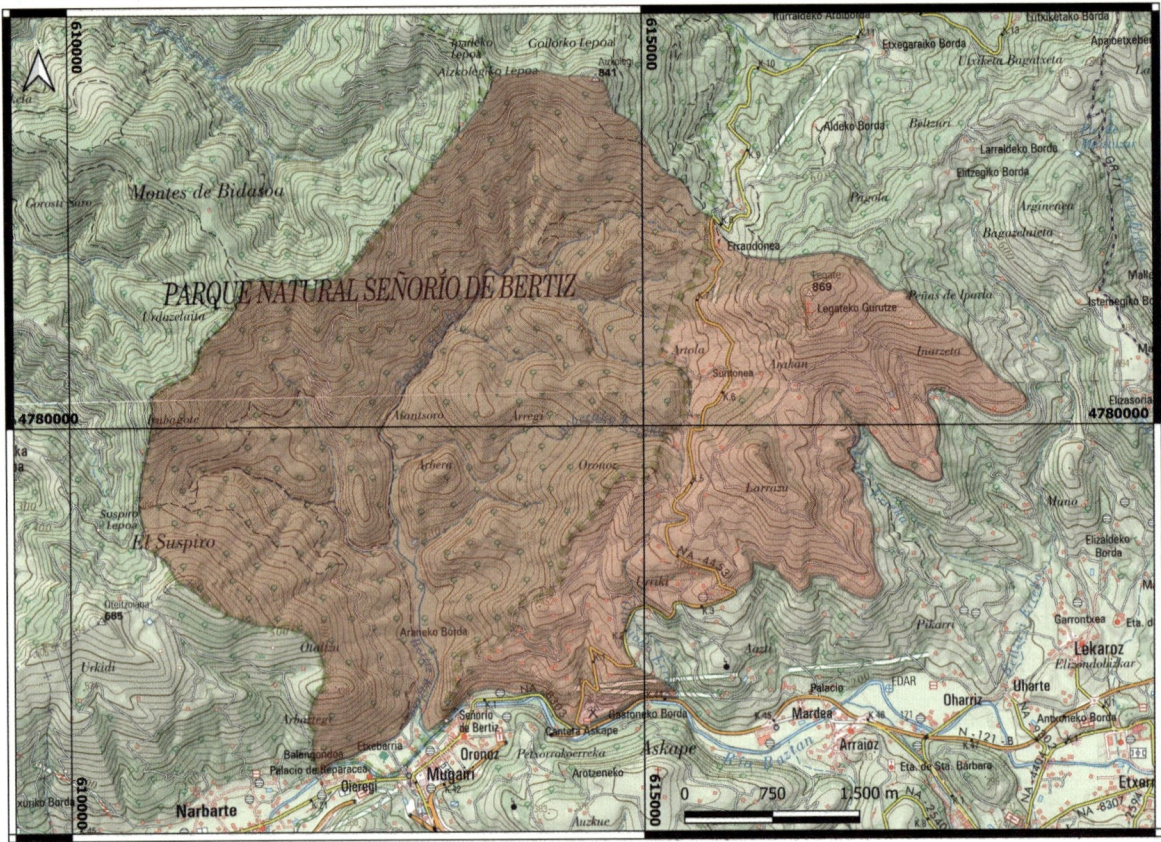

Ubicación y accesos	Desde la carretera nacional N-121-B sentido norte se llega a la localidad de Oronoz-Mugaire desde donde se accede al Señorío de Bértiz. Dado que se trata de un Parque Natural, deberán respetarse todas las indicaciones del mismo y recorrer sólo los senderos que estén autorizados.

POR QUÉ ES TAN IMPORTANTE ESTE LUGAR

La red de senderos disponibles en el Parque Natural permite reconocer algunos afloramientos de los materiales paleozoicos formados por esquistos y calizas (Periodos Devónico y Carbonífero) y los materiales detríticos del Triásico Inferior (areniscas y lutitas).

LUGARES DE INTERÉS GEOLÓGICO DE NAVARRA.
DOMINIO NORPIRENAICO

ESQUEMA GEOLÓGICO

PS005e_Paleozoicos_Trias_Bertiz

GEOLOGÍA

545 Arcillas y gravas y arenas
543 Arci. y arenas y grav. y bloques
536 Cantos y gravas y arenas
527 Gravas y arenas y limos
526 Limos y arenas y gravas
524 Terrazas
523 Arcillas de decalcificacion
160 Margas y calcarenitas
134 Margas
133 Calizas arrecifales con corales y rudistas
118 Calizas arenosas
114 Margas y calizas margosas
113 Calizas y dolomías y brechas
109 Arcillas y yesos y sales
107 Dolomías y calizas
104 Alt arenisc. limolit. y arcill
103 Areniscas rojas y grises
102 Areniscas y conglomerados cuarciticos
101 Conglomerados cuarciticos
71 Arcillas
68 Conglomerados
64 Esquistos y pizarras y grauvacas
63 Areniscas hematiticas
62 Esquistos arcillosos
61 Areniscas cuarciticas
60 Calizas
59 Esquistos arenosos
58 Calizas alternando con esquistos
57 Esquistos con intercalaciones arcillo-calcareas
56 Calizas
55 Esquistos negros arenosos
53 Alternancia de areniscas y limos
52 Esquistos
16 Esquistos arenosos
2 Diabasas
1 Ofitas

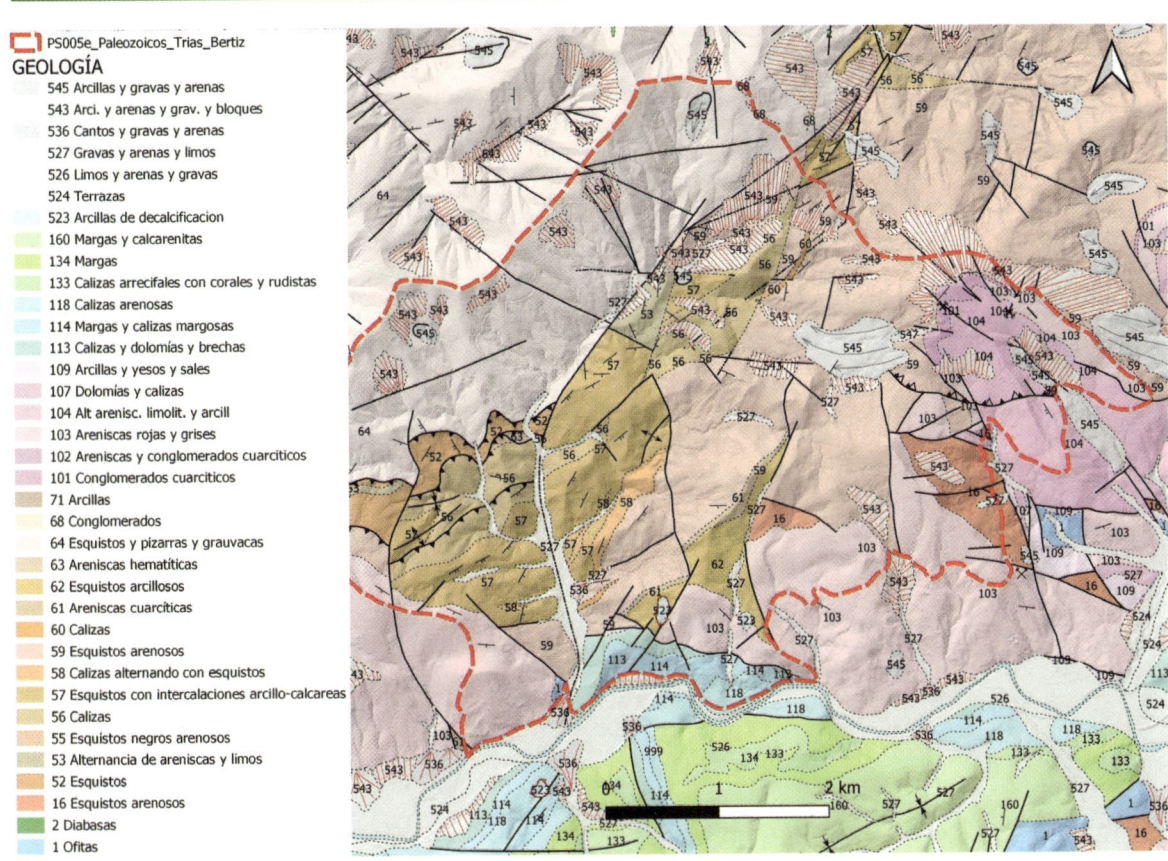

Encuadre geológico del LIG

Vista del afloramiento de esquistos paleozoicos en uno de los senderos del Parque Natural.

IMÁGENES REPRESENTATIVAS

Detalles de los diferentes afloramientos de matériales paleozoícos en el entorno del Parque Natural.

LUGARES DE INTERÉS GEOLÓGICO DE NAVARRA.
DOMINIO NORPIRENAICO

CÓDIGO Y DENOMINACIÓN
PS006a Cuevas de Urdax

VALOR Y TIPO DE INTERÉS GEOLÓGICO

Valor del interés geológico	Tipo de interés geológico	
Científico	Principal	Geomorfológico
Didáctico	Secundario	Hidrogeológico
Turístico		

UBICACIÓN DEL LIG

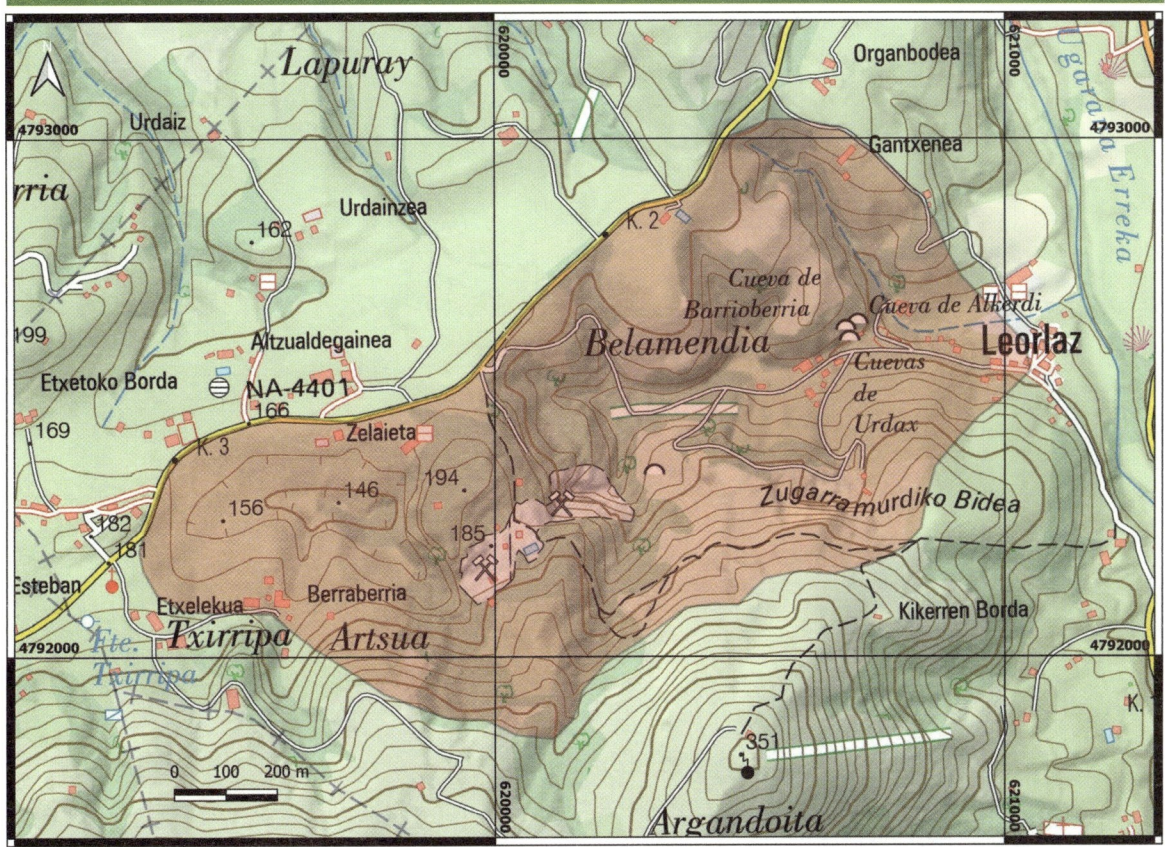

Ubicación y accesos	Acceso desde Urdax por la NA-4402 o bien desde Zugarramurdi por la Na NA-4401. Las cuevas se encuentran en el entorno de Leorlaz, junto a la regata Ugarana. No está autorizado el acceso libre. Seguir las indicaciones en el centro de visitantes.

POR QUÉ ES TAN IMPORTANTE ESTE LUGAR

Constituye un excelente ejemplo de geomorfología kárstica, con multitud de formas del modelado exokárstico y endokárstico. Destacan sus estalactitas, estalagmitas, coladas, columnas, cavidades y galerías y un sinfín de otras muchas formas. Además, este conjunto de cavidades kársticas alberga grandes tesoros de la prehistoria (Paleolítico superior).

LUGARES DE INTERÉS GEOLÓGICO DE NAVARRA.
DOMINIO NORPIRENAICO

ESQUEMA GEOLÓGICO

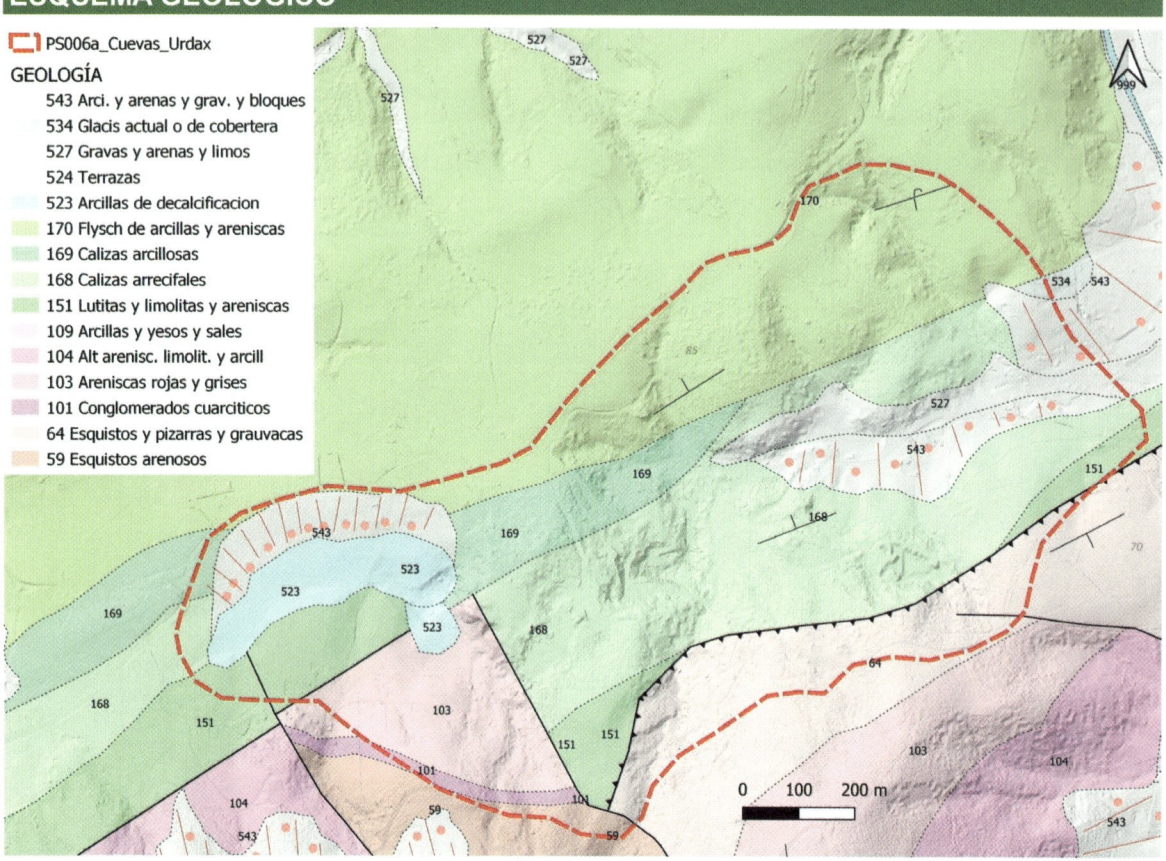

PS006a_Cuevas_Urdax

GEOLOGÍA

- 543 Arci. y arenas y grav. y bloques
- 534 Glacis actual o de cobertera
- 527 Gravas y arenas y limos
- 524 Terrazas
- 523 Arcillas de decalcificacion
- 170 Flysch de arcillas y areniscas
- 169 Calizas arcillosas
- 168 Calizas arrecifales
- 151 Lutitas y limolitas y areniscas
- 109 Arcillas y yesos y sales
- 104 Alt arenisc. limolit. y arcill
- 103 Areniscas rojas y grises
- 101 Conglomerados cuarciticos
- 64 Esquistos y pizarras y grauvacas
- 59 Esquistos arenosos

Encuadre geológico del LIG

Aspecto del interior de la cavidad. Fuente: Repositorio de imágenes de la página web de Cuevas de Urdax. (https://cuevasurdax.com/cuevas/)

IMÁGENES REPRESENTATIVAS

Aspecto del interior de la cavidad. Fuente: Repositorio de imágenes de la página web de Cuevas de Urdax. (https://cuevasurdax.com/cuevas/)

IMÁGENES REPRESENTATIVAS

Geodiversidad de espeleotemas en el interior de la cueva de Urdax (fuente: Cortesía de Espeleofoto. Autor: Sergio Laburu).

LUGARES DE INTERÉS GEOLÓGICO DE NAVARRA.
DOMINIO NORPIRENAICO

CÓDIGO Y DENOMINACIÓN
PS006b Cuevas de Zugarramurdi

VALOR Y TIPO DE INTERÉS GEOLÓGICO

Valor del interés geológico	Tipo de interés geológico	
Científico	Principal	Geomorfológico
Didáctico	Secundario	Hidrogeológico
Turístico		

UBICACIÓN DEL LIG

Ubicación y accesos	Acceso desde Urdax por la NA-4402, tomando el desvío a Zugarramurdi por la NA-4401. Las cuevas se encuentran al oeste de dicha localidad, junto a la regata Arrotzarena. No está autorizado el acceso libre. Seguir las indicaciones del centro de visitantes.

POR QUÉ ES TAN IMPORTANTE ESTE LUGAR
El conjunto de las cuevas de Zugarramurdi constituye un ejemplo excelente del modelado kárstico, con varias galerías de gran desarrollo talladas por el agua subterránea. Este lugar destaca además por su historia, cultura y tradiciones asociadas a su uso anterior antes de ser un lugar turístico de gran interés.

LUGARES DE INTERÉS GEOLÓGICO DE NAVARRA.
DOMINIO NORPIRENAICO

ESQUEMA GEOLÓGICO

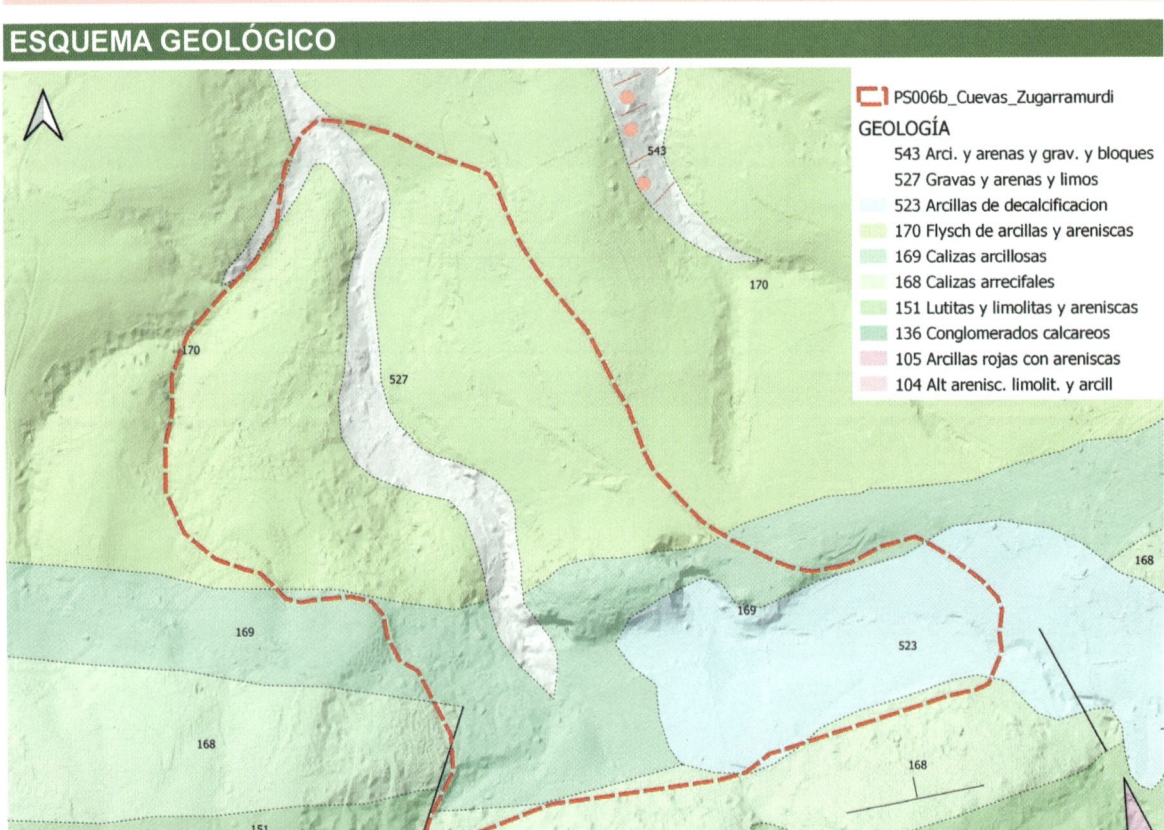

PS006b_Cuevas_Zugarramurdi

GEOLOGÍA

543 Arci. y arenas y grav. y bloques
527 Gravas y arenas y limos
523 Arcillas de decalcificacion
170 Flysch de arcillas y areniscas
169 Calizas arcillosas
168 Calizas arrecifales
151 Lutitas y limolitas y areniscas
136 Conglomerados calcareos
105 Arcillas rojas con areniscas
104 Alt arenisc. limolit. y arcill

Encuadre geológico del LIG

Aspecto general del recinto de las cuevas de Zugarramurdi. Fuente: Repositorio de imágenes de la página web de las cuevas de Zugarramurdi (https://www.turismozugarramurdi.com/cueva-de-zugarramurdi/).

LUGARES DE INTERÉS GEOLÓGICO DE NAVARRA.
DOMINIO NORPIRENAICO

Galería kárstica de Zugarramurdi. Fuente: Repositorio de imágenes de la página web de las cuevas de Zugarramurdi (https://www.turismozugarramurdi.com/cueva-de-zugarramurdi/).

Aspecto de la cueva de Zugarramurdi y sus formas kársticas de gran desarrollo. Fuente: Cortesía de Espeleofoto. Autor: Sergio Laburu).

LUGARES DE INTERÉS GEOLÓGICO DE NAVARRA.
DOMINIO NORPIRENAICO

CÓDIGO Y DENOMINACIÓN
PS007a Turbera de Arxuri

VALOR Y TIPO DE INTERÉS GEOLÓGICO

Valor del interés geológico	Tipo de interés geológico	
Científico	Principal	Edafológico
Didáctico	Secundario	
Turístico		

UBICACIÓN DEL LIG

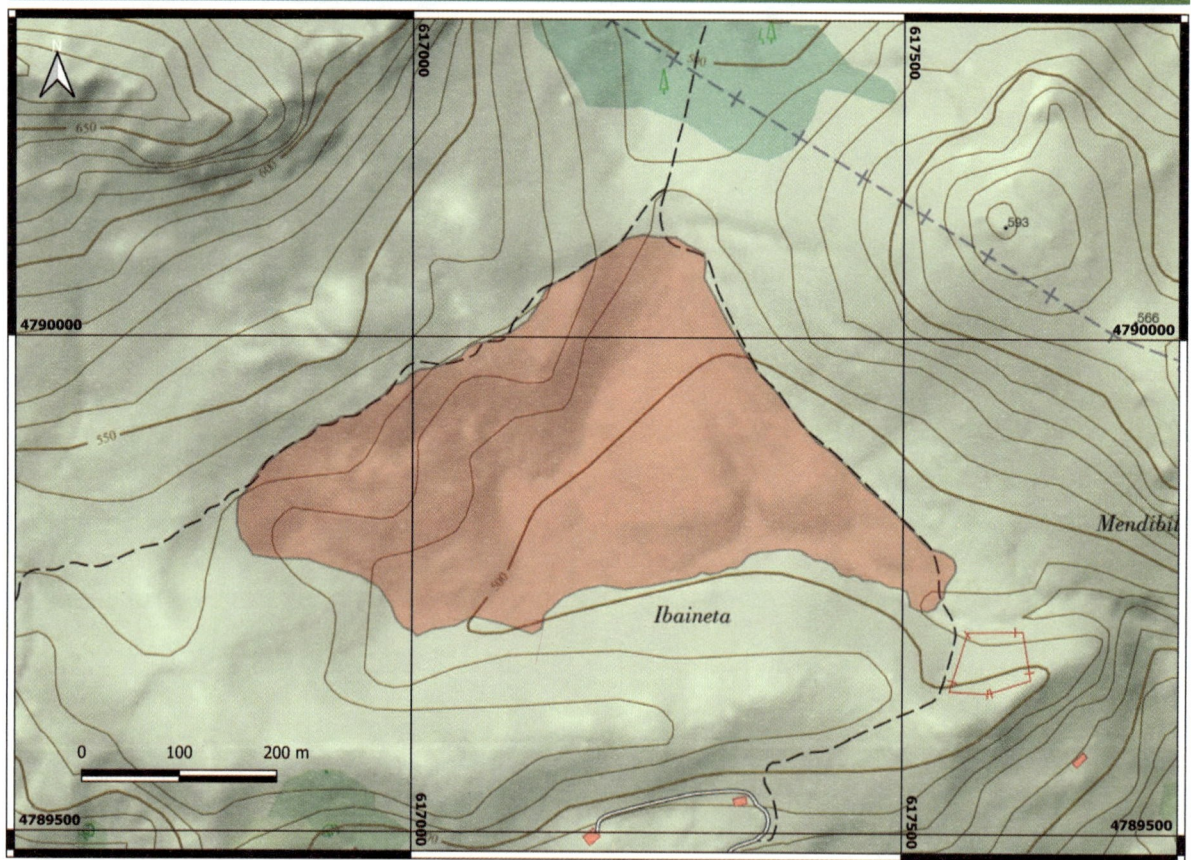

Ubicación y accesos	La turbera de Arxuri se ubica en las faldas del monte Peña Plata, al sur de la localidad de Zugarramurdi. Consultar guías técnicas existentes para encontrar la ruta más adecuada y sus características.

POR QUÉ ES TAN IMPORTANTE ESTE LUGAR

La turbera de Arxuri y regata de Orabidea, situadas entre Baztán y Urdax, constituyen un magnífico ejemplo de zona húmeda turbosa considerada como LIC (Lugar de Interés Comunitario). El clima de la zona y la permanente inundación de este lugar permiten el desarrollo de especies singulares, algunas de ellas casi únicas de este lugar, como varias especies de plantas carnívoras. Constituye el enclave con mayor depósito de turba (por su espesor). Forma parte de la Red Natura 2000 como ZEC ES2200015.

LUGARES DE INTERÉS GEOLÓGICO DE NAVARRA.
DOMINIO NORPIRENAICO

ESQUEMA GEOLÓGICO

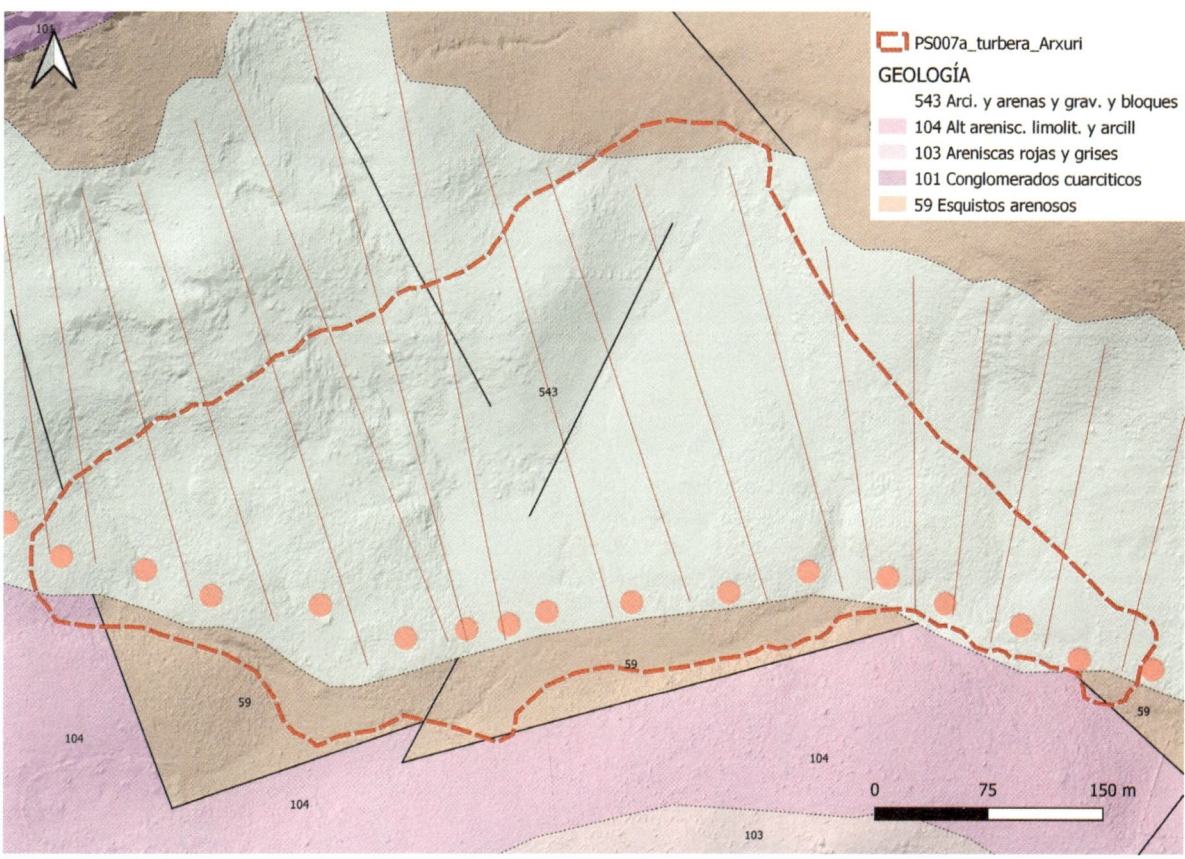

PS007a_turbera_Arxuri

GEOLOGÍA

543 Arci. y arenas y grav. y bloques
104 Alt arenisc. limolit. y arcill
103 Areniscas rojas y grises
101 Conglomerados cuarciticos
59 Esquistos arenosos

0   75   150 m

Encuadre geológico del LIG

Vista general de la turbera de Arxuri en la falda sur del monte Peña Plata. Fuente de la imagen: Gestión Ambiental de Navarra. Web oficial del proyecto Life Tremedal (https://lifetremedal.eu/humedales/arxuri/).

LUGARES DE INTERÉS GEOLÓGICO DE NAVARRA.
DOMINIO NORPIRENAICO

CÓDIGO Y DENOMINACIÓN
PS046 Mármoles mesozoicos de Urdax

VALOR Y TIPO DE INTERÉS GEOLÓGICO

Valor del interés geológico	Tipo de interés geológico	
Científico	Principal	Petrológico
Didáctico	Secundario	
Turístico		

UBICACIÓN DEL LIG

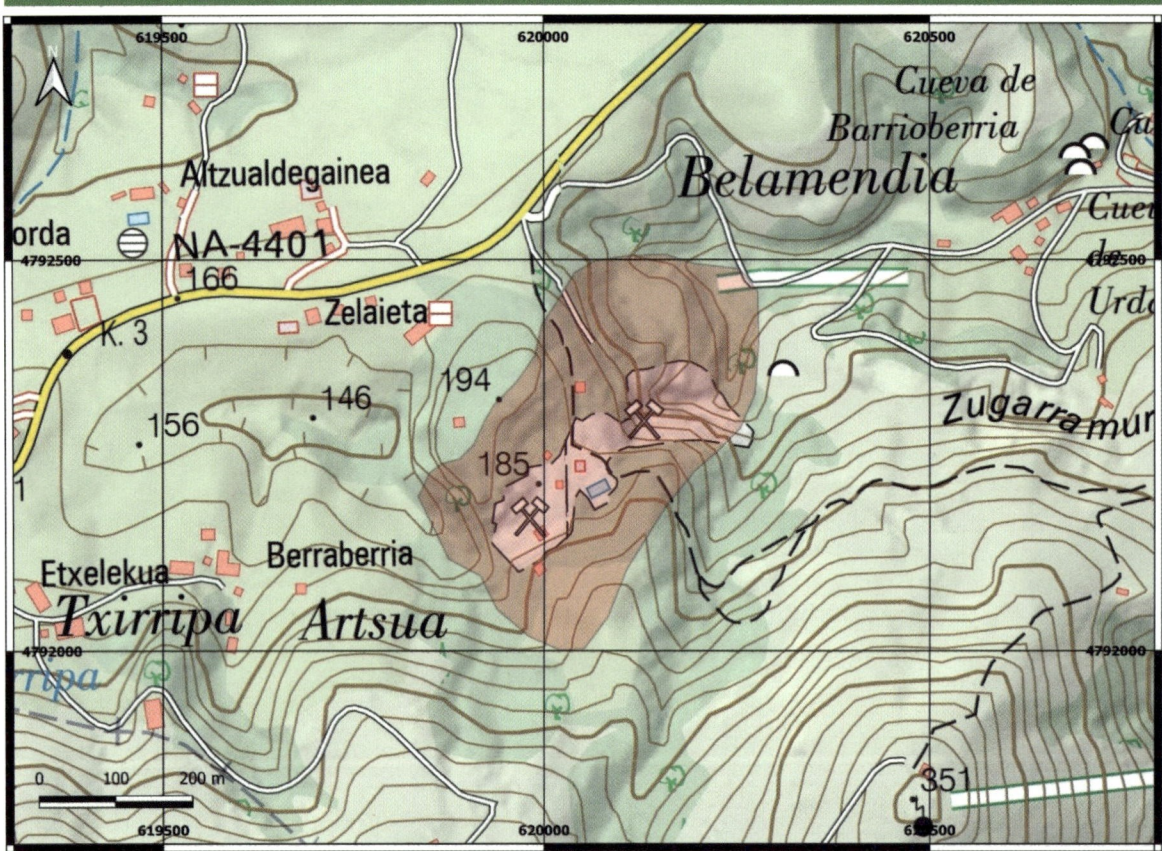

Ubicación y accesos	No está autorizado el acceso a las canteras de Urdax. Requiere autorización, medidas de seguridad y únicamente para fines científicos.

POR QUÉ ES TAN IMPORTANTE ESTE LUGAR

Los mármoles cretácicos de Urdax se describen en la literatura como calizas fosilíferas con rudistas y corales. La memoria del mapa geológico de Navarra las cita como "calizas con Toucasia" un tipo especial de fósil de organismo bivalvo hipurítido (rudista). Estas calizas están recristalizadas y han sido objeto de explotación como roca ornamental. Constituyen un excelente ejemplo de sedimentación marina en una plataforma somera subtropical. En afloramiento presentan características tinciones rojizas y grises. El conocimiento de estos mármoles también tiene relevancia tectónica, ya que son testimonio del metamorfismo asociado al contacto entre la placa europea y la placa ibérica.

ESQUEMA GEOLÓGICO

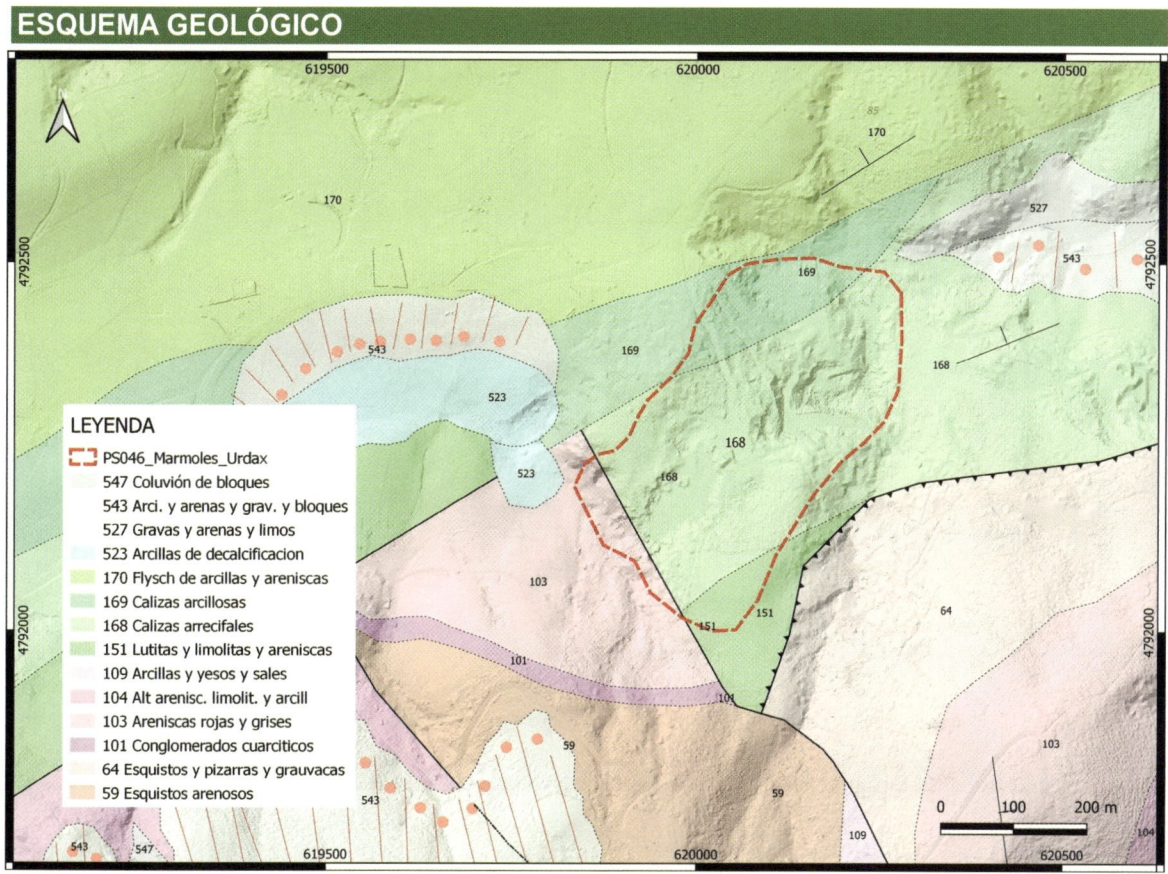

LEYENDA

- ⌐⌐ PS046_Marmoles_Urdax
- 547 Coluvión de bloques
- 543 Arci. y arenas y grav. y bloques
- 527 Gravas y arenas y limos
- 523 Arcillas de decalcificacion
- 170 Flysch de arcillas y areniscas
- 169 Calizas arcillosas
- 168 Calizas arrecifales
- 151 Lutitas y limolitas y areniscas
- 109 Arcillas y yesos y sales
- 104 Alt arenisc. limolit. y arcill
- 103 Areniscas rojas y grises
- 101 Conglomerados cuarciticos
- 64 Esquistos y pizarras y grauvacas
- 59 Esquistos arenosos

Encuadre geológico de los mármoles mesozoicos de Urdax (unidad 168).

Aspecto de los mármoles de Urdax en afloramiento, con sus tonos rojizos característicos. Se definen en la literatura como calizas arrecifales.

IMÁGENES REPRESENTATIVAS

Además de los litotipos "Gris Baztán" y "Rojo Baztán", algunos litotipos de los mármoles de Urdax presentan una textura cristalina más granuda.

Calizas marmóreas fosilíferas de color gris oscuro con signos visibles de karstificación.

CÓDIGO Y DENOMINACIÓN

PS007b Turbera de Belate

VALOR Y TIPO DE INTERÉS GEOLÓGICO

Valor del interés geológico	Tipo de interés geológico	
Científico	Principal	Edafológico
Didáctico	Secundario	Estratigráfico, petrológico-geoquímico
Turístico		

UBICACIÓN DEL LIG

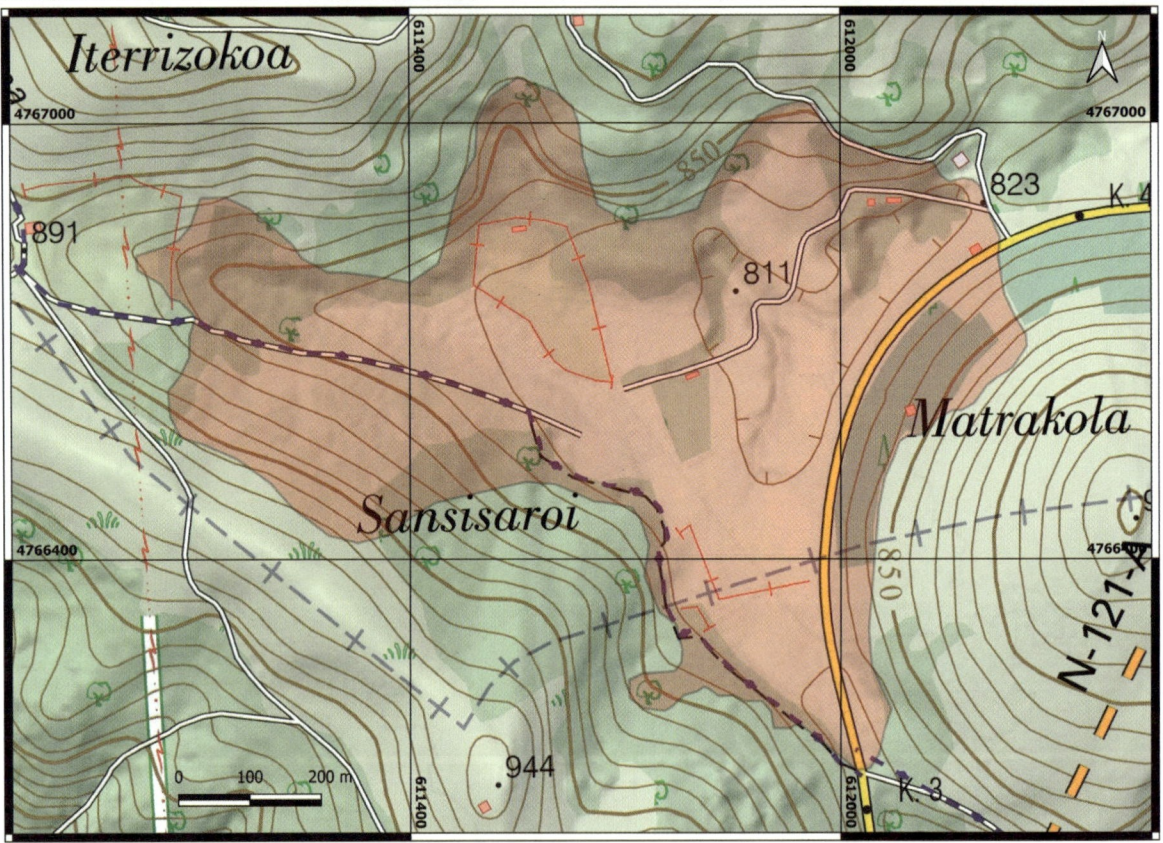

Ubicación y accesos	El acceso más directo es por carretera N-121-A hasta el km 4 del Puerto de Belate, junto a Venta Quemada. Un sendero permite recorrer el conjunto de la turbera.

POR QUÉ ES TAN IMPORTANTE ESTE LUGAR

Constituye una zona especial de conservación ZEC Belate ES2200018. Además de su extensión y el notable espesor de suelo turboso, se reconocen abundantes especies de flora y fauna de gran interés natural.

ESQUEMA GEOLÓGICO

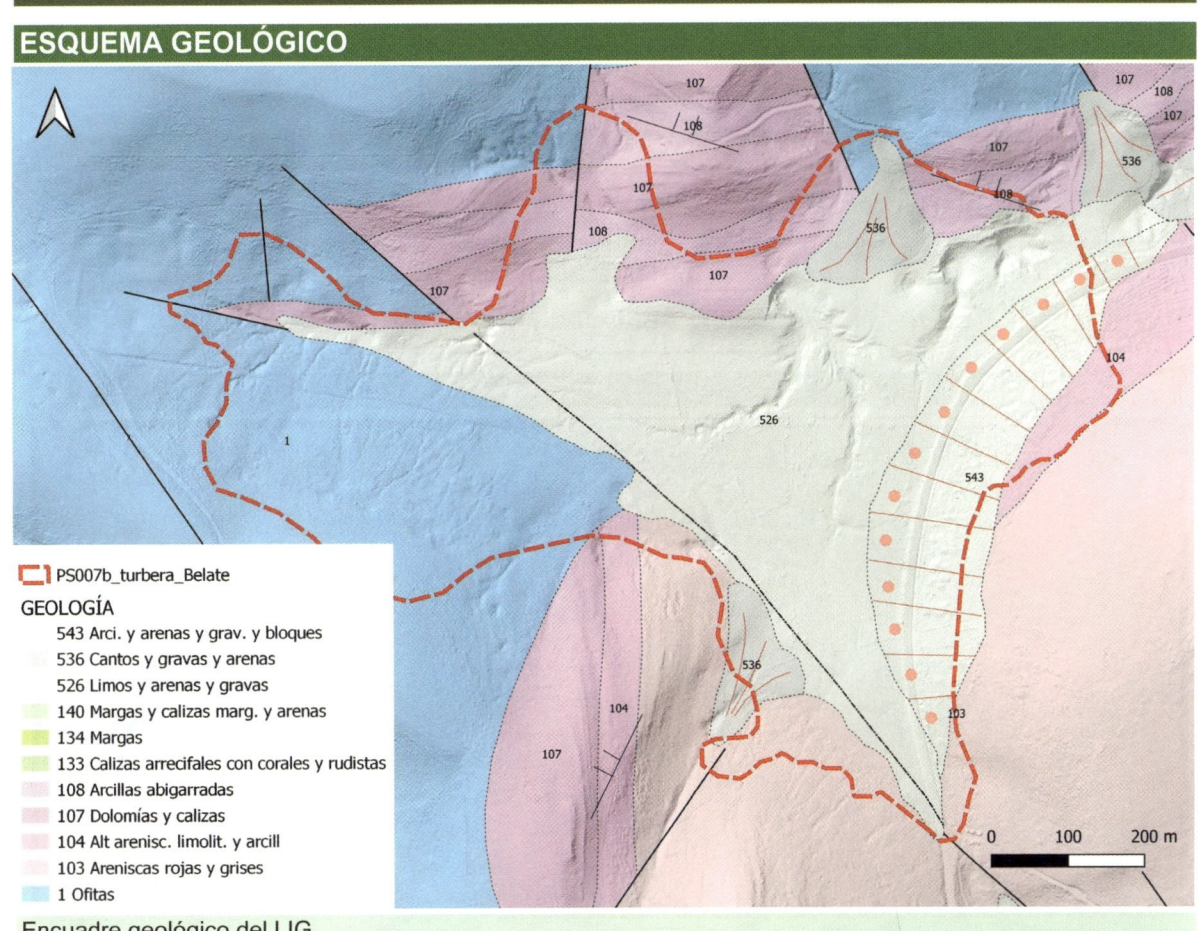

PS007b_turbera_Belate

GEOLOGÍA

543 Arci. y arenas y grav. y bloques
536 Cantos y gravas y arenas
526 Limos y arenas y gravas
140 Margas y calizas marg. y arenas
134 Margas
133 Calizas arrecifales con corales y rudistas
108 Arcillas abigarradas
107 Dolomías y calizas
104 Alt arenisc. limolit. y arcill
103 Areniscas rojas y grises
1 Ofitas

Encuadre geológico del LIG

Vista aérea de la turbera de Belate. Fuente: Gestión ambiental de Navarra. Web del proyecto Life Tremedal (https://lifetremedal.eu/humedales/belate/).

LUGARES DE INTERÉS GEOLÓGICO DE NAVARRA.
DOMINIO SURPIRENAICO

CÓDIGO Y DENOMINACIÓN
PS008 Magnesitas carboníferas de Eugui

VALOR Y TIPO DE INTERÉS GEOLÓGICO

Valor del interés geológico	Tipo de interés geológico	
Científico	Principal	Mineralógico
Didáctico	Secundario	Minero-metalogenético, petrológico, tectónico
Turístico		

UBICACIÓN DEL LIG

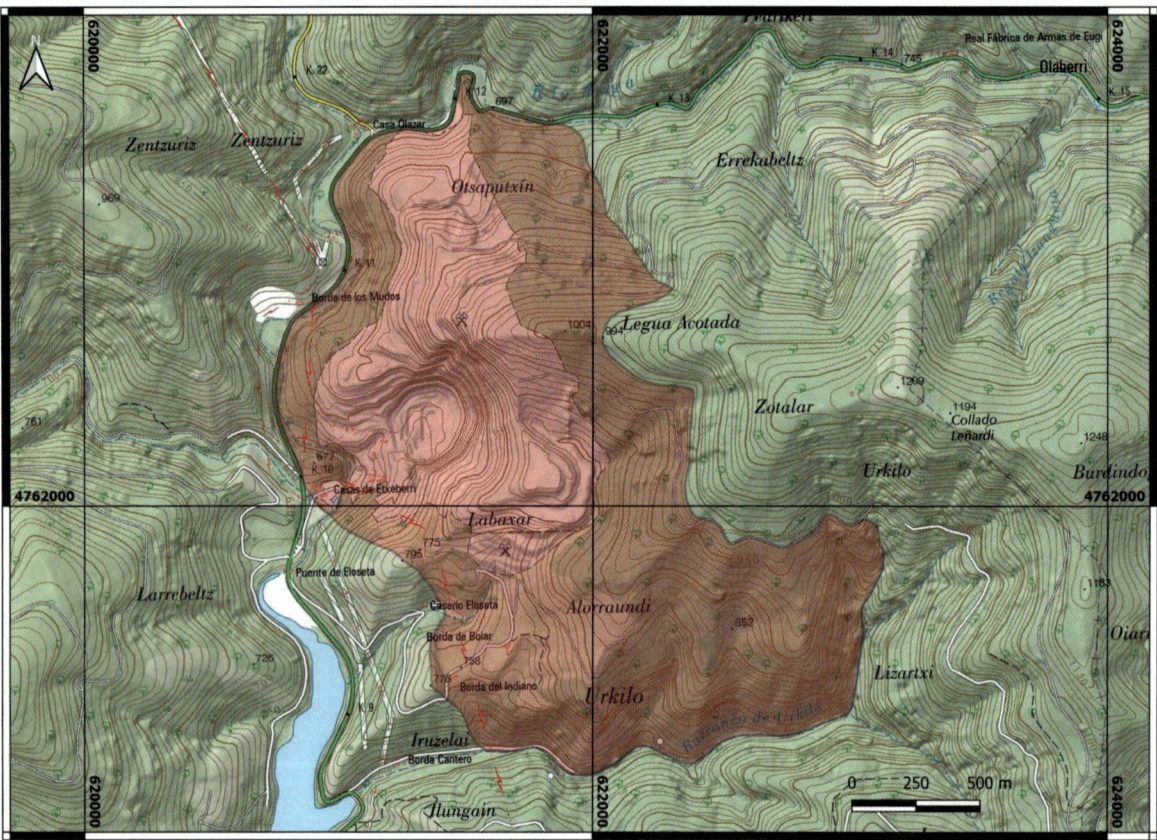

Ubicación y accesos	El acceso a este lugar se realiza a través de la carretera NA-138 sentido Quinto Real, hacia el pK 10. Dado que se trata de una explotación minera, no está autorizado el acceso. Actividades y material didáctico sobre minería en el link "https://www.navarra.es/es/mineria/mineretica".

POR QUÉ ES TAN IMPORTANTE ESTE LUGAR

Es el único yacimiento de magnesita de toda Navarra. Este yacimiento de magnesita corresponde a una formación geológica del Periodo Carbonífero (Namuriense) encajada en dolomías y que forma parte del núcleo de una estructura geológica muy relevante, conocida como el anticlinal de Asturreta. Junto a la magnesita, aparecen otros minerales como dolomita y calcita, además de otros minerales no carbonatados. Los más interesante de este yacimiento es su origen epigenético, por transformación o reemplazo metasomático de calcita a dolomita y a magnesita. La actividad minera se ha desarrollado desde finales de los años cuarenta hasta la actualidad.

ESQUEMA GEOLÓGICO

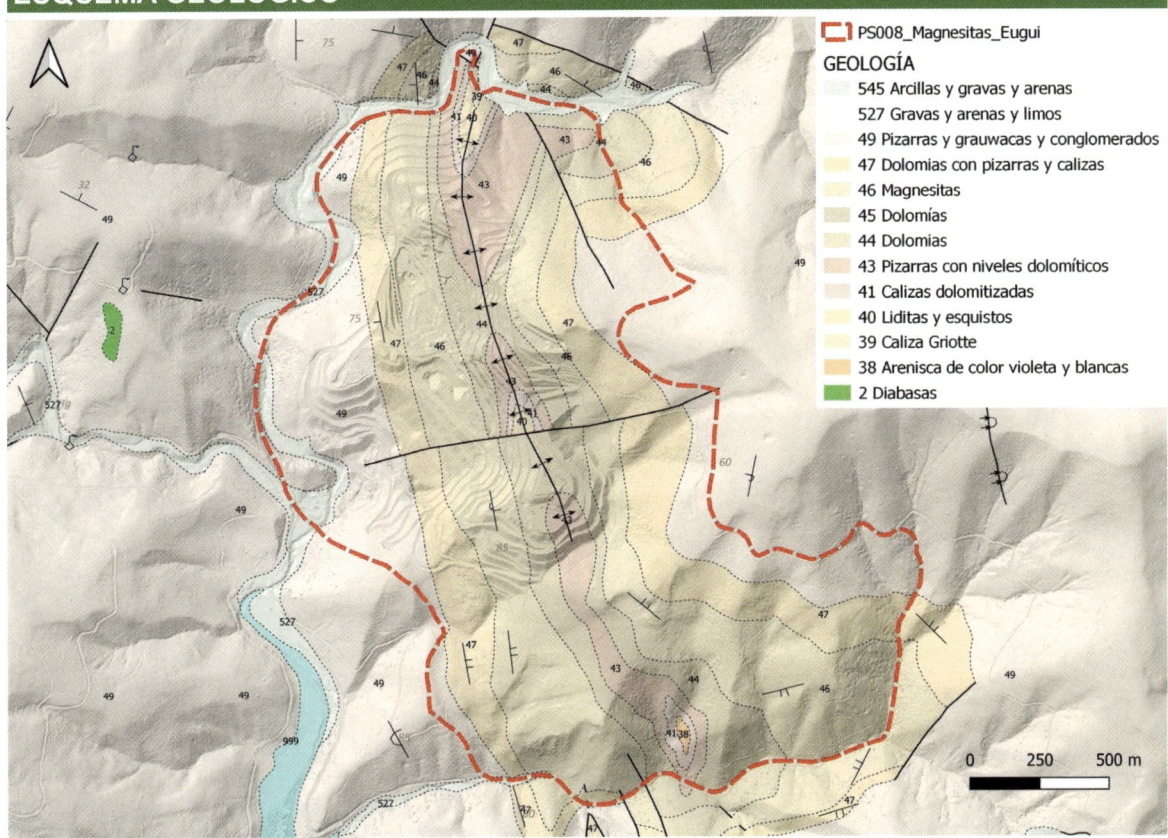

PS008_Magnesitas_Eugui

GEOLOGÍA

- 545 Arcillas y gravas y arenas
- 527 Gravas y arenas y limos
- 49 Pizarras y grauwacas y conglomerados
- 47 Dolomias con pizarras y calizas
- 46 Magnesitas
- 45 Dolomías
- 44 Dolomias
- 43 Pizarras con niveles dolomíticos
- 41 Calizas dolomitizadas
- 40 Liditas y esquistos
- 39 Caliza Griotte
- 38 Arenisca de color violeta y blancas
- 2 Diabasas

Encuadre geológico del LIG

Detalle de cristales de magnesita de hábito romboédrico. Fuente: Dirección General de Obras Públicas e Infraestructuras del Gobierno de Navarra.

71

IMÁGENES REPRESENTATIVAS

Detalle de afloramiento de magnesita (colores blancos y grises). Estructura bandeada y en empalizada, típica del yacimiento. Además de la magnesita, se encuentran minerales como calcita y restos carbonosos. Fuente: Dirección General de Obras Públicas e Infraestructuras del Gobierno de Navarra.

LUGARES DE INTERÉS GEOLÓGICO DE NAVARRA.
DOMINIO SURPIRENAICO

CÓDIGO Y DENOMINACIÓN

PS009 Cuarcitas y esquistos ordovícicos de Valcarlos

VALOR Y TIPO DE INTERÉS GEOLÓGICO

Valor del interés geológico	Tipo de interés geológico	
Científico	Principal	Estratigráfico
Didáctico	Secundario	Tectónico
Turístico		

UBICACIÓN DEL LIG

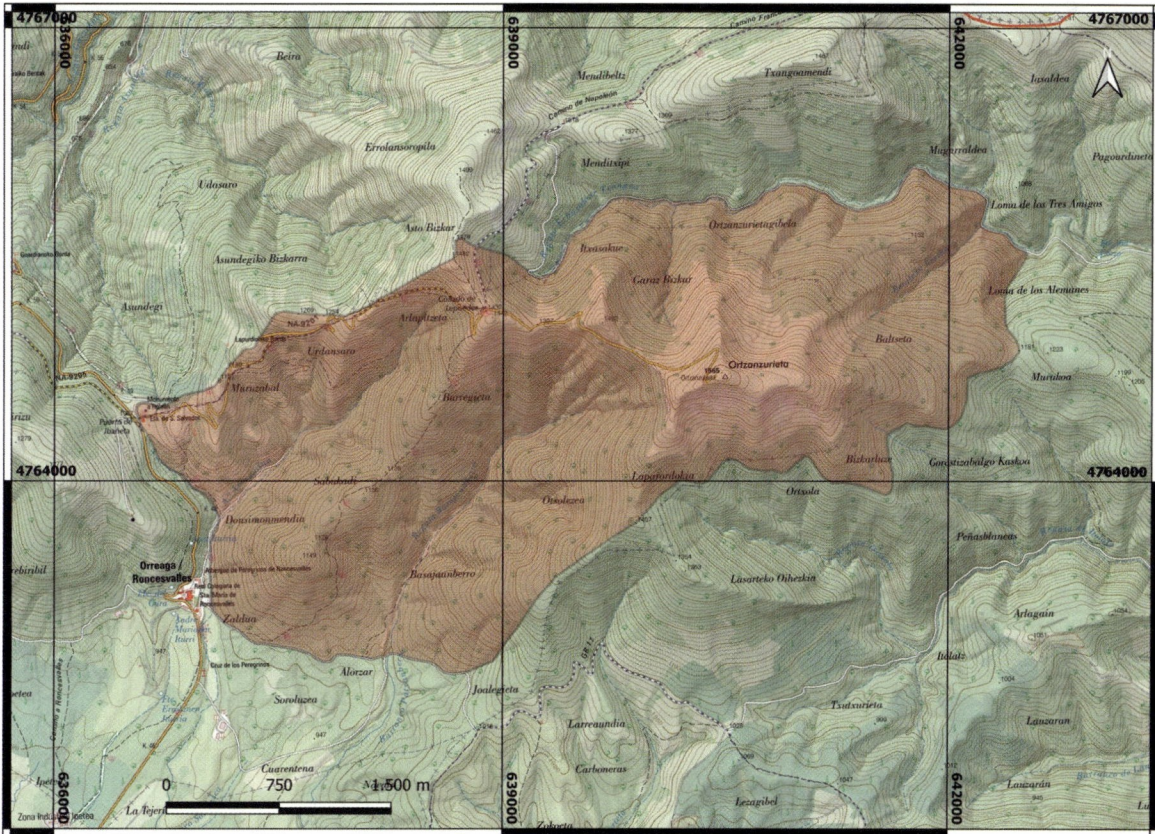

Ubicación y accesos	Tras ascender el puerto de Ibañeta por la carretera NA-135, se alcanza el puerto en el pK 49, junto a la ermita de San Salvador. Desde aquí parte una pista hacia el este, dirigiéndose al monte Ortzanzurrieta, pasando por el collado de Lepoeder. Entre este collado y el citado monte pueden verse algunos afloramientos de cuarcitas. Exigencia física, pendientes muy pronunciadas y expuestas, requiere orientación. Consultar época de visita recomendada.

POR QUÉ ES TAN IMPORTANTE ESTE LUGAR

La importancia de este sector reside en que aquí se encuentran las rocas más antiguas de Navarra, que datan del Periodo Ordovícico, hace aproximadamente 485 millones de años. Los materiales geológicos que aquí afloran son principalmente cuarcitas, además de esquistos.

ESQUEMA GEOLÓGICO

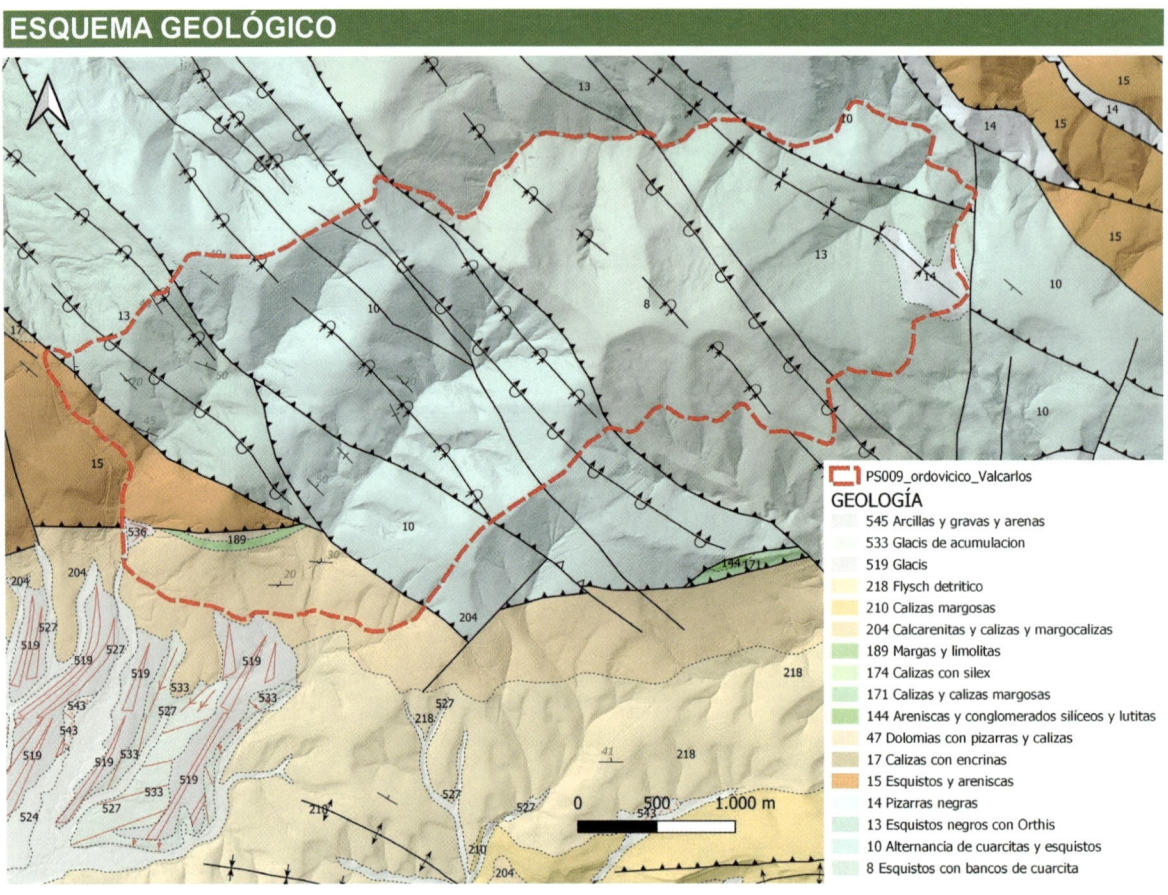

PS009_ordovicico_Valcarlos

GEOLOGÍA

545 Arcillas y gravas y arenas
533 Glacis de acumulacion
519 Glacis
218 Flysch detrítico
210 Calizas margosas
204 Calcarenitas y calizas y margocalizas
189 Margas y limolitas
174 Calizas con silex
171 Calizas y calizas margosas
144 Areniscas y conglomerados silíceos y lutitas
47 Dolomias con pizarras y calizas
17 Calizas con encrinas
15 Esquistos y areniscas
14 Pizarras negras
13 Esquistos negros con Orthis
10 Alternancia de cuarcitas y esquistos
8 Esquistos con bancos de cuarcita

0   500   1.000 m

Encuadre geológico del LIG

Detalle de los esquistos paleozoicos junto al camino de ascenso al monte Ortzanzurrieta.

IMÁGENES REPRESENTATIVAS

Detalle de los afloramientos de esquistos ordovícicos, una de las unidades más antiguas de Navarra.

IMÁGENES REPRESENTATIVAS

Arriba, detalle de las cuarcitas. Abajo, perfil de suelo desarrollado sobre la unidad de esquistos y cuarcitas ordovícicos.

LUGARES DE INTERÉS GEOLÓGICO DE NAVARRA.
DOMINIO SURPIRENAICO

CÓDIGO Y DENOMINACIÓN
PS010 Sistema kárstico de Larra

VALOR Y TIPO DE INTERÉS GEOLÓGICO

Valor del interés geológico	Tipo de interés geológico	
Científico	Principal	Geomorfológico
Didáctico	Secundario	Hidrogeológico
Turístico		

UBICACIÓN DEL LIG

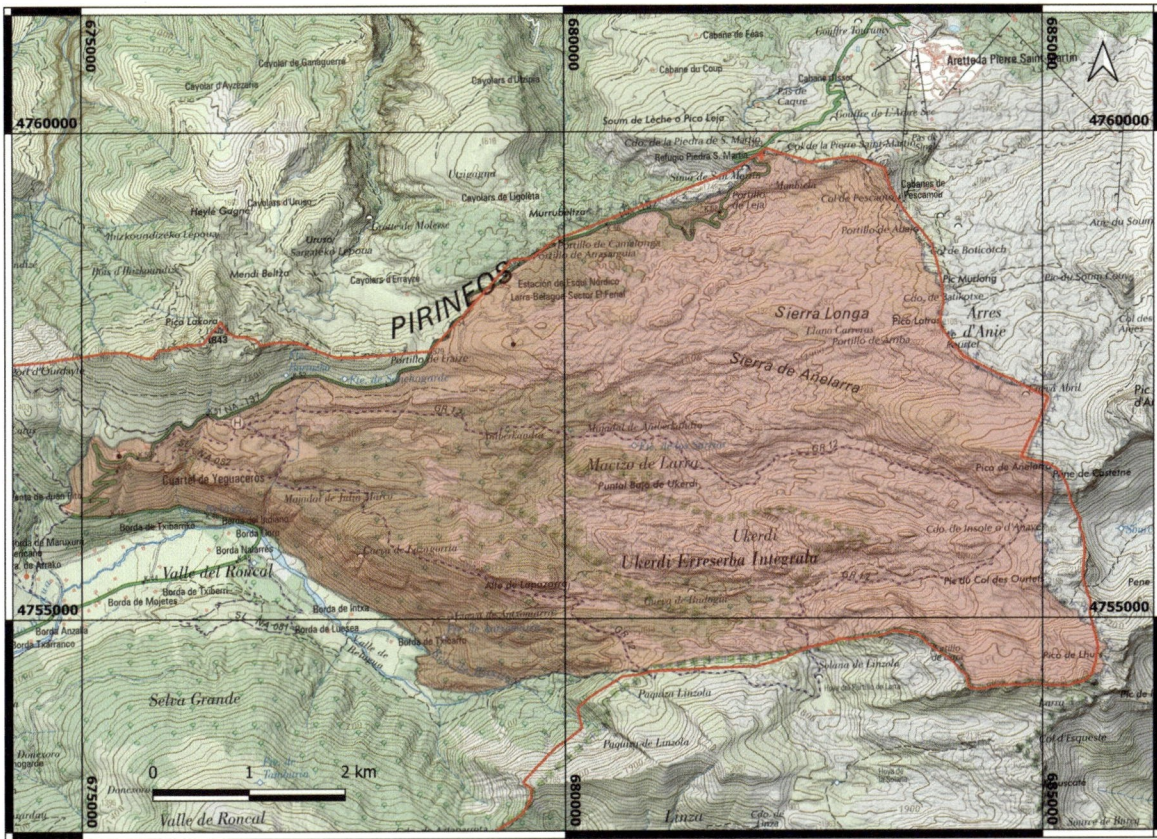

Ubicación y accesos

El acceso principal a este sector tiene lugar desde la carretera NA-137 que, desde Isaba, remonta todo el puerto de Belagua hasta la frontera con Francia. Precaución como en todos los terrenos kársticos. Exigencia física, dificultad de orientación, terreno irregular con numerosas cavidades y simas, pendientes pronunciadas, escarpes expuestos. Consultar guías técnicas para ver las peculiaridades de cada recorrido y la época recomendada. Las simas y cavidades requieren conocimientos técnicos, equipación y autorización previa, sólo con fines científicos.

POR QUÉ ES TAN IMPORTANTE ESTE LUGAR

Constituye el mejor ejemplo de un sistema kárstico de gran extensión. La escasez de vegetación permite identificar multitud de formas exokársticas tales como lapiaces, dolinas y simas, así como formas endokársticas (estalactitas, estalagmitas, columnas, gours,etc). Algo más al norte, en territorio francés, destaca la Sala Verna, de enormes dimensiones y en cuyo interior se puede identicar una gran discordancia entre materiales paleozoicos y mesozoicos.

ESQUEMA GEOLÓGICO

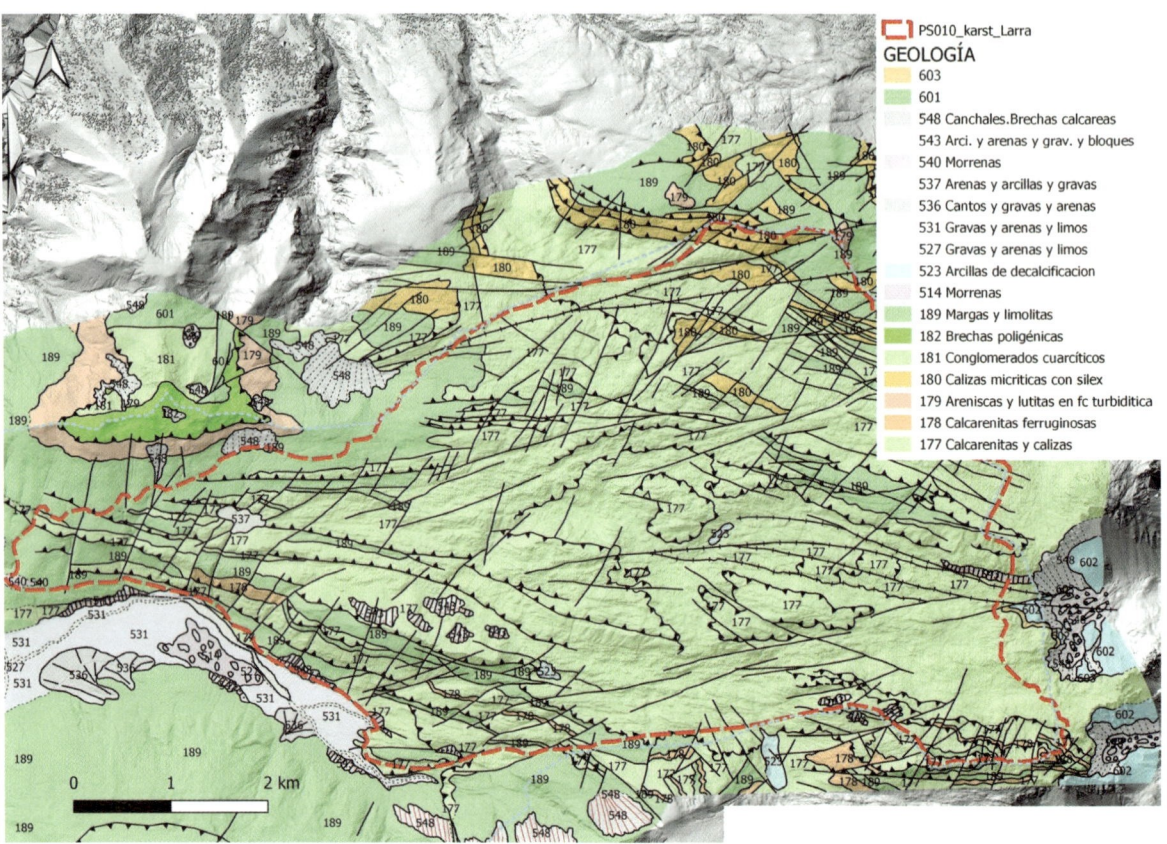

Legend:
- PS010_karst_Larra
- **GEOLOGÍA**
- 603
- 601
- 548 Canchales.Brechas calcareas
- 543 Arci. y arenas y grav. y bloques
- 540 Morrenas
- 537 Arenas y arcillas y gravas
- 536 Cantos y gravas y arenas
- 531 Gravas y arenas y limos
- 527 Gravas y arenas y limos
- 523 Arcillas de decalcificacion
- 514 Morrenas
- 189 Margas y limolitas
- 182 Brechas poligénicas
- 181 Conglomerados cuarcíticos
- 180 Calizas micriticas con silex
- 179 Areniscas y lutitas en fc turbiditica
- 178 Calcarenitas ferruginosas
- 177 Calcarenitas y calizas

Encuadre geológico de

Aspecto general de lapiaz sobre caliza en el sendero de ascenso al monte Arlás.

IMÁGENES REPRESENTATIVAS

Arriba, detalle del lapiaz desarrollado sobre la formación caliza, dando lugar a característicos surcos afilados. Abajo, nódulos de sílex parcialmente alterados, muy frecuentes en la unidad caliza.

IMÁGENES REPRESENTATIVAS

Aspecto general del paisaje kárstico de Larra. Fuente: Dirección General de Obras Públicas e Infraestructuras del Gobierno de Navarra.

Detalle del lapiaz desarrollado en el sustrato rocoso calizo. Fuente: Dirección General de Obras Públicas e Infraestructuras del Gobierno de Navarra.

LUGARES DE INTERÉS GEOLÓGICO DE NAVARRA.
DOMINIO SURPIRENAICO

CÓDIGO Y DENOMINACIÓN
PS040 Llanura fluvio-glaciar del valle de Belagua

VALOR Y TIPO DE INTERÉS GEOLÓGICO

Valor del interés geológico	Tipo de interés geológico	
Científico	Principal	Sedimentológico
Didáctico	Secundario	
Turístico		

UBICACIÓN DEL LIG

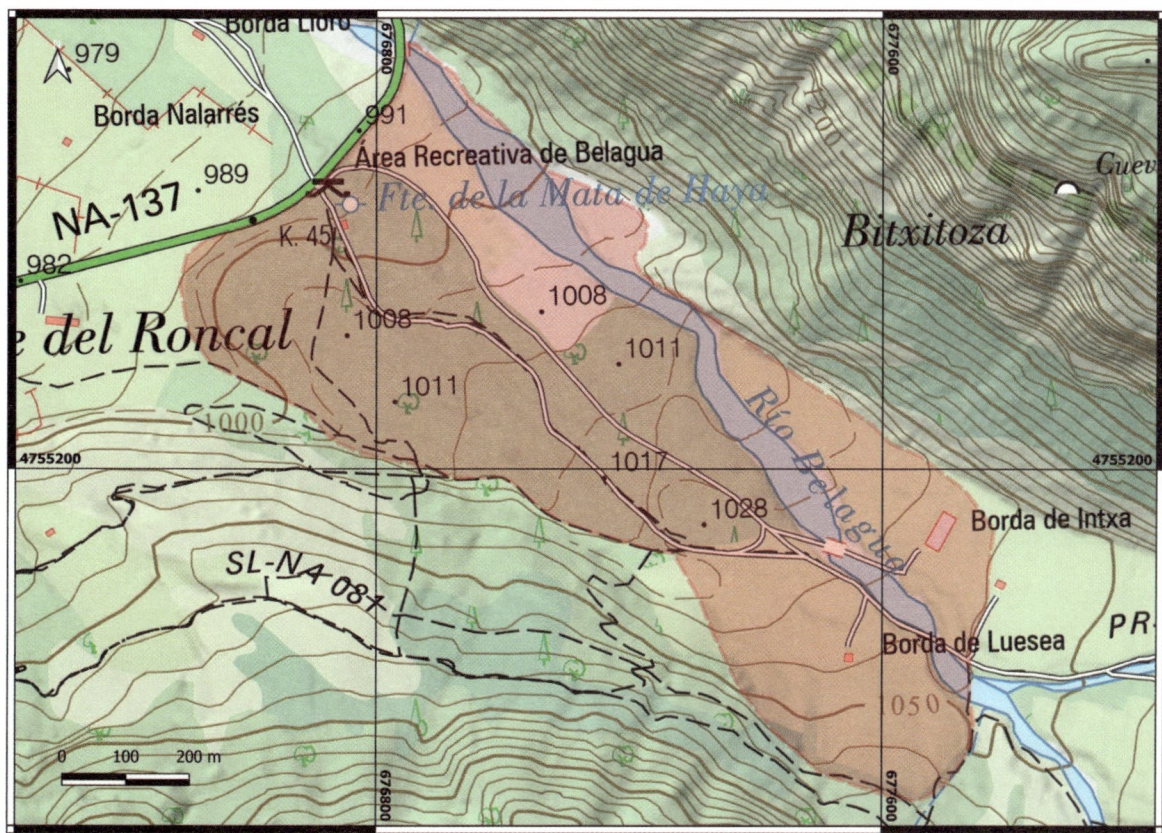

Ubicación y accesos	Existe un área de aparcamiento en la carretera NA-137 entre Isaba y el puerto de Belagua en torno al Km. 45. con un área recreativa. Desde este punto se puede recorrer la zona por la red de senderos habilitados. Precaución en épocas de crecida. Sólo visitable en verano con cauce seco.

POR QUÉ ES TAN IMPORTANTE ESTE LUGAR
El cauce del río Belagua describe una morfología de fondo plano encajada en su llanura de inundación fluvio-glaciar. El río Belagua se encaja en dicha llanura mostrando algunas secciones de interés. También se han identificado depósitos de morrena glaciar de fondo en el área de Mata de Haya.

ESQUEMA GEOLÓGICO

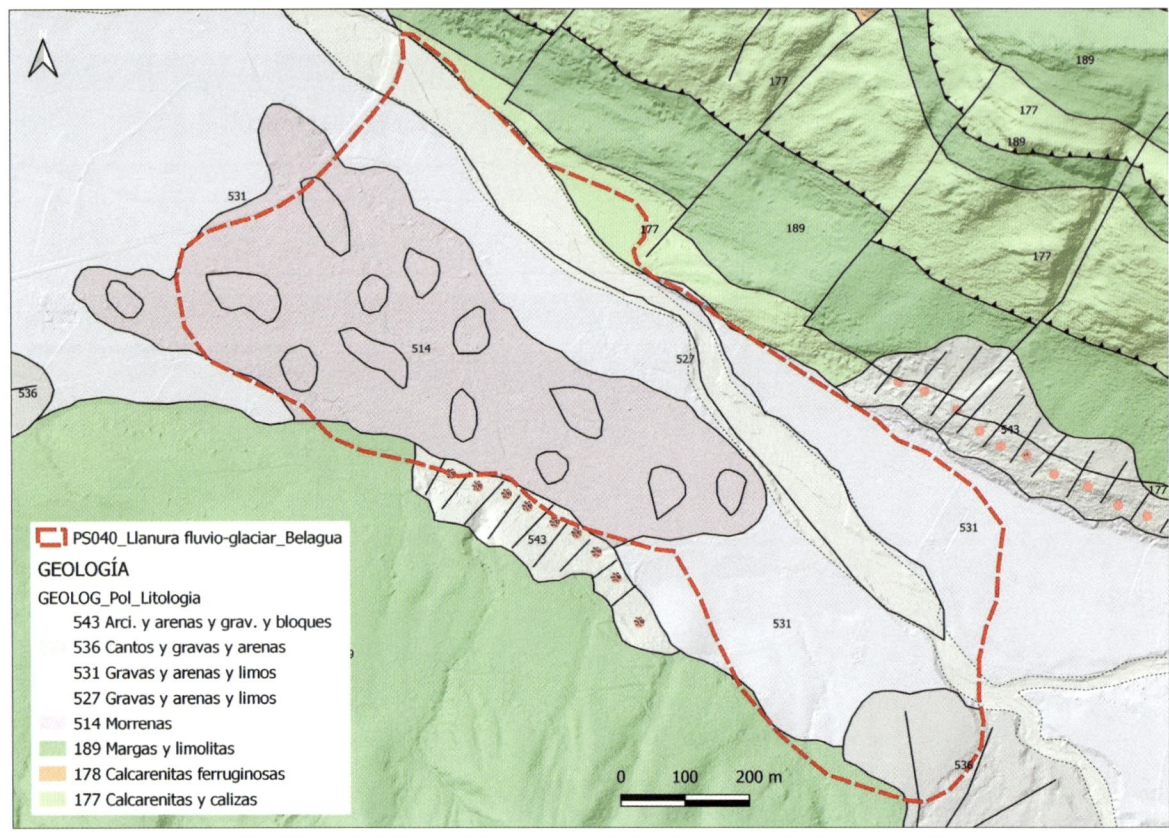

PS040_Llanura fluvio-glaciar_Belagua
GEOLOGÍA
GEOLOG_Pol_Litologia
543 Arci. y arenas y grav. y bloques
536 Cantos y gravas y arenas
531 Gravas y arenas y limos
527 Gravas y arenas y limos
514 Morrenas
189 Margas y limolitas
178 Calcarenitas ferruginosas
177 Calcarenitas y calizas

Encuadre geológico del LIG

Detalle del cauce seco del río Belagua en verano. La sección del cauce se encuentra encajada respecto a la llanura de inundación fluvio-glaciar, como se observa en los laterales del cauce.

IMÁGENES REPRESENTATIVAS

Arriba, vista de los senderos del bosque en el paraje Mata de Haya, junto al aparcamiento. Centro, vista general de la llanura fluvio-glaciar hacia el este. Abajo, detalle de un depósito fluvial del río Belagua en las secciones de encajamiento de dicho río.

LUGARES DE INTERÉS GEOLÓGICO DE NAVARRA.
DOMINIO SURPIRENAICO

CÓDIGO Y DENOMINACIÓN
PS011 Comba anticlinal de Isaba-Belabarce

VALOR Y TIPO DE INTERÉS GEOLÓGICO

Valor del interés geológico	Tipo de interés geológico	
Científico	Principal	Tectónico
Didáctico	Secundario	Geomorfológico
Turístico		

UBICACIÓN DEL LIG

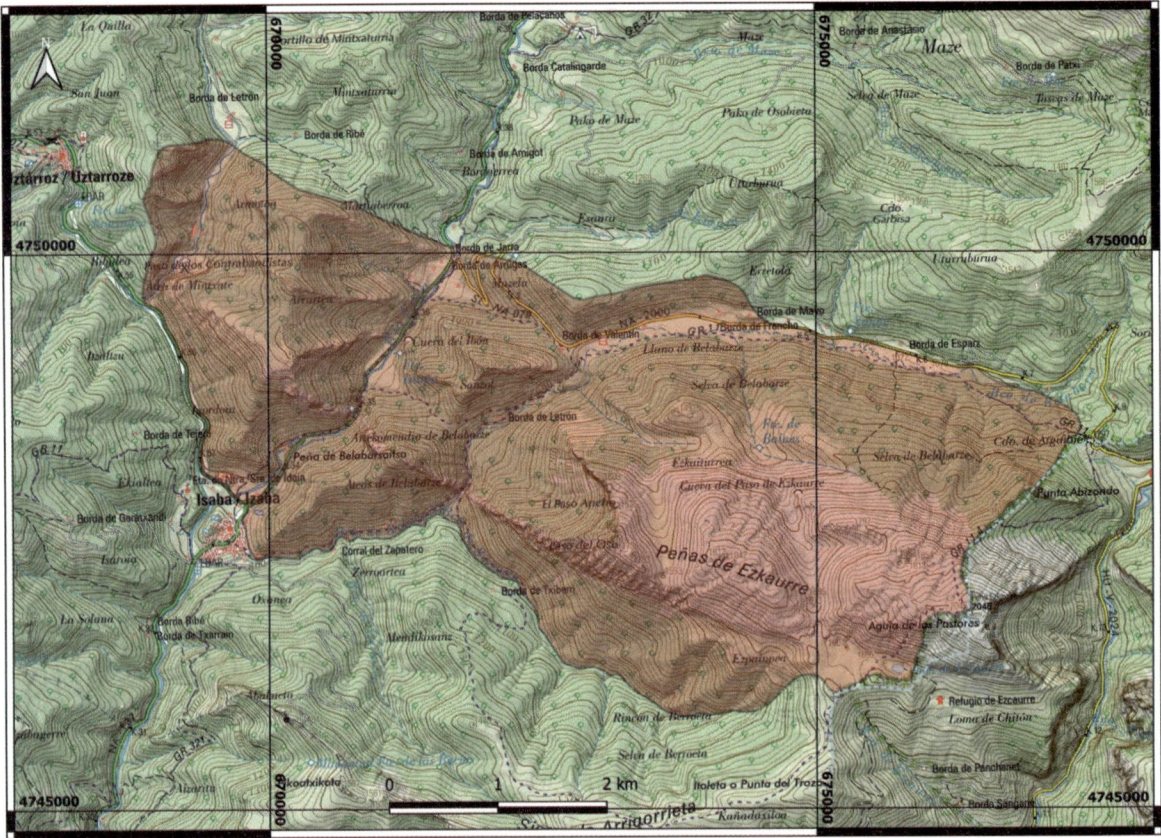

Ubicación y accesos

Acceso desde Isaba a través de la carretera NA-137. Desde aquí, una pista parte hacia las Ateas de Belabarce para cruzar todo el pliegue y contemplar la comba anticlinal. Más al oeste, en la NA-140 hacia el Km. 55,5 se encuentra la foz de Mintxate, que secciona la misma estructura geológica. Exigencia física en algunos sectores y dificultad de orientación. Pendientes pronunciadas, escarpes expuestos y áreas con riesgo de desprendimiento de rocas. Consultar guías técnicas para seleccionar la ruta más recomendable y la época adecuada.

POR QUÉ ES TAN IMPORTANTE ESTE LUGAR

Constituye uno de los mejores ejemplos de plegamiento alpino con desarrollo de pliegues anticlinales y sinclinales de gran desarrollo y orientación pirenaica (NO-SE), que han sido parcialmente erosionados, dando lugar a una comba anticlinal de grandes dimensiones. Los estratos de sus flancos están muy verticalizados, llegando a observarse inversiones de la serie estratigráfica. El acceso desde Isaba permite disfrutar del contraste entre las formaciones flysch eocenas y los grandes farallones calizos que forman los flancos de este anticlinal.

ESQUEMA GEOLÓGICO

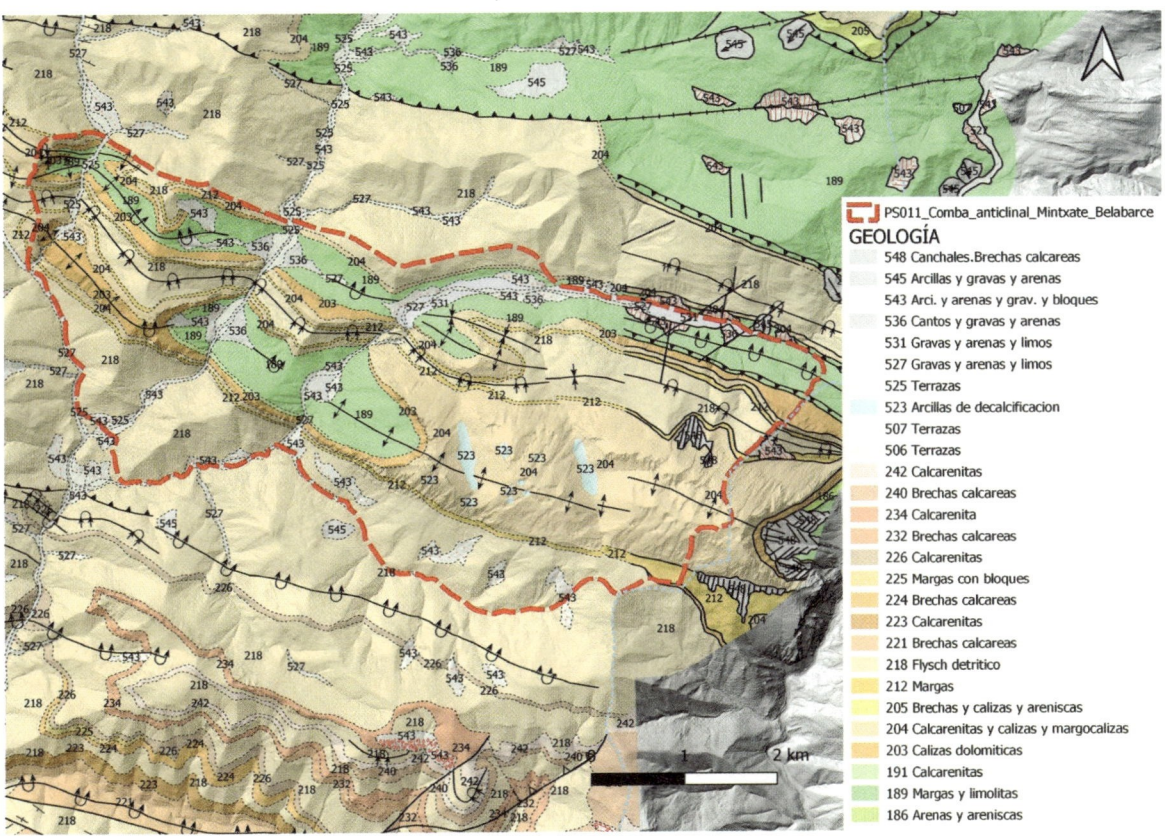

PS011_Comba_anticlinal_Mintxate_Belabarce

GEOLOGÍA

- 548 Canchales.Brechas calcareas
- 545 Arcillas y gravas y arenas
- 543 Arci. y arenas y grav. y bloques
- 536 Cantos y gravas y arenas
- 531 Gravas y arenas y limos
- 527 Gravas y arenas y limos
- 525 Terrazas
- 523 Arcillas de decalcificacion
- 507 Terrazas
- 506 Terrazas
- 242 Calcarenitas
- 240 Brechas calcareas
- 234 Calcarenita
- 232 Brechas calcareas
- 226 Calcarenitas
- 225 Margas con bloques
- 224 Brechas calcareas
- 223 Calcarenitas
- 221 Brechas calcareas
- 218 Flysch detritico
- 212 Margas
- 205 Brechas y calizas y areniscas
- 204 Calcarenitas y calizas y margocalizas
- 203 Calizas dolomiticas
- 191 Calcarenitas
- 189 Margas y limolitas
- 186 Arenas y areniscas

Encuadre geológico del LIG

Aspecto general de la comba anticlinal, resultado del desmantelamiento de la estructura por la erosión de las aguas asociadas al río Belagua (izda) y el barranco de Belabarce (dcha).

IMÁGENES REPRESENTATIVAS

Detalle de las Ateas de Belabarce, escarpes rocosos formados por la erosión de las aguas del barranco de Belabarce. Se trata de unidades de calizas tableadas y calizas masivas paleocenas que marcan el tránsito con las formaciones en facies flysch eocenas.

Detalle de la cascada de Belabarce, situada en el flanco norte del anticlinal, más al norte de las Ateas.

LUGARES DE INTERÉS GEOLÓGICO DE NAVARRA.
DOMINIO SURPIRENAICO

CÓDIGO Y DENOMINACIÓN

PS012 Flysch eoceno del valle de Roncal y Navascués

VALOR Y TIPO DE INTERÉS GEOLÓGICO

Valor del interés geológico	Tipo de interés geológico	
Científico	Principal	Sedimentológico
Didáctico	Secundario	Tectónico
Turístico		

UBICACIÓN DEL LIG

Ubicación y accesos

A lo largo de la carretera NA-137 desde Salvatierra de Esca hacia el norte, se pueden reconocer diferentes afloramientos de formaciones flysch. Un ejemplo de este tipo de material se puede contemplar por el paseo que parte de Isaba hacia las Ateas de Belabarce o por la red de senderos existentes por la zona (consultar guías técnicas). También desde el área de estacionamiento provisional situado poco antes de llegar a la localidad de Isaba (Km 31,5). No está permitido el tránsito a pie por la carretera.

POR QUÉ ES TAN IMPORTANTE ESTE LUGAR

La sección del flysch eoceno de Isaba recoge magníficos ejemplos de deformación tectónica y replegamiento de este tipo de materiales geológicos, que forman parte de una sucesión turbidítica denominada Grupo Hecho. Pueden reconocerse pliegues isopacos, pliegues similares, pliegues en chevron, fallas, sigmoides de deformación y otras peculiaridades de la deformación tectónica de este tipo de materiales. Presentan estructura interna característica del ambiente submarino en el que se formaron (secuencia de Bouma), que permite analizar las peculiaridades de dicho ambiente de depósito.

ESQUEMA GEOLÓGICO

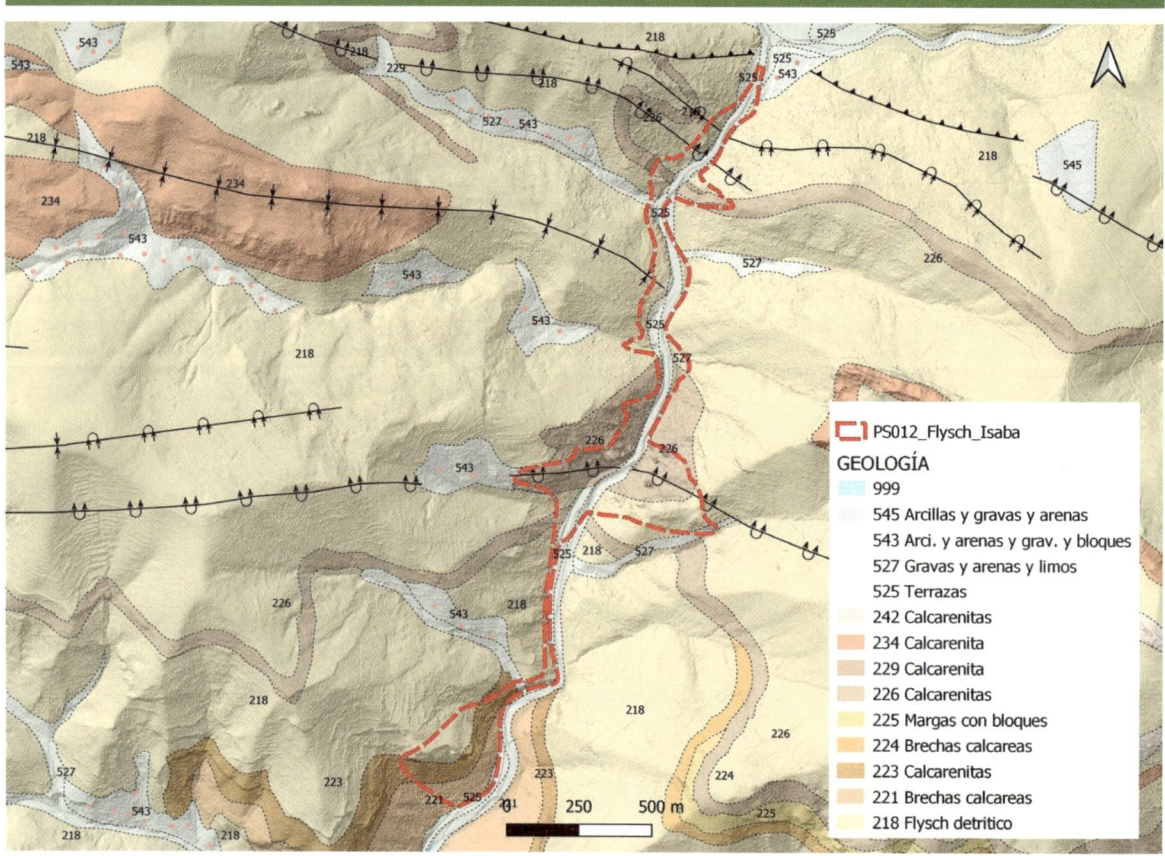

PS012_Flysch_Isaba

GEOLOGÍA
- 999
- 545 Arcillas y gravas y arenas
- 543 Arci. y arenas y grav. y bloques
- 527 Gravas y arenas y limos
- 525 Terrazas
- 242 Calcarenitas
- 234 Calcarenita
- 229 Calcarenita
- 226 Calcarenitas
- 225 Margas con bloques
- 224 Brechas calcareas
- 223 Calcarenitas
- 221 Brechas calcareas
- 218 Flysch detritico

Encuadre geológico del LIG

Pliegues anticlinales y sinclinales apretados en el flysch. A la izquierda, pliegue en V de tipo chevron. A la derecha, pliegue con varios planos y familias de fracturas que desdibujan el pliegue. Se recuerda que no está autorizado el tránsito a pie por carretera. Sólo para fines científicos, con autorización y medidas de seguridad.

IMÁGENES REPRESENTATIVAS

Detalle de pliegue en materiales del flysch, donde se aprecian capas más competentes de caliza / calcarenita y más blandos de marga / arcilla. El núcleo del pliegue está parcialmente tapado por hormigón proyectado.

Aspecto del flysch con buzamientos suaves, donde se observan varias fracturas verticales.

Detalle de la facies flysch donde se reconocen estratos más competentes de naturaleza arenisca entre los que se intercalan otros estratos más blandos de naturaleza arcillosa. En la imagen superior se aprecia la esquistosidad que afecta principalmente a los estratos más blandos.

LUGARES DE INTERÉS GEOLÓGICO DE NAVARRA.
DOMINIO SURPIRENAICO

CÓDIGO Y DENOMINACIÓN
PS012 Flysch eoceno del valle de Roncal y Navascués

VALOR Y TIPO DE INTERÉS GEOLÓGICO

Valor del interés geológico	Tipo de interés geológico	
Científico	Principal	Sedimentológico
Didáctico	Secundario	Tectónico
Turístico		

UBICACIÓN DEL LIG

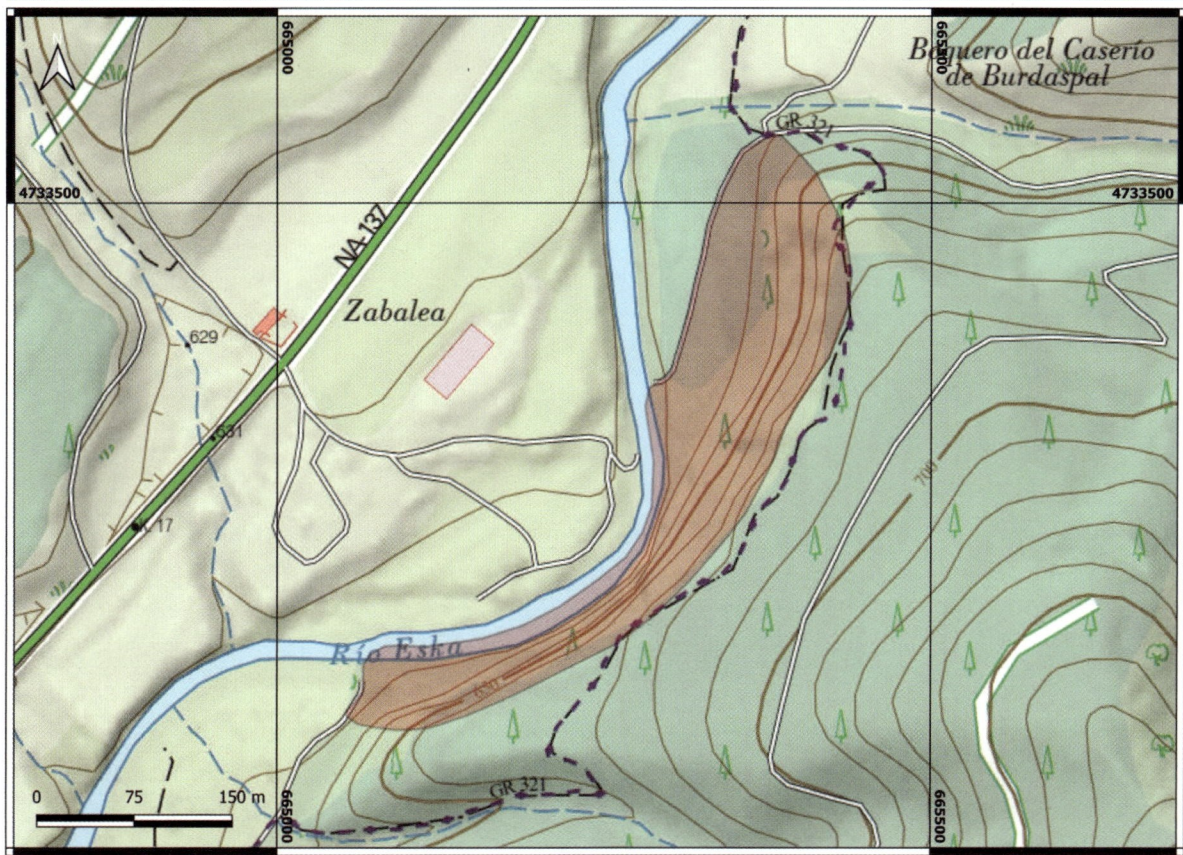

Ubicación y accesos	Un buen punto de observación se sitúa en la carretera NA-137 entre Burgui y Roncal, pasado el km. 17, donde el meandro del río Eska ha creado una buena sección, visible desde la margen derecha.

POR QUÉ ES TAN IMPORTANTE ESTE LUGAR
La sección del flysch eoceno de Burgui recoge también magníficos ejemplos de deformación tectónica y replegamiento de este tipo de materiales geológicos, que forman parte de una sucesión turbidítica denominada Grupo Hecho, constituida por areniscas y margas.

ESQUEMA GEOLÓGICO

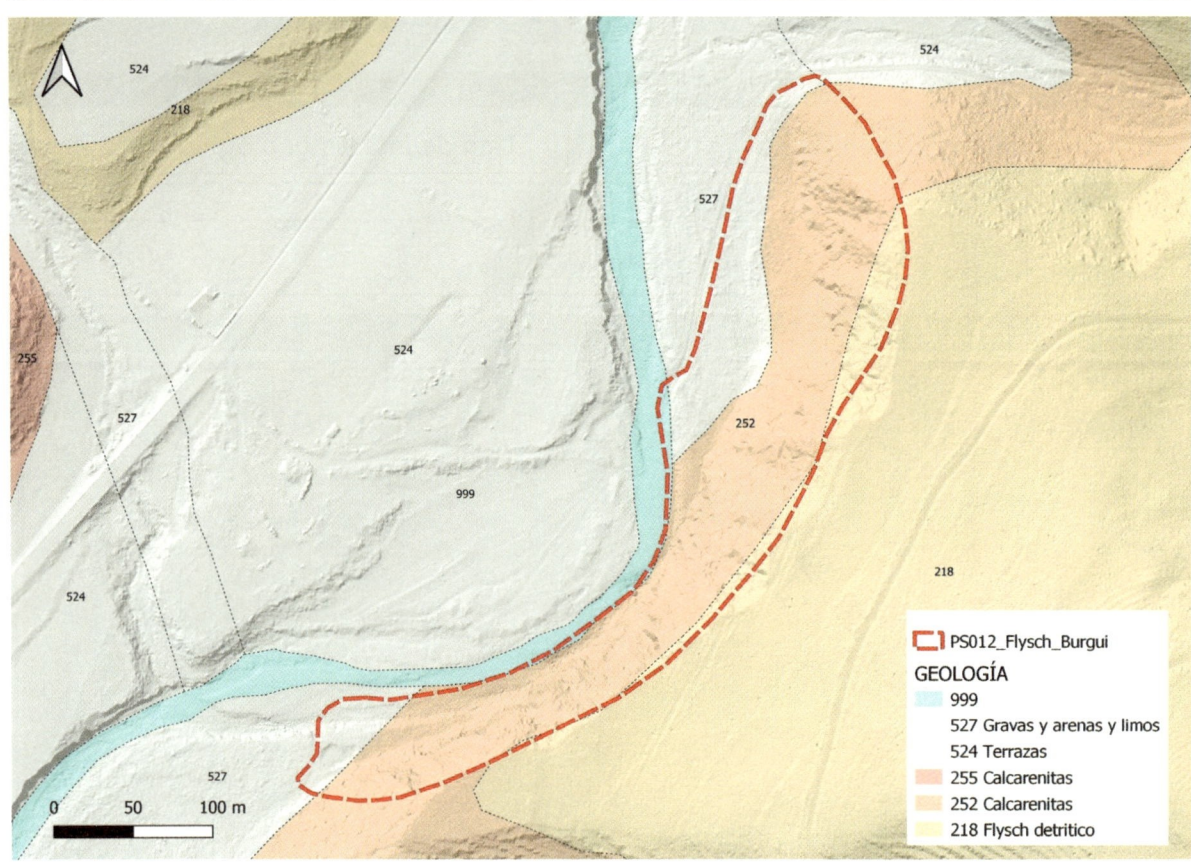

Encuadre geológico del LIG

Aspecto general del afloramiento de facies flysch desde la margen derecha del río Eska.

IMÁGENES REPRESENTATIVAS

La sección en facies flysch de este afloramiento permite identificar dos tramos, inferior y superior, con estratos tabulares y rectilíneos, en los que se intercala un tramo intermedio con estratos replegados y muy deformados.

LUGARES DE INTERÉS GEOLÓGICO DE NAVARRA.
DOMINIO SURPIRENAICO

CÓDIGO Y DENOMINACIÓN

PS012 Flysch eoceno del valle de Roncal y Navascués

VALOR Y TIPO DE INTERÉS GEOLÓGICO

Valor del interés geológico	Tipo de interés geológico	
Científico	Principal	Sedimentológico
Didáctico	Secundario	Tectónico
Turístico		

UBICACIÓN DEL LIG

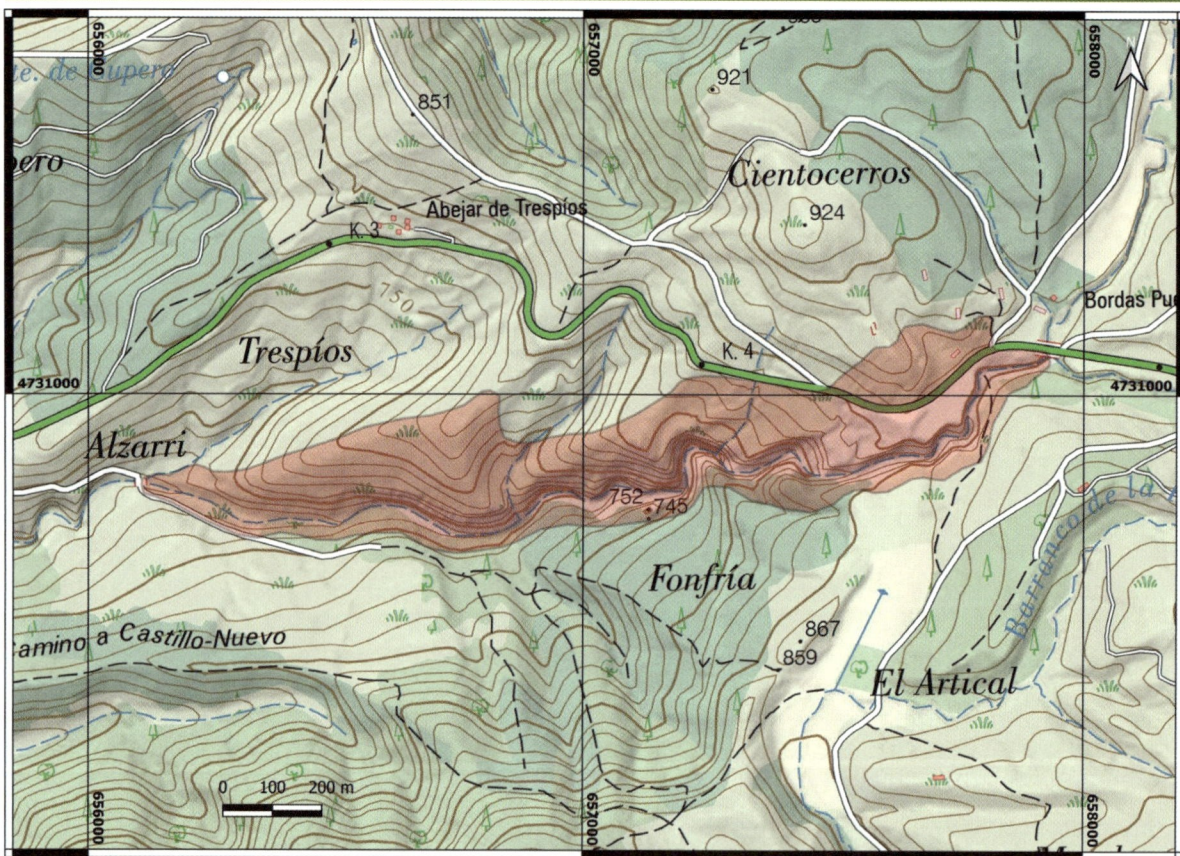

Ubicación y accesos	Se accede a este entorno a través de la carretera N-214 entre las localidades de Navascués y Burgui. El acceso más próximo se sitúa en torno al pK 4,5 de dicha carretera, no existiendo una zona habilitada de estacionamiento. No está permitido el tránsito por la carretera. Recomendado únicamente con fines científicos y sólo con las debidas medidas de seguridad. Precaución en épocas de crecida.

POR QUÉ ES TAN IMPORTANTE ESTE LUGAR

La anchura del barranco de Fonfría en este sector permite observar en toda su plenitud esta formación eocena en facies flysch. Se puede apreciar con toda nitidez las diferentes litologías presentes en el flysch (areniscas y margas) y las diferentes estructuras sedimentarias que presentan, típicas de un ambiente de depósito marino.

ESQUEMA GEOLÓGICO

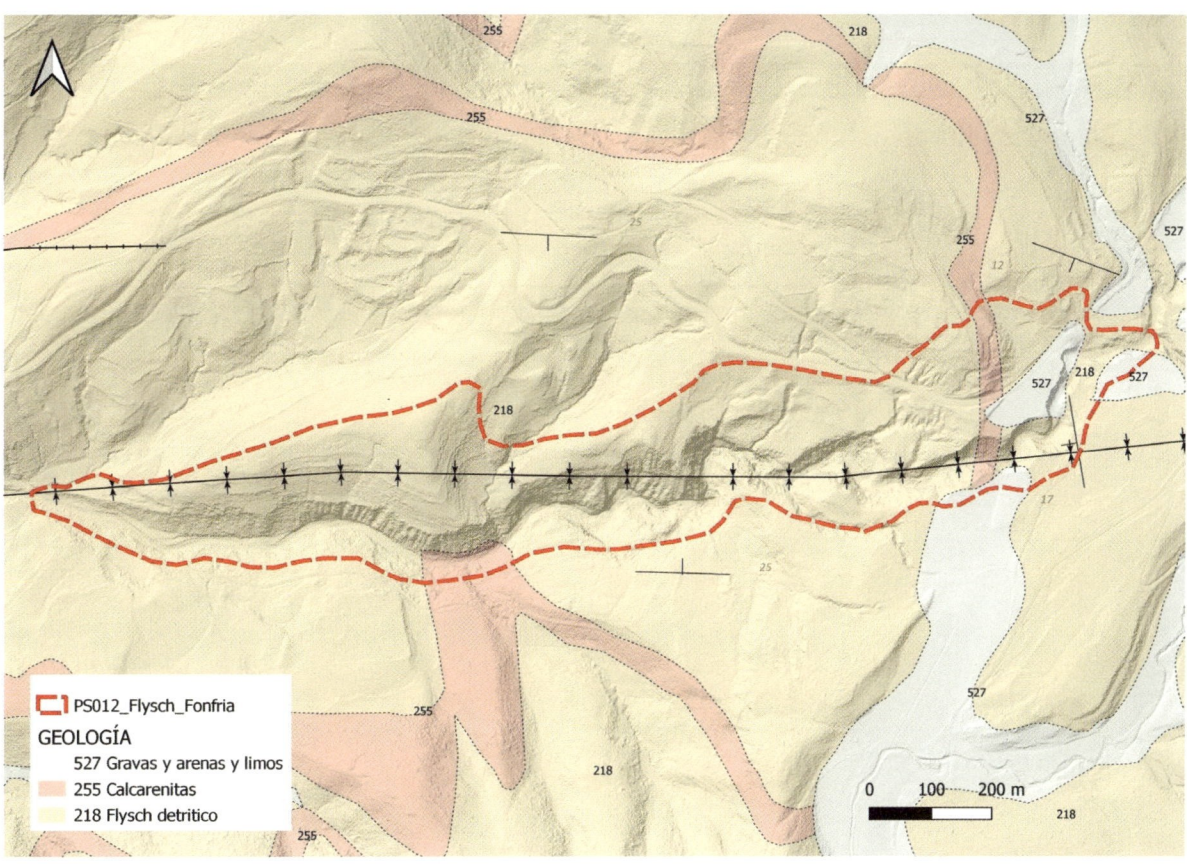

PS012_Flysch_Fonfria

GEOLOGÍA

527 Gravas y arenas y limos
255 Calcarenitas
218 Flysch detritico

0   100   200 m

Encuadre geológico del LIG

Aspecto general de la formación en facies flysch en el interior del barranco de Fonfría. Puede verse con toda claridad el predominio margoso en el tramo de base visible, aumentando la fracción de arenicas hacia techo. En los laterales del barranco (sin necesidad de descender a su interior), se pueden observar algunos rasgos sedimentarios del flysch.

LUGARES DE INTERÉS GEOLÓGICO DE NAVARRA.
DOMINIO SURPIRENAICO

CÓDIGO Y DENOMINACIÓN
PS013 Comba anticlinal de Goñiburu

VALOR Y TIPO DE INTERÉS GEOLÓGICO

Valor del interés geológico	Tipo de interés geológico	
Científico	Principal	Tectónico
Didáctico	Secundario	Geomorfológico
Turístico		

UBICACIÓN DEL LIG

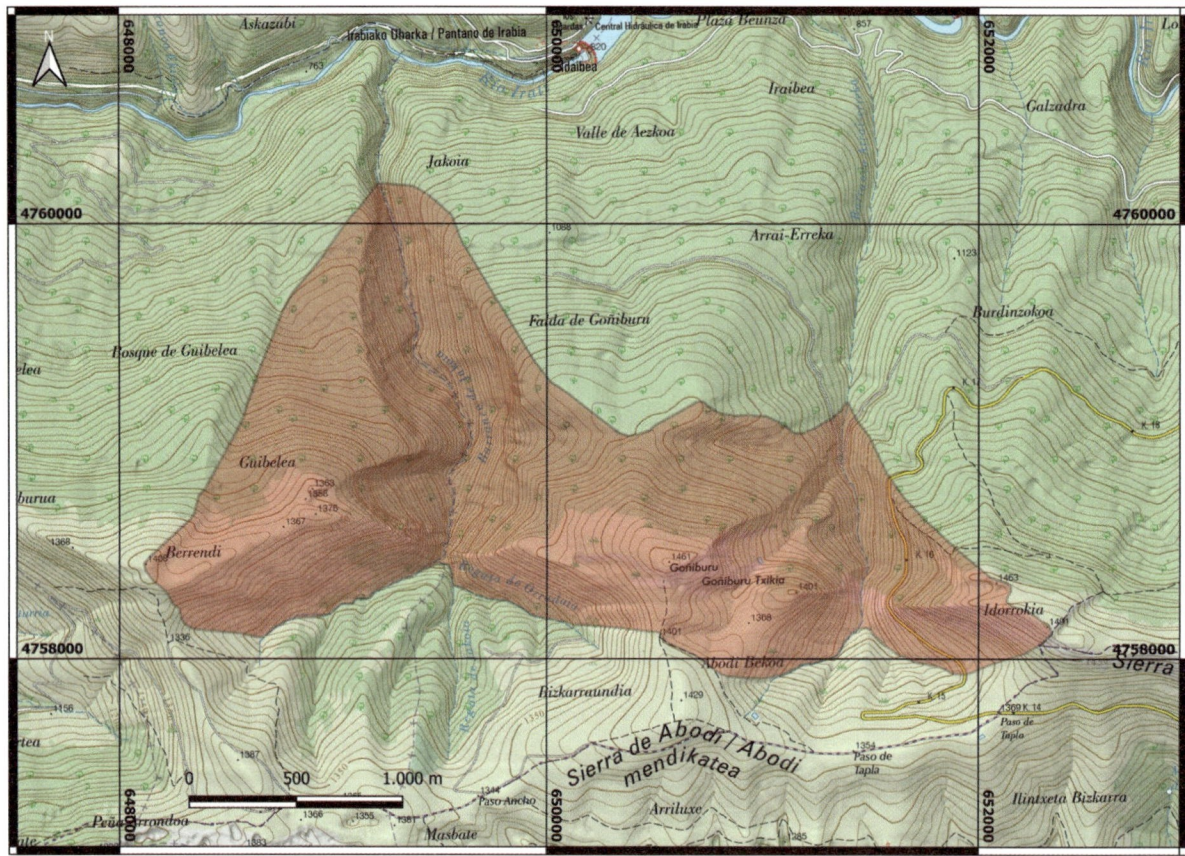

Ubicación y accesos	El acceso se lleva a cabo a través de la carretera NA-2012 que parte de Ochagavía hacia el norte, hasta el pK 14. Pendientes pronunciadas y crestas expuestas. Requiere orientación.

POR QUÉ ES TAN IMPORTANTE ESTE LUGAR
El aspecto más destacable de este lugar lo constituyen las diferentes estructuras geológicas aquí representadas. Por un lado, una falla normal marca un límite topográfico hacia el sur de la Sierra de Abodi. Los resaltes topográficos más elevados de la Sierra de Abodi están constituidos por lineaciones de pliegues anticlinales y sinclinales de dirección pirenaica (NO-SE o casi ONO-ESE) que en ocasiones son cortados por los barrancos, como es el caso de Goñiburu, donde la erosión permite ver el intenso replegamiento de estas estructuras y mostrando una comba anticlinal.

ESQUEMA GEOLÓGICO

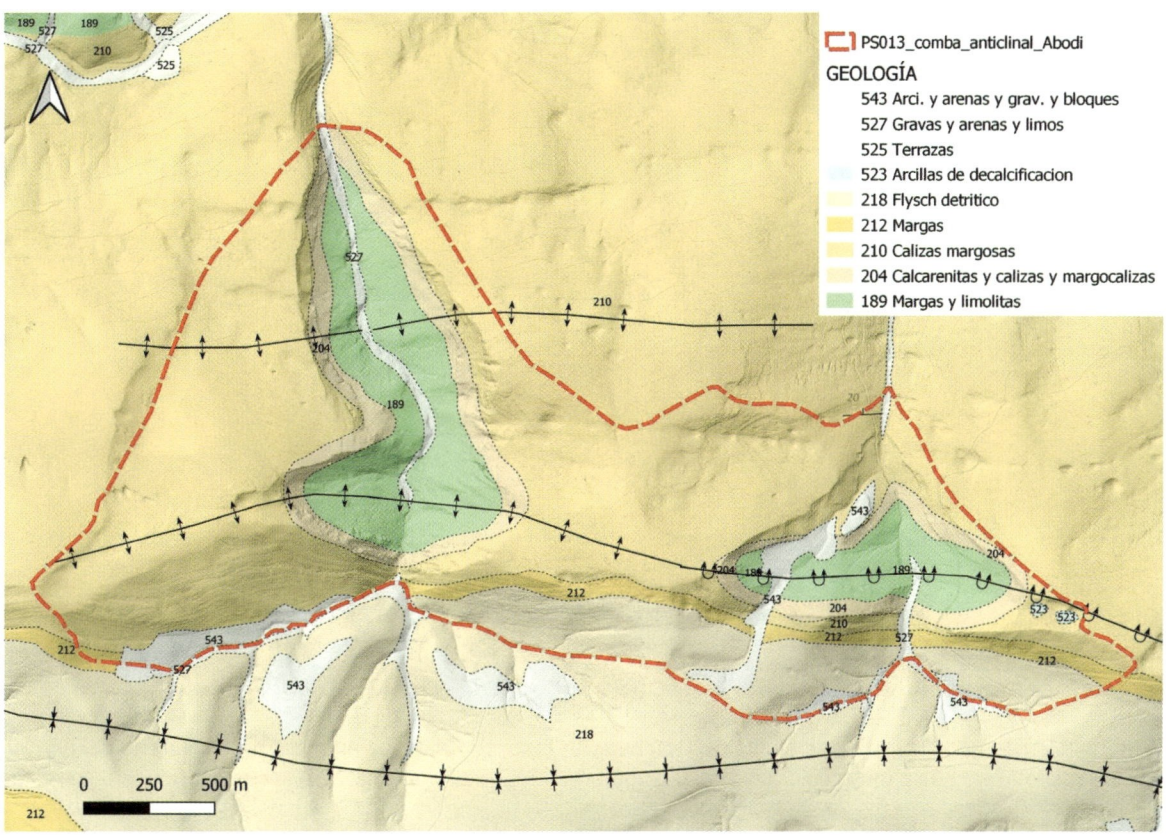

PS013_comba_anticlinal_Abodi
GEOLOGÍA
- 543 Arci. y arenas y grav. y bloques
- 527 Gravas y arenas y limos
- 525 Terrazas
- 523 Arcillas de decalcificacion
- 218 Flysch detritico
- 212 Margas
- 210 Calizas margosas
- 204 Calcarenitas y calizas y margocalizas
- 189 Margas y limolitas

Encuadre geológico del LIG

Afloramiento de los estratos calizos en el ascenso al monte Goñiburu. Se aprecia como los estratos de caliza presentan buzamiento elevado hacia el sur (izquierda).

IMÁGENES REPRESENTATIVAS

Vista de la cima de Idorrokia desde el alto de Goñiburu. La sección observable muestra en contorno del pliegue anticlinal cuyo núcleo está muy cubierto por el bosque.

Vista de detalle de la estructura geológica que esconde la sierra de Abodi y que gracias a la erosión de las aguas de escorrentía, aflora en superficie.

LUGARES DE INTERÉS GEOLÓGICO DE NAVARRA. DOMINIO SURPIRENAICO

CÓDIGO Y DENOMINACIÓN
PS014 Foces de Altea y Ugarrón. Cabalgamiento de Idokorri

VALOR Y TIPO DE INTERÉS GEOLÓGICO

Valor del interés geológico	Tipo de interés geológico	
Científico	Principal	Tectónico
Didáctico	Secundario	Geomorfológico
Turístico		

UBICACIÓN DEL LIG

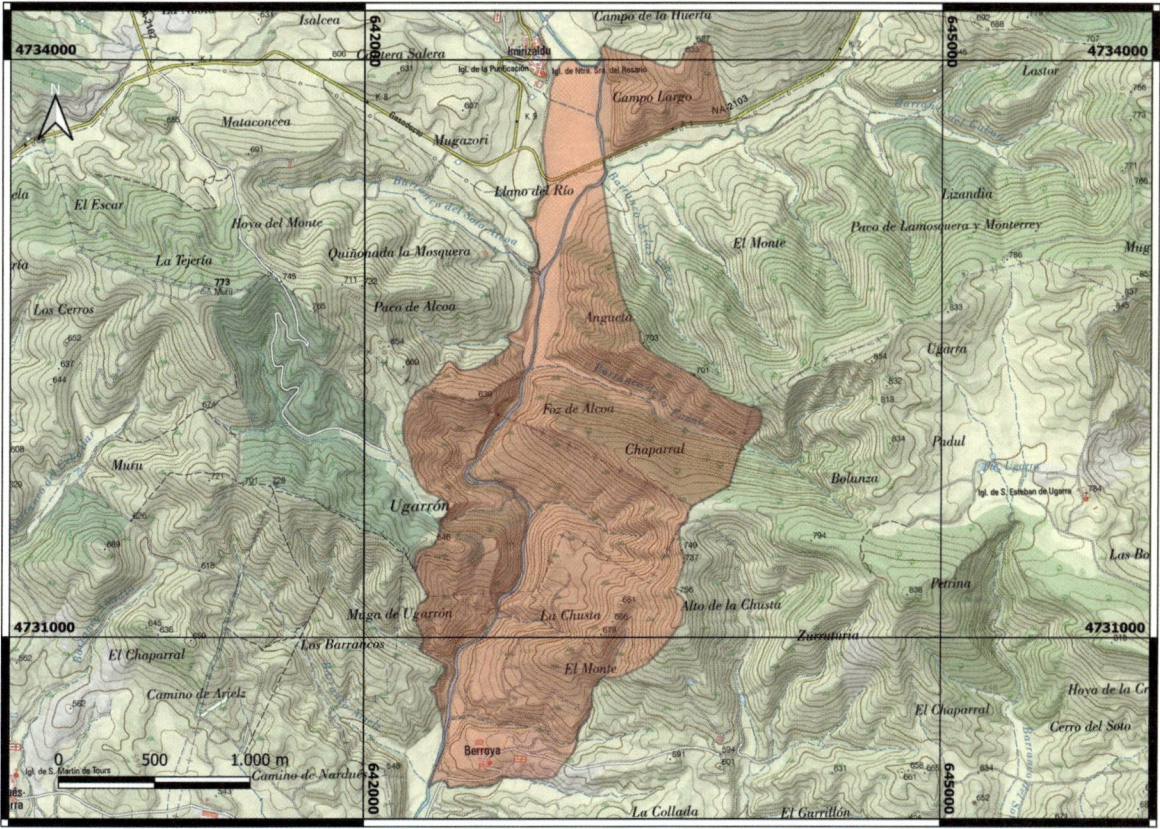

Ubicación y accesos	A través de la carretera NA-2110 se alcanza la localidad de Murillo-Berroya, continuando hasta la pequeña localidad de Berroya. Desde allí comienza el paseo para recorrer las foces de Ugarrón y Alcoa. Otra posibilidad es acceder por el norte desde la localidad de Imirizaldu por la NA-2103. Algún punto de observación está algo expuesto. Algunos tramos atraviesan laderas con pendiente pronunciada y riesgo de desprendimiento de bloques.

POR QUÉ ES TAN IMPORTANTE ESTE LUGAR
La belleza estética de este lugar es, sin lugar a dudas, uno de los factores más importantes para su valoración. El verdadero interés de este lugar es que permite observar con claridad el cabalgamiento de la Sierra de Illón y sus escamas de cabalgamiento asociadas. Además, permite observar el efecto erosivo del río Areta y su encajamiento hasta dar lugar a las foces de Ugarrón y de Alcoa. El recorrido completo desde Berroya hasta Imirizaldu permite ver claramente todas las unidades geológicas atravesadas y el contacto mecánico asociado al cabalgamiento de Idokorri.

ESQUEMA GEOLÓGICO

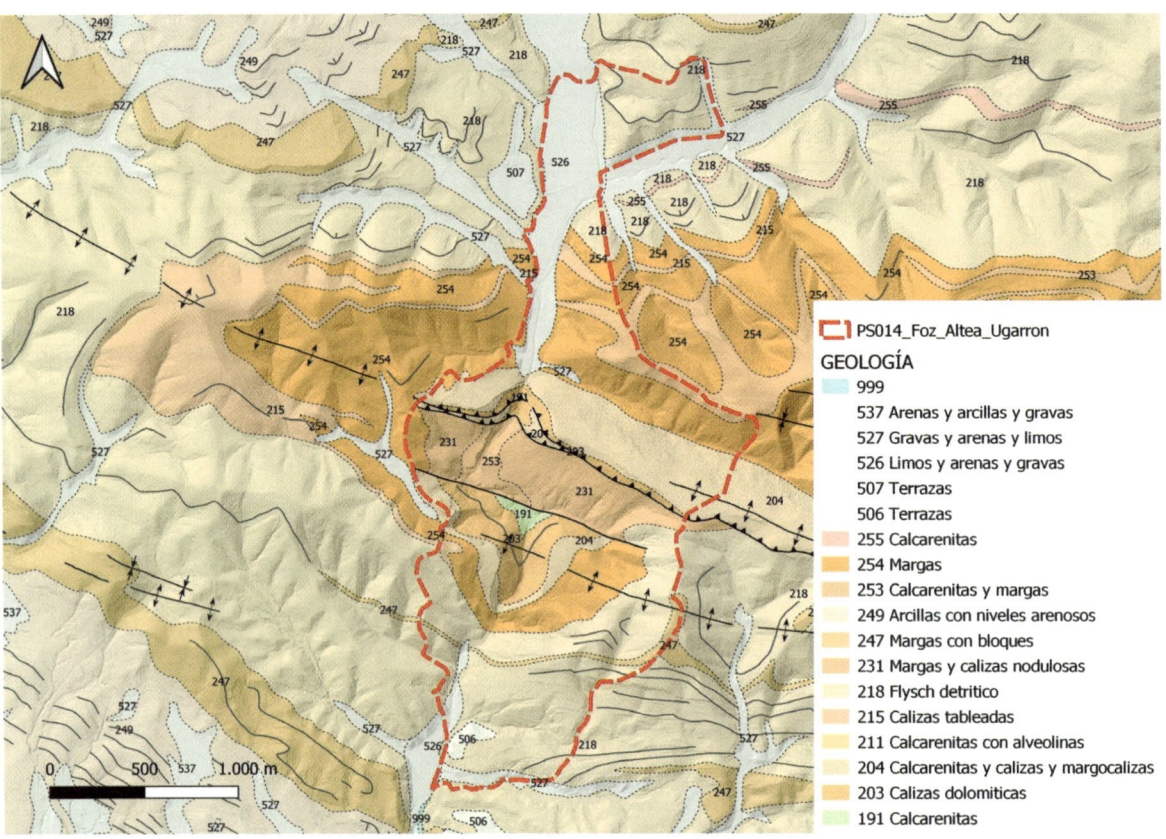

PS014_Foz_Altea_Ugarron

GEOLOGÍA

- 999
- 537 Arenas y arcillas y gravas
- 527 Gravas y arenas y limos
- 526 Limos y arenas y gravas
- 507 Terrazas
- 506 Terrazas
- 255 Calcarenitas
- 254 Margas
- 253 Calcarenitas y margas
- 249 Arcillas con niveles arenosos
- 247 Margas con bloques
- 231 Margas y calizas nodulosas
- 218 Flysch detrítico
- 215 Calizas tableadas
- 211 Calcarenitas con alveolinas
- 204 Calcarenitas y calizas y margocalizas
- 203 Calizas dolomíticas
- 191 Calcarenitas

Encuadre geológico del LIG

Vista general de la foz, excavada por el río Areta, en la que se observa la superposición de las láminas cabalgantes, constituidas principalmente por calcarenitas y calizas paleocenas.

IMÁGENES REPRESENTATIVAS

Vista general de la foz de Ugarrón desde el sur, cerca de la localidad de Berroya.

Detalle del flysch detrítico del Eoceno que aflora en el extremo norte de la foz de Ugarrón, junto a la localidad de Imirizaldu. En la imagen se observa un estrato de calcarenita con laminación ondulada y una clara morfología también ondulada en su techo.

IMÁGENES REPRESENTATIVAS

Detalle de una de las escamas de cabalgamiento, visible gracias al contacto mecánico (línea de puntos) entre dos grandes unidades carbonatadas que se disponen una sobre la otra.

Pequeño afloramiento de foraminíferos en las calizas y calcarenitas paleocenas.

LUGARES DE INTERÉS GEOLÓGICO DE NAVARRA.
DOMINIO SURPIRENAICO

CÓDIGO Y DENOMINACIÓN

PS041 Relieve en domo de Oroz-Betelu

VALOR Y TIPO DE INTERÉS GEOLÓGICO

Valor del interés geológico	Tipo de interés geológico	
Científico	Principal	Tectónico
Didáctico	Secundario	Estratigráfico
Turístico		

UBICACIÓN DEL LIG

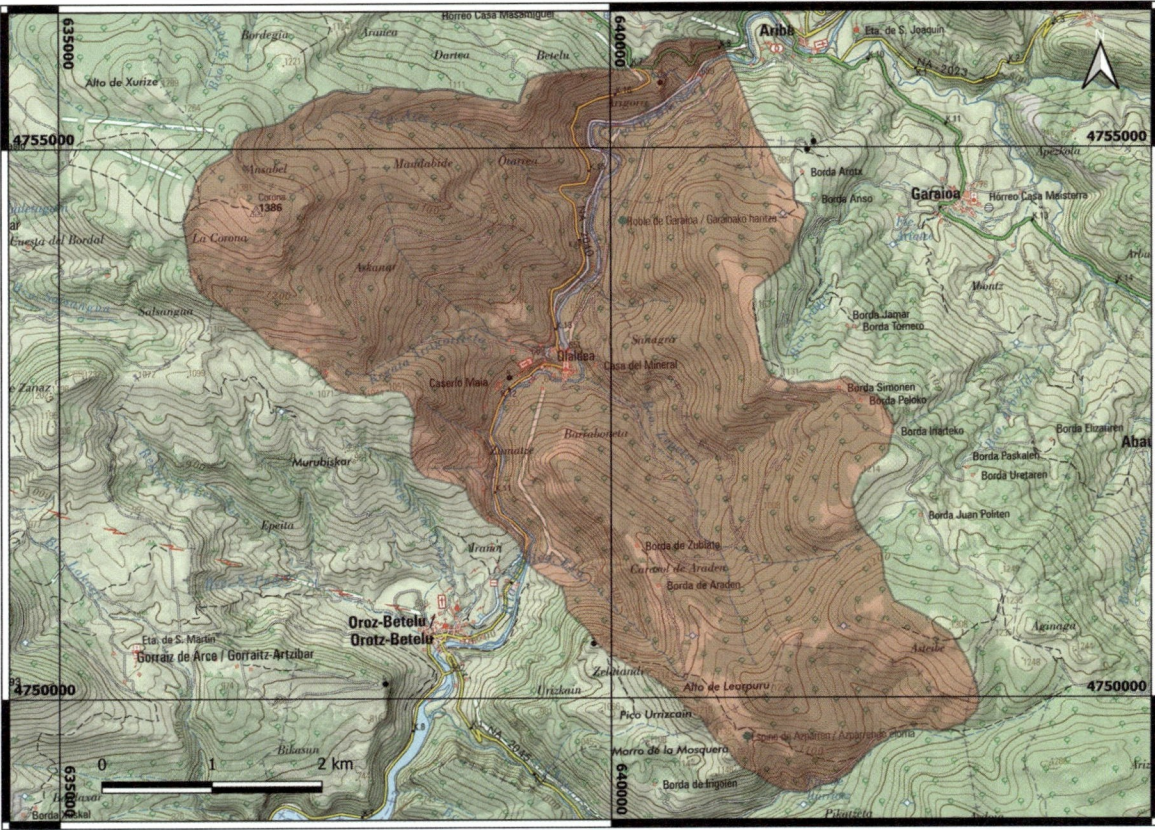

Ubicación y accesos	La carretera NA-20 entre Oroz-Betelu y Aribe atraviesa una sección transversal del domo de Betelu. Entre Olaldea y Aribe puede realizarse el recorrido a pie por los caminos y senderos existentes. Requiere orientación. El mirador de Arrigorri, en torno al Km. 16,5 de dicha carretera, permite divisar una panorámica del conjunto. Escarpes expuestos.

POR QUÉ ES TAN IMPORTANTE ESTE LUGAR

Se trata de una de las pocas estructuras en domo de Navarra, englobada dentro de la unidad cabalgante de Oroz-Betelu. La estructura presenta una orientación NO-SE y se encuentra fracturada. El río Irati secciona el domo permitiendo el afloramiento de materiales paleozoicos del Devónico, cubiertos por un "caparazón" de areniscas y conglomerados del Triásico Inferior y mayor compentencia. La cobertera vegetal enmascara todo el conjunto.

ESQUEMA GEOLÓGICO

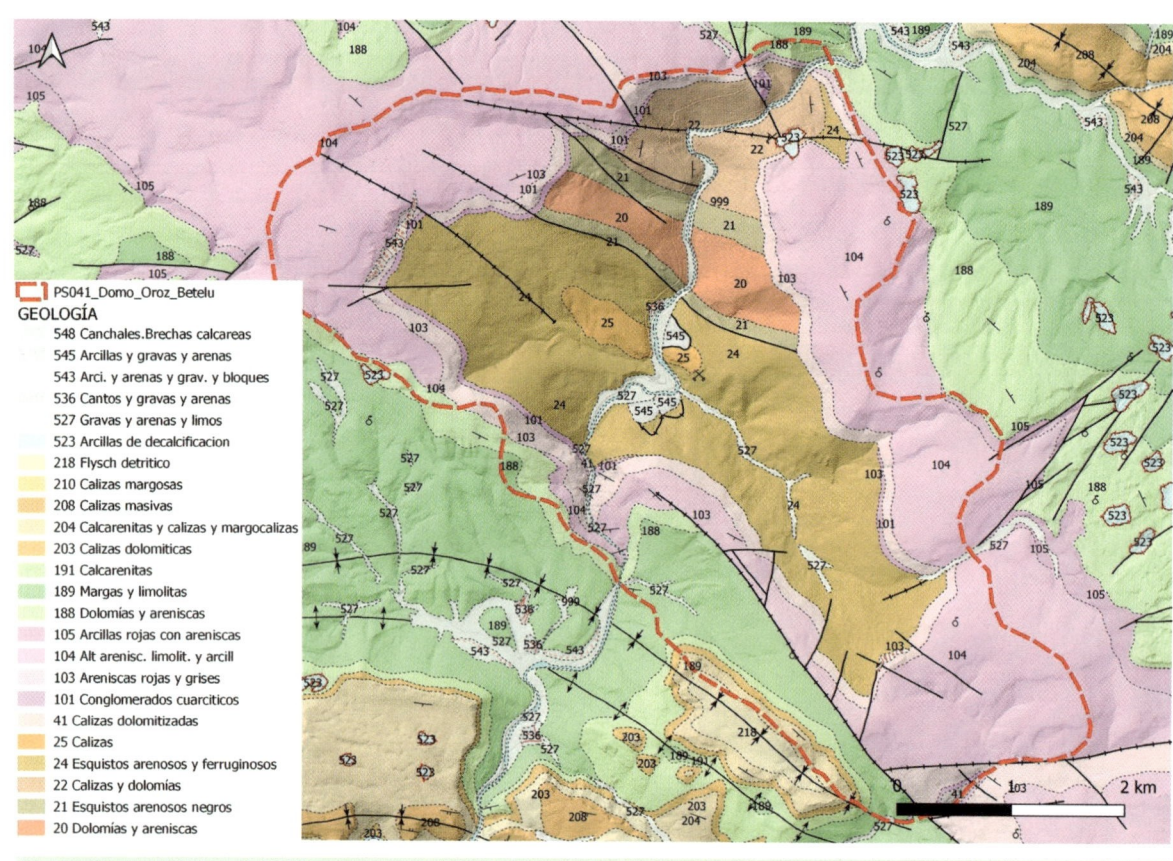

PS041_Domo_Oroz_Betelu

GEOLOGÍA

- 548 Canchales.Brechas calcareas
- 545 Arcillas y gravas y arenas
- 543 Arci. y arenas y grav. y bloques
- 536 Cantos y gravas y arenas
- 527 Gravas y arenas y limos
- 523 Arcillas de decalcificacion
- 218 Flysch detritico
- 210 Calizas margosas
- 208 Calizas masivas
- 204 Calcarenitas y calizas y margocalizas
- 203 Calizas dolomiticas
- 191 Calcarenitas
- 189 Margas y limolitas
- 188 Dolomías y areniscas
- 105 Arcillas rojas con areniscas
- 104 Alt arenisc. limolit. y arcill
- 103 Areniscas rojas y grises
- 101 Conglomerados cuarciticos
- 41 Calizas dolomitizadas
- 25 Calizas
- 24 Esquistos arenosos y ferruginosos
- 22 Calizas y dolomías
- 21 Esquistos arenosos negros
- 20 Dolomías y areniscas

Encuadre geológico del LIG

Afloramiento de esquistos devónicos en el núcleo del domo de Betelu, sobre los que se ha desarrollado un delgado nivel de suelo.

IMÁGENES REPRESENTATIVAS

En primer plano, resaltes de tonos rojizos formados por materiales triásicos del Bunstsandstein. Al fondo, materiales paleocenos de naturaleza caliza.

Detalle de materiales devónicos formados por esquistos. Se observa con claridad la esquistosidad que afecta a estos materiales y la presencia de abundantes planos de fractura, algunos de los cuales favorecen el desarrollo de vetas de mineral recristalizado.

IMÁGENES REPRESENTATIVAS

Detalle de las areniscas triásicas en el acceso al mirador de Arrigorri. En algunos de los estratos tabulares de arenisca se aprecia claramente la laminación cruzada tan característica.

LUGARES DE INTERÉS GEOLÓGICO DE NAVARRA.
DOMINIO SURPIRENAICO

CÓDIGO Y DENOMINACIÓN
PS015 Foz de Burgui

VALOR Y TIPO DE INTERÉS GEOLÓGICO

Valor del interés geológico	Tipo de interés geológico	
Científico	Principal	Tectónico
Didáctico	Secundario	Geomorfológico
Turístico		

UBICACIÓN DEL LIG

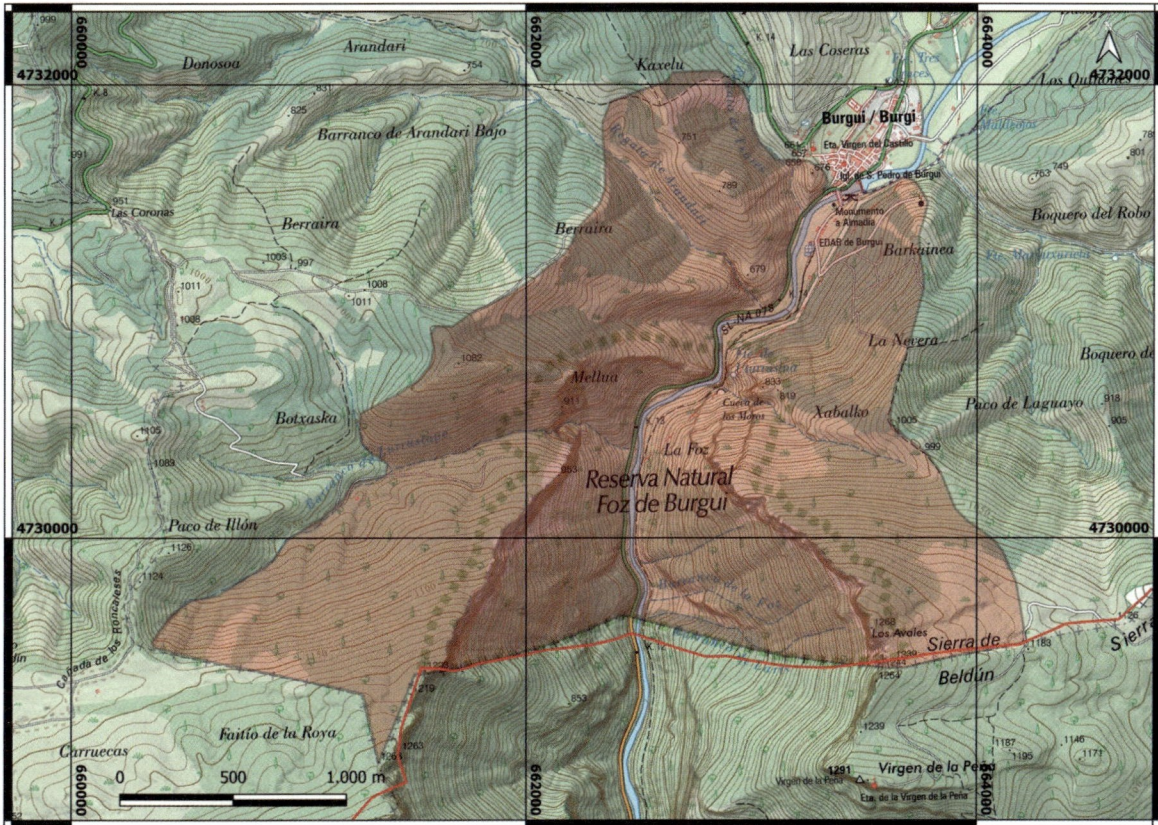

Ubicación y accesos	El acceso se realiza desde la carretera NA-137 con sentido norte. Una posibilidad de recorrido consiste en subir a la ermita de la Virgen de la Peña desde el Km. 10. Escarpes expuestos, necesidad de orientación y exigencia física. Una segunda opción consiste en un recorrido por la base de la foz desde la localidad de Burgui por el sendero habilitado para ello hasta el mirador de aves. El acceso a pie por carretera no está autorizado. Riesgo de posibles desprendimientos de rocas.

POR QUÉ ES TAN IMPORTANTE ESTE LUGAR
Constituye el mejor y más completo ejemplo del cabalgamiento de la Sierra de Illón. La sección excavada por el río Eska permite ver con todo detalle la disposición de las láminas cabalgantes y las grandes deformaciones que han sufrido las unidades geológicas cretácicas y paleocenas, cabalgando sobre materiales detríticos eocenos más modernos.

ESQUEMA GEOLÓGICO

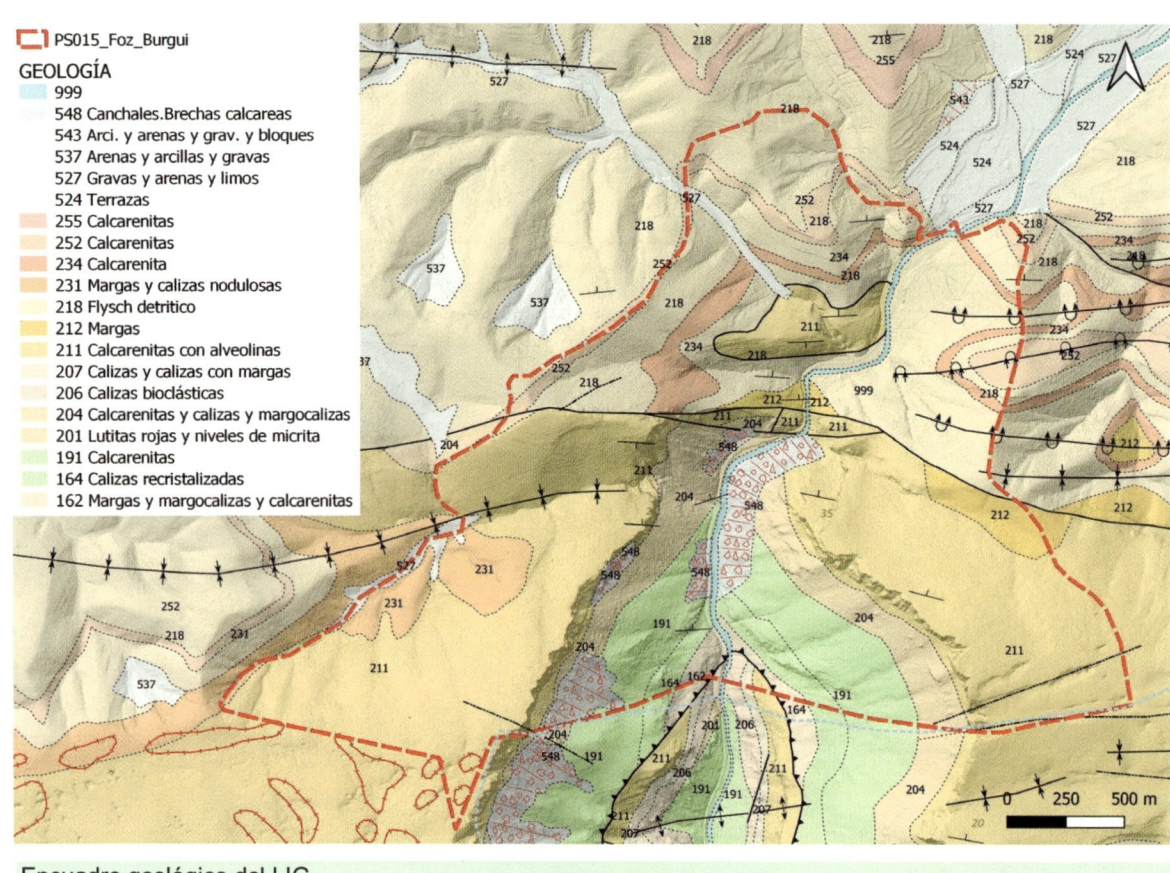

PS015_Foz_Burgui

GEOLOGÍA

- 999
- 548 Canchales.Brechas calcareas
- 543 Arci. y arenas y grav. y bloques
- 537 Arenas y arcillas y gravas
- 527 Gravas y arenas y limos
- 524 Terrazas
- 255 Calcarenitas
- 252 Calcarenitas
- 234 Calcarenita
- 231 Margas y calizas nodulosas
- 218 Flysch detritico
- 212 Margas
- 211 Calcarenitas con alveolinas
- 207 Calizas y calizas con margas
- 206 Calizas bioclásticas
- 204 Calcarenitas y calizas y margocalizas
- 201 Lutitas rojas y niveles de micrita
- 191 Calcarenitas
- 164 Calizas recristalizadas
- 162 Margas y margocalizas y calcarenitas

Encuadre geológico del LIG

Vista panorámica de la foz de Burgui desde el alto de la Ermita de la Virgen de la Peña. Esta panorámica permite ver el cabalgamiento de la Sierra de Illón, con vergencia sur (hacia la izquierda).

IMÁGENES REPRESENTATIVAS

Vista de la foz, excavada por el río Eska, desde el camino que parte de Burgui. El recorrido permite admirar las grandes masas de rocas de calcarenita que forman un importante resalte en el paisaje.

Vista detallada de un anticlinal muy apretado formado por calcarenitas del paleoceno. El pliegue tiene el flanco sur (izquierda) invertido debido a los esfuerzos asociados a la formación del cabalgamiento.

LUGARES DE INTERÉS GEOLÓGICO DE NAVARRA.
DOMINIO SURPIRENAICO

CÓDIGO Y DENOMINACIÓN
PS016 Foz de Arbayún

VALOR Y TIPO DE INTERÉS GEOLÓGICO

Valor del interés geológico	Tipo de interés geológico	
Científico	Principal	Geomorfológico
Didáctico	Secundario	Estratigráfico
Turístico		

UBICACIÓN DEL LIG

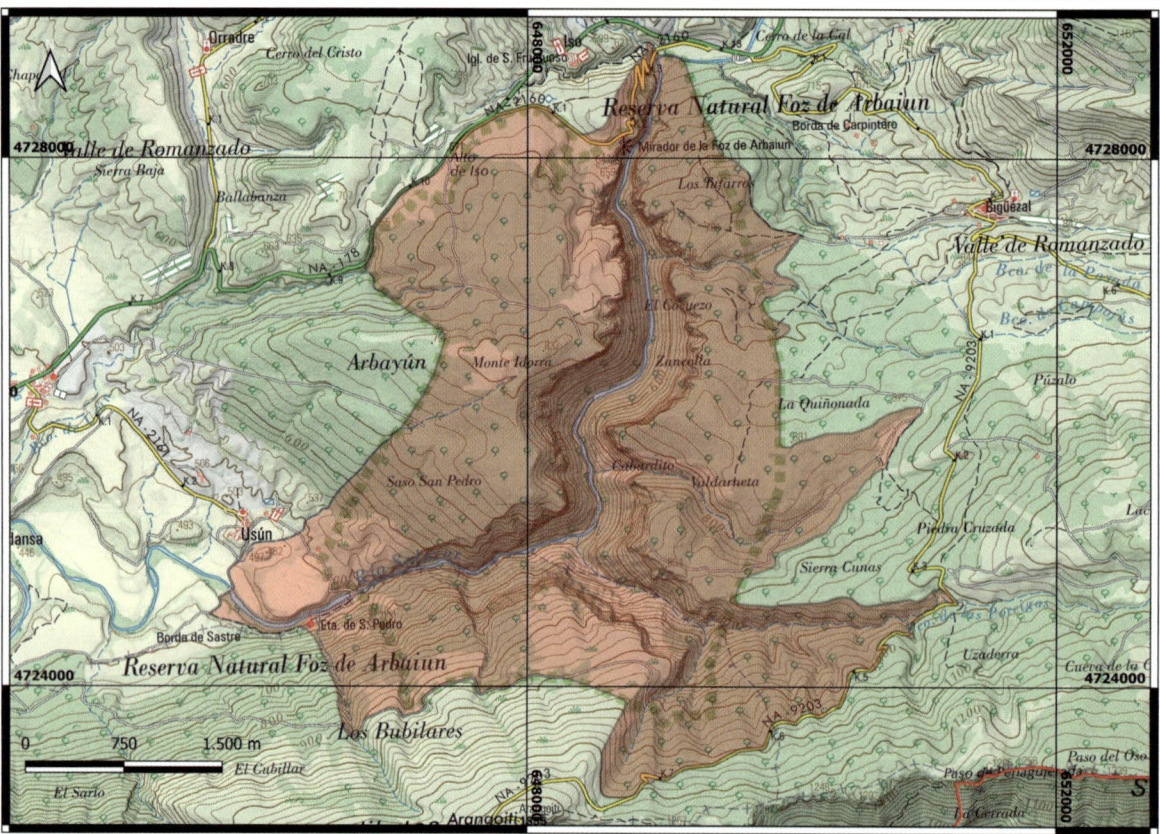

Ubicación y accesos	La carretera NA-178 que parte de Domeño hacia Navascués, permite acercarse al mirador del Puerto de Iso, excelente punto de observación. Otro punto interesante es observar la salida de la foz desde la localidad de Usún. Escarpes expuestos en la parte superior de la foz y riesgo de desprendimiento de rocas. Precaución en épocas de crecidas.

POR QUÉ ES TAN IMPORTANTE ESTE LUGAR

Es una de las foces más emblemáticas de Navarra, tanto por sus dimiensiones y profundidad como por sus rasgos particulares. Grandes paredes casi verticales formadas por rocas cretácicas y paleocenas, han sido seccionadas por la erosión y encajamiento del río Salazar. La dureza de estas rocas han tallado una foz muy vertical de paredes abruptas, parcialmente cubiertas de vegetación y donde anida abundante fauna de aves rapaces.

ESQUEMA GEOLÓGICO

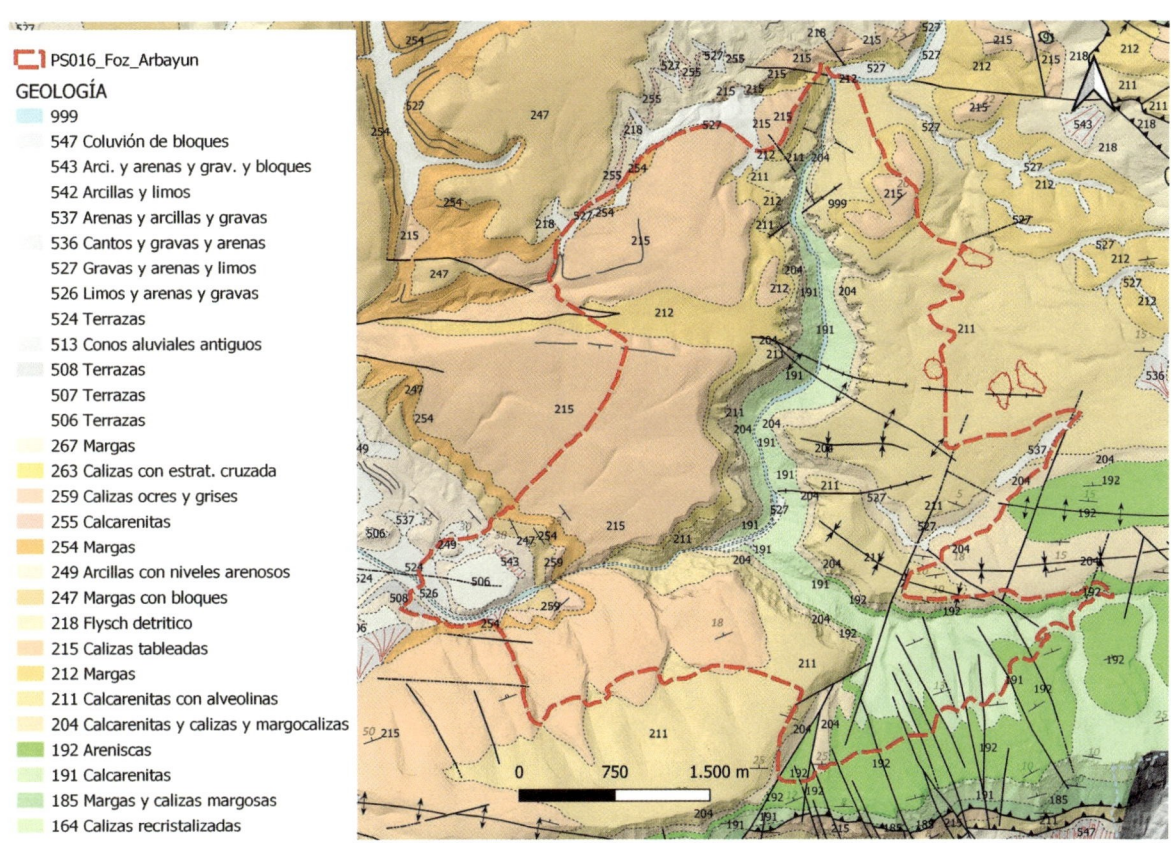

PS016_Foz_Arbayun

GEOLOGÍA

- 999
- 547 Coluvión de bloques
- 543 Arci. y arenas y grav. y bloques
- 542 Arcillas y limos
- 537 Arenas y arcillas y gravas
- 536 Cantos y gravas y arenas
- 527 Gravas y arenas y limos
- 526 Limos y arenas y gravas
- 524 Terrazas
- 513 Conos aluviales antiguos
- 508 Terrazas
- 507 Terrazas
- 506 Terrazas
- 267 Margas
- 263 Calizas con estrat. cruzada
- 259 Calizas ocres y grises
- 255 Calcarenitas
- 254 Margas
- 249 Arcillas con niveles arenosos
- 247 Margas con bloques
- 218 Flysch detrítico
- 215 Calizas tableadas
- 212 Margas
- 211 Calcarenitas con alveolinas
- 204 Calcarenitas y calizas y margocalizas
- 192 Areniscas
- 191 Calcarenitas
- 185 Margas y calizas margosas
- 164 Calizas recristalizadas

Encuadre geológico del LIG

Vista general de la foz de Arbayún, excavada por el río Salazar en calcarenitas paleocenas que están formadas por potentes estratos. La dureza de los materiales ha tallado unas laderas verticalizadas y gran altura. La vista está tomada desde el mirador del puerto de Iso.

IMÁGENES REPRESENTATIVAS

Aspecto imponente de la foz desde el mirador del puerto de Iso. Las superficies de estratificación presentan oquedades donde anidan las aves rapaces.

LUGARES DE INTERÉS GEOLÓGICO DE NAVARRA.
DOMINIO SURPIRENAICO

CÓDIGO Y DENOMINACIÓN
PS038 Foz de Benasa

VALOR Y TIPO DE INTERÉS GEOLÓGICO

Valor del interés geológico	Tipo de interés geológico	
Científico	Principal	Geomorfológico
Didáctico	Secundario	
Turístico		

UBICACIÓN DEL LIG

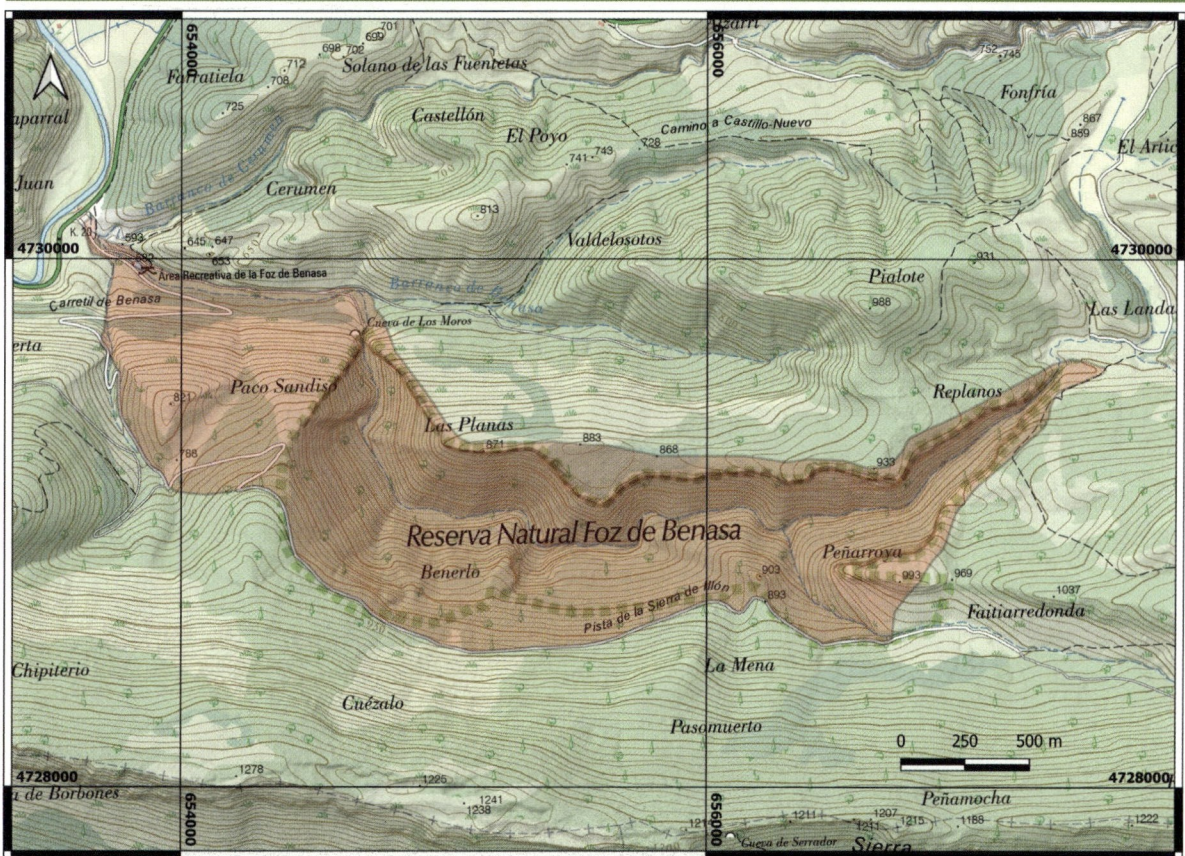

Ubicación y accesos	El acceso a la foz tiene lugar desde la carretera NA-178 entre Lumbier y Navascués. En torno al Km. 20 se accede al área de recepción de visitantes y aparcamiento. El recorrido de la foz se hace a pie por los caminos y sendero marcados. Escarpes expuestos, algunos tramos requieren orientación. Zona de cascada más resbaladiza y con riesgo de caída de bloques. Precaución en épocas de crecida. Consultar las guías existentes para seleccionar la ruta más adecuada.

POR QUÉ ES TAN IMPORTANTE ESTE LUGAR

El desarrollo de la foz de Benasa tiene una orientación este-oeste paralela a la dirección de las escamas de cabalgamiento de la sierra de Illón. La red de escorrentía se canaliza seccionando los niveles más resistentes de calcarenitas paleocenas dando lugar a algunos barrancos con sección en uve y resaltes rocosos con morfología de hogbacks.

ESQUEMA GEOLÓGICO

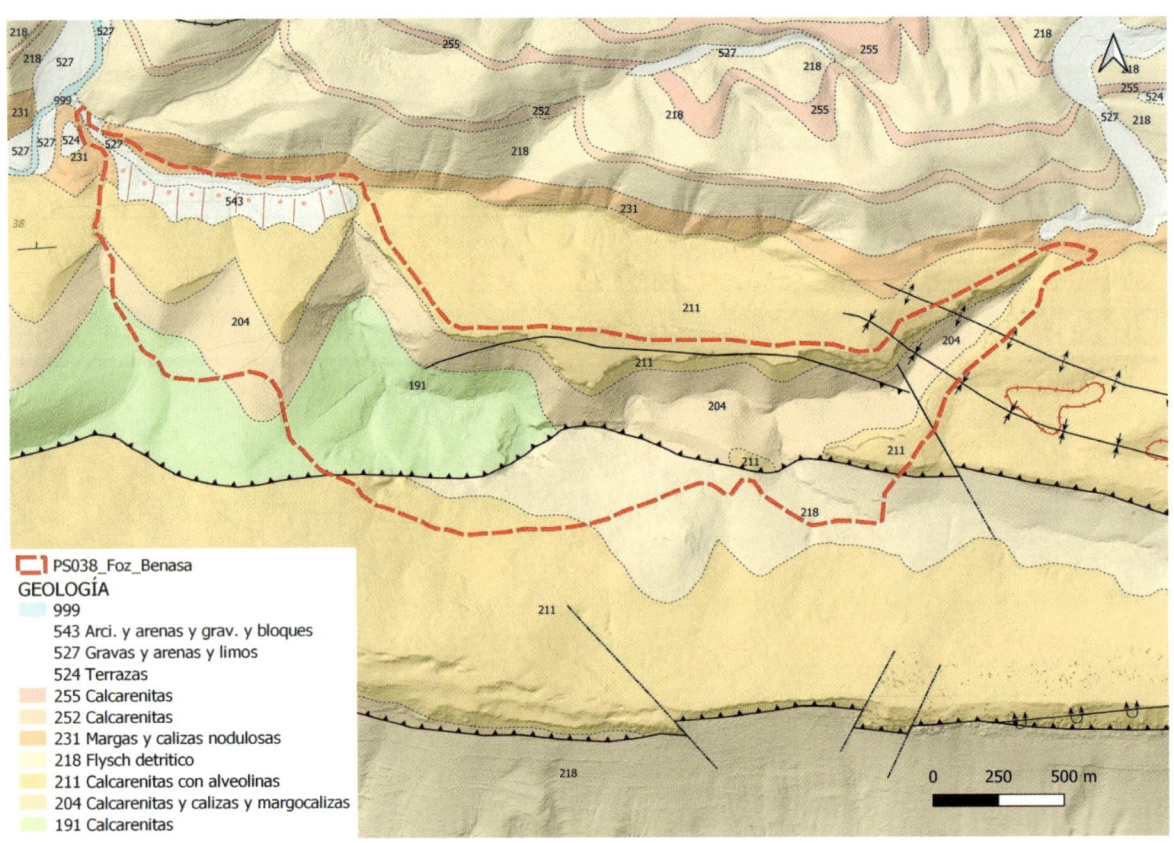

PS038_Foz_Benasa

GEOLOGÍA

- 999
- 543 Arci. y arenas y grav. y bloques
- 527 Gravas y arenas y limos
- 524 Terrazas
- 255 Calcarenitas
- 252 Calcarenitas
- 231 Margas y calizas nodulosas
- 218 Flysch detritico
- 211 Calcarenitas con alveolinas
- 204 Calcarenitas y calizas y margocalizas
- 191 Calcarenitas

Encuadre geológico del LIG

Sendero del recorrido por la foz de Benasa.

IMÁGENES REPRESENTATIVAS

Detalle de las calcarenitas paleocenas que forman los resaltes más representativos. Se pueden observar las familias de fracturas ortogonales que rompen el macizo y la tinción superficial de color gris y anaranjado asociada a la presencia de óxidos de hierro y manganeso.

Aspecto de las calcarenitas de aspecto masivo que forman el resalte superior del frente del hogback.

IMÁGENES REPRESENTATIVAS

Arriba, nivel masivo de calcarenitas que genera los niveles guía que delimitan los principales relieves de la foz. En medio, vista panorámica del conjunto de la foz de Benasa. Abajo, depósito coluvial con granoclasificación positiva (más a menos grueso) sobre el que se desarrolla un perfil de suelo de color pardo oscuro.

LUGARES DE INTERÉS GEOLÓGICO DE NAVARRA.
DOMINIO SURPIRENAICO

CÓDIGO Y DENOMINACIÓN
PS017 Margas eocenas monoclinales de Sansoain

VALOR Y TIPO DE INTERÉS GEOLÓGICO

Valor del interés geológico	Tipo de interés geológico	
Científico	Principal	Sedimentológico
Didáctico	Secundario	Tectónico
Turístico		

UBICACIÓN DEL LIG

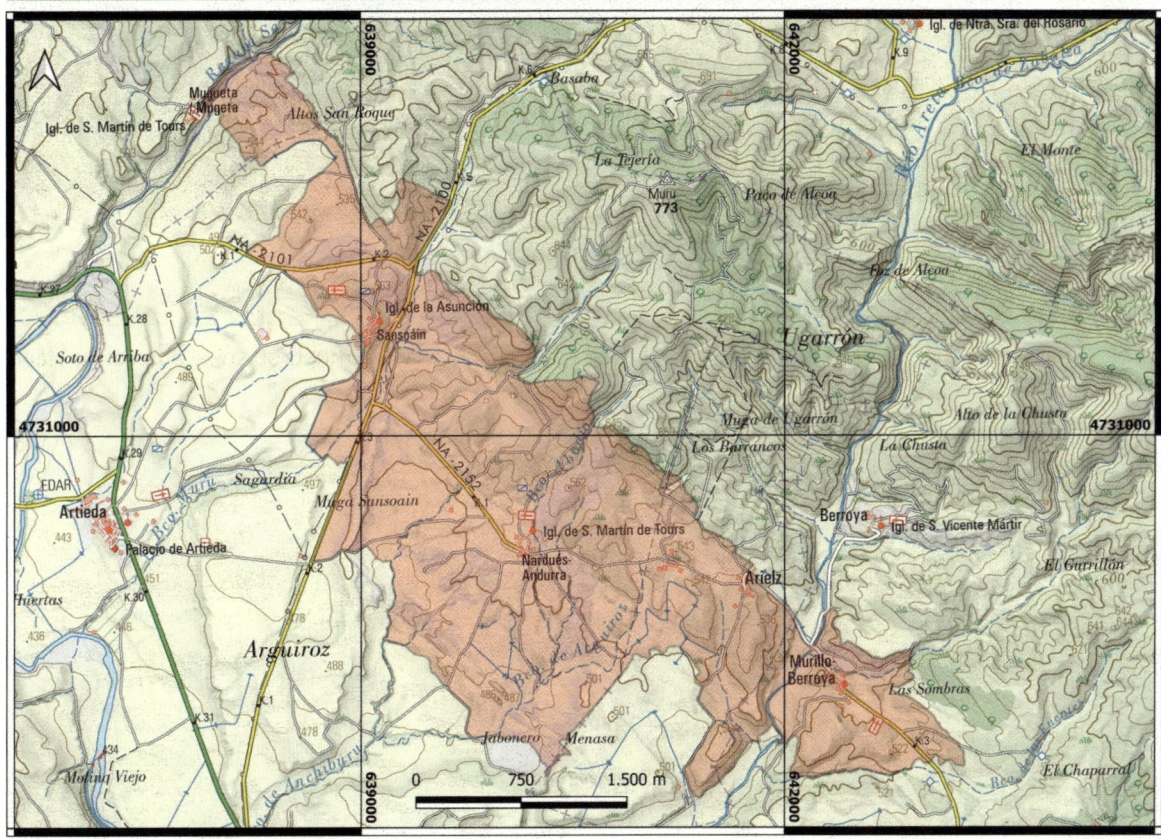

Ubicación y accesos	Tomando la carretera NA-150 desde Lumbier, los mejores afloramientos se reparten entre Sansoain y Nardués-Andurra, extendiéndose otros puntos de interés hacia el noreste y sureste. No hay muchos senderos que recorran la zona. El tránsito a pie por carretera no está autorizado. En la misma localidad de Sansoain pueden apreciarse buenos afloramientos.

POR QUÉ ES TAN IMPORTANTE ESTE LUGAR
Constutituye una amplia extensión de superficie donde aflora el flysch eoceno margoso en disposición monoclinal, es decir con buzamientos muy constantes, aunque se observan replegamientos locales. La sección de la red de drenaje permite dibujar en los barrancos excelentes líneas de capa que permiten entender con perfección la regla cartográfica de las uves.

ESQUEMA GEOLÓGICO

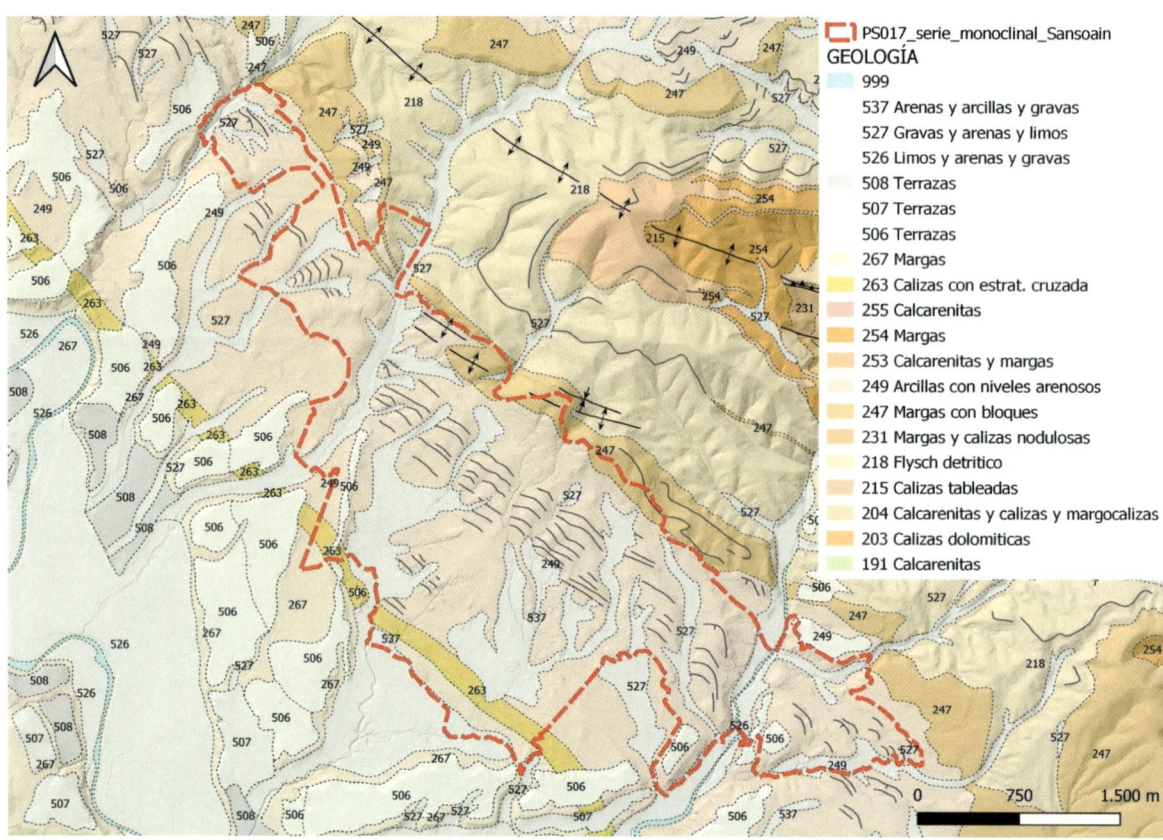

PS017_serie_monoclinal_Sansoain
GEOLOGÍA

- 999
- 537 Arenas y arcillas y gravas
- 527 Gravas y arenas y limos
- 526 Limos y arenas y gravas
- 508 Terrazas
- 507 Terrazas
- 506 Terrazas
- 267 Margas
- 263 Calizas con estrat. cruzada
- 255 Calcarenitas
- 254 Margas
- 253 Calcarenitas y margas
- 249 Arcillas con niveles arenosos
- 247 Margas con bloques
- 231 Margas y calizas nodulosas
- 218 Flysch detrítico
- 215 Calizas tableadas
- 204 Calcarenitas y calizas y margocalizas
- 203 Calizas dolomíticas
- 191 Calcarenitas

Encuadre geológico del LIG

Imagen aérea del entorno de la localidad de Sansoain donde puede apreciarse muy bien la serie margosa monoclinal. Fuente: Visor Google Earth.

IMÁGENES REPRESENTATIVAS

Aspecto de detalle de la serie margosa, en la que son frecuentes las intercalaciones de niveles tabulares de areniscas y calcarenitas en estratos centimétricos. Los tonos rojizos se asocian a óxidos de hierro.

LUGARES DE INTERÉS GEOLÓGICO DE NAVARRA.
DOMINIO SURPIRENAICO

CÓDIGO Y DENOMINACIÓN

PS018 Cabalgamiento de la Sierra de Leyre

VALOR Y TIPO DE INTERÉS GEOLÓGICO

Valor del interés geológico	Tipo de interés geológico	
Científico	Principal	Tectónico
Didáctico	Secundario	Estratigráfico
Turístico		

UBICACIÓN DEL LIG

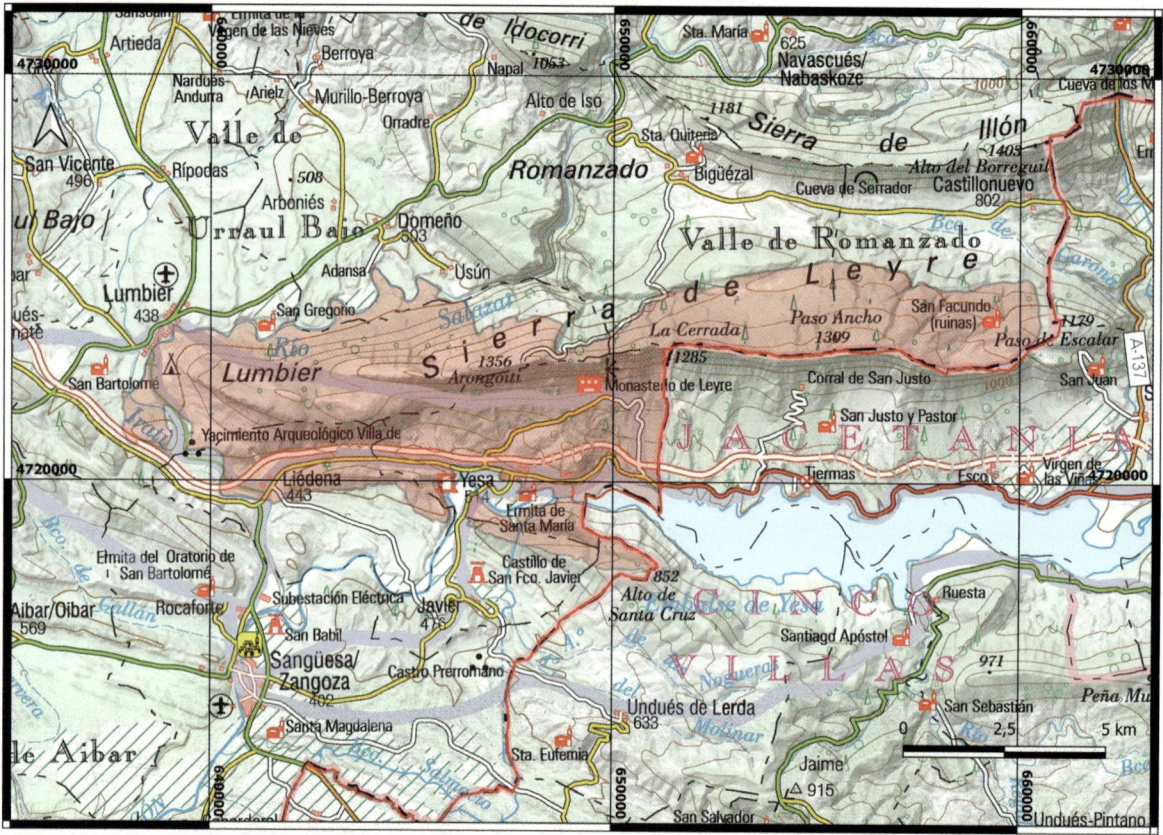

Ubicación y accesos	Un punto óptimo de observación del cabalgamiento de Leyre se sitúa en las proximidades del Monasterio de Leyre, a través de la carretera NA-2113 tras abandonar la autovía A-21. Otro punto relevante se sitúa en el alto de Arangoiti. Pendientes pronunciadas, escarpes expuestos, caída de derrubios en áreas cercanas a las canteras. Requiere orientación.

POR QUÉ ES TAN IMPORTANTE ESTE LUGAR

Constituye uno de los cabalgamientos más grandes e importantes de Navarra, marcando el límite entre dos grandes dominios geológicos: el dominio surpirenaico y la depresión del Ebro. Este cabalgamiento pone en contacto materiales más antiguos del Cretácico y Paleoceno, que se disponen sobre materiales margosos eocenos más modernos.

ESQUEMA GEOLÓGICO

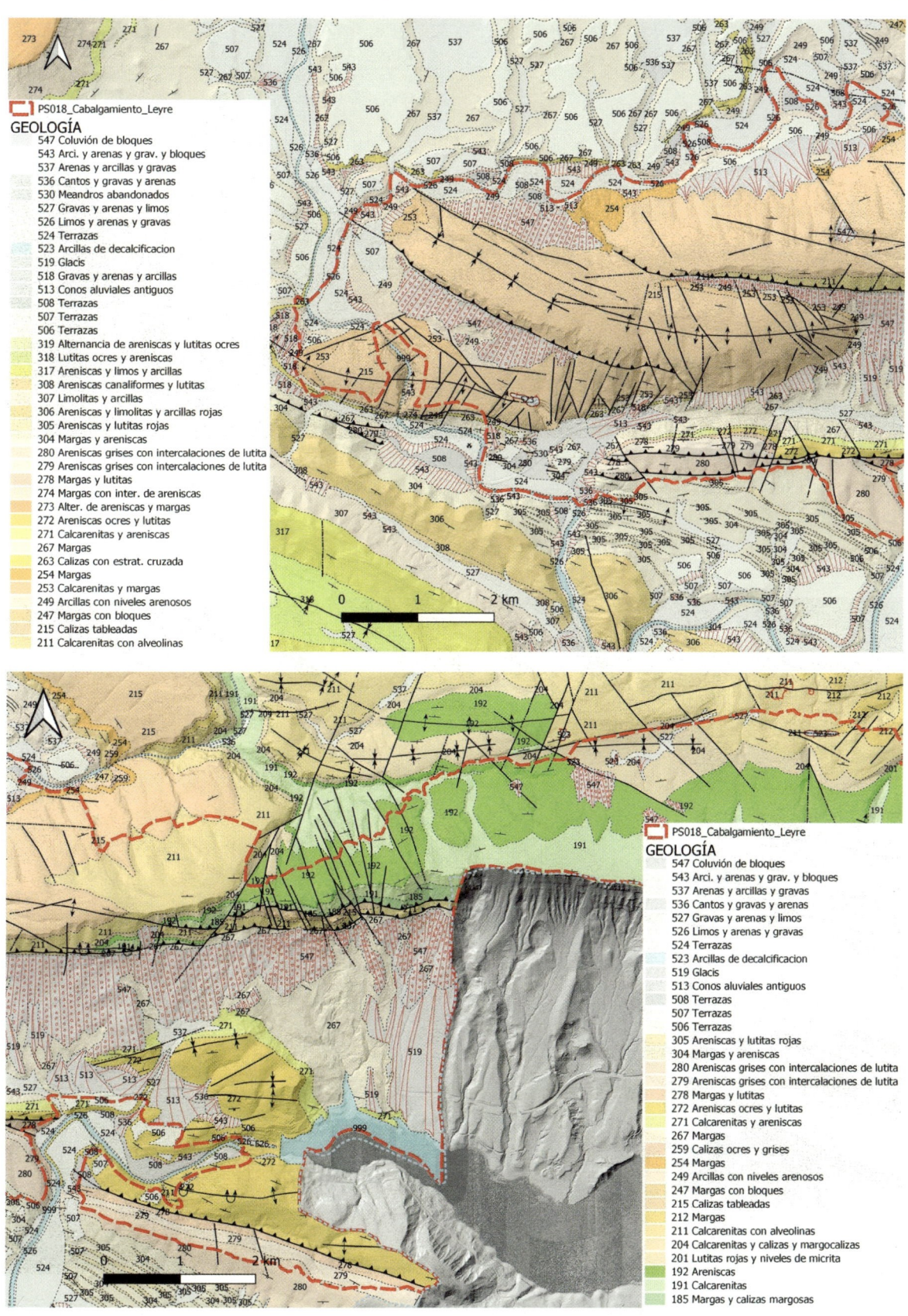

PS018_Cabalgamiento_Leyre

GEOLOGÍA

- 547 Coluvión de bloques
- 543 Arci. y arenas y grav. y bloques
- 537 Arenas y arcillas y gravas
- 536 Cantos y gravas y arenas
- 530 Meandros abandonados
- 527 Gravas y arenas y limos
- 526 Limos y arenas y gravas
- 524 Terrazas
- 523 Arcillas de decalcificacion
- 519 Glacis
- 518 Gravas y arenas y arcillas
- 513 Conos aluviales antiguos
- 508 Terrazas
- 507 Terrazas
- 506 Terrazas
- 319 Alternancia de areniscas y lutitas ocres
- 318 Lutitas ocres y areniscas
- 317 Areniscas y limos y arcillas
- 308 Areniscas canaliformes y lutitas
- 307 Limolitas y arcillas
- 306 Areniscas y limolitas y arcillas rojas
- 305 Areniscas y lutitas rojas
- 304 Margas y areniscas
- 280 Areniscas grises con intercalaciones de lutita
- 279 Areniscas grises con intercalaciones de lutita
- 278 Margas y lutitas
- 274 Margas con inter. de areniscas
- 273 Alter. de areniscas y margas
- 272 Areniscas ocres y lutitas
- 271 Calcarenitas y areniscas
- 267 Margas
- 263 Calizas con estrat. cruzada
- 254 Margas
- 253 Calcarenitas y margas
- 249 Arcillas con niveles arenosos
- 247 Margas con bloques
- 215 Calizas tableadas
- 211 Calcarenitas con alveolinas

PS018_Cabalgamiento_Leyre

GEOLOGÍA

- 547 Coluvión de bloques
- 543 Arci. y arenas y grav. y bloques
- 537 Arenas y arcillas y gravas
- 536 Cantos y gravas y arenas
- 527 Gravas y arenas y limos
- 526 Limos y arenas y gravas
- 524 Terrazas
- 523 Arcillas de decalcificacion
- 519 Glacis
- 513 Conos aluviales antiguos
- 508 Terrazas
- 507 Terrazas
- 506 Terrazas
- 305 Areniscas y lutitas rojas
- 304 Margas y areniscas
- 280 Areniscas grises con intercalaciones de lutita
- 279 Areniscas grises con intercalaciones de lutita
- 278 Margas y lutitas
- 272 Areniscas ocres y lutitas
- 271 Calcarenitas y areniscas
- 267 Margas
- 259 Calizas ocres y grises
- 254 Margas
- 249 Arcillas con niveles arenosos
- 247 Margas con bloques
- 215 Calizas tableadas
- 212 Margas
- 211 Calcarenitas con alveolinas
- 204 Calcarenitas y calizas y margocalizas
- 201 Lutitas rojas y niveles de micrita
- 192 Areniscas
- 191 Calcarenitas
- 185 Margas y calizas margosas

Encuadre geológico del LIG

IMÁGENES REPRESENTATIVAS

Vista general del macizo rocoso en el frente sur del cabalgamiento de la sierra de Leyre, junto al parking del monasterio de Leyre.

Vista aérea del monasterio de Leyre y las superficies de glacis, constituidas por importantes espesores de cantos cementados y que en superficie se encuentran cultivados o cubiertos de vegetación boscosa.

IMÁGENES REPRESENTATIVAS

Arriba, vista panorámica del cabalgamiento de la sierra de Leyre hacia el este. Abajo, vista aérea hacia el oeste de la serie margosa monoclinal desde el alto de Ibargoiti.

LUGARES DE INTERÉS GEOLÓGICO DE NAVARRA.
DOMINIO SURPIRENAICO

CÓDIGO Y DENOMINACIÓN

PS019 Meandros y terrazas del río Aragón en Yesa - Sangüesa

VALOR Y TIPO DE INTERÉS GEOLÓGICO

Valor del interés geológico	Tipo de interés geológico	
Científico	Principal	Geomorfológico
Didáctico	Secundario	
Turístico		

UBICACIÓN DEL LIG

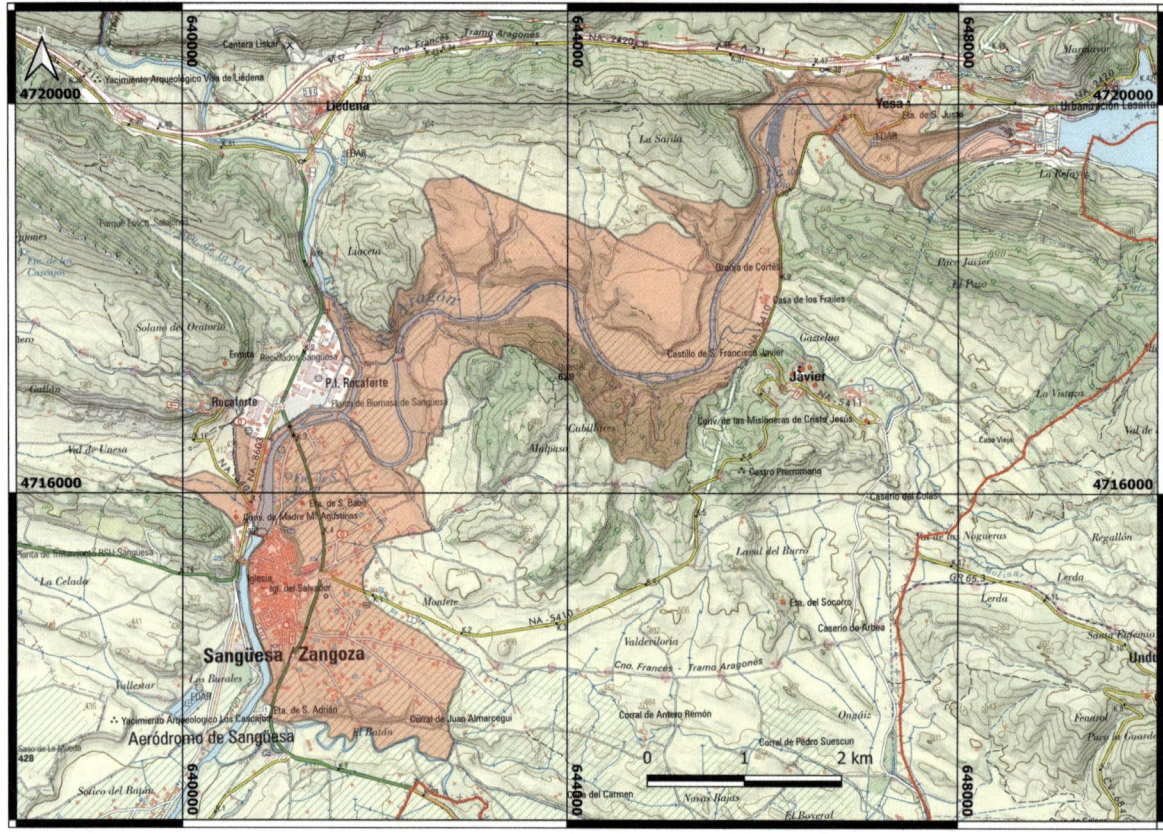

Ubicación y accesos	A lo largo de la carretera NA-5410 que une Sangüesa con Javier y Yesa se tienen buenos puntos de observación de la dinámica fluvial del río Aragón en este tramo. También es destacable el mirador del puente romano, situado en la NA2420, junto al enlace de la salida a Yesa. Precaución en época de avenidas. El tránsito a pie por carretera no está autorizado.

POR QUÉ ES TAN IMPORTANTE ESTE LUGAR

Se trata de un área de buena visibilidad para reconocer el trazado meandriforme del río Aragón y el condicionante estructural de algunos de sus meandros, además de apreciar de forma clara los diferentes niveles de terrazas fluviales asociadas a su actividad.

ESQUEMA GEOLÓGICO

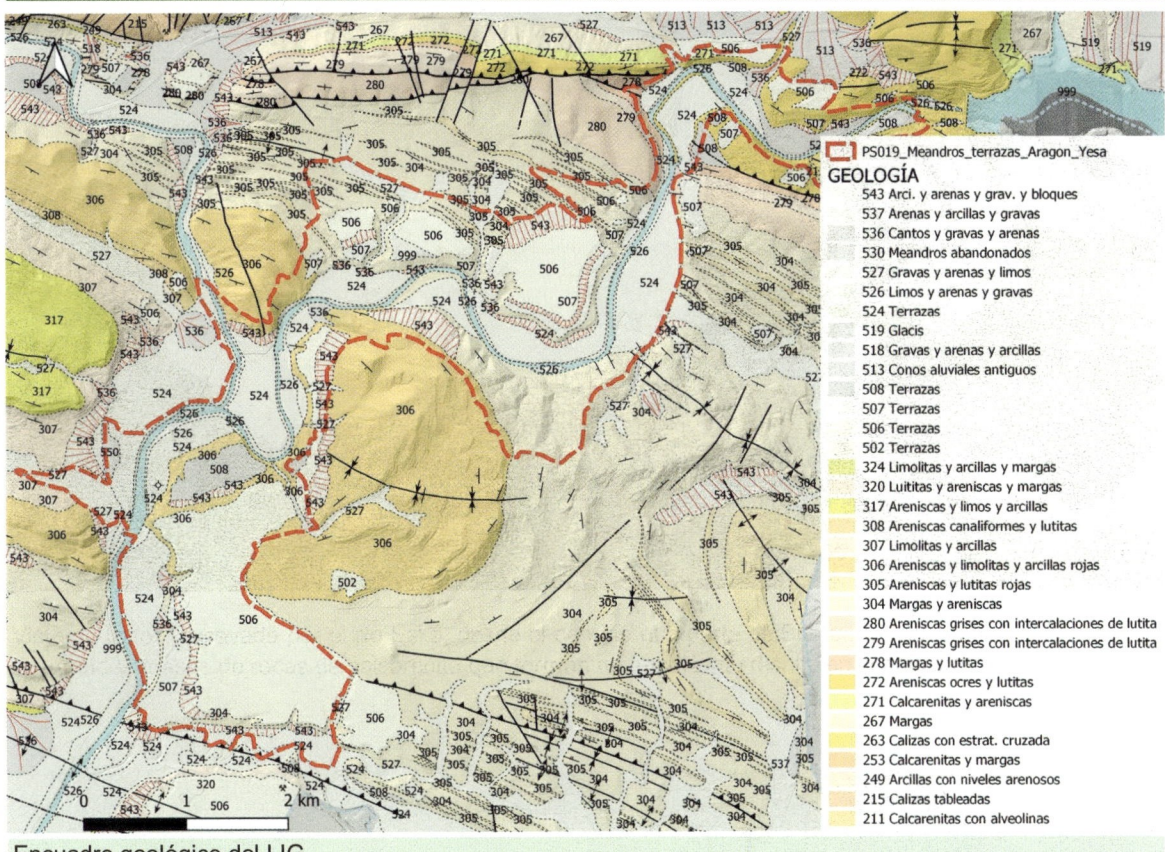

PS019_Meandros_terrazas_Aragon_Yesa

GEOLOGÍA

543 Arci. y arenas y grav. y bloques
537 Arenas y arcillas y gravas
536 Cantos y gravas y arenas
530 Meandros abandonados
527 Gravas y arenas y limos
526 Limos y arenas y gravas
524 Terrazas
519 Glacis
518 Gravas y arenas y arcillas
513 Conos aluviales antiguos
508 Terrazas
507 Terrazas
506 Terrazas
502 Terrazas
324 Limolitas y arcillas y margas
320 Luititas y areniscas y margas
317 Areniscas y limos y arcillas
308 Areniscas canaliformes y lutitas
307 Limolitas y arcillas
306 Areniscas y limolitas y arcillas rojas
305 Areniscas y lutitas rojas
304 Margas y areniscas
280 Areniscas grises con intercalaciones de lutita
279 Areniscas grises con intercalaciones de lutita
278 Margas y lutitas
272 Areniscas ocres y lutitas
271 Calcarenitas y areniscas
267 Margas
263 Calizas con estrat. cruzada
253 Calcarenitas y margas
249 Arcillas con niveles arenosos
215 Calizas tableadas
211 Calcarenitas con alveolinas

Encuadre geológico del LIG

Nivel de terraza fluvial de reducido espesor, formado por cantos redondeados de tamaño centimétrico y en ocasiones, decimétrico, sobre un sustrato margoso.

IMÁGENES REPRESENTATIVAS

Arriba, detalle de la terraza fluvial con base cóncava y una clara granoselección positiva (disminuye el tamaño de grano hacia arriba, pasando de gravas a arenas, limos y arcillas). Abajo, vista aérea de los meandros del río Aragón con claro control estructural, además de diversos niveles de terrazas bajas sobre la llanura actual.

IMÁGENES REPRESENTATIVAS

Arriba, terraza media del río Aragón dispuesta sobre el sustrato cenozoico margoso. Abajo, desde ese mismo lugar, vista general del río y la llanura de inundación, a la altura del antiguo puente romano (Puente de los Roncaleses).

LUGARES DE INTERÉS GEOLÓGICO DE NAVARRA.
DOMINIO SURPIRENAICO

CÓDIGO Y DENOMINACIÓN
PS020 Foz de Lumbier

VALOR Y TIPO DE INTERÉS GEOLÓGICO

Valor del interés geológico	Tipo de interés geológico	
Científico	Principal	Geomorfológico
Didáctico	Secundario	Tectónico
Turístico		

UBICACIÓN DEL LIG

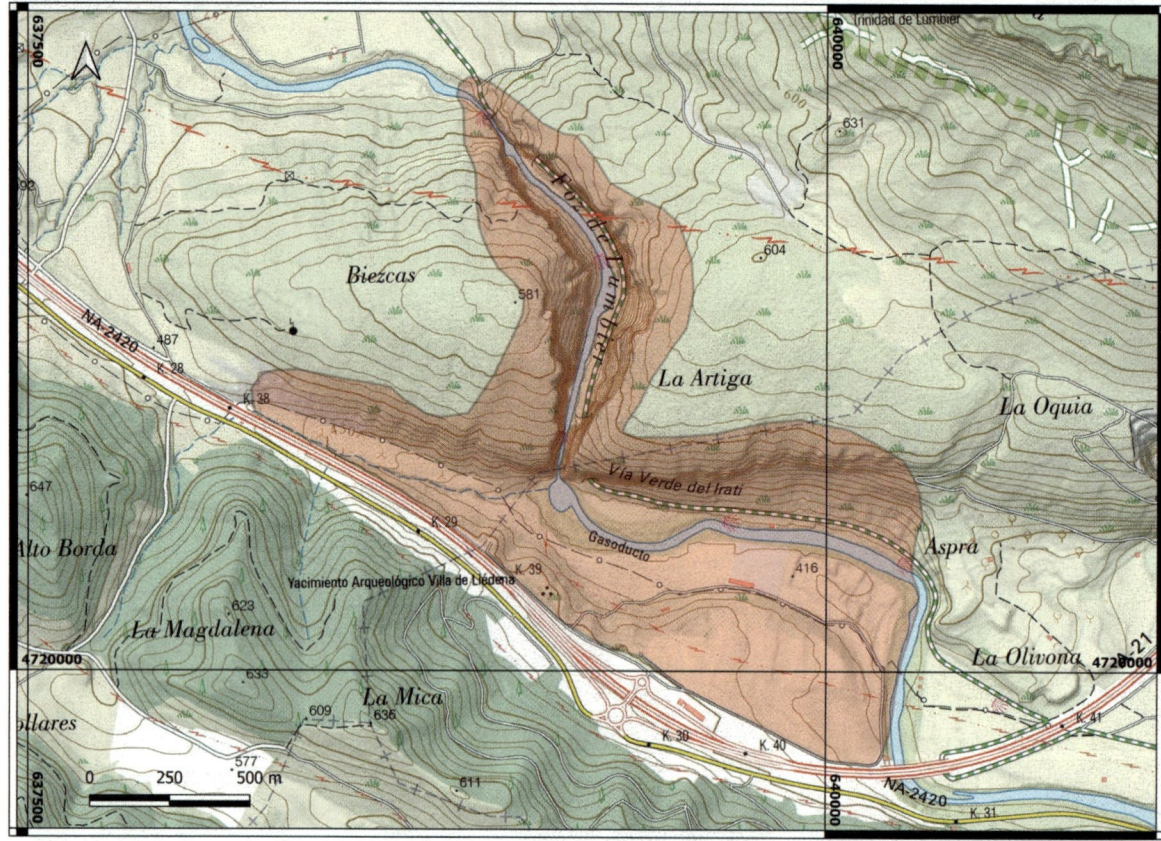

Ubicación y accesos	Desde la NA-150 sentido Lumbier, se toma la pista sur que se dirige al aparcamiento. Otra opción es hacer el recorrido de la foz desde Liédena. Escarpes expuestos en la parte superior de la foz y riesgo de desprendimientos de rocas.

POR QUÉ ES TAN IMPORTANTE ESTE LUGAR

Esta foz es cómoda y transitable y permite ver con claridad la erosión y encajamiento del río Irati, que ha tallado las rocas calizas y calcarenitas del Eoceno. A lo largo de su trazado se pueden realizar numerosas observaciones. Por ejemplo, fallas de diferente tamaño y disposición, formas kársticas relictas (antiguas estalactitas y otros espeleotemas), saltos y pequeños rápidos en el cauce y otras formas de erosión fluvial, etc. La salida de la foz permite contemplar diferentes niveles de terraza fluvial del río Irati, sus meandros y los resaltes que genera su encajamiento.

ESQUEMA GEOLÓGICO

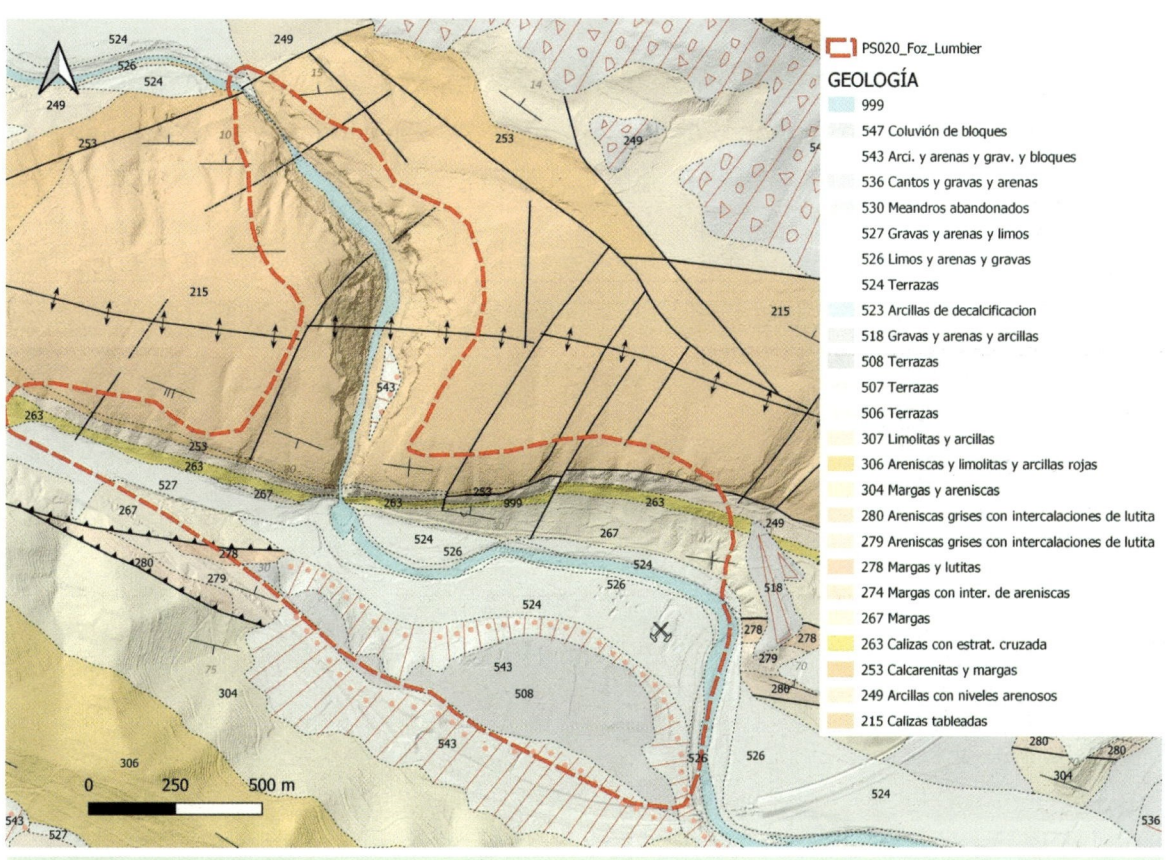

PS020_Foz_Lumbier

GEOLOGÍA

- 999
- 547 Coluvión de bloques
- 543 Arci. y arenas y grav. y bloques
- 536 Cantos y gravas y arenas
- 530 Meandros abandonados
- 527 Gravas y arenas y limos
- 526 Limos y arenas y gravas
- 524 Terrazas
- 523 Arcillas de decalcificacion
- 518 Gravas y arenas y arcillas
- 508 Terrazas
- 507 Terrazas
- 506 Terrazas
- 307 Limolitas y arcillas
- 306 Areniscas y limolitas y arcillas rojas
- 304 Margas y areniscas
- 280 Areniscas grises con intercalaciones de lutita
- 279 Areniscas grises con intercalaciones de lutita
- 278 Margas y lutitas
- 274 Margas con inter. de areniscas
- 267 Margas
- 263 Calizas con estrat. cruzada
- 253 Calcarenitas y margas
- 249 Arcillas con niveles arenosos
- 215 Calizas tableadas

Encuadre geológico del LIG

Detalle de las rocas calizas (Formación Calizas de Guara) con afloramiento de fósiles marinos (foraminíferos, bivalvos, etc).

IMÁGENES REPRESENTATIVAS

Aspecto general de la foz de Lumbier, excavada por el río Irati, sobre materiales calizos eocenos. Abajo, detalle de las paredes y pináculos rocosos que sobresalen de la ladera, fruto de la erosión. Los colores anaranjados y grises se deben a la presencia de óxidos de hierro y manganeso que impregnan las paredes.

IMÁGENES REPRESENTATIVAS

Arriba, sección del cauce del río Irati en las inmediaciones del Puente del Diablo. Abajo, aspecto general de la foz con sus paredes verticales multicromáticas y en las que se observan bien las superficies de estratificación.

CÓDIGO Y DENOMINACIÓN

PS021 Sinclinal colgado de Peña Izaga

VALOR Y TIPO DE INTERÉS GEOLÓGICO

Valor del interés geológico	Tipo de interés geológico	
Científico	Principal	Tectónico
Didáctico	Secundario	Estratigráfico
Turístico		

UBICACIÓN DEL LIG

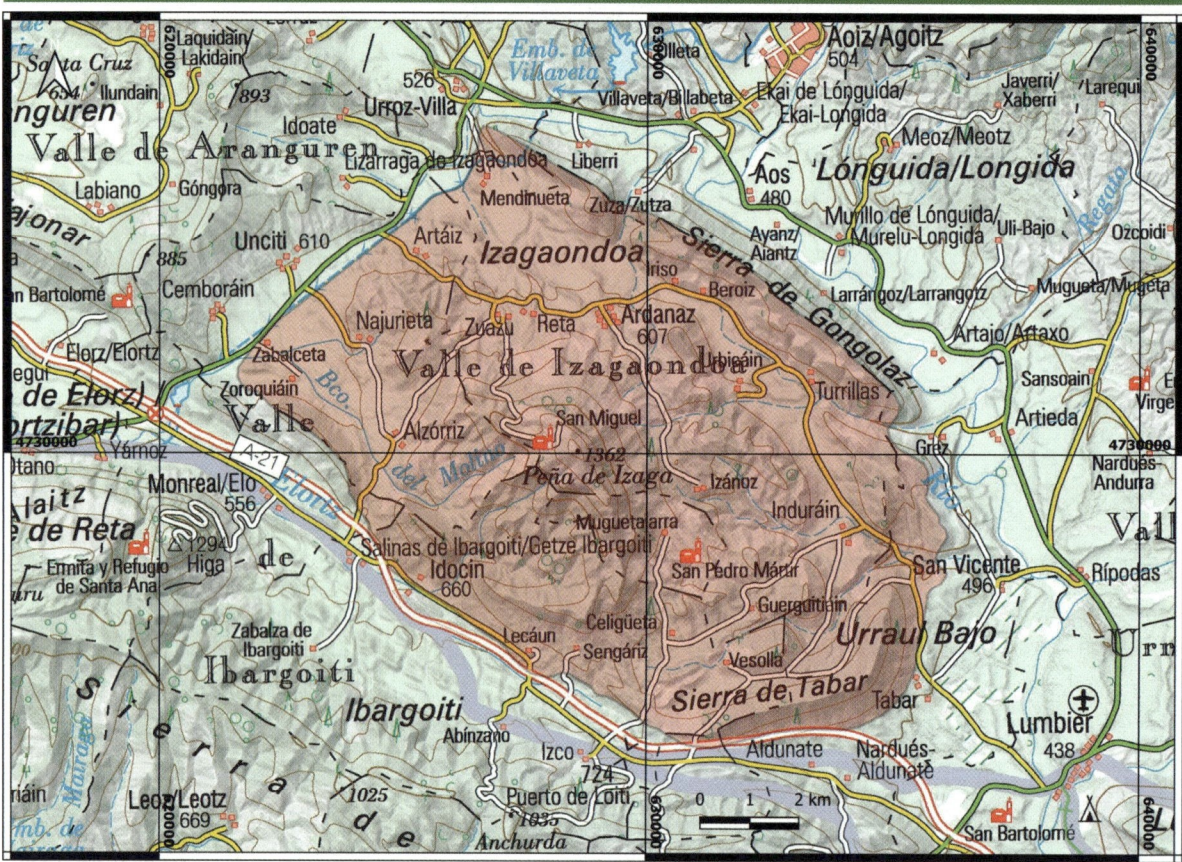

Ubicación y accesos	Desde la autovía A-21, tomar desvío a NA-242 o NA-2346 en el valle de Unciti. Desde localidades como Alzórriz, Zuazu, Reta o Ardanaz se asciende hasta la cima de la Peña. Consultar guías técnicas para conocer las peculiaridades de la ruta a elegir.

POR QUÉ ES TAN IMPORTANTE ESTE LUGAR

Esta cima de notable porte es un bonito ejemplo de pliegue sinclinal colgado, adornado además por las sierras de Gongólaz, Tabar e Ibargoiti que definen con más claridad la geometría del plegamiento. Además, el ascenso hasta la cima permite recorrer un tramo de la historia geológica que discurre desde ambientes marinos representados por materiales margosos hasta ambientes continentales. La cima está coronada por importantes depósitos de conglomerados, asociados a abanicos aluviales.

ESQUEMA GEOLÓGICO

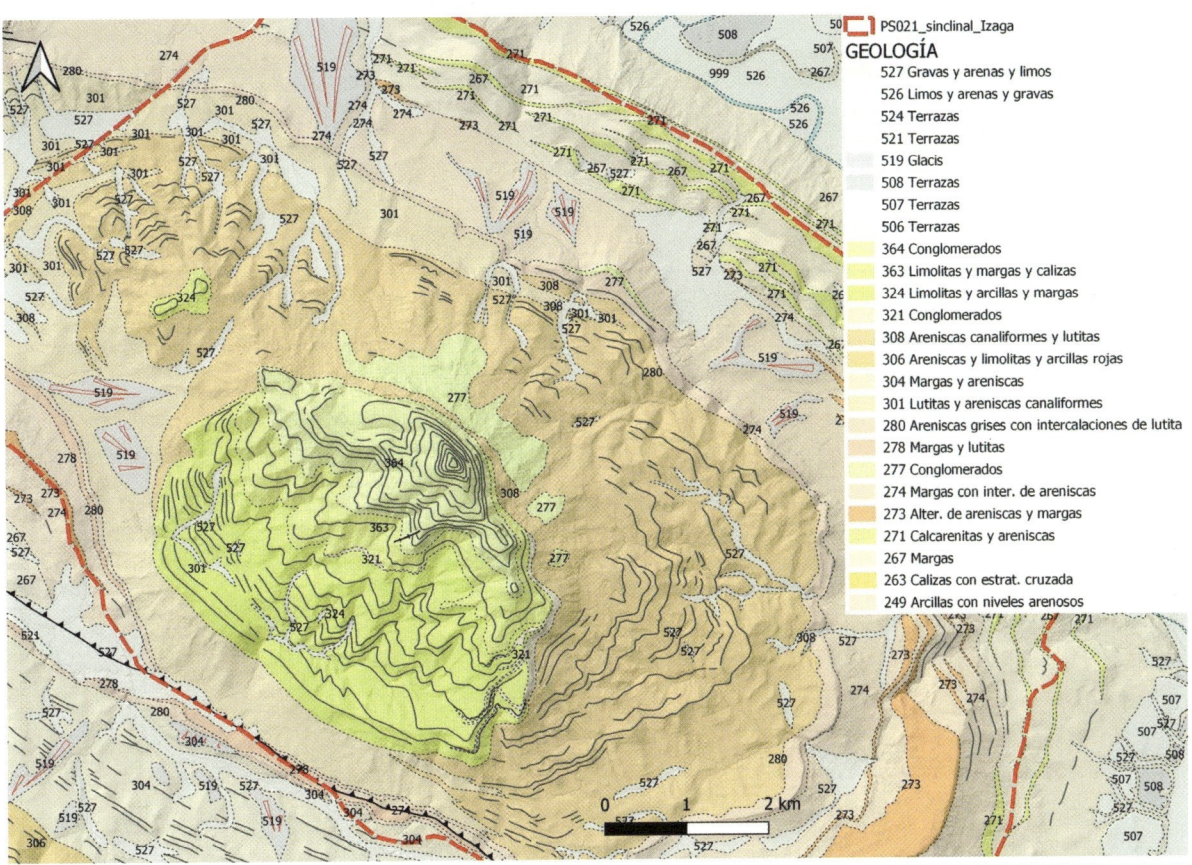

PS021_sinclinal_Izaga

GEOLOGÍA

527 Gravas y arenas y limos
526 Limos y arenas y gravas
524 Terrazas
521 Terrazas
519 Glacis
508 Terrazas
507 Terrazas
506 Terrazas
364 Conglomerados
363 Limolitas y margas y calizas
324 Limolitas y arcillas y margas
321 Conglomerados
308 Areniscas canaliformes y lutitas
306 Areniscas y limolitas y arcillas rojas
304 Margas y areniscas
301 Lutitas y areniscas canaliformes
280 Areniscas grises con intercalaciones de lutita
278 Margas y lutitas
277 Conglomerados
274 Margas con inter. de areniscas
273 Alter. de areniscas y margas
271 Calcarenitas y areniscas
267 Margas
263 Calizas con estrat. cruzada
249 Arcillas con niveles arenosos

Encuadre geológico del LIG

Vista de la sierra de Tabar con Izaga al fondo. Esta sierra, junto con la sierra de Gongólaz, delimitan y contornean la Peña formando una morfología circular.

IMÁGENES REPRESENTATIVAS

Arriba, vista panorámica de la Peña de Izaga. La línea rocosa que resalta en la ladera corresponde al afloramiento de las unidades de conglomerados y areniscas, más resistentes a la erosión. Abajo, detalle de las unidades detríticas más competentes y resistentes a la surosión.

LUGARES DE INTERÉS GEOLÓGICO DE NAVARRA.
DOMINIO SURPIRENAICO

CÓDIGO Y DENOMINACIÓN

PS023 Cono de deyección Higa de Monreal

VALOR Y TIPO DE INTERÉS GEOLÓGICO

Valor del interés geológico	Tipo de interés geológico	
Científico	Principal	Sedimentológico
Didáctico	Secundario	Geomorfológico
Turístico		

UBICACIÓN DEL LIG

Ubicación y accesos	Desde Monreal por la carretera NA-2420. El frente del cono de deyección está siendo explotado como gravera y su acceso no está autorizado. La morfología del cono de deyección puede verse desde en su conjunto desde Monreal. Pendiente pronunciada hasta la cima. Algunos tramos empinados que requieren agarre y terreno irregular según la ruta seleccionada. Escarpes expuestos. Consultar guías técnicas para conocer las peculiaridades de la ruta a elegir.

POR QUÉ ES TAN IMPORTANTE ESTE LUGAR

Aunque la Higa de Monreal forma parte estructural del anticlinal cabalgante de la Sierra de Alaiz, se ha considerado como un LIG independiente con el fin de prestar atención a los depósitos de cono de deyección situados al pie de la cima de la Higa de Monreal. Resulta también de gran interés el ascenso a pie hasta la cima para observar la transición entre las margas eocenas basales y las calizas tableadas paleocenas, con abundante fauna fósil así como para interpretar el conjunto del anticlinal cabalgante de Alaiz.

ESQUEMA GEOLÓGICO

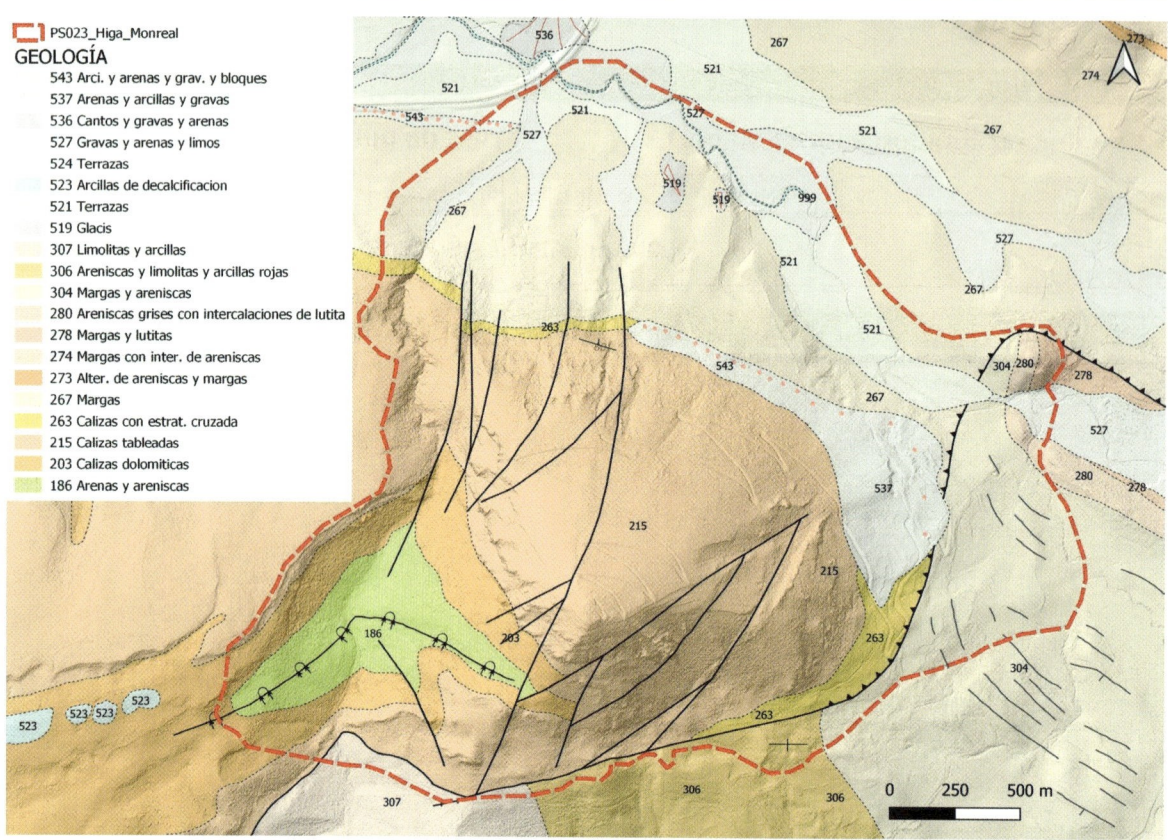

PS023_Higa_Monreal

GEOLOGÍA

- 543 Arci. y arenas y grav. y bloques
- 537 Arenas y arcillas y gravas
- 536 Cantos y gravas y arenas
- 527 Gravas y arenas y limos
- 524 Terrazas
- 523 Arcillas de decalcificacion
- 521 Terrazas
- 519 Glacis
- 307 Limolitas y arcillas
- 306 Areniscas y limolitas y arcillas rojas
- 304 Margas y areniscas
- 280 Areniscas grises con intercalaciones de lutita
- 278 Margas y lutitas
- 274 Margas con inter. de areniscas
- 273 Alter. de areniscas y margas
- 267 Margas
- 263 Calizas con estrat. cruzada
- 215 Calizas tableadas
- 203 Calizas dolomiticas
- 186 Arenas y areniscas

Encuadre geológico del LIG

Vista frontal del cono de deyección a pie de la Higa de Monreal cubierto por vegetación boscosa y cuyo frente es observable debido a la explotación de áridos. La morfología del cono se expande al atravesar el canal de desagüe que forman las calizas eocenas fracturadas.

IMÁGENES REPRESENTATIVAS

Arriba, detalle de afloramiento de las calizas eocenas que dominan en el conjunto de la Higa de Monreal. Abajo, detalle del depósito granular cuaternario perteneciente al cono de deyección.

LUGARES DE INTERÉS GEOLÓGICO DE NAVARRA. DOMINIO SURPIRENAICO

CÓDIGO Y DENOMINACIÓN

PS022 Anticlinal cabalgante de Alaiz

VALOR Y TIPO DE INTERÉS GEOLÓGICO

Valor del interés geológico	Tipo de interés geológico	
Científico	Principal	Tectónico
Didáctico	Secundario	Estratigráfico
Turístico		

UBICACIÓN DEL LIG

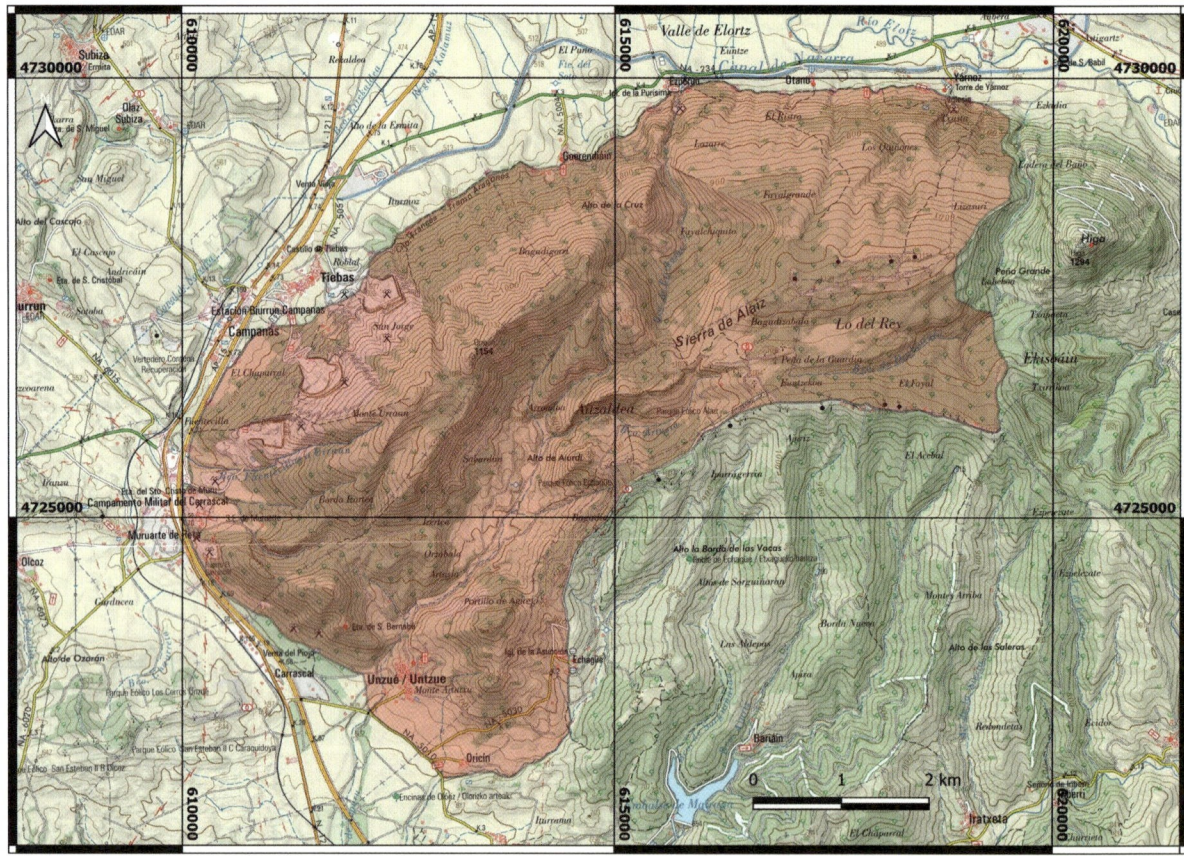

Ubicación y accesos	Existen numerosos puntos de observación desde Monreal hasta Tiebas siguiendo la NA-234, además de Unzué y otras localidades circundantes. Se recomienda el paseo desde el barranco que se abre junto a la subestación eléctrica de Muruarte hasta Unzué. Requiere orientación. Algunos desprendimientos en el paso por el barranco.

POR QUÉ ES TAN IMPORTANTE ESTE LUGAR

Este LIG representa una estructura geológica compleja y de gran interés. Se trata de un pliegue anticlinal, cabalgante hacia el sur, cuyo eje de charnela está deformado, adoptando la forma de un codo. Todo el anticlinal cabalga sobre materiales oligocenos más modernos. A lo largo del recorrido propuesto, destacan las formas erosivas del agua sobre las formaciones calizas, las recristalizaciones y brechificación de las rocas, asociadas a la intensa tectonización, así como a la morfología del valle ciego interior, donde afloran materiales cretácicos más antiguos.

ESQUEMA GEOLÓGICO

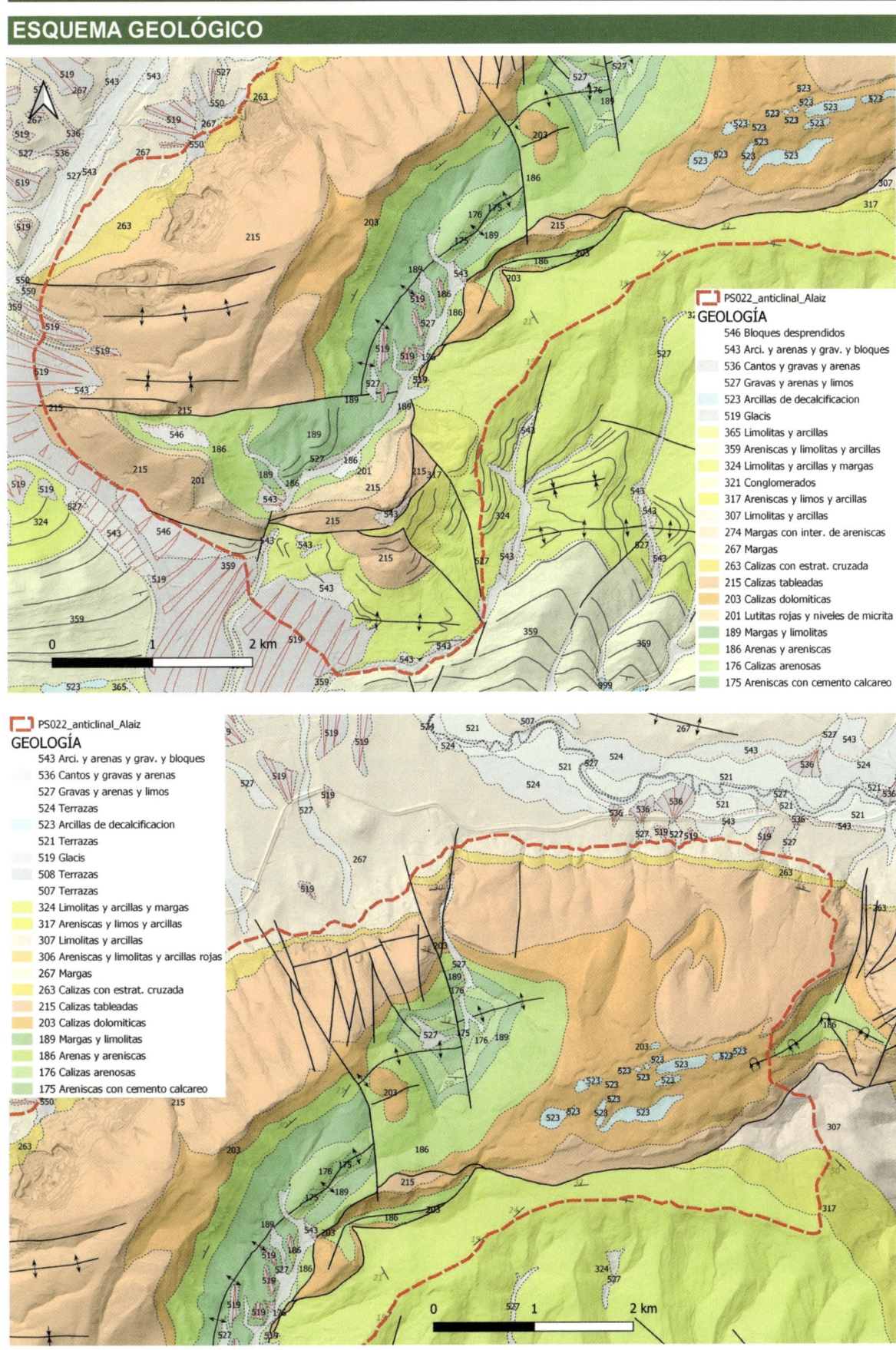

Encuadre geológico del LIG

IMÁGENES REPRESENTATIVAS

Vista general del cabalgamiento de la Sierra de Alaiz desde el sur. En primer plano se observa la Peña de Unzué y la Peña del Abrigo, resaltes relictos del flanco sur del anticlinal cabalgante, cuya bóveda ha sido completamente desmantelada por la erosión.

Sección transversal de las calizas paleocenas que delimitan el contorno del flanco sur de dicho anticlinal cabalgante.

IMÁGENES REPRESENTATIVAS

Aspecto masivo de las calizas paleocenas, mostrando líneas de fractura o desarrollando palas o pináculos, resultado de la erosión. Abajo, detalle de una beta de calcita de gran espesor en una zona de fracturación.

LUGARES DE INTERÉS GEOLÓGICO DE NAVARRA.
DOMINIO SURPIRENAICO

CÓDIGO Y DENOMINACIÓN

PS024 Glacis pleistocenos de la Valdorba en Unzué

VALOR Y TIPO DE INTERÉS GEOLÓGICO

Valor del interés geológico	Tipo de interés geológico	
Científico	Principal	Geomorfológico
Didáctico	Secundario	Sedimentológico, edafológico
Turístico		

UBICACIÓN DEL LIG

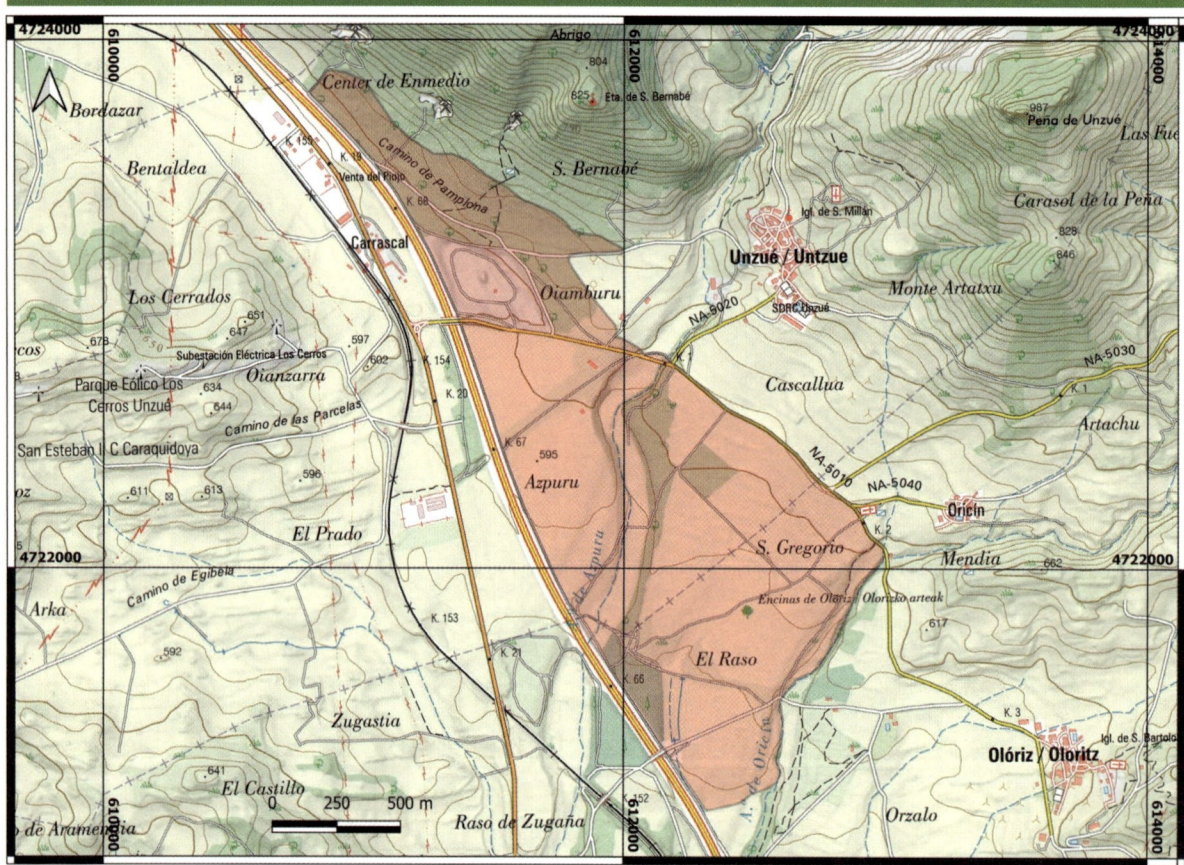

Ubicación y accesos	Los mejores ejemplos de glacis se ubican en el entorno de la localidad de Unzué, a la que se accede por la NA-5020. Existen buenos afloramientos en el campo de fútbol así como en la entrada a Unzué desde el cruce del río. No está autorizado el tránsito a pie por la carretera.

POR QUÉ ES TAN IMPORTANTE ESTE LUGAR

Constituyen un excelente ejemplo de depósitos cuaternarios pleistocenos de tipo glacis. Presentan un importante espesor, desarrollados desde la falda sur de la Sierra de Alaiz. Se encuentran fuertemente cementados por una matriz carbonatada, su fábrica es granosostenida y sus cantos son angulosos y heterométricos, como corresponde a este tipo de depósitos.

ESQUEMA GEOLÓGICO

PS024_Glacis_Unzue

GEOLOGÍA

546 Bloques desprendidos
543 Arci. y arenas y grav. y bloques
537 Arenas y arcillas y gravas
527 Gravas y arenas y limos
523 Arcillas de decalcificacion
519 Glacis
365 Limolitas y arcillas
364 Conglomerados
359 Areniscas y limolitas y arcillas
324 Limolitas y arcillas y margas
317 Areniscas y limos y arcillas
215 Calizas tableadas
201 Lutitas rojas y niveles de micrita
189 Margas y limolitas
186 Arenas y areniscas

Encuadre geológico del LIG

Arriba, vista panorámica de la Peña de Unzué y su falda sur, con suave pendiente en su base, tapizada de depósitos de glacis pleistocenos.

IMÁGENES REPRESENTATIVAS

Arriba, vista aérea de las superficies de glacis que se extienden al pie de Peña Unzué, cubiertas por cultivos. Abajo, sección de las superficies de glacis en antigua zona de extracción de grava.

IMÁGENES REPRESENTATIVAS

Sección frontal del depósito de glacis, con un frente de aproximadamente ocho metros de espesor visibles. Abajo puede verse un detalle de los cantos que forman el depósito, con morfología angulosa y una fábrica grano-sostenida. Están muy cementados.

LUGARES DE INTERÉS GEOLÓGICO DE NAVARRA.
DOMINIO SURPIRENAICO

CÓDIGO Y DENOMINACIÓN

PS037 Dinámica fluvial del río Erro en Villaveta

VALOR Y TIPO DE INTERÉS GEOLÓGICO

Valor del interés geológico	Tipo de interés geológico	
Científico	**Principal**	Geomorfológico
Didáctico	**Secundario**	
Turístico		

UBICACIÓN DEL LIG

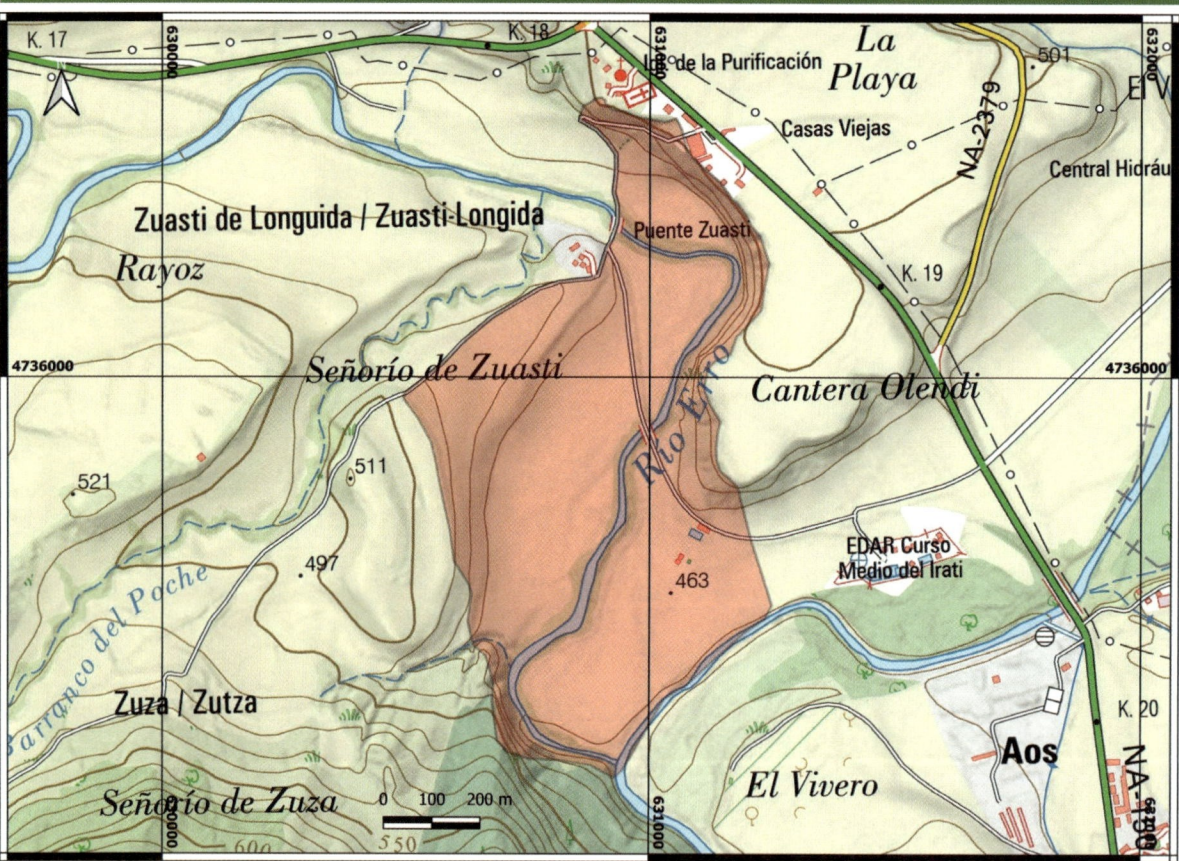

Ubicación y accesos

Desde la localidad de Villaveta, a la que se llega a través de la NA-150 y también desde Zuasti de Lóngida, la zona puede recorrerse a pie por los caminos y pistas existentes. Precaución en el escarpe superior de la terraza fluvial y en épocas de fuertes avenidas.

POR QUÉ ES TAN IMPORTANTE ESTE LUGAR

El río Erro describe un trazado meandriforme y erosiona los taludes rocosos formado por varias unidades de flysch, que a su vez están seccionadas y coronadas por un nivel de terraza alta, inmediatamente antes de su confluencia con el río Irati.

ESQUEMA GEOLÓGICO

PS037_Terrazas_Erro_Villaveta

GEOLOGÍA

999
527 Gravas y arenas y limos
526 Limos y arenas y gravas
521 Terrazas
508 Terrazas
507 Terrazas
267 Margas
263 Calizas con estrat. cruzada
249 Arcillas con niveles arenosos

0   100   200 m

Encuadre geológico del LIG

Vista general del talud margoso excavado por el río Erro y coronado por un nivel de terraza fluvial formado por gravas, arenas, limos y arcillas.

IMÁGENES REPRESENTATIVAS

Arriba, último meandro del río Erro antes de su confluencia con el río Irati. Abajo, detalle del talud constituido por formaciones en facies flysch principalmente margosas, coronadas por el nivel granular de terraza.

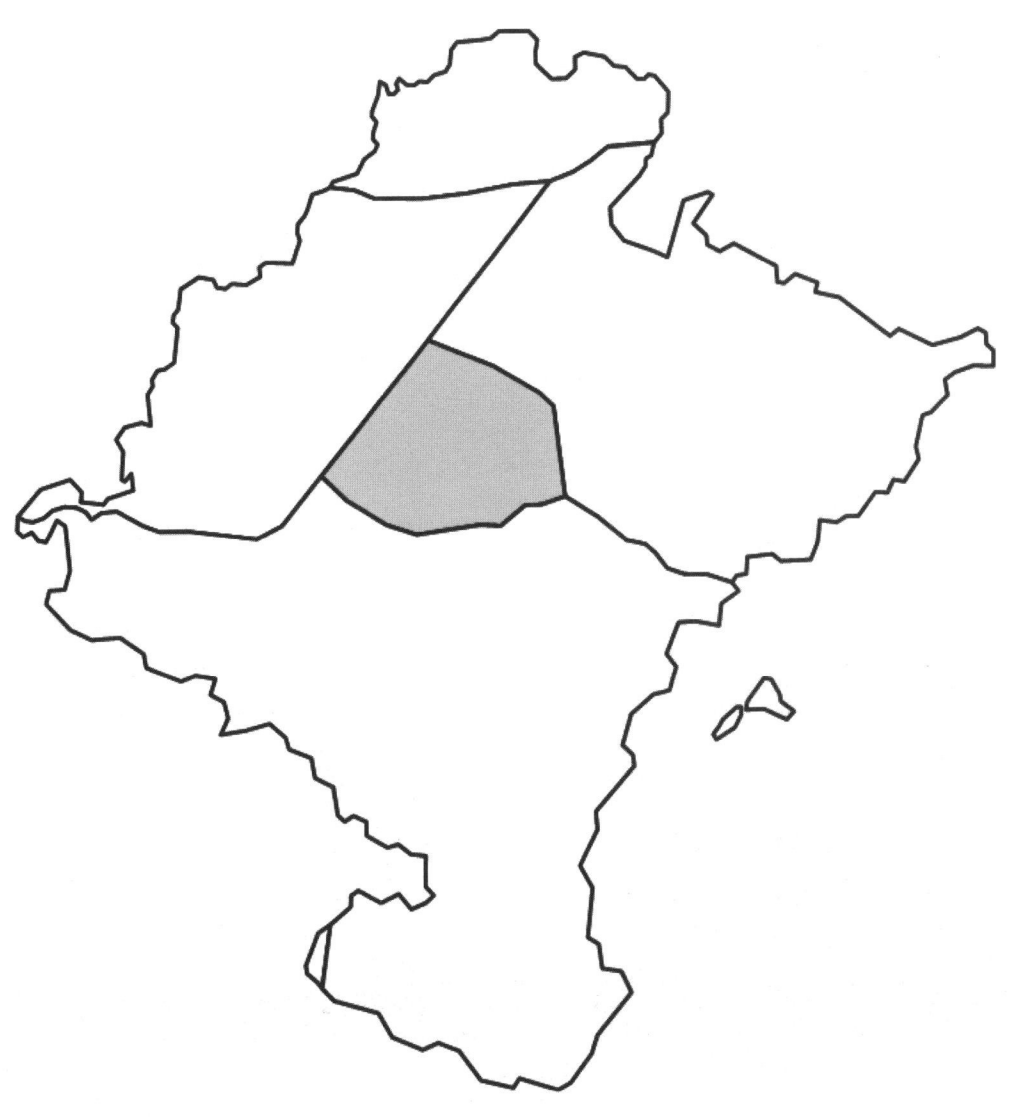

LUGARES DE INTERÉS GEOLÓGICO DE NAVARRA.
DOMINIO DE TRANSICIÓN

CÓDIGO Y DENOMINACIÓN

PS025 Turbiditas eocenas de Ezkaba en Pamplona

VALOR Y TIPO DE INTERÉS GEOLÓGICO

Valor del interés geológico	Tipo de interés geológico	
Científico	Principal	Sedimentológico
Didáctico	Secundario	Estratigráfico, paleontológico
Turístico		

UBICACIÓN DEL LIG

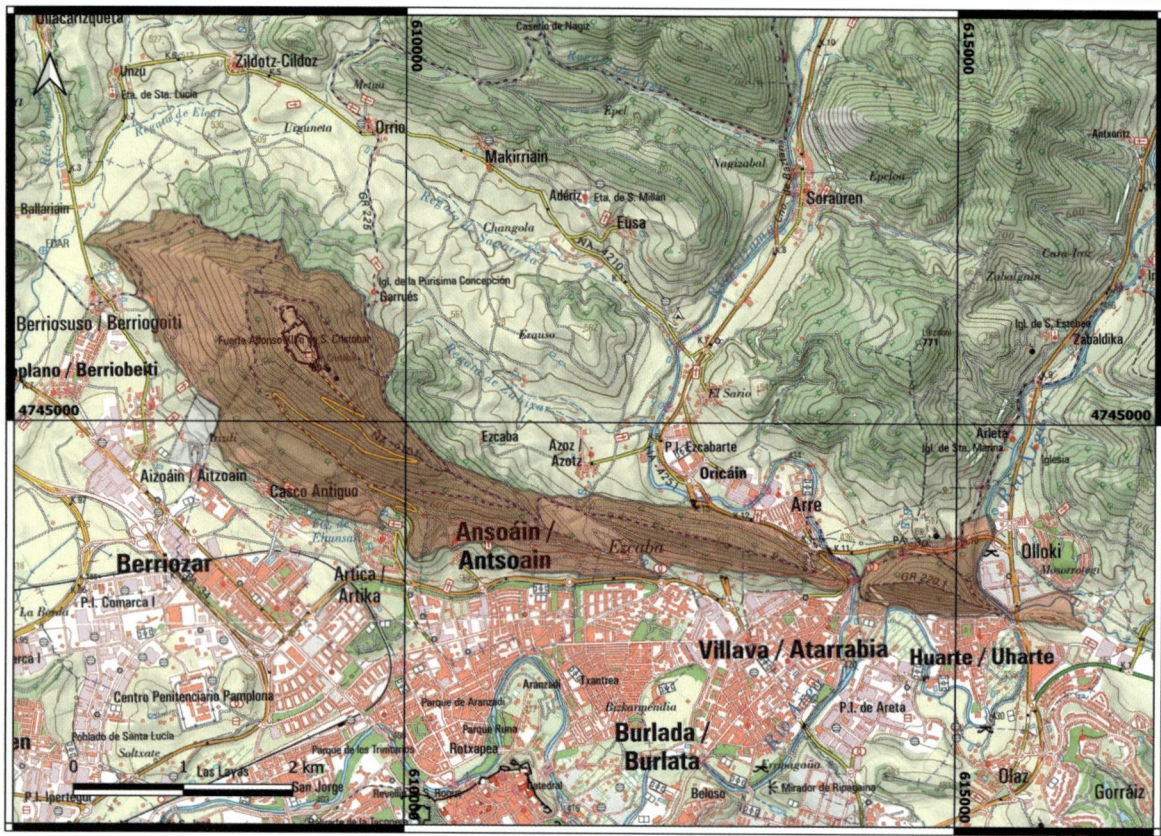

Ubicación y accesos	Desde la ronda PA-30 se accede a la cima del monte Ezkaba partiendo de la localidad de Artica. Existen otros numerosos puntos de acceso por pistas y senderos a lo largo de todo el monte. Riesgo de desprendimientos de rocas en las zonas de las antiguas canteras. Algunos escarpes expuestos. No autorizado el acceso a dichas canteras.

POR QUÉ ES TAN IMPORTANTE ESTE LUGAR

Este monte de morfología alargada y orientación NO-SE marcada representa un excelente ejemplo de depósito turbidítico, con numerosos rasgos sedimentarios y pistas fósiles asociadas al ambiente de depósito. Su inclusión dentro de un potente tramo margoso y el resalte geomorfológico que genera por erosión diferencial, le otorgan una mayor presencia en el contexto de la ciudad. Algunos afloramientos ofrecen notables observaciones de carácter sedimentario, paleontológico y petrológico.

LUGARES DE INTERÉS GEOLÓGICO DE NAVARRA.
DOMINIO DE TRANSICIÓN

ESQUEMA GEOLÓGICO

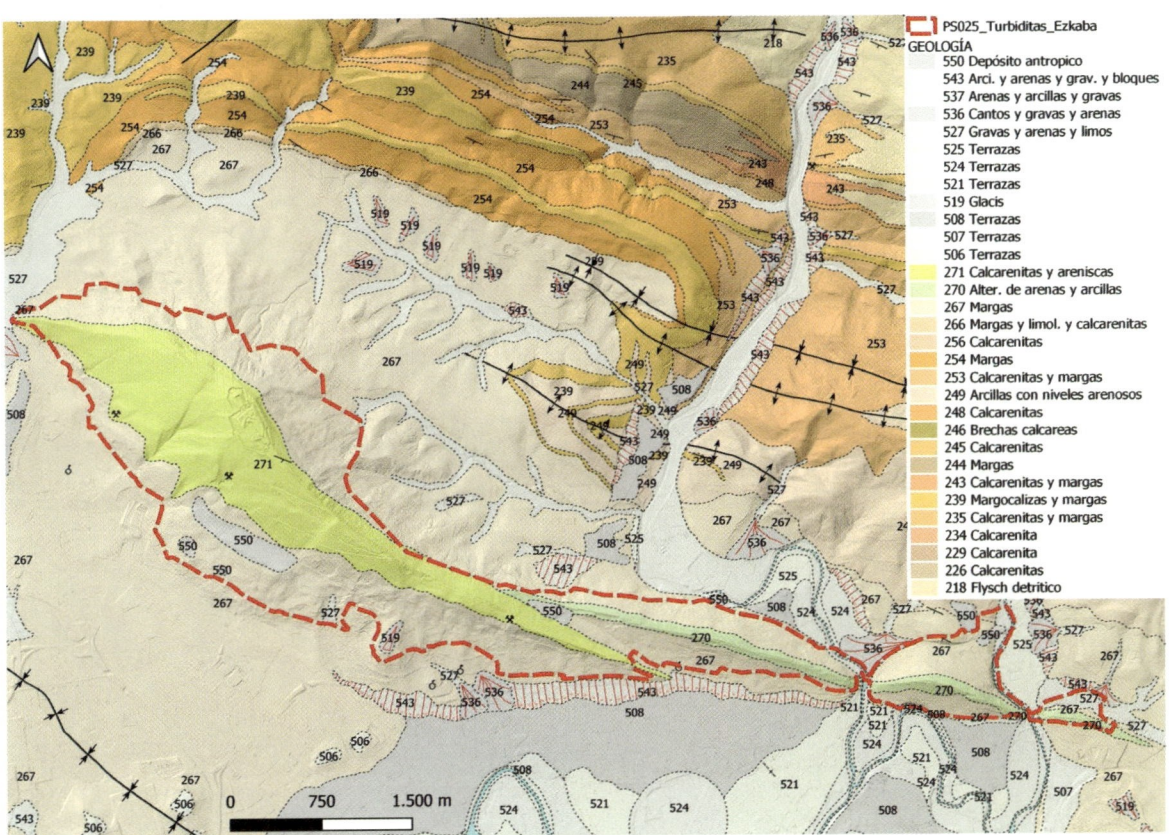

PS025_Turbiditas_Ezkaba
GEOLOGÍA
- 550 Depósito antropico
- 543 Arci. y arenas y grav. y bloques
- 537 Arenas y arcillas y gravas
- 536 Cantos y gravas y arenas
- 527 Gravas y arenas y limos
- 525 Terrazas
- 524 Terrazas
- 521 Terrazas
- 519 Glacis
- 508 Terrazas
- 507 Terrazas
- 506 Terrazas
- 271 Calcarenitas y areniscas
- 270 Alter. de arenas y arcillas
- 267 Margas
- 266 Margas y limol. y calcarenitas
- 256 Calcarenitas
- 254 Margas
- 253 Calcarenitas y margas
- 249 Arcillas con niveles arenosos
- 248 Calcarenitas
- 246 Brechas calcareas
- 245 Calcarenitas
- 244 Margas
- 243 Calcarenitas y margas
- 239 Margocalizas y margas
- 235 Calcarenitas y margas
- 234 Calcarenita
- 229 Calcarenita
- 226 Calcarenitas
- 218 Flysch detritico

Encuadre geológico del LIG

Arriba, afloramiento de calcarenitas eocenas a lo largo de toda la cresta del monte Ezkaba, Ezkaba Txiki y monte Miravalles, debido a su mayor resistencia a la erosión respecto a las margas circundantes.

IMÁGENES REPRESENTATIVAS

Arriba, tramo de calcarenitas de aspecto masivo, con desarrollo de un depósito coluvial y un perfil de suelo sobre ellas. Abajo, detalle de estratos de calcarenita con buzamiento moderado hacia el sur.

LUGARES DE INTERÉS GEOLÓGICO DE NAVARRA.
DOMINIO DE TRANSICIÓN

CÓDIGO Y DENOMINACIÓN

PS026 Meandros y terrazas del río Arga en Pamplona

VALOR Y TIPO DE INTERÉS GEOLÓGICO

Valor del interés geológico	Tipo de interés geológico	
Científico	**Principal**	Geomorfológico
Didáctico	**Secundario**	Edafológico
Turístico		

UBICACIÓN DEL LIG

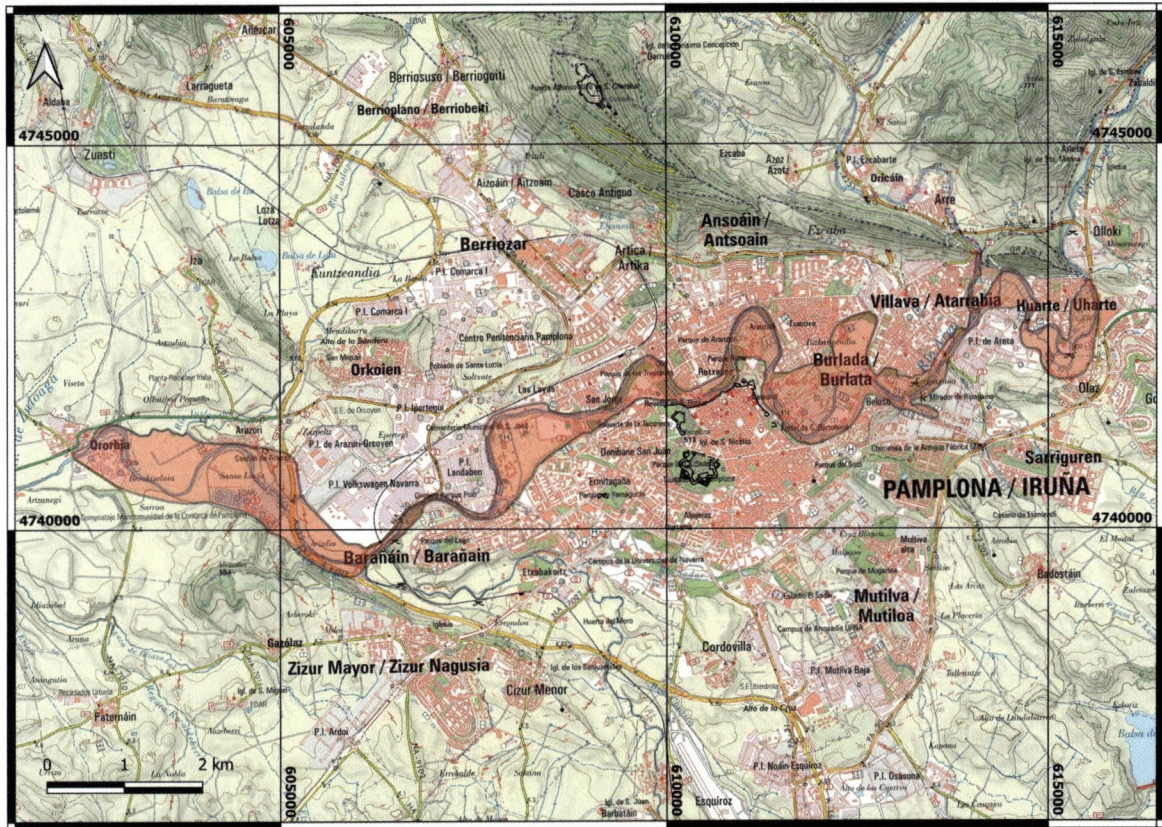

Ubicación y accesos	La mejor forma de recorrer los meandros del Arga en Pamplona es a través del paseo fluvial de la Comarca de Pamplona. Precaución en épocas de crecidas. El paseo de la Media Luna de Pamplona permite una visión panorámica del sistema fluvial.

POR QUÉ ES TAN IMPORTANTE ESTE LUGAR

Un paseo atento por todo el parque fluvial permite observar con claridad la dinámica fluvial del río Arga y todos sus afluentes (Ultzama, Egües, Elorz, Sadar, etc). Los marcados meandros, las playas de cantos (Caparroso, San Pedro, etc), los diferentes niveles de terrazas fluviales, la morfología de la llanura de inundación y su interacción con el sustrato eoceno margoso, configuran un paisaje único que sirve de nexo de unión entre geología, paisaje, cultura y tradición.

LUGARES DE INTERÉS GEOLÓGICO DE NAVARRA.
DOMINIO DE TRANSICIÓN

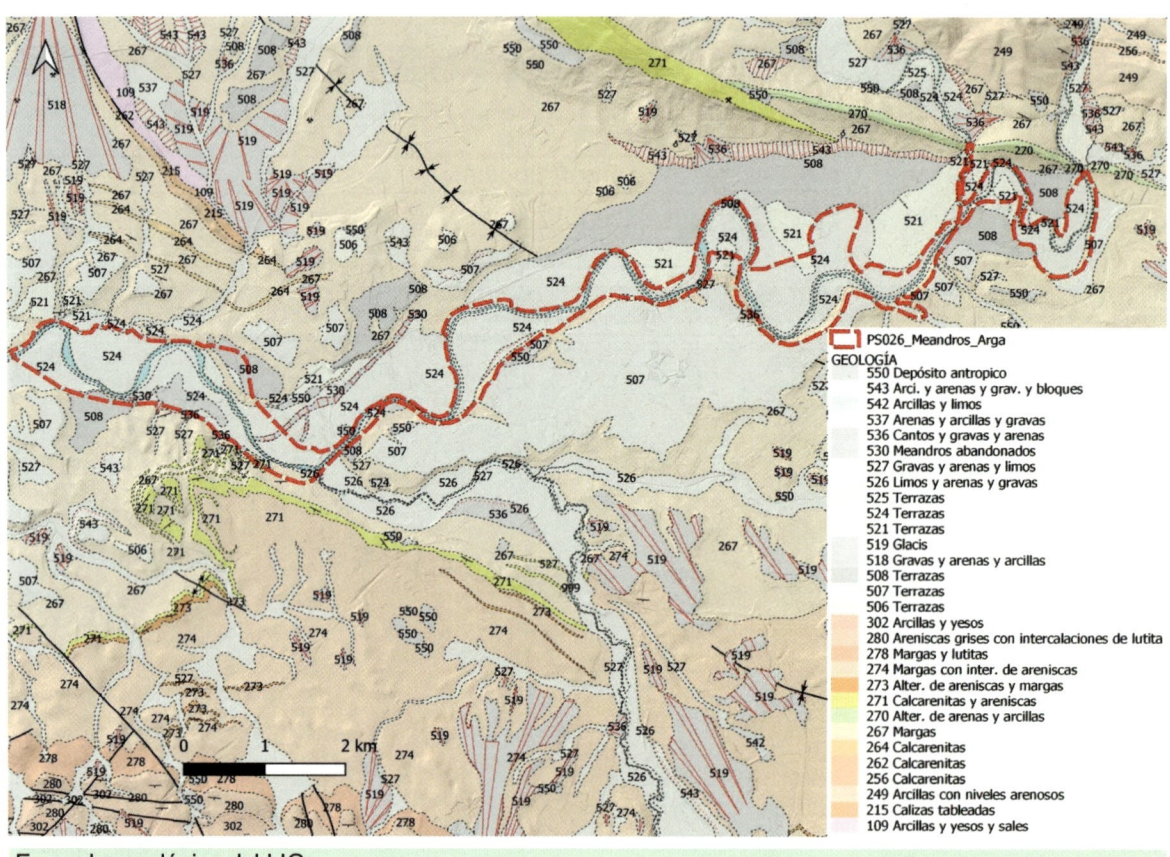

PS026_Meandros_Arga

GEOLOGÍA

- 550 Depósito antrópico
- 543 Arci. y arenas y grav. y bloques
- 542 Arcillas y limos
- 537 Arenas y arcillas y gravas
- 536 Cantos y gravas y arenas
- 530 Meandros abandonados
- 527 Gravas y arenas y limos
- 526 Limos y arenas y gravas
- 525 Terrazas
- 524 Terrazas
- 521 Terrazas
- 519 Glacis
- 518 Gravas y arenas y arcillas
- 508 Terrazas
- 507 Terrazas
- 506 Terrazas
- 302 Arcillas y yesos
- 280 Areniscas grises con intercalaciones de lutita
- 278 Margas y lutitas
- 274 Margas con inter. de areniscas
- 273 Alter. de areniscas y margas
- 271 Calcarenitas y areniscas
- 270 Alter. de arenas y arcillas
- 267 Margas
- 264 Calcarenitas
- 262 Calcarenitas
- 256 Calcarenitas
- 249 Arcillas con niveles arenosos
- 215 Calizas tableadas
- 109 Arcillas y yesos y sales

Encuadre geológico del LIG

Aspecto de los taludes de marga, coronados por la terraza fluvial del río Arga en el tramo del meandro de Burlada, a los pies del mirador de la Nogalera.

LUGARES DE INTERÉS GEOLÓGICO DE NAVARRA.
DOMINIO DE TRANSICIÓN

Arriba, vista desde el mirador de la Nogalera hacia Beloso Alto, mostrando los perfiles erosionados de la Formación margas de Pamplona. En el río se aprecia el desarrollo de barras laterales y centrales aguas abajo del puente de piedra. Abajo, playa de San Pedro en el tramo final del meandro de Aranzadi, en la llanura de inundación del río Arga.

IMÁGENES REPRESENTATIVAS

Arriba, llanura de inundación del río Arga. Abajo, talud margoso con débiles intercalaciones de calcarenitas, coronado por un depósito de terraza fluvial del río Arga.

LUGARES DE INTERÉS GEOLÓGICO DE NAVARRA.
DOMINIO DE TRANSICIÓN

CÓDIGO Y DENOMINACIÓN
PS039 Ladera acarcavada en margas eocenas de Pamplona

VALOR Y TIPO DE INTERÉS GEOLÓGICO

Valor del interés geológico	Tipo de interés geológico	
Científico	Principal	Geomorfológico
Didáctico	Secundario	Sedimentológico
Turístico		

UBICACIÓN DEL LIG

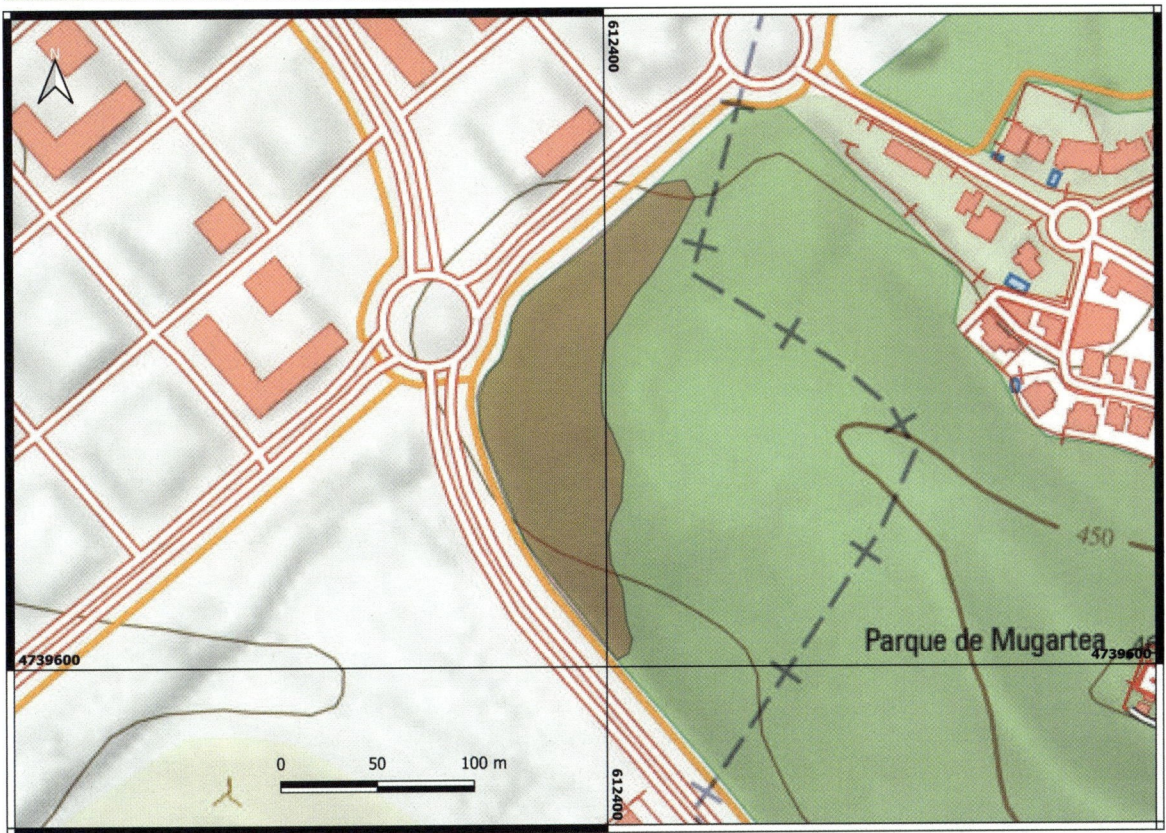

Ubicación y accesos	Se encuentra ubicado en Pamplona, entre la calle Adela Bazo y la avenida Lezkairu, muy cerca de la Universidad Pública de Navarra.

POR QUÉ ES TAN IMPORTANTE ESTE LUGAR
Este talud tallado en la Formación Margas de Pamplona tiene aproximadamente 17 años, cuando se llevaron a cabo labores de excavación para nuevas urbanizaciones en la zona. En este corto recorrido, el talud ha desarrollado un intenso acarcavamiento, dejando un claro registro de la intensa erosión de este tipo de materiales margosos. El talud también exhibe un manto de meteorización superficial y está coronado por un pequeño depósito de glacis cuaternario. A los pies del talud se desarrolla todo un sistema de abanicos aluviales de pequeño tamaño que representan un modelo visible y claro del proceso de formación de este tipo de depósito en un sistema fluvial.

LUGARES DE INTERÉS GEOLÓGICO DE NAVARRA.
DOMINIO DE TRANSICIÓN

ESQUEMA GEOLÓGICO

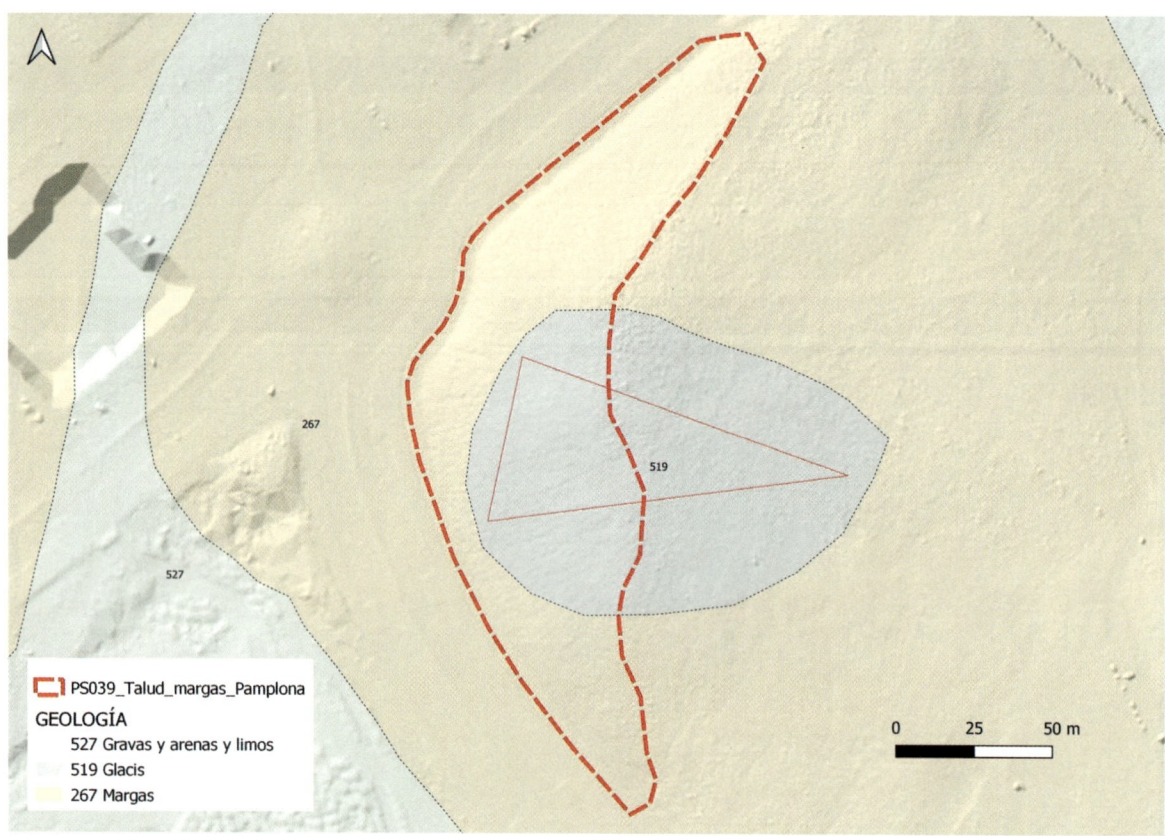

PS039_Talud_margas_Pamplona
GEOLOGÍA
527 Gravas y arenas y limos
519 Glacis
267 Margas

0   25   50 m

Encuadre geológico del LIG

Talud excavado en la Formación Margas de Pamplona en el que se observa un fuerte acarcavamiento debido a la erosionabilidad de estos materiales. En la parte superior del talud se aprecia una banda ocre anaranjada de alteración.

IMÁGENES REPRESENTATIVAS

Detalle de la ladera acarcavada tallada en margas. Se observa la fuerte incisión de los surcos de erosión y los cambios de color entre la parte superior e inferior del talud. Se observan también frecuentes intercalaciones laminares milimétricas a centimétricas de calcita que recorren toda la formación.

IMÁGENES REPRESENTATIVAS

Detalle de los abanicos aluviales de escala decimétrica que se desarrollan al pie del talud margoso. Constituyen un buen modelo para ejemplificar la formación de este tipo de depósitos a otras escalas con mayores dimensiones.

LUGARES DE INTERÉS GEOLÓGICO DE NAVARRA.
DOMINIO DE TRANSICIÓN

CÓDIGO Y DENOMINACIÓN
PS028 Conglomerados oligomiocenos del Perdón y suelos con horizontes cálcicos

VALOR Y TIPO DE INTERÉS GEOLÓGICO

Valor del interés geológico	Tipo de interés geológico	
Científico	Principal	Estratigráfico
Didáctico	Secundario	Edafológico
Turístico		

UBICACIÓN DEL LIG

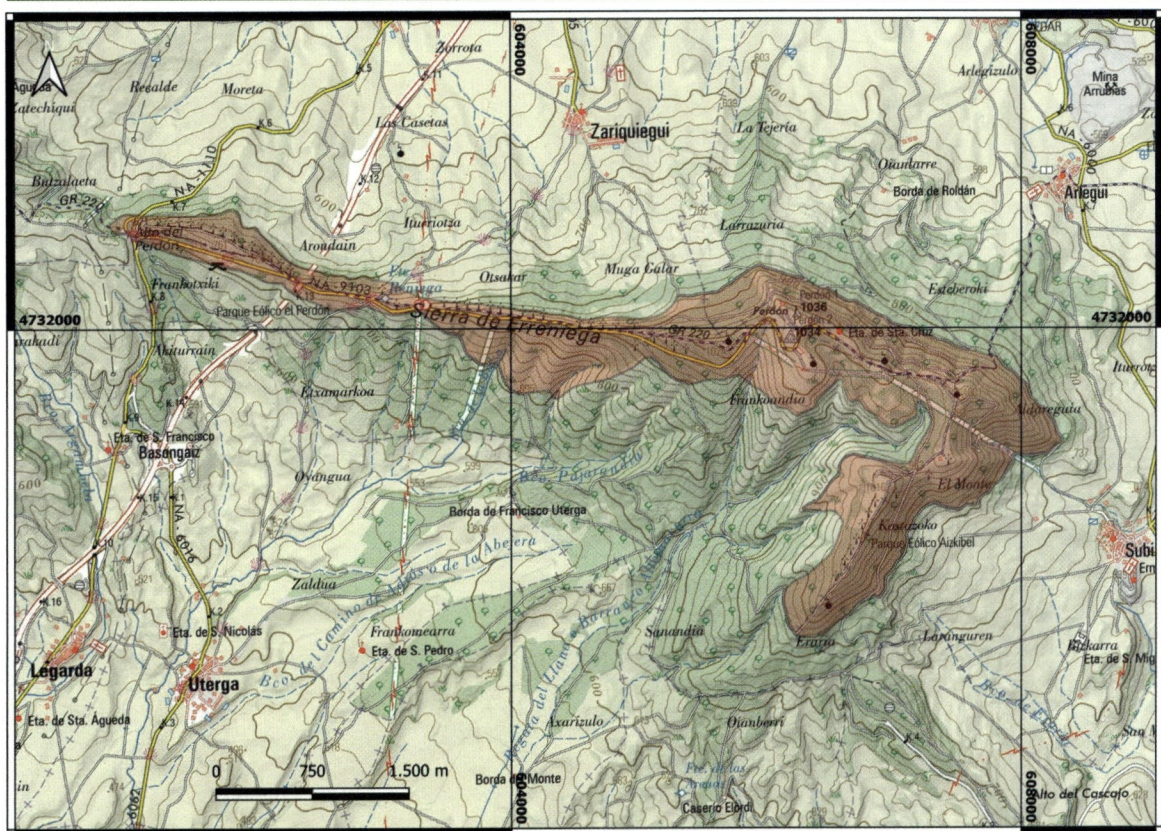

Ubicación y accesos	Desde la autovía del Camino A-12 se toma el desvío por la NA-1110 hasta lo alto del Puerto del El Perdón. Siguiendo la pista que va al repetidor se pueden observar algunos afloramientos. No está autorizado el tránsito a pie por carretera. Escarpes expuestos, mucho viento, algunas áreas requieren orientación.

POR QUÉ ES TAN IMPORTANTE ESTE LUGAR

El interés de este LIG es doble. Por un lado por propia formación cenozoica de conglomerados, su origen asociado a abanicos aluviales y su disposición discordante sobre unidades infrayacentes. Por otro lado, por el desarrollo de suelos con horizontes cálcicos que se han desarrollado sobre ellos. En la parte alta del puerto pueden verse los afloramientos de conglomerados, muy cementados por matriz carbonatada, muy redondeados y de naturaleza principalmente caliza y arenisca.

LUGARES DE INTERÉS GEOLÓGICO DE NAVARRA.
DOMINIO DE TRANSICIÓN

ESQUEMA GEOLÓGICO

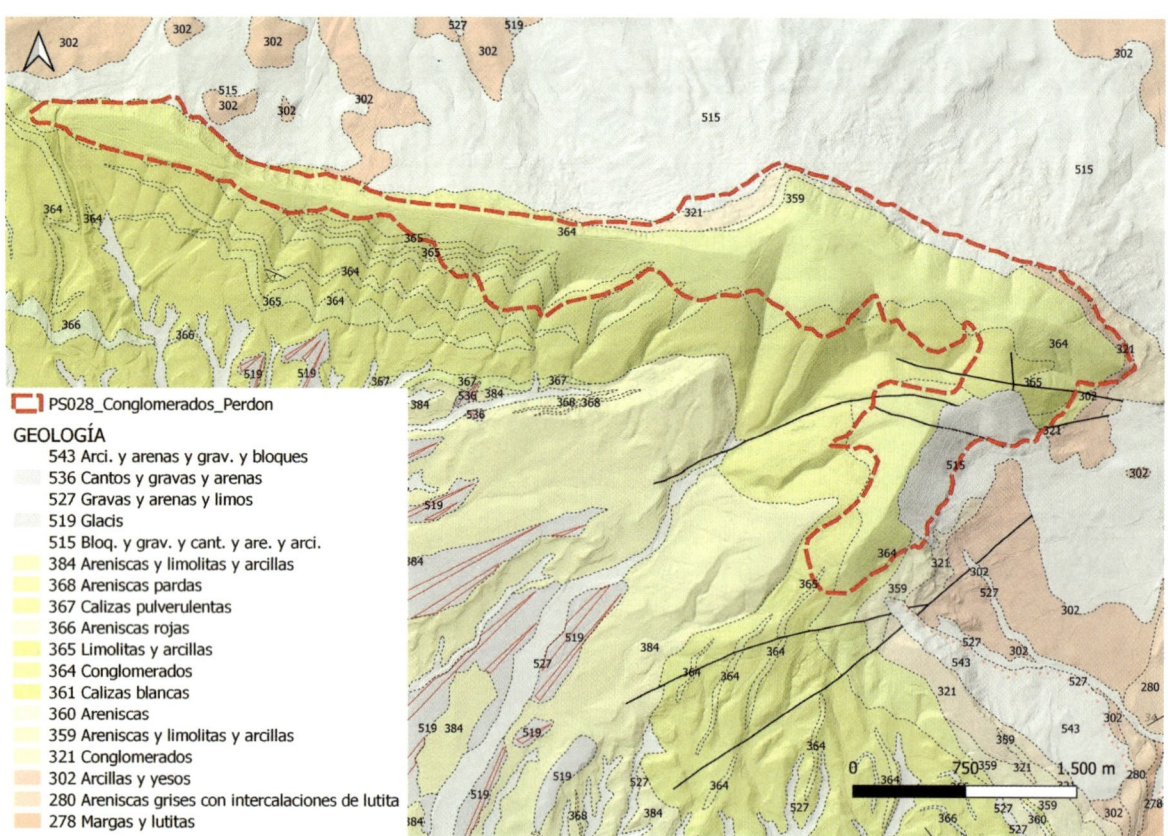

PS028_Conglomerados_Perdon

GEOLOGÍA
- 543 Arci. y arenas y grav. y bloques
- 536 Cantos y gravas y arenas
- 527 Gravas y arenas y limos
- 519 Glacis
- 515 Bloq. y grav. y cant. y are. y arci.
- 384 Areniscas y limolitas y arcillas
- 368 Areniscas pardas
- 367 Calizas pulverulentas
- 366 Areniscas rojas
- 365 Limolitas y arcillas
- 364 Conglomerados
- 361 Calizas blancas
- 360 Areniscas
- 359 Areniscas y limolitas y arcillas
- 321 Conglomerados
- 302 Arcillas y yesos
- 280 Areniscas grises con intercalaciones de lutita
- 278 Margas y lutitas

Encuadre geológico del LIG

Aspecto general de la Formación Conglomerados del Perdón, que coronan la sierra del mismo nombre. Están formados por cantos muy cementados, de naturaleza caliza y arenisca principalmente.

IMÁGENES REPRESENTATIVAS

Arriba, perfil de suelo desarrollado sobre la Formación de Conglomerados superiores del Perdón. Abajo, detalle de perfil de suelo con diferentes horizontes marcados. El horizonte inferior C muestra precipitados de carbonato de color blanquecino (C_k).

IMÁGENES REPRESENTATIVAS

Arriba, detalle de los conglomerados que coronan la sierra del Perdón. Abajo, vista al este mostrando el resalte morfológico al que dan lugar los conglomerados, debido a su mayor resistencia a la erosión. La falda norte, de suaves pendientes, está tapizada por depósitos de glacis sobre formaciones margoyesíferas.

LUGARES DE INTERÉS GEOLÓGICO DE NAVARRA.
DOMINIO DE TRANSICIÓN

CÓDIGO Y DENOMINACIÓN

PS029 Glacis pleistocenos de Valdizarbe

VALOR Y TIPO DE INTERÉS GEOLÓGICO

Valor del interés geológico	Tipo de interés geológico	
Científico	Principal	Geomorfológico
Didáctico	Secundario	Sedimentológico, edafológico
Turístico		

UBICACIÓN DEL LIG

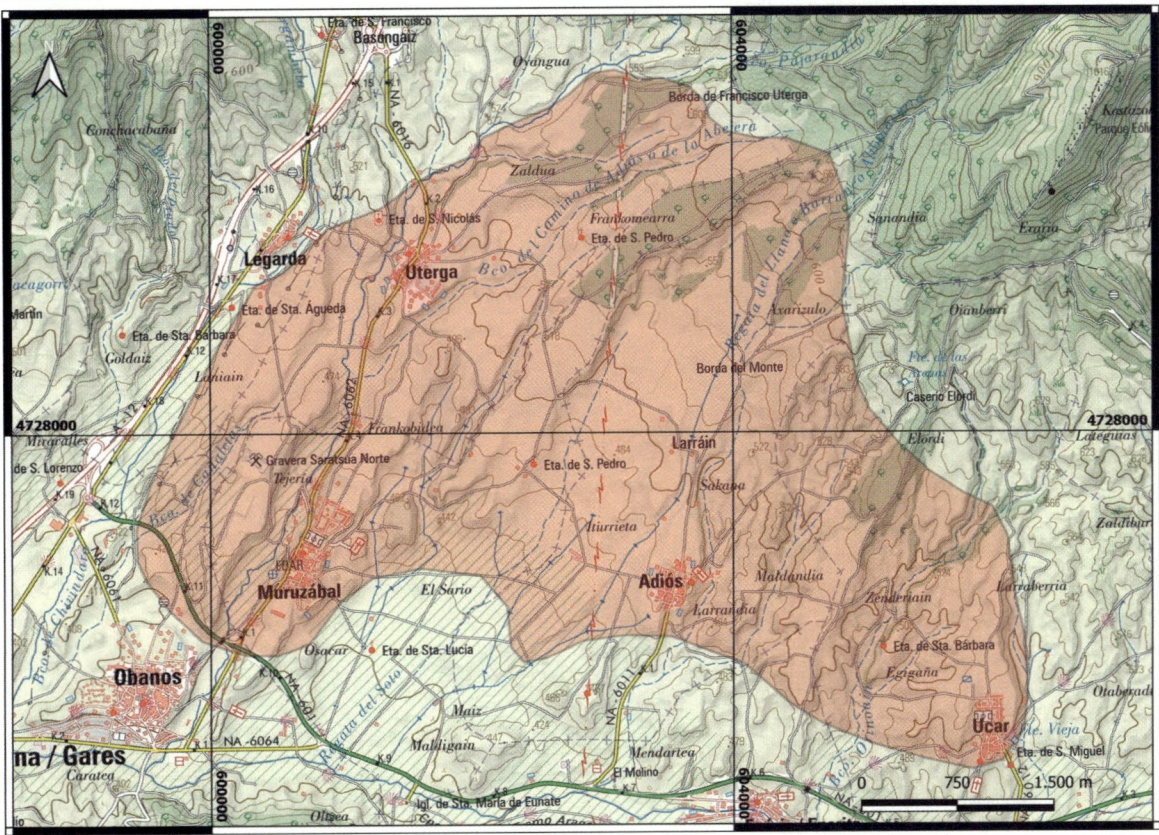

Ubicación y accesos	Son numerosos los puntos de vista de este LIG. El primero se sitúa en el merendero situado en la salida de la A-12 hacia Uterga, en la NA-6016, observándose una panomárica general. A lo largo de los caminos y senderos que recorren la zona pueden verse excelentes cortes del glacis con sus rasgos texturales bien definidos.

POR QUÉ ES TAN IMPORTANTE ESTE LUGAR

De la misma manera que en el caso de los glacis de la Valdorba, los glacis de Valdizarbe constituyen un ejemplo magnífico por su extensión, su distribución en ambas faldas de la Sierra del Perdón, y cómo su posterior evolución y erosión ha configurado el paisaje de todo el valle. Todo el espesor general del glacis se ha compartimentado en lóbulos alargados sobre los que se han cimentado la mayoría de las localidades del valle, constituyendo además pequeños acuíferos colgados, cuyo punto de drenaje final termina en el río Robo.

ESQUEMA GEOLÓGICO

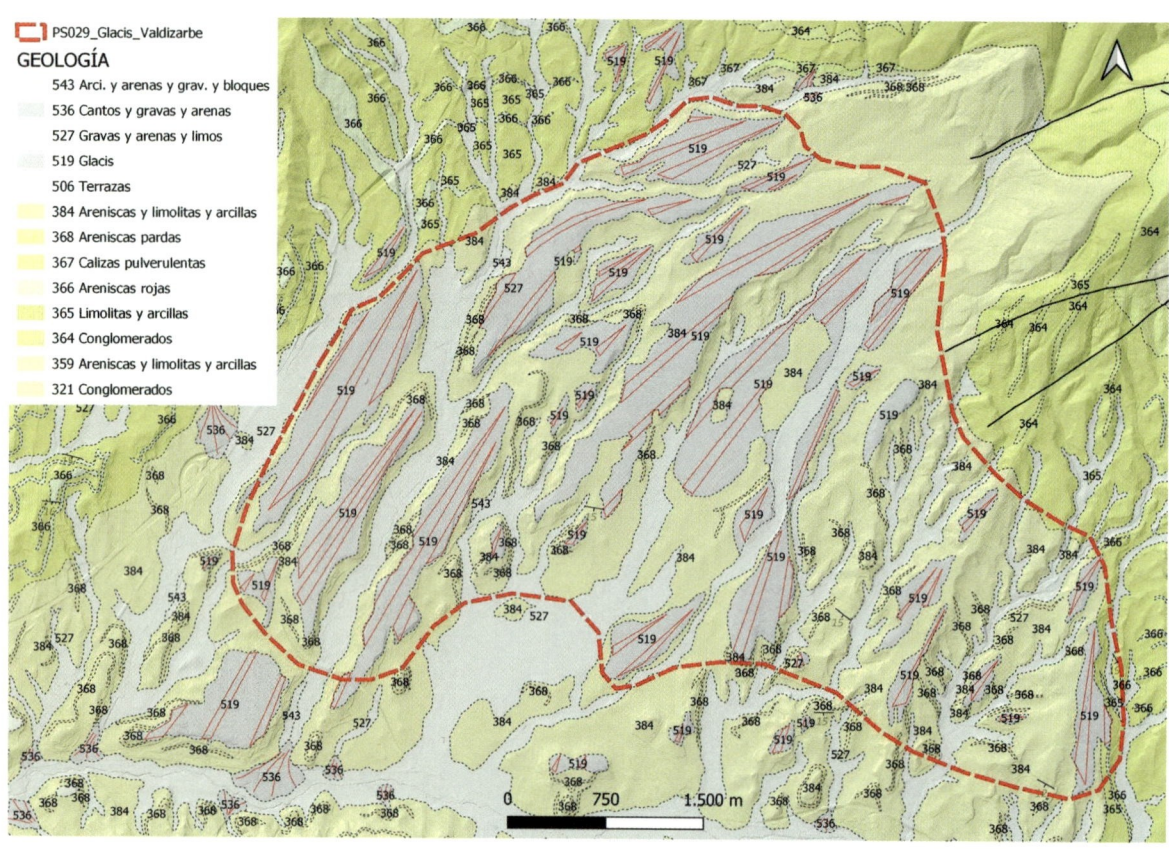

PS029_Glacis_Valdizarbe

GEOLOGÍA

- 543 Arci. y arenas y grav. y bloques
- 536 Cantos y gravas y arenas
- 527 Gravas y arenas y limos
- 519 Glacis
- 506 Terrazas
- 384 Areniscas y limolitas y arcillas
- 368 Areniscas pardas
- 367 Calizas pulverulentas
- 366 Areniscas rojas
- 365 Limolitas y arcillas
- 364 Conglomerados
- 359 Areniscas y limolitas y arcillas
- 321 Conglomerados

Encuadre geológico del LIG

Ladera sur de la sierra del Perdón a cuyos pies se extiende una suave pendiente tapizada de depósitos de glacis.

IMÁGENES REPRESENTATIVAS

Arriba, vista general del valle de Valdizarbe en la ladera sur de la sierra del Perdón. Los pequeños resaltes topográficos representan lóbulos de glacis que han quedado diseccionados por la erosión del agua de escorrentía. Abajo, detalle de una sección del glacis con desarrollo de un perfil de suelo.

LUGARES DE INTERÉS GEOLÓGICO DE NAVARRA.
DOMINIO DE TRANSICIÓN

CÓDIGO Y DENOMINACIÓN

PS031 Meandros y terrazas del río Arga de Ibero-Etxauri-Belascoain

VALOR Y TIPO DE INTERÉS GEOLÓGICO

Valor del interés geológico	Tipo de interés geológico	
Científico	Principal	Geomorfológico
Didáctico	Secundario	
Turístico		

UBICACIÓN DEL LIG

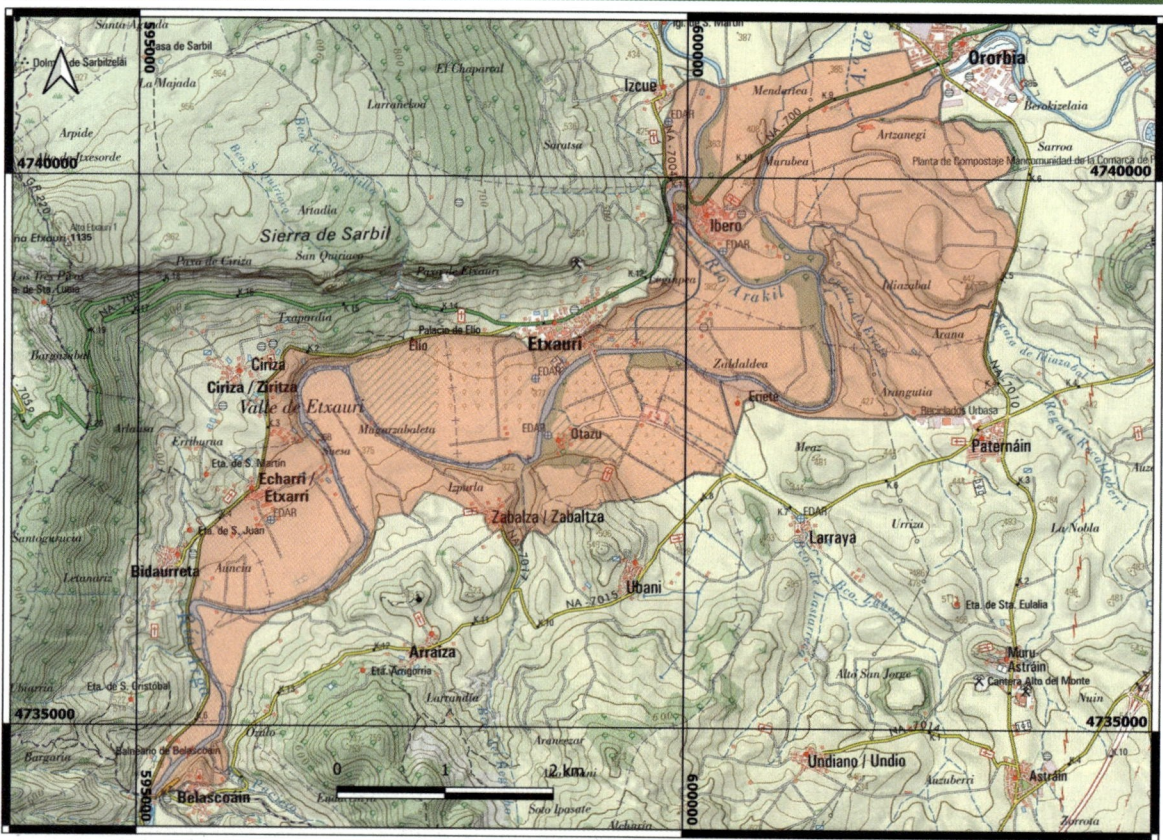

Ubicación y accesos	NA-700 desde Ibero hasta Etxauri, tomando después la NA-7110 hacia Belascoain. La red de pistas y caminos de la zona permiten observar el entorno del LIG. El mirador del puerto de Etxauri también proporciona una vista panorámica de gran valor para este LIG. Precaución en épocas de crecidas.

POR QUÉ ES TAN IMPORTANTE ESTE LUGAR

El valle de Etxauri destaca por el desarrollo meandriforme de su cauce principal, el río Arga, y por la confluencia entre éste y el río Arakil en Ibero. El encajonamiento del río junto al farallón rocoso de la sierra de Andía, con sus cantiles verticales, además de los suaves resaltes asociados a las terrazas fluviales sobre las margas eocenas, otorgan a este entorno una belleza especial. La presencia de aguas termales en numerosos manantiales de la zona suman un valor adicional a este lugar.

LUGARES DE INTERÉS GEOLÓGICO DE NAVARRA.
DOMINIO DE TRANSICIÓN

ESQUEMA GEOLÓGICO

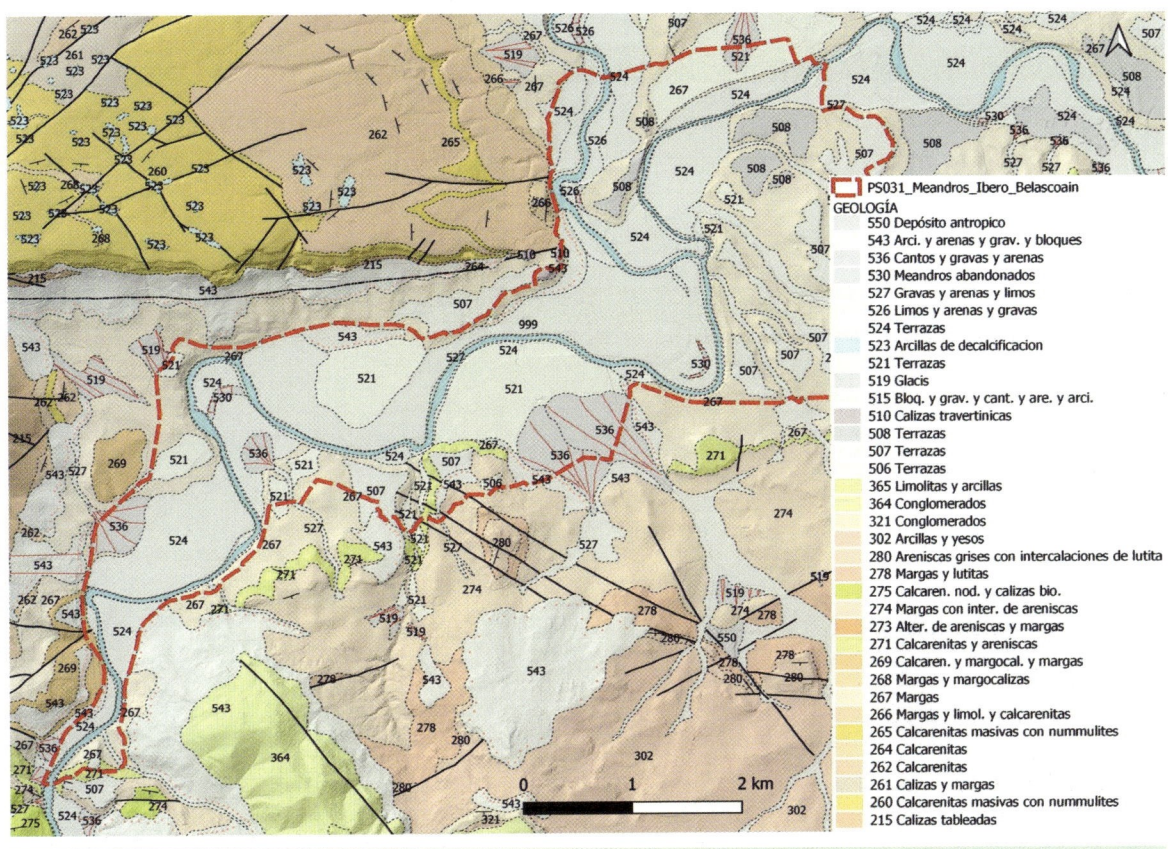

PS031_Meandros_Ibero_Belascoain

GEOLOGÍA
- 550 Depósito antropico
- 543 Arci. y arenas y grav. y bloques
- 536 Cantos y gravas y arenas
- 530 Meandros abandonados
- 527 Gravas y arenas y limos
- 526 Limos y arenas y gravas
- 524 Terrazas
- 523 Arcillas de decalcificacion
- 521 Terrazas
- 519 Glacis
- 515 Bloq. y grav. y cant. y are. y arci.
- 510 Calizas travertinicas
- 508 Terrazas
- 507 Terrazas
- 506 Terrazas
- 365 Limolitas y arcillas
- 364 Conglomerados
- 321 Conglomerados
- 302 Arcillas y yesos
- 280 Areniscas grises con intercalaciones de lutita
- 278 Margas y lutitas
- 275 Calcaren. nod. y calizas bio.
- 274 Margas con inter. de areniscas
- 273 Alter. de areniscas y margas
- 271 Calcarenitas y areniscas
- 269 Calcaren. y margocal. y margas
- 268 Margas y margocalizas
- 267 Margas
- 266 Margas y limol. y calcarenitas
- 265 Calcarenitas masivas con nummulites
- 264 Calcarenitas
- 262 Calcarenitas
- 261 Calizas y margas
- 260 Calcarenitas masivas con nummulites
- 215 Calizas tableadas

Encuadre geológico del LIG

Detalle de la traza meandriforme del río Arga tras su confluencia con el río Arakil.

IMÁGENES REPRESENTATIVAS

Aspecto general del valle de Etxauri y el trazado meandriforme del río Arga desde el mirador del puerto de Etxauri. Abajo, detalle del meandro y la erosión de los taludes en su borde externo, coronados por un nivel de terraza media.

LUGARES DE INTERÉS GEOLÓGICO DE NAVARRA.
DOMINIO DE TRANSICIÓN

CÓDIGO Y DENOMINACIÓN
PS043 Suelos vertisoles de Astrain

VALOR Y TIPO DE INTERÉS GEOLÓGICO

Valor del interés geológico	Tipo de interés geológico	
Científico	Principal	Edafológico
Didáctico	Secundario	
Turístico		

UBICACIÓN DEL LIG

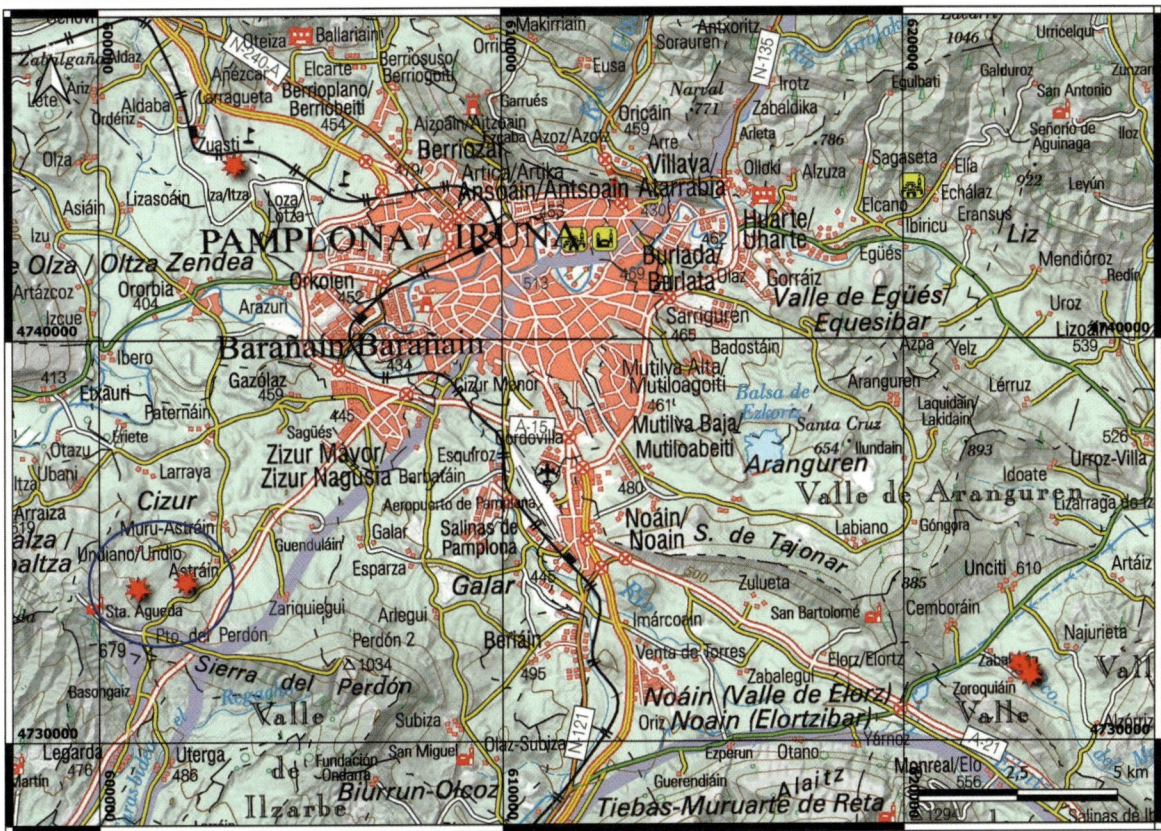

Ubicación y accesos	No hay buenos afloramientos de este tipo de suelos y tan sólo se han identificado en los ensayos de campo realizados para el mapa de suelos 1:25.000 del Gobierno de Navarra.

POR QUÉ ES TAN IMPORTANTE ESTE LUGAR

Este tipo de suelos son una singularidad en Navarra por su escasa presencia en la cartografía edafológica actual. Estos suelos son un reflejo de la presencia de arcillas expansibles, que se expanden al estar húmedas y se retraen al estar secas, dando lugar en ocasiones, a grietas en superficie. La presencia de este tipo de arcillas tiene relación con el sustrato geológico sobre el que se definen, correspondiente a la Formación Yesos de Undiano, formados por margas, lutitas y yesos de origen continental.

LUGARES DE INTERÉS GEOLÓGICO DE NAVARRA.
DOMINIO DE TRANSICIÓN

ESQUEMA GEOLÓGICO

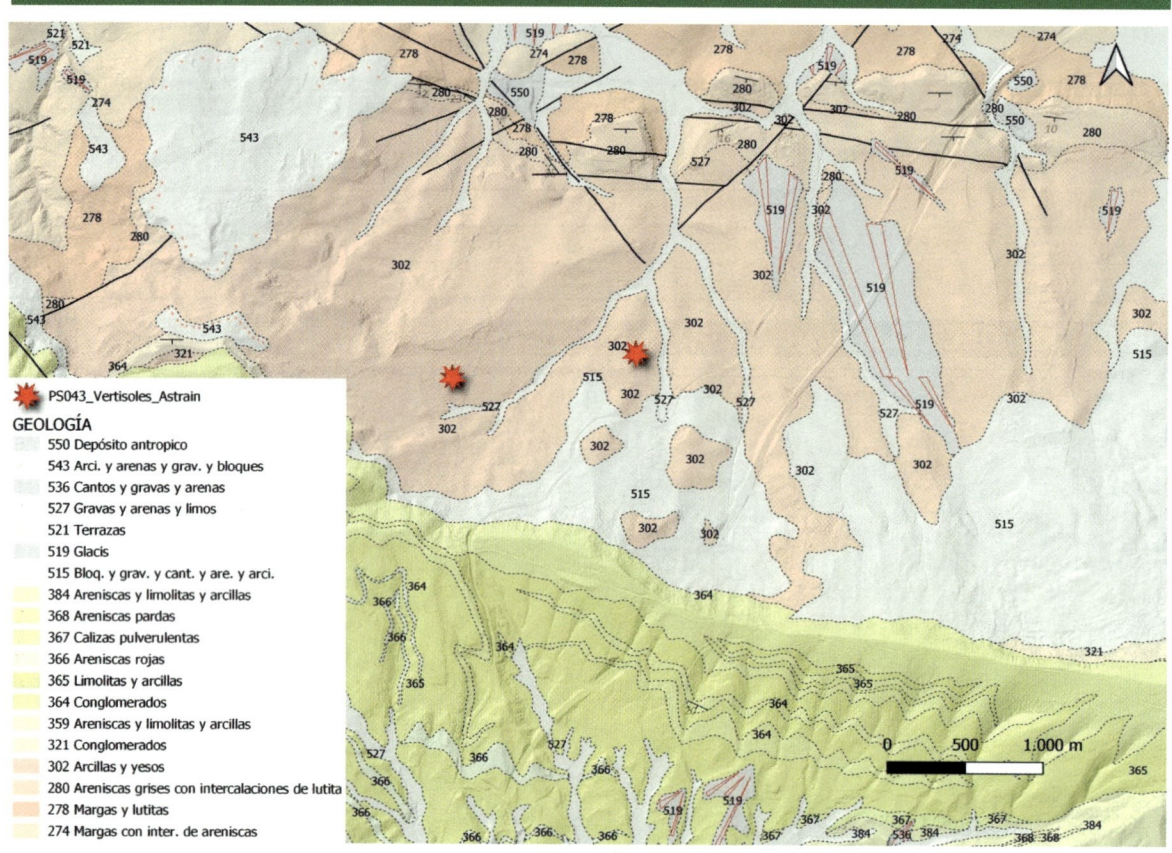

PS043_Vertisoles_Astrain

GEOLOGÍA

- 550 Depósito antropico
- 543 Arci. y arenas y grav. y bloques
- 536 Cantos y gravas y arenas
- 527 Gravas y arenas y limos
- 521 Terrazas
- 519 Glacis
- 515 Bloq. y grav. y cant. y are. y arci.
- 384 Areniscas y limolitas y arcillas
- 368 Areniscas pardas
- 367 Calizas pulverulentas
- 366 Areniscas rojas
- 365 Limolitas y arcillas
- 364 Conglomerados
- 359 Areniscas y limolitas y arcillas
- 321 Conglomerados
- 302 Arcillas y yesos
- 280 Areniscas grises con intercalaciones de lutita
- 278 Margas y lutitas
- 274 Margas con inter. de areniscas

Encuadre geológico del LIG

Perfil de suelo (Chromic Haploxerert) en Astrain hasta alcanzar el sustrato rocoso margoso. Fuente: Red de observaciones del mapa de suelos 1:25.000 del Gobierno de Navarra, a partir del visor IDENA (https://tinyurl.com/277ts9q2)

Detalle de grietas superficiales desarrolladas sobre un suelo de tipo vertisol debido a los movimientos de expansión y contracción por cambios en las condiciones de humedad. Foto: Cortesía de Javier Eslava (Negociado de Suelos y Climatología del Dpto. de Medio Ambiente del Gobierno de Navarra).

LUGARES DE INTERÉS GEOLÓGICO DE NAVARRA.
DOMINIO VASCO-CANTÁBRICO

CÓDIGO Y DENOMINACIÓN
CV028a Mármoles mesozoicos de Almandoz

VALOR Y TIPO DE INTERÉS GEOLÓGICO

Valor del interés geológico	Tipo de interés geológico	
Científico	Principal	Petrológico
Didáctico	Secundario	
Turístico		

UBICACIÓN DEL LIG

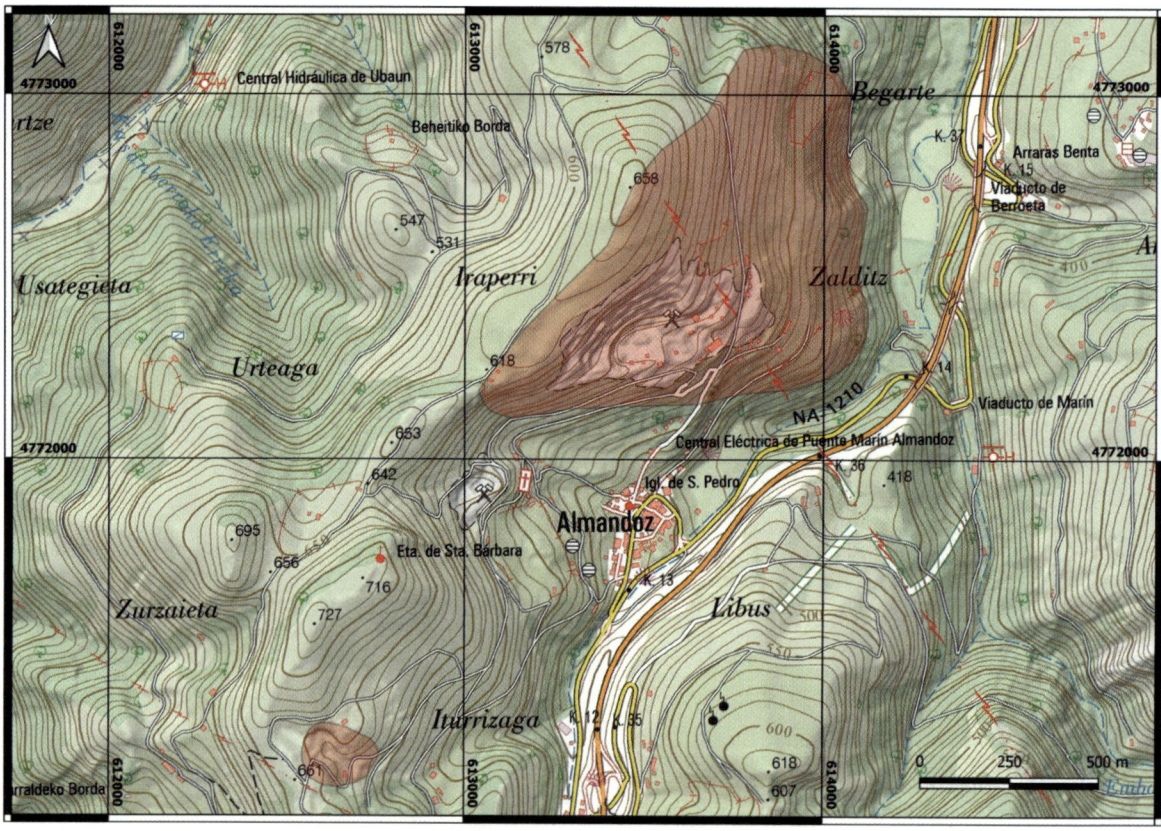

Ubicación y accesos	A este sector se accede desde la localidad de Almandoz, desde la carretera nacional N-121-A. Dado que se trata de una explotación activa, el acceso no está autorizado, no siendo posible su visita.

POR QUÉ ES TAN IMPORTANTE ESTE LUGAR

Se trata de una unidad geológica del Cretácico formada por calizas con rudistas y corales, además de otros fósiles de organismos como equinodermos, bivalvos o algas. Están muy recristalizadas, marmorizadas y dolomitizadas y contienen materia orgánica. Pertenecen al "Complejo Urgoniano" y representan un ambiente de formación en plataforma marina carbonatada. El conocimiento de estos mármoles también tiene relevancia tectónica, ya que son testimonio del metamorfismo asociado al contacto entre la placa europea y la placa ibérica.

ESQUEMA GEOLÓGICO

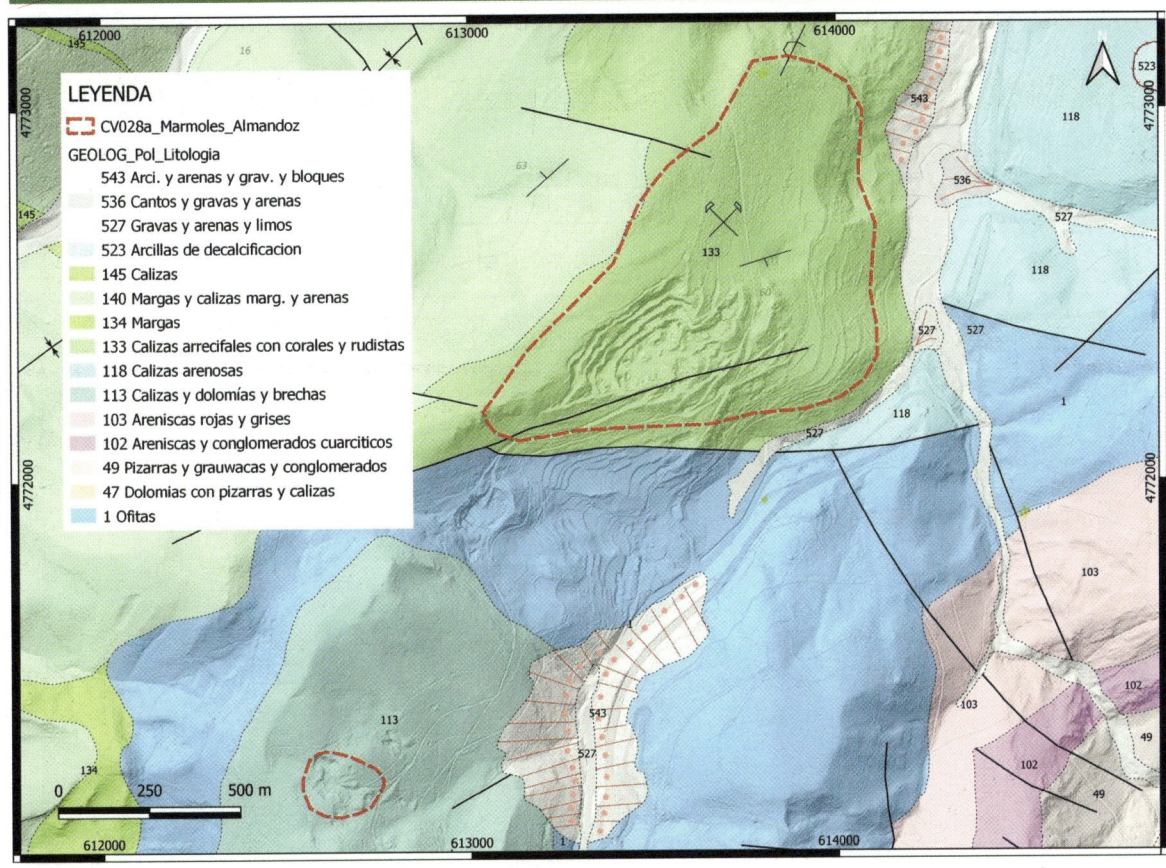

LEYENDA

CV028a_Marmoles_Almandoz

GEOLOG_Pol_Litologia

543 Arci. y arenas y grav. y bloques
536 Cantos y gravas y arenas
527 Gravas y arenas y limos
523 Arcillas de decalcificacion
145 Calizas
140 Margas y calizas marg. y arenas
134 Margas
133 Calizas arrecifales con corales y rudistas
118 Calizas arenosas
113 Calizas y dolomías y brechas
103 Areniscas rojas y grises
102 Areniscas y conglomerados cuarciticos
49 Pizarras y grauwacas y conglomerados
47 Dolomias con pizarras y calizas
1 Ofitas

Encuadre geológico de los mármoles de Almandoz.

Aspecto general de las calizas marmóreas, teñidas de gris, negro y amarillo por la presencia de pátinas de óxidos de hierro y manganeso.

IMÁGENES REPRESENTATIVAS

Arriba, detalle de afloramiento de los mármoles con característicos bandeados de color. Abajo, Detalle del grado de meteorización superficial y desarrollo de suelos sobre el sustrato rocoso.

CÓDIGO Y DENOMINACIÓN
CV030a Fillitas cretácicas y ultisoles de Orokieta

VALOR Y TIPO DE INTERÉS GEOLÓGICO

Valor del interés geológico	Tipo de interés geológico	
Científico	Principal	Edafológico
Didáctico	Secundario	
Turístico		

UBICACIÓN DEL LIG

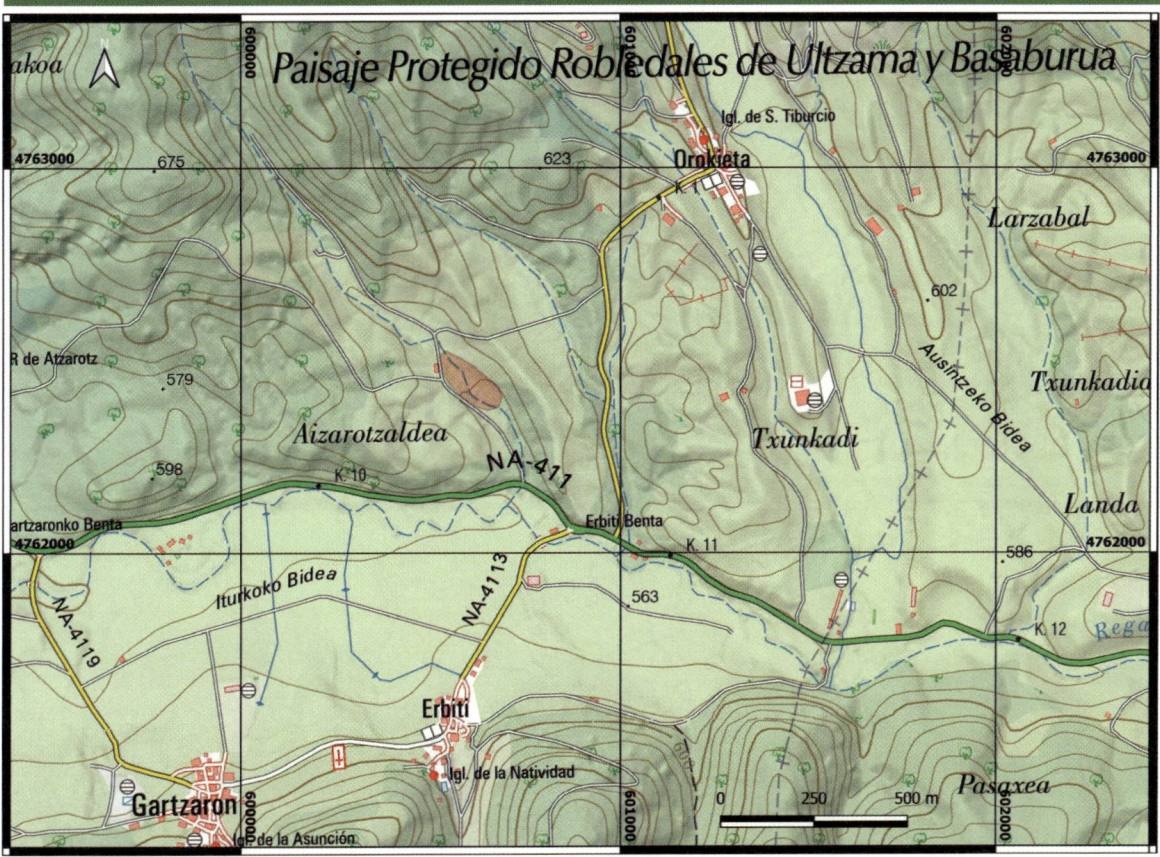

Ubicación y accesos	De la carretera NA-4114 que une la carretera NA-411 y la localidad de Oroquieta, parte una pista hacia la izquierda hacia una de las regatas que drenan a la regata Ganboko. Ubicación aproximada. No se observan afloramientos a simple vista.

POR QUÉ ES TAN IMPORTANTE ESTE LUGAR

Constituye un ejemplo representativo de suelos pardos ácidos lavados con rasgos de hidromorfía y desarrollo de horizontes en los que se encuentran minerales como vermiculita, goethita, lepidocrocita y clorita secundaria. El sustrato rocoso sobre el que se desarrollan estos suelos está formado por pizarras negras, margas y arcillas esquistosas y limolitas, con presencia de sulfuros (pirita), materia orgánica carbonosa y nódulos ferruginosos. No se dispone de imágenes representativas.

ESQUEMA GEOLÓGICO

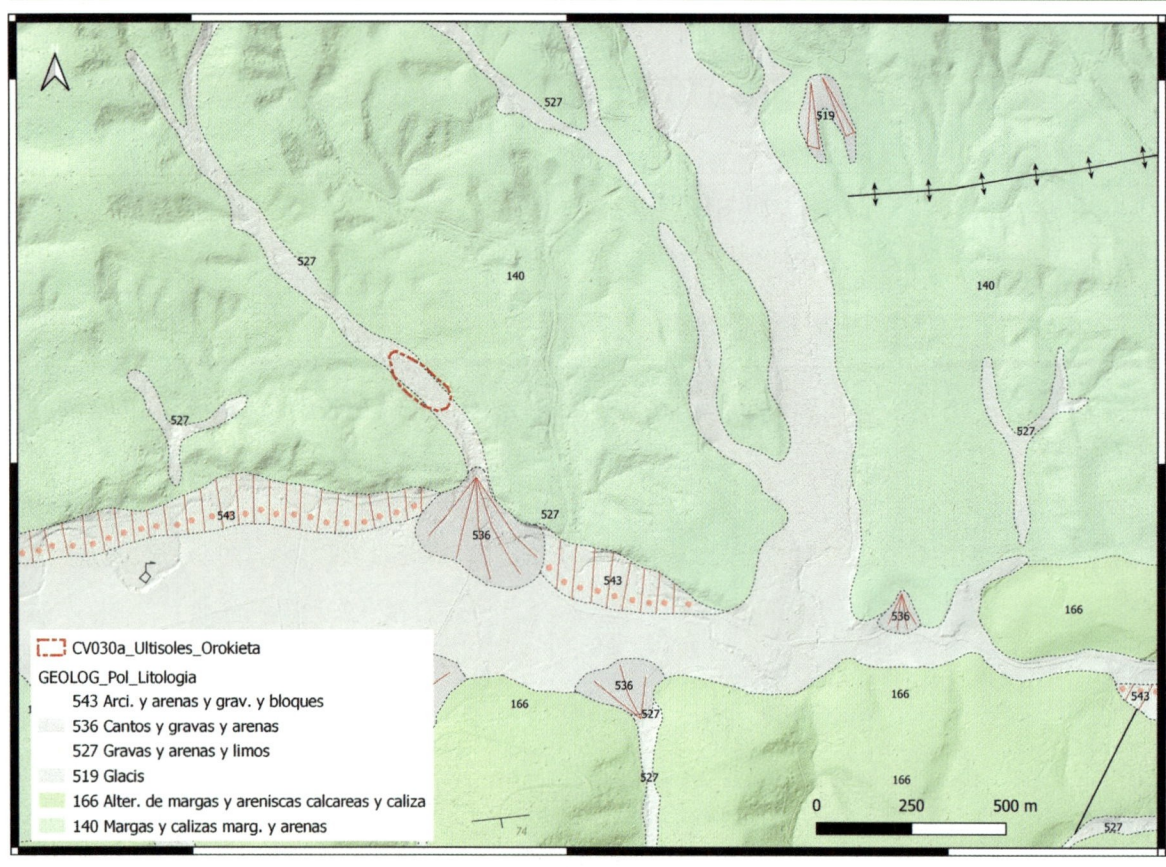

CV030a_Ultisoles_Orokieta

GEOLOG_Pol_Litologia

543 Arci. y arenas y grav. y bloques
536 Cantos y gravas y arenas
527 Gravas y arenas y limos
519 Glacis
166 Alter. de margas y areniscas calcareas y caliza
140 Margas y calizas marg. y arenas

Encuadre geológico del LIG

Aspecto general del paisaje donde se han definido los ultisoles.

IMÁGENES REPRESENTATIVAS

Aspecto general del paisaje donde se han definido estos tipos de suelos.

LUGARES DE INTERÉS GEOLÓGICO DE NAVARRA.
DOMINIO VASCO-CANTÁBRICO

CÓDIGO Y DENOMINACIÓN

CV030b Fillitas cretácicas y andisoles de Orokieta

VALOR Y TIPO DE INTERÉS GEOLÓGICO

Valor del interés geológico	Tipo de interés geológico	
Científico	Principal	Edafológico
Didáctico	Secundario	
Turístico		

UBICACIÓN DEL LIG

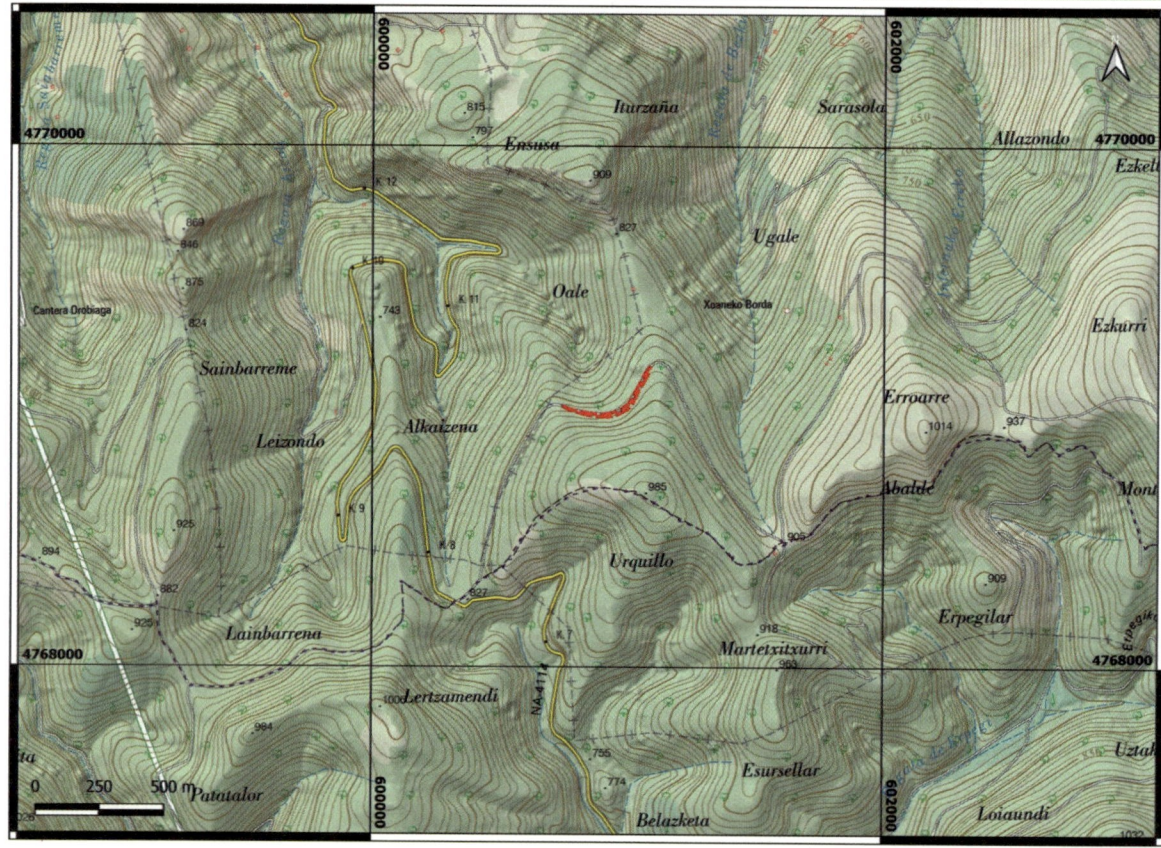

Ubicación y accesos	Desde la localidad de Oroquieta, por la carretera NA-4114 que parte hacia Saldías, una vez llegado al puerto hacia el pK 7,5 parte una pista fuera de la carretera. Ubicación orientativa. No es fácil encontrar afloramientos. Area de aparcamiento reducida. Está prohibido transitar a pie por la carretera.

POR QUÉ ES TAN IMPORTANTE ESTE LUGAR

Constituye un ejemplo singular de suelos de tipo andisol, desarrollados sobre sustrato rocoso distinto al volcánico, pero con desarrollo de alofanas (arcillas amorfas, no cristalinas, asociadas a la liberación de aluminio de los silicatos existentes debido a la climatología y la fuerte meteorización de la filita). Presenta un amplio horizonte de acumulación de materia orgánica, una densidad muy baja, un pH muy ácido y una muy baja saturación en bases. Entre las arcillas presentes en los horizontes superficiales del suelo, destaca la vermiculita, muy relacionada con la elevada materia orgánica y aluminio presente.

ESQUEMA GEOLÓGICO

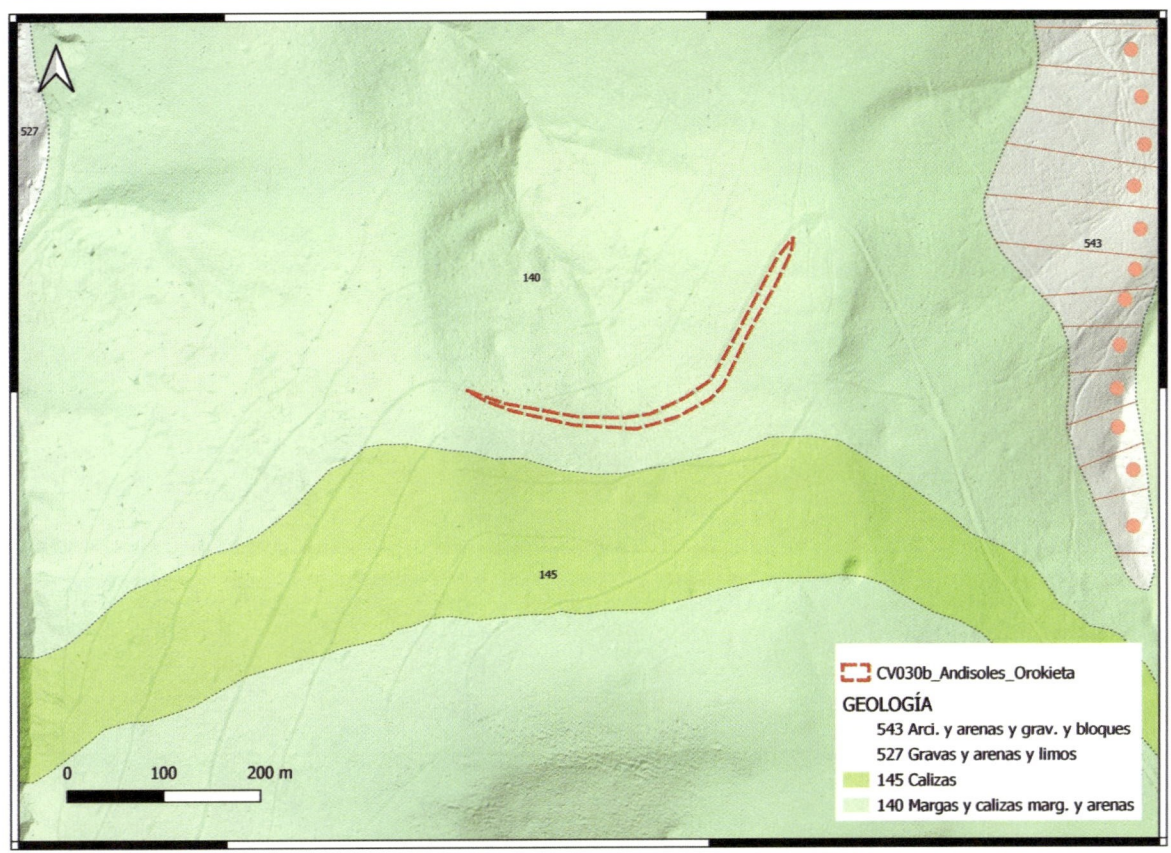

GEOLOGÍA

CV030b_Andisoles_Orokieta

- 543 Arci. y arenas y grav. y bloques
- 527 Gravas y arenas y limos
- 145 Calizas
- 140 Margas y calizas marg. y arenas

Encuadre geológico del LIG

Pista a través del bosque en el área donde se han definido estos suelos.

IMÁGENES REPRESENTATIVAS

Arriba, detalle del sustrato rocoso cretácico formado por lutitas esquistosas, margas y areniscas. Centro y abajo, detalle de algunos taludes junto al camino donde se desarrolla un perfil de suelo y una cubierta vegetal de musgo.

Detalle del perfil de suelo desarrollado sobre el sustrato formado por margas y lutitas esquistosas.

LUGARES DE INTERÉS GEOLÓGICO DE NAVARRA. DOMINIO VASCO-CANTÁBRICO

CÓDIGO Y DENOMINACIÓN

CV031 Calizas jurásicas del manto de los Mármoles

VALOR Y TIPO DE INTERÉS GEOLÓGICO

Valor del interés geológico	Tipo de interés geológico	
Científico	Principal	Estratigráfico
Didáctico	Secundario	
Turístico		

UBICACIÓN DEL LIG

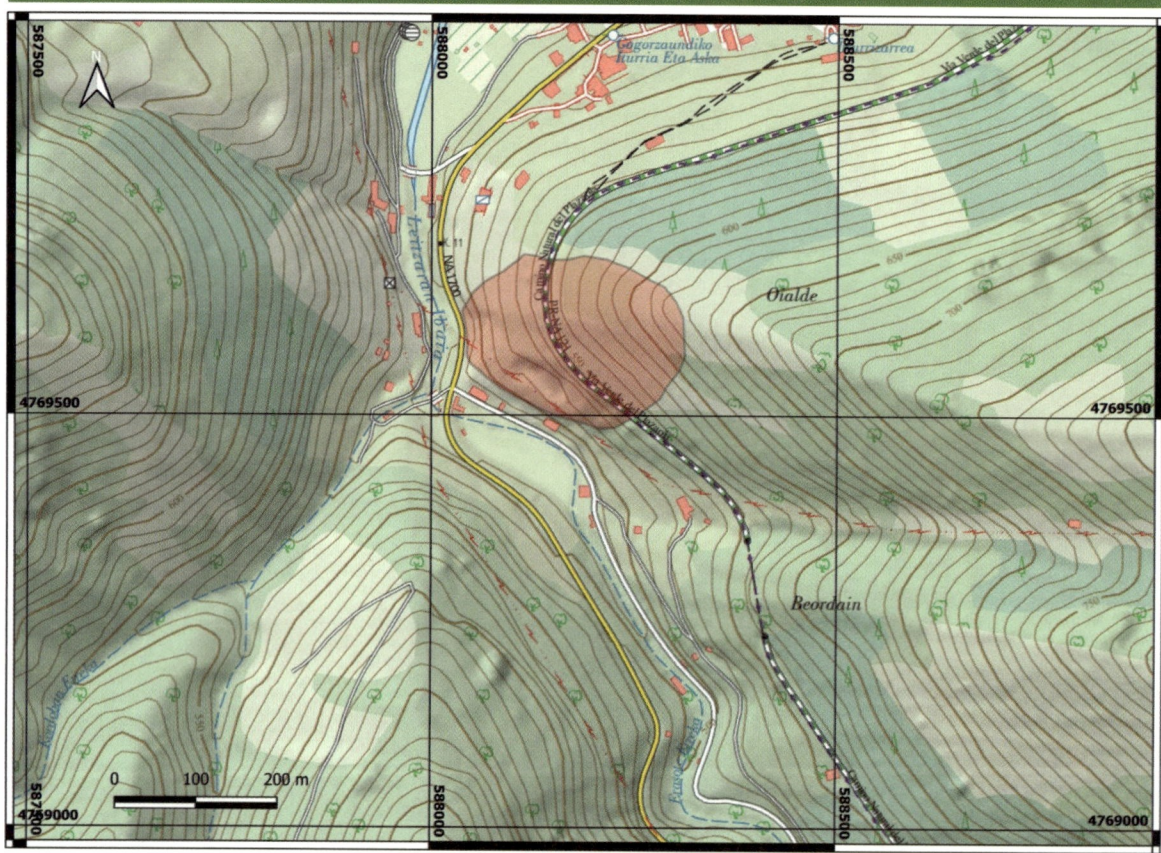

Ubicación y accesos

Se definen dos localidades tipo: Leitza y Saldías. (Leitza) Desde la localidad de Leitza se toma el sendero que parte de la margen sur hasta enlazar con la vía verde del Plazaola. A pocos metros del enlace, donde el trazado realiza una amplia curva, pueden verse afloramientos de estas calizas. Posibles desprendimientos de rocas de los taludes. No está autorizado acceder a la cantera cercana junto a la carretera. (Saldías) Carretera NA-4114 sentido Orokieta entre los pK 10 a 14. Su visita es complicada ya que no hay puntos de parada en la carretera. No está autorizado el tránsito a pie por carretera ni detenerse en ella con el vehículo. No se aconseja su visita salvo en caso de fines científicos, con la debida autorización y medidas de seguridad.

POR QUÉ ES TAN IMPORTANTE ESTE LUGAR

Constituye un área con buenos afloramientos donde se puede seguir con mayor precisión la serie jurásica calcárea que aflora en una banda este-oeste asociada a la falla de Leitza, y que representa facies de plataforma marina.

ESQUEMA GEOLÓGICO

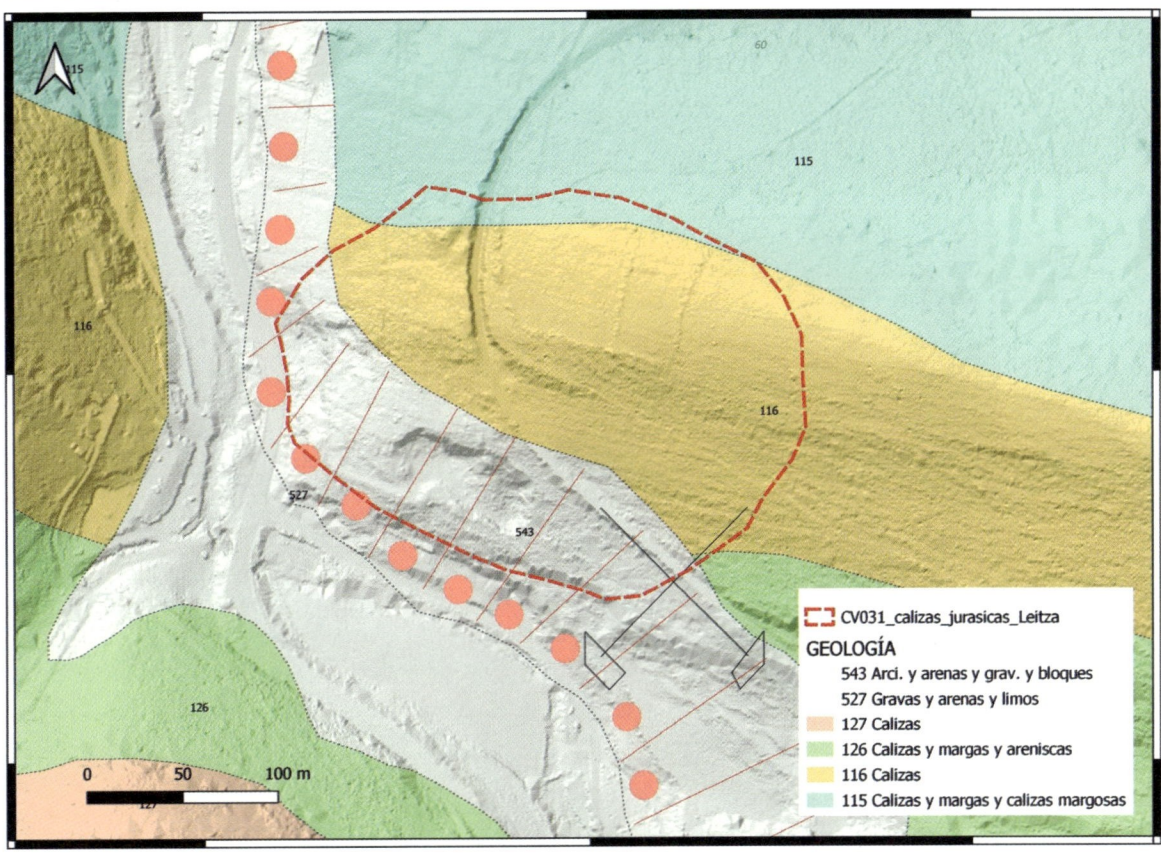

CV031_calizas_jurasicas_Leitza

GEOLOGÍA

- 543 Arci. y arenas y grav. y bloques
- 527 Gravas y arenas y limos
- 127 Calizas
- 126 Calizas y margas y areniscas
- 116 Calizas
- 115 Calizas y margas y calizas margosas

Encuadre geológico del LIG en Leitza.

Aspecto de las calizas jurásicas que afloran en el paseo del Plazaola al sur de la localidad de Leitza.

IMÁGENES REPRESENTATIVAS

Detalle del afloramiento de las calizas jurásicas donde se observa su estratificación y un buzamiento moderado hacia el sur (hacia la derecha en la imagen).

LUGARES DE INTERÉS GEOLÓGICO DE NAVARRA.
DOMINIO VASCO-CANTÁBRICO

CÓDIGO Y DENOMINACIÓN
CV032 Sistema kárstico de Lantz

VALOR Y TIPO DE INTERÉS GEOLÓGICO

Valor del interés geológico	Tipo de interés geológico	
Científico Didáctico Turístico	Principal	Mineralógico
	Secundario	Geomorfológico, hidrogeológico

UBICACIÓN DEL LIG

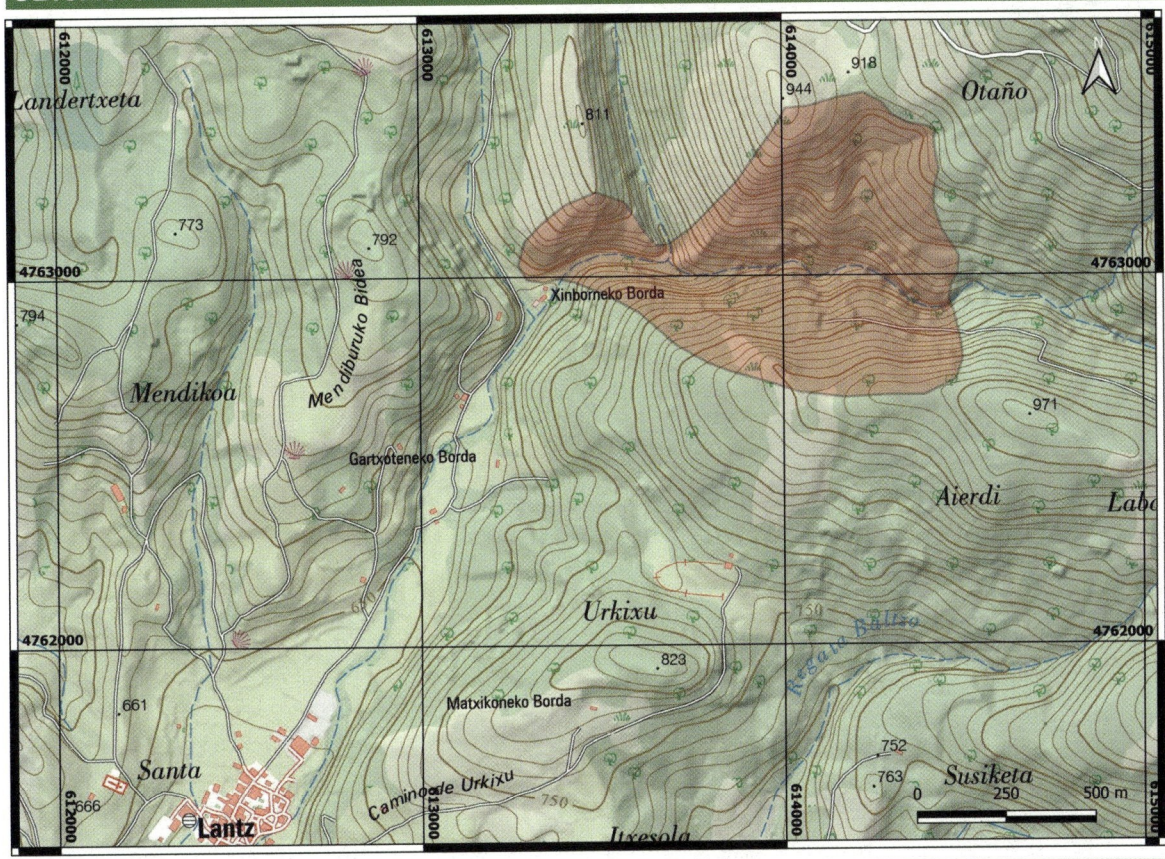

Ubicación y accesos	Se accede a Lantz desde la carretera NA-2523. Una pista remonta hacia el norte la regata Elzarrain. Actualmente, este conjunto de cavidades está cerrada al público, ya que está en fase de investigación arqueológica y no está autorizado su acceso.

POR QUÉ ES TAN IMPORTANTE ESTE LUGAR

Estas cavidades albergan espeleotemas de gran interés, tales como estalactitas, estalagmitas, columnas, gours, macarrones, etc, destacando especialmente las formas de aragonito con tinciones azuladas de gran belleza, asociadas a la presencia de cobre.

ESQUEMA GEOLÓGICO

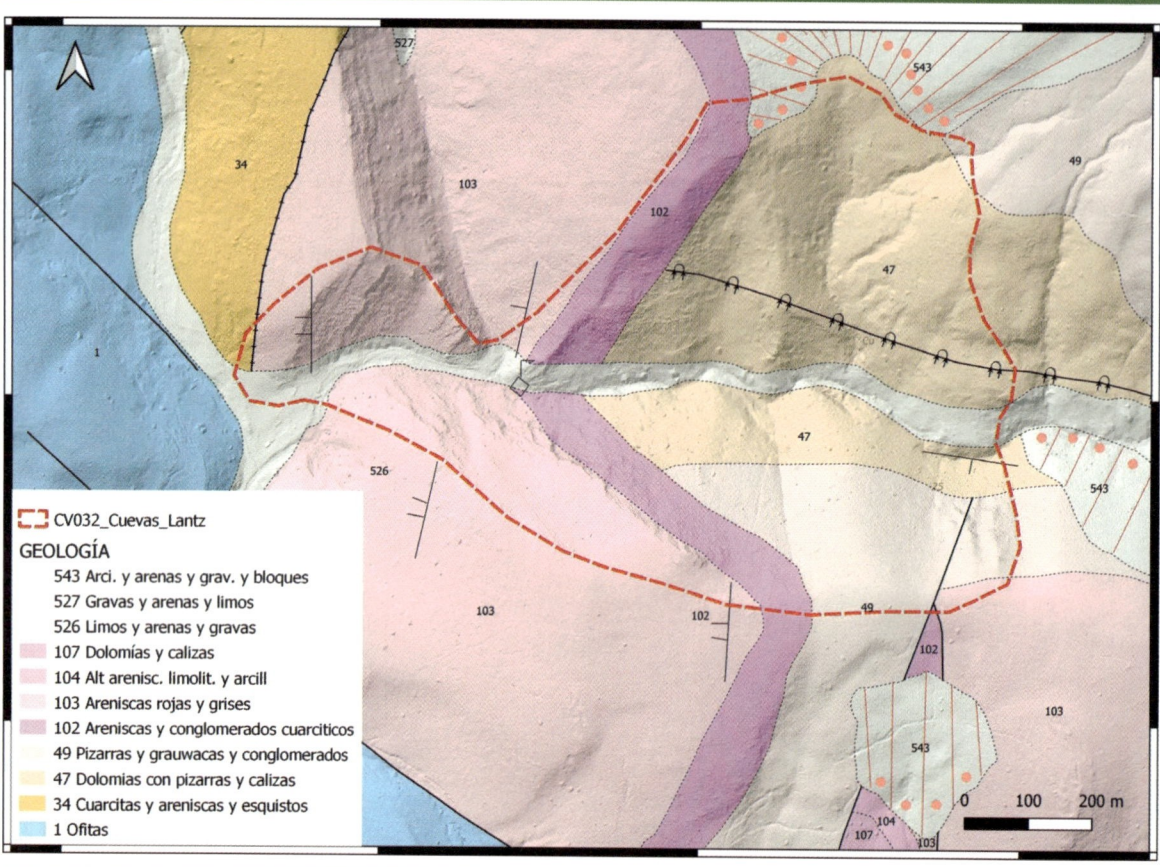

CV032_Cuevas_Lantz

GEOLOGÍA

543 Arci. y arenas y grav. y bloques
527 Gravas y arenas y limos
526 Limos y arenas y gravas
107 Dolomías y calizas
104 Alt arenisc. limolit. y arcill
103 Areniscas rojas y grises
102 Areniscas y conglomerados cuarciticos
49 Pizarras y grauwacas y conglomerados
47 Dolomias con pizarras y calizas
34 Cuarcitas y areniscas y esquistos
1 Ofitas

Encuadre geológico del LIG

Detalle de pequeñas coladas con característicos tonos azulados y blanquecinos.

IMÁGENES REPRESENTATIVAS

Detalle de espeleotemas (estalactitas, macarrones y helíctitas) de aragonito azulado. Fuente de las imágenes: Dirección General de Obras Públicas e Infraestructuras del Gobierno de Navarra.

IMÁGENES REPRESENTATIVAS

Detalle de espeleotemas en forma de agregados radiales aciculares (arriba) y helictitas (abajo). Fuente de las imágenes: Dirección General de Obras Públicas e Infraestructuras del Gobierno de Navarra.

LUGARES DE INTERÉS GEOLÓGICO DE NAVARRA.
DOMINIO VASCO-CANTÁBRICO

CÓDIGO Y DENOMINACIÓN
CV033a Límite K/Pg de Navarra. Sección de Osinaga.

VALOR Y TIPO DE INTERÉS GEOLÓGICO

Valor del interés geológico	Tipo de interés geológico	
Científico	Principal	Estratigráfico
Didáctico	Secundario	
Turístico		

UBICACIÓN DEL LIG

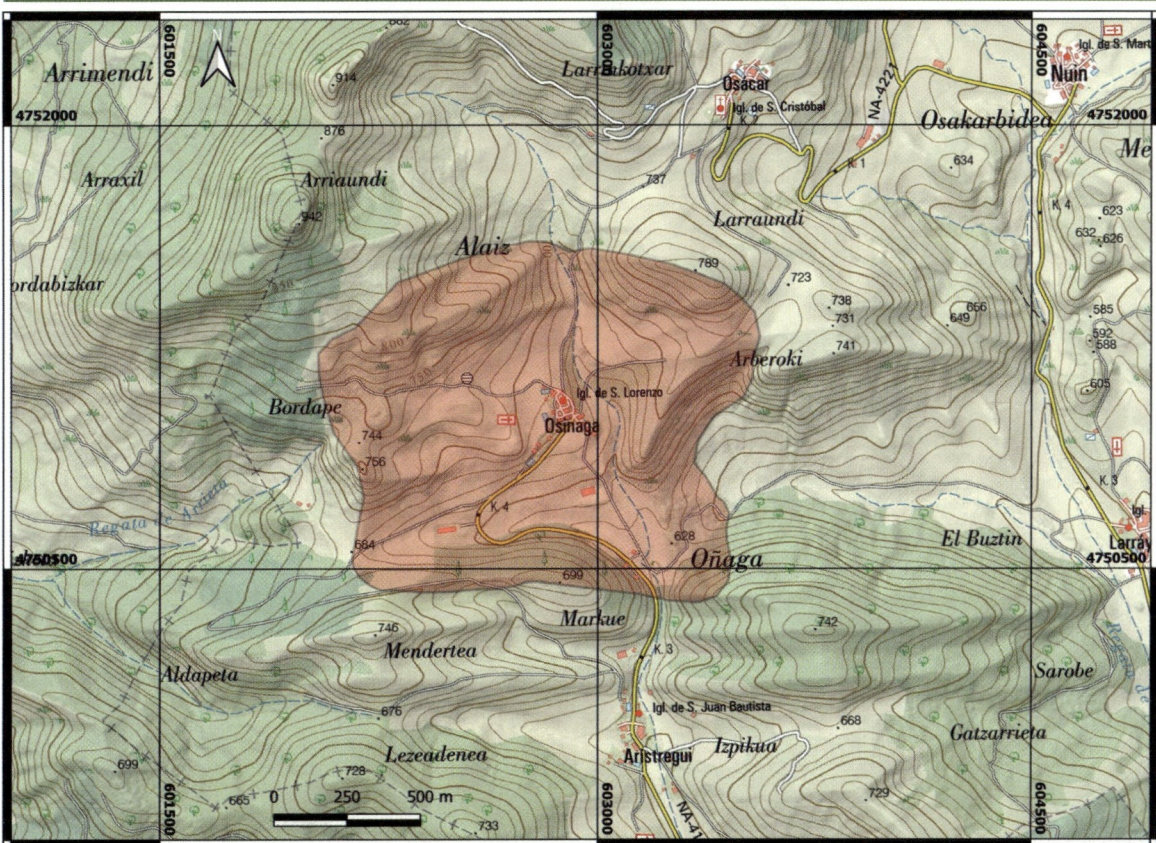

Ubicación y accesos	Desde la localidad de Osinaga parte una senda hacia el norte (sentido Muskitz) perteneciente a la "Cañada Real de las Provincias", donde pueden verse algunos pequeños afloramientos de las diferentes formaciones rocosas. No obstante, la cubierta vegetal enmascara totalmente la sección de estudio.

POR QUÉ ES TAN IMPORTANTE ESTE LUGAR
En este LIG se identifica el límite estratigráfico entre el final del Mesozoico (Cretácico Superior) y el comienzo del Cenozoico (época Paleoceno), por lo que su valor científico es muy elevado, pese a la dificultad de observarlo en campo.

LUGARES DE INTERÉS GEOLÓGICO DE NAVARRA.
DOMINIO VASCO-CANTÁBRICO

ESQUEMA GEOLÓGICO

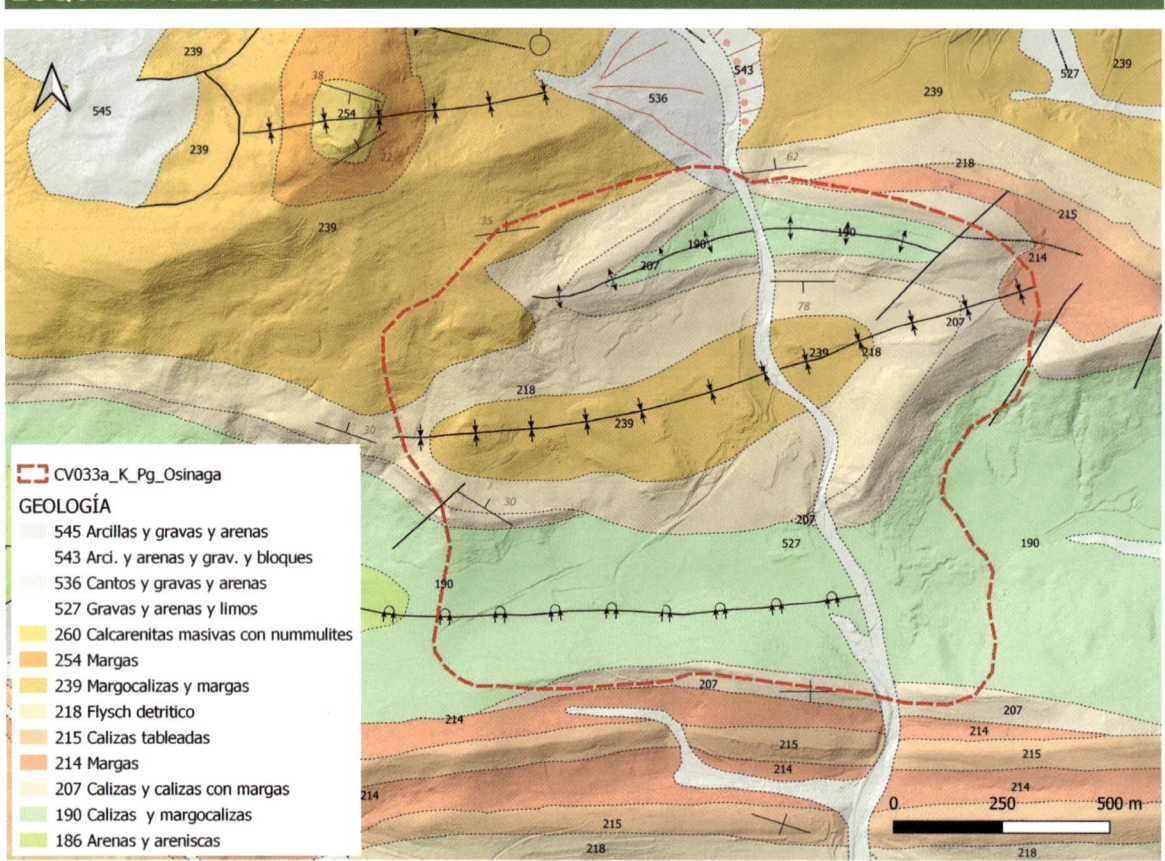

CV033a_K_Pg_Osinaga

GEOLOGÍA

545 Arcillas y gravas y arenas
543 Arci. y arenas y grav. y bloques
536 Cantos y gravas y arenas
527 Gravas y arenas y limos
260 Calcarenitas masivas con nummulites
254 Margas
239 Margocalizas y margas
218 Flysch detritico
215 Calizas tableadas
214 Margas
207 Calizas y calizas con margas
190 Calizas y margocalizas
186 Arenas y areniscas

Encuadre geológico del LIG

Vista general de Osinaga y los relieves circundantes que delimitan una complicada estructura geológica con varias secuencias de pliegues anticlinales y sinclinales. La vegetación enmascara completamente la estructura geológica y los materiales que afloran en ella.

El resalte rocoso es un nivel guía de color grisáceo formado por calizas del Daniense (Paleoceno). Hacia su derecha se observa un afloramiento de materiales blandos margosos del Cretácico Superior.

LUGARES DE INTERÉS GEOLÓGICO DE NAVARRA.
DOMINIO VASCO-CANTÁBRICO

CÓDIGO Y DENOMINACIÓN
CV033b Límite K/Pg de Navarra. Sección de Muskitz.

VALOR Y TIPO DE INTERÉS GEOLÓGICO

Valor del interés geológico	Tipo de interés geológico	
Científico	Principal	Estratigráfico
Didáctico	Secundario	
Turístico		

UBICACIÓN DEL LIG

Ubicación y accesos	Desde la localidad de Muskitz parte una senda hacia el sur (sentido Osinaga) perteneciente a la "Cañada Real de las Provincias", donde pueden verse algunos pequeños afloramientos de las diferentes formaciones rocosas. No obstante, la cubierta enmascara casi totalmente la sección de estudio.

POR QUÉ ES TAN IMPORTANTE ESTE LUGAR
En este LIG se identifica el límite estratigráfico entre el final del Mesozoico (Cretácico Superior) y el comienzo del Cenozoico (época Paleoceno), por lo que su valor científico es muy elevado, pese a la dificultad de observarlo en campo.

ESQUEMA GEOLÓGICO

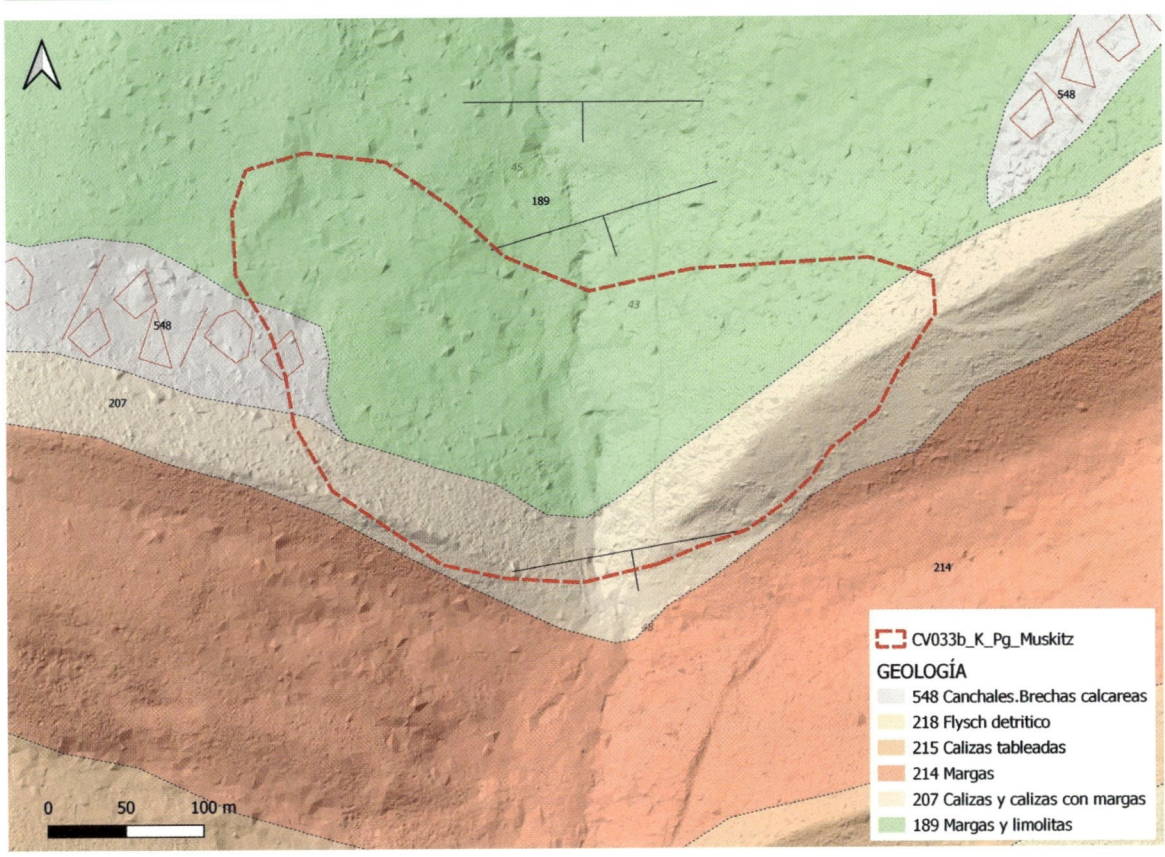

CV033b_K_Pg_Muskitz

GEOLOGÍA

- 548 Canchales.Brechas calcareas
- 218 Flysch detritico
- 215 Calizas tableadas
- 214 Margas
- 207 Calizas y calizas con margas
- 189 Margas y limolitas

0   50   100 m

Encuadre geológico del LIG

Sendero que discurre al sur de la localidad de Muskitz hacia Osakar y Osinaga.

IMÁGENES REPRESENTATIVAS

Arriba, afloramiento de calizas paleocenas cuya mayor resistencia a la erosión genera un resalte y sirve de guía como flanco sur de la estructura sinclinal entre Muskitz y Osinaga. Abajo, afloramiento de materiales cretácicos del Maastrichtiense a lo largo del camino que discurre al sur de Muskitz hacia Osakar.

LUGARES DE INTERÉS GEOLÓGICO DE NAVARRA.
DOMINIO VASCO-CANTÁBRICO

CÓDIGO Y DENOMINACIÓN
CV034 Cabalgamiento frontal de las Malloas de Aralar

VALOR Y TIPO DE INTERÉS GEOLÓGICO

Valor del interés geológico	Tipo de interés geológico	
Científico	Principal	Tectónico
Didáctico	Secundario	Geomorfológico
Turístico		

UBICACIÓN DEL LIG

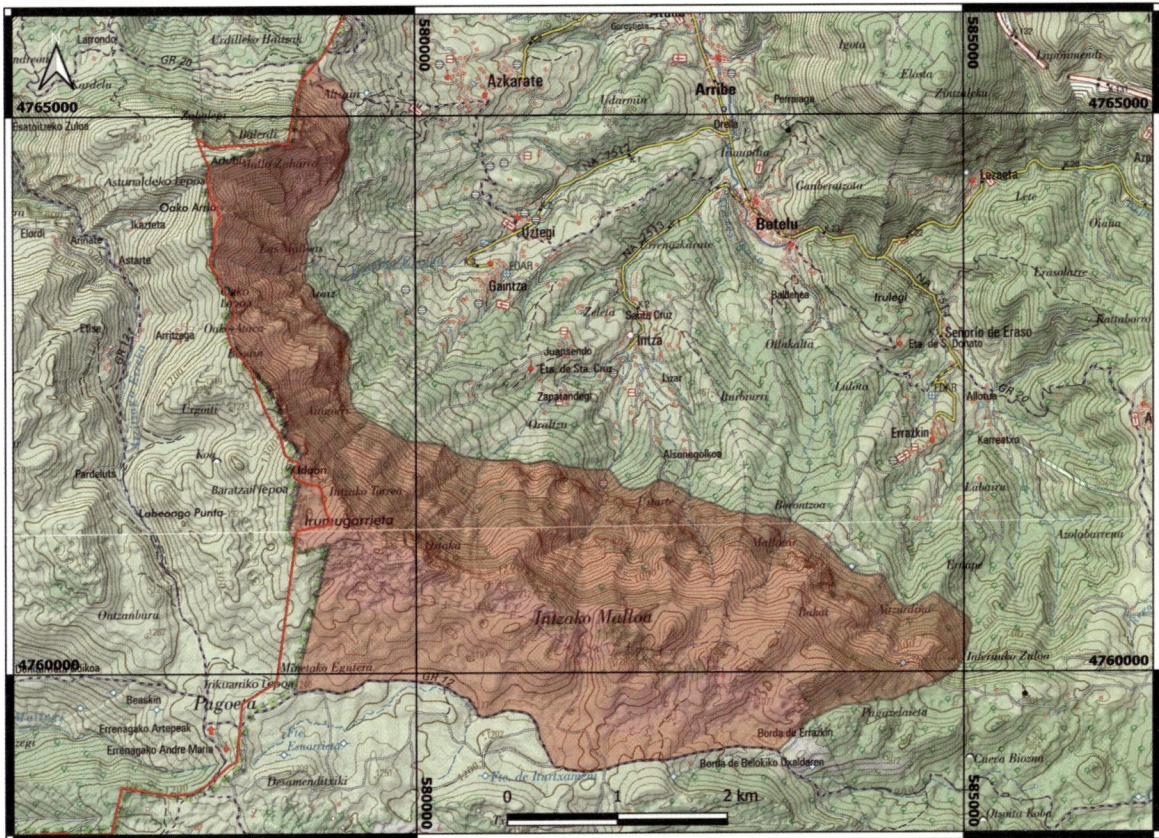

Ubicación y accesos	Existen muchas alternativas para divisar el cabalgamiento frontal de las Malloas de Aralar, desde Iribas hasta Azkárate, pasando por todas las localidades al pie de las Malloas, o el mirador de Azpíroz en la autovía A-15. En las Malloas, algunas rutas tienen exigencia física, pendientes pronunciadas, escarpes expuestos, terreno kárstico difícil con cavidades y oquedades y dificultad de orientación. Consultar guías técnicas para conocer las peculiaridades de la ruta a elegir.

POR QUÉ ES TAN IMPORTANTE ESTE LUGAR

Constituye unos de los cabalgamientos más importantes de Navarra dentro del dominio Vasco-Cantábrico, poniendo al descubierto las unidades jurásicas y cretácicas que forman los principales picos de las Malloas. Destaca además por tratarse de un cabalgamiento con vergencia norte, a diferencia de otros muchos cabalgamientos de este dominio con vergencia sur. Las rocas carbonatadas que forman todo el macizo rocoso están muy meteorizadas por karstificación, mostrando buenos ejemplos del modelado kárstico.

LUGARES DE INTERÉS GEOLÓGICO DE NAVARRA. DOMINIO VASCO-CANTÁBRICO

ESQUEMA GEOLÓGICO

CV034_Malloas_Aralar

GEOLOGÍA

- 999
- 548 Canchales.Brechas calcareas
- 545 Arcillas y gravas y arenas
- 544 Acumulacion caótica de bloques y arcillas y are
- 543 Arci. y arenas y grav. y bloques
- 536 Cantos y gravas y arenas
- 527 Gravas y arenas y limos
- 523 Arcillas de decalcificacion
- 519 Glacis
- 166 Alter. de margas y areniscas calcareas y caliza
- 160 Margas y calcarenitas
- 140 Margas y calizas marg. y arenas
- 139 Margas y margocalizas arenosas
- 137 Calizas tableadas
- 134 Margas
- 133 Calizas arrecifales con corales y rudistas
- 132 Margas y limolitas y areniscas calcareas
- 131 Calizas con construcciones de rudistas
- 130 Arcillas y areniscas calcareas y margas arenosas
- 128 Arcillas y margas
- 126 Calizas y margas y areniscas
- 125 Calizas arenosas y ooliticas y areniscas.Caliza
- 116 Calizas
- 115 Calizas y margas y calizas margosas
- 114 Margas y calizas margosas
- 113 Calizas y dolomías y brechas

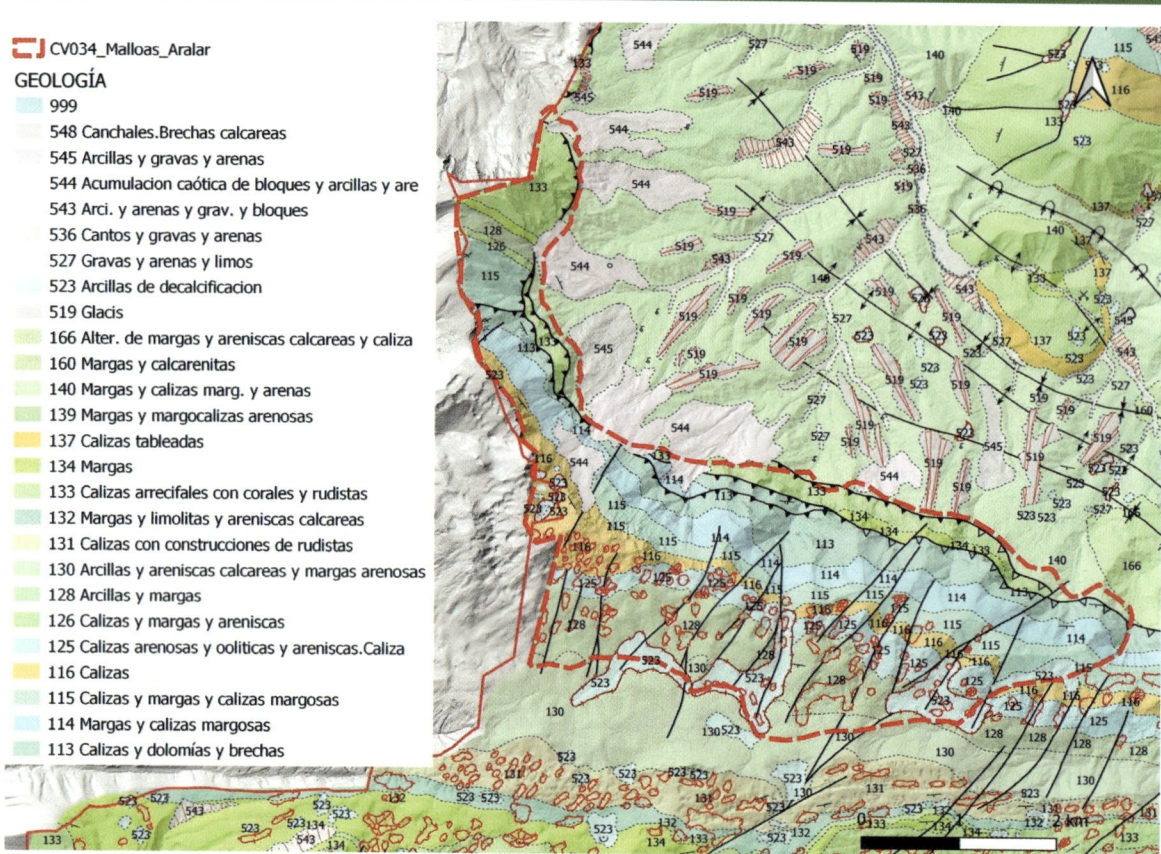

Encuadre geológico del LIG

Aspecto general de las Malloas de Aralar. Fuente: Dirección General de Obras Públicas e Infraestructuras del Gobierno de Navarra.

IMÁGENES REPRESENTATIVAS

Arriba, contacto entre las calizas jurásicas de color blanco (primer plano) y las calizas y margas cretácicas de colores más oscuros, sobre ellas. Centro, calizas jurásicas con rasgos evidentes de karstificación. Abajo, depresión kárstica cubierta de un manto arcilloso (arcillas de descalcificación) y cobertera herbácea.

IMÁGENES REPRESENTATIVAS

Arriba, frente de las Malloas de Aralar, formadas por un macizo rocoso calizo jurásico. Centro, transición entre los resaltes de calizas jurásicas y los materiales margosos cretácicos hacia el sur. Abajo, vista hacia el norte de los resaltes jurásicos donde las trazas de los estratos calizos serpentean en el relieve.

IMÁGENES REPRESENTATIVAS

Arriba, calizas jurásicas con una intensa red de fracturación que enmascara la orientación de la estratificación. Abajo, afloramiento de materiales margosos cretácicos sobre los que se desarrolla un pequeño perfil de suelos y una cobertera de vegetación herbácea.

LUGARES DE INTERÉS GEOLÓGICO DE NAVARRA.
DOMINIO VASCO-CANTÁBRICO

CÓDIGO Y DENOMINACIÓN

CV036 Desfiladero de Dos Hermanas

VALOR Y TIPO DE INTERÉS GEOLÓGICO

Valor del interés geológico	Tipo de interés geológico	
Científico	Principal	Geomorfológico
Didáctico	Secundario	Tectónico, paleontológico
Turístico		

UBICACIÓN DEL LIG

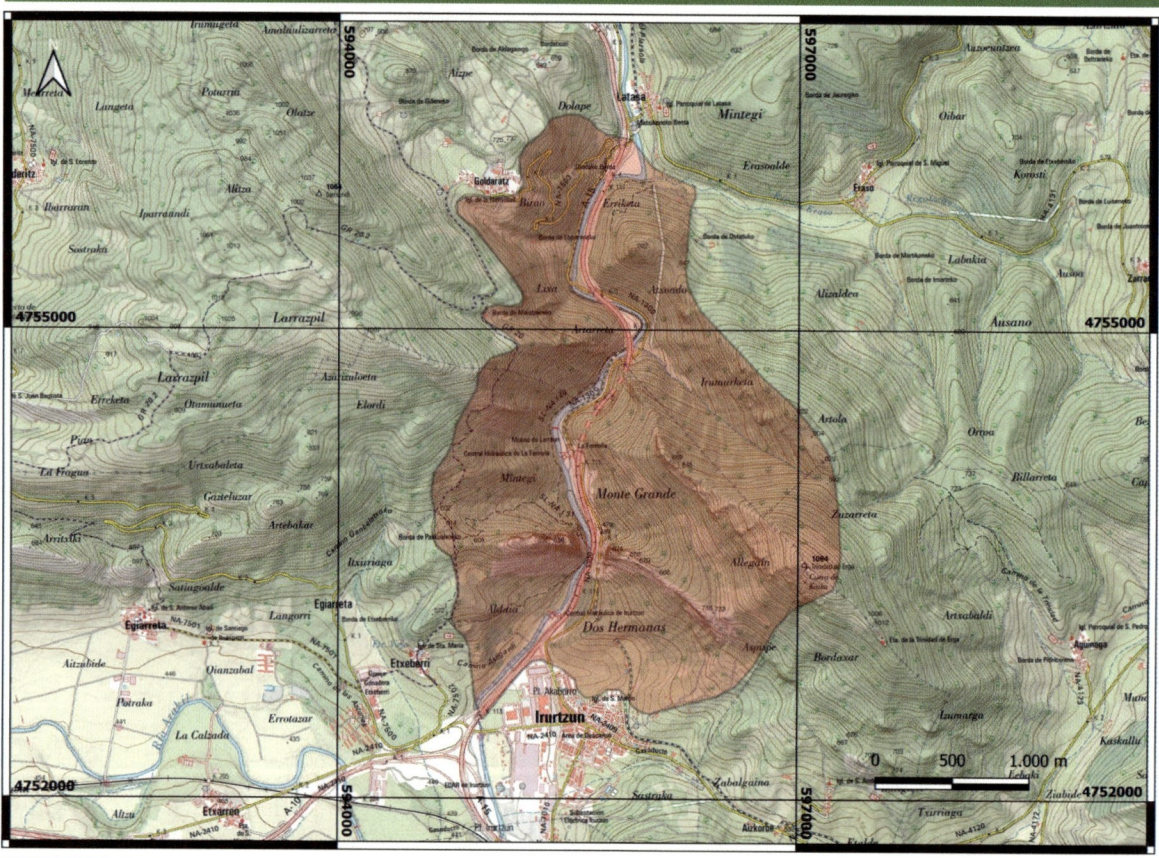

Ubicación y accesos	Carretera NA-1300 entre Irurtzun y Latasa. Se recomienda el recorrido por la senda de los pescadores por la margen derecha del río Larraun, comenzando desde Irurtzun o Latasa. El tránsito a pie por carretera no está autorizado y no hay puntos de parada. Cimas con pendiente pronunciada, posibles desprendimientos, escarpes expuestos y requiere orientación. Consultar guías técnicas para conocer las peculiaridades de la ruta a elegir.

POR QUÉ ES TAN IMPORTANTE ESTE LUGAR

El trazado que incluye este LIG permite llevar a cabo un corte geológico transversal del margen oriental de la Sierra de Aralar, observando las unidades calcáreas jurásicas y cretácicas, que en ocasiones se presentan en disposición invertida. Son numerosas las observaciones a pequeña y gran escala de carácter tectónico, tales como fallas, estrías, planos de deslizamiento, recristalizaciones, etc, además de abundante fauna fósil.

ESQUEMA GEOLÓGICO

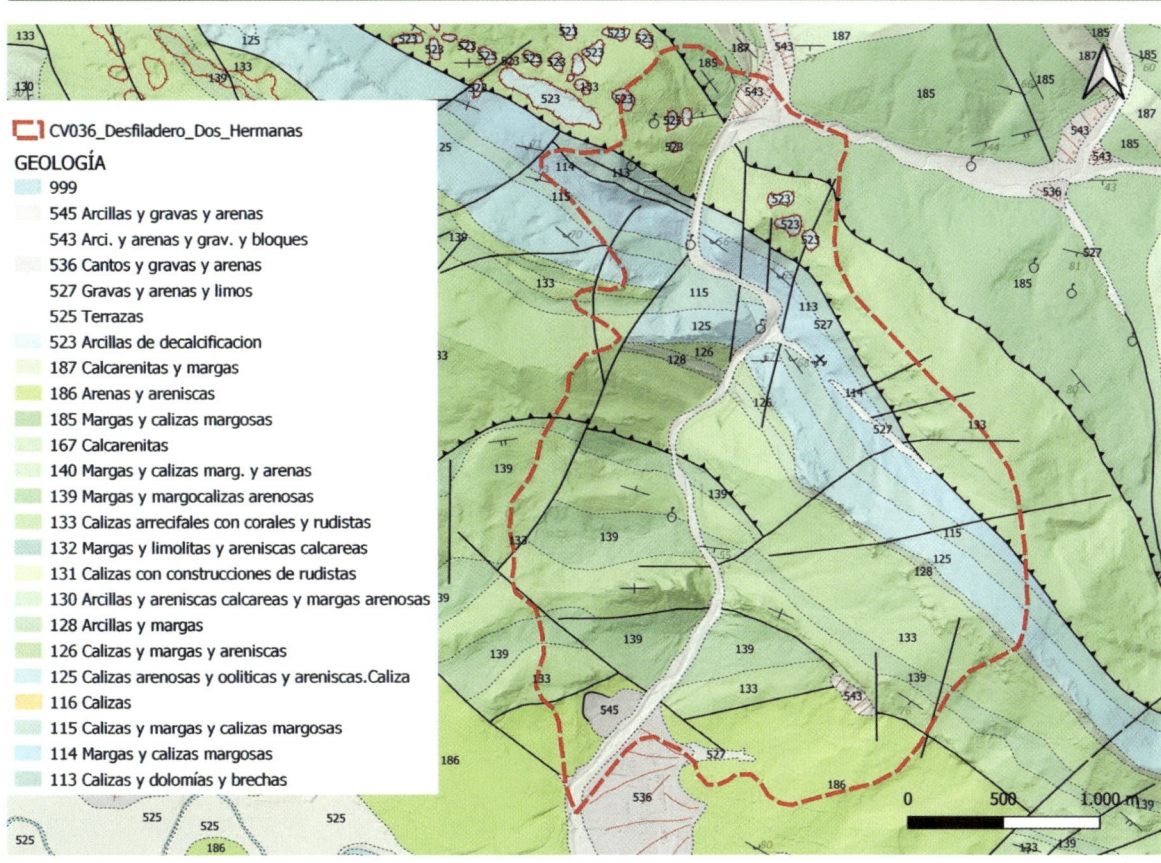

CV036_Desfiladero_Dos_Hermanas

GEOLOGÍA
- 999
- 545 Arcillas y gravas y arenas
- 543 Arci. y arenas y grav. y bloques
- 536 Cantos y gravas y arenas
- 527 Gravas y arenas y limos
- 525 Terrazas
- 523 Arcillas de decalcificacion
- 187 Calcarenitas y margas
- 186 Arenas y areniscas
- 185 Margas y calizas margosas
- 167 Calcarenitas
- 140 Margas y calizas marg. y arenas
- 139 Margas y margocalizas arenosas
- 133 Calizas arrecifales con corales y rudistas
- 132 Margas y limolitas y areniscas calcareas
- 131 Calizas con construcciones de rudistas
- 130 Arcillas y areniscas calcareas y margas arenosas
- 128 Arcillas y margas
- 126 Calizas y margas y areniscas
- 125 Calizas arenosas y ooliticas y areniscas.Caliza
- 116 Calizas
- 115 Calizas y margas y calizas margosas
- 114 Margas y calizas margosas
- 113 Calizas y dolomías y brechas

Encuadre geológico del LIG

Vista panorámica del Paso de Dos Hermanas (en primer plano) y monte Trinidad de Erga (al fondo).

IMÁGENES REPRESENTATIVAS

Gran resalte rocoso del Paso de Dos Hermanas, formado por calizas cretácicas arrecifales. Arriba, vista general del Paso de Dos Hermanas, atravesada por el río Larraun (fuente: Fototeca de la Dirección General de Turismo del Gobierno de Navarra. Autor: Francis Vaquero). Abajo, vista del macizo rocoso, formado por alternancias de unidades calizas y margosas, que generan cambios en la topografía a lo largo del paseo fluvial.

IMÁGENES REPRESENTATIVAS

Arriba, "marmitas de gigante" talladas por la acción erosiva del río Larraun en las rocas que afloran en el cauce. Abajo, detalle de estrías de falla y precipitados de calcita en calizas, asociadas a la actividad tectónica de la orogenia Alpina.

IMÁGENES REPRESENTATIVAS

Arriba, afloramiento de calizas con Orbitolinas del Cretácico. Abajo, afloramiento de calizas con corales, también del Cretácico.

LUGARES DE INTERÉS GEOLÓGICO DE NAVARRA.
DOMINIO VASCO-CANTÁBRICO

CÓDIGO Y DENOMINACIÓN

CV065 Manantial kárstico de Irañeta

VALOR Y TIPO DE INTERÉS GEOLÓGICO

Valor del interés geológico	Tipo de interés geológico	
Científico	Principal	Hidrogeológico
Didáctico	Secundario	Tectónico, geomorfológico
Turístico		

UBICACIÓN DEL LIG

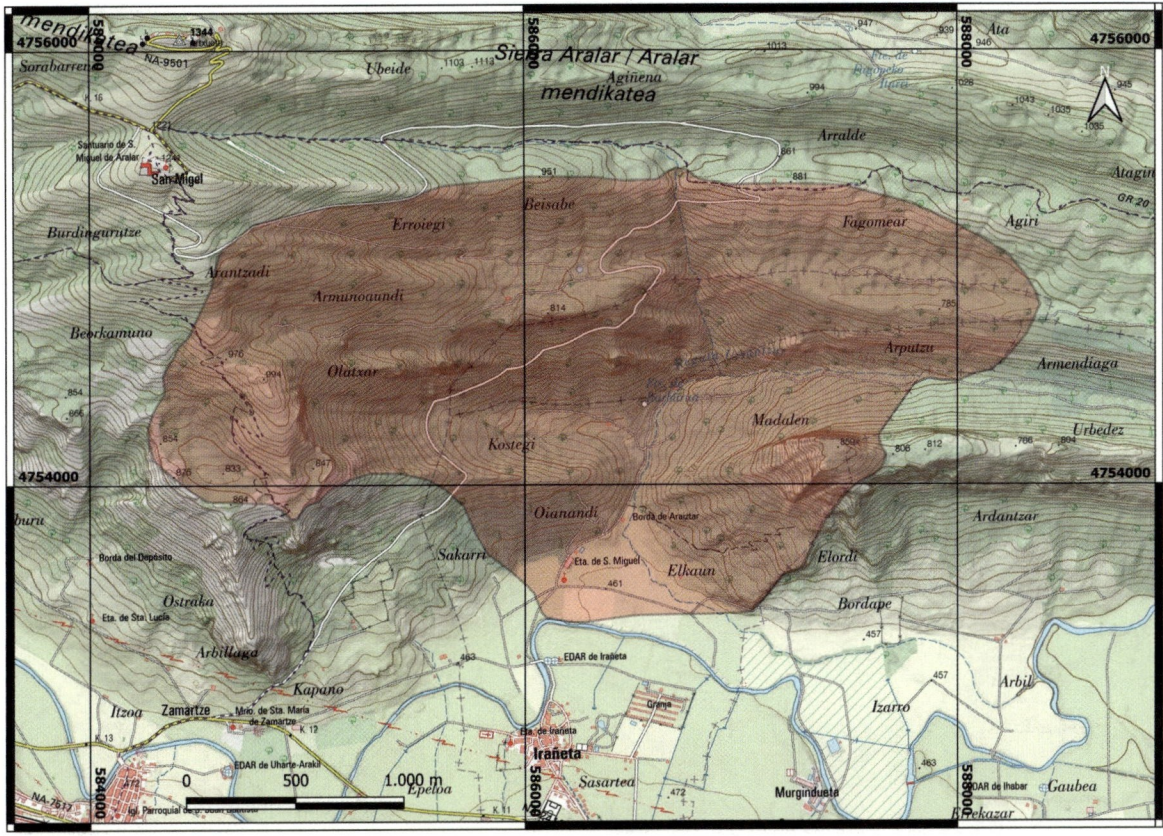

Ubicación y accesos	A la altura del Km. 4 de la A-10 sentido Altsasu se encuentra la localidad de Irañeta. Una pista que parte hacia el norte se dirige hacia el manantial. Por encima del manantial, terreno kárstico irregular con pendiente pronunciada, algunos escarpes expuestos y posible caída de bloques.

POR QUÉ ES TAN IMPORTANTE ESTE LUGAR

Se trata de uno de los manantiales de origen kárstico más importantes de la falda sur de la sierra de Aralar y drena las aguas subterráneas del acuífero de mismo nombre hacia el río Arakil. La disposición vertical de los estratos calizos y margosos y la erosión remontante por escorrentía superficial han creado resaltes llamativos como el monte Madalen que sobresalen entre los tramos más margosos, más erosionados y que ofrecen relieves más deprimidos. En las calizas asociadas al punto de surgencia se observan signos de karstificación.

ESQUEMA GEOLÓGICO

CV065_Manantial_Irañeta

GEOLOGÍA

- 543 Arci. y arenas y grav. y bloques
- 536 Cantos y gravas y arenas
- 530 Meandros abandonados
- 527 Gravas y arenas y limos
- 525 Terrazas
- 523 Arcillas de decalcificacion
- 141 Brechas y megabrechas calcáreas
- 140 Margas y calizas marg. y arenas
- 139 Margas y margocalizas arenosas
- 133 Calizas arrecifales con corales y rudistas
- 132 Margas y limolitas y areniscas calcareas

Encuadre geológico del LIG

Vista general del manantial de Irañeta. En segundo plano, sustrato rocoso calizo del Cretácico Inferior que constituye la unidad acuífera de la que brota la surgencia.

IMÁGENES REPRESENTATIVAS

Arriba, detalle de fósiles de Orbitolinas en la roca caliza. Se trata de foraminíferos que constituyen un excelente fósil guía para la datación de las unidades geológicas. Abajo, vista panorámica del monte Madalen y el corredor del río Arakil, a donde convergen las aguas del manantial de Irañeta.

LUGARES DE INTERÉS GEOLÓGICO DE NAVARRA.
DOMINIO VASCO-CANTÁBRICO

CÓDIGO Y DENOMINACIÓN
CV068 Crestas rocosas cretácicas de Madotz

VALOR Y TIPO DE INTERÉS GEOLÓGICO

Valor del interés geológico	Tipo de interés geológico	
Científico	**Principal**	Geomorfológico
Didáctico	**Secundario**	
Turístico		

UBICACIÓN DEL LIG

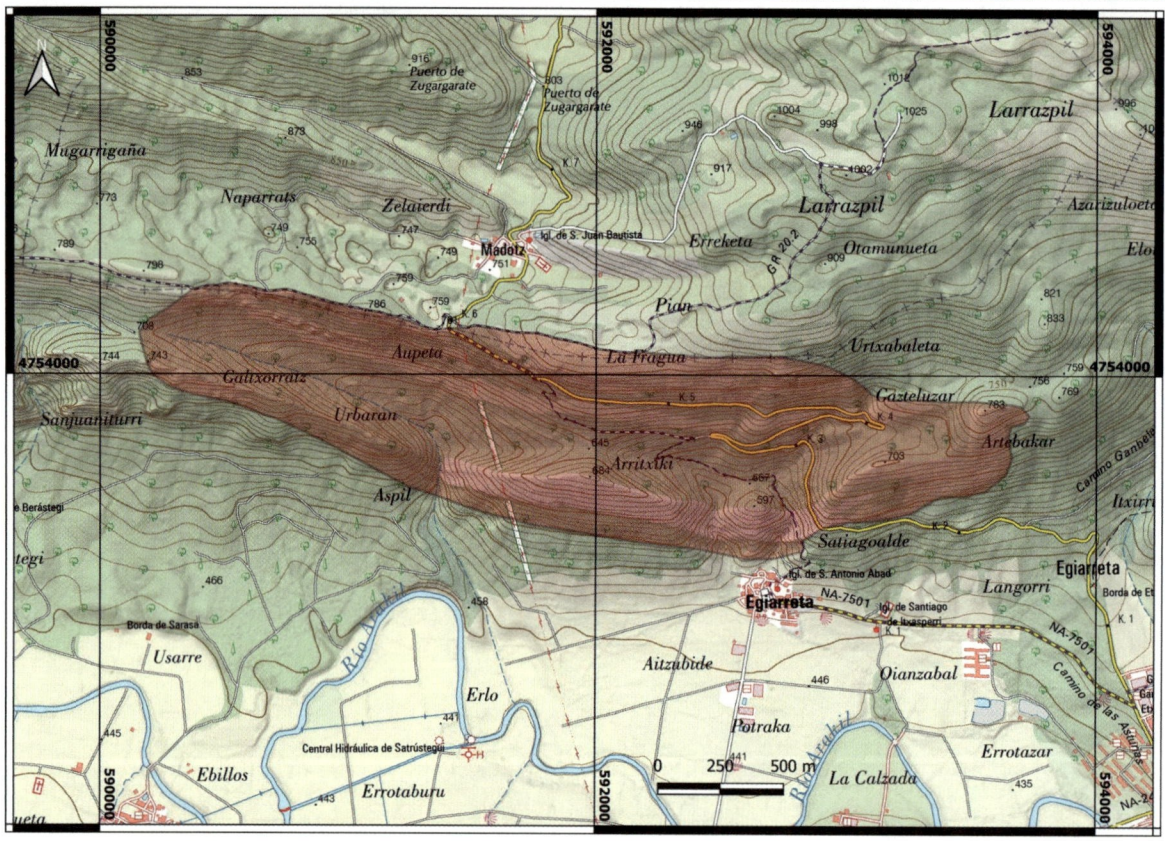

Ubicación y accesos

El valle de la Barranca, en el área comprendida entre Irurtzun y Satrústegi, permiten contemplar las morfología redondeada de las crestas rocosas en la falda sur de la sierra de Aralar. Asimismo, la ruta GR-20 desde Egiarreta a Madotz otorga una vista complementaria de dichas crestas rocosas. En el puerto, crestas con pendientes pronunciadas y escarpes expuestos.

POR QUÉ ES TAN IMPORTANTE ESTE LUGAR
Debido a los esfuerzos tectónicos a los que han sido sometidos los materiales geológicos, la serie cretácica está verticalizada en la falda sur de la sierra de Aralar. El agua de escorrentía ha seccionado estas capas verticales y redondeando sus bordes, a la vez que el erosión diferencial entre margas y calizas ha ido individualizando algunos de los relieves. Una visión lejana de estas crestas crea la falsa sensación de que se trata de pliegues, cuando realmente se trata de formas asociadas a la erosión y la fuerte pendiente.

LUGARES DE INTERÉS GEOLÓGICO DE NAVARRA.
DOMINIO VASCO-CANTÁBRICO

ESQUEMA GEOLÓGICO

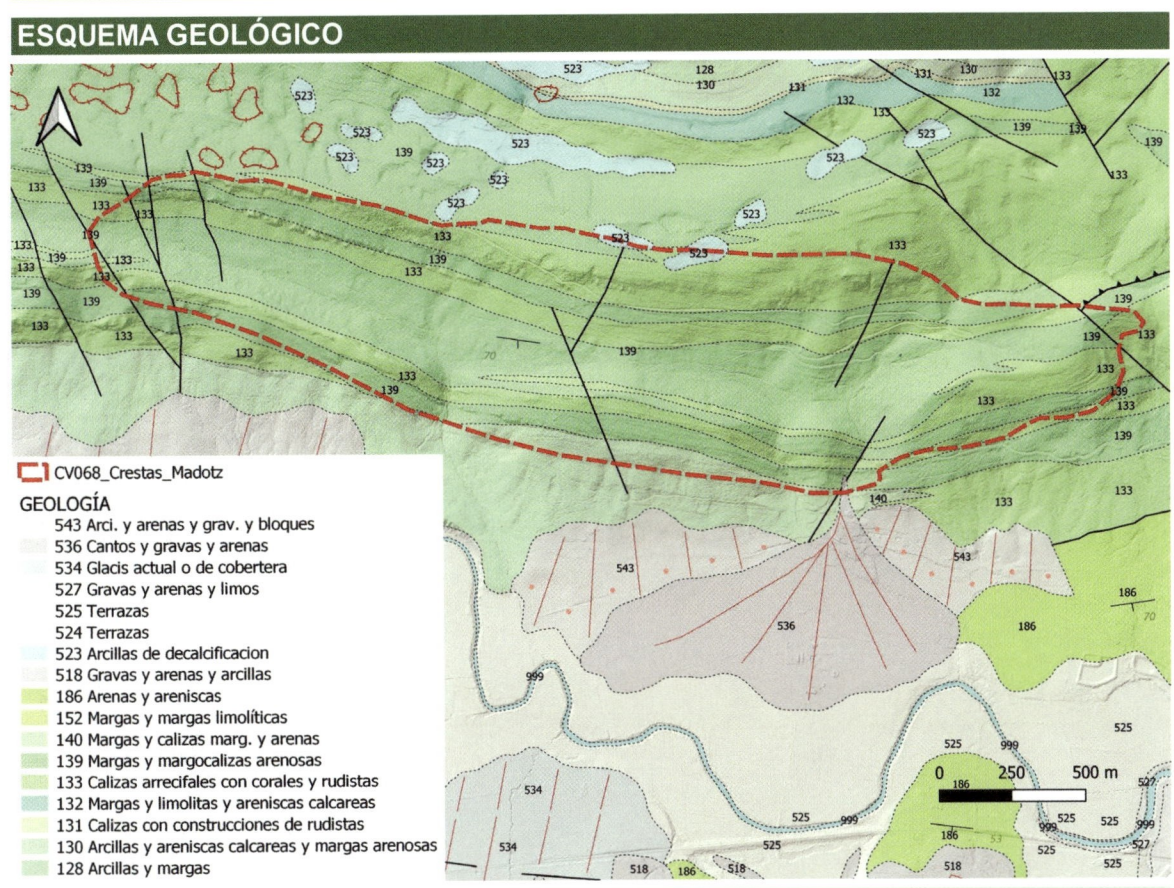

CV068_Crestas_Madotz

GEOLOGÍA
- 543 Arci. y arenas y grav. y bloques
- 536 Cantos y gravas y arenas
- 534 Glacis actual o de cobertera
- 527 Gravas y arenas y limos
- 525 Terrazas
- 524 Terrazas
- 523 Arcillas de decalcificacion
- 518 Gravas y arenas y arcillas
- 186 Arenas y areniscas
- 152 Margas y margas limolíticas
- 140 Margas y calizas marg. y arenas
- 139 Margas y margocalizas arenosas
- 133 Calizas arrecifales con corales y rudistas
- 132 Margas y limolitas y areniscas calcareas
- 131 Calizas con construcciones de rudistas
- 130 Arcillas y areniscas calcareas y margas arenosas
- 128 Arcillas y margas

Encuadre geológico del LIG

Vista de los resaltes redondeados de la falda sur de la sierra de Aralar. Al fondo, el monte Artxueta y el santuario de San Miguel de Aralar. Esta forma redondeada es fruto de la erosión del agua sobre capas de calizas y margas en posición subvertical.

IMÁGENES REPRESENTATIVAS

Arriba, vista superior de las crestas rocosas en el eje de un barranco seccionado por el agua de escorrentía, creando una típica morfología en "V". Abajo, vista lateral de las crestas rocosas de la falda sur de la sierra de Aralar. Los niveles más compentes de caliza se alternan con niveles margosos más blandos.

LUGARES DE INTERÉS GEOLÓGICO DE NAVARRA.
DOMINIO VASCO-CANTÁBRICO

CÓDIGO Y DENOMINACIÓN
CV073 Sinclinal de Aitziber

VALOR Y TIPO DE INTERÉS GEOLÓGICO

Valor del interés geológico	Tipo de interés geológico	
Científico	Principal	Tectónico
Didáctico	Secundario	
Turístico		

UBICACIÓN DEL LIG

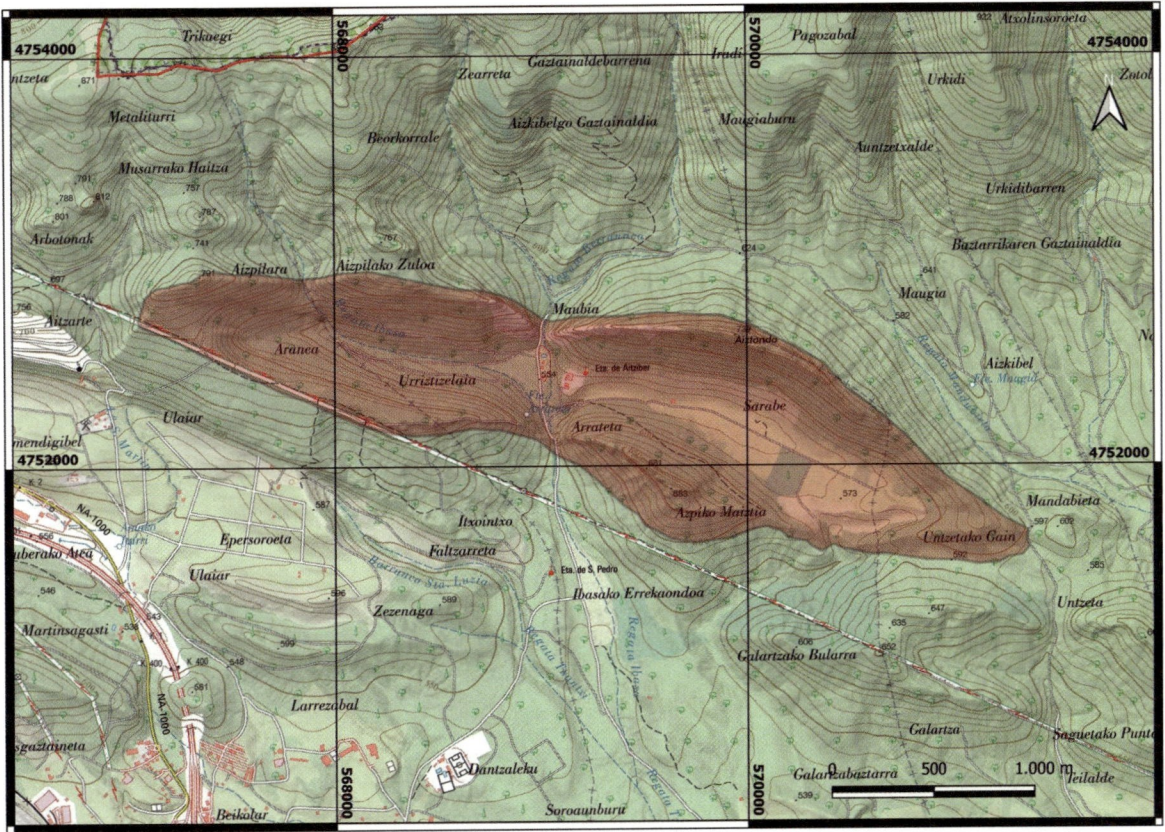

Ubicación y accesos: Desde la localidad de Altsasu parte una pista hacia el noreste que se dirige a las piscinas municipales de Urdiain, atravesando transversalmente la sección del sinclinal, siguiendo la GR-323. Los mejores puntos de vista se sitúan junto a dichas piscinas municipales, en el mismo camino de acceso junto al río. Los resaltes rocosos de los flancos del sinclinal son muy agrestes y expuestos, con terreno irregular y que requiere orientación.

POR QUÉ ES TAN IMPORTANTE ESTE LUGAR

Constituye un ejemplo de sinclinal colgado donde la erosión diferencial entre tramos margosos y calizos permite identificar la estructura geológica. La trayectoria del río, que discurre perpendicular al eje de la estructura, secciona transversalmente las capas permitiendo reconocer las diferentes unidades geológicas.

ESQUEMA GEOLÓGICO

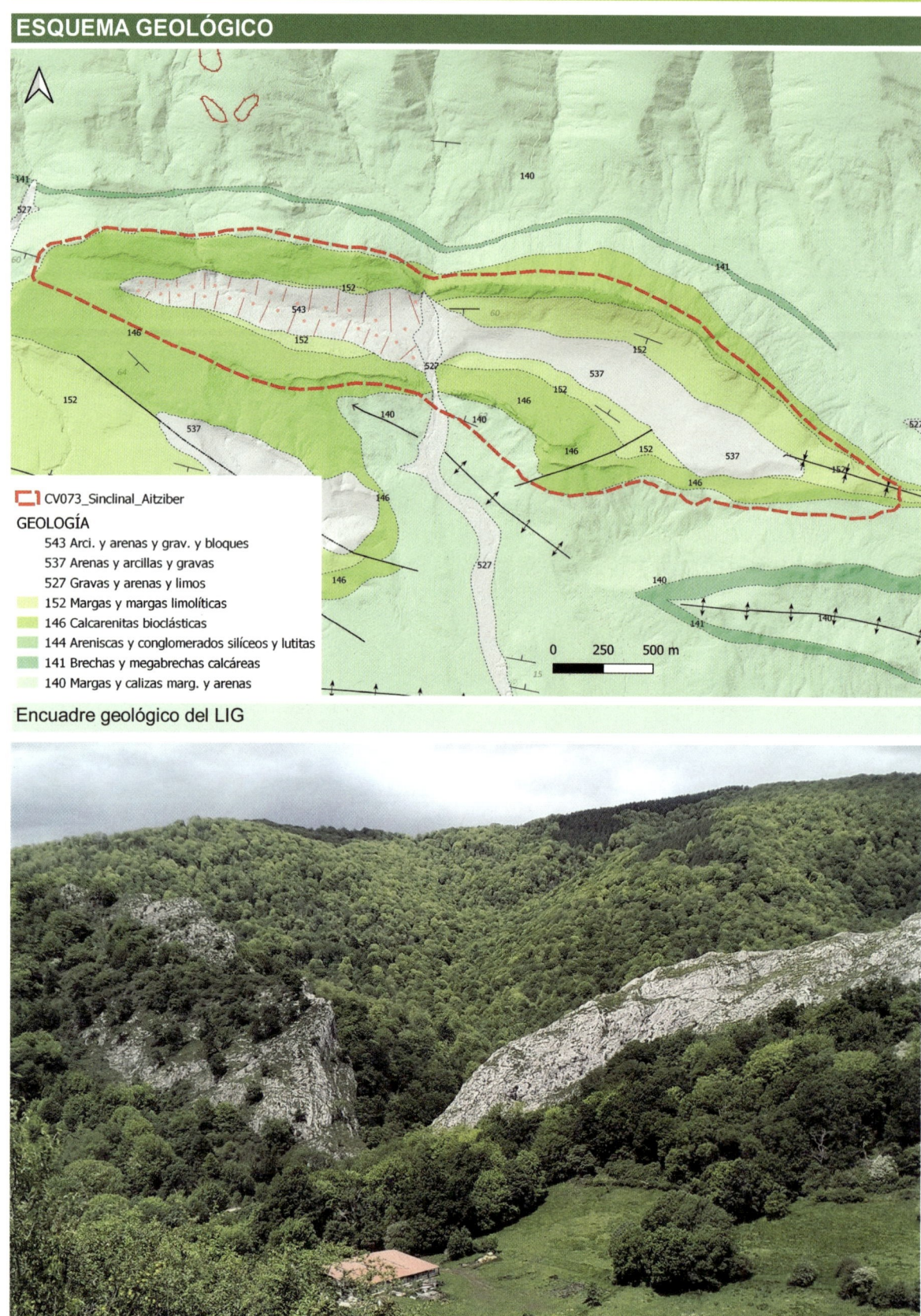

CV073_Sinclinal_Aitziber

GEOLOGÍA

543 Arci. y arenas y grav. y bloques
537 Arenas y arcillas y gravas
527 Gravas y arenas y limos
152 Margas y margas limolíticas
146 Calcarenitas bioclásticas
144 Areniscas y conglomerados silíceos y lutitas
141 Brechas y megabrechas calcáreas
140 Margas y calizas marg. y arenas

0   250   500 m

Encuadre geológico del LIG

Vista aérea del resalte rocoso en las inmediaciones de las piscinas de Urdiain. El río secciona el flanco norte del sinclinal dando lugar a una morfología en "V". El fuerte buzamiento de estos estratos convierte este relieve en un hogback. El edificio visible es una granja cercana a las piscinas.

IMÁGENES REPRESENTATIVAS

Arriba, regata Berraunea seccionando los estratos inclinados del flanco norte del sinclinal. Abajo, detalle de uan falla que afecta al farallón rocoso del mismo flanco (Fuente: Cortesía del IES Altsasu).

CÓDIGO Y DENOMINACIÓN

CV039 Margas del Cretácico Superior y GSSP de Olazagutía

VALOR Y TIPO DE INTERÉS GEOLÓGICO

Valor del interés geológico	Tipo de interés geológico	
Científico	Principal	Estratigráfico
Didáctico	Secundario	
Turístico		

UBICACIÓN DEL LIG

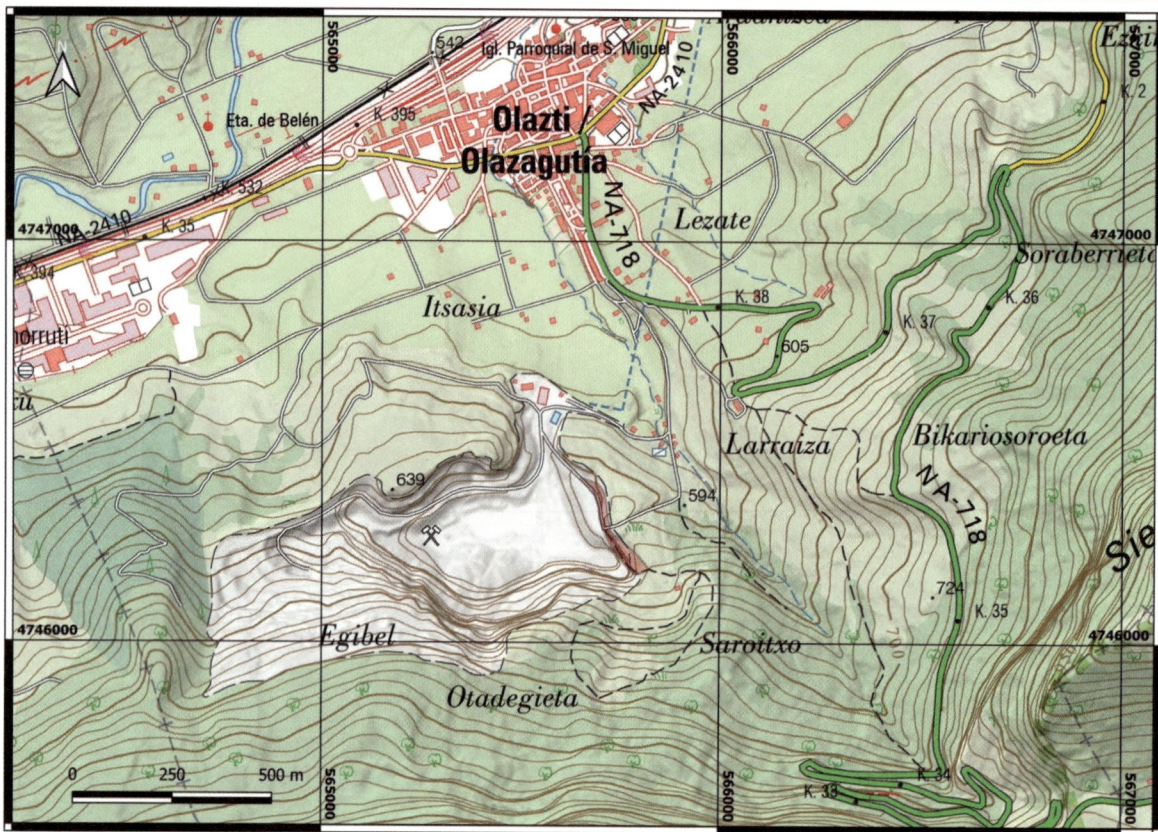

Ubicación y accesos	El estratotipo se sitúa al sur de la propia localidad de Olazagutia. No obstante, dado que el punto de interés se sitúa dentro de una zona de explotación minera, el paso no está autorizado, por lo que no es posible su visita.

POR QUÉ ES TAN IMPORTANTE ESTE LUGAR

Constituye el único GSSP (Global Boundary Stratotype Section and Point) de toda Navarra, marcando con claridad la base del Piso Santoniense, caracterizado por la aparición de la especie de bivalvo inocerámido Platyceramus undulatoplicatus.

ESQUEMA GEOLÓGICO

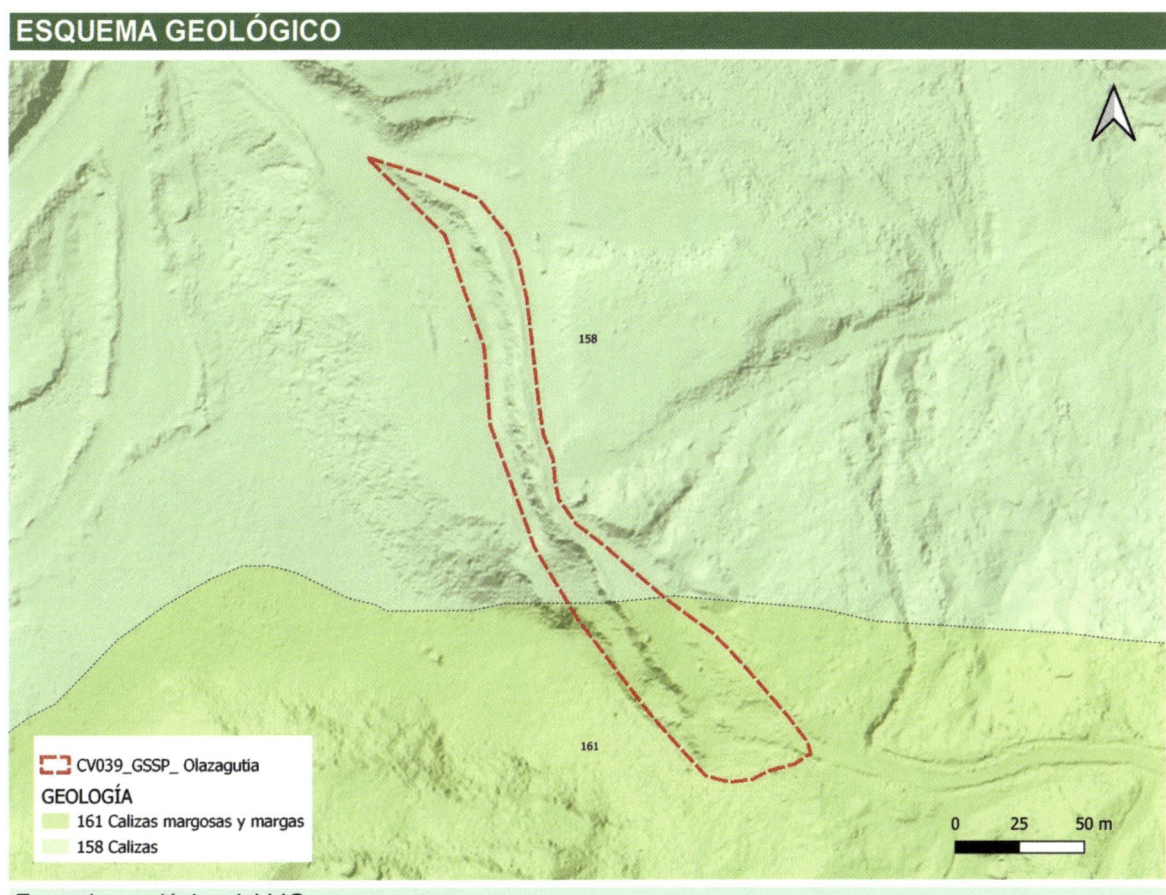

CV039_GSSP_ Olazagutia
GEOLOGÍA
- 161 Calizas margosas y margas
- 158 Calizas

0   25   50 m

Encuadre geológico del LIG

OLAZAGUTÍA SECTION
Global Boundary Stratotype Section and Point
42º 52' 05.3" N Latitude / 2º 11' 40" W Longitude

**Estratotipo global para la base del Piso Santoniense
Santoniar Estaien oinerako estratotipo globala
Global stratotype for the base of the Santonian Stage**

Placed in the "Cantera de Margas", Olazagutia, by the first occurrence of the inoceramid bivalve *Platyceramus undulatoplicatus*.
Estimated age: 86.3 ± 0.5 Ma

This Section and Point defines the base of the Santonian Stage of the Upper Cretaceous Series and Cretaceous System, and serves as the standard GSSP for the world.

Nafarroako Gobernua — Gobierno de Navarra

ICS
International Commission on Stratigraphy

IUGS
International Union of Geological Sciences

MINISTERIO DE ECONOMÍA Y COMPETITIVIDAD — Instituto Geológico y Minero de España

Estratotipo para la base del Piso Santoniense, en el Cretácico Superior. Fuente: Gobierno de Navarra, Dirección General de Obras Públicas e Infraestructuras.

IMÁGENES REPRESENTATIVAS

Arriba, detalle del fósil bivalvo que sirve como criterio de reconocimiento del Santoniense. Abajo, aspecto general del talud donde se ha definido es estratotipo. Fuente: Gobierno de Navarra, Dirección General de Obras Públicas e Infraestructuras.

LUGARES DE INTERÉS GEOLÓGICO DE NAVARRA.
DOMINIO VASCO-CANTÁBRICO

CÓDIGO Y DENOMINACIÓN
CV037 Sistema kárstico del Nacedero de Iribas

VALOR Y TIPO DE INTERÉS GEOLÓGICO

Valor del interés geológico	Tipo de interés geológico	
Científico	Principal	Geomorfológico
Didáctico	Secundario	Hidrogeológico
Turístico		

UBICACIÓN DEL LIG

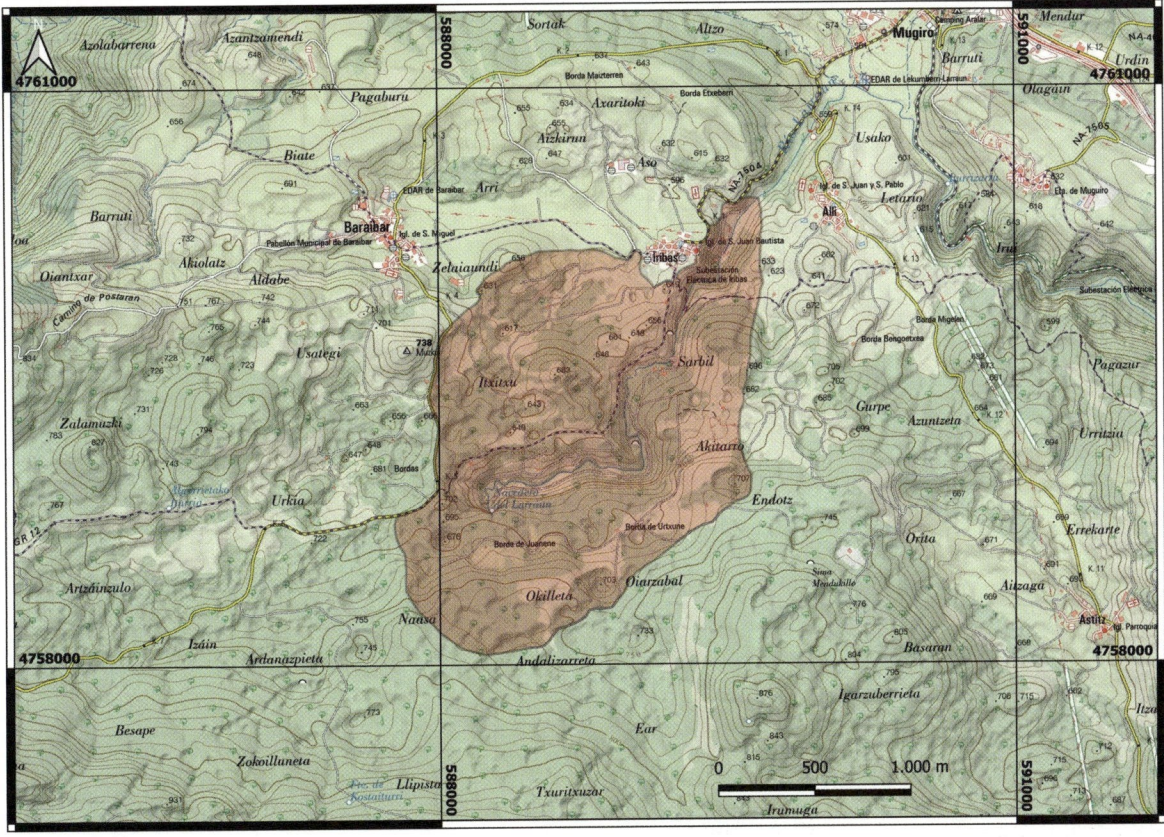

Ubicación y accesos	Carretera NA-7504 desde Lekunberri. Desde la localidad de Iribas se lleva a cabo el recorrido a pie por sendero marcado. El acceso al interior de la sima de Lezegalde requiere autorización, equipación y medidas de seguridad, igual que el interior de la surgencia de Aitzarrateta. Terreno kárstico con terreno irregular fuera de pista que requiere orientación.

POR QUÉ ES TAN IMPORTANTE ESTE LUGAR

Representa un excelente ejemplo de sistema kárstico donde se aprecia con claridad la gran interconexión entre el agua superficial y subterránea, poniendo de manifiesto la importancia de los acuíferos calcáreos. El nacimiento del río Ertzilla, su posterior desaparición bajo terrenos permeables y el afloramiento posterior de las aguas subterráneas en los manantiales de Basakaitz, constituyen el marco geomorfológico de este recorrido.

ESQUEMA GEOLÓGICO

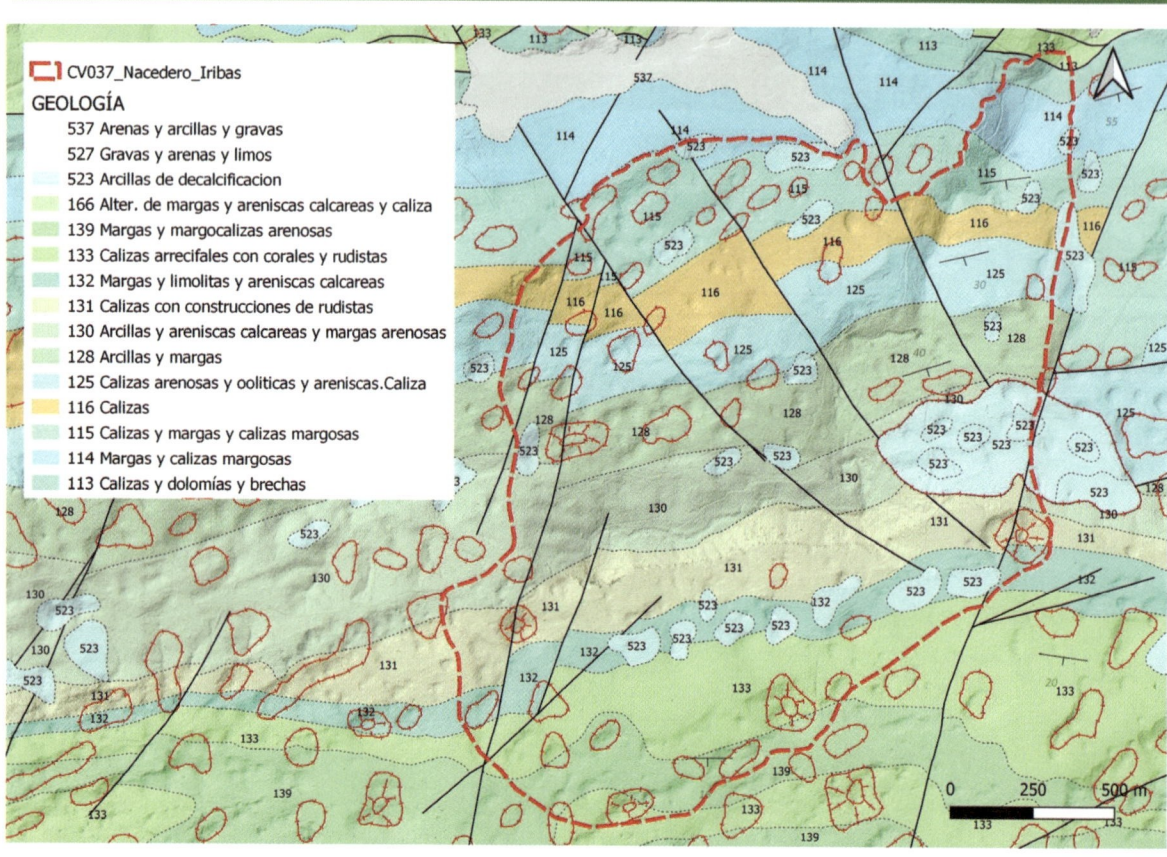

CV037_Nacedero_Iribas

GEOLOGÍA

- 537 Arenas y arcillas y gravas
- 527 Gravas y arenas y limos
- 523 Arcillas de decalcificacion
- 166 Alter. de margas y areniscas calcareas y caliza
- 139 Margas y margocalizas arenosas
- 133 Calizas arrecifales con corales y rudistas
- 132 Margas y limolitas y areniscas calcareas
- 131 Calizas con construcciones de rudistas
- 130 Arcillas y areniscas calcareas y margas arenosas
- 128 Arcillas y margas
- 125 Calizas arenosas y ooliticas y areniscas.Caliza
- 116 Calizas
- 115 Calizas y margas y calizas margosas
- 114 Margas y calizas margosas
- 113 Calizas y dolomías y brechas

Encuadre geológico del LIG

Afloramiento de calizas del Jurásico Superior con buzamiento hacia el sur (a la izquierda en la imagen), correspondiendo con el flanco norte del sinclinal central de Aralar.

IMÁGENES REPRESENTATIVAS

Arriba, vista general de la surgencia kárstica de Aitzarrateta, que da origen al río Ertzilla. Abajo, uno de los manantiales de Basakaitz en Iribas, dando origen al río Larraun.

IMÁGENES REPRESENTATIVAS

Arriba, dolina cerca de la localidad de Iribas. Abajo,cauce meandriforme asociado al sumidero del río Ertzilla.

IMÁGENES REPRESENTATIVAS

Arriba, aspecto de las calizas con claros rasgos de karstificación. Abajo, detalle de las rocas calizas jurásicas arrecifales de color oscuro.

LUGARES DE INTERÉS GEOLÓGICO DE NAVARRA.
DOMINIO VASCO-CANTÁBRICO

CÓDIGO Y DENOMINACIÓN

CV038 Sistema kárstico y Cueva de Mendukillo en Astiz

VALOR Y TIPO DE INTERÉS GEOLÓGICO

Valor del interés geológico	Tipo de interés geológico	
Científico	Principal	Geomorfológico
Didáctico	Secundario	Hidrogeológico
Turístico		

UBICACIÓN DEL LIG

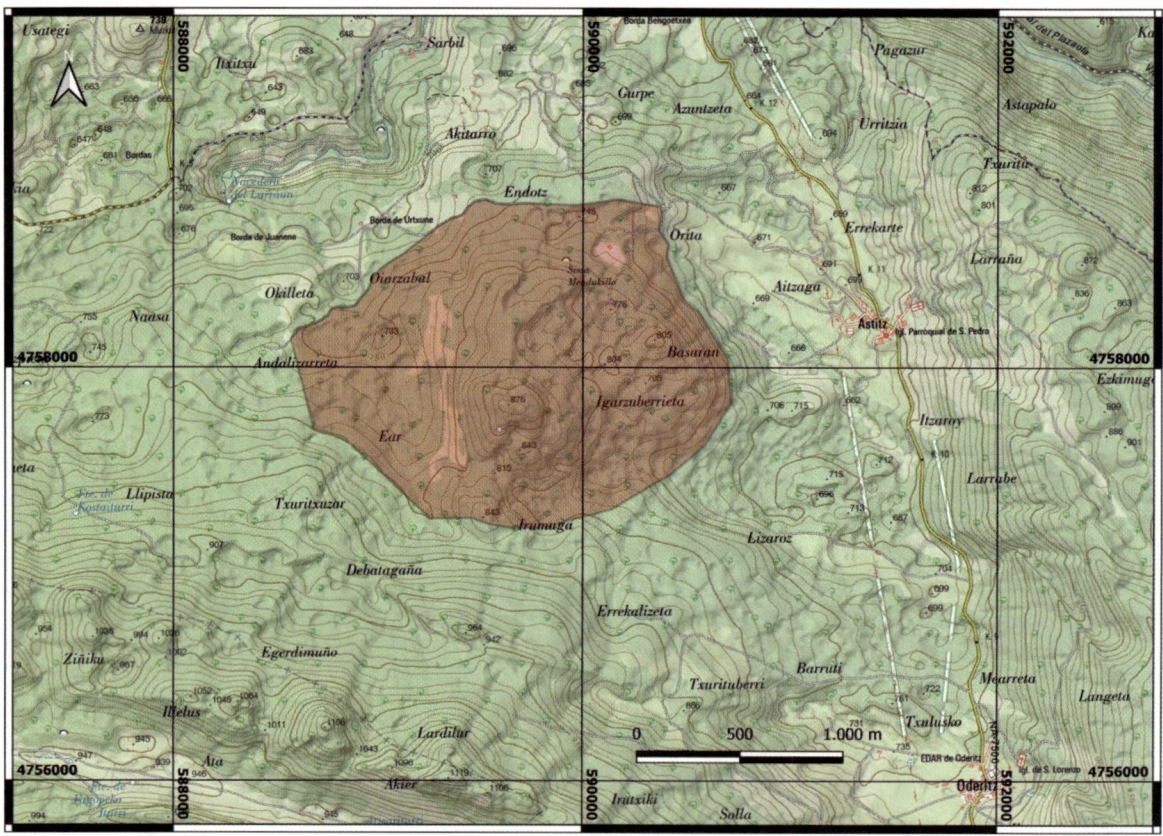

Ubicación y accesos	Carretera NA-7500 desde Lekunberri hacia Astiz, tomando la pista asfaltada y bien señalizada que lleva hasta el área de recepción de visitantes. No está autorizado el acceso libre. Visitas guiadas en grupos. Areas circundantes con terreno kárstico irregular y que requiere orientación.

POR QUÉ ES TAN IMPORTANTE ESTE LUGAR

La Cueva de Mendukilo alberga una importantísima variedad de rasgos del paisaje endokárstico, tales como estalactitas, estalagmitas, excéntricas, columnas, macarrones, gours, lagos, galerías, formas epifreáticas, formas mamelonares, escudos y un sinfín de otros espeleotemas. Alberga importante fauna troglobia en su interior. Aún más, el entorno exokárstico que rodea la cueva presenta campos de dolinas, pequeñas simas y otros rasgos de interés del modelado kárstico.

LUGARES DE INTERÉS GEOLÓGICO DE NAVARRA.
DOMINIO VASCO-CANTÁBRICO

ESQUEMA GEOLÓGICO

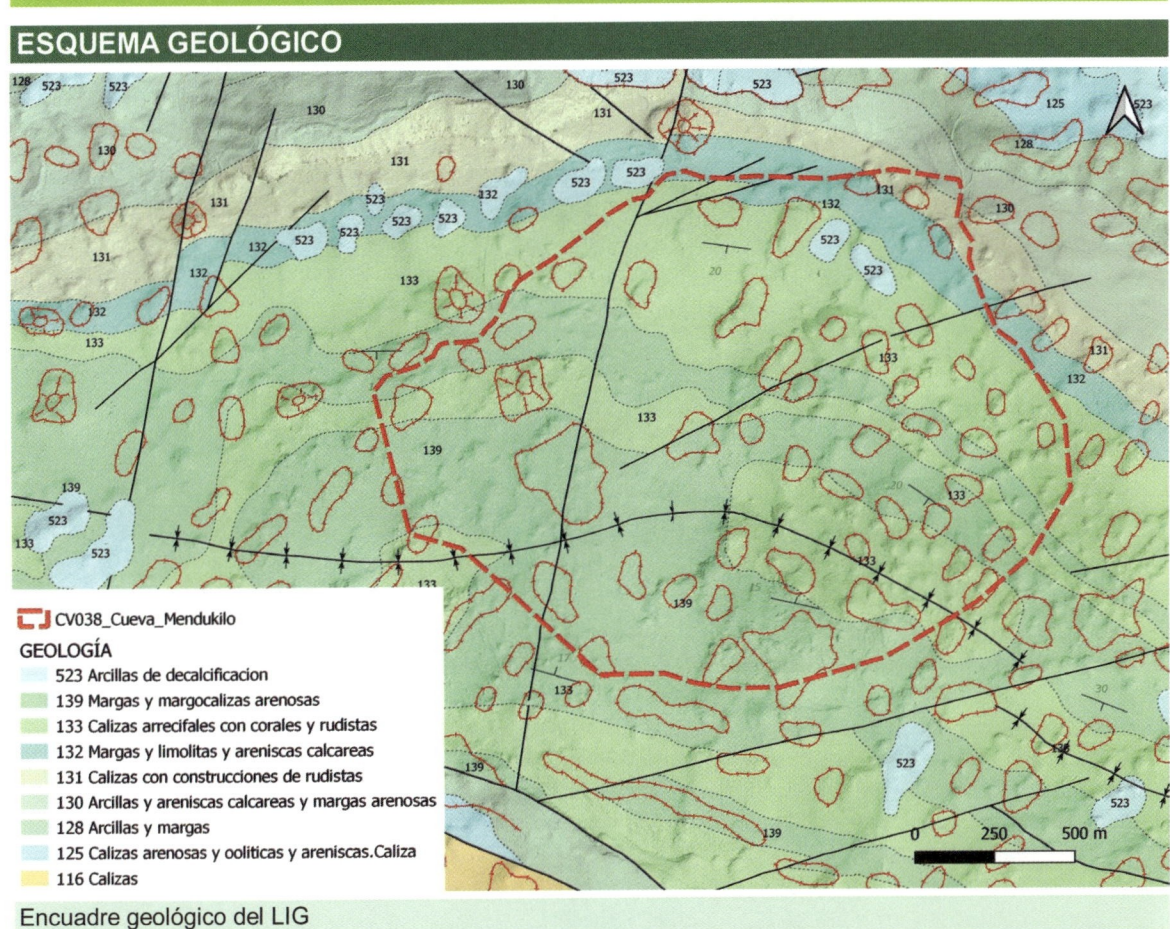

CV038_Cueva_Mendukilo

GEOLOGÍA

- 523 Arcillas de decalcificacion
- 139 Margas y margocalizas arenosas
- 133 Calizas arrecifales con corales y rudistas
- 132 Margas y limolitas y areniscas calcareas
- 131 Calizas con construcciones de rudistas
- 130 Arcillas y areniscas calcareas y margas arenosas
- 128 Arcillas y margas
- 125 Calizas arenosas y ooliticas y areniscas.Caliza
- 116 Calizas

Encuadre geológico del LIG

Coladas y techos repletos de estalactitas y delgados macarrones blanquecinos en el interior de la cueva de Mendukilo. Fuente: Dirección General de Obras Públicas e Infraestructuras del Gobierno de Navarra.

IMÁGENES REPRESENTATIVAS

Aspecto del interior de la cueva de Mendukilo. En toda la bóveda pueden verse coladas y numerosas estalactitas agrupadas. En la parte inferior se observan represamientos o gours rellenos de agua, estalagmitas y formas mamelonares de mayor diámetros. Algunas estalactitas y estalagmitas están a punto de fundirse en una sola y con el tiempo, darán lugar a una columna. Fuente de las imágenes: Cortesía de Espeleofoto (Sergio Laburu).

Aspecto del interior de la cueva de Mendukilo. Lo más destacable de esta imagen es el gran desarrollo de los gours de represamiento, parcialmente llenos de agua. Los puntos donde hay mayor percolación de agua se caracterizan por la presencia de muchas estalactitas. Al fondo de la imagen, mayor concentración de formas mamelonares de sección métrica. A la izquierda, algunos caos de bloques.Fuente de las imágenes: Cortesía de Espeleofoto (Sergio Laburu).

IMÁGENES REPRESENTATIVAS

Aspecto del interior de la cueva de Mendukilo. En la imagen, morfología campaniforme y otras formas botroidales y mamelonares. Fuente de las imágenes: Cortesía de Espeleofoto (Sergio Laburu).

Aspecto del interior de la cueva de Mendukilo. En la imagen, detalle de la morfología de varios gours de represamiento rellenos de agua. Fuente de las imágenes: Cortesía de Espeleofoto (Sergio Laburu).

CÓDIGO Y DENOMINACIÓN

CV040 Tobas calcáreas del río Urederra y Balcón de Ubaba

VALOR Y TIPO DE INTERÉS GEOLÓGICO

Valor del interés geológico	Tipo de interés geológico	
Científico	Principal	Sedimentológico
Didáctico	Secundario	Geomorfológico, hidrogeológico
Turístico		

UBICACIÓN DEL LIG

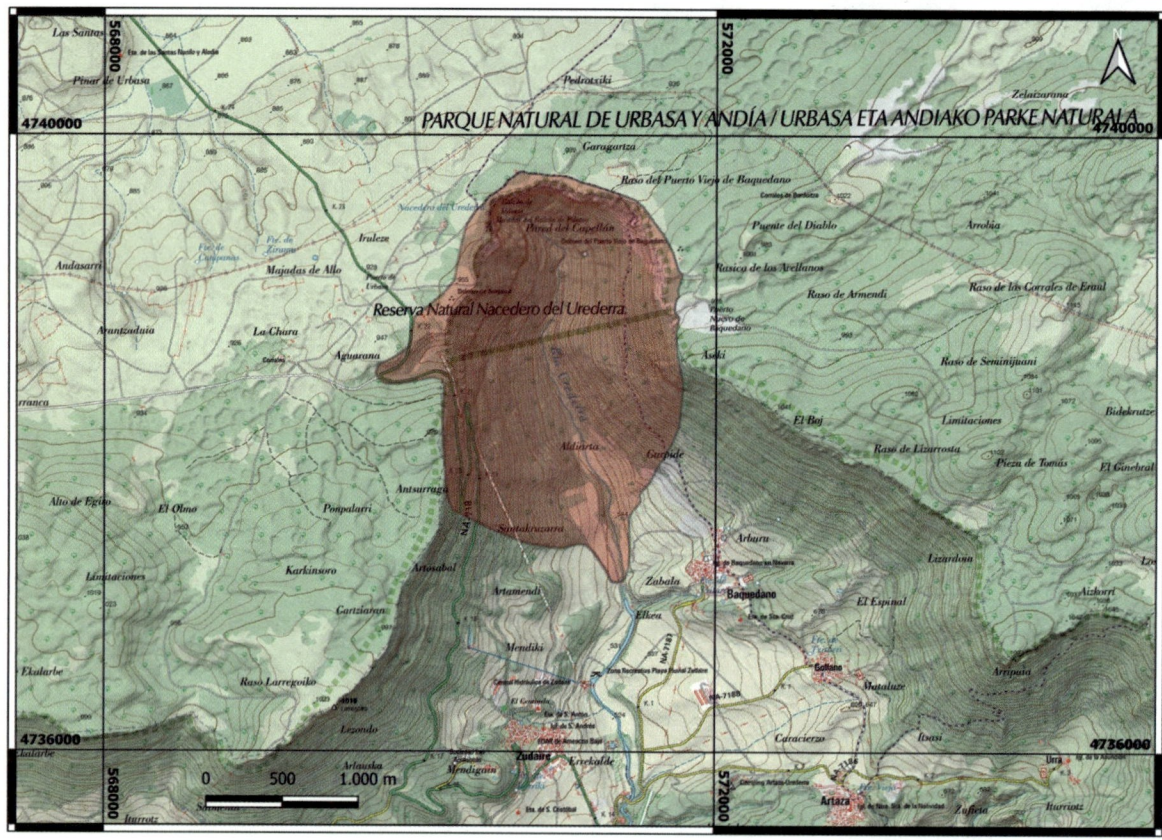

Ubicación y accesos	Carretera NA-7187 hasta Baquedano, donde es necesario aparcar el coche en el centro de acogida de visitantes. Es necesaria la reserva previa para la visita. Deberán respetarse todas las indicaciones y normativa del Parque Natural y de esta Reserva Natural.

POR QUÉ ES TAN IMPORTANTE ESTE LUGAR

Su importancia radica en la presencia de tobas calcáreas, rocas sedimentarias porosas y frágiles que se forman a partir de la precipitación de carbonato cálcico sobre los restos vegetales (raíces, tallos y hojas) que crecen en este hábitat. Se trata de un Hábitat de Interés Comunitario Prioritario (THIC 7220*, Formaciones tobáceas generadas por comunidades briofíticas en aguas carbonatadas). Alberga grandes edificios tobáceos con una enorme variedad de geoformas, y con diferentes grados de evolución y conexión con la red fluvial existente.

ESQUEMA GEOLÓGICO

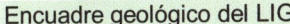

CV040_Tobas_Urederra

GEOLOGÍA

- 999
- 543 Arci. y arenas y grav. y bloques
- 537 Arenas y arcillas y gravas
- 534 Glacis actual o de cobertera
- 527 Gravas y arenas y limos
- 519 Glacis
- 516 Glacis de acumulacion
- 268 Margas y margocalizas
- 263 Calizas con estrat. cruzada
- 208 Calizas masivas
- 207 Calizas y calizas con margas
- 206 Calizas bioclásticas
- 203 Calizas dolomiticas
- 191 Calcarenitas
- 190 Calizas y margocalizas
- 163 Margas y margocalizas con esponjas
- 162 Margas y margocalizas y calcarenitas
- 161 Calizas margosas y margas

Encuadre geológico del LIG

Detalle de toba calcárea con capas concéntricas de calcita que han crecido alrededor de tallos vegetales, cuya desaparición deja la típica porosidad de estos materiales.

IMÁGENES REPRESENTATIVAS

Arriba, pequeña cascada y poza de aguas turquesa. En la cascada se forman tobas con desarrollo activo y tapizadas de vegetación. Abajo, formas redondeadas encostrantes de carbonato, que forman repisas y represamientos en el interior de las pozas.

IMÁGENES REPRESENTATIVAS

Diferentes morfologías de las tobas carbonatadas de Urederra. Arriba, edificio tobáceo inactivo de grandes dimensiones. En medio y abajo, morfologías tobáceas donde puede apreciarse el crecimiento envolvente con formas laminares, concéntricas, mamelonares, etc.

CÓDIGO Y DENOMINACIÓN

CV044 Semi-polje fluvio-kárstico del Raso de Urbasa

VALOR Y TIPO DE INTERÉS GEOLÓGICO

Valor del interés geológico	Tipo de interés geológico	
Científico	Principal	Hidrogeológico
Didáctico	Secundario	Geomorfológico
Turístico		

UBICACIÓN DEL LIG

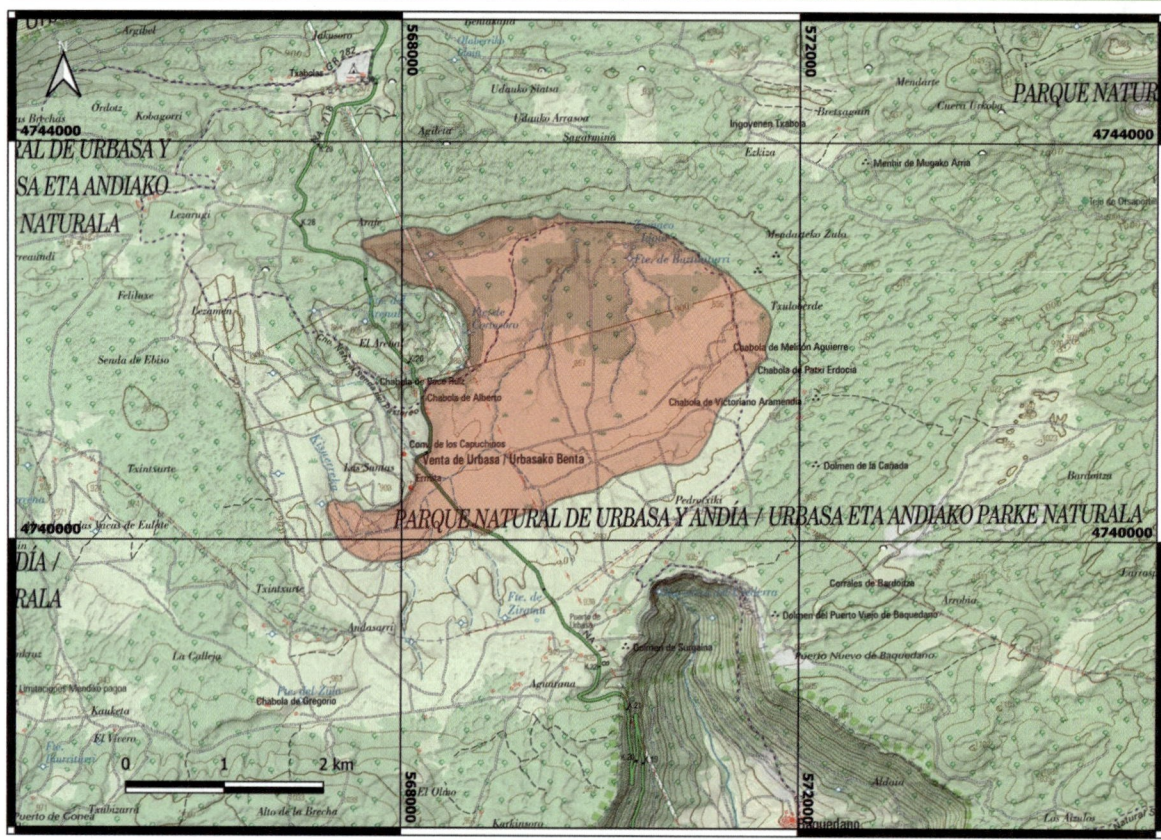

Ubicación y accesos	El acceso se realiza desde la carretera NA-718, atravesando el Raso de Urbasa. Una posible aproximación al área de interés parte de la fuente de Arafe, a la que se accede a pie por sendas locales. Precaución porque el sendero hasta los sumideros no está marcado y la ruta no es cómoda. Terreno irregular y requiere orientación. Deberán respetarse todas las indicaciones y normativa del Parque Natural.

POR QUÉ ES TAN IMPORTANTE ESTE LUGAR

Constituye la red de drenaje principal del Raso de Urbasa, que culmina en un conjunto de dolinas y sumideros por los que se filtra el agua que circula en superficie. Resulta muy interesante observar cómo la erosión ha tallado una red de drenaje dendrítica con tramos meandriformes de gran interés, encajándose en el sustrato antes de alcanzar el área de los sumideros.

ESQUEMA GEOLÓGICO

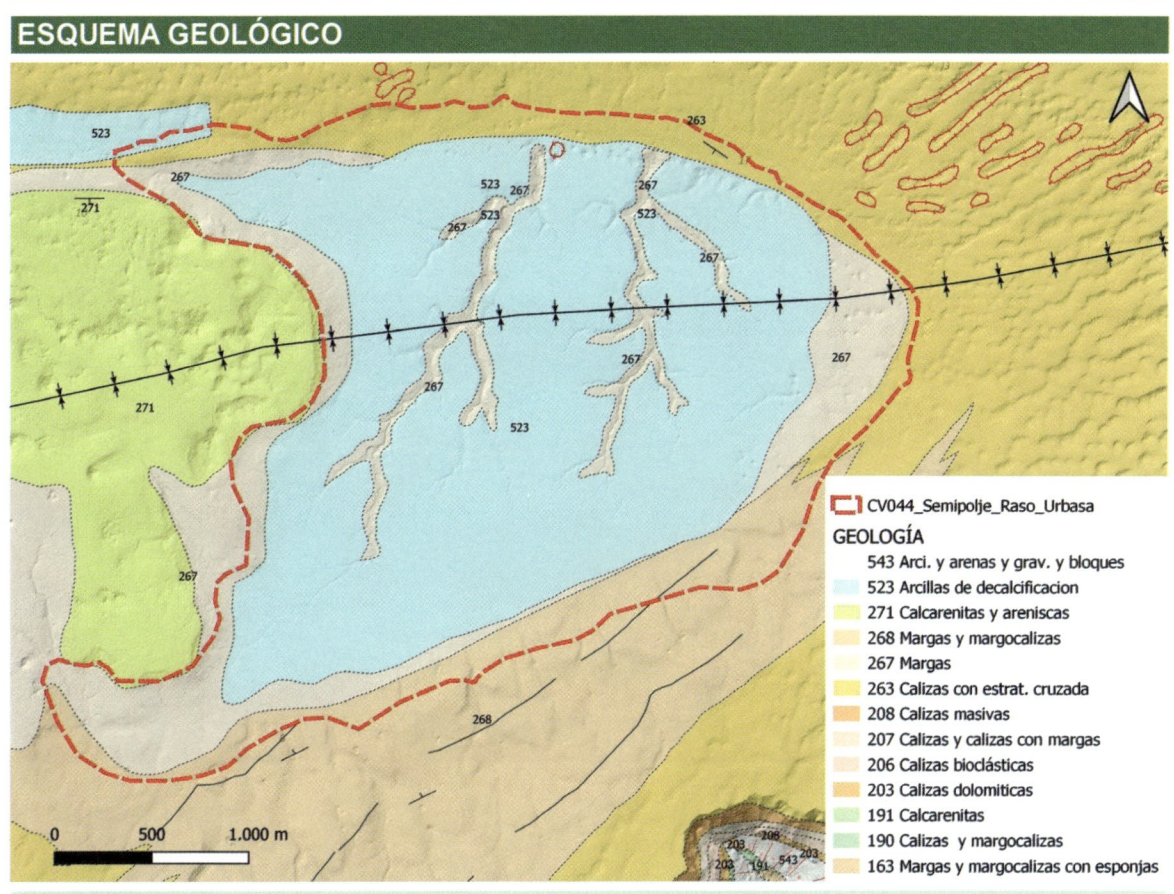

CV044_Semipolje_Raso_Urbasa

GEOLOGÍA

- 543 Arci. y arenas y grav. y bloques
- 523 Arcillas de decalcificacion
- 271 Calcarenitas y areniscas
- 268 Margas y margocalizas
- 267 Margas
- 263 Calizas con estrat. cruzada
- 208 Calizas masivas
- 207 Calizas y calizas con margas
- 206 Calizas bioclásticas
- 203 Calizas dolomiticas
- 191 Calcarenitas
- 190 Calizas y margocalizas
- 163 Margas y margocalizas con esponjas

0   500   1.000 m

Encuadre geológico del LIG

Vista general del semipolje del Raso de Urbasa. El bosque de hayas no está aquí presente en esta área.

Arriba, aspecto general del Raso en el entorno de la Fuente de Arafe, totalmente encharcado. Abajo, pequeño valle excavado en el Raso por las aguas de escorrentía que drenan hacia el sumidero, desarrollando además cursos meandriformes bien desarrollados.

IMÁGENES REPRESENTATIVAS

Tramo final del drenaje superficial del Raso, hasta llegar a los sumideros (abajo). Precaución en estas zonas.

LUGARES DE INTERÉS GEOLÓGICO DE NAVARRA. DOMINIO VASCO-CANTÁBRICO

CÓDIGO Y DENOMINACIÓN

CV045a Paisaje kárstico ruiniforme de Artea

VALOR Y TIPO DE INTERÉS GEOLÓGICO

Valor del interés geológico	Tipo de interés geológico	
Científico	Principal	Geomorfológico
Didáctico	Secundario	
Turístico		

UBICACIÓN DEL LIG

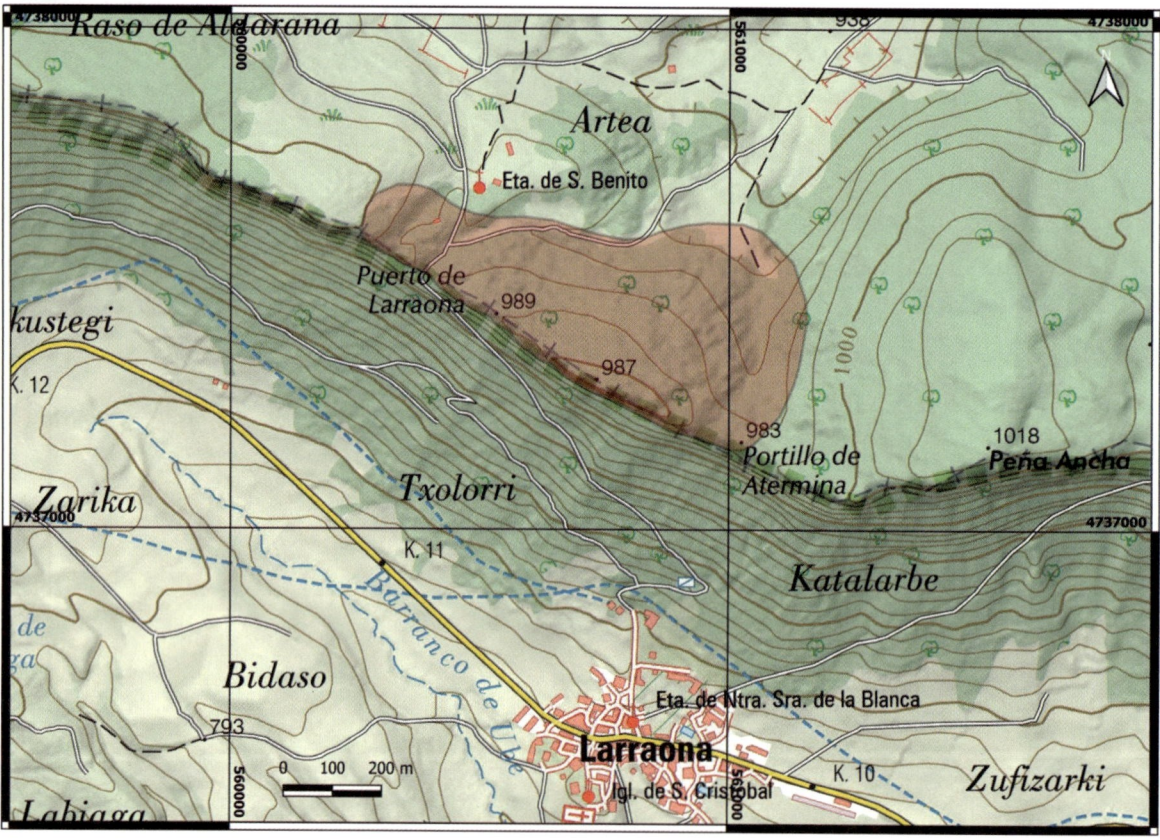

Ubicación y accesos	Acceso a pie por pista desde la localidad de Larraona, una vez se asciende el puerto. El recorrido por el interior del bosque no está marcado y requiere de orientación. Terreno kárstico irregular. Deberán respetarse todas las indicaciones y normativa del Parque Natural.

POR QUÉ ES TAN IMPORTANTE ESTE LUGAR

Junto con el bosque de piedra de Bargagain situado más al norte, constituye un buen ejemplo de modelado kárstico cuya peculiar ubicación da lugar a bellas construcciones pétreas con morfologías variadas y curiosas. La espesa vegetación, los pasillos naturales tallados en la roca a favor de la red de fracturación y los diferentes procesos de disolución y alveolización crean un entorno muy visual y atractivo.

LUGARES DE INTERÉS GEOLÓGICO DE NAVARRA. DOMINIO VASCO-CANTÁBRICO

ESQUEMA GEOLÓGICO

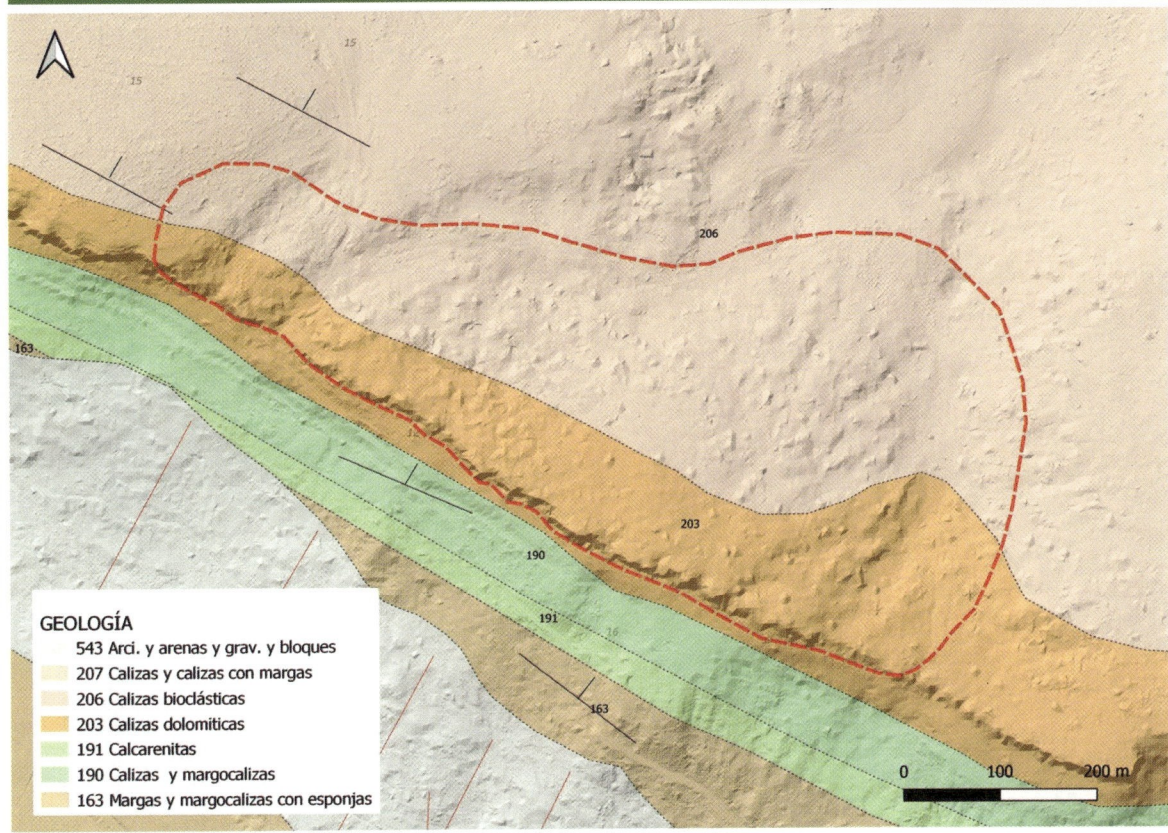

GEOLOGÍA
- 543 Arci. y arenas y grav. y bloques
- 207 Calizas y calizas con margas
- 206 Calizas bioclásticas
- 203 Calizas dolomíticas
- 191 Calcarenitas
- 190 Calizas y margocalizas
- 163 Margas y margocalizas con esponjas

Encuadre geológico del LIG

Aspecto de las formas kársticas y bloques tapizados de vegetación, que desarrollan formas muy curiosas.

IMÁGENES REPRESENTATIVAS

Aspecto de las formas kársticas, tapizadas de vegetación, desarrollando formas muy curiosas. Arriba, forma fungiforme muy característica.

LUGARES DE INTERÉS GEOLÓGICO DE NAVARRA.
DOMINIO VASCO-CANTÁBRICO

CÓDIGO Y DENOMINACIÓN
CV045b Paisaje kárstico ruiniforme de Bargagain

VALOR Y TIPO DE INTERÉS GEOLÓGICO

Valor del interés geológico	Tipo de interés geológico	
Científico	Principal	Geomorfológico
Didáctico	Secundario	
Turístico		

UBICACIÓN DEL LIG

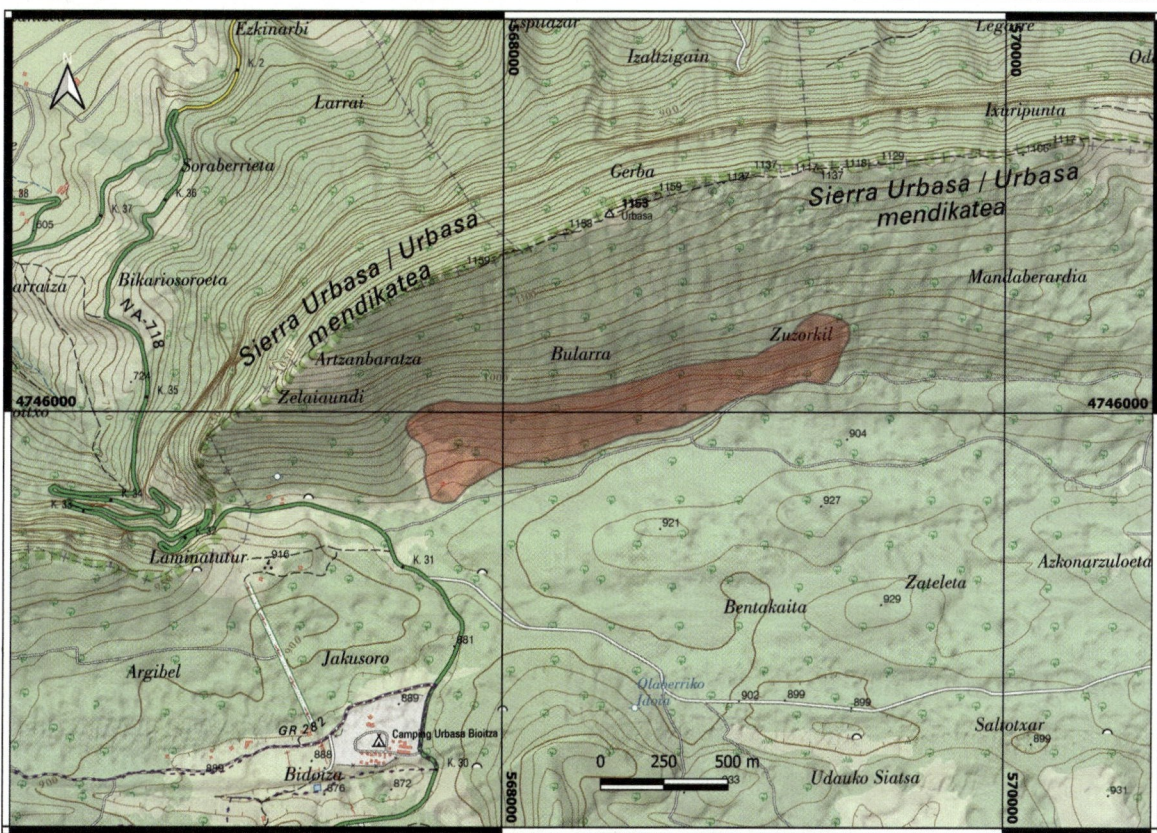

Ubicación y accesos	Tras ascender el puerto de Urbasa por la NA-718 y desde el centro de atención al visitante, se toma la senda que lleva directamente hasta el bosque de piedra. Recomendado seguir el sendero marcado. Terreno kárstico irregular. Precaución para no desorientarse. Deberán respetarse todas las indicaciones y normativa del Parque Natural.

POR QUÉ ES TAN IMPORTANTE ESTE LUGAR
Se trata de un excelente ejemplo de modelado kárstico donde la estructura geológica, la pendiente, la red de fracturación y el carácter meteorizable de la roca caliza han condicionado el tallado de geoformas curiosas tapizadas de vegetación, seccionando profundos pasillos, creando dolinas y todo un conjunto de rasgos fruto de la erosión y la meteorización química por disolución.

LUGARES DE INTERÉS GEOLÓGICO DE NAVARRA.
DOMINIO VASCO-CANTÁBRICO

ESQUEMA GEOLÓGICO

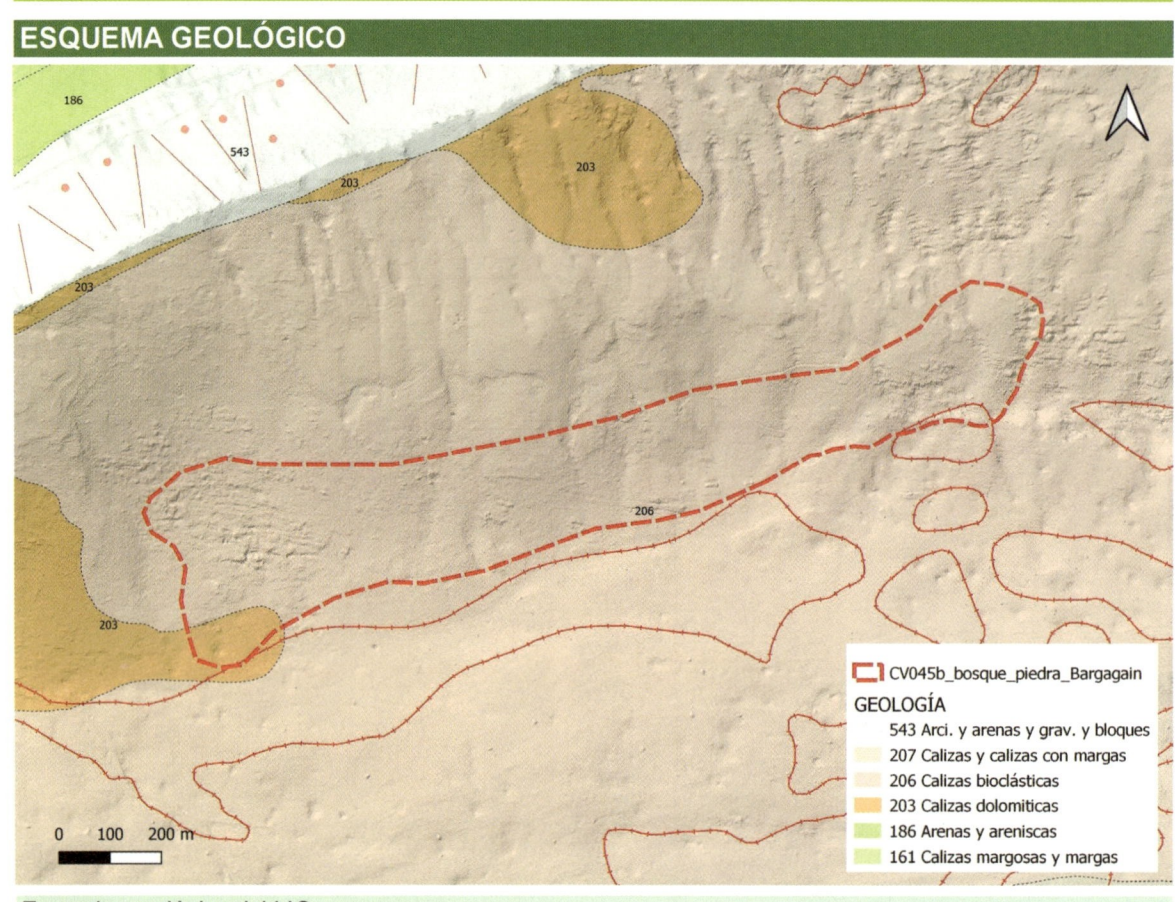

GEOLOGÍA

- □ CV045b_bosque_piedra_Bargagain
- 543 Arci. y arenas y grav. y bloques
- 207 Calizas y calizas con margas
- 206 Calizas bioclásticas
- 203 Calizas dolomiticas
- 186 Arenas y areniscas
- 161 Calizas margosas y margas

Encuadre geológico del LIG

Forma fungiforme característica en el bosque de piedra de Bargagain.

IMÁGENES REPRESENTATIVAS

Arriba, aspecto general del terreno karstificado en el entorno del bosque de piedra. Centro, algunos pináculos de roca caliza que quedan aislados del resto del macizo por el avance de la erosión. Abajo, forma de "cabeza" en el bosque de piedra.

IMÁGENES REPRESENTATIVAS

Vistas de algunos sectores interesantes del bosque de piedra, con formas que sugieren cabezas de animales, así como pasillos naturales con paredes verticales (bogaces).

CÓDIGO Y DENOMINACIÓN

CV046 Areniscas eocenas y suelos podzólicos de Urbasa

VALOR Y TIPO DE INTERÉS GEOLÓGICO

Valor del interés geológico	Tipo de interés geológico	
Científico	Principal	Edafológico
Didáctico	Secundario	
Turístico		

UBICACIÓN DEL LIG

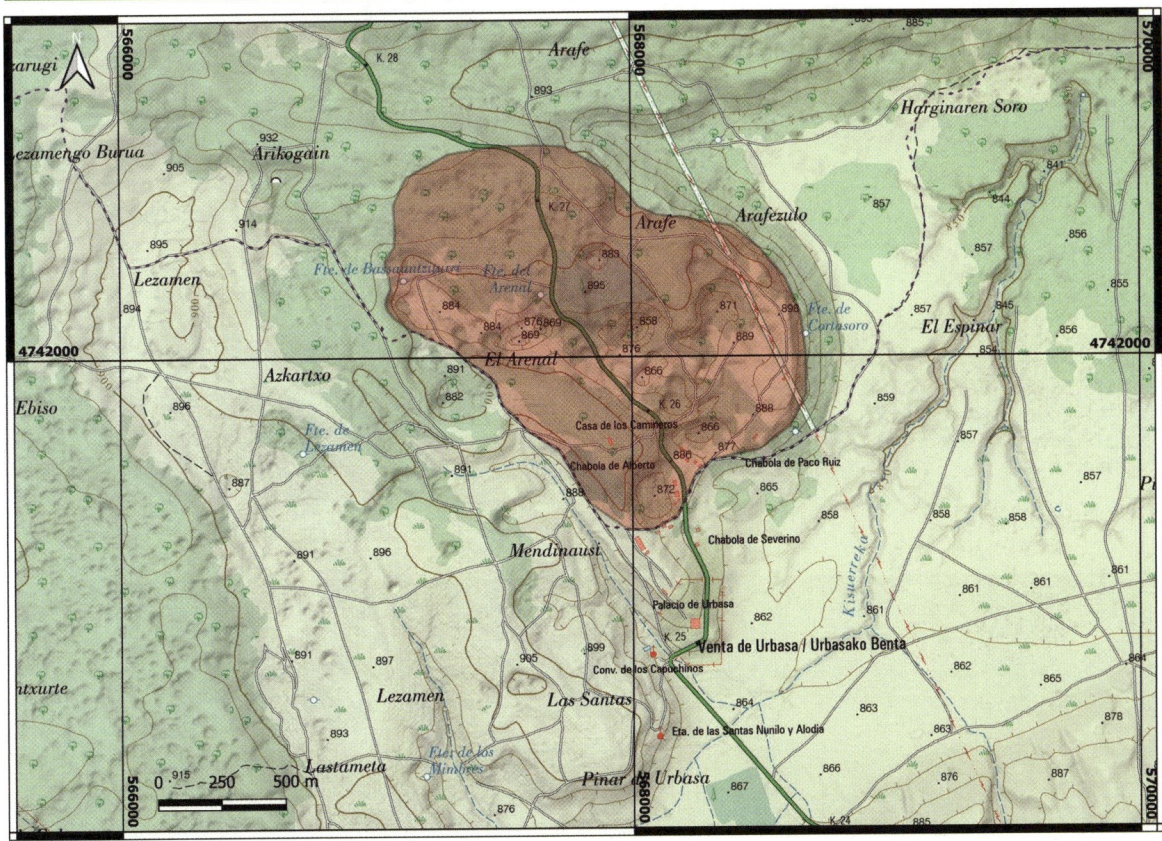

Ubicación y accesos	Uno de los mejores ejemplos se sitúa en el entorno de la fuente de los Mosquitos, a la que se accede a través de la carretera NA-718 en el Raso de Urbasa. Importante no pisar el área para evitar su degradación. El recorrido por el entorno de las diferentes fuentes requiere orientación. No está autorizado transitar a pie por la carretera. Deberán respetarse todas las indicaciones y normativa del Parque Natural.

POR QUÉ ES TAN IMPORTANTE ESTE LUGAR

Un tesoro de gran rareza y espectacularidad es la presencia de suelos de tipo podsólico que afloran en algunos sectores, bajo el manto de vegetación. Se trata de suelos de textura arenosa franca y color grisáceo en superficie, desarrollados sobre las areniscas eocenas que afloran en el sector central del Parque. Su nombre "podzol" significa "ceniza", por su parecido en los afloramientos. Debido a las intensas precipitaciones de este lugar, los componentes arcillosos y parte de la materia orgánica de estos suelos se desplazan hasta horizontes más profundos, generando los característicos horizontes álbicos (blancos, formados casi exclusivamente por arenas de cuarzo) y espódicos (de acumulación de elementos orgánicos), y haciendo que estos suelos tengan un marcado carácter ácido, hecho que condiciona el tipo de vegetación que sobre ellos se desarrolla.

ESQUEMA GEOLÓGICO

CV046_Areniscas_podzoles_Urbasa

GEOLOGÍA
- 523 Arcillas de decalcificacion
- 271 Calcarenitas y areniscas
- 267 Margas

0   100   200 m

Encuadre geológico del LIG

Detalle de un suelo podsólico bajo la superficie cubierta de bosque. Fuente: Cortesía de Patxi Arricibita (Área de Edafología y Química Agrícola de la Universidad Pública de Navarra).

IMÁGENES REPRESENTATIVAS

Sustrato rocoso de areniscas eocenas sobre el que se desarrolla un suelo podsólico con colores oscuros y blanquecinos (horizonte álbico) muy característicos.

LUGARES DE INTERÉS GEOLÓGICO DE NAVARRA.
DOMINIO VASCO-CANTÁBRICO

CÓDIGO Y DENOMINACIÓN
CV047 Dolinas gigantes de Zulo Haundia y Obats

VALOR Y TIPO DE INTERÉS GEOLÓGICO

Valor del interés geológico	Tipo de interés geológico	
Científico	Principal	Geomorfológico
Didáctico	Secundario	
Turístico		

UBICACIÓN DEL LIG

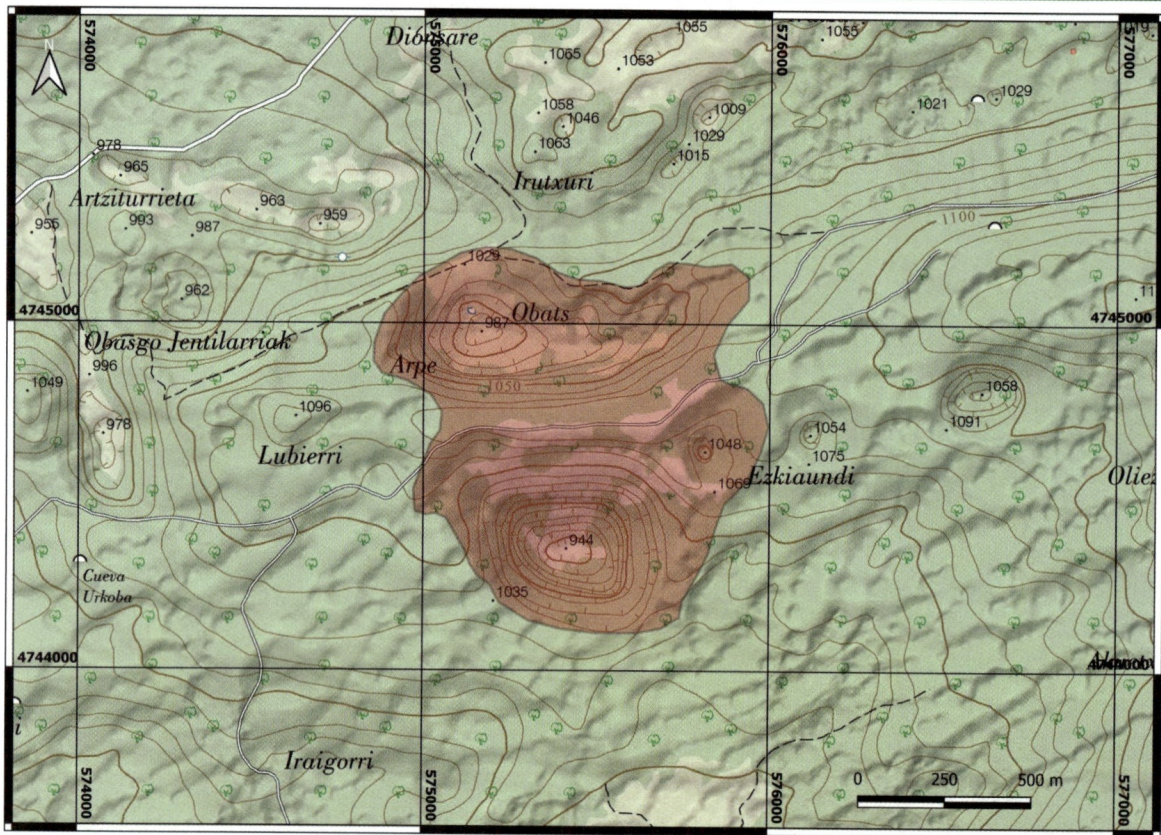

	Existen diferentes opciones de acceso, todas ellas a pie por pistas y senderos, bien por el oeste, desde el Raso de Urbasa, o bien por el este desde el Alto de Lizarraga. Requiere orientación. Terreno kárstico irregular. Deberán respetarse todas las indicaciones y normativa del Parque Natural.
Ubicación y accesos	

POR QUÉ ES TAN IMPORTANTE ESTE LUGAR

Se trata de uno de los ejemplos de dolina kárstica de mayor envergadura de todo el Parque Natural de Urbasa-Andía. Permite al visitante hacerse una idea del poder de disolución del agua y el efecto de este proceso a lo largo del tiempo geológico.

ESQUEMA GEOLÓGICO

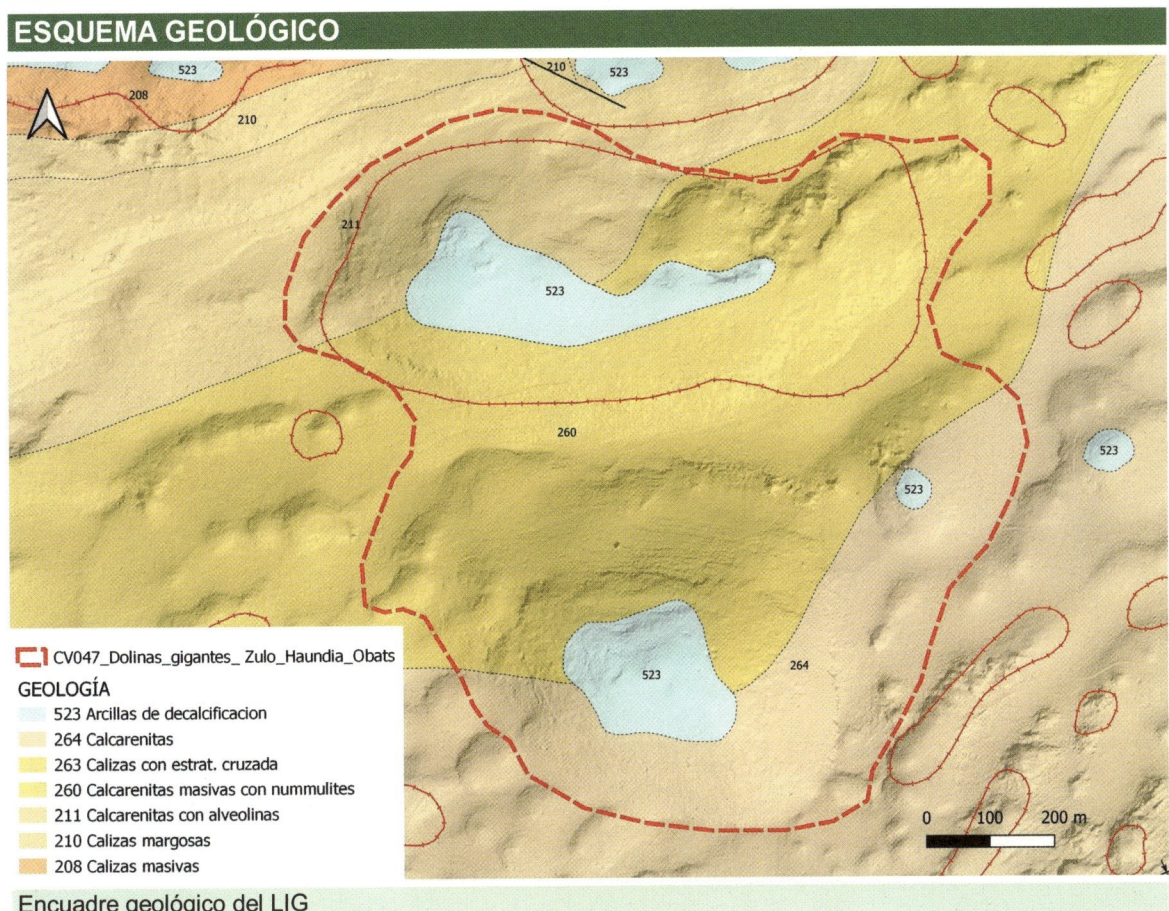

CV047_Dolinas_gigantes_ Zulo_Haundia_Obats

GEOLOGÍA

523 Arcillas de decalcificacion
264 Calcarenitas
263 Calizas con estrat. cruzada
260 Calcarenitas masivas con nummulites
211 Calcarenitas con alveolinas
210 Calizas margosas
208 Calizas masivas

Encuadre geológico del LIG

Vista general de la dolina gigante de Zulo Haundia, desde su extremo norte.

IMÁGENES REPRESENTATIVAS

Arriba, vista general de la dolina de Zulo Haundia, de enormes dimensiones. Abajo, aspecto karstificado de las rocas calcáreas que forman el macizo rocoso en este entorno.

LUGARES DE INTERÉS GEOLÓGICO DE NAVARRA. DOMINIO VASCO-CANTÁBRICO

CÓDIGO Y DENOMINACIÓN

CV071 Dolina de colapso de Lezeaundi

VALOR Y TIPO DE INTERÉS GEOLÓGICO

Valor del interés geológico	Tipo de interés geológico	
Científico	Principal	Geomorfológico
Didáctico	Secundario	
Turístico		

UBICACIÓN DEL LIG

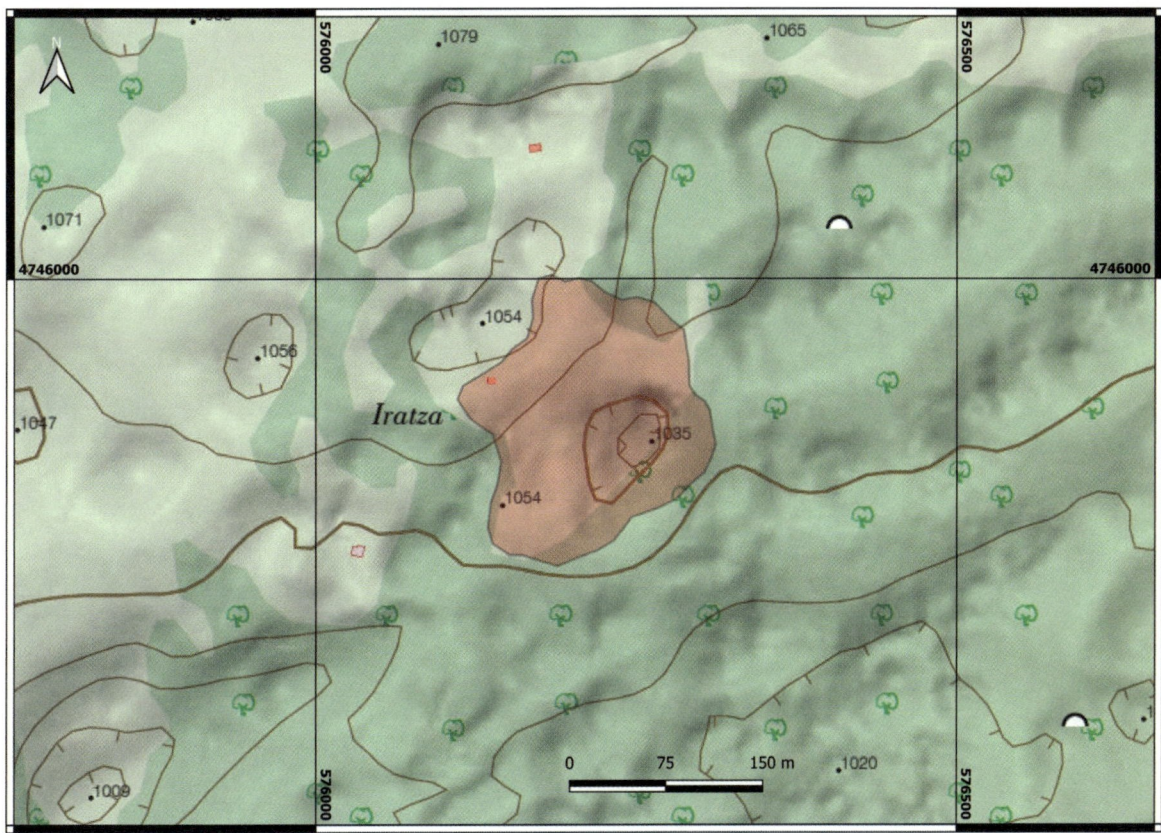

Ubicación y accesos	La dolina se sitúa en un terreno kárstico irregular de difícil orientación y sin acceso cómodo. Area con alta densidad de dolinas, simas y oquedades. No autorizada la entrada al interior de la cueva. Deberán respetarse todas las indicaciones y normativa del Parque Natural.

POR QUÉ ES TAN IMPORTANTE ESTE LUGAR

Constituye un buen ejemplo de dolina de colapso de notables dimensiones con escarpe verticalizado y fondo plano. Este tipo de dolina se diferencia de otras muchas dolinas presentes en el Parque Natural que tienen la típica morfología en embudo.

ESQUEMA GEOLÓGICO

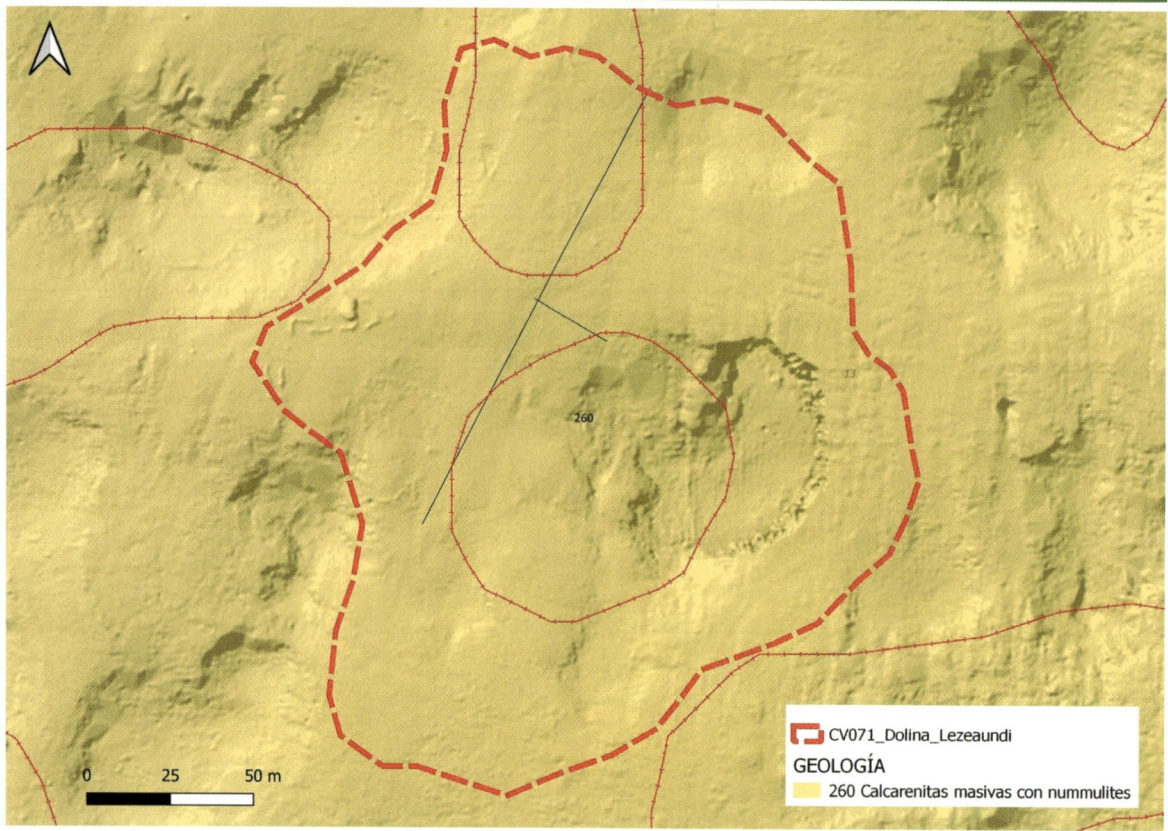

CV071_Dolina_Lezeaundi

GEOLOGÍA

260 Calcarenitas masivas con nummulites

Encuadre geológico del LIG

Aspecto general de la dolina. Pueden verse algunas líneas que marcan la estratificación, ligeramente inclinada hacia el sur (a la derecha en la imagen), ya que nos encontramos en el flanco norte del sinclinal de Urbasa-Andía.

IMÁGENES REPRESENTATIVAS

Arriba, detalle del lapiaz desarrollado en los alrededores de la dolina debido al proceso de meteorización química por carbonatación. Abajo, detalle de los estratos masivos de calcarenitas.

CÓDIGO Y DENOMINACIÓN

CV048 Sistema kárstico de la Falla de Lizarraga

VALOR Y TIPO DE INTERÉS GEOLÓGICO

Valor del interés geológico	Tipo de interés geológico	
Científico	Principal	Geomorfológico
Didáctico	Secundario	Tectónico, hidrogeológico, sedimentológico
Turístico		

UBICACIÓN DEL LIG

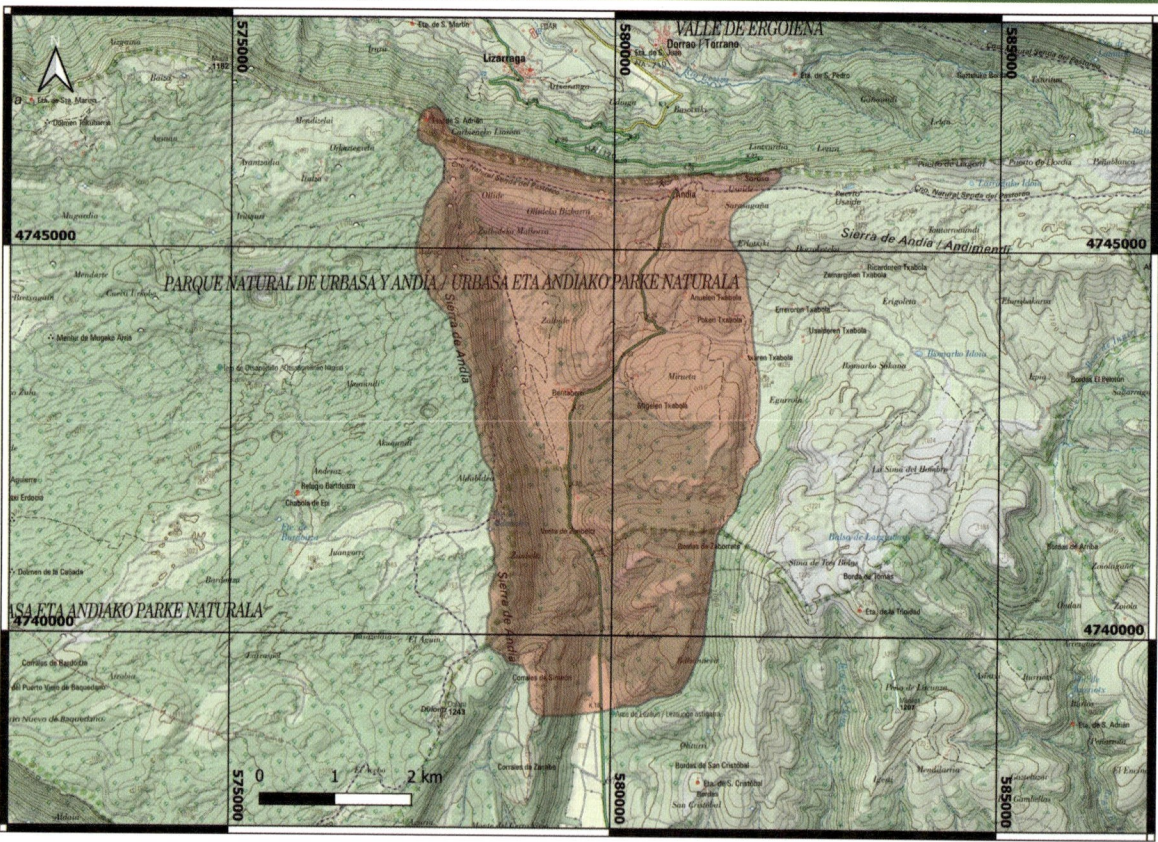

Ubicación y accesos	Un buen punto de referencia es el parking situado junto a las Ventas de Lizarraga, situado en el puerto de Lizarraga al que se accede por la carretera NA-120. Se recomienda seguir los senderos marcados cuando sea posible y disponer de mapa/gps. Requiere orientación. Precaución ya que se trata de terrenos kársticos con terreno irregular, simas y cavidades. Altos de Lizarraga con crestas muy expuestas. Deberán respetarse todas las indicaciones y normativa del Parque Natural.

POR QUÉ ES TAN IMPORTANTE ESTE LUGAR

Este LIG recoge gran cantidad de intereses geológicos, tanto geomorfológicos del modelado kárstico, como tectónicos e hidrogeológicos. La variedad de formas kársticas (lapiaces, dolinas, uvalas, simas, poljes, cavidades, arcos de piedra, etc) se completa con la presencia de la importante falla de Lizarraga y el conjunto de otras fallas menores asociadas, poniendo al descubierto además, otras de las grandes estructuras geológicas del Parque como el sinclinal central de Urbasa-Andía y su conexión con el sinclinal colgado de San Donato.

ESQUEMA GEOLÓGICO

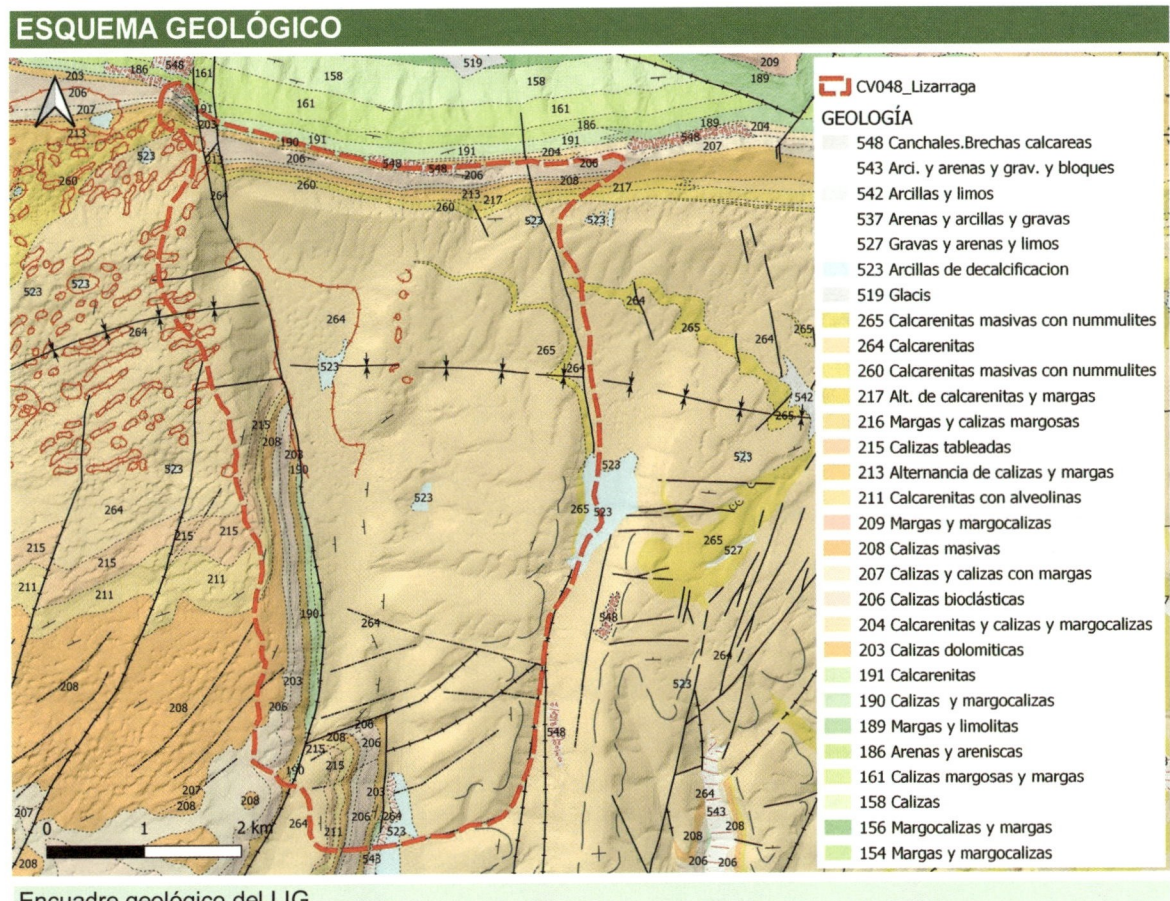

CV048_Lizarraga

GEOLOGÍA

- 548 Canchales.Brechas calcareas
- 543 Arci. y arenas y grav. y bloques
- 542 Arcillas y limos
- 537 Arenas y arcillas y gravas
- 527 Gravas y arenas y limos
- 523 Arcillas de decalcificacion
- 519 Glacis
- 265 Calcarenitas masivas con nummulites
- 264 Calcarenitas
- 260 Calcarenitas masivas con nummulites
- 217 Alt. de calcarenitas y margas
- 216 Margas y calizas margosas
- 215 Calizas tableadas
- 213 Alternancia de calizas y margas
- 211 Calcarenitas con alveolinas
- 209 Margas y margocalizas
- 208 Calizas masivas
- 207 Calizas y calizas con margas
- 206 Calizas bioclásticas
- 204 Calcarenitas y calizas y margocalizas
- 203 Calizas dolomiticas
- 191 Calcarenitas
- 190 Calizas y margocalizas
- 189 Margas y limolitas
- 186 Arenas y areniscas
- 161 Calizas margosas y margas
- 158 Calizas
- 156 Margocalizas y margas
- 154 Margas y margocalizas

Encuadre geológico del LIG

Vista aérea del cresterío de Lizarraga y su conexión con el sinclinal colgado de la sierra de San Donato. El área central deprimida es el valle de Ergoyena y corresponde con el núcleo vaciado del anticlinal de mismo nombre, que ha sido erosionado por la erosión. Fuente: Dirección General de Obras Públicas e Infraestructuras del Gobierno de Navarra.

IMÁGENES REPRESENTATIVAS

Vista de los Altos de Lizarraga, formados por calizas paleocenas y calcarenitas eocenas que han sido modeladas por la erosión. Los frentes del escarpe muestran capas con buzamiento hacia el sur (a la derecha en la imagen), ya que corresponden al flanco norte del sinclinal de Urbasa-Andía.

Detalle del polje de Zalbide, cuyo fondo está tapizado de dolinas y simas. El resalte rocoso que limita el polje por el oeste corresponde con el plano de falla que separa estructuralmente los macizos de Urbasa y Andía. En la imagen puede verse un nivel guía calcáreo con buzamiento norte (hacia la derecha en la imagen) y que corresponde con el flanco sur del sinclinal de Urbasa-Andía.

IMÁGENES REPRESENTATIVAS

Arriba, arco de piedra de Portupekoleze, fruto del desmantelamiento del macizo debido a un proceso kárstico avanzado. Abajo, aspecto general del terreno, notablemente karstificado, con desarrollo de campos de dolinas.

IMÁGENES REPRESENTATIVAS

Arriba, detalle de estratificación cruzada a gran escala en estratos de calcarenita, en la sección lateral de una uvala. Abajo, detalle de una falla en el entorno inmediato a la Falla de Lizarraga.

LUGARES DE INTERÉS GEOLÓGICO DE NAVARRA.
DOMINIO VASCO-CANTÁBRICO

CÓDIGO Y DENOMINACIÓN
CV049 Sinclinal colgado de la Sierra de San Donato

VALOR Y TIPO DE INTERÉS GEOLÓGICO

Valor del interés geológico	Tipo de interés geológico	
Científico	Principal	Tectónico
Didáctico	Secundario	Geomorfológico
Turístico		

UBICACIÓN DEL LIG

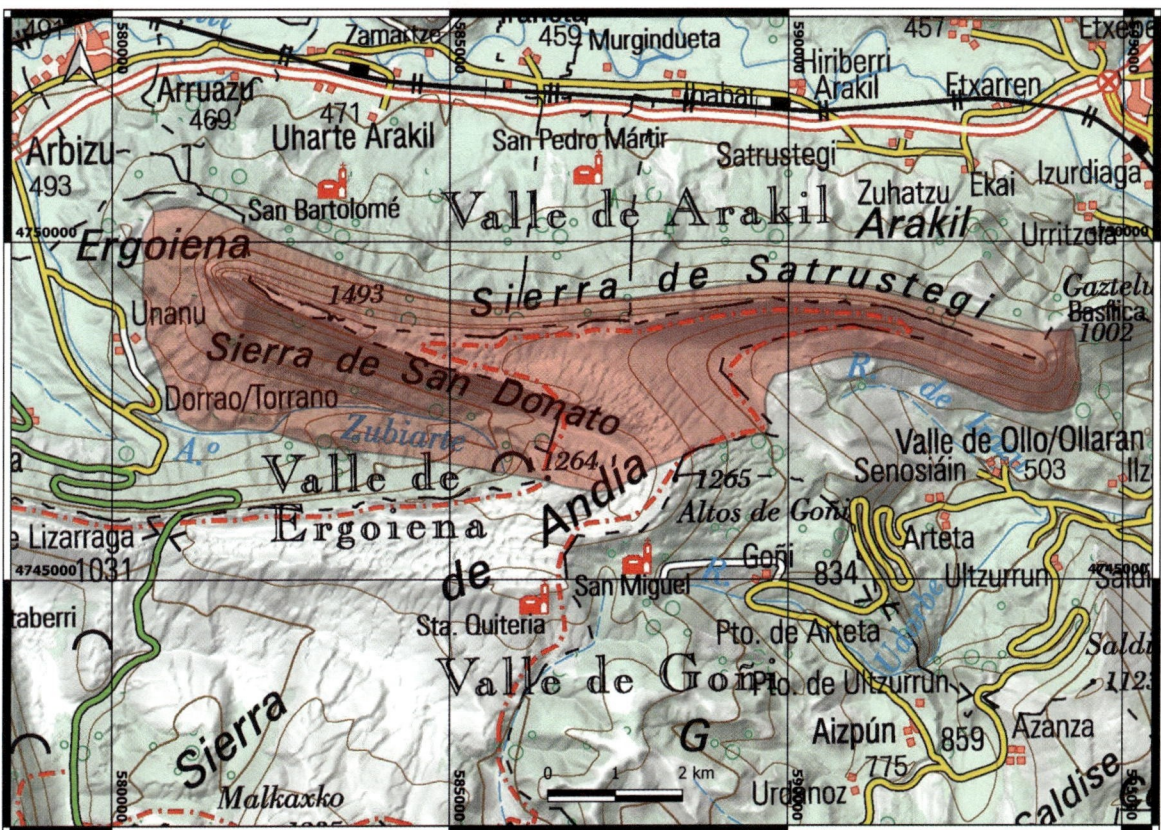

Ubicación y accesos	Un ascenso clásico a la Sierra de San Donato se realiza desde la localidad de Unanua, por la carretera NA-7102. Exigencia física, pendientes pronunciadas y escarpes expuestos. Requiere orientación. Terreno kárstico e irregular. Deberán respetarse todas las indicaciones y normativa del Parque Natural.

POR QUÉ ES TAN IMPORTANTE ESTE LUGAR

Constituye uno de los mejores ejemplos de pliegue sinclinal colgado en todo el dominio Vasco-Cantábrico de Navarra. Sus límites, marcados por la falla inversa de Irurtzun-Alsasua y el anticlinal de Ergoyena, implementan su valor e interés. Además de su importancia como estructura geológica, alberga numerosos rasgos del modelado kárstico, constituye un acuífero colgado por el que manan aguas subterráneas en forma de cascada y a sus pies se definen interesantes afloramientos de glacis.

LUGARES DE INTERÉS GEOLÓGICO DE NAVARRA.
DOMINIO VASCO-CANTÁBRICO

ESQUEMA GEOLÓGICO

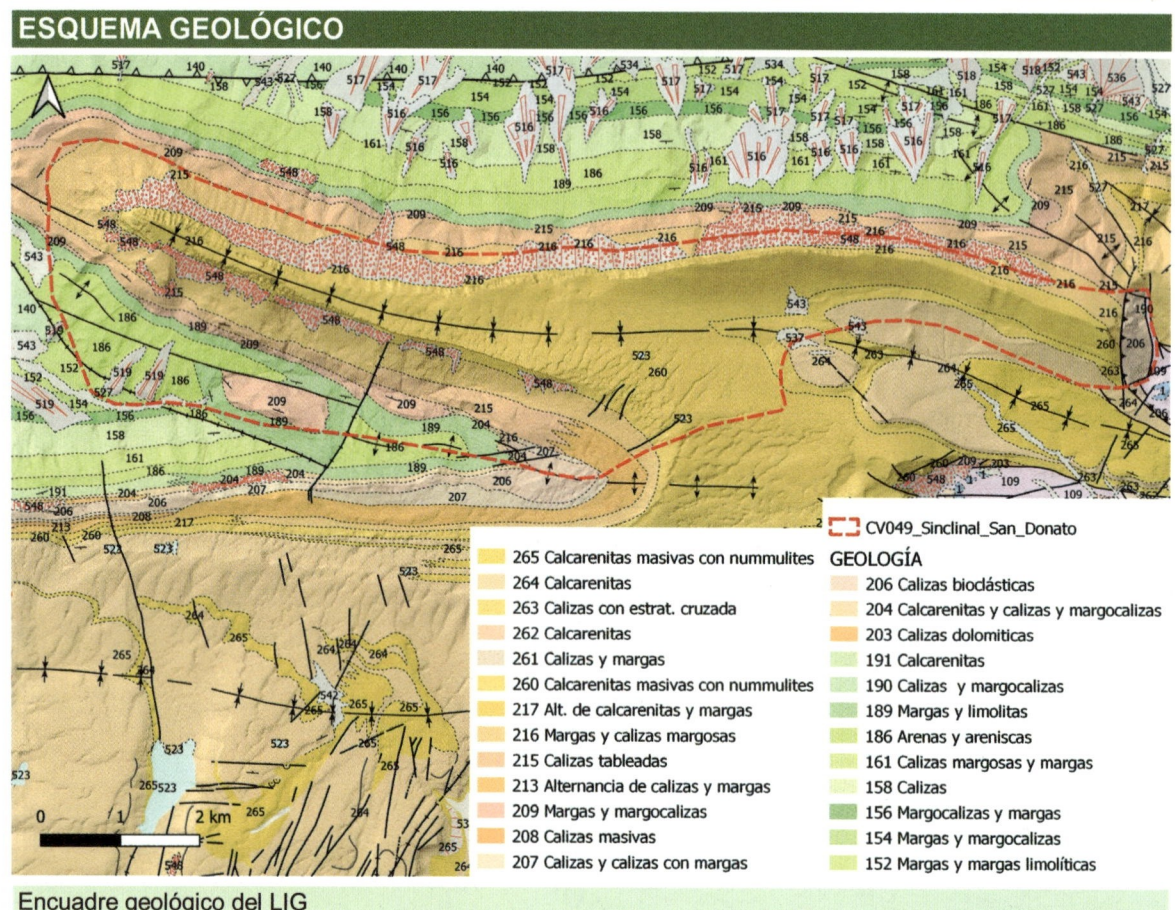

CV049_Sinclinal_San_Donato

GEOLOGÍA

- 265 Calcarenitas masivas con nummulites
- 264 Calcarenitas
- 263 Calizas con estrat. cruzada
- 262 Calcarenitas
- 261 Calizas y margas
- 260 Calcarenitas masivas con nummulites
- 217 Alt. de calcarenitas y margas
- 216 Margas y calizas margosas
- 215 Calizas tableadas
- 213 Alternancia de calizas y margas
- 209 Margas y margocalizas
- 208 Calizas masivas
- 207 Calizas y calizas con margas

- 206 Calizas bioclásticas
- 204 Calcarenitas y calizas y margocalizas
- 203 Calizas dolomiticas
- 191 Calcarenitas
- 190 Calizas y margocalizas
- 189 Margas y limolitas
- 186 Arenas y areniscas
- 161 Calizas margosas y margas
- 158 Calizas
- 156 Margocalizas y margas
- 154 Margas y margocalizas
- 152 Margas y margas limolíticas

0 1 2 km

Encuadre geológico del LIG

Vista aérea del sinclinal colgado de la sierra de San Donato. En primer plano, el valle de Ergoyena. En segundo plano, el corredor del río Arakil con la sierra de Aralar al fondo. Fuente: Dirección General de Obras Públicas e Infraestructuras del Gobierno de Navarra.

Arriba, aspecto de la sierra de San Donato y el valle de Ergoyena. Abajo, una imagen más cercana del extremo mas occidental de la sierra, donde se aprecia cómo los materiales calizos que forman el sinclinal afloran en la mitad superior, sobre materiales predominantémente margosos más blandos en la mitad inferior.

CÓDIGO Y DENOMINACIÓN

CV072 Entorno kárstico de la Trinidad de Iturgoyen

VALOR Y TIPO DE INTERÉS GEOLÓGICO

Valor del interés geológico	Tipo de interés geológico	
Científico	Principal	Geomorfológico
Didáctico	Secundario	Hidrogeológico, sedimentológico
Turístico		

UBICACIÓN DEL LIG

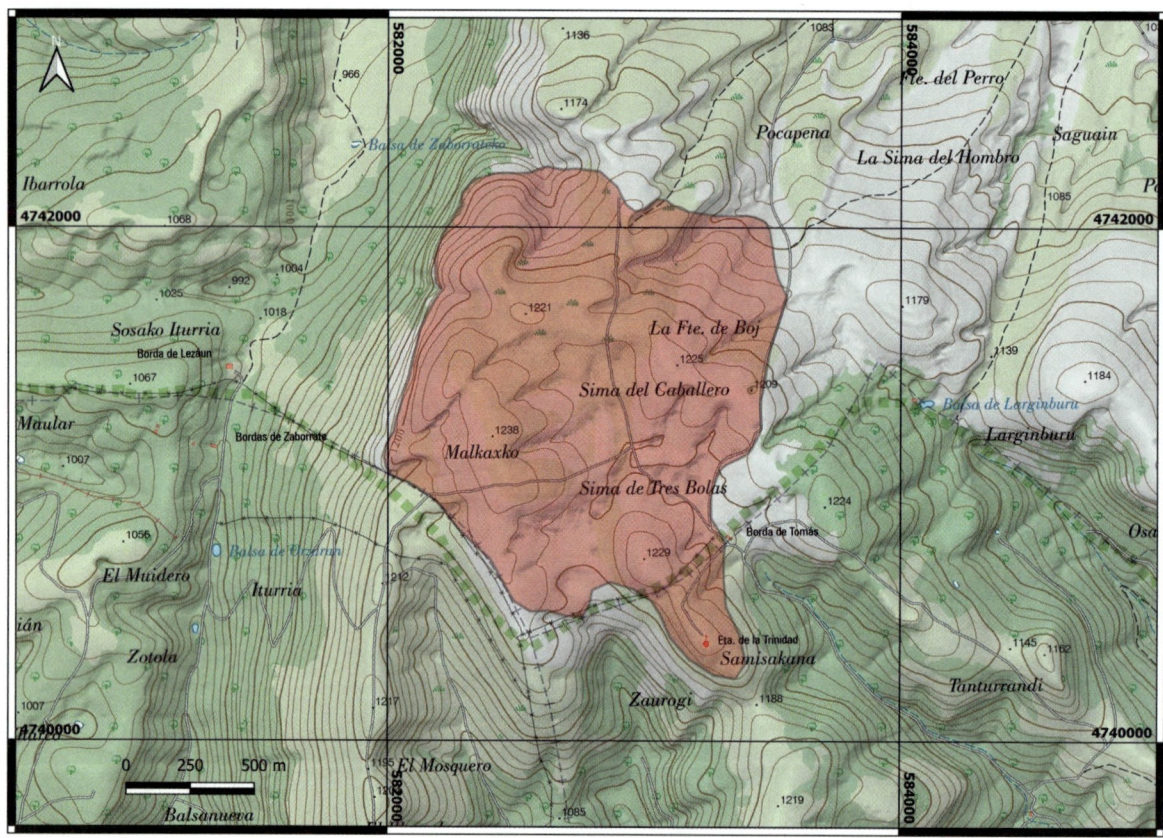

Ubicación y accesos	El punto de referencia corresponde a la Ermita de la Trinidad de Iturgoyen, pudiendo acceder a ella desde la localidad de Iturgoyen o bien desde la balsa de Zaborrate, más al noroeste, en pleno corazón de la sierra de Andía. Consultar guías con itinerarios existentes. Terreno kárstico irregular, con dolinas, simas y oquedades. No autorizado el acceso a simas y cavidades. Algunos relieves abruptos con escarpes expuestos. Requiere orientación. Se deberán respetar todas las indicaciones y normativa del Parque Natural.

POR QUÉ ES TAN IMPORTANTE ESTE LUGAR

Constituye un magnífico ejemplo de paisaje con modelado kárstico con multitud de rasgos asociados a procesos de meteorización por disolución en rocas carbonatadas. La ausencia o reducido espesor de la capa de suelo permite observar una clara red de fracturación. En algunas áreas se observan excelentes secciones de calcarenitas con estratificación cruzada de gran tamaño.

ESQUEMA GEOLÓGICO

CV072_Karst_Iturgoyen

GEOLOGÍA

548 Canchales.Brechas calcareas
543 Arci. y arenas y grav. y bloques
527 Gravas y arenas y limos
523 Arcillas de decalcificacion
265 Calcarenitas masivas con nummulites
264 Calcarenitas

Encuadre geológico del LIG

Aspecto general del terreno kárstico en el entorno de la Ermita de la Trinidad de Iturgoyen. En el centro de la imagen se observa la morfología redondeada de una dolina, cubierta por un manto de vegetación.

IMÁGENES REPRESENTATIVAS

En ambas imágenes se aprecia la red de fracturación del macizo rocoso, formado por calcarenitas eocenas, que favorece el proceso de karstificación. Los estratos tienen un suave buzamiento hacia el norte (a la derecha en la imagen superior) ya que nos encontramos en el flanco sur del sinclinal de Urbasa-Andía.

IMÁGENES REPRESENTATIVAS

Detalles de la estratificación cruzada de las calcarenitas. Se trata de una estructura sedimentaria que constituye un criterio de polaridad (posición normal o invertida de los estratos). Cada estrato presenta líneas oblícuas que tienden hacia la horizontal en la base o bien son seccionadas por otras láminas superiores.

IMÁGENES REPRESENTATIVAS

Arriba, vista hacia el norte donde se observan las formas sinuosas que trazan los estratos con buzamiento sur al ser intersectados por la red de escorrentía. Constituye un buen ejemplo de la regla de las "V". Abajo, aspecto del "adoquinado" de las calcarenitas debido al desarrollo del lapiaz por meteorización química.

LUGARES DE INTERÉS GEOLÓGICO DE NAVARRA.
DOMINIO VASCO-CANTÁBRICO

CÓDIGO Y DENOMINACIÓN
CV050 Cañón del río Iranzu en la Sierra de Andía

VALOR Y TIPO DE INTERÉS GEOLÓGICO

Valor del interés geológico	Tipo de interés geológico	
Científico	Principal	Geomorfológico
Didáctico	Secundario	
Turístico		

UBICACIÓN DEL LIG

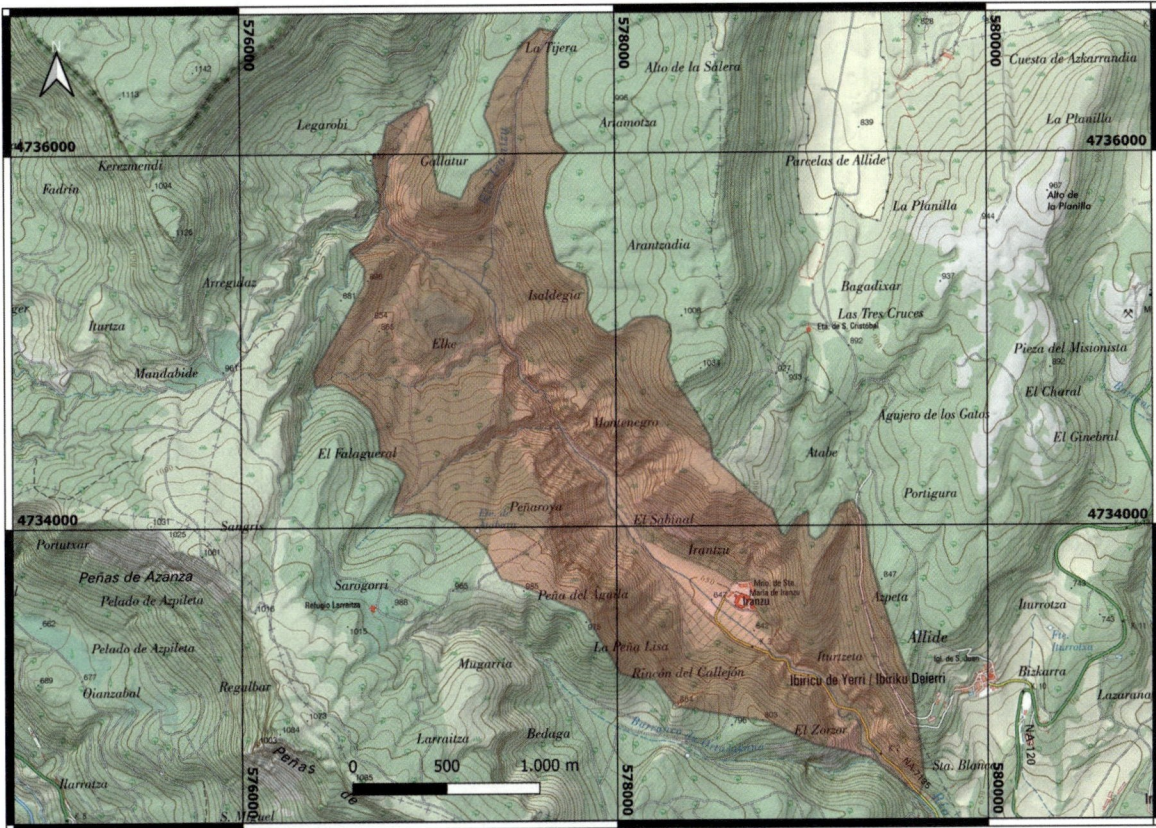

Ubicación y accesos	Desde Abárzuza, se toma la carretera NA-7135 hasta el monasterio de Iranzu, donde dejaremos el coche en el aparcamiento y accedemos al barranco por la pista de tierra. Partes elevadas del cañón con escarpes expuestos, pendientes pronunciadas y posibles desprendimientos de rocas. Requiere orientación.

POR QUÉ ES TAN IMPORTANTE ESTE LUGAR
Interesante ejemplo de barranco tallado por las aguas del río Iranzu, mostrando una secuencia de materiales cretácicos margosos y calizos con diferentes grados de resistencia a la erosión y la meteorización, y en un entorno geológico local muy condicionado por las estructuras geológicas asociadas a todo el complejo de la falla de Lizarraga.

ESQUEMA GEOLÓGICO

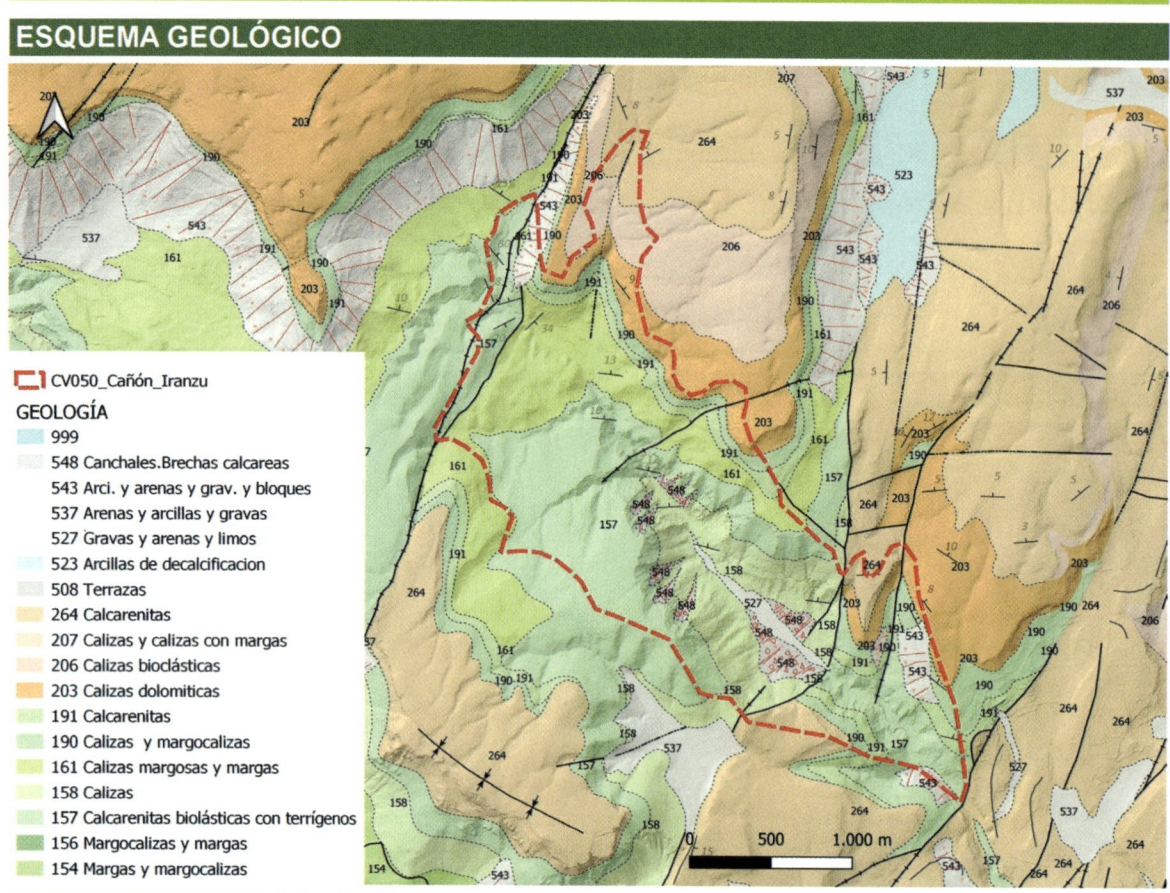

CV050_Cañón_Iranzu

GEOLOGÍA

- 999
- 548 Canchales.Brechas calcareas
- 543 Arci. y arenas y grav. y bloques
- 537 Arenas y arcillas y gravas
- 527 Gravas y arenas y limos
- 523 Arcillas de decalcificacion
- 508 Terrazas
- 264 Calcarenitas
- 207 Calizas y calizas con margas
- 206 Calizas bioclásticas
- 203 Calizas dolomiticas
- 191 Calcarenitas
- 190 Calizas y margocalizas
- 161 Calizas margosas y margas
- 158 Calizas
- 157 Calcarenitas biolásticas con terrígenos
- 156 Margocalizas y margas
- 154 Margas y margocalizas

Encuadre geológico del LIG

Aspecto de las laderas del interior del cañón, donde se observan dos litologías muy diferenciadas, margosas en la parte inferior y calcareníticas en el tramo superior.

LUGARES DE INTERÉS GEOLÓGICO DE NAVARRA. DOMINIO VASCO-CANTÁBRICO

CÓDIGO Y DENOMINACIÓN

CV051 Nacedero del río Ubagua y barranco de Arbioz

VALOR Y TIPO DE INTERÉS GEOLÓGICO

Valor del interés geológico	Tipo de interés geológico	
Científico	Principal	Hidrogeológico
Didáctico	Secundario	Geomorfológico
Turístico		

UBICACIÓN DEL LIG

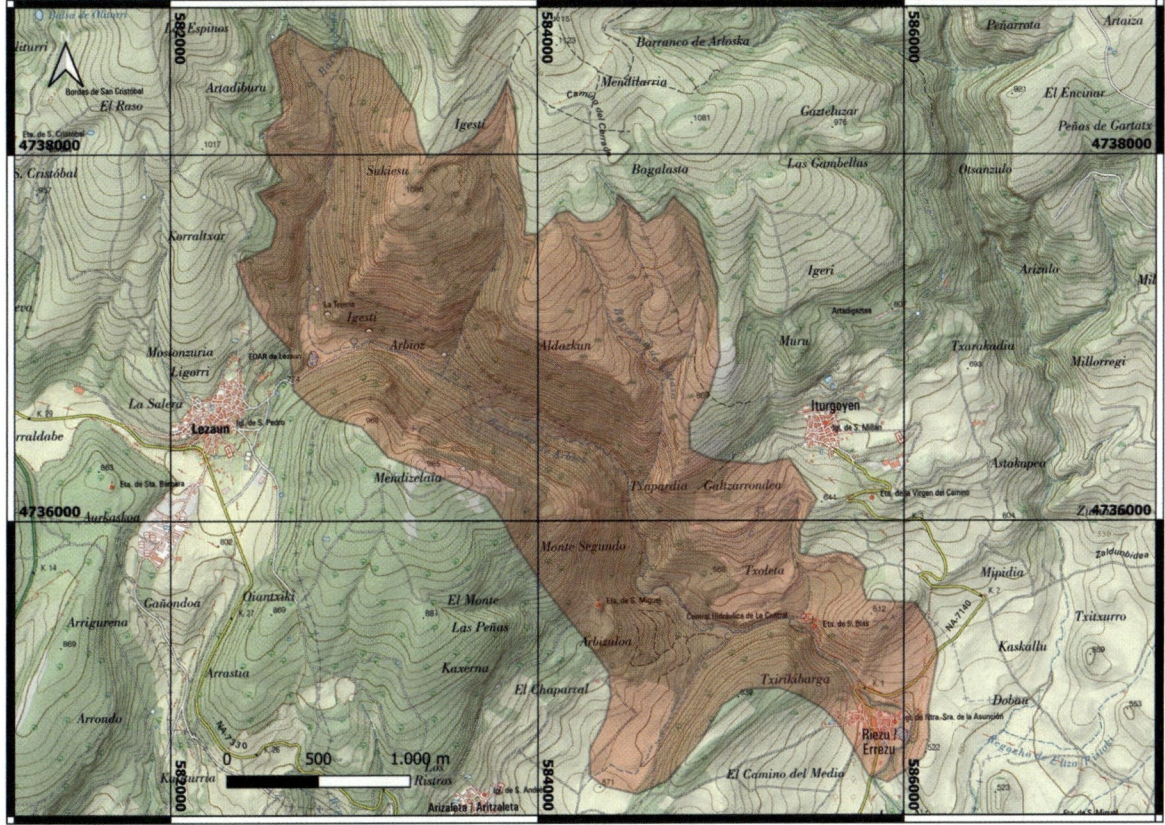

Ubicación y accesos	Punto de partida de la ruta desde la localidad de Riezu, junto al Km. 1 de la NA-7140, de donde parte una pista hacia el noroeste en dirección al nacedero. Consultar guías y recorridos existentes en este lugar.

POR QUÉ ES TAN IMPORTANTE ESTE LUGAR

Es un magnífico ejemplo de surgencia kárstica asociada a la unidad hidrogeológica de Andía, que da lugar al nacimiento del río Ubagua. El afloramiento de la surgencia está condicionada por la disposición de los estratos y las estructuras geológicas que atraviesan este sector. La erosión remontante del curso fluvial permite descubrir toda una serie estratigráfica desde materiales cretácicos hasta eocenos. Aguas arriba del nacimiento del río Ubagua, las aguas han tallado el barranco de Arbioz, que conecta con la localidad de Lezaun, dejando al descubierto toda la serie estratigráfica desde el Cretácico hasta el Eoceno.

LUGARES DE INTERÉS GEOLÓGICO DE NAVARRA.
DOMINIO VASCO-CANTÁBRICO

ESQUEMA GEOLÓGICO

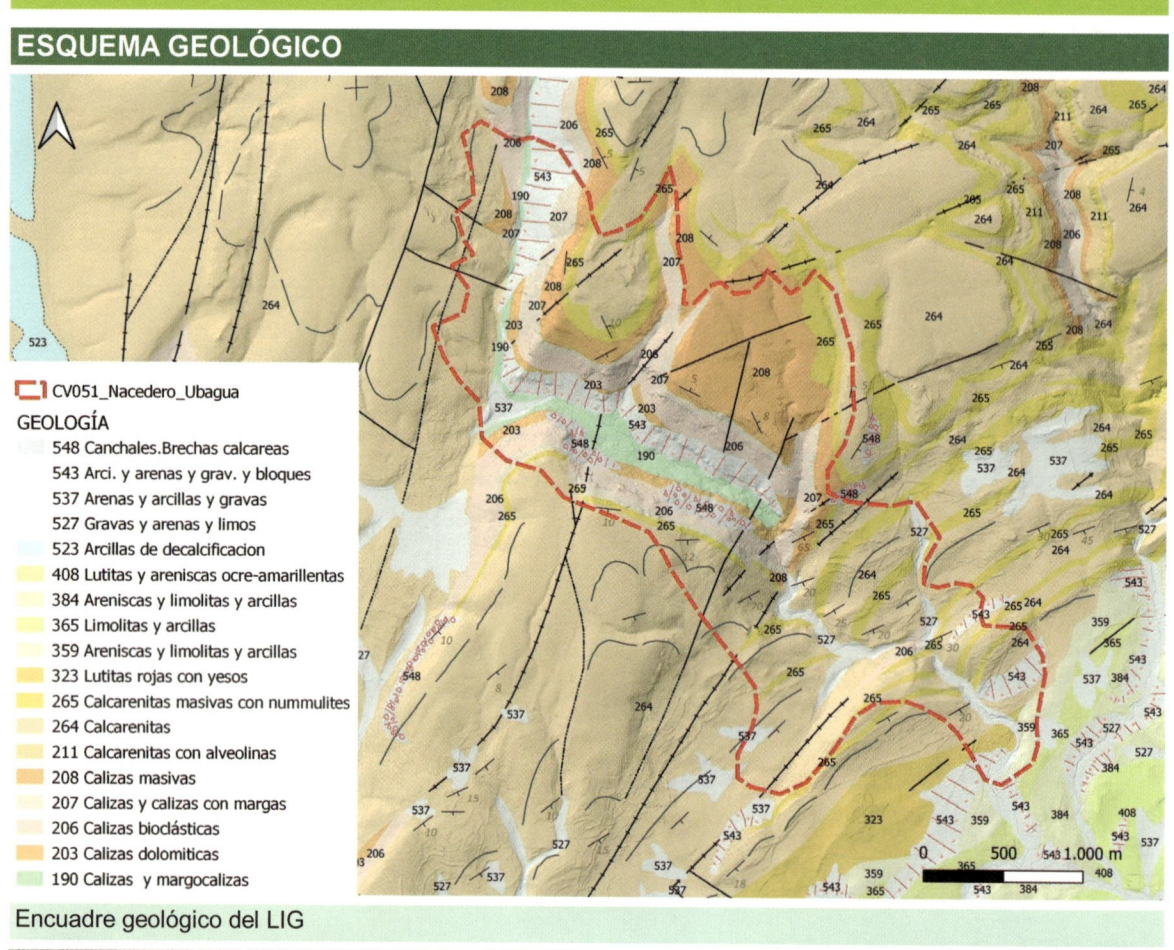

CV051_Nacedero_Ubagua

GEOLOGÍA

548 Canchales.Brechas calcareas
543 Arci. y arenas y grav. y bloques
537 Arenas y arcillas y gravas
527 Gravas y arenas y limos
523 Arcillas de decalcificacion
408 Lutitas y areniscas ocre-amarillentas
384 Areniscas y limolitas y arcillas
365 Limolitas y arcillas
359 Areniscas y limolitas y arcillas
323 Lutitas rojas con yesos
265 Calcarenitas masivas con nummulites
264 Calcarenitas
211 Calcarenitas con alveolinas
208 Calizas masivas
207 Calizas y calizas con margas
206 Calizas bioclásticas
203 Calizas dolomiticas
190 Calizas y margocalizas

Encuadre geológico del LIG

Cauce del río Ubagua en Riezu.

IMÁGENES REPRESENTATIVAS

Arriba, paseo hacia el nacedero junto al cauce del río Ubagua. Abajo, nacimiento de dicho río en las calcarenitas eoenas.

CÓDIGO Y DENOMINACIÓN

CV052 Diapiro de Arteta

VALOR Y TIPO DE INTERÉS GEOLÓGICO

Valor del interés geológico	Tipo de interés geológico	
Científico	Principal	Tectónico
Didáctico	Secundario	Hidrogeológico
Turístico		

UBICACIÓN DEL LIG

Ubicación y accesos	Existen varias alternativas para recorrer el diapiro. La más frecuente es acceder directamente hasta el centro de interpretación del manantial de Arteta, o bien llegar hasta él a pie desde la localidad de Arteta. Desprendimientos de rocas en el barranco que lleva a la cascada de Artazul. Una excelente panorámica para ver el conjunto del diapiro es la cima del monte Mortxe. Laderas escarpadas y escarpes expuestos.

POR QUÉ ES TAN IMPORTANTE ESTE LUGAR

El interés geológico de este LIG es múltiple, ya que constituye un magnífico ejemplo de extrusión diapírica de sección pseudo-circular, con afloramiento de materiales del Keuper. Además, la disposición de los materiales calcáreos paleocenos y eocenos que conforman la roca encajante del diapiro, ha dado lugar a la surgencia de aguas subterráneas que alimentan a gran parte de la Comarca de Pamplona, por lo que tiene un alto valor hidrogeológico. Aún más, la erosión remontante y encajamiento de la red fluvial han tallado una magnífica cascada en las paredes rocosas que limitan la margen occidental del diapiro.

LUGARES DE INTERÉS GEOLÓGICO DE NAVARRA.
DOMINIO VASCO-CANTÁBRICO

ESQUEMA GEOLÓGICO

CV052_Diapiro_Arteta

GEOLOGÍA

- 548 Canchales.Brechas calcareas
- 543 Arci. y arenas y grav. y bloques
- 537 Arenas y arcillas y gravas
- 536 Cantos y gravas y arenas
- 527 Gravas y arenas y limos
- 524 Terrazas
- 523 Arcillas de decalcificacion
- 516 Glacis de acumulacion
- 265 Calcarenitas masivas con nummulites
- 264 Calcarenitas
- 263 Calizas con estrat. cruzada
- 262 Calcarenitas
- 261 Calizas y margas
- 260 Calcarenitas masivas con nummulites
- 217 Alt. de calcarenitas y margas
- 216 Margas y calizas margosas
- 213 Alternancia de calizas y margas
- 209 Margas y margocalizas
- 208 Calizas masivas
- 207 Calizas y calizas con margas
- 206 Calizas bioclásticas
- 203 Calizas dolomiticas
- 191 Calcarenitas
- 111 Dolomias marrón a amarillas
- 109 Arcillas y yesos y sales
- 107 Dolomías y calizas
- 1 Ofitas

Encuadre geológico del LIG

Vista aérea del diapiro de Arteta desde el suroeste. Puede verse el contorno pseudo-circular del borde del diapiro y la depresión interior. Fuente: Dirección General de Obras Públicas e Infraestructuras del Gobierno de Navarra.

IMÁGENES REPRESENTATIVAS

Aspecto general del diapiro de Arteta desde diferentes ángulos. Arriba, imagen del contorno circular del diapiro (Fuente: Dirección General de Obras Públicas e Infraestructuras del Gobierno de Navarra). Centro, secciones parciales del diapiro. Abajo, sección completa hacia el noreste.

IMÁGENES REPRESENTATIVAS

Arriba, entorno cercano al nacedero de Arteta, donde los campos muestran tonalidades rojizas y violáceas asociadas a los materiales del Keuper que afloran por todo el diapiro. Abajo, detalle del fondo del barranco al pie de la cascada de Artazul, coronado por una importante serie carbonatada paleocena y eocena.

LUGARES DE INTERÉS GEOLÓGICO DE NAVARRA.
DOMINIO VASCO-CANTÁBRICO

CÓDIGO Y DENOMINACIÓN
CV053 Diapiro de Salinas de Oro y Falla de Etxauri

VALOR Y TIPO DE INTERÉS GEOLÓGICO

Valor del interés geológico	Tipo de interés geológico	
Científico	Principal	Tectónico
Didáctico	Secundario	Petrológico-geoquímico, geomorfológico
Turístico		

UBICACIÓN DEL LIG

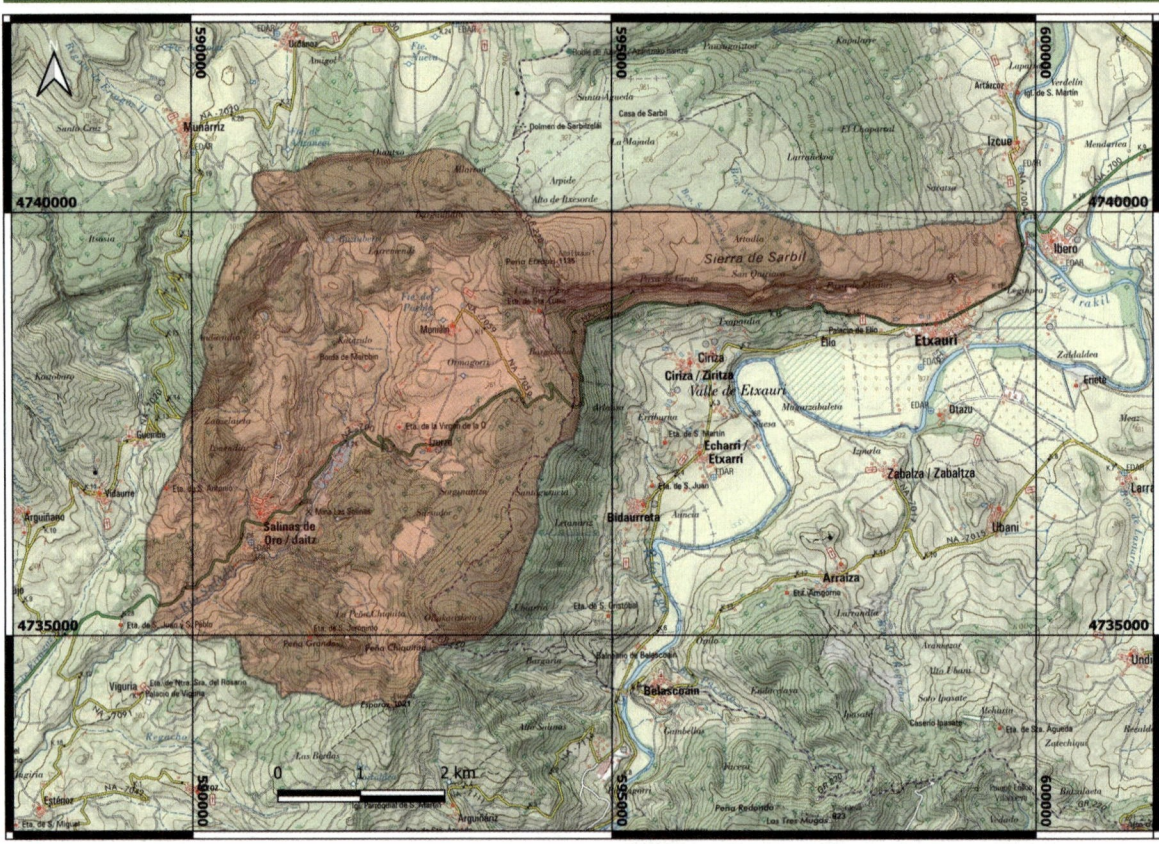

Ubicación y accesos	Existen numerosas posibilidades para recorrer el diapiro y la falla. El mirador del puerto de Etxauri permite observar el trazado de la falla. La forma más cómoda de recorrer el diapiro es a través de los senderos que conectan las localidades de Salinas de Oro y Muniain de Guesalaz. También hay una buena panorámica ascendiendo a la cima de la sierra de Sarbil (Peña Etxauri). Posibles desprendimientos de rocas en las áreas próximas a los taludes de las canteras de ofitas y en la base de los escarpes rocosos que delimitan el diapiro y la falla. Ascenso a la cima de Etxauri con tramos de pendiente pronunciada, escarpes expuestos, alguna trepada durante el ascenso. Requiere orientación. Acceso a canteras no autorizado.

POR QUÉ ES TAN IMPORTANTE ESTE LUGAR

Constituye uno de los mejores ejemplos de extrusión diapírica con sección circular, donde afloran materiales triásicos del Keuper (arcillas, sales y yesos), ofitas y dolomías. Su origen y desarrollo ha generado fallas radiales, siendo la más importante la falla de Etxauri en su extremo nororiental. Constituye el lugar de nacimiento del río Salado y ha dado lugar a la formación de saleras, cuya explotación es parte del patrimonio cultural. El desmantelamiento de los bordes del diapiro, formados por calizas y calcarenitas, dan lugar a desplomes y a hundimientos de origen kárstico.

ESQUEMA GEOLÓGICO

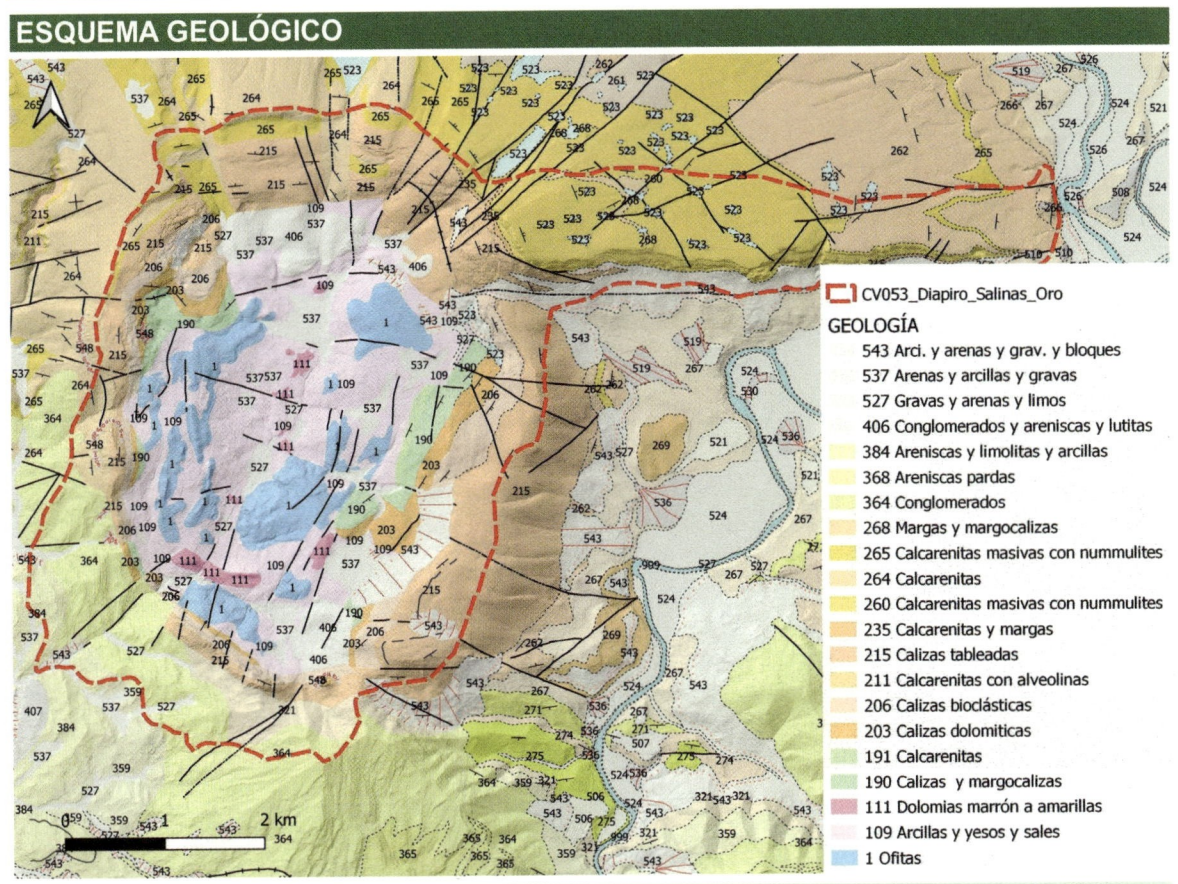

CV053_Diapiro_Salinas_Oro

GEOLOGÍA

- 543 Arci. y arenas y grav. y bloques
- 537 Arenas y arcillas y gravas
- 527 Gravas y arenas y limos
- 406 Conglomerados y areniscas y lutitas
- 384 Areniscas y limolitas y arcillas
- 368 Areniscas pardas
- 364 Conglomerados
- 268 Margas y margocalizas
- 265 Calcarenitas masivas con nummulites
- 264 Calcarenitas
- 260 Calcarenitas masivas con nummulites
- 235 Calcarenitas y margas
- 215 Calizas tableadas
- 211 Calcarenitas con alveolinas
- 206 Calizas bioclásticas
- 203 Calizas dolomiticas
- 191 Calcarenitas
- 190 Calizas y margocalizas
- 111 Dolomias marrón a amarillas
- 109 Arcillas y yesos y sales
- 1 Ofitas

Encuadre geológico del LIG

Detalle de los conglomerados oligomiocenos que delimitan el contorno exterior del diapiro, visibles en el límite suroccidental del mismo.

IMÁGENES REPRESENTATIVAS

Arriba, lago situado en el sector norte del diapiro, asociado a procesos kársticos en las rocas calizas que forman el contorno de la estructura. Abajo, área de salinas junto al río. Algunas de las lomas visibles están formadas por rocas ofíticas que generan mayor resalte al ser más resistentes frente a la erosión.

IMÁGENES REPRESENTATIVAS

Arriba, masa de ofitas que ofrece un importante resalte en el terreno en las cercanías de la localidad de Salinas de Oro. Abajo, detalle de la roca ofítica sana con un característico color verde oscuro.

IMÁGENES REPRESENTATIVAS

Arriba, contacto entre una masa ofítica (izda) y la formación de arcillas yesos y sales del Keuper con su variedad policromática de rojos y blancos (dcha). Abajo, detalle de la explotación de sal en el interior del diapiro.

LUGARES DE INTERÉS GEOLÓGICO DE NAVARRA. DOMINIO VASCO-CANTÁBRICO

CÓDIGO Y DENOMINACIÓN

CV029 Diapiro de Lorca

VALOR Y TIPO DE INTERÉS GEOLÓGICO

Valor del interés geológico	Tipo de interés geológico	
Científico	Principal	Tectónico
Didáctico	Secundario	Petrológico
Turístico		

UBICACIÓN DEL LIG

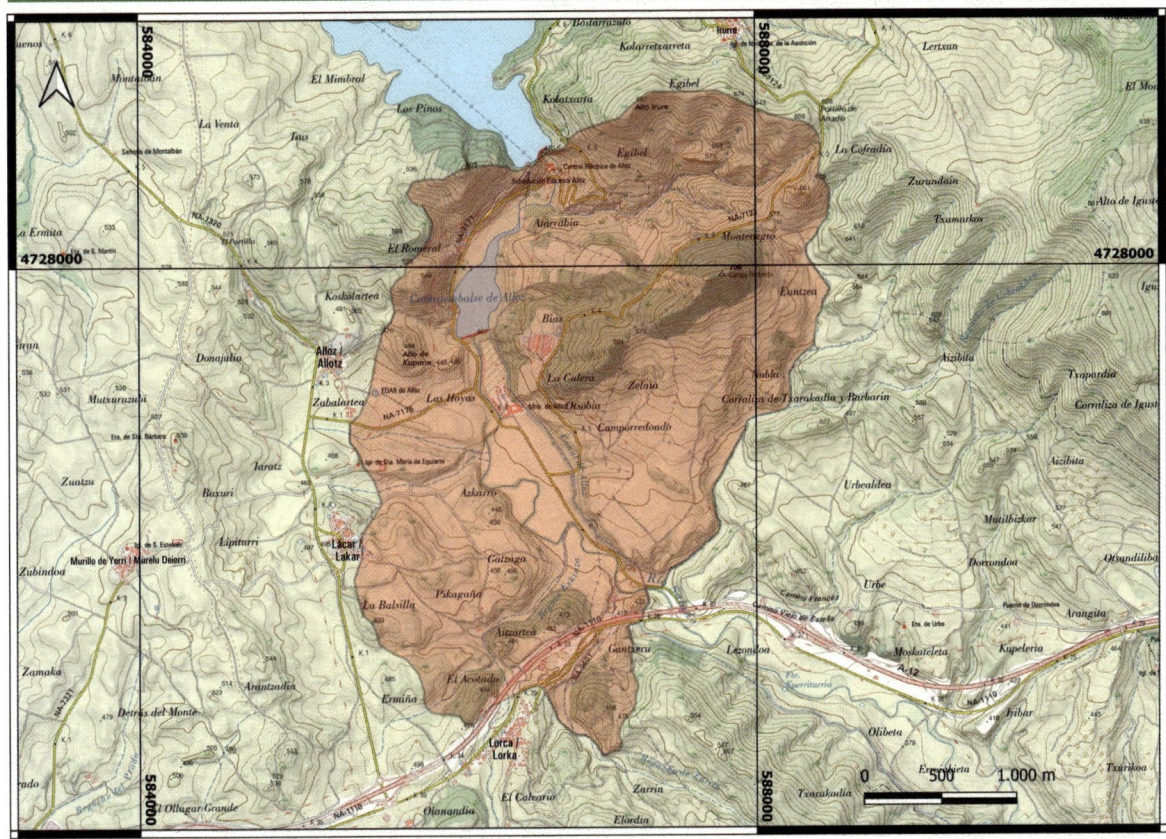

Ubicación y accesos	El acceso al pantano de Alloz desde la autovía A-12 atraviesa el entorno del diapiro de Lorca.

POR QUÉ ES TAN IMPORTANTE ESTE LUGAR

Forma parte de la alineación diapírica asociada a la falla de Estella, aunque su contorno está desdibujado por la erosión. A lo largo de la extensión del diapiro afloran rocas de interés petrográfico y estratigráfico como facies Keuper y dolomías del Triásico Superior, ofitas, materiales detríticos y carbonatados del mesozoico, calcarenitas del cenozoico marino e incluso otros materiales detríticos y margosos del cenozoico continental.

ESQUEMA GEOLÓGICO

CV029_Diapiro_Lorca

GEOLOGÍA
- 999
- 543 Arci. y arenas y grav. y bloques
- 537 Arenas y arcillas y gravas
- 536 Cantos y gravas y arenas
- 527 Gravas y arenas y limos
- 519 Glacis
- 516 Glacis de acumulacion
- 508 Terrazas
- 408 Lutitas y areniscas ocre-amarillentas
- 384 Areniscas y limolitas y arcillas
- 383 Limolitas y arcillas
- 365 Limolitas y arcillas
- 359 Areniscas y limolitas y arcillas
- 324 Limolitas y arcillas y margas
- 312 Yesos
- 309 Arcillas y lutitas rojas con areniscas y yesos
- 307 Limolitas y arcillas
- 302 Arcillas y yesos
- 301 Lutitas y areniscas canaliformes
- 264 Calcarenitas
- 154 Margas y margocalizas
- 152 Margas y margas limolíticas
- 151 Lutitas y limolitas y areniscas
- 148 Limolitas con nodulos ferruginosos
- 147 Areniscas y areniscas bioturbadas
- 113 Calizas y dolomías y brechas
- 109 Arcillas y yesos y sales
- 1 Ofitas

Encuadre geológico del LIG

Vista parcial del sector norte del diapiro de Lorca. El resalte más pronunciado en el centro de la imagen corresponde a limolitas cretácicas. A su izquierda se observan crestas rocosas formadas por calcarenitas eocenas. A la derecha se observa el embalse de Alloz. Los pequeños resaltes a su izquierda están formados por materiales más blandos oligocenos del cenozoico continental.

IMÁGENES REPRESENTATIVAS

Arriba, contraste entre los resaltes de calcarenitas eocenas y la formación oligocena formada por limolitas, arcillas y margas. Abajo, contacto discordante entre la formación basal de margas, lutitas y areniscas del Cretácico inferior y las calcarenitas eocenas que coronan el resalte.

CÓDIGO Y DENOMINACIÓN

CV054 Diapiro de Estella

VALOR Y TIPO DE INTERÉS GEOLÓGICO

Valor del interés geológico	Tipo de interés geológico	
Científico	Principal	Tectónico
Didáctico	Secundario	Petrológico-geoquímico, geomorfológico
Turístico		

UBICACIÓN DEL LIG

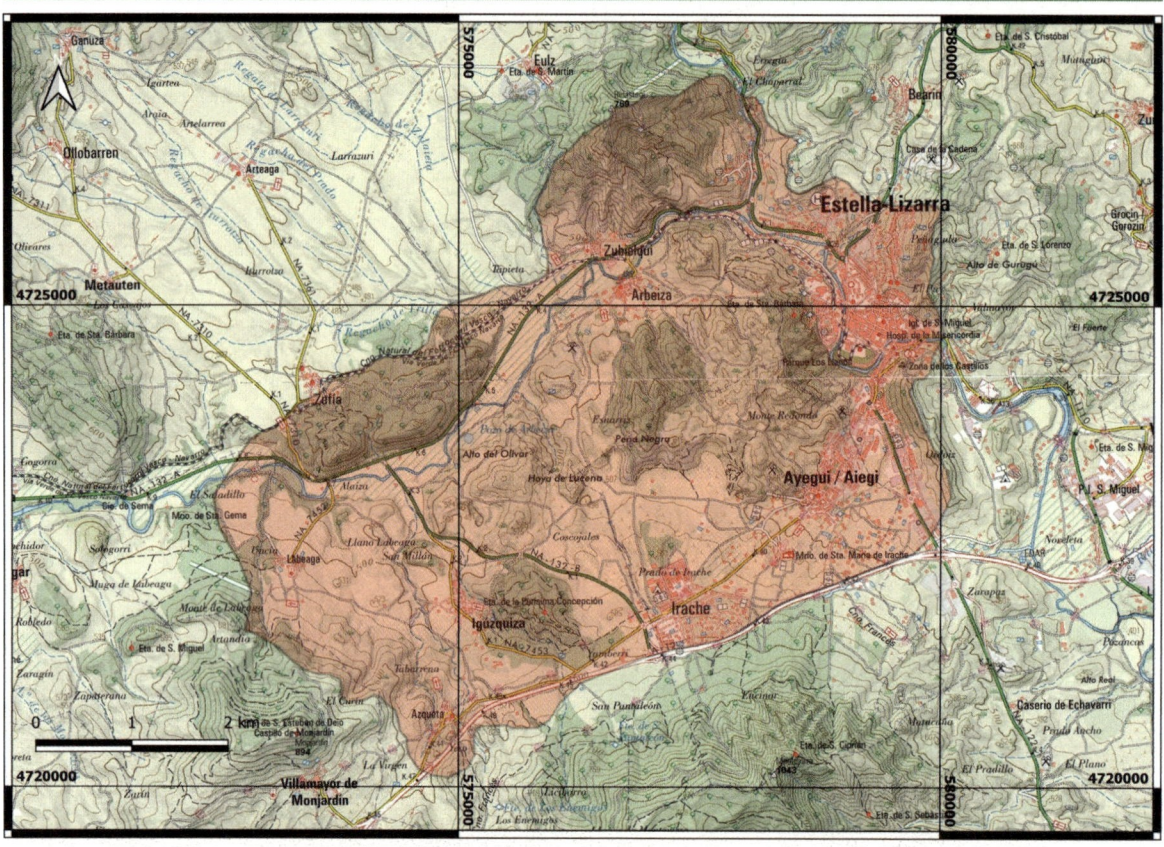

Ubicación y accesos	El diapiro de Estella requiere diferentes puntos de observación para su interpretación, dado que el contorno del mismo está muy desdibujado por la erosión. Destacan algunos puntos singulares como la panorámica desde el Castillo de Zalatambor, en la margen oeste de Estella, los relieves yesíferos en el camino de Arbeiza, o los resaltes de la Ermita de Santa Bárbara en el área de Los Llanos. La cueva de los Longinos no tiene autorizada la entrada libre. Riesgo de caída en zonas de simas y cavidades. Algunos puntos de observación con escarpes pronunciados.

POR QUÉ ES TAN IMPORTANTE ESTE LUGAR

Constituye un interesante ejemplo de extrusión diapírica de gran tamaño, ubicada en un punto de intersección entre la falla de Estella con la falla de Monjardín y la prolongación de las estructuras del borde sur de la cubeta alavesa (cabalgamiento de la Sierra de Cantabria). En el conjunto de la masa diapírica afloran materiales del Keuper y otras rocas de origen profundo arrastradas por el diapiro. En su interior también hay otros rasgos de interés geomorfológico como la cueva de los Longinos junto al meandro del río y surgencia de aguas termales en Los LLanos de Estella, y algunos rasgos de pseudokarst en yesos.

ESQUEMA GEOLÓGICO

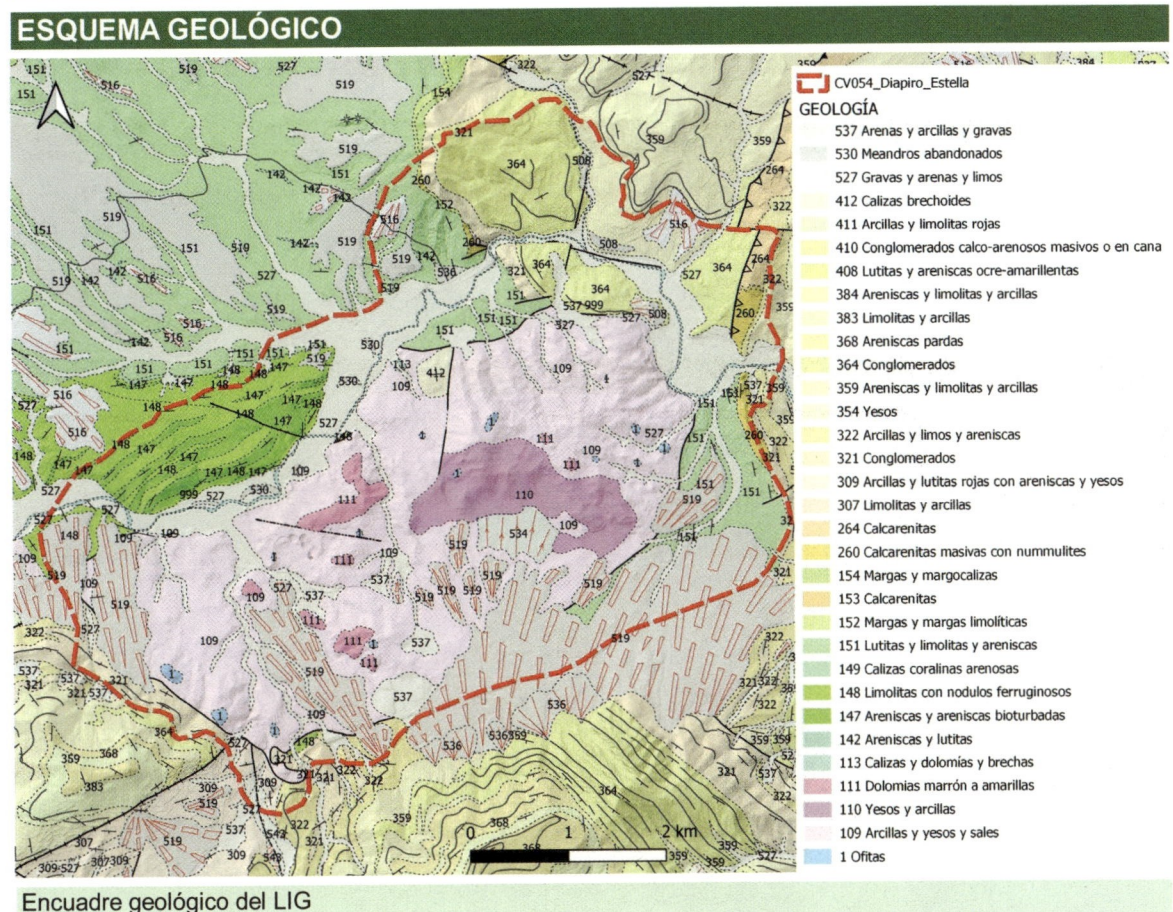

CV054_Diapiro_Estella

GEOLOGÍA

- 537 Arenas y arcillas y gravas
- 530 Meandros abandonados
- 527 Gravas y arenas y limos
- 412 Calizas brechoides
- 411 Arcillas y limolitas rojas
- 410 Conglomerados calco-arenosos masivos o en cana
- 408 Lutitas y areniscas ocre-amarillentas
- 384 Areniscas y limolitas y arcillas
- 383 Limolitas y arcillas
- 368 Areniscas pardas
- 364 Conglomerados
- 359 Areniscas y limolitas y arcillas
- 354 Yesos
- 322 Arcillas y limos y areniscas
- 321 Conglomerados
- 309 Arcillas y lutitas rojas con areniscas y yesos
- 307 Limolitas y arcillas
- 264 Calcarenitas
- 260 Calcarenitas masivas con nummulites
- 154 Margas y margocalizas
- 153 Calcarenitas
- 152 Margas y margas limolíticas
- 151 Lutitas y limolitas y areniscas
- 149 Calizas coralinas arenosas
- 148 Limolitas con nodulos ferruginosos
- 147 Areniscas y areniscas bioturbadas
- 142 Areniscas y lutitas
- 113 Calizas y dolomías y brechas
- 111 Dolomias marrón a amarillas
- 110 Yesos y arcillas
- 109 Arcillas y yesos y sales
- 1 Ofitas

Encuadre geológico del LIG

Vistas desde el camino entre Ayegui y Arbeiza. Los diferentes resaltes observados están constituidos en su mayoría por la formación yesífera del Keuper y, en otras ocasiones, por ofitas o dolomías.

Arriba, vista general del contorno del diapiro, de enormes dimensiones. Su contorno está muy desdibujado por la erosión, siendo complicado determinar sus límites a simple vista. Centro, resalte en el relieve constituido por arcillas, yesos y sales de la formación triásica del Keuper. Abajo, resaltes margosos cretácicos que afloran en el límite noroccidental del diapiro, cerca de Zubielqui.

IMÁGENES REPRESENTATIVAS

Detalles de la formación yesífera que forma gran parte de la extensión superficial del diapiro.

IMÁGENES REPRESENTATIVAS

Arriba, calcarenitas eocenas que afloran en el límite oriental del diapiro, formando un importante resalte en el terreno debido a su mayor resistencia frente a los materiales del Keuper. Abajo, formación yesífera junto al río en el entorno del recinto de la cueva de los Longinos.

LUGARES DE INTERÉS GEOLÓGICO DE NAVARRA.
DOMINIO VASCO-CANTÁBRICO

CÓDIGO Y DENOMINACIÓN
CV055 Crestas en conglomerados oligomiocenos de Montejurra

VALOR Y TIPO DE INTERÉS GEOLÓGICO

Valor del interés geológico	Tipo de interés geológico	
Científico	Principal	Geomorfológico
Didáctico	Secundario	Sedimentológico, estratigráfico
Turístico		

UBICACIÓN DEL LIG

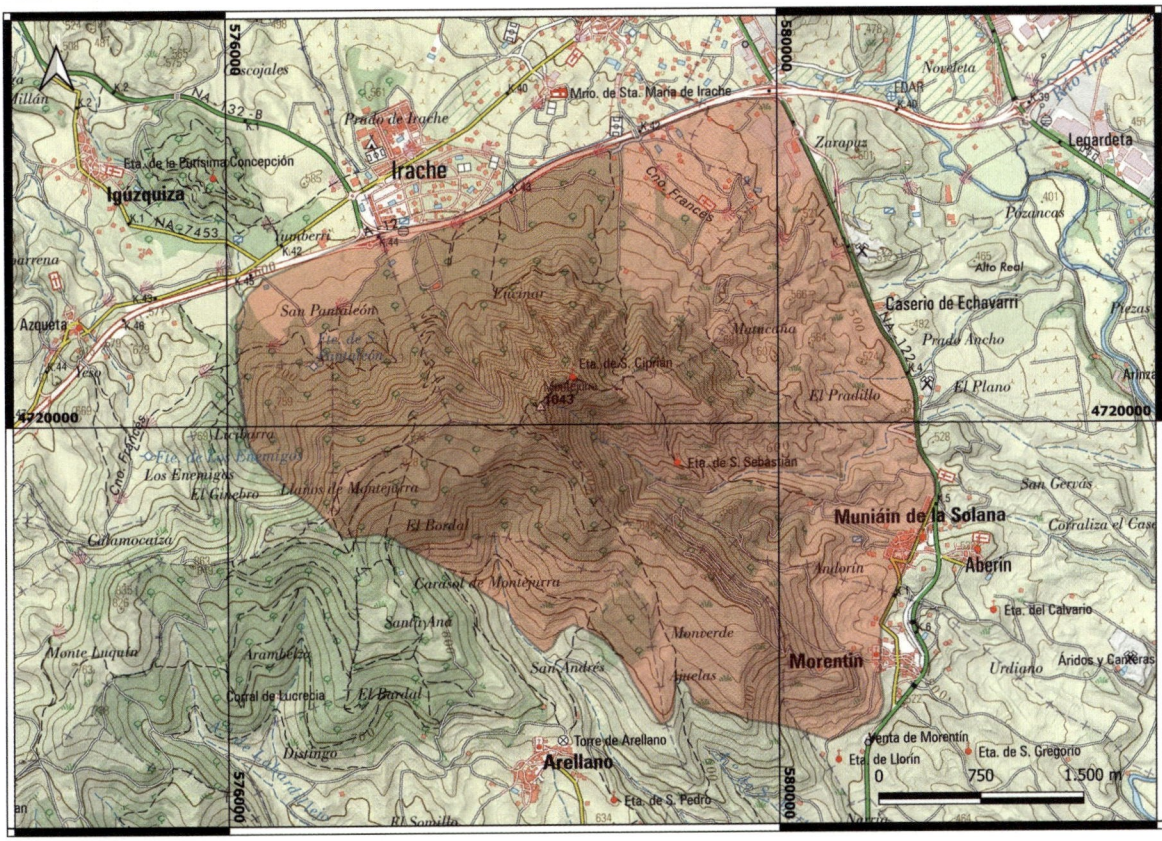

Ubicación y accesos	Existen varias posibilidades de recorrido y ascenso a las crestas de Montejurra, bien por el norte desde Ayegui, o bien desde Muniain de la Solana o Dicastillo. Seguir las pistas y senderos marcados. Precaución en las crestas rocosas que generan escarpes pronunciados y expuestos. Terreno resbaladizo si está mojado.

POR QUÉ ES TAN IMPORTANTE ESTE LUGAR

Uno de los pocos ejemplos de crestas rocosas con gran presencia y resalte en el paisaje, formadas por conglomerados miocenos. Además, su contexto geológico local asociado al diapiro de Estella le confieren mayor interés en relación a su origen y evolución. Las diferentes unidades geológicas corresponden a varias etapas de desarrollo de abanicos aluviales, en ocasiones delimitadas por discordancias estratigráficas de marcada relevancia, como es el caso de la discordancia de Barbarin.

LUGARES DE INTERÉS GEOLÓGICO DE NAVARRA.
DOMINIO VASCO-CANTÁBRICO

ESQUEMA GEOLÓGICO

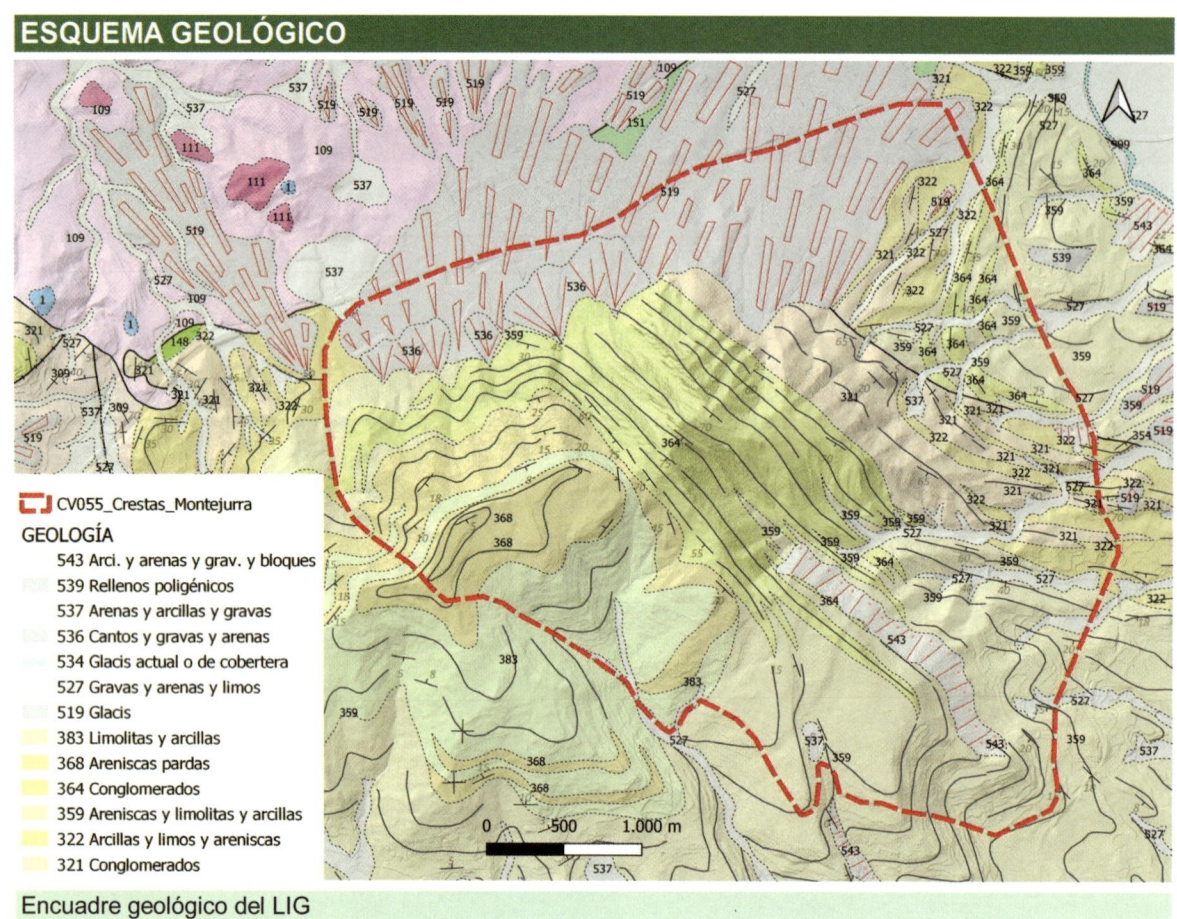

CV055_Crestas_Montejurra

GEOLOGÍA

543 Arci. y arenas y grav. y bloques
539 Rellenos poligénicos
537 Arenas y arcillas y gravas
536 Cantos y gravas y arenas
534 Glacis actual o de cobertera
527 Gravas y arenas y limos
519 Glacis
383 Limolitas y arcillas
368 Areniscas pardas
364 Conglomerados
359 Areniscas y limolitas y arcillas
322 Arcillas y limos y areniscas
321 Conglomerados

0   500   1.000 m

Encuadre geológico del LIG

Vista panorámica del diapiro de Estella desde la cima de Montejurra. A la derecha de la imagen se observan con más detalle las crestas rocosas verticales que forman este resalte montañoso.

IMÁGENES REPRESENTATIVAS

Arriba, aspecto general de Montejurra, cuyo relieve prominente constituye el límite sur del diapiro de Estella. Abajo, detalle de las barras conglomeráticas verticales que dan lugar a las vistosas crestas rocosas, vistas desde Ayegui.

IMÁGENES REPRESENTATIVAS

Arriba, vista más detallada de las crestas conglomeráticas de Montejurra. La erosión talla e independiza los bloques, dando lugar a pináculos aislados. Abajo, contraste entre los conglomerados, muy resistentes a la erosión, y los materiales yesíferos y arcillosos del interior del diapíro de Estella.

IMÁGENES REPRESENTATIVAS

Arriba, detalle de los conglomerados miocenos que forman el resalte de Montejurra. Abajo, vista panorámica hacia el oeste, donde se ve el resalte de Villamayor de Monjardín, los relieves de Piedramillera y Mendaza y finalmente, la sierra de Codés al fondo.

LUGARES DE INTERÉS GEOLÓGICO DE NAVARRA. DOMINIO VASCO-CANTÁBRICO

CÓDIGO Y DENOMINACIÓN

CV057 Valle de Lana y anticlinal de Gastiain

VALOR Y TIPO DE INTERÉS GEOLÓGICO

Valor del interés geológico	Tipo de interés geológico	
Científico	Principal	Geomorfológico
Didáctico	Secundario	Tectónico
Turístico		

UBICACIÓN DEL LIG

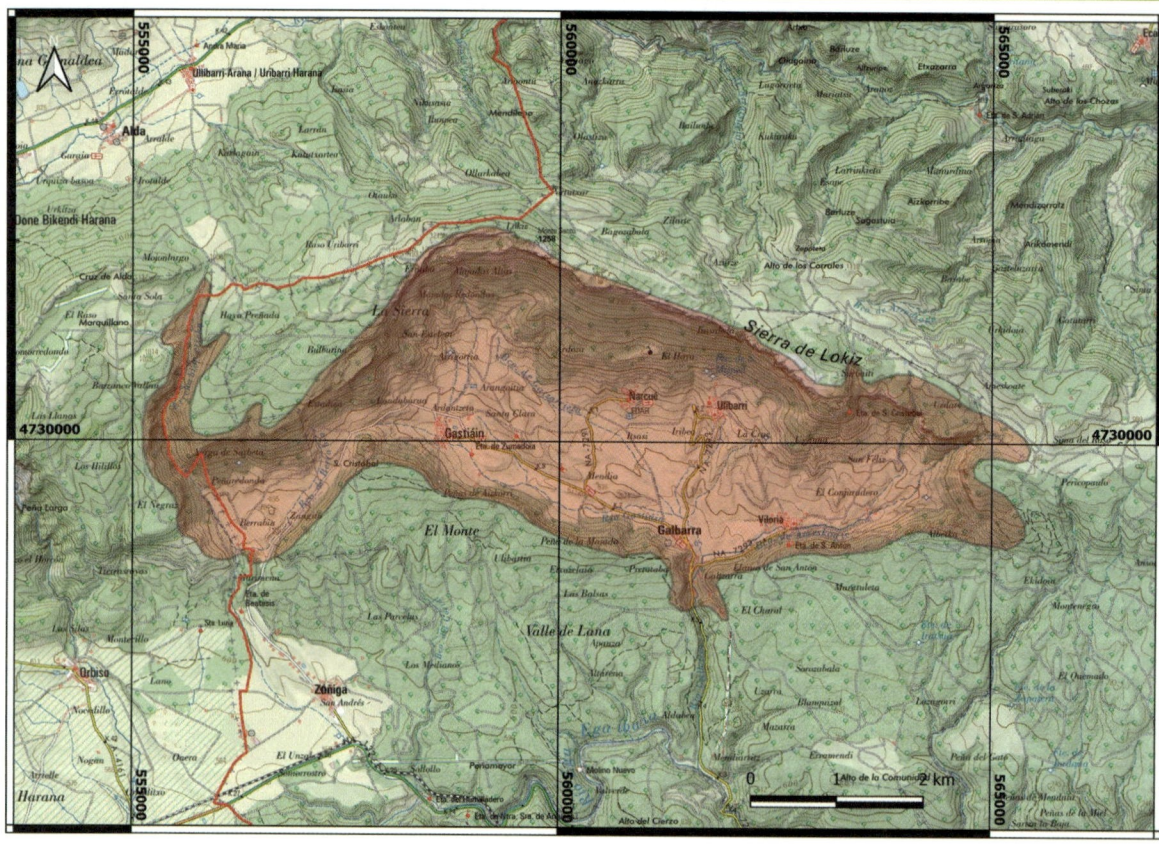

Ubicación y accesos	Un recorrido por el interior del valle entre Gastiain y Galbarra, o bien una mirada panorámica desde las crestas rocosas que delimitan este valle, son opciones muy interesantes para conocer más de cerca el valle de Lana. Algunas rutas por los escarpes rocosos tienen pendientes pronunciadas, laderas expuestas y dificultad de orientación.

POR QUÉ ES TAN IMPORTANTE ESTE LUGAR

Este valle se encuentra escondido en el corazón de la Sierra de Lóquiz. Además de su valor geomorfológico, su origen está muy condicionado por la estructura geológica, ya que su trazado discurre paralelo al eje de un pliegue anticlinal cuya charnela ha sido desmantelada por la erosión. Los flancos de dicho anticlinal constituyen los resaltes rocosos cretácicos que delimitan y encajonan perfectamente el contorno del valle, excavado por las aguas de escorrentía que alimentan al río Ega más al sur.

ESQUEMA GEOLÓGICO

CV057_Anticlinal_Gastiain

GEOLOGÍA

- 548 Canchales.Brechas calcareas
- 543 Arci. y arenas y grav. y bloques
- 537 Arenas y arcillas y gravas
- 536 Cantos y gravas y arenas
- 534 Glacis actual o de cobertera
- 527 Gravas y arenas y limos
- 519 Glacis
- 516 Glacis de acumulacion
- 163 Margas y margocalizas con esponjas
- 162 Margas y margocalizas y calcarenitas
- 161 Calizas margosas y margas
- 160 Margas y calcarenitas
- 157 Calcarenitas biolásticas con terrígenos
- 156 Margocalizas y margas
- 154 Margas y margocalizas

Encuadre geológico del LIG

Vista hacia el este del valle desde la localidad de Gastiain. Los escarpes rocosos que lo bordean constituyen los flancos norte (izquierda) y sur (derecha) del anticlinal de Gastiain.

IMÁGENES REPRESENTATIVAS

Vistas generales de las calcarenitas cretácicas que delimitan el contorno del anticlinal de Gastiain. Bajo ellas, afloran materiales margosos cretácicos más antiguos cuya erosión da lugar a laderas más tendidas hacia el fondo del valle.

IMÁGENES REPRESENTATIVAS

Arriba, calcarenitas bioclásticas del Cretácico Superior que coronan los resaltes de la vertiente norte del valle. Abajo, detalle de las margas y margocalizas, también del Cretácico Superior, que afloran bajo las anteriores. Muestran un aspecto tabular y más tableado.

LUGARES DE INTERÉS GEOLÓGICO DE NAVARRA.
DOMINIO VASCO-CANTÁBRICO

CÓDIGO Y DENOMINACIÓN

CV058 Relieves estructurales cretácicos de Ganuza-Ollogoyen

VALOR Y TIPO DE INTERÉS GEOLÓGICO

Valor del interés geológico	Tipo de interés geológico	
Científico	Principal	Geomorfológico
Didáctico	Secundario	
Turístico		

UBICACIÓN DEL LIG

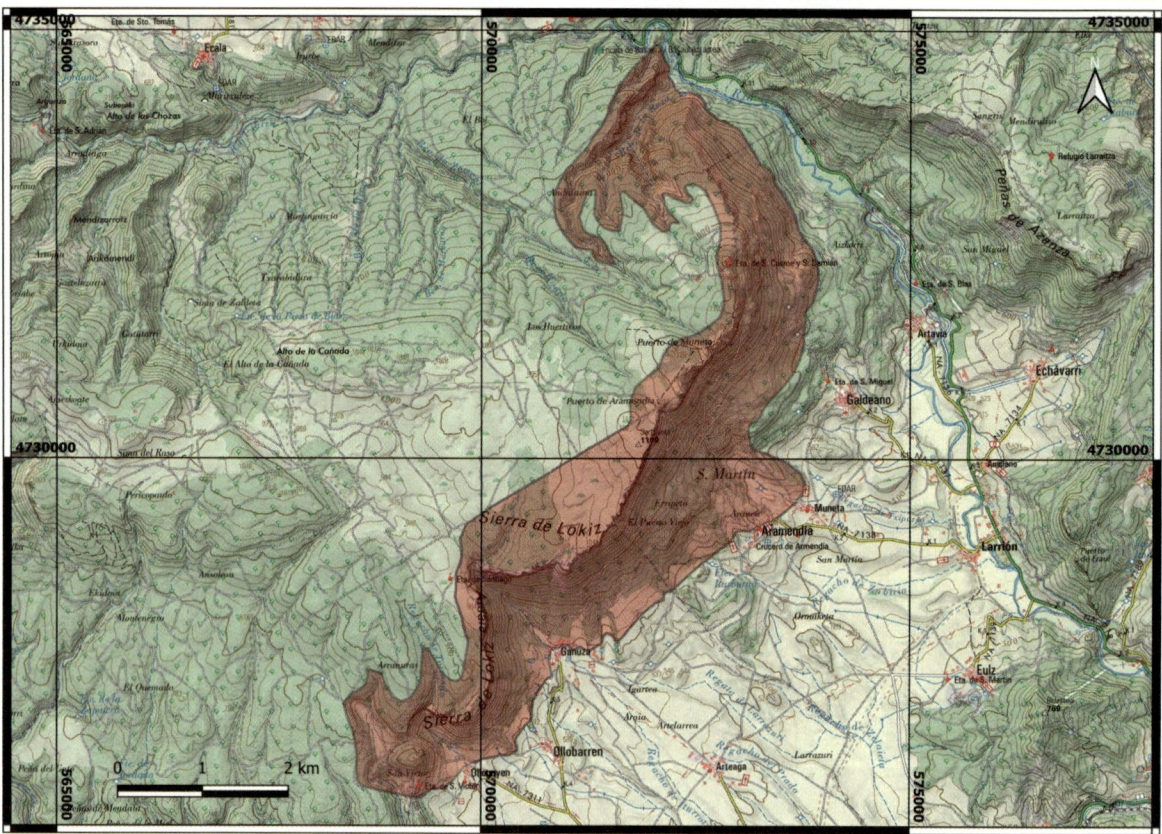

Ubicación y accesos	Desde cualquiera de las localidades, Ganuza y Ollogoyen, existen varios paseos que ascienden a los escarpes rocosos de Lóquiz. Precaución en pendientes pronunciadas, posibles desprendimientos de bloques, escarpes expuestos y sectores de difícil orientación.

POR QUÉ ES TAN IMPORTANTE ESTE LUGAR

Excelente ejemplo de resalte estructural de un macizo rocoso kárstico, contemplado desde el valle de Allín. Su ascenso permite recorrer la serie estratigráfica cretácica con materiales calcáreos y margosos, y contemplar rasgos del modelado kárstico.

ESQUEMA GEOLÓGICO

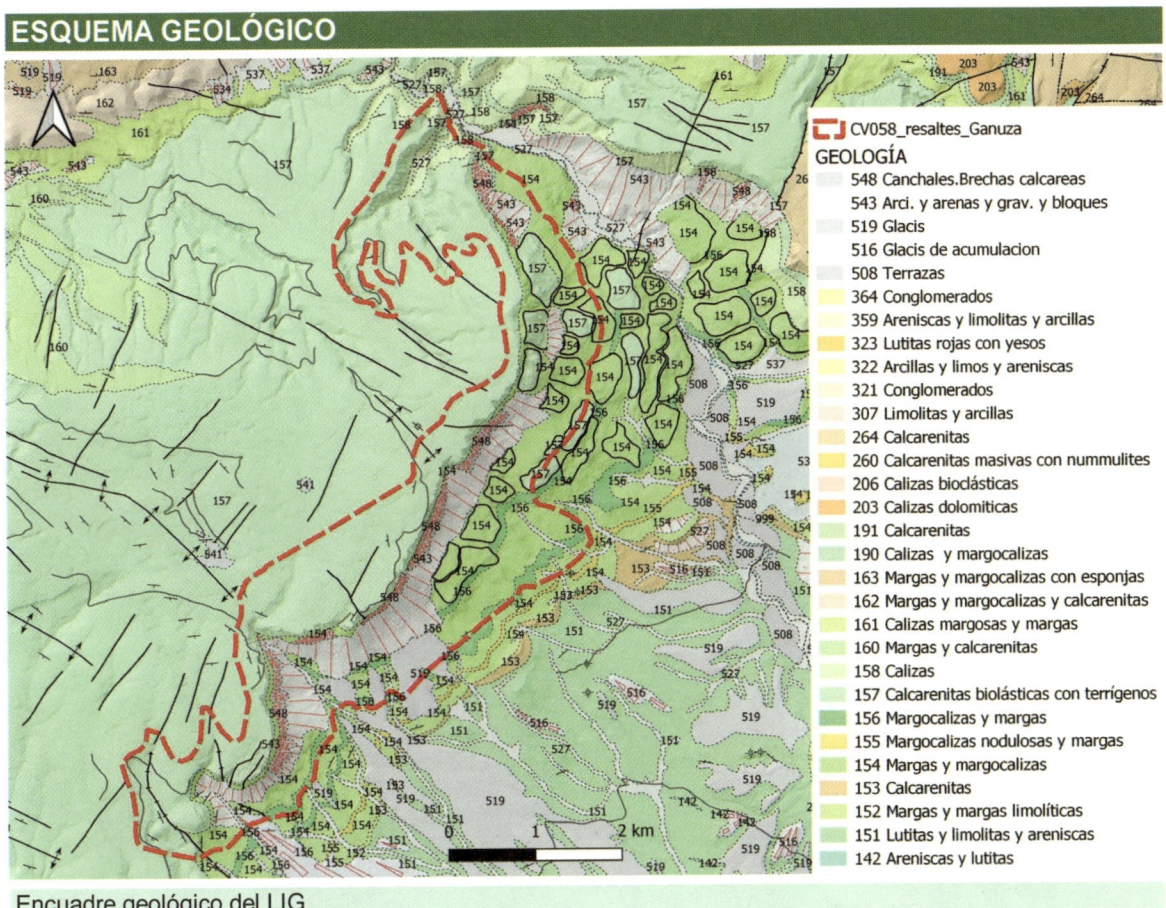

CV058_resaltes_Ganuza

GEOLOGÍA

- 548 Canchales.Brechas calcareas
- 543 Arci. y arenas y grav. y bloques
- 519 Glacis
- 516 Glacis de acumulacion
- 508 Terrazas
- 364 Conglomerados
- 359 Areniscas y limolitas y arcillas
- 323 Lutitas rojas con yesos
- 322 Arcillas y limos y areniscas
- 321 Conglomerados
- 307 Limolitas y arcillas
- 264 Calcarenitas
- 260 Calcarenitas masivas con nummulites
- 206 Calizas bioclásticas
- 203 Calizas dolomiticas
- 191 Calcarenitas
- 190 Calizas y margocalizas
- 163 Margas y margocalizas con esponjas
- 162 Margas y margocalizas y calcarenitas
- 161 Calizas margosas y margas
- 160 Margas y calcarenitas
- 158 Calizas
- 157 Calcarenitas biolásticas con terrígenos
- 156 Margocalizas y margas
- 155 Margocalizas nodulosas y margas
- 154 Margas y margocalizas
- 153 Calcarenitas
- 152 Margas y margas limolíticas
- 151 Lutitas y limolitas y areniscas
- 142 Areniscas y lutitas

Encuadre geológico del LIG

Vista del barranco de Zologorri desde Ganuza. Los materiales margosos dan paso a las calcarenitas bioclásticas cuya mayor resistencia a la erosión favorece el desarrollo de estos escarpes rocosos.

IMÁGENES REPRESENTATIVAS

Arriba, vista general del frente de la sierra de Lóquiz, entre Ollogoyen y Galdeano. Centro y abajo, detalle de los farallones rocosos formados por calcarenitas bioclásticas del Cretácico Superior. Muestran un aspecto masivo.

IMÁGENES REPRESENTATIVAS

Arriba, ladera compuesta con un cantil vertical en calcarenitas y un talud de pendiente cóncava en margas cretácicas. Centro y abajo, detalle de las formas de erosión y meteorización de las calcarenitas.

IMÁGENES REPRESENTATIVAS

Aspecto detallado de las calcarenitas, en las que los procesos de erosión y meteorización han ido desmantelando el macizo y tallando pináculos rocosos que se separan de la ladera en continuo retroceso. Además, el proceso de disolución forma oquedades y "ventanas" en áreas de mayor debilidad.

LUGARES DE INTERÉS GEOLÓGICO DE NAVARRA.
DOMINIO VASCO-CANTÁBRICO

CÓDIGO Y DENOMINACIÓN
CV059 Cabalgamiento de la sierra de Cantabria. Escama de Aguilar de Codés.

VALOR Y TIPO DE INTERÉS GEOLÓGICO

Valor del interés geológico	Tipo de interés geológico	
Científico	Principal	Tectónico
Didáctico	Secundario	Geomorfológico
Turístico		

UBICACIÓN DEL LIG

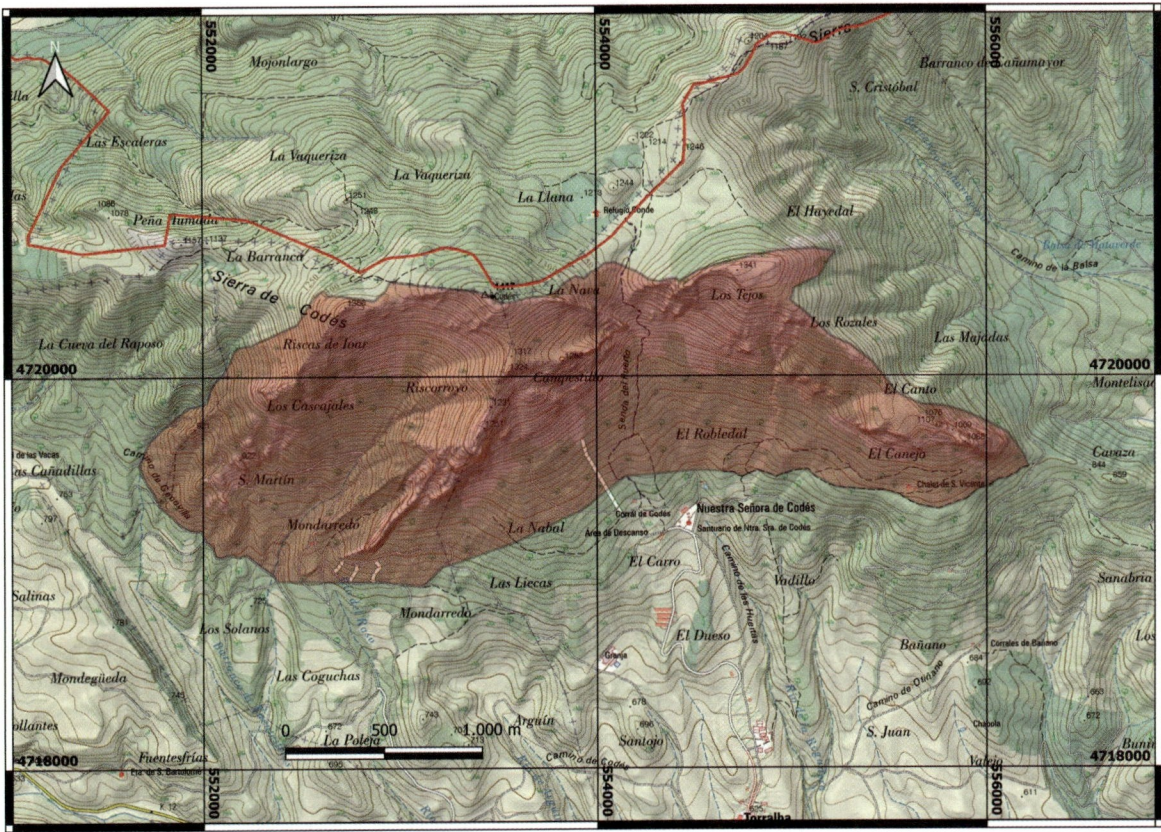

Ubicación y accesos	Existen numerosas opciones de acceso a esta área debido a su extensión, por ejemplo desde Torralba del Río o Azuelo, a través de la NA-7200. Un buen punto de referencia es el Santuario de Nuestra Señora de Codés. Según la ruta elegida, hay sectores con pendientes pronunciadas, escarpes expuestos, exigencia física, dificultad de orientación y desprendimiento de rocas. Consultar guías técnicas.

POR QUÉ ES TAN IMPORTANTE ESTE LUGAR

La sierra de Codés, que forma parte de esta estructura geológica, es un punto de confluencia de numerosas fallas que ponen en contacto materiales mesozoicos calcáreos del Cretácico, con materiales cenozoicos formados por conglomerados. La serie estratigráfica se encuentra muy verticalizada, en ocasiones invertida, dando lugar a morfologías en crestas y hogbacks.

ESQUEMA GEOLÓGICO

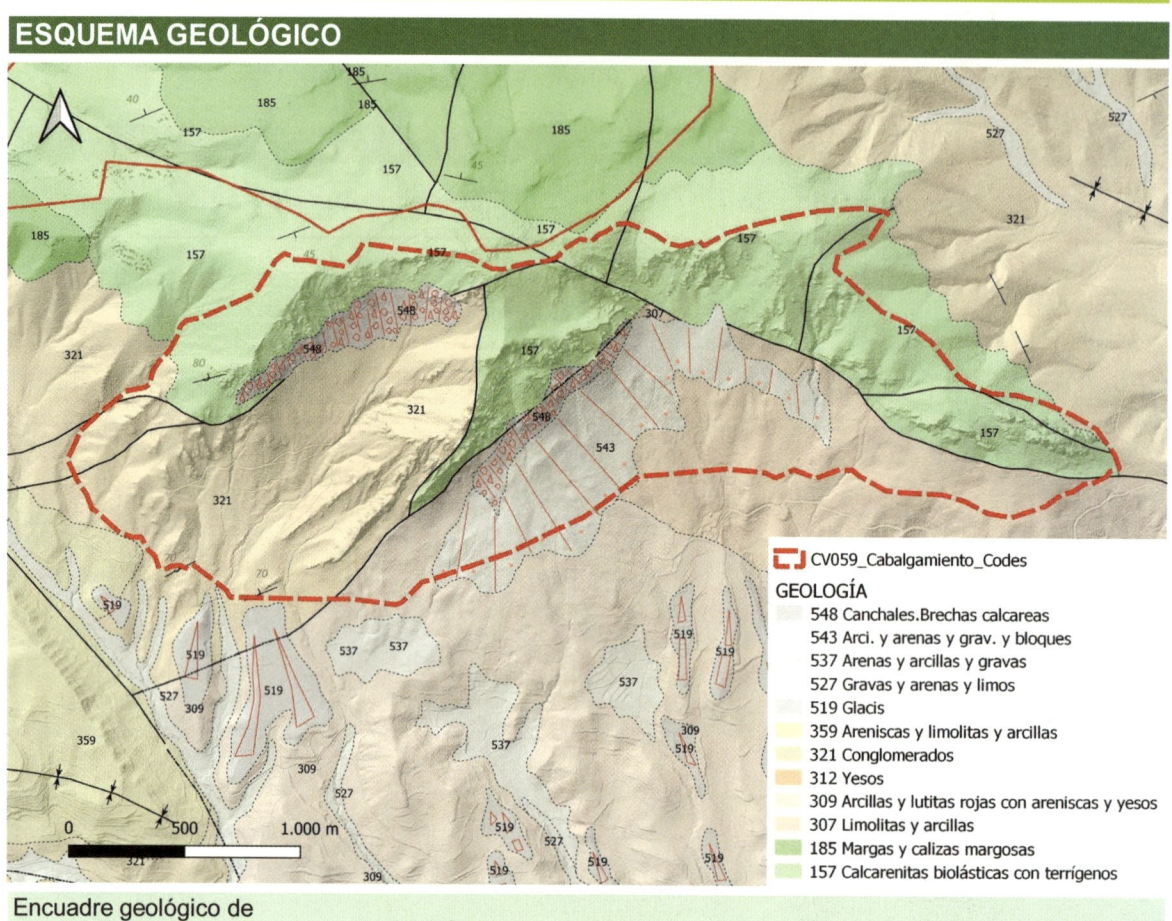

CV059_Cabalgamiento_Codes

GEOLOGÍA
- 548 Canchales.Brechas calcareas
- 543 Arci. y arenas y grav. y bloques
- 537 Arenas y arcillas y gravas
- 527 Gravas y arenas y limos
- 519 Glacis
- 359 Areniscas y limolitas y arcillas
- 321 Conglomerados
- 312 Yesos
- 309 Arcillas y lutitas rojas con areniscas y yesos
- 307 Limolitas y arcillas
- 185 Margas y calizas margosas
- 157 Calcarenitas biolásticas con terrígenos

Encuadre geológico de

Vista de la cima de Codés, que pertenece a la escama cabalgante de Mues.

IMÁGENES REPRESENTATIVAS

Contraste de colores en el paisaje. Las calcarenitas del Cretácico Superior ofrecen colores blanquecinos, en contraste con los conglomerados oligocenos de tonos anaranjados.

IMÁGENES REPRESENTATIVAS

Arriba, pináculos rocosos aislados procedentes del desmantelamiento de las capas verticales de conglomerados. Abajo, vista general de las crestas conglomeráticas y el desarrollo de los pináculos, fruto de un proceso continuo de erosión.

IMÁGENES REPRESENTATIVAS

Detalle de los conglomerados oligocenos. Los cantos tienen diferente grado de redondeamiento, son heterométricos y están formados principalmente por caliza y arenisca. Están cementados con una matriz carbonatada. Representan depósitos de abanicos aluviales.

IMÁGENES REPRESENTATIVAS

Arriba, contacto entre las calcarenitas cretácicas de color blanquecino (derehca) y los conglomerados oligocenos de tonos anaranjados. Abajo, detalle de algunas capas de conglomerados con buzamientos subverticales.

LUGARES DE INTERÉS GEOLÓGICO DE NAVARRA.
DOMINIO VASCO-CANTÁBRICO

CÓDIGO Y DENOMINACIÓN
CV069 Crestas rocosas oligocenas de San Gregorio

VALOR Y TIPO DE INTERÉS GEOLÓGICO

Valor del interés geológico	Tipo de interés geológico	
Científico	Principal	Sedimentológico
Didáctico	Secundario	Tectónico
Turístico		

UBICACIÓN DEL LIG

Ubicación y accesos

Las crestas rocosas de San Gregorio se sitúan entre las localidades de Sorlada y Mués, junto a la Basílica de San Gregorio. Desde este lugar, un sendero se dirige hacia el oeste hasta los principales resaltes rocosos. Escarpes rocosos expuestos.

POR QUÉ ES TAN IMPORTANTE ESTE LUGAR

Estas capas de areniscas se disponen verticales formando crestas rocosas. Su color rojo y su bandeado de color característico les han otorgado en la literatura el nombre de areniscas tigreadas. Contienen abundantes estructuras sedimentarias como laminación cruzada y paleocanales, que representan antiguos ambientes sedimentarios de tipo fluvial.

LUGARES DE INTERÉS GEOLÓGICO DE NAVARRA.
DOMINIO VASCO-CANTÁBRICO

ESQUEMA GEOLÓGICO

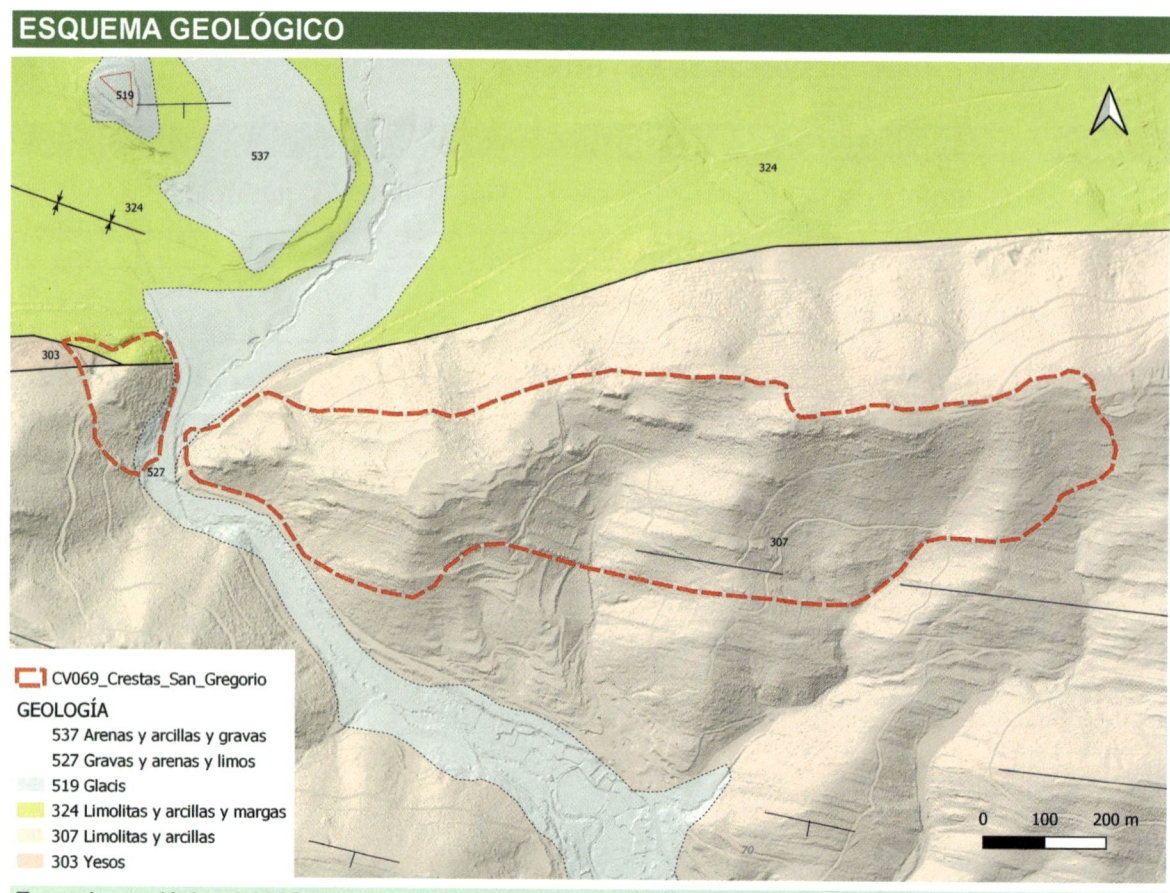

⬜ CV069_Crestas_San_Gregorio

GEOLOGÍA

537 Arenas y arcillas y gravas
527 Gravas y arenas y limos
519 Glacis
324 Limolitas y arcillas y margas
307 Limolitas y arcillas
303 Yesos

Encuadre geológico del LIG

Detalle de la arenisca "tigreada" de Mues, con su característico bandeado, en algunos bloques de la basílica de San Gregorio.

Cresta rocosa en la Peña del Gato, formada de las areniscas de Mués en posición subvertical.

IMÁGENES REPRESENTATIVAS

Arriba, vista general de la Peña, salpicada por afloramientos de las areniscas. En segundo plano, sierra de Cábrega y sierra de Codés (al fondo). Abajo, detalle de algunos estratos verticales cuya mayor resistencia a la erosión da lugar a niveles guía que permiten visualizar la estructura geológica en todo el área.

IMÁGENES REPRESENTATIVAS

Arriba, afloramiento de la arenisca tigreada de Mues. Abajo, iglesia de Santa Eugenia de Mues, construida con bloques de arenisca que muestran el mismo aspecto "tigreado" de esta formación geológica.

LUGARES DE INTERÉS GEOLÓGICO DE NAVARRA. DOMINIO VASCO-CANTÁBRICO

CÓDIGO Y DENOMINACIÓN
CV060a Sistemas hidrotermales de Navarra. Betelu

VALOR Y TIPO DE INTERÉS GEOLÓGICO

Valor del interés geológico	Tipo de interés geológico	
Científico	Principal	Petrológico-geoquímico
Didáctico	Secundario	Hidrogeológico, tectónico
Turístico		

UBICACIÓN DEL LIG

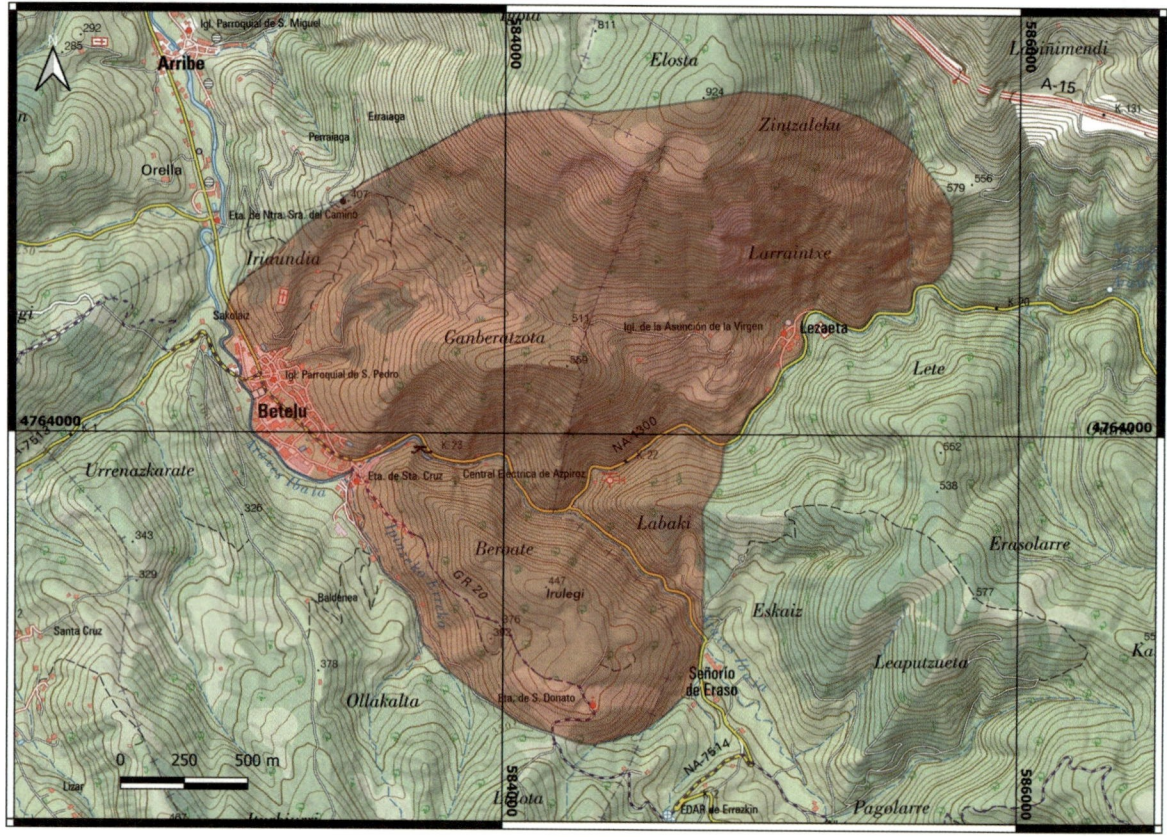

Ubicación y accesos	Desde la misma localidad de Betelu, en la NA-1300. Información en http://www.betelu.eus/es/betelu/. Se pueden realizar paseos por los alrededores (GR-20).

POR QUÉ ES TAN IMPORTANTE ESTE LUGAR

Este sistema hidrotermal de Betelu se encuentra ubicado dentro de la Unidad Hidrogeológica de Aralar-Ultzama, asociado al sistema acuífero de Huici – Arrarás. La zona se caracteriza por una elevada complejidad tectónica y estructural, con grandes secuencias de pliegues anticlinales y sinclinales. La estructura en domo aquí presente está asociada a los emplazamientos diapíricos cercanos. La circulación profunda de agua a través de unidades acuíferas, el contacto con formaciones salinas de facies Keuper en profundidad y el ascenso rápido condicionado por la estructura geológica, han favorecido la surgencia de estos manantiales de aguas termales.

ESQUEMA GEOLÓGICO

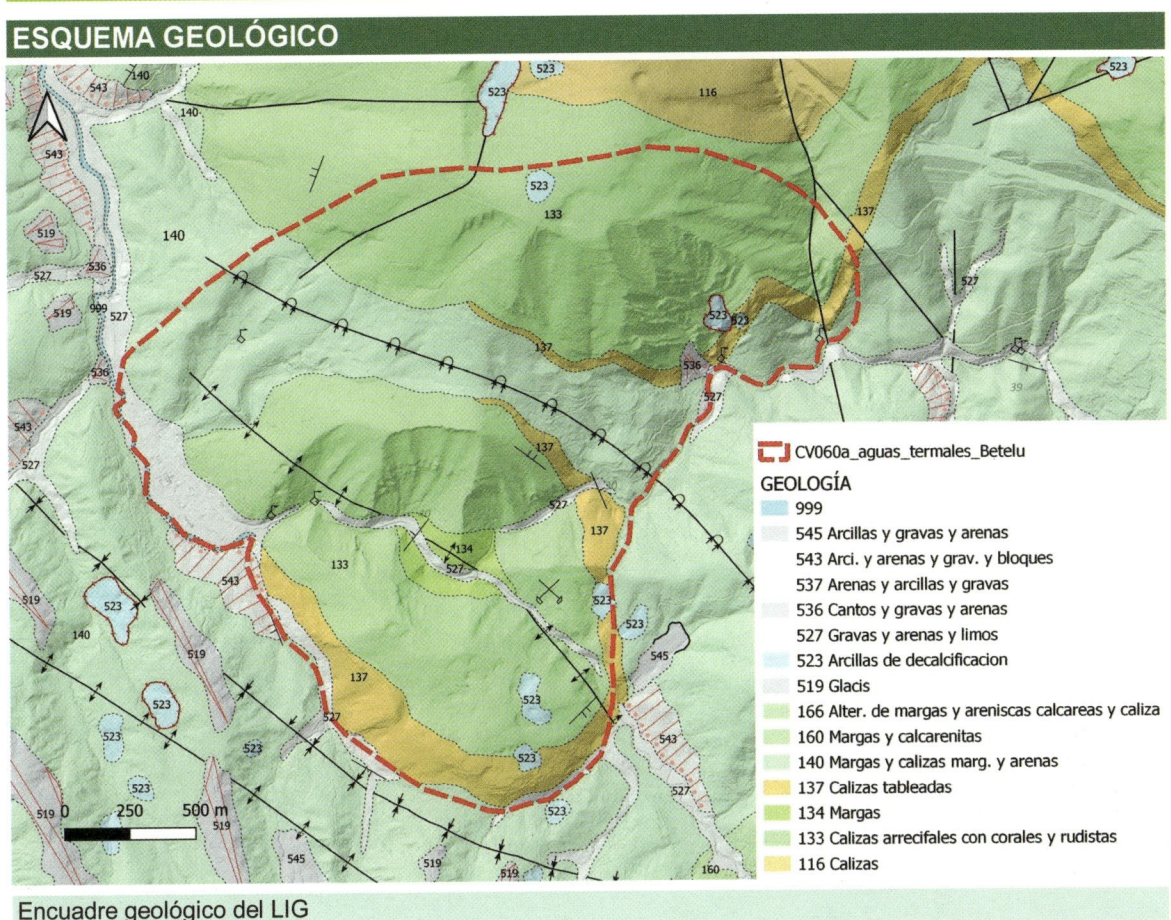

CV060a_aguas_termales_Betelu

GEOLOGÍA

- 999
- 545 Arcillas y gravas y arenas
- 543 Arci. y arenas y grav. y bloques
- 537 Arenas y arcillas y gravas
- 536 Cantos y gravas y arenas
- 527 Gravas y arenas y limos
- 523 Arcillas de decalcificacion
- 519 Glacis
- 166 Alter. de margas y areniscas calcareas y caliza
- 160 Margas y calcarenitas
- 140 Margas y calizas marg. y arenas
- 137 Calizas tableadas
- 134 Margas
- 133 Calizas arrecifales con corales y rudistas
- 116 Calizas

Encuadre geológico del LIG

Desde el centro urbano de Betelu hacia la zona recreativa de las piscinas, un paseo conecta varios de los principales manantiales, como Dama Iturri.

IMÁGENES REPRESENTATIVAS

Arriba, sustrato rocoso calizo observable en la localidad de Betelu. Centro, río Araxes, al que drenan las aguas subterráneas. Abajo, vista del monte Arritxu, al noreste de Betelu, formado por calizas cretácicas de corales y rudistas y que son unidades acuíferas.

LUGARES DE INTERÉS GEOLÓGICO DE NAVARRA.
DOMINIO VASCO-CANTÁBRICO

CÓDIGO Y DENOMINACIÓN

CV060b Sistemas hidrotermales de Navarra. Etxauri-Ibero-Belascoain

VALOR Y TIPO DE INTERÉS GEOLÓGICO

Valor del interés geológico

Científico
Didáctico
Turístico

Tipo de interés geológico

Principal	Petrológico-geoquímico
Secundario	Hidrogeológico, tectónico

UBICACIÓN DEL LIG

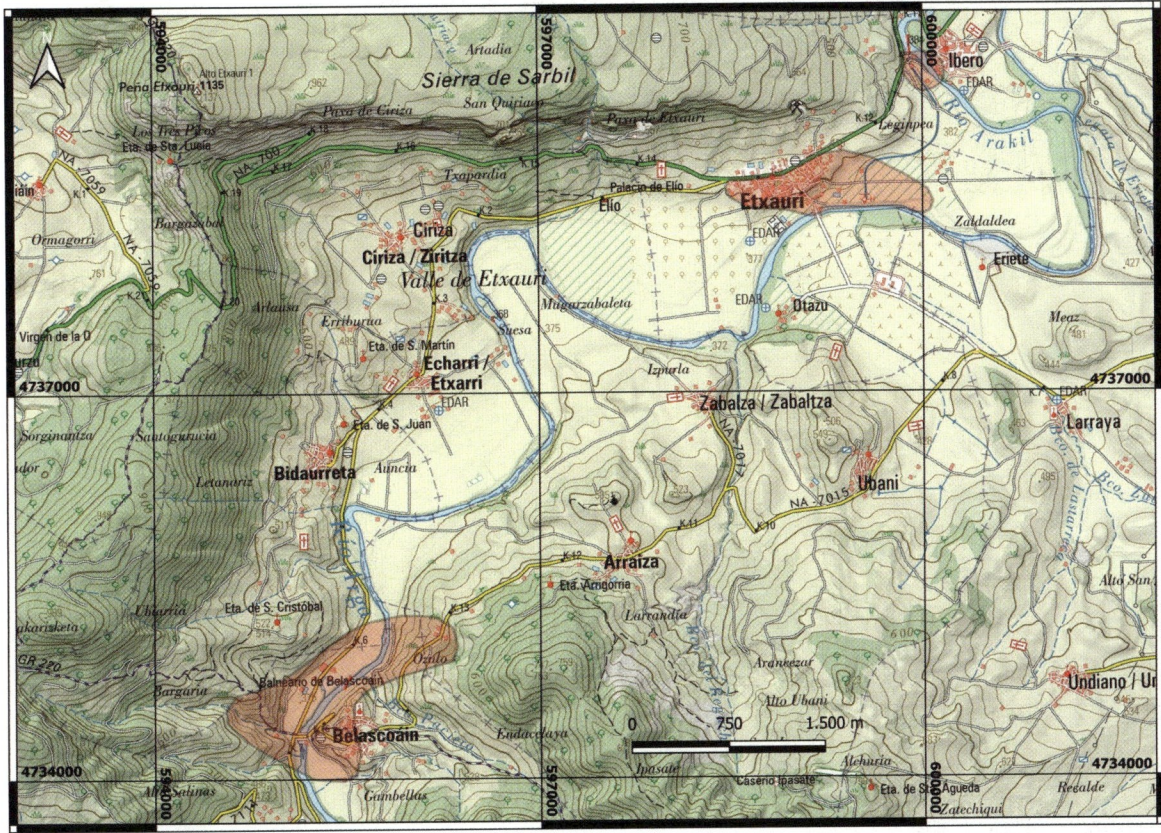

Ubicación y accesos	Desde Ibero hasta Belascoain, por la NA-700 y NA-7110, existen varios caminos y paseos fuera de la carretera para recorrer la zona y tener una visión general del entorno natural.

POR QUÉ ES TAN IMPORTANTE ESTE LUGAR

El sistema hidrotermal Ibero-Etxauri-Belascoain se incluye en la Unidad Hidrogeológica de Urbasa-Andía, subunidad de Andía. Este complejo hidrotermal está condicionado por la presencia de una estructura diapírica tipo domo cuya intrusión genera un conjunto de fallas radiales entre las que destacan la falla de Etxauri. La descarga de las aguas subterráneas de los acuíferos calizos de la época Paleoceno y Eoceno tiene lugar a lo largo del contacto entre dos fallas, la falla de Etxauri de dirección E-O y la falla de Belascoain-Etxauri-Ibero, no visible en superficie y de orientación NE-SO. Los manantiales afloran así sobre las margas eocenas más impermeables en el contacto mecánico con el acuífero confinado carbonatado.

ESQUEMA GEOLÓGICO

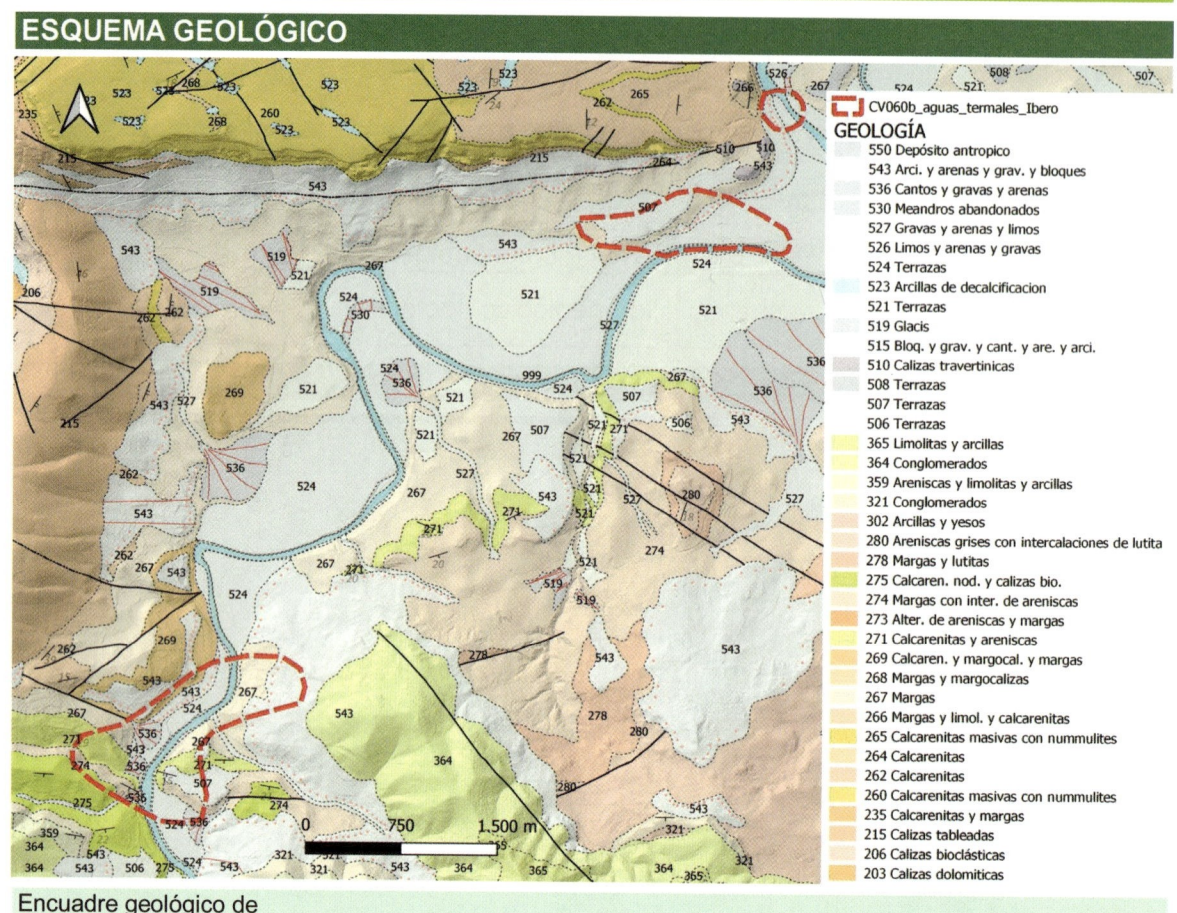

CV060b_aguas_termales_Ibero

GEOLOGÍA

- 550 Depósito antropico
- 543 Arci. y arenas y grav. y bloques
- 536 Cantos y gravas y arenas
- 530 Meandros abandonados
- 527 Gravas y arenas y limos
- 526 Limos y arenas y gravas
- 524 Terrazas
- 523 Arcillas de decalcificacion
- 521 Terrazas
- 519 Glacis
- 515 Bloq. y grav. y cant. y are. y arci.
- 510 Calizas travertinicas
- 508 Terrazas
- 507 Terrazas
- 506 Terrazas
- 365 Limolitas y arcillas
- 364 Conglomerados
- 359 Areniscas y limolitas y arcillas
- 321 Conglomerados
- 302 Arcillas y yesos
- 280 Areniscas grises con intercalaciones de lutita
- 278 Margas y lutitas
- 275 Calcaren. nod. y calizas bio.
- 274 Margas con inter. de areniscas
- 273 Alter. de areniscas y margas
- 271 Calcarenitas y areniscas
- 269 Calcaren. y margocal. y margas
- 268 Margas y margocalizas
- 267 Margas
- 266 Margas y limol. y calcarenitas
- 265 Calcarenitas masivas con nummulites
- 264 Calcarenitas
- 262 Calcarenitas
- 260 Calcarenitas masivas con nummulites
- 235 Calcarenitas y margas
- 215 Calizas tableadas
- 206 Calizas bioclásticas
- 203 Calizas dolomiticas

Encuadre geológico de

Imagen del río Arga en invierno donde se aprecia el vapor de agua procedente de la emanación difusa de agua termal.

IMÁGENES REPRESENTATIVAS

Vistas del valle fluvial de Etxauri surcado por el río Arga y el farallón calizo que lo delimita, asociado a la falla de Etxauri. A lo largo del trazado entre Ibero y Belascoain se han identificado numerosos manantiales que forman parte del sistema hidrotermal.

LUGARES DE INTERÉS GEOLÓGICO DE NAVARRA.
DOMINIO VASCO-CANTÁBRICO

CÓDIGO Y DENOMINACIÓN
CV066 Anticlinal tumbado de Sarasate-Erice

VALOR Y TIPO DE INTERÉS GEOLÓGICO

Valor del interés geológico	Tipo de interés geológico	
Científico	Principal	Tectónico
Didáctico	Secundario	
Turístico		

UBICACIÓN DEL LIG

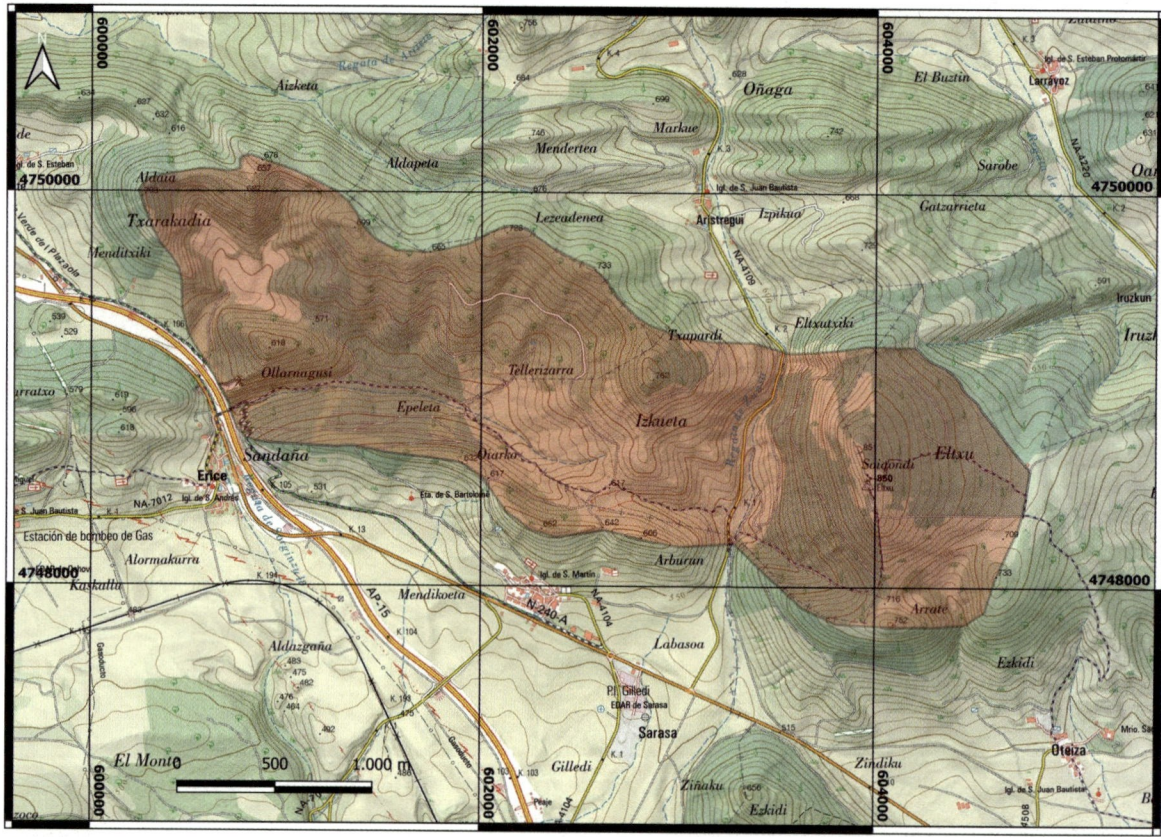

Ubicación y accesos

Un buen punto de referencia para observar la estructura anticlinal en su conjunto es la cima del monte Soiaondi, al que se accede desde la localidad de Oteiza en la carretera N-240-a, a la altura del Km. 9. Cima con escarpes expuestos. Requiere orientación.

POR QUÉ ES TAN IMPORTANTE ESTE LUGAR

La estructura geológica aquí representada es un anticlinal con vergencia sur y flanco sur invertido. Realmente, se trata de un sistema de pliegues apretados en un área de gran complejidad tectónica. La erosión ha desmantelado toda la charnela, reconociéndose únicamente los flancos de dicho pliegue gracias a los resaltes rocosos más competentes cuyo elevado buzamiento da lugar a crestas y hogbacks. Este pliegue se sitúa en la zona de convergencia entre los dominios Vasco-Cantábrico y Cuenca de Pamplona, reconociéndose fallas inversas con doble vergencia y numerosos pliegues anticlinales y sinclinales.

LUGARES DE INTERÉS GEOLÓGICO DE NAVARRA.
DOMINIO VASCO-CANTÁBRICO

ESQUEMA GEOLÓGICO

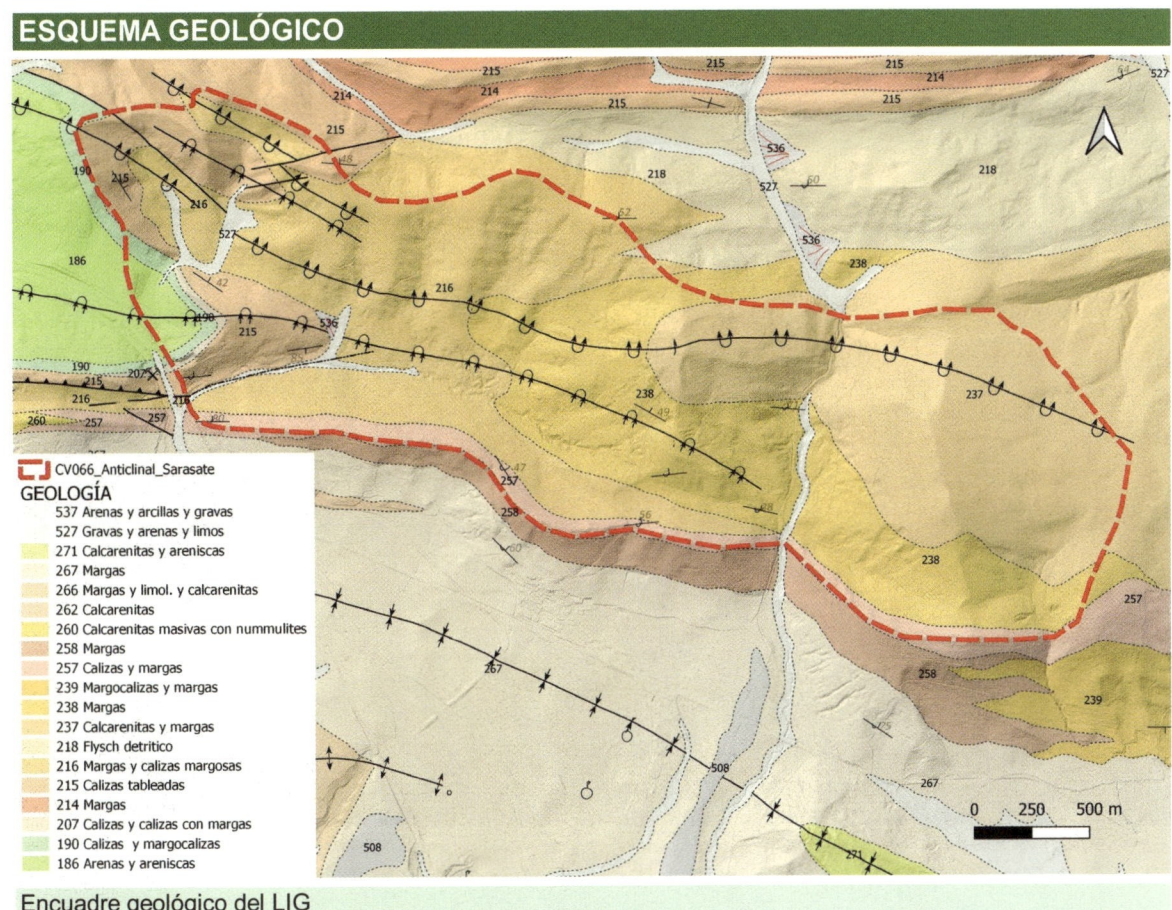

CV066_Anticlinal_Sarasate

GEOLOGÍA
- 537 Arenas y arcillas y gravas
- 527 Gravas y arenas y limos
- 271 Calcarenitas y areniscas
- 267 Margas
- 266 Margas y limol. y calcarenitas
- 262 Calcarenitas
- 260 Calcarenitas masivas con nummulites
- 258 Margas
- 257 Calizas y margas
- 239 Margocalizas y margas
- 238 Margas
- 237 Calcarenitas y margas
- 218 Flysch detrítico
- 216 Margas y calizas margosas
- 215 Calizas tableadas
- 214 Margas
- 207 Calizas y calizas con margas
- 190 Calizas y margocalizas
- 186 Arenas y areniscas

Encuadre geológico del LIG

Vista panorámica del anticlinal tumbado de Sarasate-Erice desde la cima del monte Soiaondi. La bóveda del anticlinal está totalmente erosionada y tan solo se conservan los flancos, representados por las alineaciones de los resaltes montañosos cuya dirección es aproximadamente este-oeste.

IMÁGENES REPRESENTATIVAS

Arriba, vista panorámica de los cresteríos del monte Bizkai y monte Gaztelu. Al fondo, alineación de la sierra de Satrústegi. Abajo, detalle del flanco del plegamiento, poco visible por la ausencia de niveles guía claros, la erosión y la cobertera vegetal.

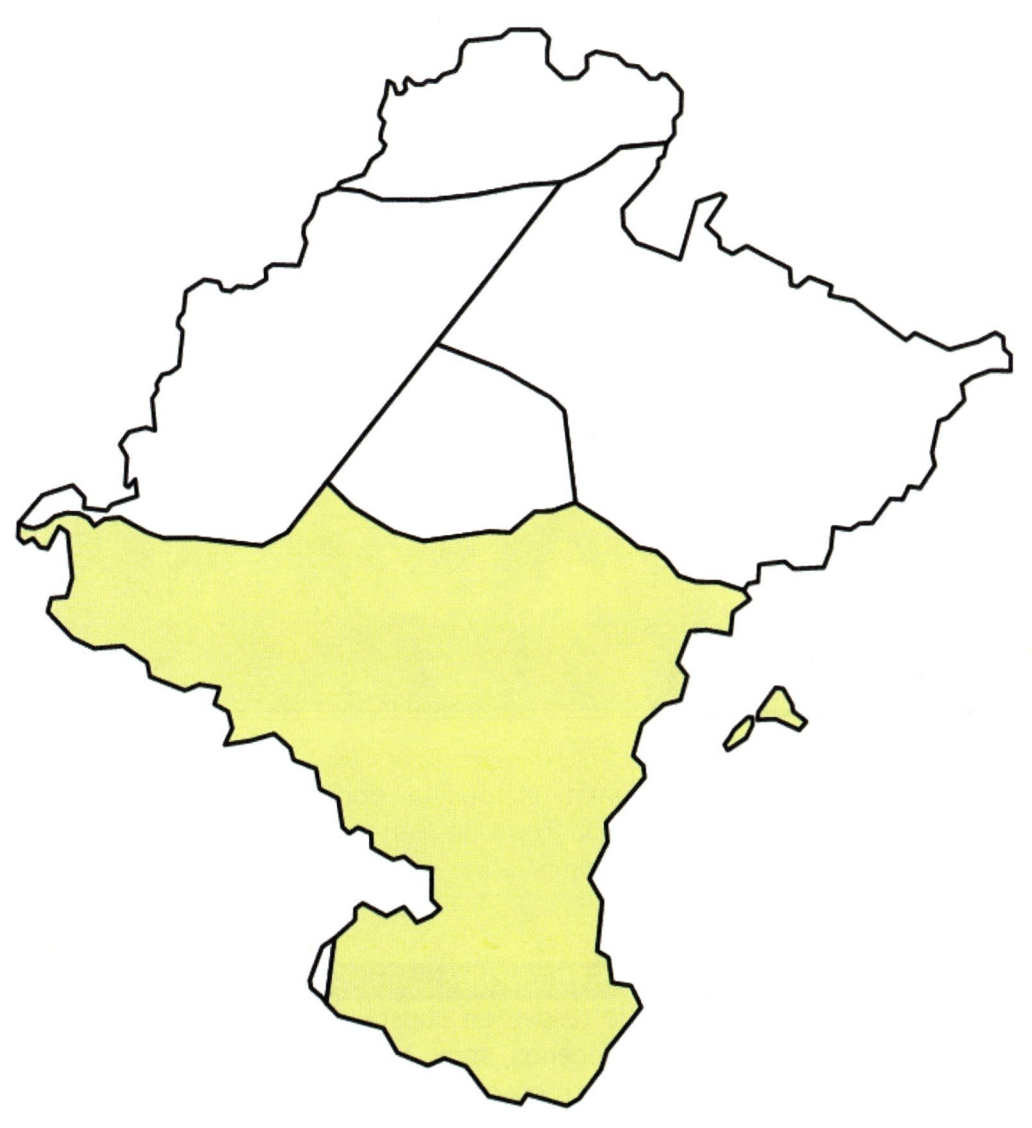

LUGARES DE INTERÉS GEOLÓGICO DE NAVARRA.
DOMINIO DE LA DEPRESIÓN DEL EBRO

CÓDIGO Y DENOMINACIÓN
EB009 Relieves en cuesta en conglomerados oligomiocenos de Sierra de Peña

VALOR Y TIPO DE INTERÉS GEOLÓGICO

Valor del interés geológico	Tipo de interés geológico	
Científico	Principal	Geomorfológico
Didáctico	Secundario	Sedimentológico, tectónico
Turístico		

UBICACIÓN DEL LIG

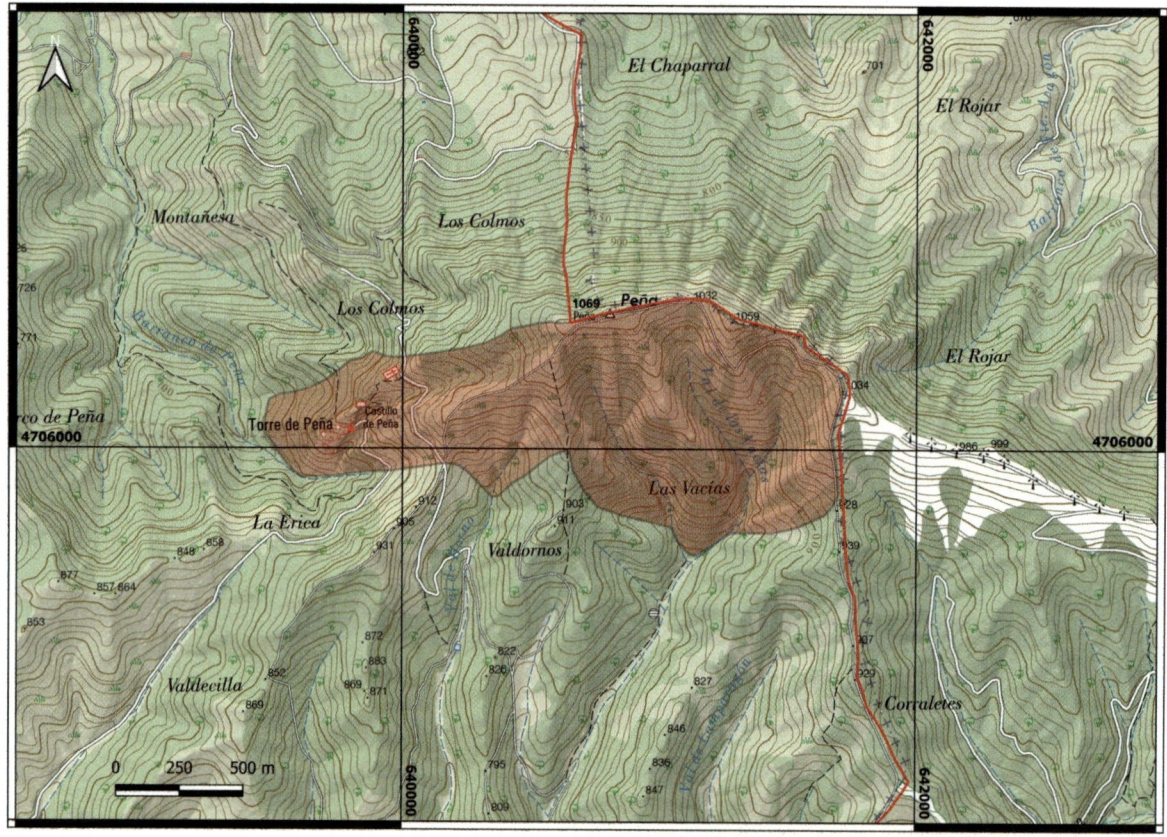

Ubicación y accesos	Desde Sangüesa, tomar el desvío por la carretera NA-5340 hacia Gabarderal y seguir hacia Torre de Peña, donde aparcaremos el vehículo. Escarpe expuesto en la cima.

POR QUÉ ES TAN IMPORTANTE ESTE LUGAR
Constituye un excelente ejemplo de relieve en cuesta, formado por potentes capas de conglomerados y areniscas oligomiocenos, muy cementados y que ofrecen una alta resistencia a la erosión. Estos resaltes rocosos inclinados forman parte del flanco sur del anticlinal de Abaiz, en la sierra de Peña.

LUGARES DE INTERÉS GEOLÓGICO DE NAVARRA.
DOMINIO DE LA DEPRESIÓN DEL EBRO

ESQUEMA GEOLÓGICO

EB009_Cuestas_Sierra_Peña

GEOLOGÍA

- 547 Coluvión de bloques
- 527 Gravas y arenas y limos
- 398 Areniscas y fangos(paleocanales)
- 364 Conglomerados
- 359 Areniscas y limolitas y arcillas
- 331 Areniscas y lutitas

0   250   500 m

Encuadre geológico del LIG

Vista panorámica de los conglomerados oligomiocenos que dan lugar a los relieves en cuesta de la sierra de Peña. El buzamiento de los estratos tiene sentido sur (hacia la derecha en la imagen).

LUGARES DE INTERÉS GEOLÓGICO DE NAVARRA.
DOMINIO DE LA DEPRESIÓN DEL EBRO

Vista general de los conglomerados que conforman la sierra de Peña, ofreciendo un claro resalte en el relieve debido a su dureza y resistencia frente a la erosión.

IMÁGENES REPRESENTATIVAS

Arriba, Detalle de los conglomerados con una base erosiva cóncava en el contacto con una unidad de areniscas infrayacente. Estas formaciones están asociadas a ambientes de abanicos aluviales. Centro, sección de areniscas que se intercalan entre las capas de conglomerado. Abajo, capa masiva de conglomerados. Los óxidos do hierro y manganeso tiñen la superficie de gris, negro, naranja y amarillo.

IMÁGENES REPRESENTATIVAS

Detalle de los conglomerados oligomiocenos. La naturaleza de los cantos es caliza y arenisca, principalmente. En la foto inferior se observan varios cantos de arenisca más oscuros y un canto de caliza clara con fósiles.

LUGARES DE INTERÉS GEOLÓGICO DE NAVARRA.
DOMINIO DE LA DEPRESIÓN DEL EBRO

CÓDIGO Y DENOMINACIÓN
EB031 Crestas rocosas oligocenas de Petilla de Aragón

VALOR Y TIPO DE INTERÉS GEOLÓGICO

Valor del interés geológico	Tipo de interés geológico	
Científico	Principal	Geomorfológico
Didáctico	Secundario	
Turístico		

UBICACIÓN DEL LIG

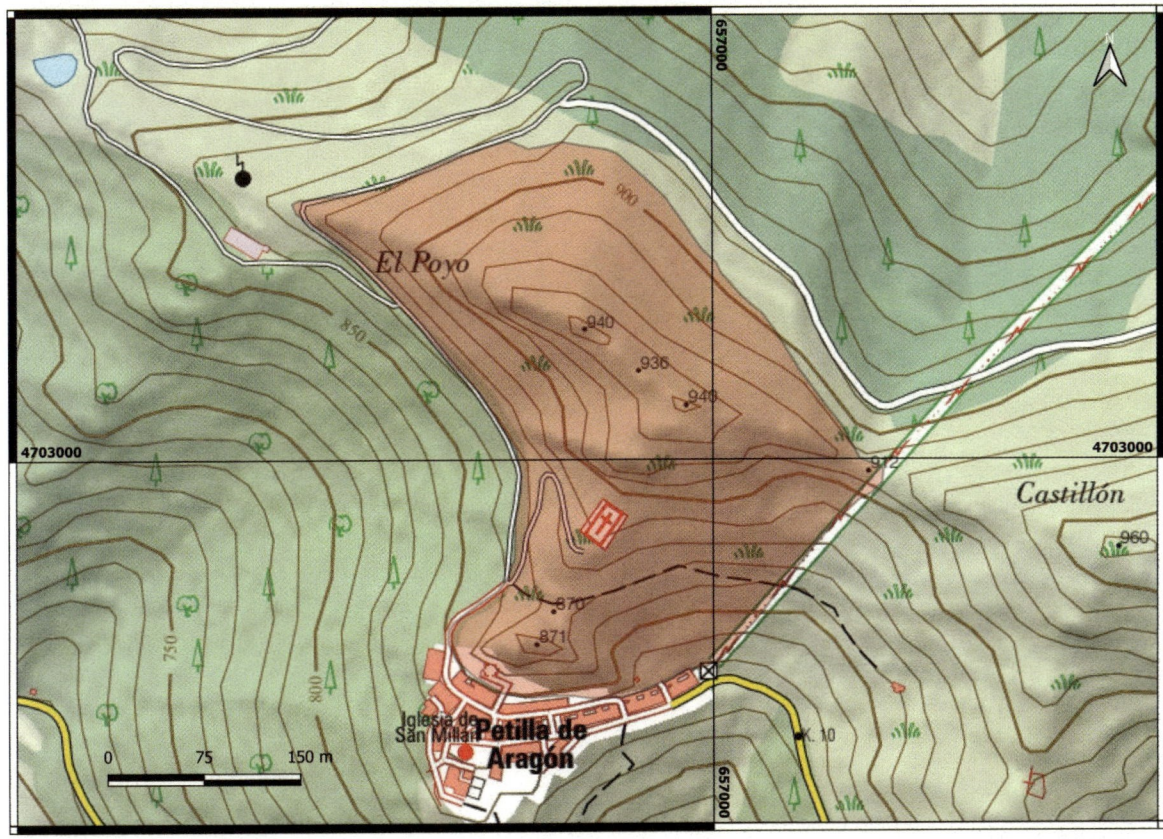

Ubicación y accesos	Carretera NA-5700 y A-2601 que parte de la carretera entre Sos del Rey Católico y Navardún. Algunas crestas expuestas. Posibles desprendimientos de bloques de los escarpes rocosos. Seguir las pistas y senderos marcados.

POR QUÉ ES TAN IMPORTANTE ESTE LUGAR

Se trata de una unidad detrítica formada por areniscas y conglomerados muy verticalizados que dan lugar a crestas rocosas que sobresalen claramente en el paisaje. La unidad involucrada, denominada en la literatura como facies Petilla, forma parte de un conjunto de unidades geológicas detríticas que se sitúan en el límite entre las sierras exteriores del Pirineo y la Depresión del Ebro. Estas unidades, aflorantes en el flanco sur de un pliegue anticlinal, se disponen con buzamientos progresivamente más suaves hacia el sur, dando lugar a una discordancia progresiva.

LUGARES DE INTERÉS GEOLÓGICO DE NAVARRA.
DOMINIO DE LA DEPRESIÓN DEL EBRO

ESQUEMA GEOLÓGICO

EB031_Crestas_Petilla

GEOLOGÍA

331 Areniscas y lutitas

330 Areniscas y limolitas y arcillas y yesos

329 Areniscas ocres y lutitas

0   50   100 m

Encuadre geológico del LIG

Vista general de Petilla de Aragón y las crestas rocosas que sobresalen al norte de la localidad.

IMÁGENES REPRESENTATIVAS

Potentes capas de areniscas en posición subvertical dan lugar a las crestas rocosas que sobresalen en diferentes tramos de la ladera entre las limolitas y lutitas de menor consistencia.

IMÁGENES REPRESENTATIVAS

Arriba, sendero que discurre al noroeste de Petilla de Aragón hacia el collado de San Miguel. Abajo, estratos métricos de arenisca sobre los que se apoya la iglesia de San Millán.

LUGARES DE INTERÉS GEOLÓGICO DE NAVARRA.
DOMINIO DE LA DEPRESIÓN DEL EBRO

CÓDIGO Y DENOMINACIÓN

EB030 Conglomerados oligomiocenos de Gallipienzo

VALOR Y TIPO DE INTERÉS GEOLÓGICO

Valor del interés geológico	Tipo de interés geológico	
Científico	Principal	Geomorfológico
Didáctico	Secundario	Sedimentologico, tectónico
Turístico		

UBICACIÓN DEL LIG

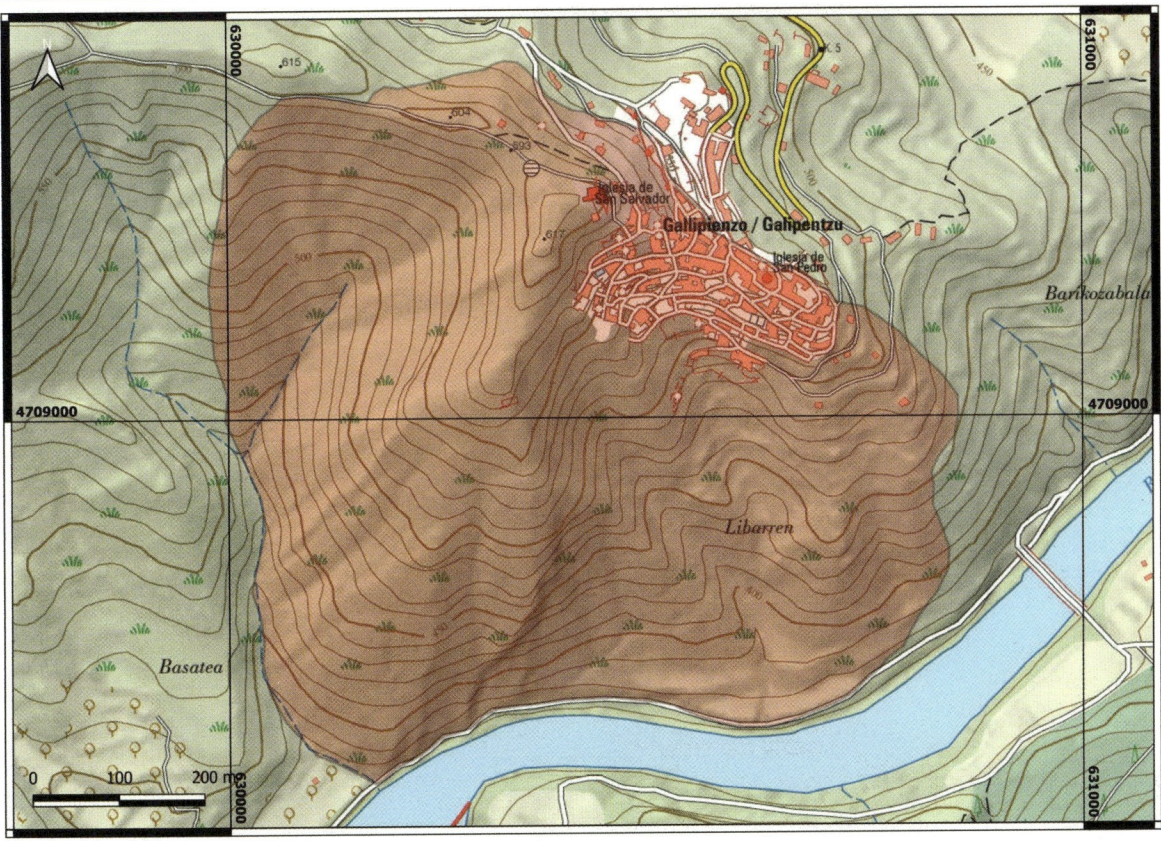

Ubicación y accesos	Los puntos singulares de interés se pueden observar a pie desde la misma localidad de Gallipienzo viejo a través de los caminos y senderos existentes. Crestas rocosas superiores expuestas. Precaución junto al río en épocas de crecidas. Posibles desprendimientos de bloques en la base de algunos escarpes.

POR QUÉ ES TAN IMPORTANTE ESTE LUGAR

Las potentes barras de conglomerados generan importantes resaltes en el relieve. Su disposición inclinada da lugar a morfologías tipo hogback. Un detalle de estas capas de espesor métrico permite formas canaliformes en su base y algunas estructuras sedimentarias en las areniscas con las que se intercalan. Constituyen un buen ejemplo de abanicos aluviales de edad oligomiocena.

LUGARES DE INTERÉS GEOLÓGICO DE NAVARRA.
DOMINIO DE LA DEPRESIÓN DEL EBRO

ESQUEMA GEOLÓGICO

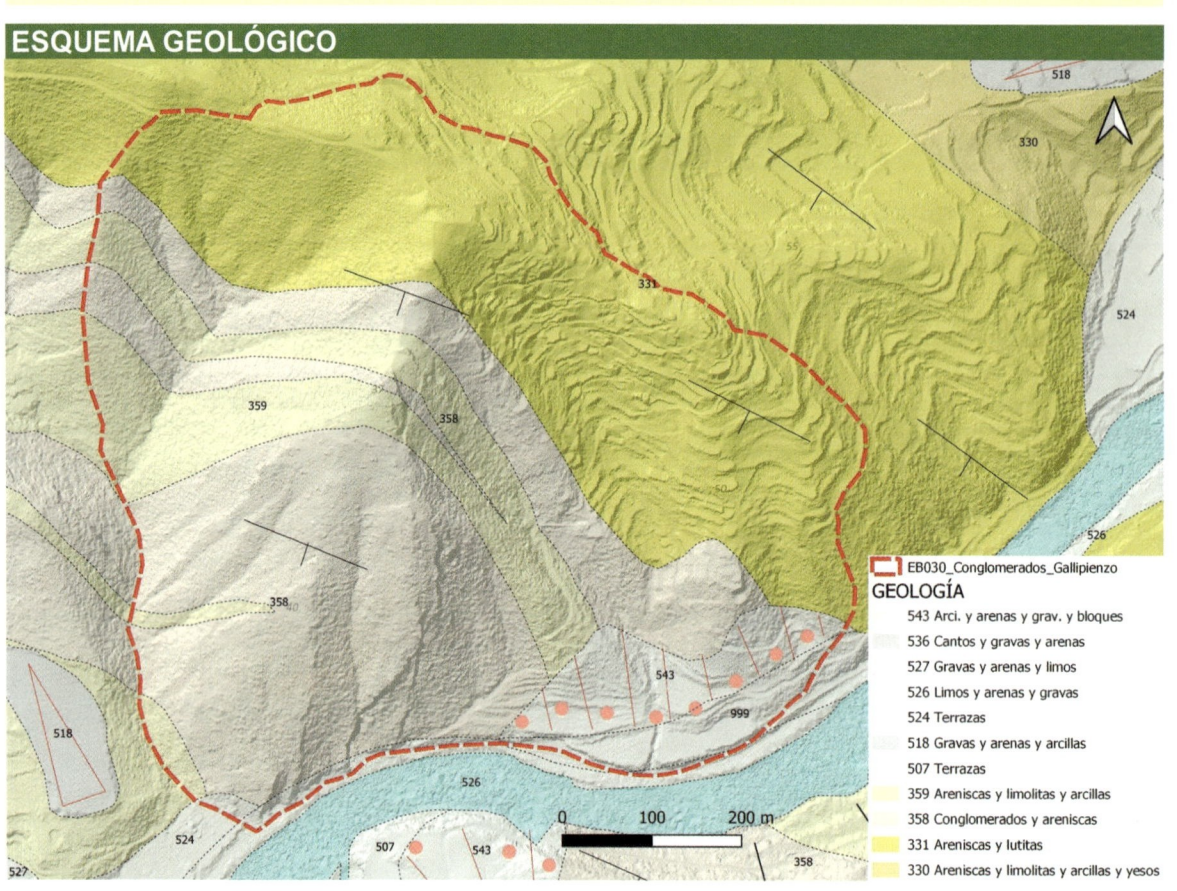

EB030_Conglomerados_Gallipienzo

GEOLOGÍA

543 Arci. y arenas y grav. y bloques
536 Cantos y gravas y arenas
527 Gravas y arenas y limos
526 Limos y arenas y gravas
524 Terrazas
518 Gravas y arenas y arcillas
507 Terrazas
359 Areniscas y limolitas y arcillas
358 Conglomerados y areniscas
331 Areniscas y lutitas
330 Areniscas y limolitas y arcillas y yesos

Encuadre geológico del LIG

Vista panorámica de la localidad de Gallipienzo viejo sobre la llanura aluvial del río Aragón. Las areniscas y conglomerados que aquí afloran generan un importante resalte morfológico.

IMÁGENES REPRESENTATIVAS

Potente barra de conglomerados de base ligeramente cóncava sobre estratos de arenisca de tonos amarillentos. Los cantos están muy cementados y en general, muestran buen redondeamiento y una fábrica granosostenida.

IMÁGENES REPRESENTATIVAS

Barras conglomeráticas, muy resistentes a la erosión debido a su grado de cementación, en la parte alta de Gallipienzo viejo.

IMÁGENES REPRESENTATIVAS

Arriba, detalle de un contacto neto entre conglomerados y areniscas. Abajo, erosión diferencial entre conglomerados y areniscas. Los primeros presentan mayor resistencia a la erosión y dan lugar a resaltes en el paisaje.

LUGARES DE INTERÉS GEOLÓGICO DE NAVARRA.
DOMINIO DE LA DEPRESIÓN DEL EBRO

CÓDIGO Y DENOMINACIÓN
EB010 Glacis pleistocenos de Monte Plano en Olite y suelos mollisoles

VALOR Y TIPO DE INTERÉS GEOLÓGICO

Valor del interés geológico	Tipo de interés geológico	
Científico	Principal	Geomorfológico
Didáctico	Secundario	Edafológico
Turístico		

UBICACIÓN DEL LIG

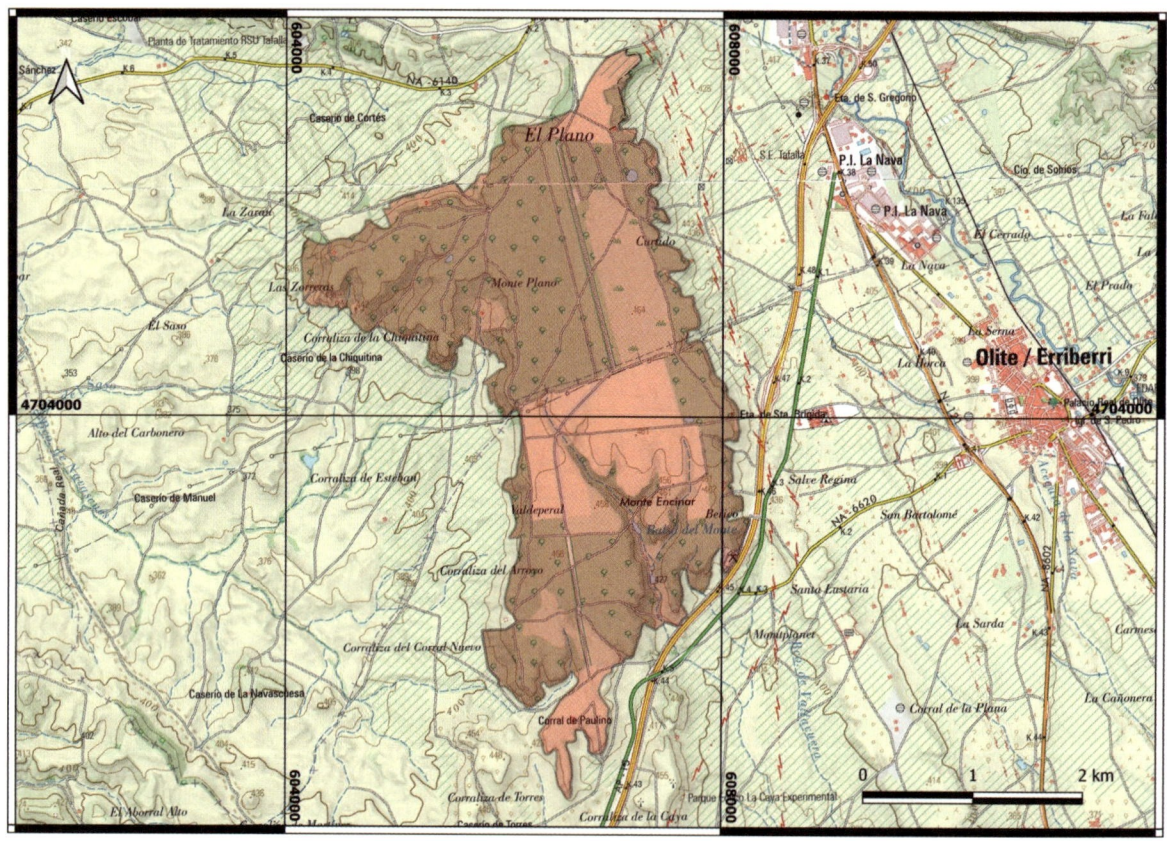

Ubicación y accesos	Un posible acceso se realiza desde Olite por la carretera NA-6620 hacia Monte Plano, tomando después pistas que recorren este sector transversal o lateralmente.

POR QUÉ ES TAN IMPORTANTE ESTE LUGAR

Su morfología aplanada responde a una superficie de erosión cubierta de glacis de época Pleistoceno sobre el que se ha desarrollado un suelo de tipo mollisol. En el perfil de estos suelos es característica la presencia de un horizonte cementado (petrocálcico) por los precipitados de carbonato cálcico que ha sido lavado de los horizontes superiores. El encajamiento progresivo de la red fluvial del río Cidacos y Arga, han dejado este relieve en una posición elevada.

LUGARES DE INTERÉS GEOLÓGICO DE NAVARRA.
DOMINIO DE LA DEPRESIÓN DEL EBRO

ESQUEMA GEOLÓGICO

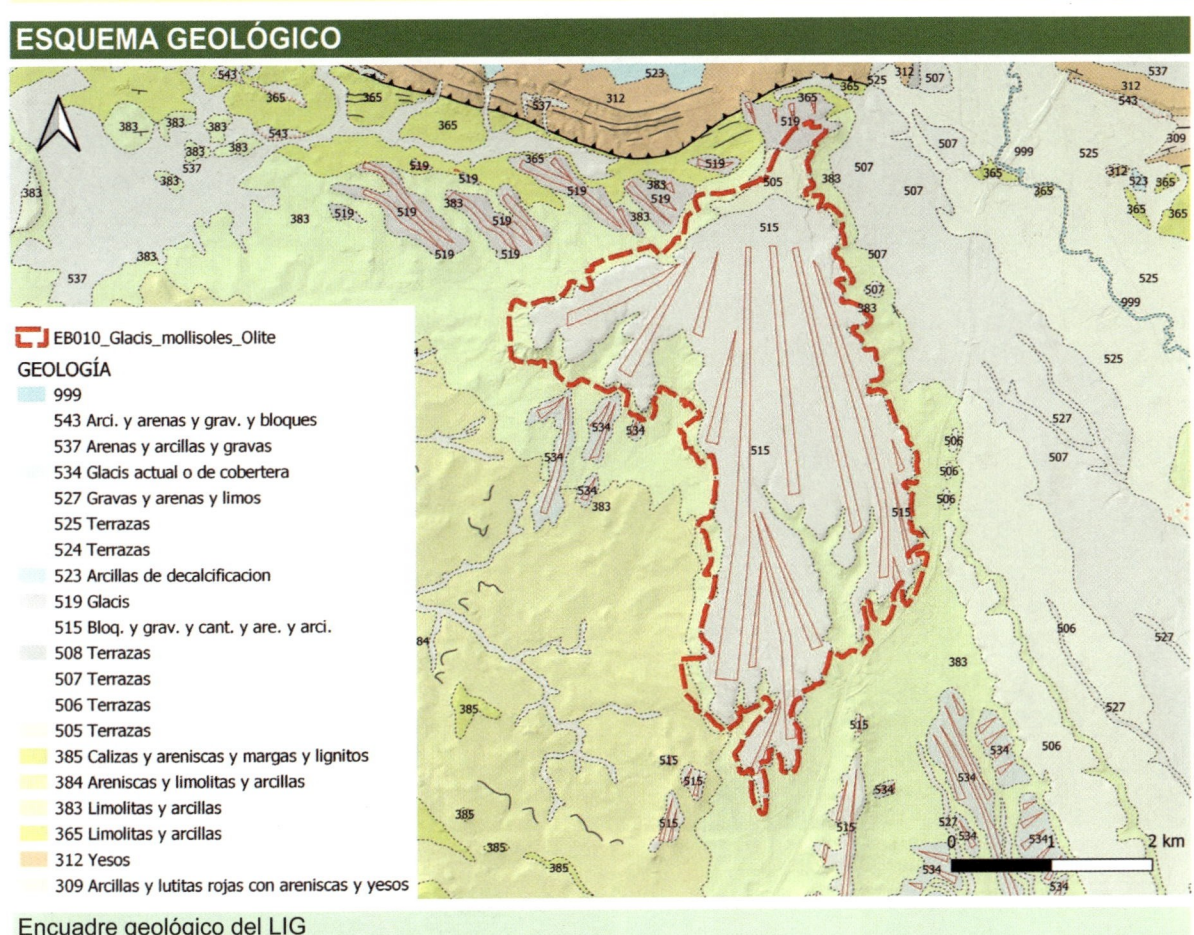

EB010_Glacis_mollisoles_Olite

GEOLOGÍA

- 999
- 543 Arci. y arenas y grav. y bloques
- 537 Arenas y arcillas y gravas
- 534 Glacis actual o de cobertera
- 527 Gravas y arenas y limos
- 525 Terrazas
- 524 Terrazas
- 523 Arcillas de decalcificacion
- 519 Glacis
- 515 Bloq. y grav. y cant. y are. y arci.
- 508 Terrazas
- 507 Terrazas
- 506 Terrazas
- 505 Terrazas
- 385 Calizas y areniscas y margas y lignitos
- 384 Areniscas y limolitas y arcillas
- 383 Limolitas y arcillas
- 365 Limolitas y arcillas
- 312 Yesos
- 309 Arcillas y lutitas rojas con areniscas y yesos

Encuadre geológico del LIG

Vista aérea del sector septentrional de Monte Plano de Olite. Este resalte ligeramente elevado, techo plano y cubierto de vegetación boscosa corresponde a un nivel de glacis pleistoceno sobre el que se desarrolla un perfil de suelo. Fuente: Dirección General de Obras Públicas e Infraestructuras del Gobierno de Navarra.

IMÁGENES REPRESENTATIVAS

Los perfiles se han clasificado como Typic Calcixerepts o Petrocalcic Palexeroll. Tienen un horizonte superficial de tipo mollisol y se caracterizan por presentar un horizonte frecuentemente petrocálcico. (Fuente imagen superior: Area de edafología y química agrícola de la Universidad Pública de Navarra; Fuente imágenes inferiores: Negociado de Suelos y Climatología, Red de observaciones del mapa de suelos 1:25.000 del Gobierno de Navarra, a partir del visor IDENA).

LUGARES DE INTERÉS GEOLÓGICO DE NAVARRA.
DOMINIO DE LA DEPRESIÓN DEL EBRO

CÓDIGO Y DENOMINACIÓN
EB011 Relieve en cuesta en yesos oligomiocenos de Lerín

VALOR Y TIPO DE INTERÉS GEOLÓGICO

Valor del interés geológico	Tipo de interés geológico	
Científico	Principal	Geomorfológico
Didáctico	Secundario	Petrológico-geoquímico, estratigráfico
Turístico		

UBICACIÓN DEL LIG

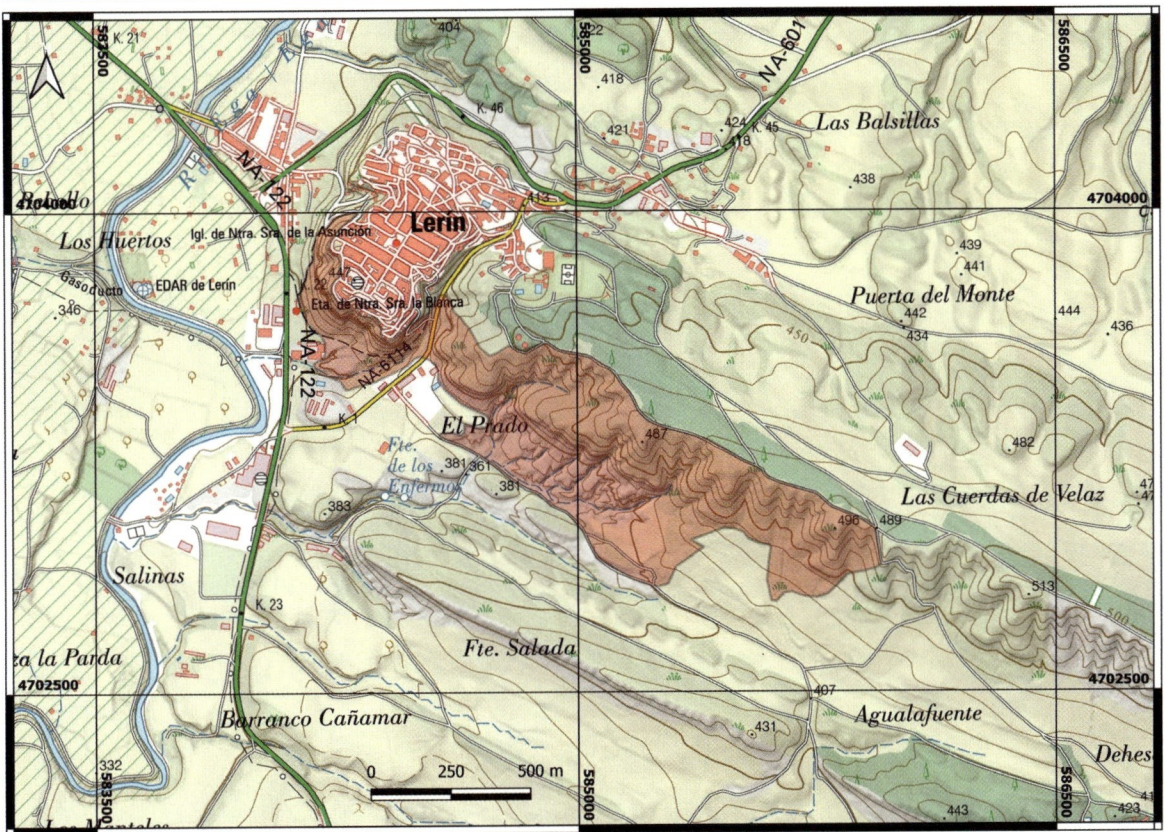

Ubicación y accesos	Desde la misma localidad de Lerín, utilizando los caminos ya existentes.

POR QUÉ ES TAN IMPORTANTE ESTE LUGAR
Excelente ejemplo de relieve en cuesta formado por capas competentes de yeso correspondientes a la Formación Yesos de Los Arcos, bajo las que afloran otras formaciones arcillosas (Formación Arcillas de Villafranca), mostrando una clara erosión diferencial entre ambos tipos de unidades. Estos resaltes rocosos forman parte del flanco norte del pliegue anticlinal de Falces.

LUGARES DE INTERÉS GEOLÓGICO DE NAVARRA.
DOMINIO DE LA DEPRESIÓN DEL EBRO

ESQUEMA GEOLÓGICO

EB011_Relieve_cuesta_Lerin

GEOLOGÍA

- 999
- 543 Arci. y arenas y grav. y bloques
- 536 Cantos y gravas y arenas
- 527 Gravas y arenas y limos
- 526 Limos y arenas y gravas
- 524 Terrazas
- 508 Terrazas
- 507 Terrazas
- 506 Terrazas
- 503 Terrazas
- 363 Limolitas y margas y calizas
- 354 Yesos
- 352 Yesos
- 350 Arcillas rojas y areniscas y yesos
- 349 Yesos
- 342 Arcillas ocres y areniscas y calizas y dolomías y

Encuadre geológico del LIG

Frente de cuesta de Lerín. El casco urbano está cimentado sobre la formación yesífera. Bajo ella, se aprecian los taludes acarcavados de la formación arcillosa infrayacente, con una pendiente más tendida.

IMÁGENES REPRESENTATIVAS

Arriba, relieve en cuesta en la localidad de Lerín. El resalte rocoso está formado por la Formación de Yesos de Los Arcos, bajo las que se dispone la Formación Arcillas de Villafranca. Abajo, detalle de los yesos, mostrando los frecuentes replegamientos de estilo halocinético.

LUGARES DE INTERÉS GEOLÓGICO DE NAVARRA.
DOMINIO DE LA DEPRESIÓN DEL EBRO

CÓDIGO Y DENOMINACIÓN
EB012 Cierre periclinal de Sesma

VALOR Y TIPO DE INTERÉS GEOLÓGICO

Valor del interés geológico	Tipo de interés geológico	
Científico	Principal	Tectónico
Didáctico	Secundario	Geomorfológico, sedimentológico
Turístico		

UBICACIÓN DEL LIG

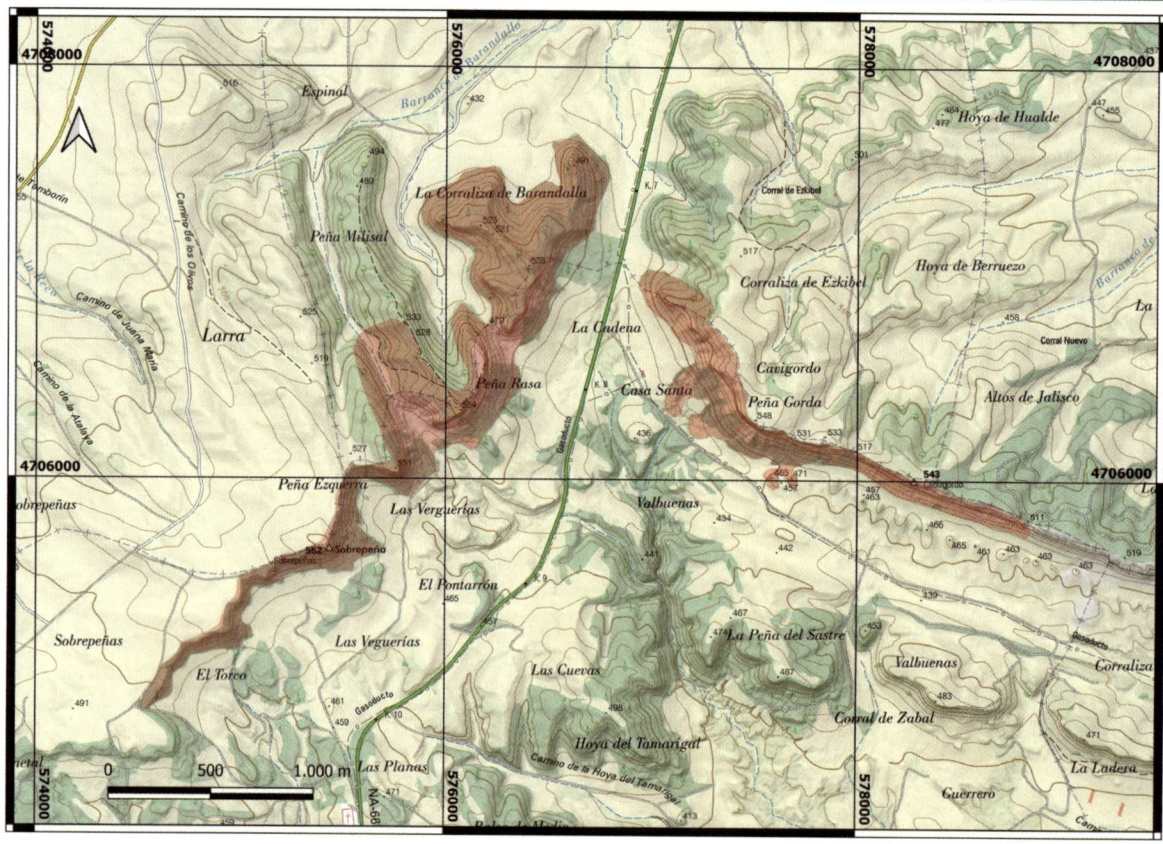

Ubicación y accesos	No existe un punto de parada idóneo, ni áreas de aparcamiento. Peña Rasa y Peña Ezkerra se sitúan en torno a los Km. 5 a 11 de la carretera NA-666. Hay algunos caminos y pequeños senderos que recorren el entorno. Desprendientos de bloques en los barrancos. Precaución en escarpe superior expuesto.

POR QUÉ ES TAN IMPORTANTE ESTE LUGAR

Los afloramientos yesíferos y arcillosos oligomiocenos que forman los principales resaltes de este sector, constituyen el cierre periclinal del anticlinal de Falces por su margen noroccidental, lo que da lugar aquí a una estratificación con buzamientos muy suaves. La erosión diferencial entre yesos y lutitas da lugar a laderas escalonadas e irregulares, parcialmente desnudas y donde pueden verse rasgos sedimentarios de interés.

LUGARES DE INTERÉS GEOLÓGICO DE NAVARRA.
DOMINIO DE LA DEPRESIÓN DEL EBRO

ESQUEMA GEOLÓGICO

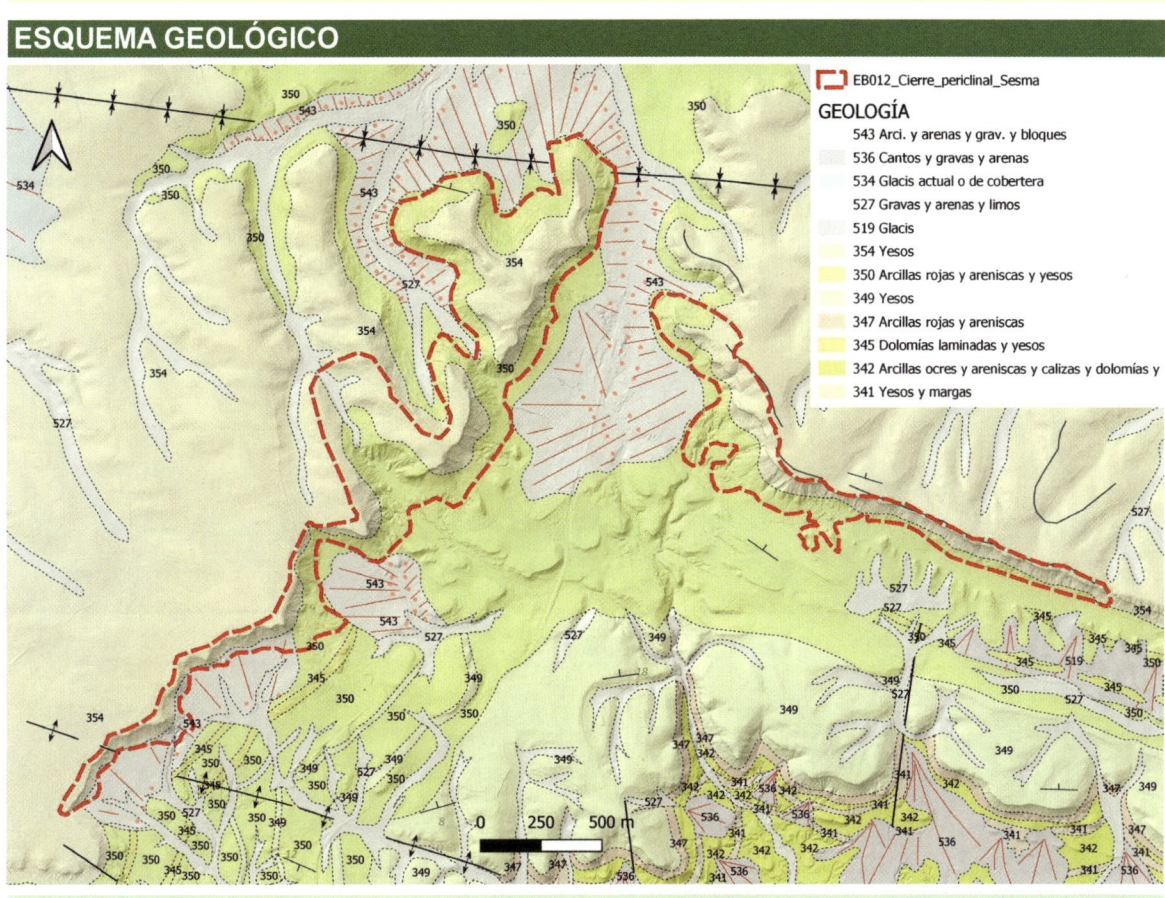

EB012_Cierre_periclinal_Sesma

GEOLOGÍA

543 Arci. y arenas y grav. y bloques
536 Cantos y gravas y arenas
534 Glacis actual o de cobertera
527 Gravas y arenas y limos
519 Glacis
354 Yesos
350 Arcillas rojas y areniscas y yesos
349 Yesos
347 Arcillas rojas y areniscas
345 Dolomías laminadas y yesos
342 Arcillas ocres y areniscas y calizas y dolomías y
341 Yesos y margas

Encuadre geológico del LIG

Pequeño barranco, paralelo al barranco de Barandallo, canalizándose aguas abajo en dirección al barranco Salado.

IMÁGENES REPRESENTATIVAS

Detalles de las formaciones rocosas oligocenas. Arriba, resalte rocoso coronado por los materiales evaporíticos de la Formación Yesos de Los Arcos. Debajo, detalles de la formación arcillosa infrayacente con intercalaciones de areniscas con base erosiva canaliforme que corresponden a antiguos paleocauces.

LUGARES DE INTERÉS GEOLÓGICO DE NAVARRA.
DOMINIO DE LA DEPRESIÓN DEL EBRO

Arriba, aspecto general de las laderas de Peña Rasa, coronada por un nivel más competente de yesos que forma un frente de escarpe, bajo el que se desarrolla un talud de morfología cóncava en niveles arcillosos, cubierta casi totalmente por la vegetación. Debajo, red de drenaje desarrollada en la cabecera del barranco Salado.

Resalte rocoso junto a Peña Rasa. Un cantil vertical coronado por unidades yesíferas da paso a una segunda mitad de la ladera de pendiente más suavizada con materiales predominantemente arcillosos y claros signos de acarcavamiento.

LUGARES DE INTERÉS GEOLÓGICO DE NAVARRA.
DOMINIO DE LA DEPRESIÓN DEL EBRO

CÓDIGO Y DENOMINACIÓN

EB037 Salobre de Sesma

VALOR Y TIPO DE INTERÉS GEOLÓGICO

Valor del interés geológico	Tipo de interés geológico	
Científico	Principal	Edafológico
Didáctico	Secundario	
Turístico		

UBICACIÓN DEL LIG

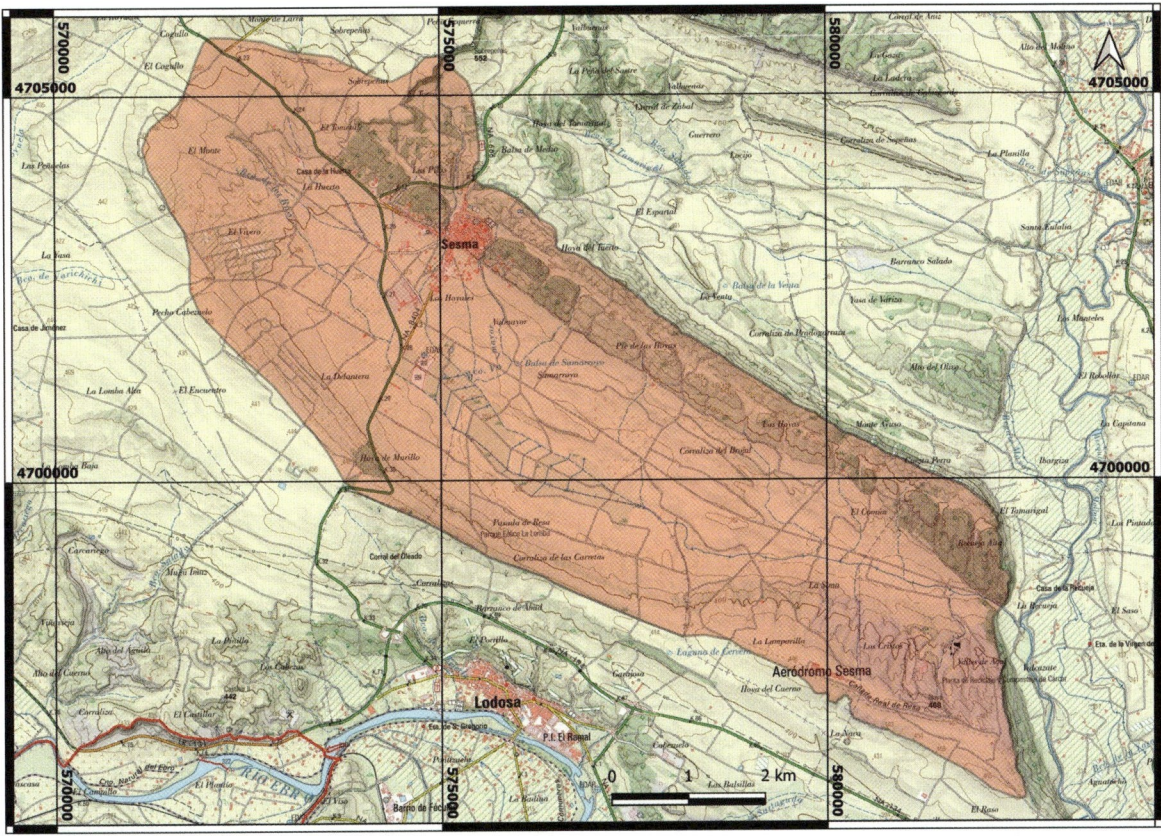

Ubicación y accesos	Un posible punto de acceso son las pistas de tierra con sentido sureste que parten de la carretera NA-8404 (Km. 28) al sur de la localidad de Sesma.

POR QUÉ ES TAN IMPORTANTE ESTE LUGAR

Representa un buen ejemplo de saladar desarrollado sobre un sinclinal cuyo sustrato está formado por materiales yesíferos y arcillosos, principalmente. Aquí se describen suelos muy salinos y textura principalmente arcillosa.

LUGARES DE INTERÉS GEOLÓGICO DE NAVARRA.
DOMINIO DE LA DEPRESIÓN DEL EBRO

ESQUEMA GEOLÓGICO

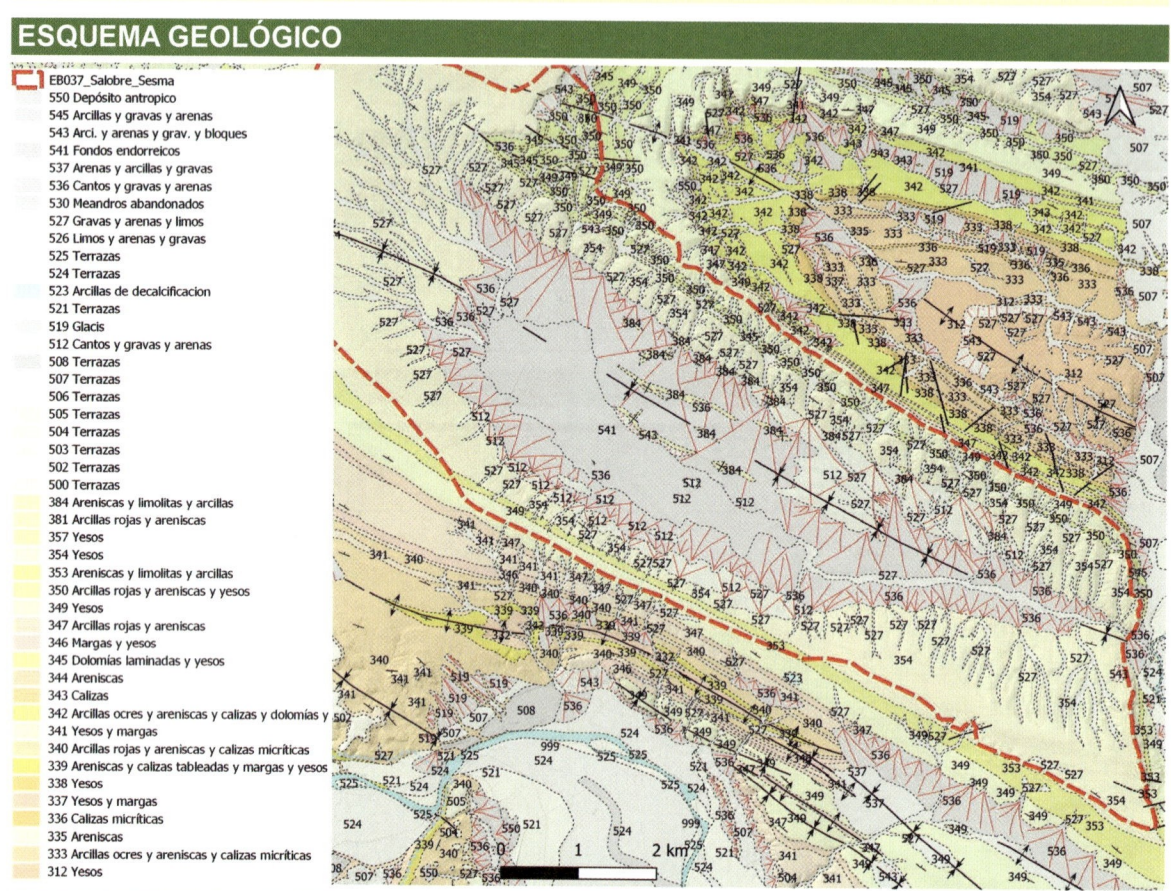

EB037_Salobre_Sesma
550 Depósito antropico
545 Arcillas y gravas y arenas
543 Arci. y arenas y grav. y bloques
541 Fondos endorreicos
537 Arenas y arcillas y gravas
536 Cantos y gravas y arenas
530 Meandros abandonados
527 Gravas y arenas y limos
526 Limos y arenas y gravas
525 Terrazas
524 Terrazas
523 Arcillas de decalcificacion
521 Terrazas
519 Glacis
512 Cantos y gravas y arenas
508 Terrazas
507 Terrazas
506 Terrazas
505 Terrazas
504 Terrazas
503 Terrazas
502 Terrazas
500 Terrazas
384 Areniscas y limolitas y arcillas
381 Arcillas rojas y areniscas
357 Yesos
354 Yesos
353 Areniscas y limolitas y arcillas
350 Arcillas rojas y areniscas y yesos
349 Yesos
347 Arcillas rojas y areniscas
346 Margas y yesos
345 Dolomías laminadas y yesos
344 Areniscas
343 Calizas
342 Arcillas ocres y areniscas y calizas y dolomías y
341 Yesos y margas
340 Arcillas rojas y areniscas y calizas micríticas
339 Areniscas y calizas tableadas y margas y yesos
338 Yesos
337 Yesos y margas
336 Calizas micríticas
335 Areniscas
333 Arcillas ocres y areniscas y calizas micríticas
312 Yesos

Encuadre geológico del LIG

Aspecto general del área del salobre de Sesma. Fuente: Área de Edafología y Química Agrícola de la Universidad Pública de Navarra. (Autor: Iñigo Virto).

350

IMÁGENES REPRESENTATIVAS

Arriba, aspecto general del Salobre y la flora típica del entorno. Abajo, detalle de roca yesífera perteneciente al sustrato rocoso. Fuente: Área de Edafología y Química Agrícola de la Universidad Pública de Navarra. (Autor: Iñigo Virto).

LUGARES DE INTERÉS GEOLÓGICO DE NAVARRA.
DOMINIO DE LA DEPRESIÓN DEL EBRO

CÓDIGO Y DENOMINACIÓN

EB013 Anticlinal de Falces: Sección Peralta - Falces

VALOR Y TIPO DE INTERÉS GEOLÓGICO

Valor del interés geológico	Tipo de interés geológico	
Científico	Principal	Tectónico
Didáctico	Secundario	Estratigráfico
Turístico		

UBICACIÓN DEL LIG

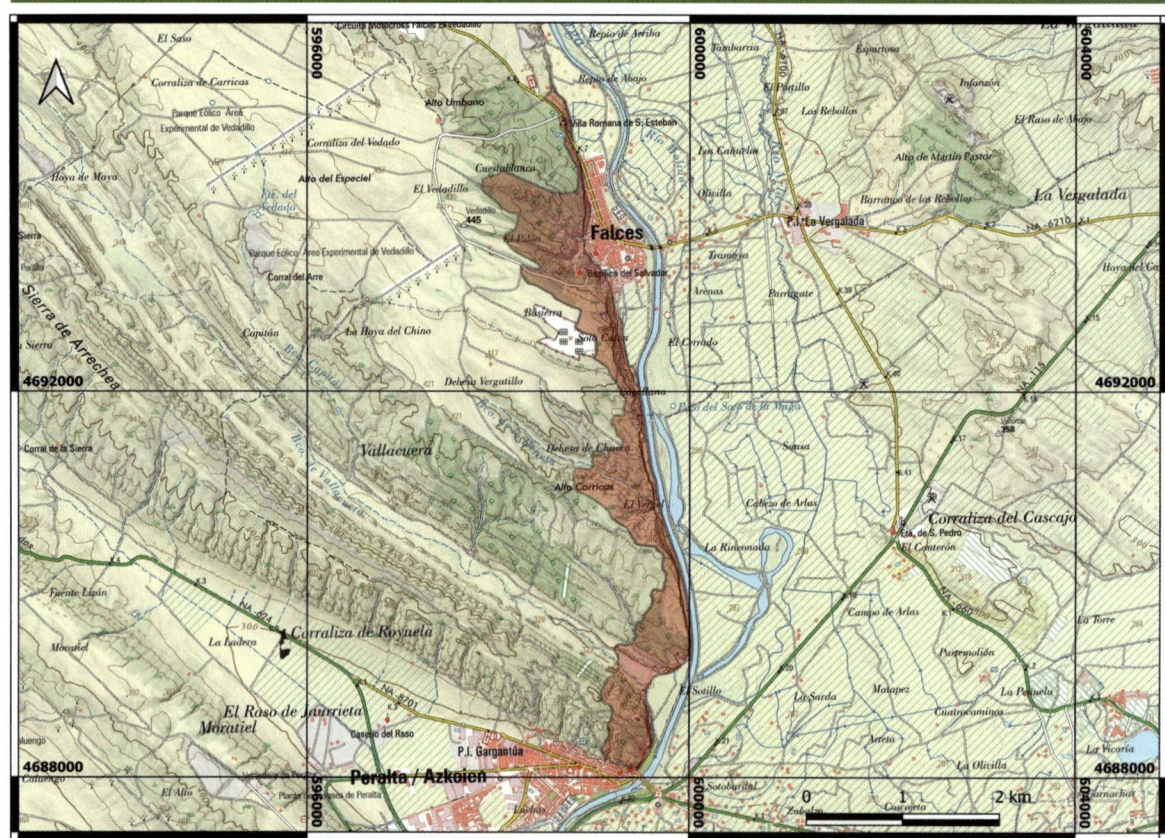

Ubicación y accesos	Entre las localidades de Peralta y Falces existe un paseo fluvial que discurre paralelo al río, por el que puede realizarse un corte transversal de la estructura geológica. Precaución en la base de los cortados por riesgo de desprendimiento de rocas y por el paseo en épocas de grandes crecidas. Existen otros interesantes puntos de observación en el camino de ascenso a la Atalaya de Peralta, la ermita del Salvador de Funes, el barranco del Pilón, entre otros. Algunos tramos con escarpes expuestos.

POR QUÉ ES TAN IMPORTANTE ESTE LUGAR

Se trata de una de las estructuras geológicas más relevantes de Navarra en el dominio de la Depresión del Ebro. Tiene un marcado estilo halocinético y está formado por una alternancia de unidades yesíferas y arcillosas. La erosión y encajamiento del río Arga permite observar toda la serie estratigráfica desde su núcleo (Formación Yesos de Falces) hasta sus flancos (Formación Yesos de los Arcos y otras formaciones lutíticas y yesíferas de gran interés).

LUGARES DE INTERÉS GEOLÓGICO DE NAVARRA.
DOMINIO DE LA DEPRESIÓN DEL EBRO

ESQUEMA GEOLÓGICO

EB013_anticlinal_Falces

GEOLOGÍA

- 546 Bloques desprendidos
- 545 Arcillas y gravas y arenas
- 543 Arci. y arenas y grav. y bloques
- 541 Fondos endorreicos
- 536 Cantos y gravas y arenas
- 534 Glacis actual o de cobertera
- 530 Meandros abandonados
- 529 Bloques y cantos y gravas
- 527 Gravas y arenas y limos
- 524 Terrazas
- 523 Arcillas de decalcificacion
- 521 Terrazas
- 515 Bloq. y grav. y cant. y are. y arci.
- 508 Terrazas
- 507 Terrazas
- 506 Terrazas
- 505 Terrazas
- 504 Terrazas
- 500 Terrazas
- 399 Arcillas rojas
- 386 Arcillas rojas
- 385 Calizas y areniscas y margas y lignitos
- 384 Areniscas y limolitas y arcillas
- 378 Arcillas con niv. de calizas
- 354 Yesos
- 350 Arcillas rojas y areniscas y yesos
- 349 Yesos
- 348 Margas y yesos
- 347 Arcillas rojas y areniscas
- 342 Arcillas ocres y areniscas y calizas y dolomías y
- 341 Yesos y margas
- 338 Yesos
- 336 Calizas micríticas
- 334 Yesos y dolomías
- 333 Arcillas ocres y areniscas y calizas micríticas
- 332 Arcillas rojas y areniscas
- 315 Margas y yesos y areniscas y calizas
- 314 Arcillas rojas y margas y yesos
- 312 Yesos

Encuadre geológico del LIG

Vista panorámica del escarpe rocoso que sobresale por encima de la llanura de inundación del río Arga en las inmediaciones de la localidad de Falces.

IMÁGENES REPRESENTATIVAS

Arriba, vista de la localidad de Falces a los pies del resalte rocoso que forman las rocas de la Formación Yesos de Falces. Centro, vista del castillo de los Moros desde el barranco del Pilón, tallado en yesos. Abajo, fuerte replegamiento de los yesos con claro estilo halocinético.

IMÁGENES REPRESENTATIVAS

Arriba, replegamientos de las formaciones yesíferas que afloran en el paseo fluvial de Peralta. Abajo, detalle de la serie margo-yesífera que forma parte del flanco sur del anticlinal de Falces.

IMÁGENES REPRESENTATIVAS

Formación Yesos de Falces del Oligoceno en los escarpes rocosos de la localidad de Falces. Los estratos de yeso están intensamente replegados, característicos de un estilo halocinético (halo- "sal" / -cinesis "movimiento").

IMÁGENES REPRESENTATIVAS

Detalle de un magnífico replegamiento en la formación yesífera en los alrededores de la localidad de Falces. Las alternancias de niveles finos y gruesos de yeso, además de otros de carácter margoso y arcilloso, ayudan a definir los contornos sinuosos y apretados del plegamiento.

LUGARES DE INTERÉS GEOLÓGICO DE NAVARRA. DOMINIO DE LA DEPRESIÓN DEL EBRO

CÓDIGO Y DENOMINACIÓN

EB036 Serie oligomiocena El Infanzón de Falces

VALOR Y TIPO DE INTERÉS GEOLÓGICO

Valor del interés geológico	Tipo de interés geológico	
Científico	Principal	Estratigráfico
Didáctico	Secundario	
Turístico		

UBICACIÓN DEL LIG

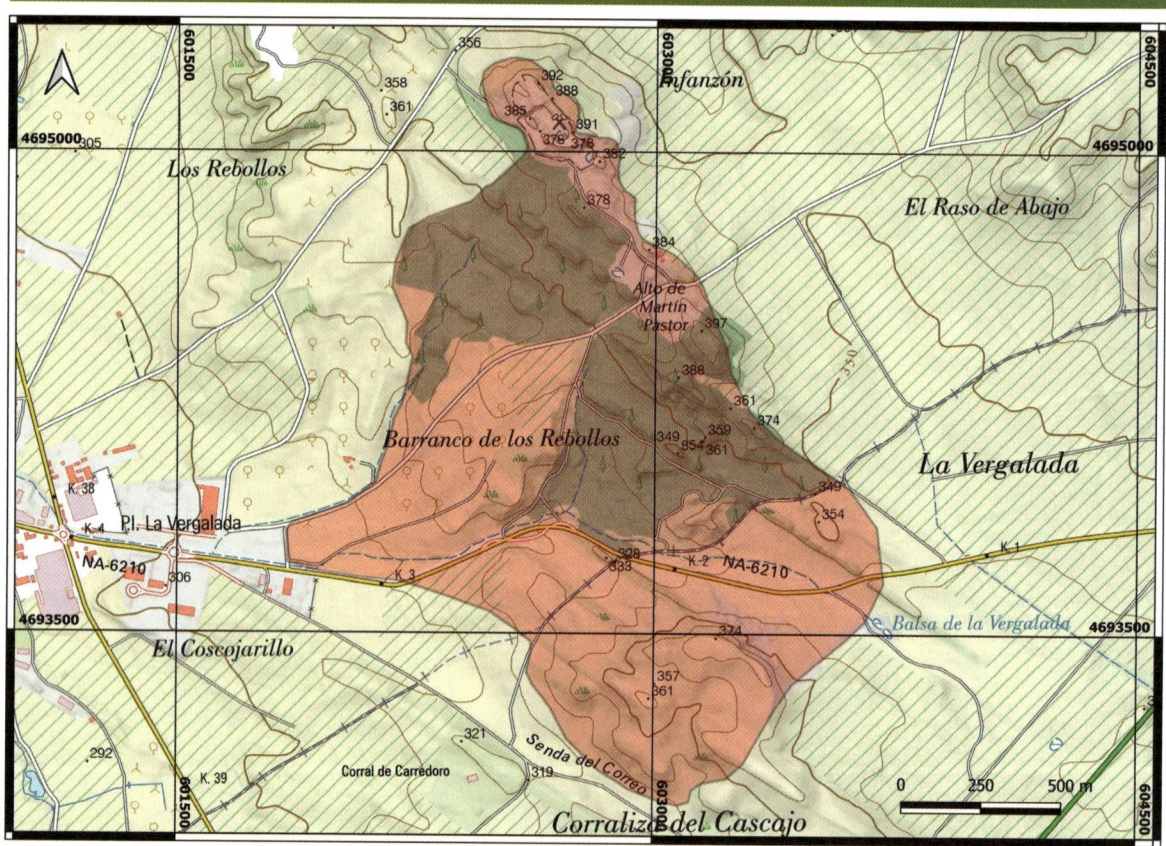

Ubicación y accesos	Acceso por pista de tierra que parte del polígono la Vergalada, en la carretera NA-6210 hacia Falces, en las proximidades del Km. 4. No autorizado el acceso a la gravera situada en la parte alta.

POR QUÉ ES TAN IMPORTANTE ESTE LUGAR

Un breve recorrido permite reconocer las diferentes unidades geológicas de la serie oligomiocena, que buza hacia el noreste al formar parte del flanco norte del anticlinal de Falces en la margen izquierda del río Arga.

ESQUEMA GEOLÓGICO

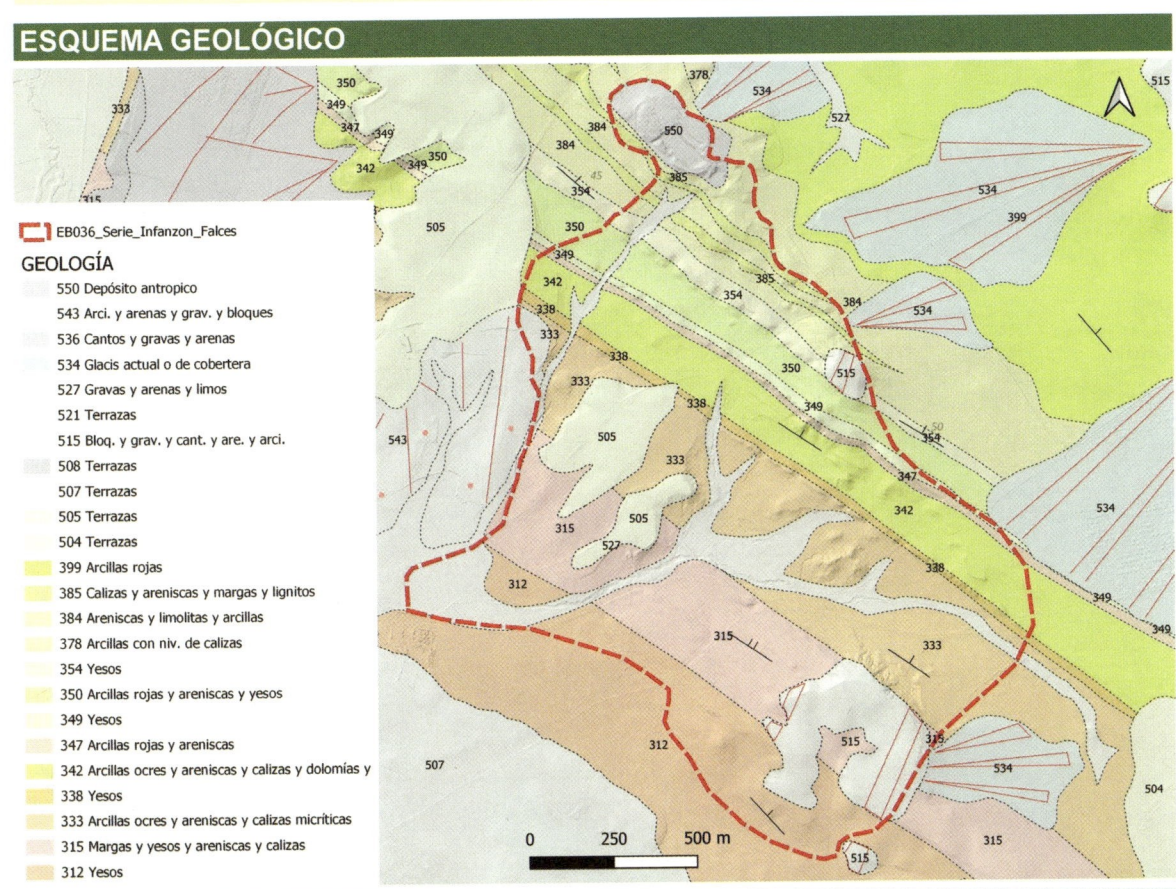

EB036_Serie_Infanzon_Falces

GEOLOGÍA

- 550 Depósito antrópico
- 543 Arci. y arenas y grav. y bloques
- 536 Cantos y gravas y arenas
- 534 Glacis actual o de cobertera
- 527 Gravas y arenas y limos
- 521 Terrazas
- 515 Bloq. y grav. y cant. y are. y arci.
- 508 Terrazas
- 507 Terrazas
- 505 Terrazas
- 504 Terrazas
- 399 Arcillas rojas
- 385 Calizas y areniscas y margas y lignitos
- 384 Areniscas y limolitas y arcillas
- 378 Arcillas con niv. de calizas
- 354 Yesos
- 350 Arcillas rojas y areniscas y yesos
- 349 Yesos
- 347 Arcillas rojas y areniscas
- 342 Arcillas ocres y areniscas y calizas y dolomías y
- 338 Yesos
- 333 Arcillas ocres y areniscas y calizas micríticas
- 315 Margas y yesos y areniscas y calizas
- 312 Yesos

Encuadre geológico del LIG

Vista del área de El Infanzón con los escarpes rocosos cercanos a la localidad de Falces al fondo de la imagen.

IMÁGENES REPRESENTATIVAS

Arriba, ladera de tonos versicolores correspondiente a la serie oligomiocena formada por lutitas, areniscas, calizas y yesos. Abajo, detalle de una balsa sobre una unidad yesífera.

IMÁGENES REPRESENTATIVAS

Arriba, contraste cromático entre los tramos arcillosos de colores rojizos y amarillentos y los niveles de calizas lacustres de tonos blanquecinos.

IMÁGENES REPRESENTATIVAS

Este entorno ofrece una buena panorámica de los relieves que se alzan en la margen derecha del río Arga. Se observa una pendiente generalizada hacia el noreste (dcha en la imagen) correspondiendo con el flanco sur del sinclinal de Miranda de Arga, que a su vez corresponde con el flanco norte del anticlinal de Falces.

LUGARES DE INTERÉS GEOLÓGICO DE NAVARRA.
DOMINIO DE LA DEPRESIÓN DEL EBRO

CÓDIGO Y DENOMINACIÓN
EB014 Barranco de Peñalén

VALOR Y TIPO DE INTERÉS GEOLÓGICO

Valor del interés geológico	Tipo de interés geológico	
Científico	Principal	Geomorfológico
Didáctico	Secundario	
Turístico		

UBICACIÓN DEL LIG

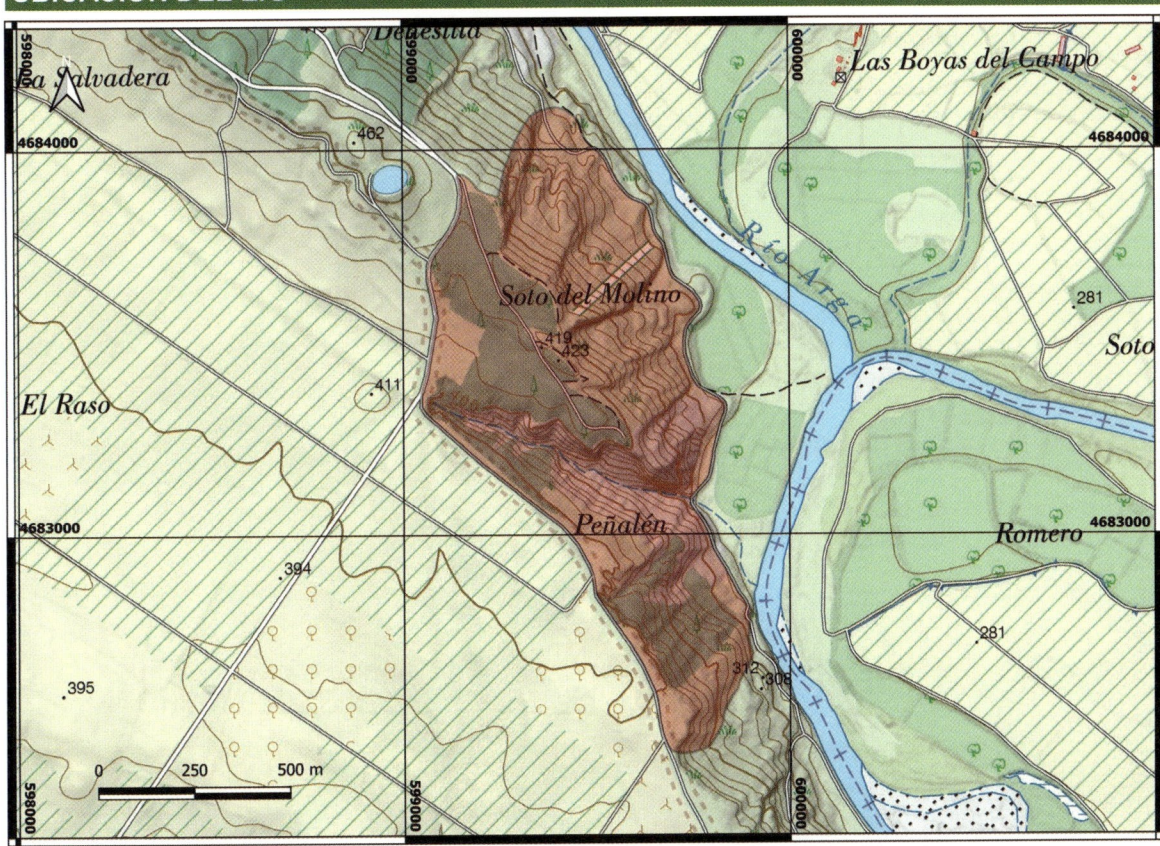

Ubicación y accesos	Tomando la carretera NA-115 desde Peralta o Funes hacia Rincón de Soto, un desvío al oeste de Funes permite acceder hasta un área de aparcamiento desde el que se recorre a pie un tramo hasta el barranco. Precaución al llegar al mirador en la cabecera del mismo, con escarpes muy expuestos y riesgo de caída. Precaución también en el borde exterior durante el recorrido.

POR QUÉ ES TAN IMPORTANTE ESTE LUGAR
Buen ejemplo de erosión en materiales blandos arcillosos, que da lugar a laderas acarcavadas con perfil escalonado, debido a la presencia de delgados niveles más competentes. La cabecera del barranco está formada por una serie yesífera con claros signos de karstificación y erosión.

LUGARES DE INTERÉS GEOLÓGICO DE NAVARRA.
DOMINIO DE LA DEPRESIÓN DEL EBRO

EB014_Bco_Peñalen

GEOLOGÍA

- 999
- 549 Vertientes de bloques
- 543 Arci. y arenas y grav. y bloques
- 541 Fondos endorreicos
- 529 Bloques y cantos y gravas
- 527 Gravas y arenas y limos
- 524 Terrazas
- 521 Terrazas
- 511 Limos y arcillas y gravas
- 387 Canales de conglomerados
- 386 Arcillas rojas
- 349 Yesos
- 348 Margas y yesos
- 347 Arcillas rojas y areniscas
- 342 Arcillas ocres y areniscas y calizas y dolomías y
- 341 Yesos y margas
- 338 Yesos
- 334 Yesos y dolomías
- 333 Arcillas ocres y areniscas y calizas micríticas
- 312 Yesos

0   250   500 m

Encuadre geológico del LIG

Vista de la confluencia de los ríos Arga y Aragón en las inmediaciones de Funes, desde el recorrido que va hacia el barranco de Peñalén.

364

IMÁGENES REPRESENTATIVAS

Aspecto general del Barranco de Peñalén, excavado en gran parte sobre materiales arcillosos. En la parte superior del barranco afloran unidades yesíferas más resistentes frente a la erosión.

LUGARES DE INTERÉS GEOLÓGICO DE NAVARRA.
DOMINIO DE LA DEPRESIÓN DEL EBRO

CÓDIGO Y DENOMINACIÓN
EB015a Meandros y terrazas del río Aragón: Tramo Cáseda

VALOR Y TIPO DE INTERÉS GEOLÓGICO

Valor del interés geológico	Tipo de interés geológico	
Científico	**Principal**	Geomorfológico
Didáctico	**Secundario**	
Turístico		

UBICACIÓN DEL LIG

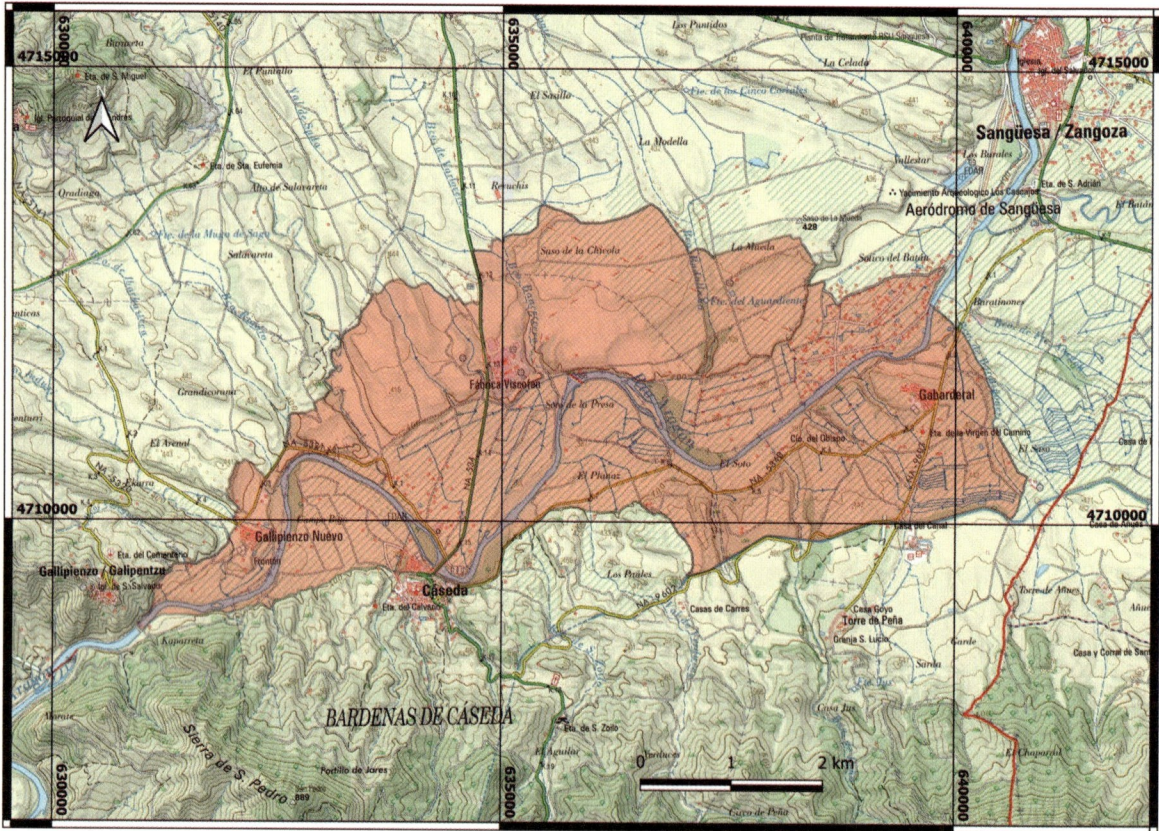

Ubicación y accesos	A lo largo de la carretera que une Sangüesa con Gallipienzo existen numerosas pistas que recorren el área. Una vista aérea desde Gallipienzo viejo es la opción más recomendable para divisar toda la zona en su conjunto. Precaución en épocas de avenidas.

POR QUÉ ES TAN IMPORTANTE ESTE LUGAR
Excelente ejemplo de la red fluvial del río Aragón, que desarrolla en este tramo amplios meandros y cuyo encajamiento ha dado lugar a diferentes niveles de terraza fluvial claramente identificables en el paisaje.

ESQUEMA GEOLÓGICO

GEOLOGÍA

- 547 Coluvión de bloques
- 543 Arci. y arenas y grav. y bloques
- 537 Arenas y arcillas y gravas
- 536 Cantos y gravas y arenas
- 530 Meandros abandonados
- 527 Gravas y arenas y limos
- 526 Limos y arenas y gravas
- 524 Terrazas
- 519 Glacis
- 518 Gravas y arenas y arcillas
- 513 Conos aluviales antiguos
- 508 Terrazas
- 507 Terrazas
- 506 Terrazas

- 398 Areniscas y fangos(paleocanales)
- 364 Conglomerados
- 359 Areniscas y limolitas y arcillas
- 358 Conglomerados y areniscas
- 331 Areniscas y lutitas
- 330 Areniscas y limolitas y arcillas y yesos
- 329 Areniscas ocres y lutitas
- 328 Alternancia de areniscas y lutitas ocres
- 326 Margas y arcillas
- 324 Limolitas y arcillas y margas
- 320 Luititas y areniscas y margas
- 319 Alternancia de areniscas y lutitas ocres
- 318 Lutitas ocres y areniscas
- 317 Areniscas y limos y arcillas
- 307 Limolitas y arcillas
- 304 Margas y areniscas

EB015a_glacis_terrazas_Aragon

Encuadre geológico del LIG

Vista panorámica del sistema fluvial del río Aragón en el entorno de Cáseda. Cauce meandriforme, extensos niveles de terraza en la margen derecha del río, identificándose diferentes niveles. En la margen izquierda, superficies suavemente inclinadas que representan niveles de glacis.

IMÁGENES REPRESENTATIVAS

Arriba, curso meandriforme del río Aragón y su llanura de inundación en el entorno de Cáseda-Gallipienzo. Abajo, detalle de una terraza media sobre sustrato cenozoico en la carretera que une ambas localidades.

LUGARES DE INTERÉS GEOLÓGICO DE NAVARRA.
DOMINIO DE LA DEPRESIÓN DEL EBRO

CÓDIGO Y DENOMINACIÓN

EB015b Meandros y terrazas del río Aragón: Tramo Murillo-Caparroso

VALOR Y TIPO DE INTERÉS GEOLÓGICO

Valor del interés geológico	Tipo de interés geológico	
Científico	Principal	Geomorfológico
Didáctico	Secundario	
Turístico		

UBICACIÓN DEL LIG

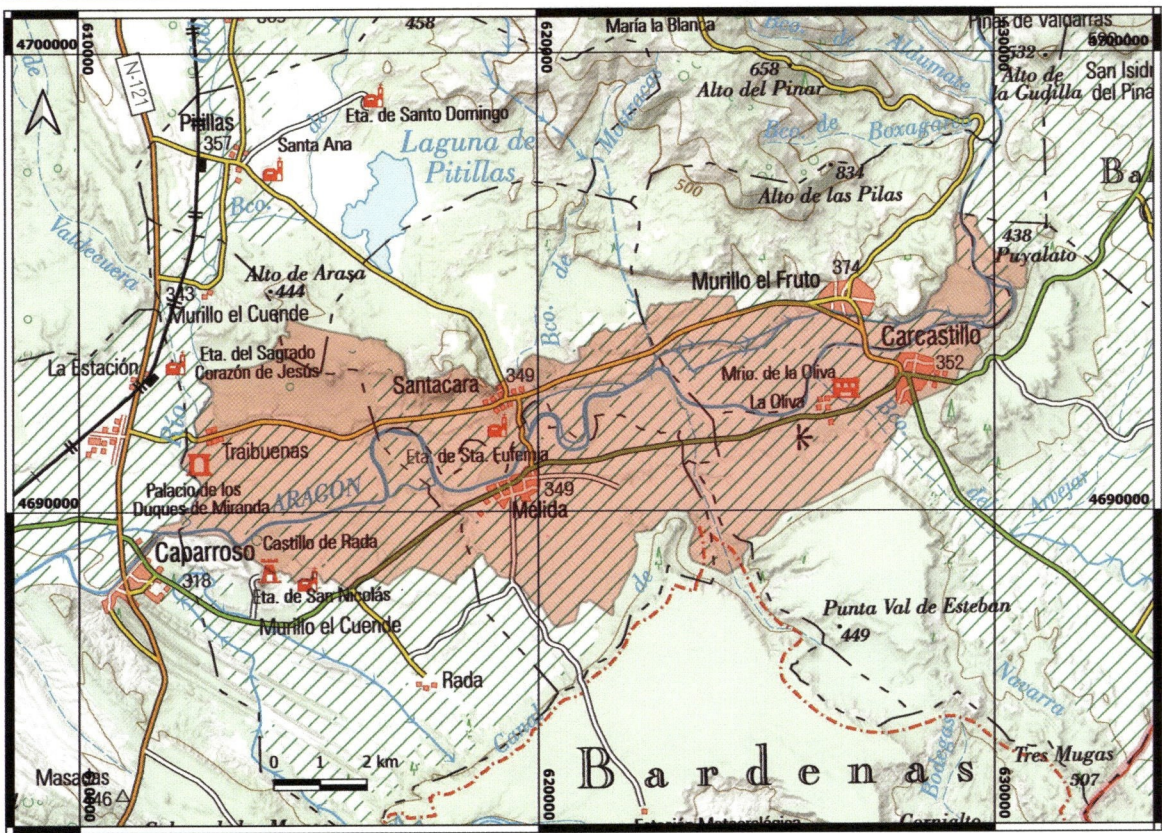

Ubicación y accesos	Numerosos caminos recorren este amplio entorno entre Carcastillo y Caparroso, a través de la carretera NA-128 y la carretera NA-1240. Precaución en épocas de avenidas.

POR QUÉ ES TAN IMPORTANTE ESTE LUGAR

Buen ejemplo de un sistema fluvial meandriforme con desarrollo de varios niveles de terraza fluvial y amplia llanura de inundación.

LUGARES DE INTERÉS GEOLÓGICO DE NAVARRA.
DOMINIO DE LA DEPRESIÓN DEL EBRO

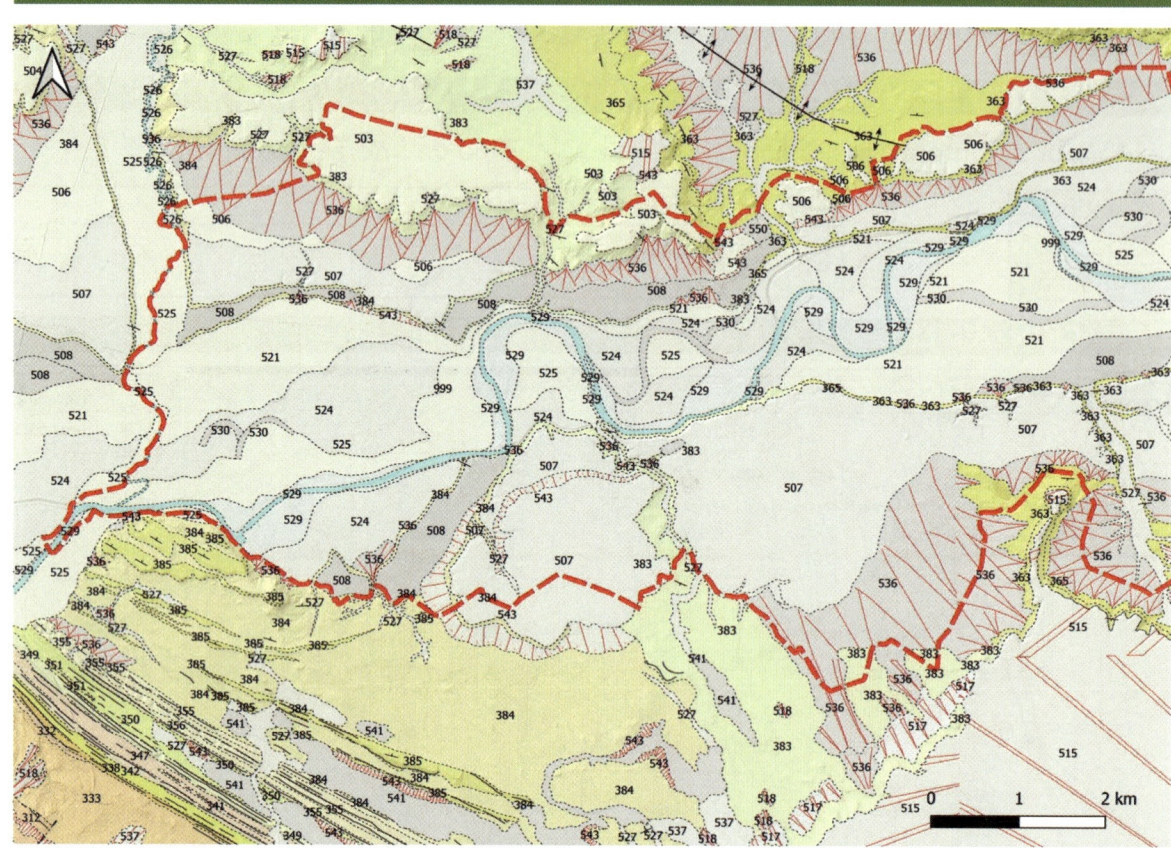

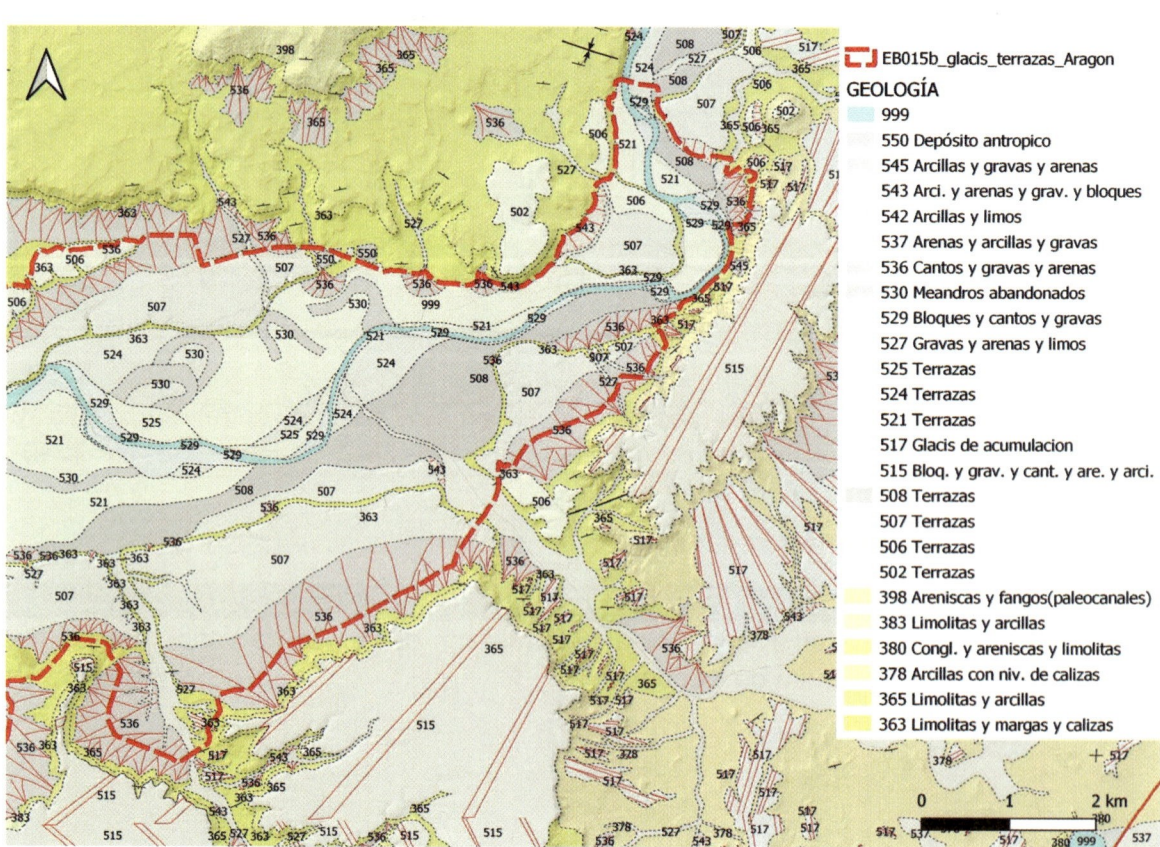

EB015b_glacis_terrazas_Aragon

GEOLOGÍA

- 999
- 550 Depósito antropico
- 545 Arcillas y gravas y arenas
- 543 Arci. y arenas y grav. y bloques
- 542 Arcillas y limos
- 537 Arenas y arcillas y gravas
- 536 Cantos y gravas y arenas
- 530 Meandros abandonados
- 529 Bloques y cantos y gravas
- 527 Gravas y arenas y limos
- 525 Terrazas
- 524 Terrazas
- 521 Terrazas
- 517 Glacis de acumulacion
- 515 Bloq. y grav. y cant. y are. y arci.
- 508 Terrazas
- 507 Terrazas
- 506 Terrazas
- 502 Terrazas
- 398 Areniscas y fangos(paleocanales)
- 383 Limolitas y arcillas
- 380 Congl. y areniscas y limolitas
- 378 Arcillas con niv. de calizas
- 365 Limolitas y arcillas
- 363 Limolitas y margas y calizas

Encuadre geológico del LIG

IMÁGENES REPRESENTATIVAS

Vistas aéreas del río Aragón entre los municipios de Santacara y Murillo el Fruto. Cauce de trazado claramente meandriforme. En la margen derecha del río se observa un "escalón" natural correspondiente a un nivel de terraza del Pleistoceno Superior. El escalón inferior, desarrollado en ambas márgenes del río, corresponde con otro nivel inferior de terraza fluvial de edad Holoceno. Junto al cauce, Soto del Escueral y Soto de López. Fuente: Dirección General de Obras Públicas e Infraestructuras del Gobierno de Navarra.

IMÁGENES REPRESENTATIVAS

Vista de la llanura de inundación del río Aragón. La morfología de los actuales campos de cultivo reflejan el trazado de antiguos meandros abandonados. Fuente: Dirección General de Obras Públicas e Infraestructuras del Gobierno de Navarra.

Vista del río Aragón y los diferentes niveles de terraza fluvial a ambos lados del cauce, cerca de las localidades de Carcastillo y Murillo el Fruto.

LUGARES DE INTERÉS GEOLÓGICO DE NAVARRA.
DOMINIO DE LA DEPRESIÓN DEL EBRO

CÓDIGO Y DENOMINACIÓN

EB035 Relieve estructural de la Plana de Larrate

VALOR Y TIPO DE INTERÉS GEOLÓGICO

Valor del interés geológico	Tipo de interés geológico	
Científico	Principal	Geomorfológico
Didáctico	Secundario	Sedimentológico
Turístico		

UBICACIÓN DEL LIG

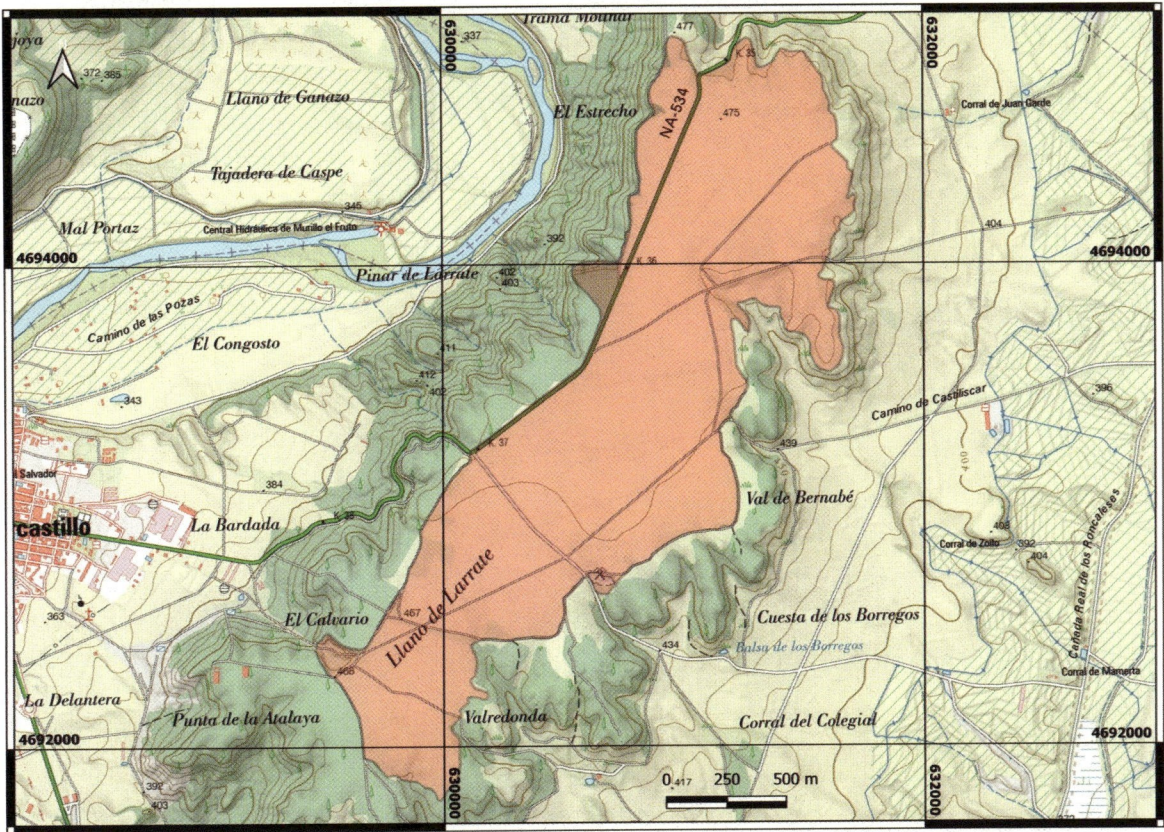

Ubicación y accesos	Acceso desde Carcastillo a través de la carretera NA-534. En las proximidades del Km. 36 se accede a un mirador donde se contempla el sistema fluvial del río Aragón y la posición elevada de este lugar. No está autorizado el acceso a las graveras presentes en los alrededores.

POR QUÉ ES TAN IMPORTANTE ESTE LUGAR

Constituye un buen ejemplo de meseta tabular coronada por un potente depósito de glacis cuaternario. La altiva posición de este relieve permite divisar el sistema de terrazas fluviales del río Aragón desde el mirador habilitado para ello. Además, pueden apreciarse algunos rasgos interesantes en la fábrica y naturaleza de los cantos que forman el depósito granular.

ESQUEMA GEOLÓGICO

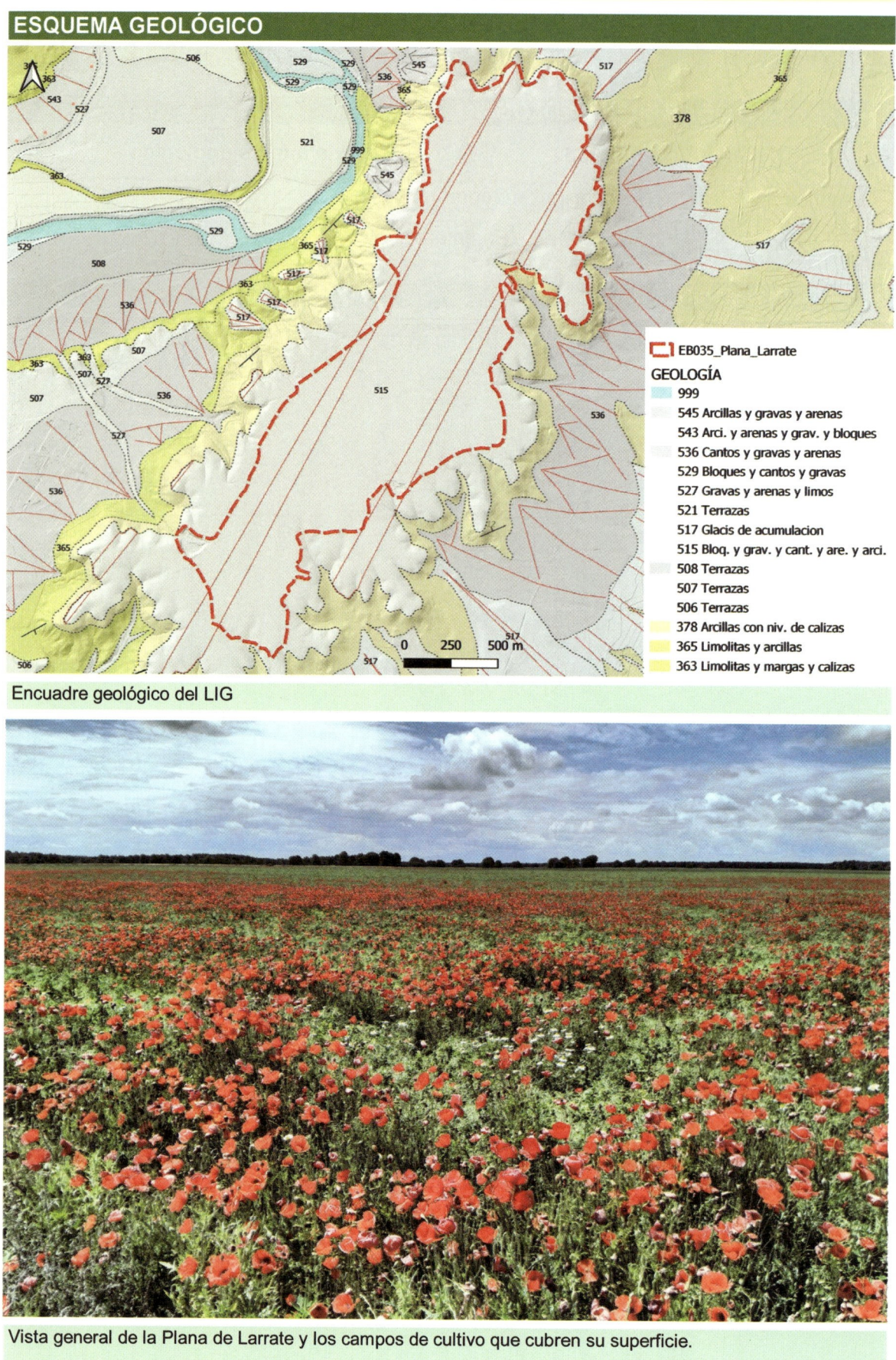

EB035_Plana_Larrate

GEOLOGÍA

999
545 Arcillas y gravas y arenas
543 Arci. y arenas y grav. y bloques
536 Cantos y gravas y arenas
529 Bloques y cantos y gravas
527 Gravas y arenas y limos
521 Terrazas
517 Glacis de acumulacion
515 Bloq. y grav. y cant. y are. y arci.
508 Terrazas
507 Terrazas
506 Terrazas
378 Arcillas con niv. de calizas
365 Limolitas y arcillas
363 Limolitas y margas y calizas

0   250   500 m

Encuadre geológico del LIG

Vista general de la Plana de Larrate y los campos de cultivo que cubren su superficie.

374

IMÁGENES REPRESENTATIVAS

Vista del sistema fluvial del río Aragón desde el mirador de la Plana de Larrate. Se pueden apreciar los distintos niveles de terraza fluvial del río Aragón en Carcastillo y Murillo el Fruto.

IMÁGENES REPRESENTATIVAS

Afloramiento de depósito granular correspondiente a la unidad de glacis de techo de piedemonte, de edad Pleistoceno Inferior. Presenta cantos redondeados de caliza y areniscas y se disponen sobre el sustrato rocoso mioceno, constituyendo la superficie de la Plana de Larrate.

IMÁGENES REPRESENTATIVAS

Arriba, contacto neto entre el sustrato detrítico mioceno y el depósito granular cuaternario. Abajo, desarrollo de un perfil de suelo sobre el depósito granular

IMÁGENES REPRESENTATIVAS

Arriba, detalle del depósito de glacis donde se observan frecuentes encostramientos de carbonato. Abajo, otro aspecto general de los cultivos de la superficie en la Plana de Larrate.

LUGARES DE INTERÉS GEOLÓGICO DE NAVARRA.
DOMINIO DE LA DEPRESIÓN DEL EBRO

CÓDIGO Y DENOMINACIÓN
EB015c Meandros y terrazas del río Aragón: Tramo Funes-Marcilla

VALOR Y TIPO DE INTERÉS GEOLÓGICO

Valor del interés geológico	Tipo de interés geológico	
Científico	**Principal**	Geomorfológico
Didáctico	**Secundario**	
Turístico		

UBICACIÓN DEL LIG

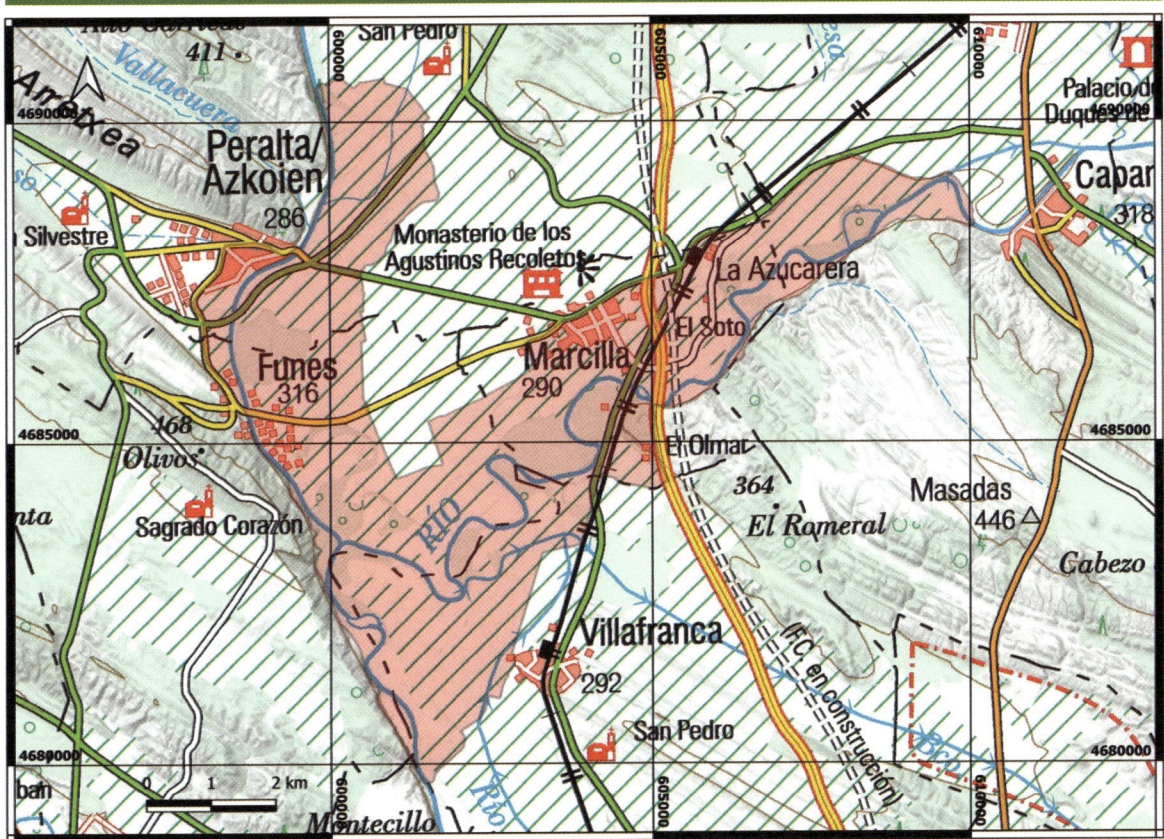

Ubicación y accesos	Marcilla, Peralta y Funes, Milagro y Caparroso constituyen puntos de partida para recorrer esta área desde diferentes sectores. Precaución en épocas de avenidas.

POR QUÉ ES TAN IMPORTANTE ESTE LUGAR
El punto singular más relevante es la confluencia de los ríos Arga y Aragón, que crean una extensa llanura de inundación y permiten el desarrollo de Sotos de gran interés medioambiental.

ESQUEMA GEOLÓGICO

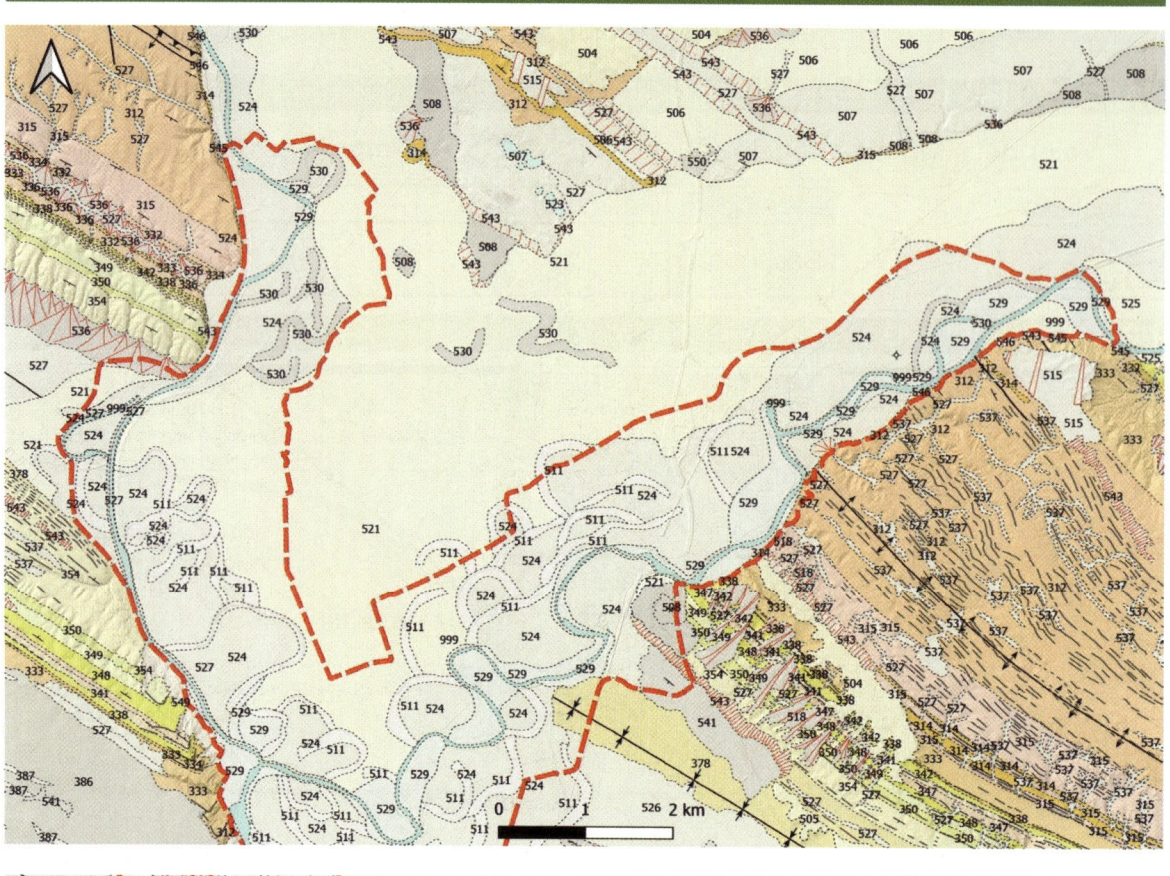

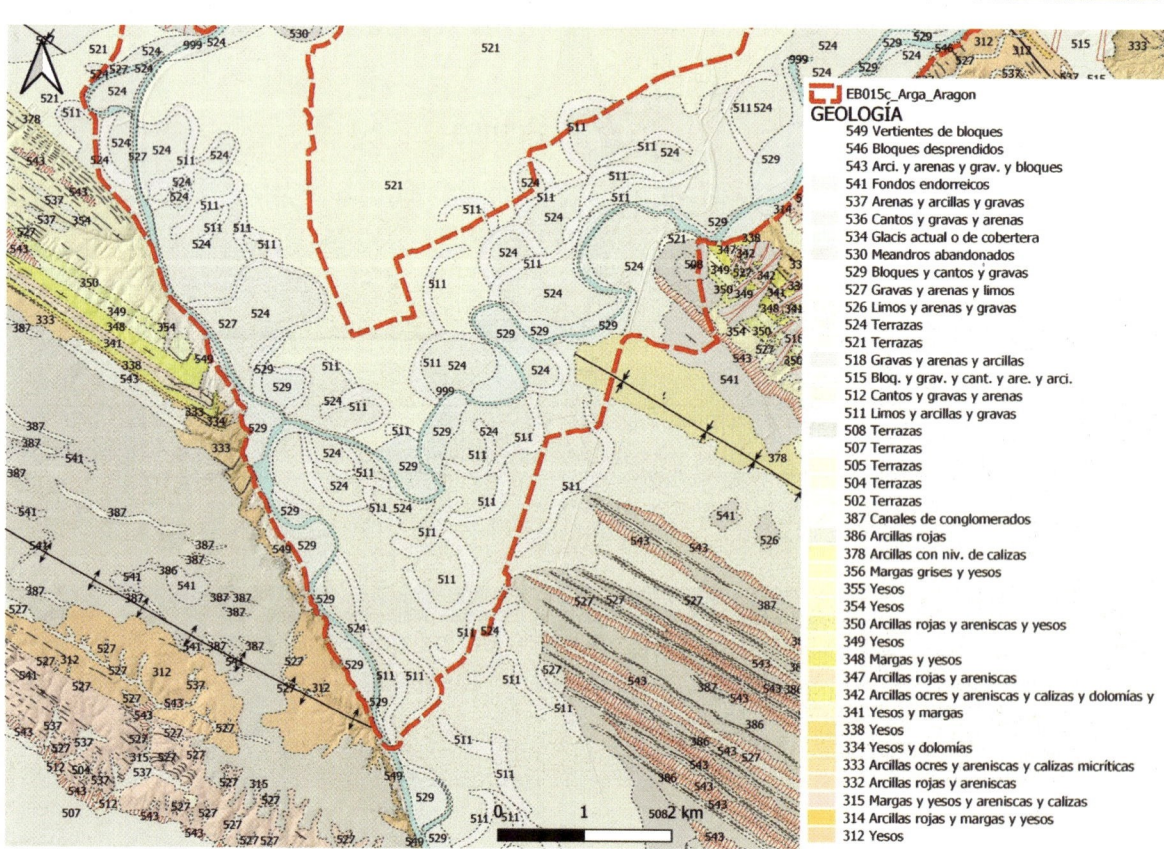

EB015c_Arga_Aragon

GEOLOGÍA

- 549 Vertientes de bloques
- 546 Bloques desprendidos
- 543 Arci. y arenas y grav. y bloques
- 541 Fondos endorreicos
- 537 Arenas y arcillas y gravas
- 536 Cantos y gravas y arenas
- 534 Glacis actual o de cobertera
- 530 Meandros abandonados
- 529 Bloques y cantos y gravas
- 527 Gravas y arenas y limos
- 526 Limos y arenas y gravas
- 524 Terrazas
- 521 Terrazas
- 518 Gravas y arenas y arcillas
- 515 Bloq. y grav. y cant. y are. y arci.
- 512 Cantos y gravas y arenas
- 511 Limos y arcillas y gravas
- 508 Terrazas
- 507 Terrazas
- 505 Terrazas
- 504 Terrazas
- 502 Terrazas
- 387 Canales de conglomerados
- 386 Arcillas rojas
- 378 Arcillas con niv. de calizas
- 356 Margas grises y yesos
- 355 Yesos
- 354 Yesos
- 350 Arcillas rojas y areniscas y yesos
- 349 Yesos
- 348 Margas y yesos
- 347 Arcillas rojas y areniscas
- 342 Arcillas ocres y areniscas y calizas y dolomías y
- 341 Yesos y margas
- 338 Yesos
- 334 Yesos y dolomías
- 333 Arcillas ocres y areniscas y calizas micríticas
- 332 Arcillas rojas y areniscas
- 315 Margas y yesos y areniscas y calizas
- 314 Arcillas rojas y margas y yesos
- 312 Yesos

Encuadre geológico del LIG

IMÁGENES REPRESENTATIVAS

Arriba, confluencia de los ríos Arga y Aragón en Funes. Abajo, uno de los numerosos sotos que se desarrollan asociados al río, muy cerca de la confluencia de ambos ríos.

IMÁGENES REPRESENTATIVAS

Arriba y centro, taludes de la margen erosiva del río Aragón a su paso por Marcilla. Se observa el nivel de terraza en la parte superior, cortando los materiales oligocenos del sustrato rocoso. Abajo, detalle de la terraza baja del río, constituido por gravas, arenas, limos y arcillas. Cantos bien redondeados de naturaleza variada, principalmente areniscas y calizas.

IMÁGENES REPRESENTATIVAS

Detalles de la terraza fluvial del río Aragón de edad Pleistoceno Superior sobre el sustrato rocoso cenozoico, formado principalmente por margas y yesos.

LUGARES DE INTERÉS GEOLÓGICO DE NAVARRA.
DOMINIO DE LA DEPRESIÓN DEL EBRO

CÓDIGO Y DENOMINACIÓN

EB016a Escarpes en yesos oligomiocenos de Caparroso

VALOR Y TIPO DE INTERÉS GEOLÓGICO

Valor del interés geológico	Tipo de interés geológico	
Científico	Principal	Geomorfológico
Didáctico	Secundario	
Turístico		

UBICACIÓN DEL LIG

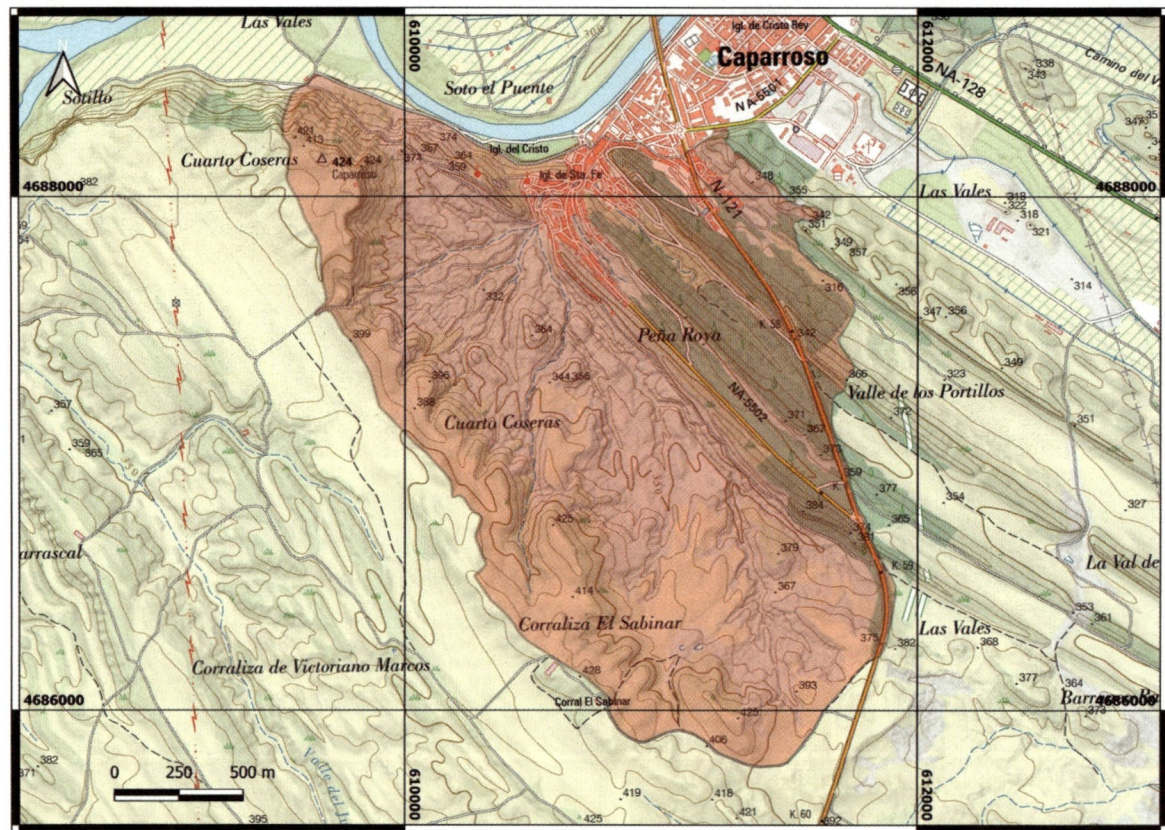

Ubicación y accesos	Un recorrido por los alrededores de la localidad de Caparroso cerca de la Iglesia de Santa Fe y la Iglesia del Cristo, permite apreciar las formaciones yesíferas y arcillosas. Precaución en la base de los cortados por riesgo de desprendimiento de rocas. Monte Caparroso con escarpes expuestos.

POR QUÉ ES TAN IMPORTANTE ESTE LUGAR

Relieves tipo hogback formados por formaciones yesíferas que forman parte del flanco norte del pliegue anticlinal de Falces y seccionados transversalmente por el trazado del río Aragón antes de su confluencia con el Arga. La alternancia con formaciones arcillosas genera interesantes contrastes en el relieve inclinado. Al suroeste de la localidad, en la cima del monte Caparroso, pueden apreciarse depósitos cuaternarios de glacis que coronan los materiales arcillosos, los cuales están notablemente afectados por la erosión.

LUGARES DE INTERÉS GEOLÓGICO DE NAVARRA.
DOMINIO DE LA DEPRESIÓN DEL EBRO

ESQUEMA GEOLÓGICO

EB016a_Resaltes_yesos_Caparroso

GEOLOGÍA

- 546 Bloques desprendidos
- 545 Arcillas y gravas y arenas
- 543 Arci. y arenas y grav. y bloques
- 537 Arenas y arcillas y gravas
- 536 Cantos y gravas y arenas
- 530 Meandros abandonados
- 529 Bloques y cantos y gravas
- 527 Gravas y arenas y limos
- 525 Terrazas
- 524 Terrazas
- 518 Gravas y arenas y arcillas
- 515 Bloq. y grav. y cant. y are. y arci.
- 385 Calizas y areniscas y margas y lignitos
- 384 Areniscas y limolitas y arcillas
- 356 Margas grises y yesos
- 355 Yesos
- 351 Arcillas
- 350 Arcillas rojas y areniscas y yesos
- 349 Yesos
- 347 Arcillas rojas y areniscas
- 342 Arcillas ocres y areniscas y calizas y dolomías y
- 341 Yesos y margas
- 338 Yesos
- 333 Arcillas ocres y areniscas y calizas micríticas
- 332 Arcillas rojas y areniscas
- 314 Arcillas rojas y margas y yesos
- 312 Yesos

Encuadre geológico del LIG

Vista general del entorno suroccidental de la localidad de Caparroso. Destacan en la lejanía los relieves inclinados de los tramos yesíferos. En primer plano, terreno acarcavado correspondiente a la Formación Arcillas de Marcilla y coronado por un depósito granular cuaternario muy cementado.

IMÁGENES REPRESENTATIVAS

Resaltes rocosos de Caparroso, formados principalmente por materiales yesíferos, más resistentes a la erosión frente a los materiales arcillosos y margosos. Un recorrido desde el noreste de Caparroso hacia la iglesia del Cristo al suroeste, permite trazar la sección del flanco norte del anticlinal de Falces, observando todo el tránsito de unidades yesíferas y arcillosas oligomiocenas.

IMÁGENES REPRESENTATIVAS

Formación Arcillas de Marcilla, formadas por lutitas con intercalaciones de areniscas y calizas. Las lutitas tienen tonos ocres con algunos horizontes rojizos. Se encuentran seccionados por un depósito cuaternario del Pleistoceno Inferior formado por conglomerados muy cementados que forman un relieve en plataforma.

LUGARES DE INTERÉS GEOLÓGICO DE NAVARRA. DOMINIO DE LA DEPRESIÓN DEL EBRO

CÓDIGO Y DENOMINACIÓN

EB016b Escarpes en yesos oligomiocenos de Cárcar y Andosilla

VALOR Y TIPO DE INTERÉS GEOLÓGICO

Valor del interés geológico	Tipo de interés geológico	
Científico	Principal	Geomorfológico
Didáctico	Secundario	
Turístico		

UBICACIÓN DEL LIG

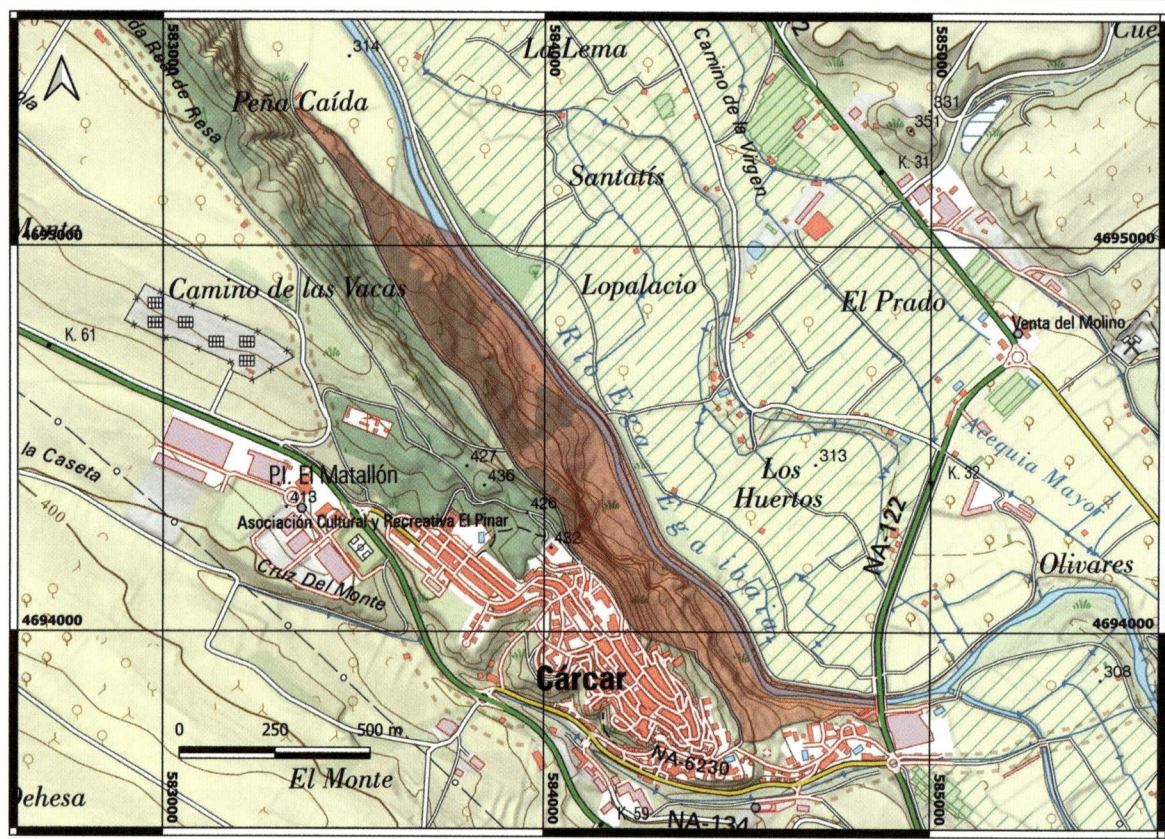

Ubicación y accesos	Desde la propia localidad de Cárcar, por el paseo fluvial que discurre por el noreste junto al cauce pueden apreciarse buenos afloramientos de la formación yesífera y los fenómenos de inestabilidad. Precaución en la base de los cortados por riesgo de desprendimiento de rocas y en el paseo fluvial en épocas de crecidas. No acceder a la parte superior de los escarpes.

POR QUÉ ES TAN IMPORTANTE ESTE LUGAR

El río Ega secciona la serie estratigráfica yesífera, mostrando en los acantilados buenos afloramientos de estas formaciones de yesos. El progresivo desmantelamiento asociado a la erosión de las laderas ofrece claros ejemplos de inestabilidad de grandes bloques del sustrato rocoso.

LUGARES DE INTERÉS GEOLÓGICO DE NAVARRA.
DOMINIO DE LA DEPRESIÓN DEL EBRO

ESQUEMA GEOLÓGICO

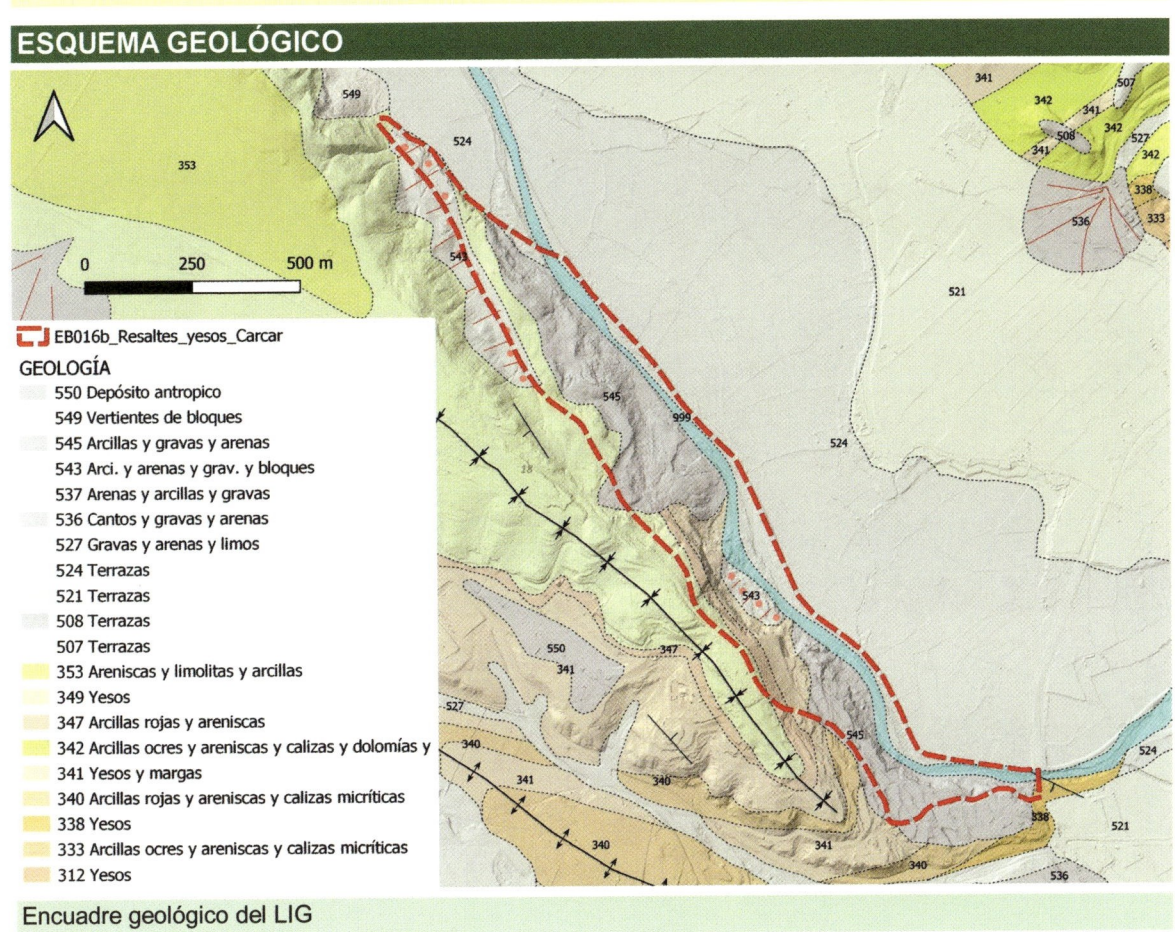

EB016b_Resaltes_yesos_Carcar

GEOLOGÍA

- 550 Depósito antropico
- 549 Vertientes de bloques
- 545 Arcillas y gravas y arenas
- 543 Arci. y arenas y grav. y bloques
- 537 Arenas y arcillas y gravas
- 536 Cantos y gravas y arenas
- 527 Gravas y arenas y limos
- 524 Terrazas
- 521 Terrazas
- 508 Terrazas
- 507 Terrazas
- 353 Areniscas y limolitas y arcillas
- 349 Yesos
- 347 Arcillas rojas y areniscas
- 342 Arcillas ocres y areniscas y calizas y dolomías y
- 341 Yesos y margas
- 340 Arcillas rojas y areniscas y calizas micríticas
- 338 Yesos
- 333 Arcillas ocres y areniscas y calizas micríticas
- 312 Yesos

Encuadre geológico del LIG

Vista del paseo fluvial al noreste de Cárcar. El borde erosivo de la margen izquierda del río Ega excava la formación yesífera oligocena provocando procesos de inestabilidad de ladera.

IMÁGENES REPRESENTATIVAS

Afloramientos de la unidad yesífera en los taludes de Cárcar. En el centro, gran fragmento del talud rocoso yesífero, separado y desplazado por efecto del desmantelamiento progresivo de los taludes. Deberán respetarse las indicaciones de seguridad y en ningún caso se deberá acceder a la base de los taludes.

LUGARES DE INTERÉS GEOLÓGICO DE NAVARRA.
DOMINIO DE LA DEPRESIÓN DEL EBRO

CÓDIGO Y DENOMINACIÓN

EB016c Escarpes en yesos oligocenos de Azagra

VALOR Y TIPO DE INTERÉS GEOLÓGICO

Valor del interés geológico	Tipo de interés geológico	
Científico	Principal	Geomorfológico
Didáctico	Secundario	
Turístico		

UBICACIÓN DEL LIG

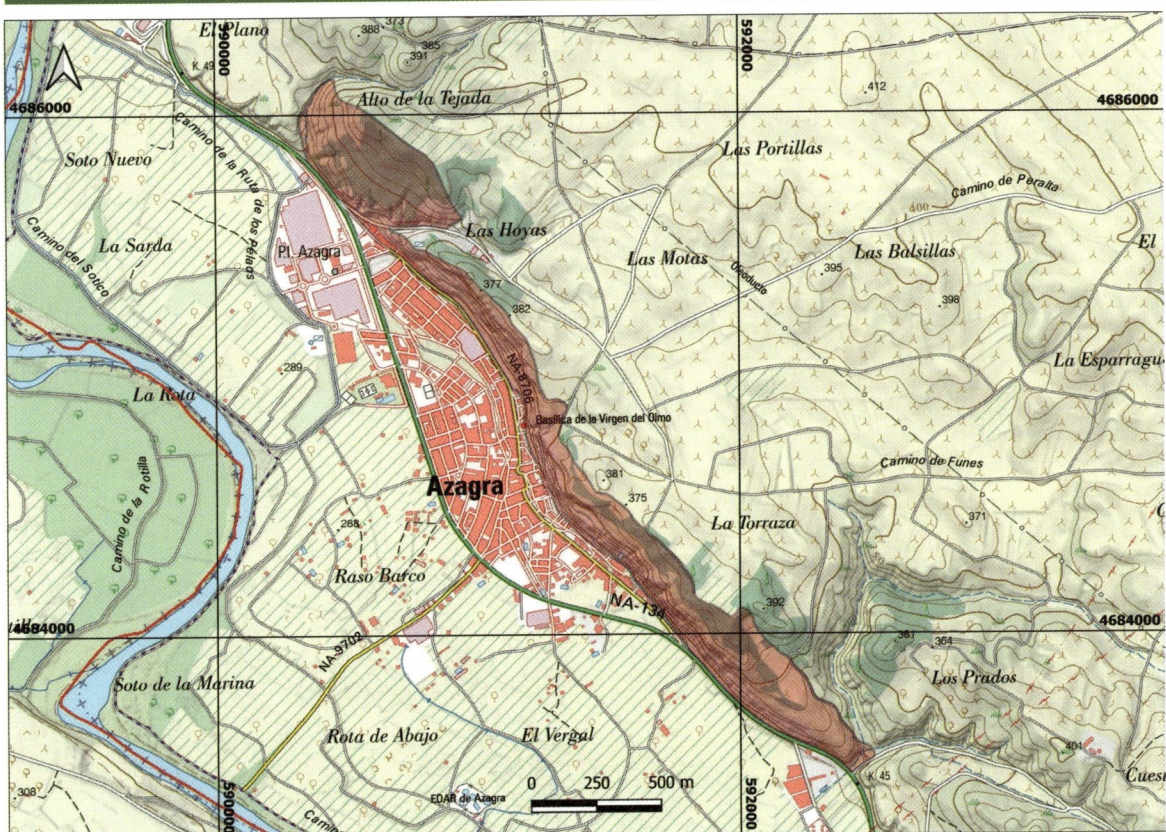

Ubicación y accesos	Desde la misma localidad de Azagra, recomendando el ascenso a la Peña desde la Basílica de la Virgen del Olmo. Precaución en la base de los cortados por riesgo de desprendimiento de rocas. Escarpes expuestos.

POR QUÉ ES TAN IMPORTANTE ESTE LUGAR

Magníficos ejemplos de resaltes yesíferos seccionados por el río Ebro, con abundantes replegamientos de los estratos con marcado estilo halocinético pertenecientes a la unidad de Yesos de Falces.

LUGARES DE INTERÉS GEOLÓGICO DE NAVARRA.
DOMINIO DE LA DEPRESIÓN DEL EBRO

ESQUEMA GEOLÓGICO

EB016c_Resaltes_yesos_Azagra

GEOLOGÍA

- 543 Arci. y arenas y grav. y bloques
- 541 Fondos endorreicos
- 537 Arenas y arcillas y gravas
- 536 Cantos y gravas y arenas
- 529 Bloques y cantos y gravas
- 527 Gravas y arenas y limos
- 525 Terrazas
- 524 Terrazas
- 521 Terrazas
- 512 Cantos y gravas y arenas
- 511 Limos y arcillas y gravas
- 508 Terrazas
- 507 Terrazas
- 505 Terrazas
- 387 Canales de conglomerados
- 386 Arcillas rojas
- 333 Arcillas ocres y areniscas y calizas micríticas
- 315 Margas y yesos y areniscas y calizas
- 312 Yesos

Encuadre geológico del LIG

Excelente afloramiento de la unidad yesífera donde se aprecian apretados replegamientos de estilo halocinético. Los niveles yesíferos alteran con niveles arcillosos menos resistentes a la erosión.

IMÁGENES REPRESENTATIVAS

Arriba, afloramiento de la Formación Yesos de Falces, de la Epoca Oligoceno, desarrollando un gran replegamiento de estilo halocinético. Abajo, afloramiento de yeso nodular de color blanquecino.

LUGARES DE INTERÉS GEOLÓGICO DE NAVARRA.
DOMINIO DE LA DEPRESIÓN DEL EBRO

CÓDIGO Y DENOMINACIÓN
EB017 Serie detrítica oligomiocena del Barranco Salado de Mendavia

VALOR Y TIPO DE INTERÉS GEOLÓGICO

Valor del interés geológico	Tipo de interés geológico	
Científico	Principal	Estratigráfico
Didáctico	Secundario	Sedimentológico
Turístico		

UBICACIÓN DEL LIG

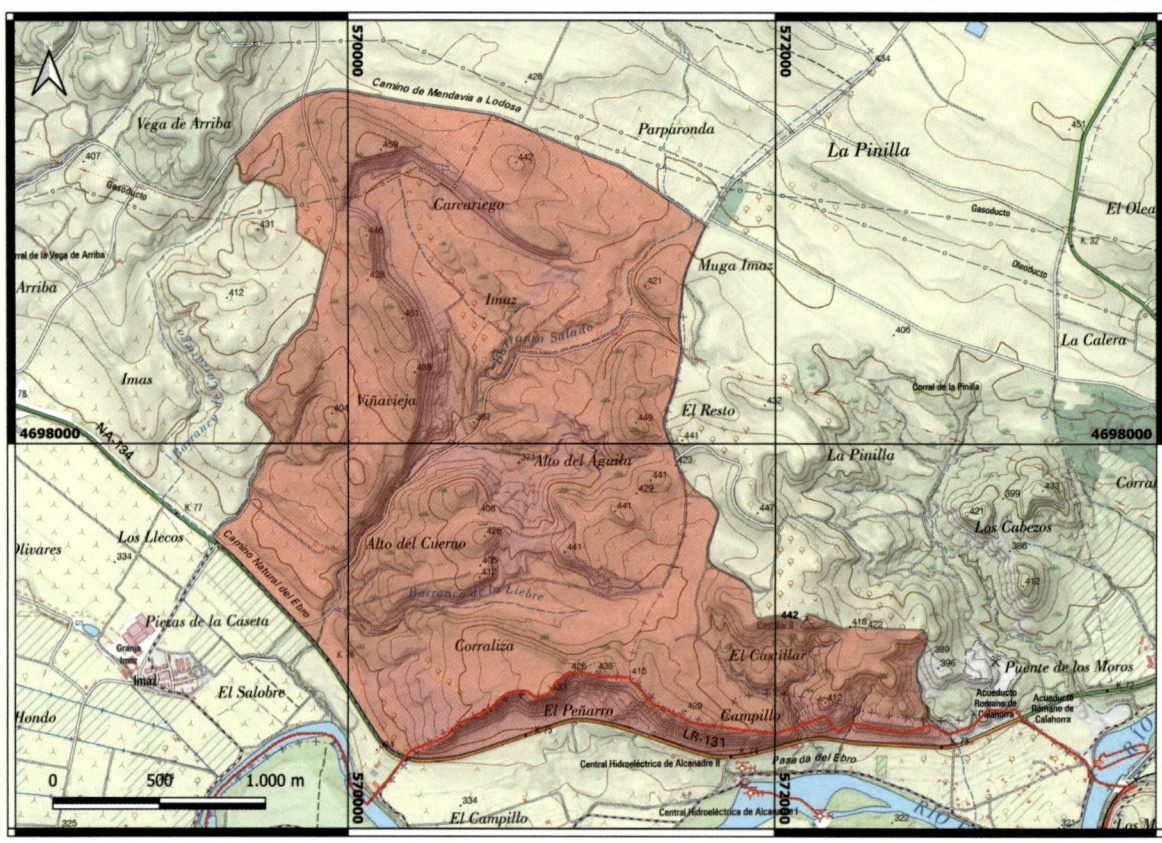

Ubicación y accesos	En el pk 76 de la carretera LR-131 entre Lodosa y Mendavia, una pista remonta el barranco Salado hacia el norte.

POR QUÉ ES TAN IMPORTANTE ESTE LUGAR
Bellísimo entorno donde las formaciones geológicas oligomiocenas arrojan contrastes de color variados que tiñen las laderas de rojos y azules, pudiendo reconocerse las diferentes formaciones geológicas que han sido descubiertas por la erosión de las aguas que drenan el barranco hacia el Ebro.

LUGARES DE INTERÉS GEOLÓGICO DE NAVARRA.
DOMINIO DE LA DEPRESIÓN DEL EBRO

ESQUEMA GEOLÓGICO

EB017_Bco_Salado

GEOLOGÍA

545 Arcillas y gravas y arenas
543 Arci. y arenas y grav. y bloques
536 Cantos y gravas y arenas
527 Gravas y arenas y limos
525 Terrazas
524 Terrazas
521 Terrazas
519 Glacis
508 Terrazas
507 Terrazas
506 Terrazas
505 Terrazas
504 Terrazas
503 Terrazas
502 Terrazas
349 Yesos
347 Arcillas rojas y areniscas
346 Margas y yesos
341 Yesos y margas
340 Arcillas rojas y areniscas y calizas micríticas
339 Areniscas y calizas tableadas y margas y yesos
332 Arcillas rojas y areniscas
316 Yesos y arcillas rojas
312 Yesos

Encuadre geológico del LIG

Aspecto general del barranco Salado, con una gran variedad cromática donde dominan los vistosos colores rojizos. Dado que este barranco atraviesa transversalmente el eje del anticlinal de Imaz, puede verse la transición entre diferentes unidades yesíferas y detríticas de contrastados colores.

IMÁGENES REPRESENTATIVAS

Detalles de la formación arcillosa con intercalaciones de niveles de arenisca. Los niveles de arenisca de esta unidad oligocena presentan abundantes estructuras sedimentarias como laminación, estratificación cruzada y ripples, entre otras.

IMÁGENES REPRESENTATIVAS

Arriba, estrato de arenisca de color ocre-amarillento con clara base erosiva cóncava. Centro, nivel de arenisca de morfología tabular intercalado en la unidad arcillosa. Abajo, afloramiento de yeso de intenso color carne en una de las unidades yesíferas que afloran en el barranco Salado.

LUGARES DE INTERÉS GEOLÓGICO DE NAVARRA.
DOMINIO DE LA DEPRESIÓN DEL EBRO

CÓDIGO Y DENOMINACIÓN

EB018a Yesos miocenos de Monteagudo. Sección de Monteagudo

VALOR Y TIPO DE INTERÉS GEOLÓGICO

Valor del interés geológico	Tipo de interés geológico	
Científico	Principal	Petrológico-geoquímico
Didáctico	Secundario	Paleontológico, Estratigráfico
Turístico		

UBICACIÓN DEL LIG

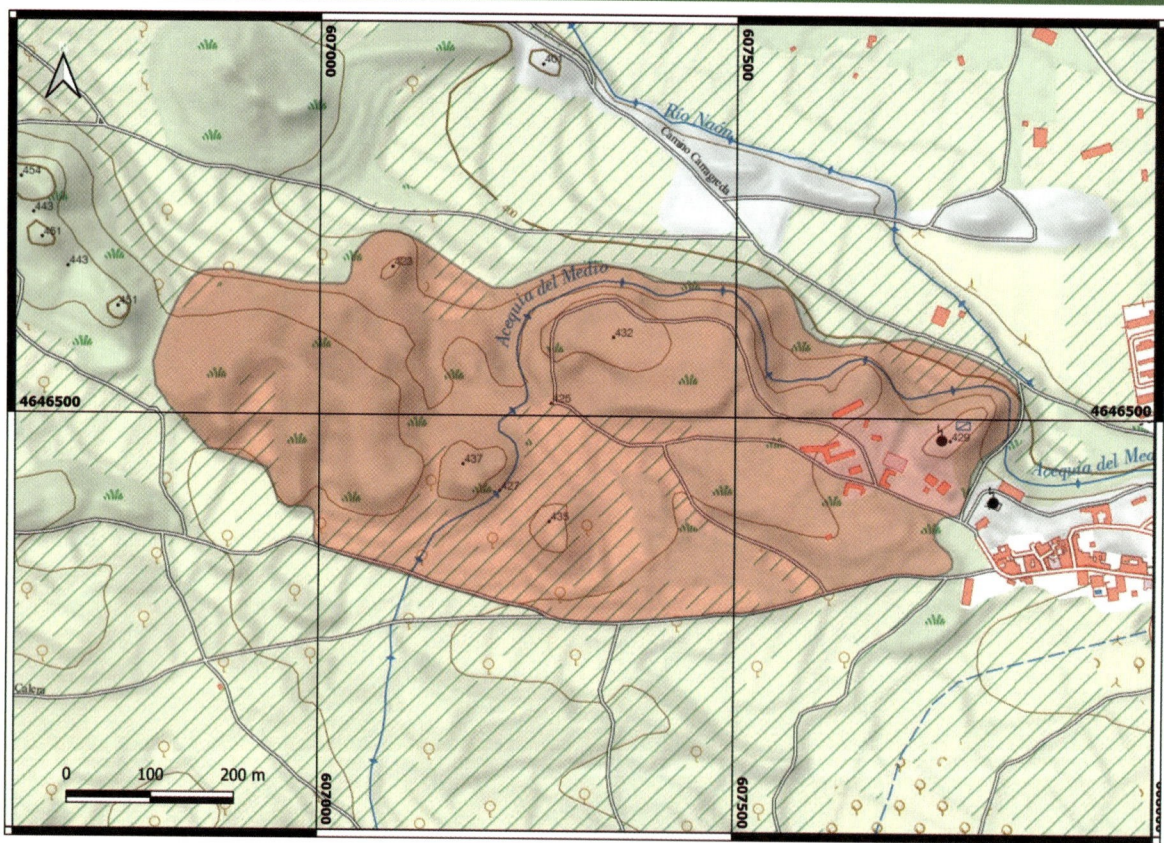

Ubicación y accesos	Pista que parte hacia el oeste desde la misma localidad de Monteagudo, en el entorno denominado Cabezo de las Yeseras. Seguir los senderos existentes. Esta unidad geológica también se puede observar al este de la localidad de Ablitas.

POR QUÉ ES TAN IMPORTANTE ESTE LUGAR

Gran importancia como afloramiento de materiales yesíferos miocenos de tipo alabastrino y facies nodulares, con frecuentes nódulos de sílex. En el techo de esta formación yesífera se han identificado importantes yacimientos paleontológicos.

LUGARES DE INTERÉS GEOLÓGICO DE NAVARRA.
DOMINIO DE LA DEPRESIÓN DEL EBRO

ESQUEMA GEOLÓGICO

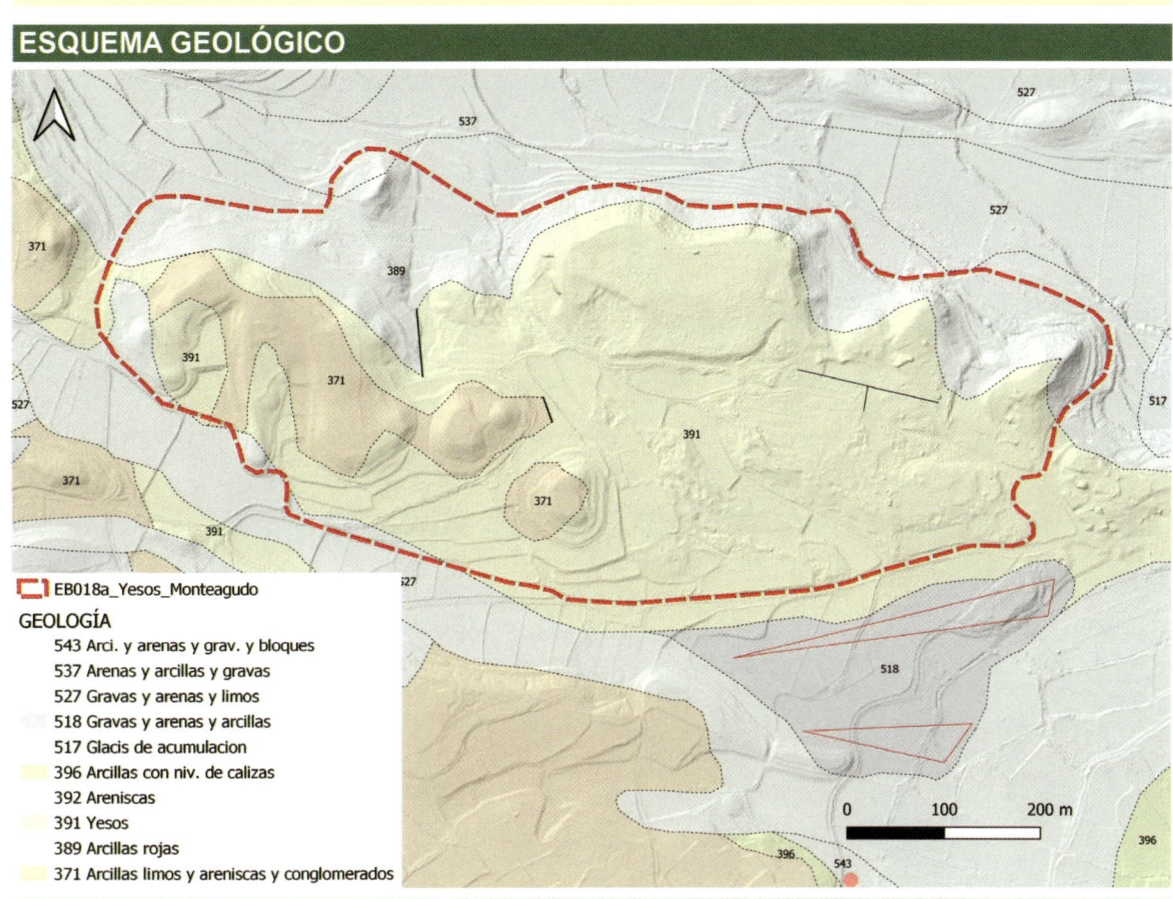

EB018a_Yesos_Monteagudo

GEOLOGÍA

543 Arci. y arenas y grav. y bloques
537 Arenas y arcillas y gravas
527 Gravas y arenas y limos
518 Gravas y arenas y arcillas
517 Glacis de acumulacion
396 Arcillas con niv. de calizas
392 Areniscas
391 Yesos
389 Arcillas rojas
371 Arcillas limos y areniscas y conglomerados

Encuadre geológico del LIG

Vista de parte del recorrido habilitado en Las Yeseras.

IMÁGENES REPRESENTATIVAS

Arriba, vista panorámica de algunos cabezos formados por unidades detríticas miocenas que se sitúan por encima de la unidad yesífera de Monteagudo. Abajo, punto de observación habiliado en el recorrido de Las Yeseras.

IMÁGENES REPRESENTATIVAS

Detalles de afloramientos yesíferos en los que se intercalan tramos arcillosos. También son frecuentes intercalaciones de areniscas, limos y niveles carbonatados, además de nódulos de sílex.

LUGARES DE INTERÉS GEOLÓGICO DE NAVARRA.
DOMINIO DE LA DEPRESIÓN DEL EBRO

CÓDIGO Y DENOMINACIÓN
EB018b Yesos miocenos de Monteagudo. Sección de Ablitas

VALOR Y TIPO DE INTERÉS GEOLÓGICO

Valor del interés geológico	Tipo de interés geológico	
Científico	Principal	Petrológico-geoquímico
Didáctico	Secundario	Estratigráfico
Turístico		

UBICACIÓN DEL LIG

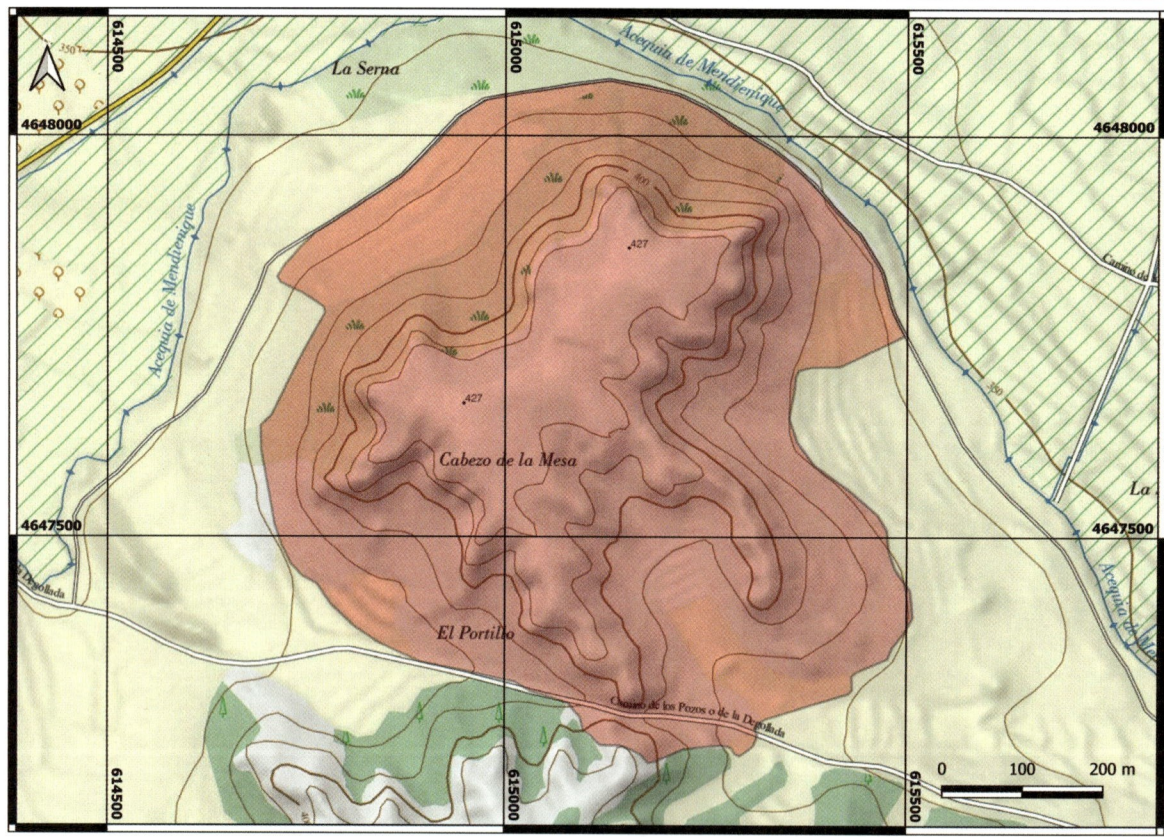

Ubicación y accesos	En el término de Ablitas, una pista sale de la carretera NA-3042 en torno al Km. 5 hacia el área denominada El Portillo y Cabezo de la Mesa. Cima del cabezo con algún punto expuesto.

POR QUÉ ES TAN IMPORTANTE ESTE LUGAR
Junto con el afloramiento de Monteagudo, gran importancia como afloramiento de materiales yesíferos miocenos de tipo alabastrino y facies nodulares, con frecuentes nódulos de sílex.

LUGARES DE INTERÉS GEOLÓGICO DE NAVARRA.
DOMINIO DE LA DEPRESIÓN DEL EBRO

ESQUEMA GEOLÓGICO

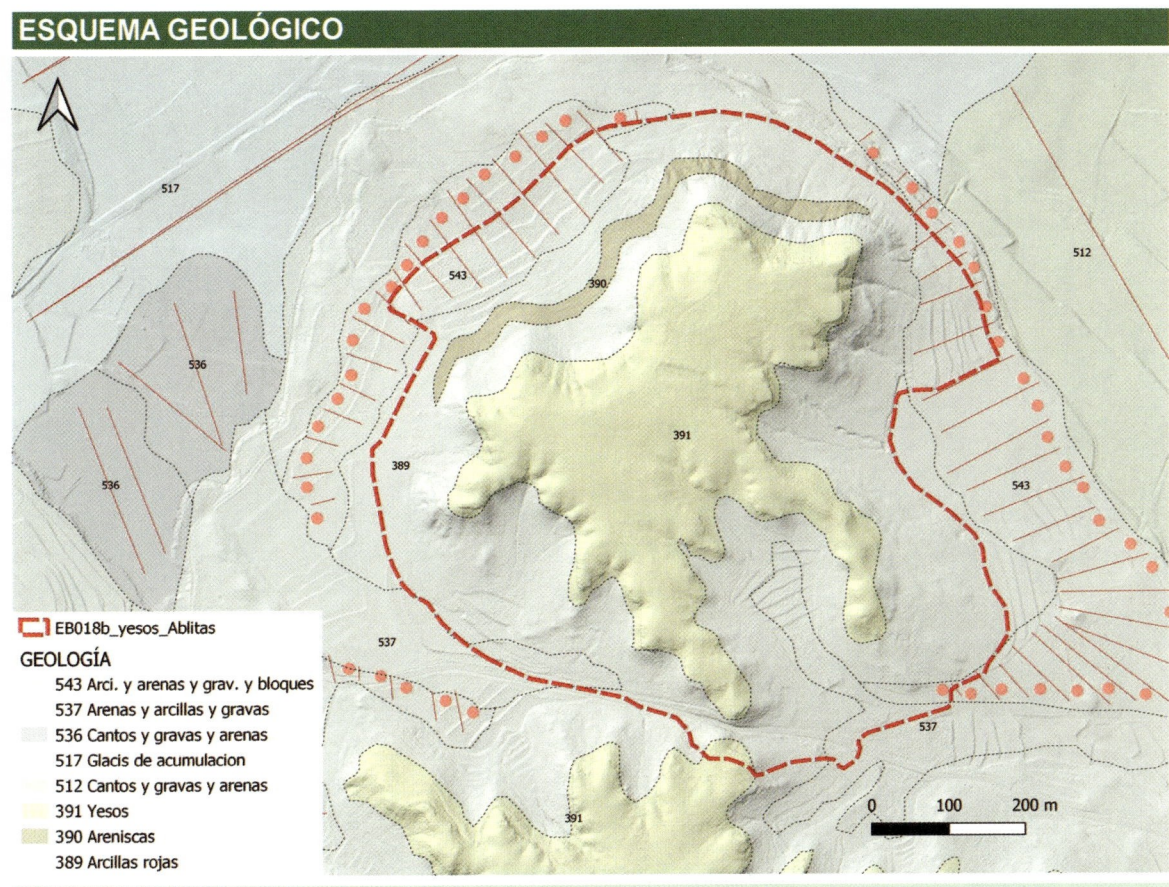

EB018b_yesos_Ablitas

GEOLOGÍA

543 Arci. y arenas y grav. y bloques
537 Arenas y arcillas y gravas
536 Cantos y gravas y arenas
517 Glacis de acumulacion
512 Cantos y gravas y arenas
391 Yesos
390 Areniscas
389 Arcillas rojas

Encuadre geológico del LIG

Vista general del Cabezo de la Mesa, en Ablitas. Sobre la unidad detrítica miocena de tonos rojizos se dispone la unidad de Yesos de Monteagudo, cuya mayor resistencia a la erosión da lugar a un resalte morfológico en este relieve tabular tipo mesa.

IMÁGENES REPRESENTATIVAS

Detalles del yeso alabastrino de la formación yesífera miocena. Arriba, yeso en forma nodular, muy característica en esta unidad.

IMÁGENES REPRESENTATIVAS

Arriba, vista de la llanura aluvial del río Ebro desde el relieve tabular del Cabezo de la Mesa. Abajo, saliente rocoso de la unidad yesífera, dispuesta sobre una unidad arcillosa infrayacente de tonos rojizos.

LUGARES DE INTERÉS GEOLÓGICO DE NAVARRA.
DOMINIO DE LA DEPRESIÓN DEL EBRO

CÓDIGO Y DENOMINACIÓN

EB020a Meandros y terrazas del Ebro. Tramo Lodosa-San Adrián

VALOR Y TIPO DE INTERÉS GEOLÓGICO

Valor del interés geológico	Tipo de interés geológico

| Científico |
| Didáctico |
| Turístico |

Principal	Geomorfológico
Secundario	

UBICACIÓN DEL LIG

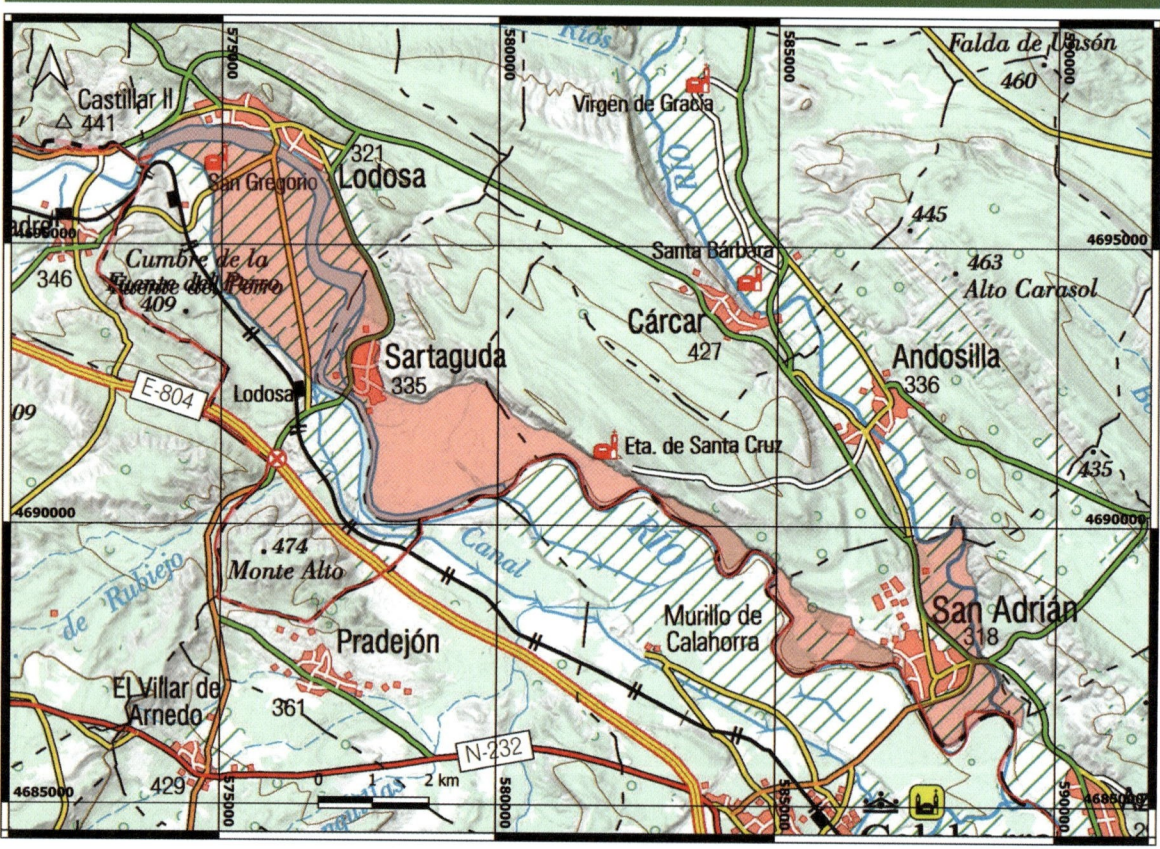

Ubicación y accesos	Alcanadre, Lodosa, Sartaguda y San Adrián constituyen excelentes puntos de partida para recorrer la zona por la red de caminos que discurren por la zona. Precaución en épocas de crecidas. Riesgo de desprendimientos de bloques en los escarpes rocosos.

POR QUÉ ES TAN IMPORTANTE ESTE LUGAR

Ejemplo representativo de sistema fluvial meandriforme del río Ebro en su tramo medio, con desarrollo de una extensa llanura de inundación y diversos niveles de terraza fluvial, dejando al descubierto resaltes rocosos cenozoicos de notable interés. Igualmente en el caso de San Adrián, donde el río Ega confluye con el río Ebro, formando notables meandros y escarpes rocosos pronunciados en yesos.

LUGARES DE INTERÉS GEOLÓGICO DE NAVARRA.
DOMINIO DE LA DEPRESIÓN DEL EBRO

ESQUEMA GEOLÓGICO

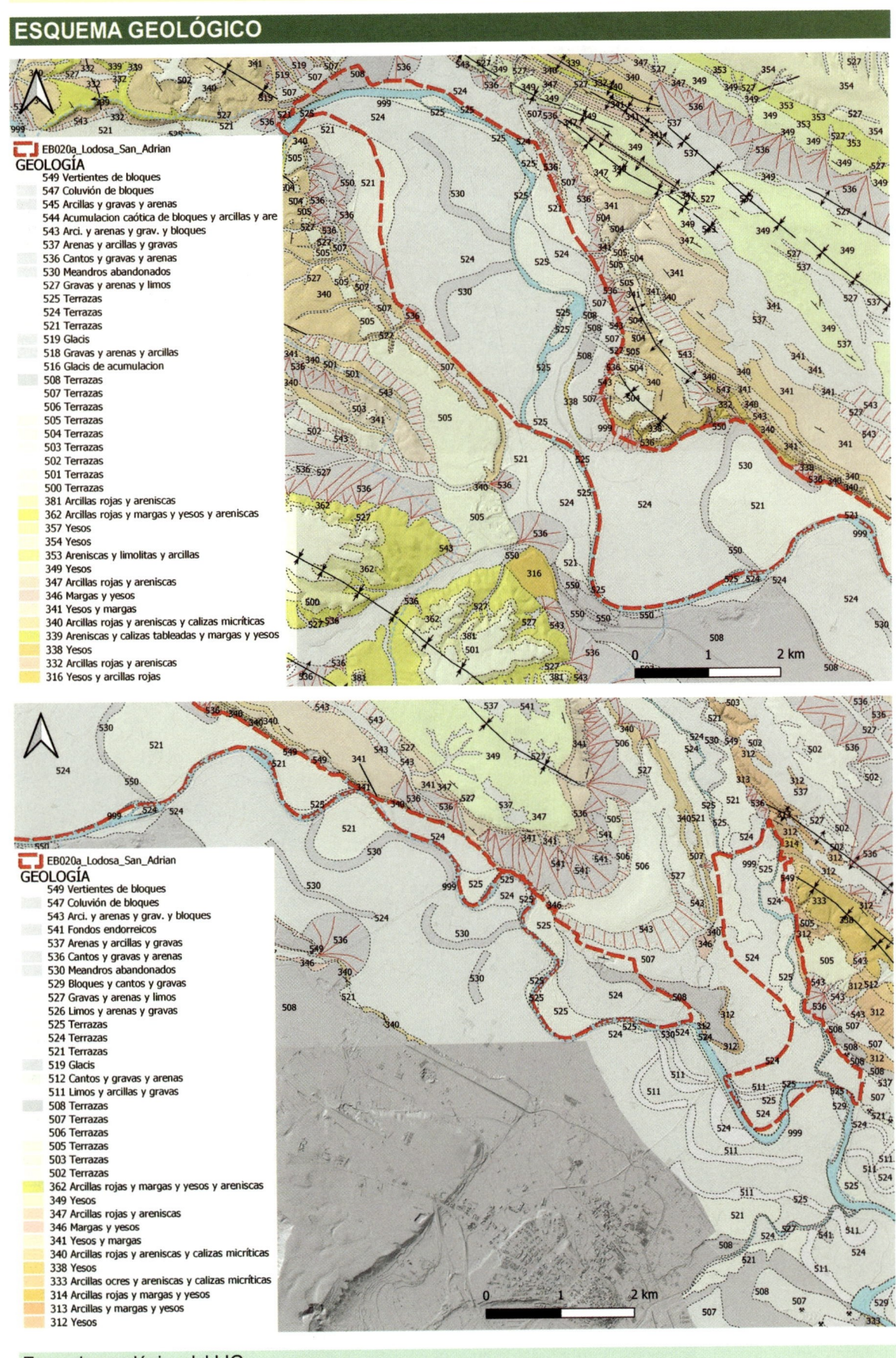

EB020a_Lodosa_San_Adrian

GEOLOGÍA

549 Vertientes de bloques
547 Coluvión de bloques
545 Arcillas y gravas y arenas
544 Acumulacion caótica de bloques y arcillas y are
543 Arci. y arenas y grav. y bloques
537 Arenas y arcillas y gravas
536 Cantos y gravas y arenas
530 Meandros abandonados
527 Gravas y arenas y limos
525 Terrazas
524 Terrazas
521 Terrazas
519 Glacis
518 Gravas y arenas y arcillas
516 Glacis de acumulacion
508 Terrazas
507 Terrazas
506 Terrazas
505 Terrazas
504 Terrazas
503 Terrazas
502 Terrazas
501 Terrazas
500 Terrazas
381 Arcillas rojas y areniscas
362 Arcillas rojas y margas y yesos y areniscas
357 Yesos
354 Yesos
353 Areniscas y limolitas y arcillas
349 Yesos
347 Arcillas rojas y areniscas
346 Margas y yesos
341 Yesos y margas
340 Arcillas rojas y areniscas y calizas micríticas
339 Areniscas y calizas tableadas y margas y yesos
338 Yesos
332 Arcillas rojas y areniscas
316 Yesos y arcillas rojas

EB020a_Lodosa_San_Adrian

GEOLOGÍA

549 Vertientes de bloques
547 Coluvión de bloques
543 Arci. y arenas y grav. y bloques
541 Fondos endorreicos
537 Arenas y arcillas y gravas
536 Cantos y gravas y arenas
530 Meandros abandonados
529 Bloques y cantos y gravas
527 Gravas y arenas y limos
526 Limos y arenas y gravas
525 Terrazas
524 Terrazas
521 Terrazas
519 Glacis
512 Cantos y gravas y arenas
511 Limos y arcillas y gravas
508 Terrazas
507 Terrazas
506 Terrazas
505 Terrazas
503 Terrazas
502 Terrazas
362 Arcillas rojas y margas y yesos y areniscas
349 Yesos
347 Arcillas rojas y areniscas
346 Margas y yesos
341 Yesos y margas
340 Arcillas rojas y areniscas y calizas micríticas
338 Yesos
333 Arcillas ocres y areniscas y calizas micríticas
314 Arcillas rojas y margas y yesos
313 Arcillas y margas y yesos
312 Yesos

Encuadre geológico del LIG

IMÁGENES REPRESENTATIVAS

Aspecto de los escarpes rocosos de Lodosa donde aflora la unidad yesífera, a veces con claros replegamientos de estilo halocinético. Abajo, talud en el que se observa una unidad inferior arcillosa de tonos rojizos sobre la que se dispone la formación evaporítica de Yesos de Sesma, con tonos más blanquecinos.

IMÁGENES REPRESENTATIVAS

Escarpes rocosos yesíferos en San Adrián. Se observan los replegamientos de estilo halocinético de los yesos (centro) y la red de fracturación del macizo rocoso (abajo).

LUGARES DE INTERÉS GEOLÓGICO DE NAVARRA.
DOMINIO DE LA DEPRESIÓN DEL EBRO

CÓDIGO Y DENOMINACIÓN
EB020b Meandros y terrazas del Ebro. Tramo Azagra-Milagro

VALOR Y TIPO DE INTERÉS GEOLÓGICO

Valor del interés geológico	Tipo de interés geológico	
Científico	Principal	Geomorfológico
Didáctico	Secundario	
Turístico		

UBICACIÓN DEL LIG

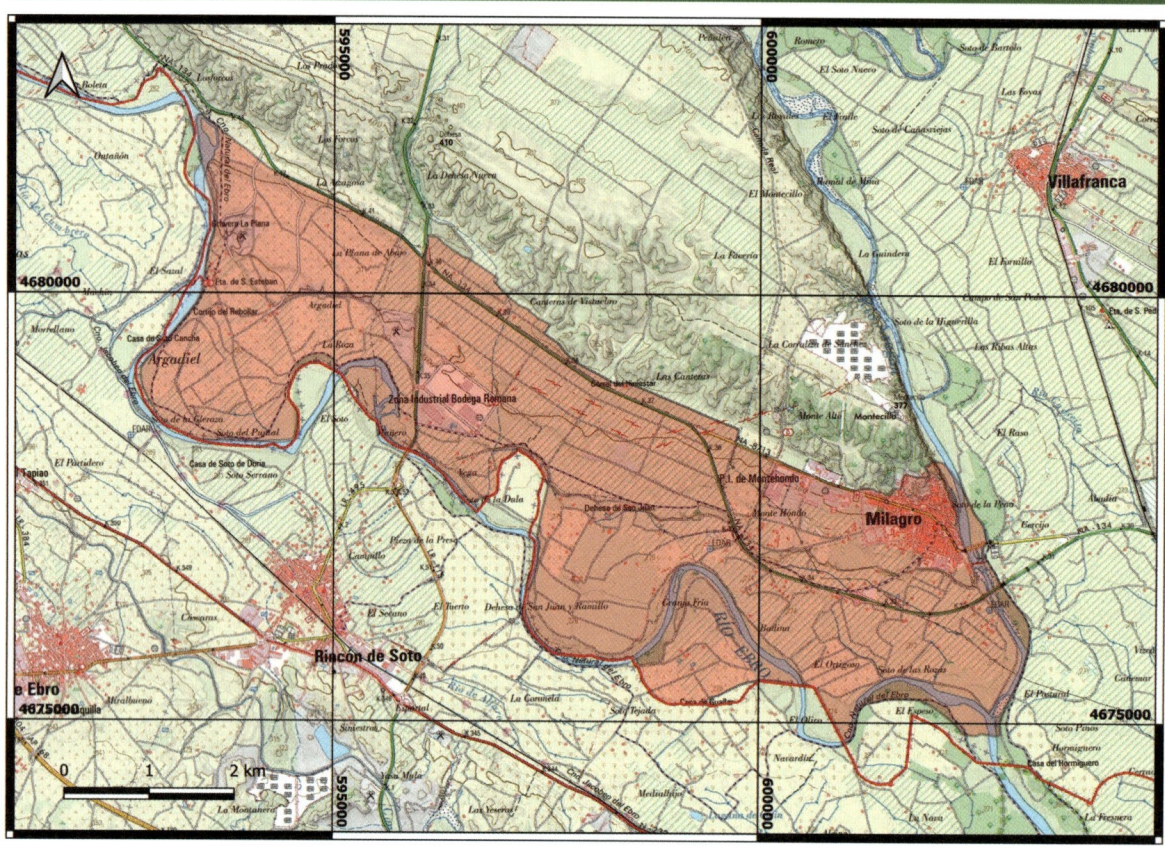

Ubicación y accesos	Recorrido por el paseo fluvial de Milagro y ascenso a la parte alta de la localidad para tener una visión panorámica y reconocer algunos niveles de terraza alta. Precaución en épocas de crecidas.

POR QUÉ ES TAN IMPORTANTE ESTE LUGAR
Un recorrido por el término de Milagro desde la parte más alta hasta el paseo fluvial del río, permite reconocer diversos niveles de terraza fluvial escalonados y entre los que se reconoce el sustrato yesífero con interesantes repliegues halocinéticos.

LUGARES DE INTERÉS GEOLÓGICO DE NAVARRA.
DOMINIO DE LA DEPRESIÓN DEL EBRO

ESQUEMA GEOLÓGICO

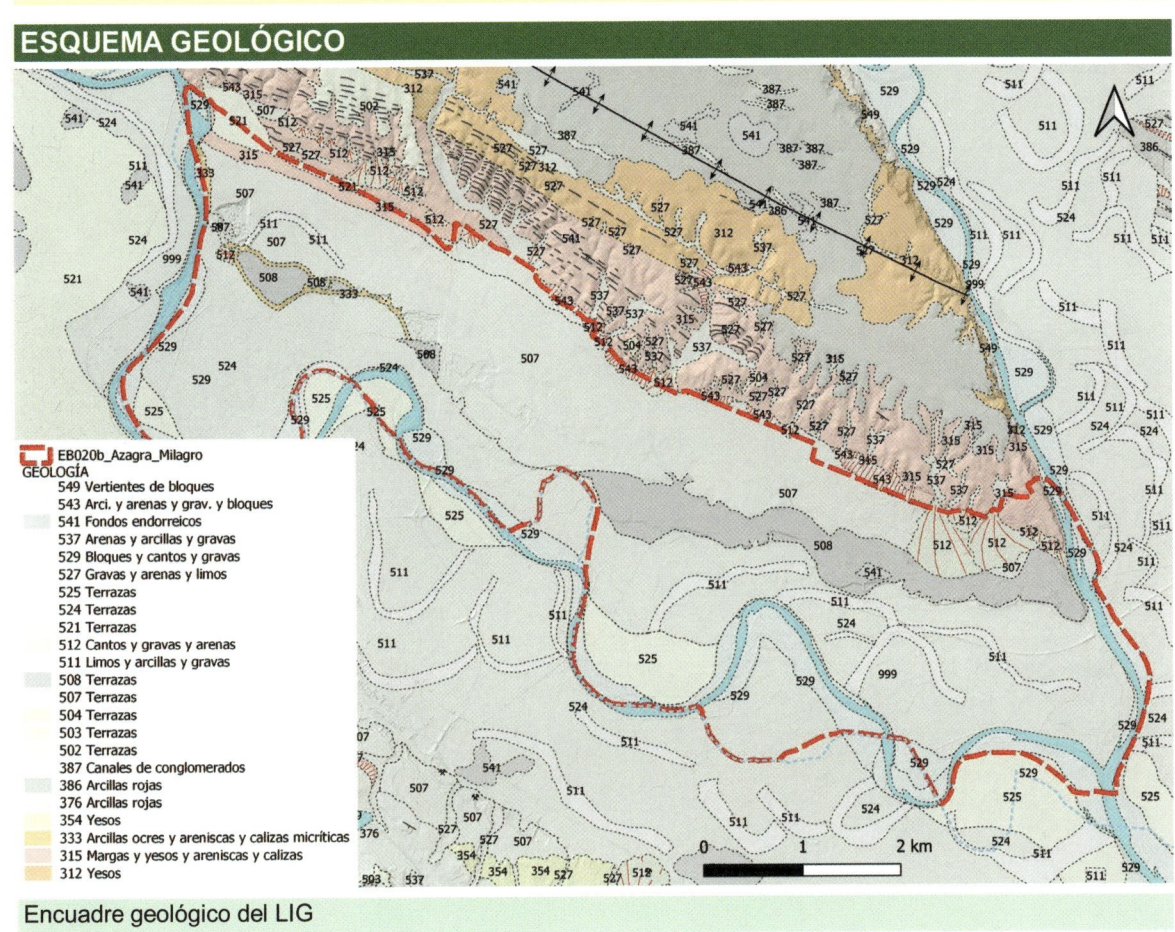

EB020b_Azagra_Milagro
GEOLOGÍA
- 549 Vertientes de bloques
- 543 Arci. y arenas y grav. y bloques
- 541 Fondos endorreicos
- 537 Arenas y arcillas y gravas
- 529 Bloques y cantos y gravas
- 527 Gravas y arenas y limos
- 525 Terrazas
- 524 Terrazas
- 521 Terrazas
- 512 Cantos y gravas y arenas
- 511 Limos y arcillas y gravas
- 508 Terrazas
- 507 Terrazas
- 504 Terrazas
- 503 Terrazas
- 502 Terrazas
- 387 Canales de conglomerados
- 386 Arcillas rojas
- 376 Arcillas rojas
- 354 Yesos
- 333 Arcillas ocres y areniscas y calizas micríticas
- 315 Margas y yesos y areniscas y calizas
- 312 Yesos

Encuadre geológico del LIG

Vista panorámica de la llanura aluvial del río Ebro desde la localidad de Azagra.

IMÁGENES REPRESENTATIVAS

Terraza fluvial colgada sobre el sustrato yesífero, con claros ejemplos de replegamiento.

IMÁGENES REPRESENTATIVAS

Arriba, terraza alta fluvial situada en la parte más alta de la localidad de Milagro. Esta terraza está formada por gravas y arenas muy cementadas. Abajo, barra lateral del río Ebro en la misma localidad.

LUGARES DE INTERÉS GEOLÓGICO DE NAVARRA.
DOMINIO DE LA DEPRESIÓN DEL EBRO

CÓDIGO Y DENOMINACIÓN

EB020c Meandros y terrazas del Ebro. Tramo Fontellas-Novillas

VALOR Y TIPO DE INTERÉS GEOLÓGICO

Valor del interés geológico	Tipo de interés geológico	
Científico	Principal	Geomorfológico
Didáctico	Secundario	
Turístico		

UBICACIÓN DEL LIG

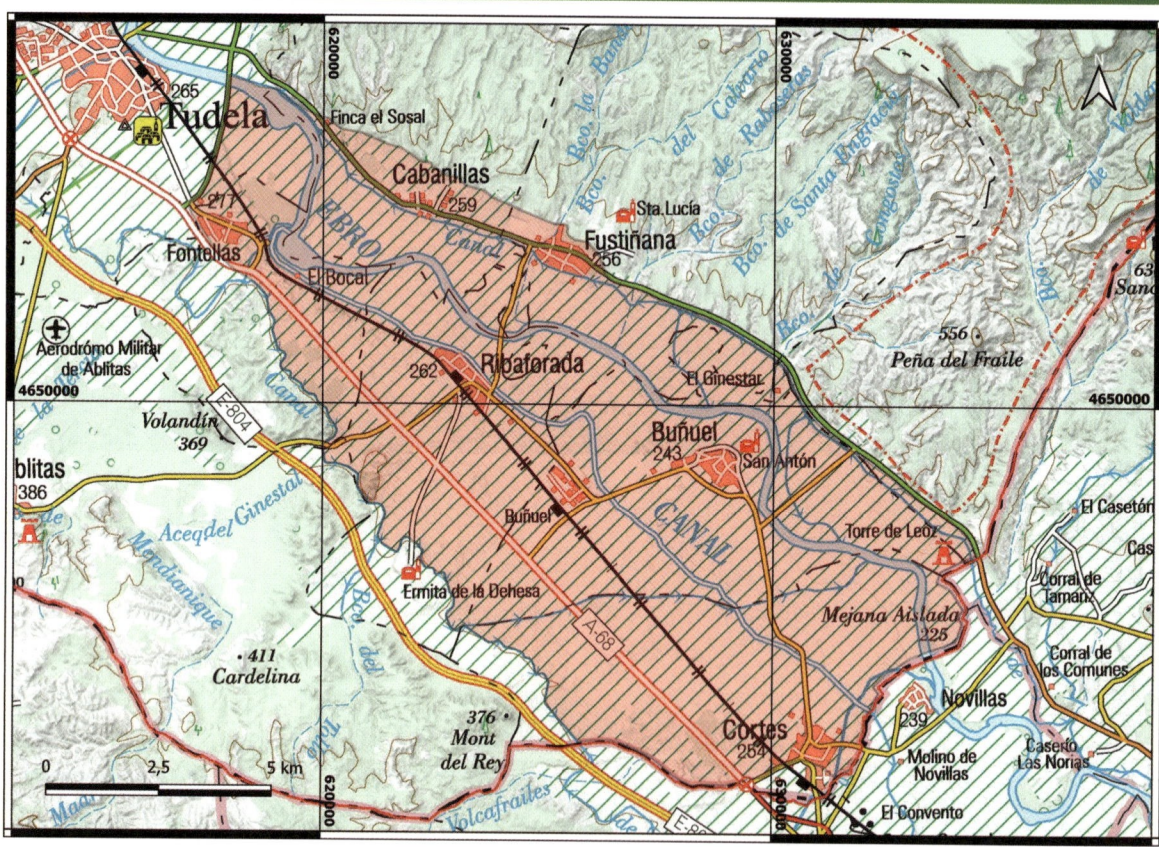

Ubicación y accesos	Tudela, Cabanillas, Fustiñana, Ribaforada, Buñuel y Cortes constituyen buenos puntos de partida para recorrer el entorno fluvial. Precaución en épocas de avenidas.

POR QUÉ ES TAN IMPORTANTE ESTE LUGAR

Tramo meandriforme del río Ebro en su tramo medio, con importante desarrollo de llanura de inundación, varios niveles de terraza fluvial y numerosos trazados de meandros abandonados, reflejo de la divagación del cauce fluvial.

LUGARES DE INTERÉS GEOLÓGICO DE NAVARRA.
DOMINIO DE LA DEPRESIÓN DEL EBRO

ESQUEMA GEOLÓGICO

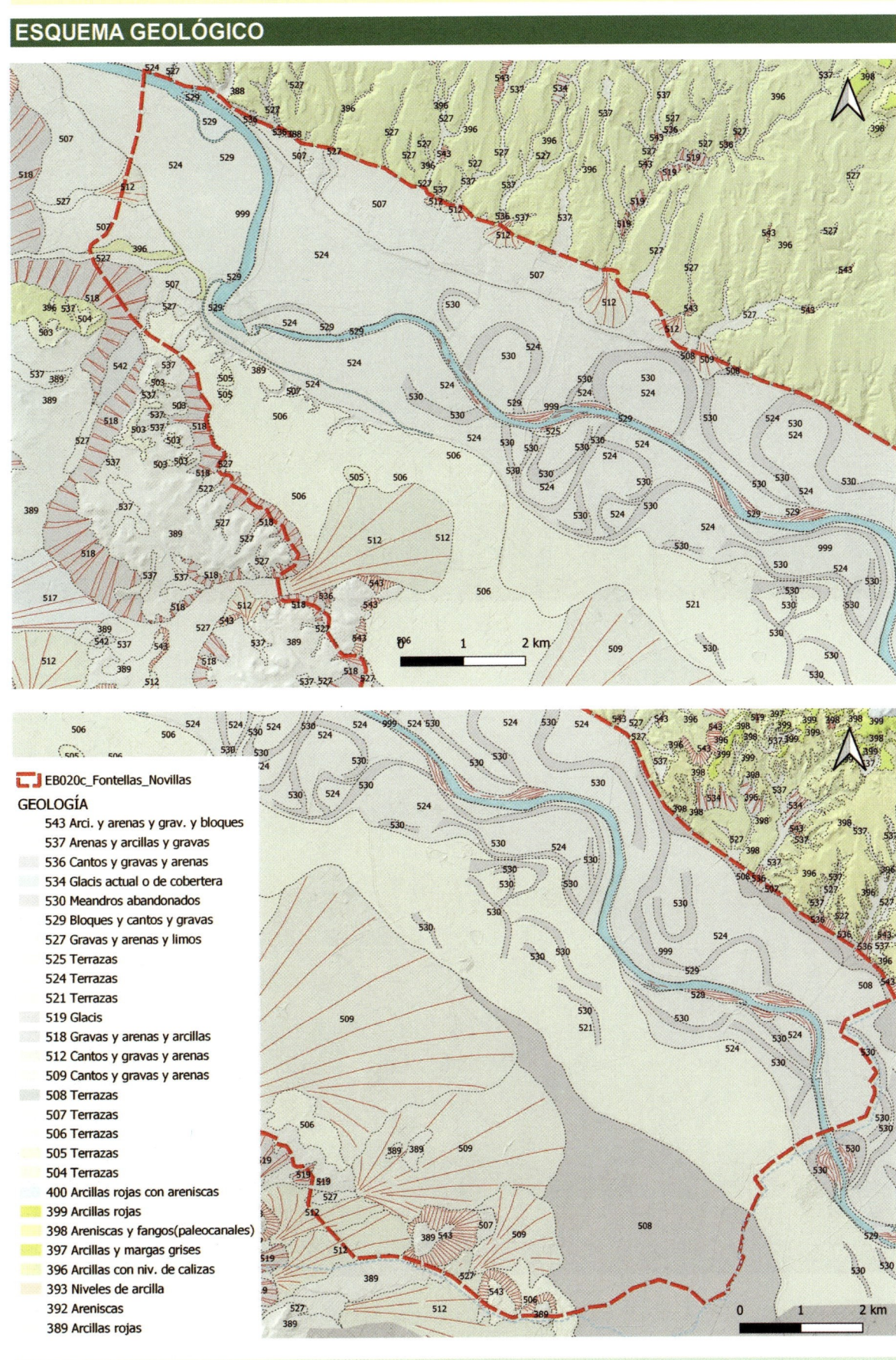

EB020c_Fontellas_Novillas

GEOLOGÍA

- 543 Arci. y arenas y grav. y bloques
- 537 Arenas y arcillas y gravas
- 536 Cantos y gravas y arenas
- 534 Glacis actual o de cobertera
- 530 Meandros abandonados
- 529 Bloques y cantos y gravas
- 527 Gravas y arenas y limos
- 525 Terrazas
- 524 Terrazas
- 521 Terrazas
- 519 Glacis
- 518 Gravas y arenas y arcillas
- 512 Cantos y gravas y arenas
- 509 Cantos y gravas y arenas
- 508 Terrazas
- 507 Terrazas
- 506 Terrazas
- 505 Terrazas
- 504 Terrazas
- 400 Arcillas rojas con areniscas
- 399 Arcillas rojas
- 398 Areniscas y fangos(paleocanales)
- 397 Arcillas y margas grises
- 396 Arcillas con niv. de calizas
- 393 Niveles de arcilla
- 392 Areniscas
- 389 Arcillas rojas

Encuadre geológico del LIG

415

IMÁGENES REPRESENTATIVAS

Arriba, vista de la llanura aluvial del río Ebro en Cabanillas. En la margen derecha del río se aprecian algunos niveles de terrazas más altas respecto a la actual llanura de inundación. Abajo,misma llanura aluvial donde, gracias a la distribución de los cultivos, se observa el trazado curvo de un meandro abandonado. Fuente: Dirección General de Obras Públicas e Infraestructuras del Gobierno de Navarra.

LUGARES DE INTERÉS GEOLÓGICO DE NAVARRA.
DOMINIO DE LA DEPRESIÓN DEL EBRO

Arriba, vista del Canal Imperial de Aragón en El Bocal (Fontellas). Centro, playa en la margen izquierda del río Ebro en Buñuel. Abajo, barra lateral formada por gravas y arenas del cauce del río.

CÓDIGO Y DENOMINACIÓN

EB021 Badlands de las Bardenas Reales

VALOR Y TIPO DE INTERÉS GEOLÓGICO

Valor del interés geológico	Tipo de interés geológico	
Científico	Principal	Geomorfológico
Didáctico	Secundario	Estratigráfico, sedimentológico
Turístico		

UBICACIÓN DEL LIG

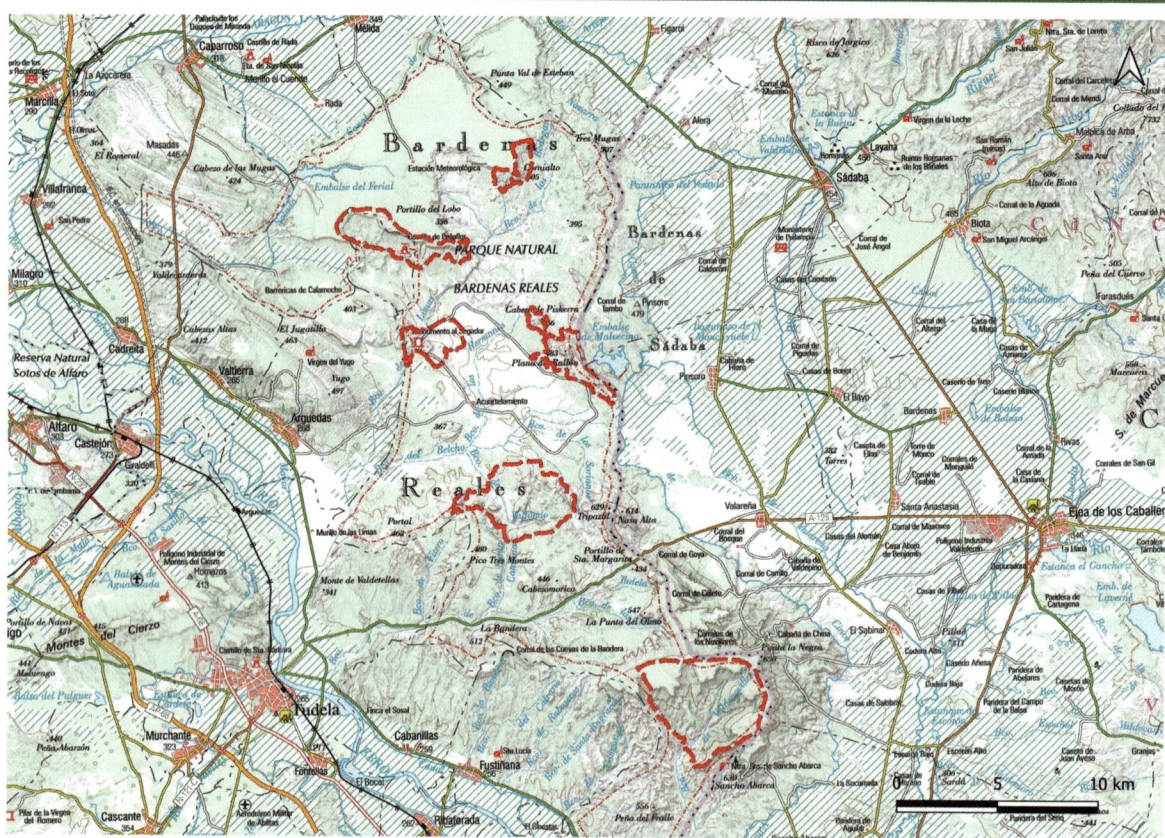

Ubicación y accesos	Dado que estas áreas están ubicadas dentro del Parque Natural y algunas de ellas coinciden con Reservas Naturales, se deberán seguir las indicaciones y la normativa correspondiente, además de consultar los accesos y rutas autorizadas. Relieves tabulares con escarpes expuestos y riesgo de desprendimiento de bloques.

POR QUÉ ES TAN IMPORTANTE ESTE LUGAR

Constituye el mejor ejemplo de un paisaje tipo badland en el dominio de la Depresión del Ebro de Navarra. Es además un magnífico ejemplo de evolución de un paisaje tabular, con multitud de geoformas como cerros testigo, tablas o mesas, mesetas y otros rasgos. Incluye otros motivos de interés asociados a los yacimientos paleontológicos aquí definidos, así como por la buena visibilidad de la serie estratigráfica miocena que aquí aflora.

LUGARES DE INTERÉS GEOLÓGICO DE NAVARRA.
DOMINIO DE LA DEPRESIÓN DEL EBRO

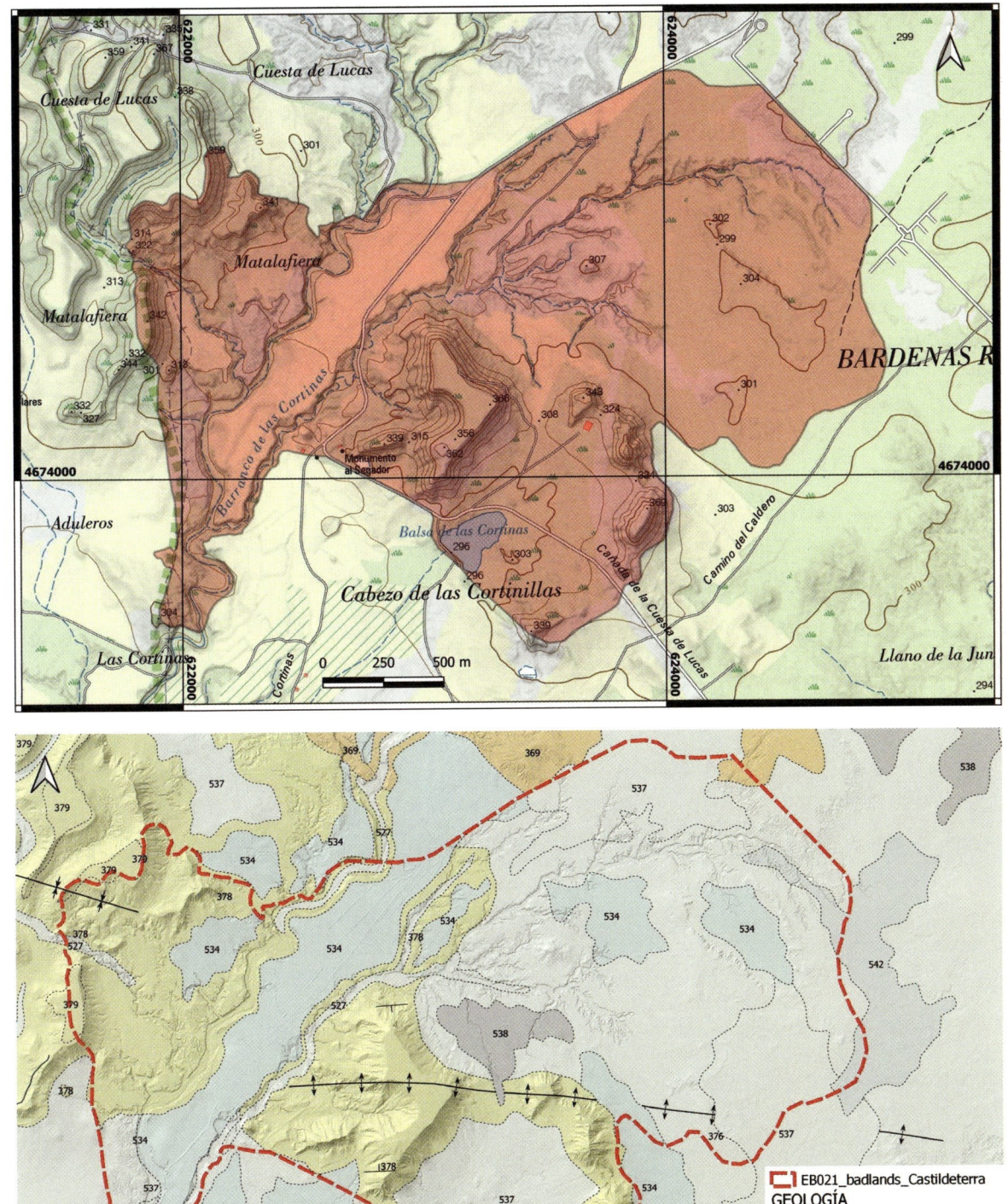

GEOLOGÍA

- 542 Arcillas y limos
- 538 Manto de arroyada
- 537 Arenas y arcillas y gravas
- 534 Glacis actual o de cobertera
- 527 Gravas y arenas y limos
- 525 Terrazas
- 379 Calizas y margas grises
- 378 Arcillas con niv. de calizas
- 376 Arcillas rojas
- 369 Lutitas ocres y roja

EB021_badlands_Castildeterra

Mapa de ubicación y encuadre geológico del área de Castildeterrra.

UBICACIÓN Y ESQUEMA GEOLÓGICO

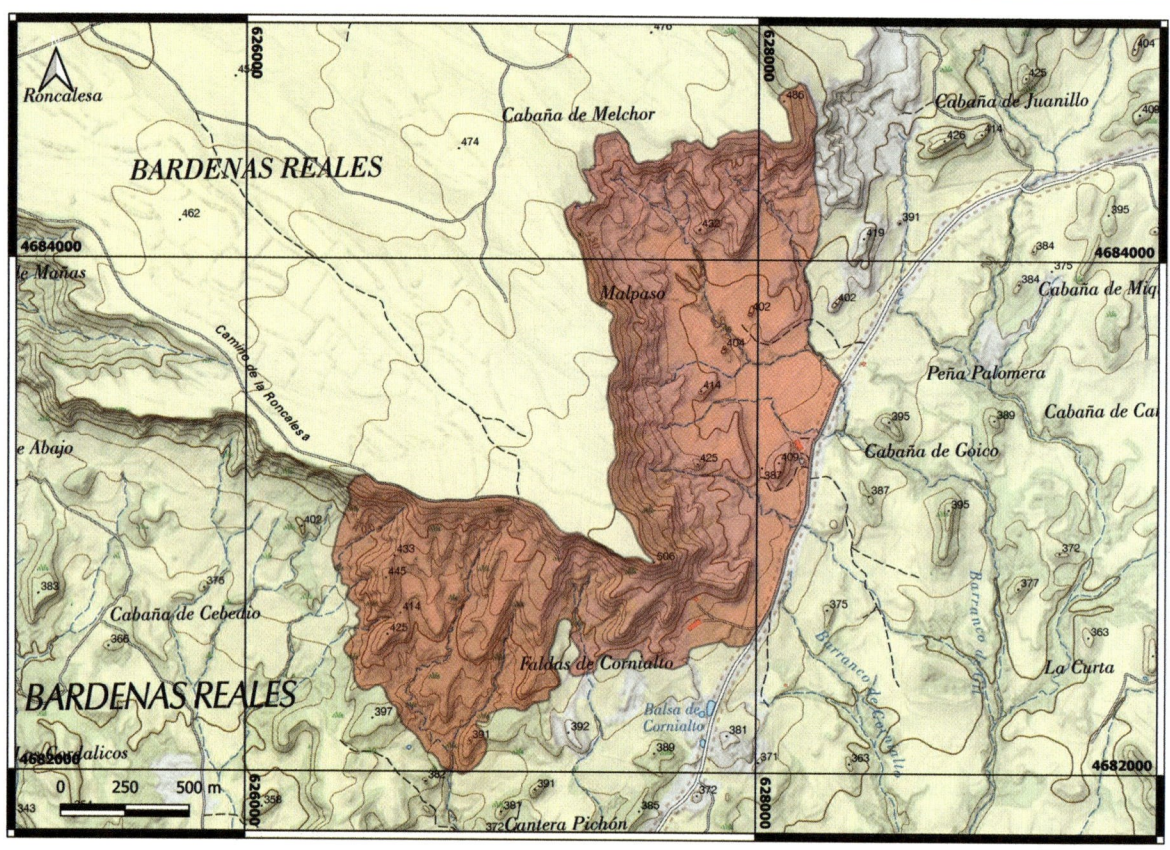

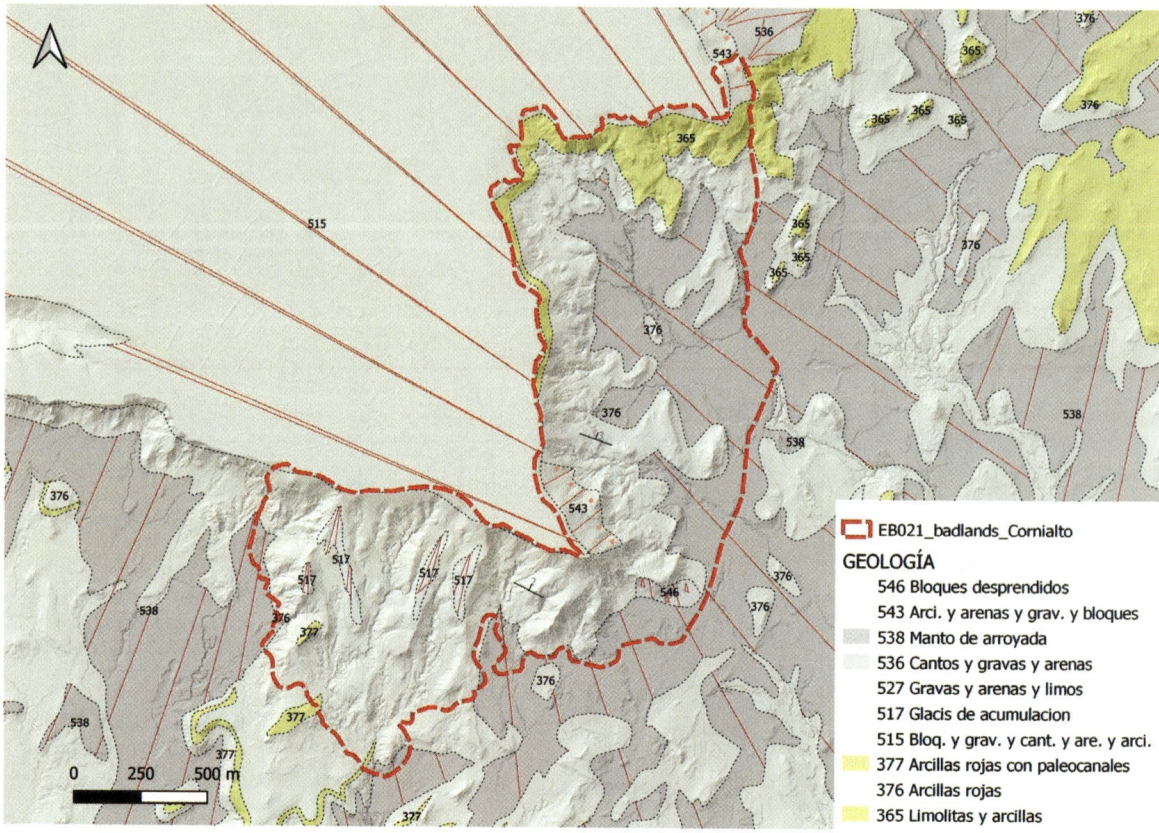

EB021_badlands_Cornialto

GEOLOGÍA

546 Bloques desprendidos
543 Arci. y arenas y grav. y bloques
538 Manto de arroyada
536 Cantos y gravas y arenas
527 Gravas y arenas y limos
517 Glacis de acumulacion
515 Bloq. y grav. y cant. y are. y arci.
377 Arcillas rojas con paleocanales
376 Arcillas rojas
365 Limolitas y arcillas

Mapa de ubicación y encuadre geológico del área de Cornialto.

UBICACIÓN Y ESQUEMA GEOLÓGICO

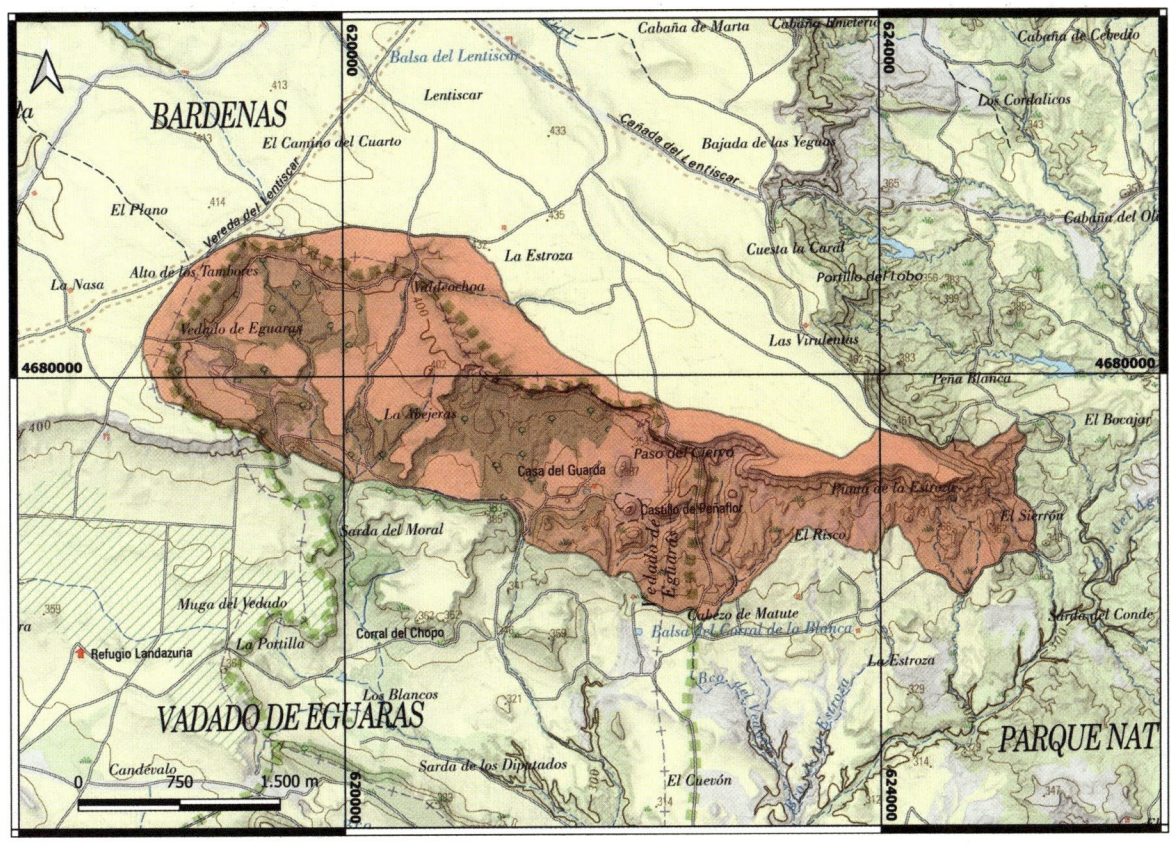

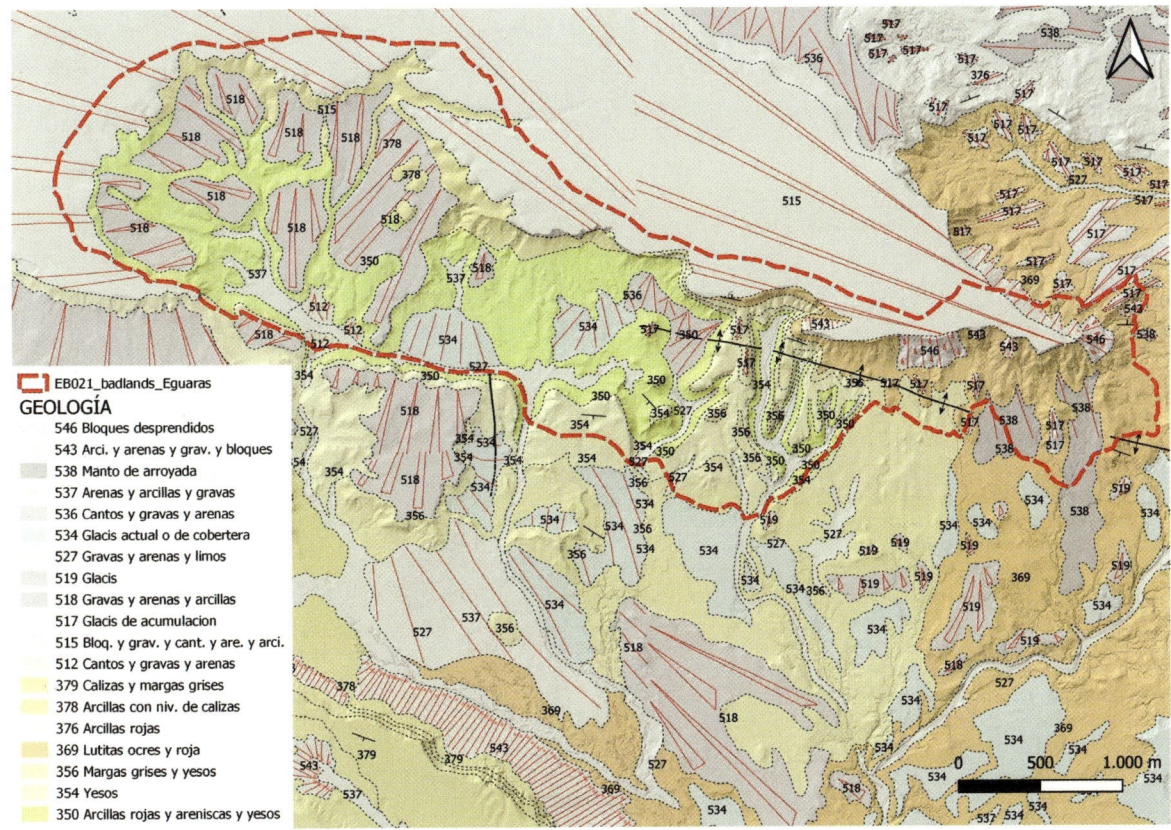

EB021_badlands_Eguaras

GEOLOGÍA

- 546 Bloques desprendidos
- 543 Arci. y arenas y grav. y bloques
- 538 Manto de arroyada
- 537 Arenas y arcillas y gravas
- 536 Cantos y gravas y arenas
- 534 Glacis actual o de cobertera
- 527 Gravas y arenas y limos
- 519 Glacis
- 518 Gravas y arenas y arcillas
- 517 Glacis de acumulacion
- 515 Bloq. y grav. y cant. y are. y arci.
- 512 Cantos y gravas y arenas
- 379 Calizas y margas grises
- 378 Arcillas con niv. de calizas
- 376 Arcillas rojas
- 369 Lutitas ocres y roja
- 356 Margas grises y yesos
- 354 Yesos
- 350 Arcillas rojas y areniscas y yesos

Mapa de ubicación y encuadre geológico del área del Vedado de Egüaras.

421

UBICACIÓN Y ESQUEMA GEOLÓGICO

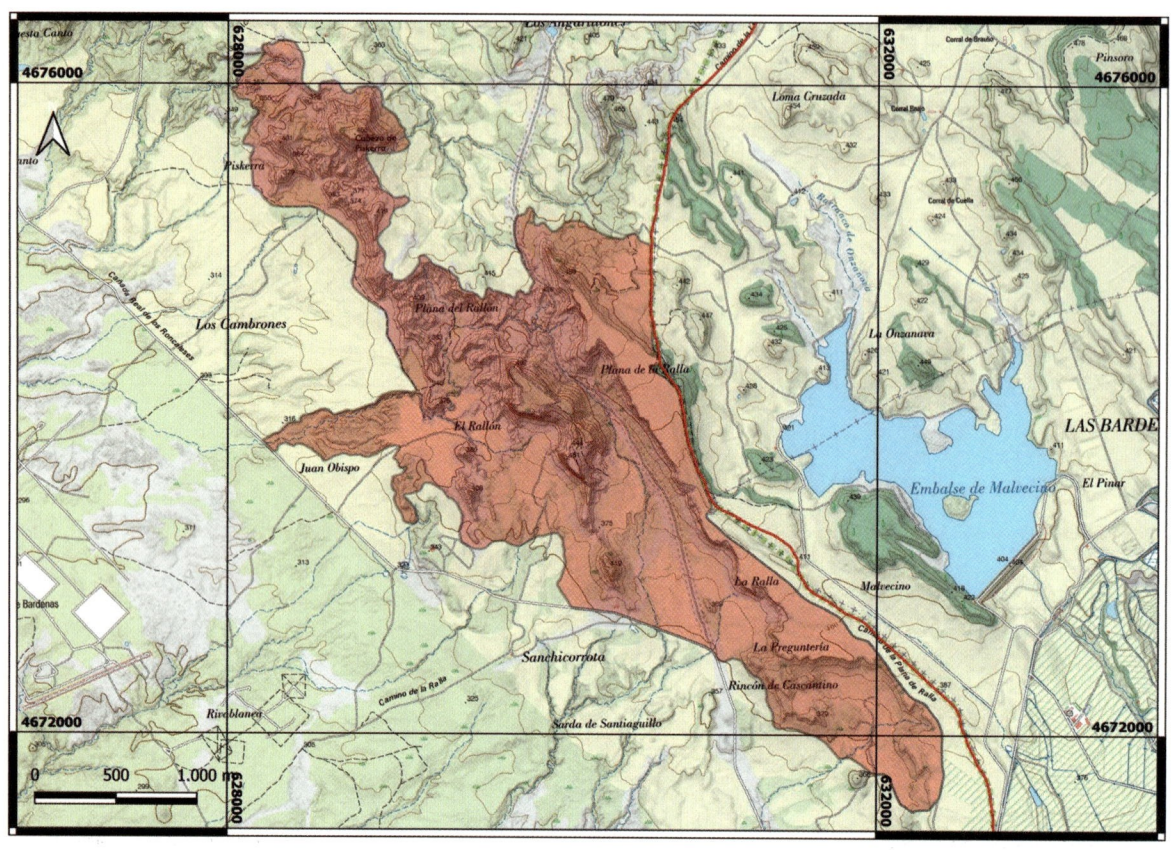

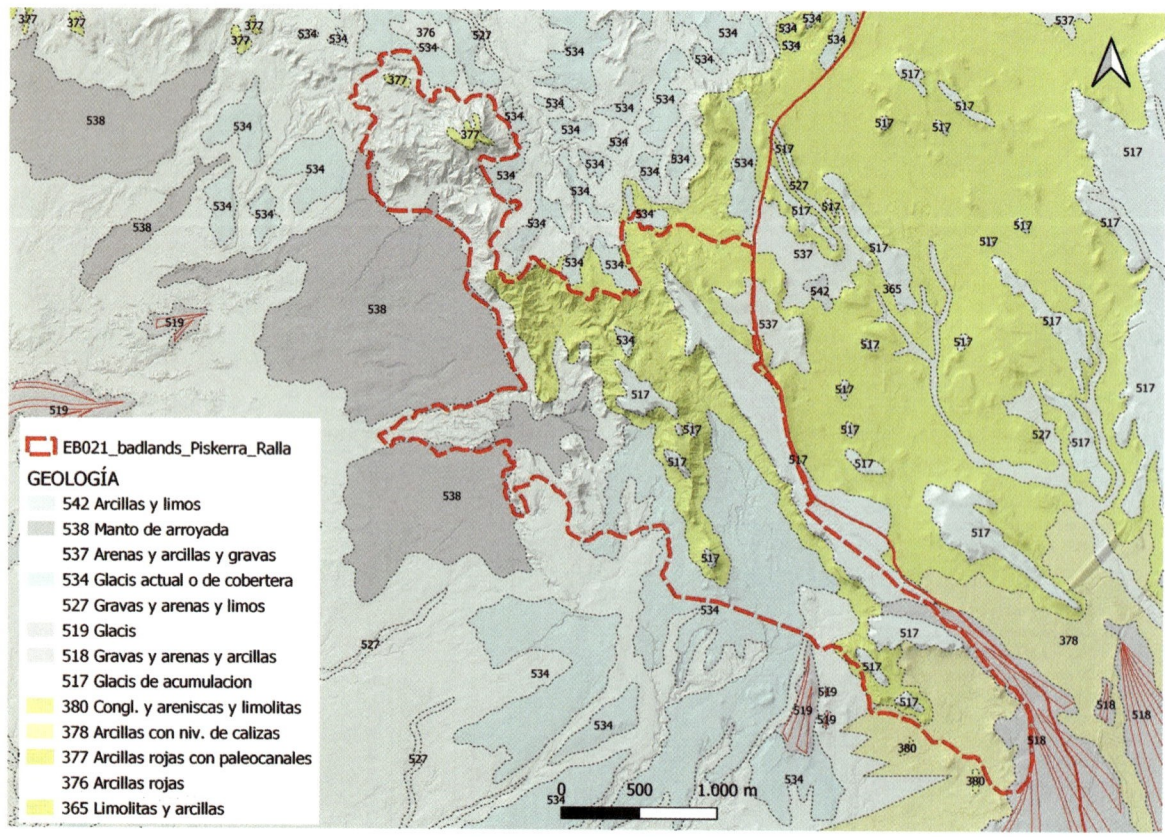

EB021_badlands_Piskerra_Ralla

GEOLOGÍA
- 542 Arcillas y limos
- 538 Manto de arroyada
- 537 Arenas y arcillas y gravas
- 534 Glacis actual o de cobertera
- 527 Gravas y arenas y limos
- 519 Glacis
- 518 Gravas y arenas y arcillas
- 517 Glacis de acumulacion
- 380 Congl. y areniscas y limolitas
- 378 Arcillas con niv. de calizas
- 377 Arcillas rojas con paleocanales
- 376 Arcillas rojas
- 365 Limolitas y arcillas

Mapa de ubicación y encuadre geológico del área de Piskerra.

UBICACIÓN Y ESQUEMA GEOLÓGICO

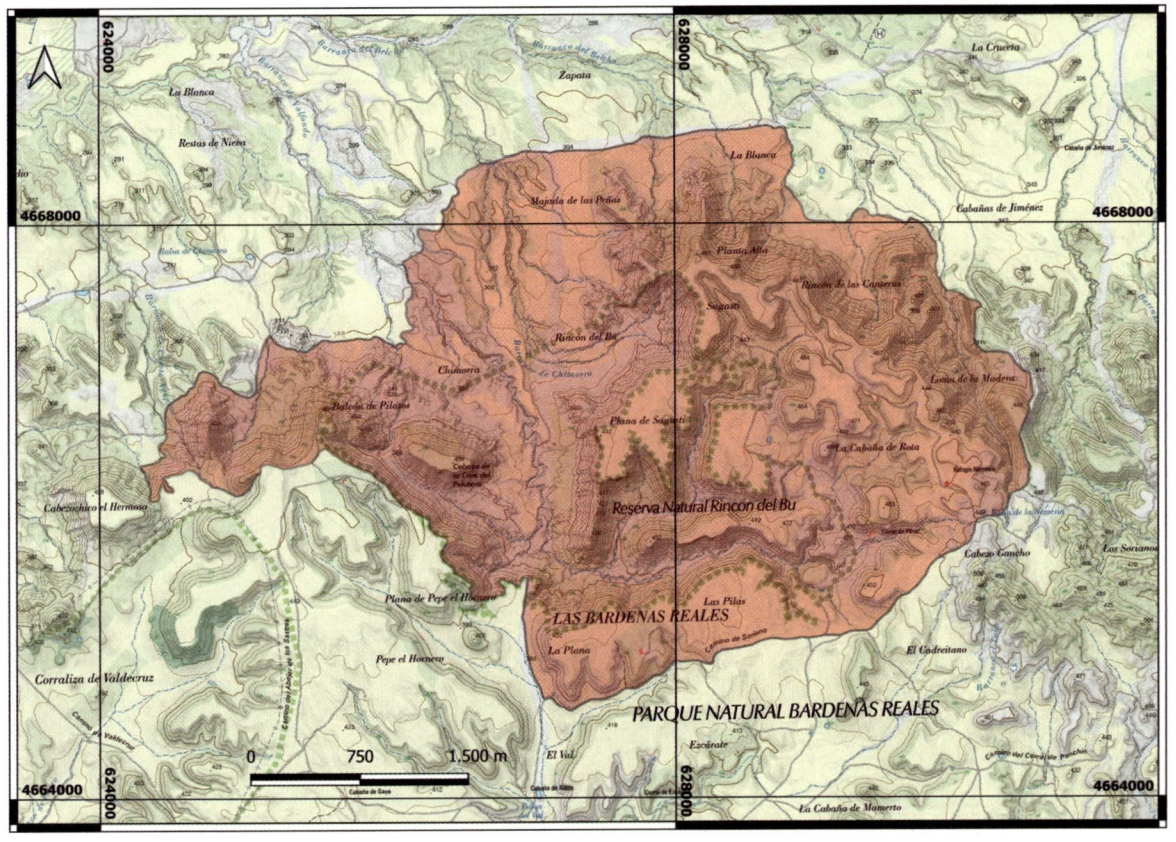

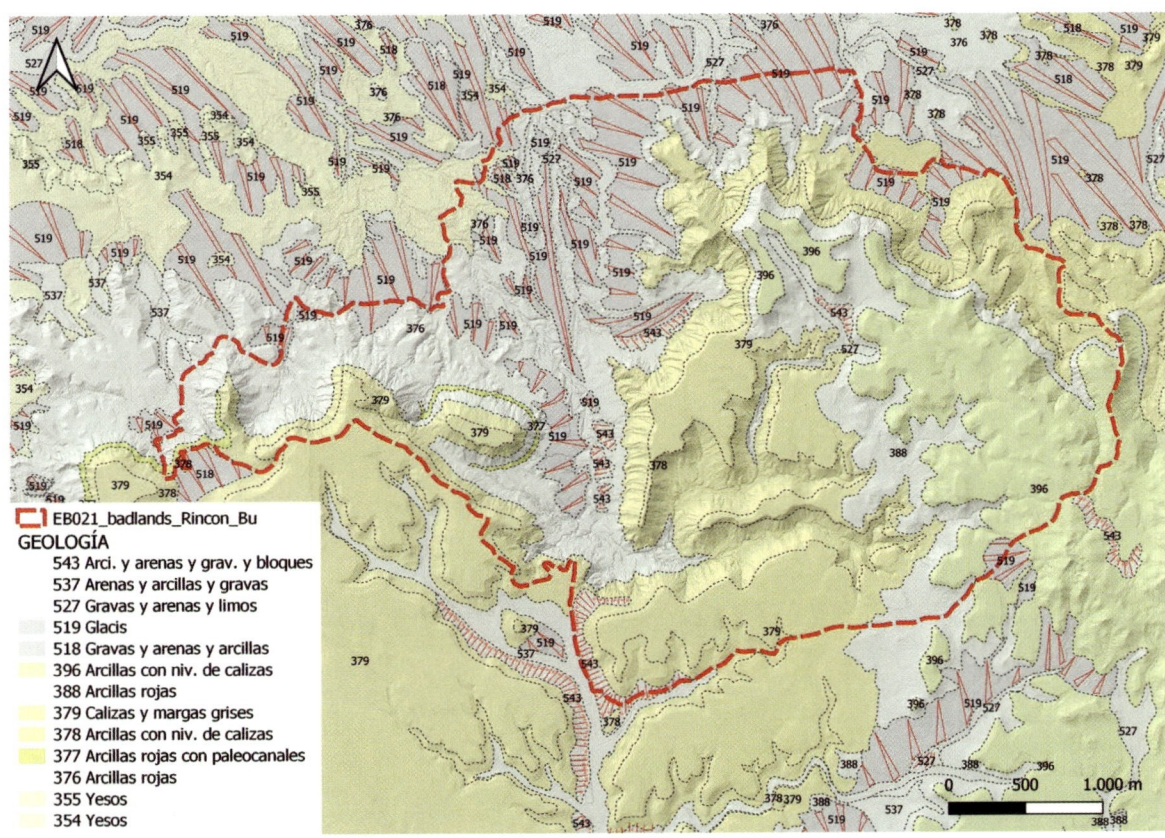

GEOLOGÍA

- 543 Arci. y arenas y grav. y bloques
- 537 Arenas y arcillas y gravas
- 527 Gravas y arenas y limos
- 519 Glacis
- 518 Gravas y arenas y arcillas
- 396 Arcillas con niv. de calizas
- 388 Arcillas rojas
- 379 Calizas y margas grises
- 378 Arcillas con niv. de calizas
- 377 Arcillas rojas con paleocanales
- 376 Arcillas rojas
- 355 Yesos
- 354 Yesos

EB021_badlands_Rincon_Bu

Mapa de ubicación y encuadre geológico del área de Rincón del Bú.

UBICACIÓN Y ESQUEMA GEOLÓGICO

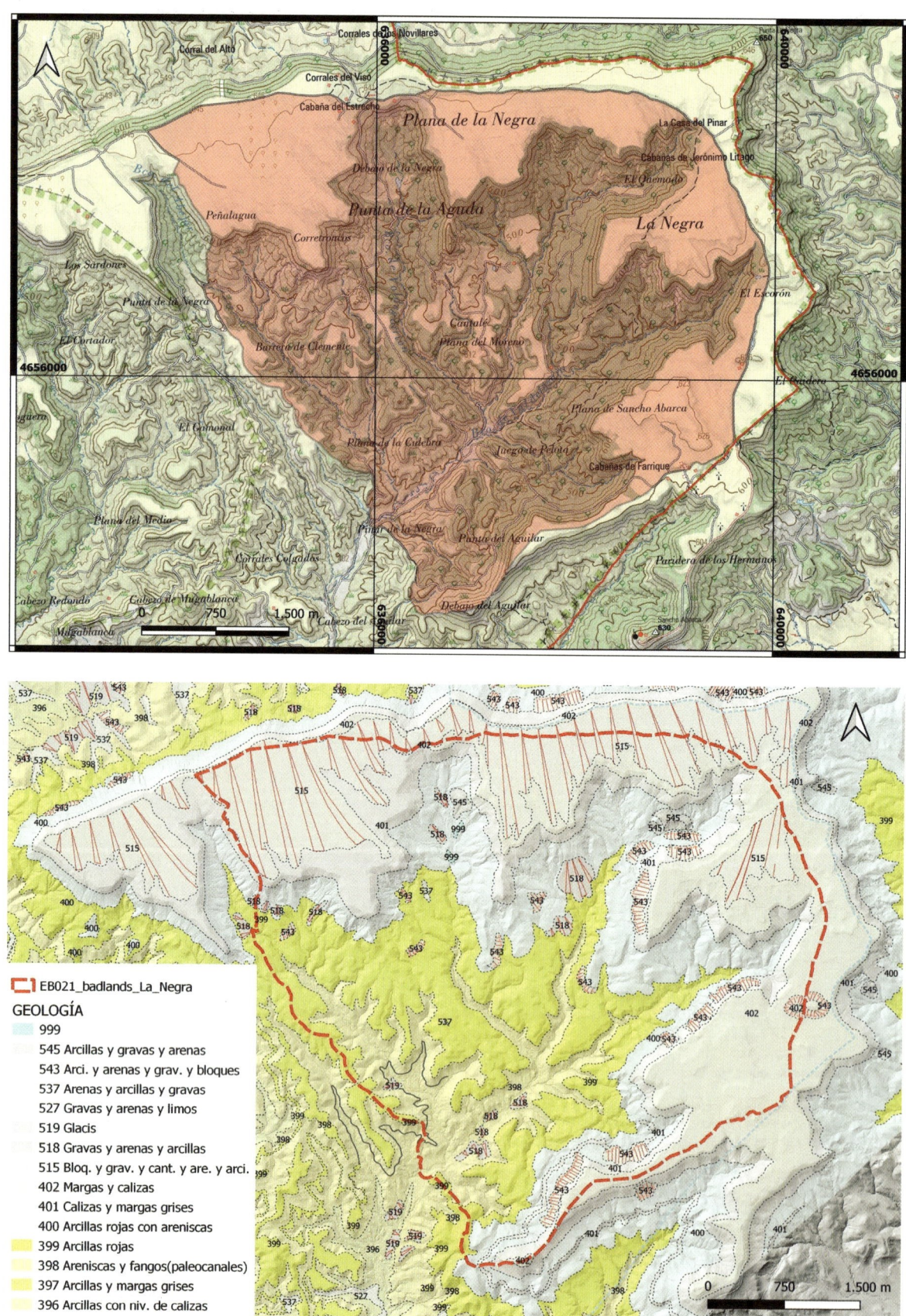

EB021_badlands_La_Negra

GEOLOGÍA

- 999
- 545 Arcillas y gravas y arenas
- 543 Arci. y arenas y grav. y bloques
- 537 Arenas y arcillas y gravas
- 527 Gravas y arenas y limos
- 519 Glacis
- 518 Gravas y arenas y arcillas
- 515 Bloq. y grav. y cant. y are. y arci.
- 402 Margas y calizas
- 401 Calizas y margas grises
- 400 Arcillas rojas con areniscas
- 399 Arcillas rojas
- 398 Areniscas y fangos(paleocanales)
- 397 Arcillas y margas grises
- 396 Arcillas con niv. de calizas

Mapa de ubicación y encuadre geológico del área de La Negra.

LUGARES DE INTERÉS GEOLÓGICO DE NAVARRA.
DOMINIO DE LA DEPRESIÓN DEL EBRO

Arriba, panorámica general de la Bardena Blanca desde el mirador de las Bardenas, dentro del Parque Natural. Centro, detalle de la Ralla y el Rallón, relieves tabulares de techo plano y laderas acarcavadas. Abajo, relieves tabulares relictos que destacan en este relieve aplanado, resultado de una intensa erosión.

IMÁGENES REPRESENTATIVAS

Arriba, detalle del Rincón del Bú, con mayor cobertera vegetal. Abajo, relieve tabular de Sanchicorrota. Se observa cómo la cima de este relieve tabular está formado por una capa granular pleistocena muy cementada, correspondiente a depósitos de tipo glacis. Abajo, proceso de tubificación (piping) subsuperficial que acelera el proceso de erosión del sustrato rocoso.

IMÁGENES REPRESENTATIVAS

Arriba y centro, cerro testigo de Castildeterra, coronado por una capa de arenisca que ofrece mayor resistencia y protección frente a la erosión. Abajo, entorno de Castildeterra y Cabezo de las Cortinas. En primer plano, barranco de las Cortinas que, aguas abajo se une al barranco Grande, que drena al río Ebro.

IMÁGENES REPRESENTATIVAS

Arriba, área con gran desarrollo de erosión y meteorización del sustrato arcilloso. Centro, desmantelamiento de las repisas de arenisca intercaladas en los tramos arcillosos, creando acumulaciones de bloques al pie de los resaltes. Abajo, proceso de abrasión del viento en estrato de arenisca, creando alveolos y gnamas.

IMÁGENES REPRESENTATIVAS

Vista de la Peña del Fraile en la Bardena Negra. Arriba, sección estratigráfica en el barranco donde afloran materiales miocenos arcillosos de colores rojizos y materiales calizos de tonos blanquecinos a techo. Abajo, detalle de la unidad caliza que corona la peña.

LUGARES DE INTERÉS GEOLÓGICO DE NAVARRA.
DOMINIO DE LA DEPRESIÓN DEL EBRO

CÓDIGO Y DENOMINACIÓN
EB022 Lutitas miocenas y aridisoles de la Bardena Blanca

VALOR Y TIPO DE INTERÉS GEOLÓGICO

Valor del interés geológico	Tipo de interés geológico	
Científico	Principal	Edafológico
Didáctico	Secundario	
Turístico		

UBICACIÓN DEL LIG

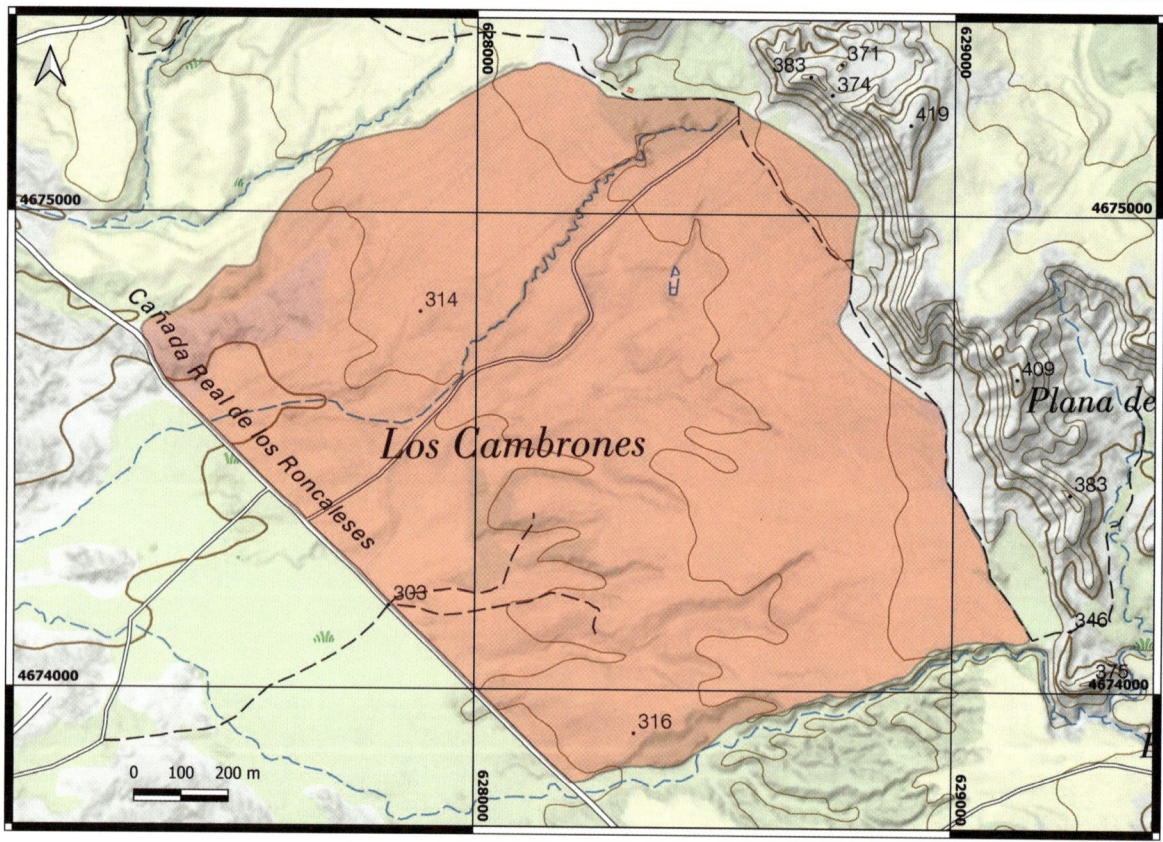

Ubicación y accesos	Dado que estas áreas están ubicadas dentro del Parque Natural, se deberán seguir las indicaciones y la normativa correspondiente, además de consultar los accesos y rutas autorizadas.

POR QUÉ ES TAN IMPORTANTE ESTE LUGAR
La presencia de yesos y sales, asociados al sustrato rocoso oligomioceno, junto con el clima estepario frío de este lugar (con precipitaciones escasas), favorecen el desarrollo de suelos de tipo aridisol, de gran interés edafológico.

LUGARES DE INTERÉS GEOLÓGICO DE NAVARRA.
DOMINIO DE LA DEPRESIÓN DEL EBRO

ESQUEMA GEOLÓGICO

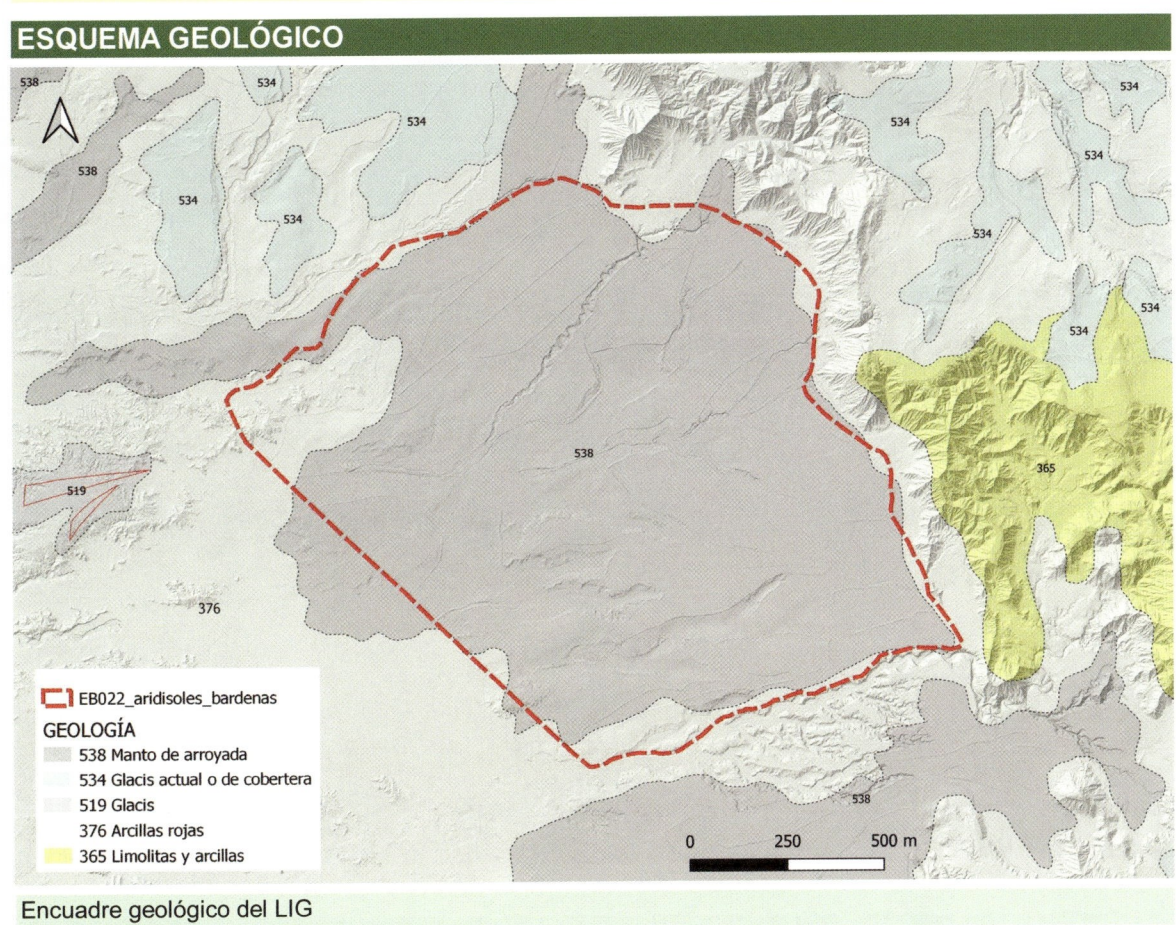

EB022_aridisoles_bardenas

GEOLOGÍA
- 538 Manto de arroyada
- 534 Glacis actual o de cobertera
- 519 Glacis
- 376 Arcillas rojas
- 365 Limolitas y arcillas

Encuadre geológico del LIG

Ejemplo de eflorescencias salinas blanquecinas que afloran en una superficie cubierta de grietas de desecación en la estación más calurosa.

IMÁGENES REPRESENTATIVAS

Parcelas de terreno en las Bardenas Reales en los que se observan eflorescencias salinas en superficie (arriba) y cultivos con áreas sin desarrollo vegetal debido a la presencia de dicha salinidad (abajo). Fuente: Área de edafología y química agrícola de la Universidad Pública de Navarra. Autor: Patxi Arricibita.

IMÁGENES REPRESENTATIVAS

Arriba, vista al microscopio de un suelo yesífero. El yeso muestra claramente su hábito lenticular. Parte del yeso forma parte de los minerales del sustrato y otros se han formado por un proceso edáfico en el interior de los poros. Abajo, perfil de un suelo yesífero en el Vedado de Egüaras (Bardena Blanca). Fuente: Área de edafología y química agrícola de la Universidad Pública de Navarra. Autor: Patxi Arricibita.

LUGARES DE INTERÉS GEOLÓGICO DE NAVARRA.
DOMINIO DE LA DEPRESIÓN DEL EBRO

CÓDIGO Y DENOMINACIÓN

EB023 Serie calco-detrítico-yesífera miocena de La Negra en Bardenas

VALOR Y TIPO DE INTERÉS GEOLÓGICO

Valor del interés geológico	Tipo de interés geológico	
Científico	Principal	Estratigráfico
Didáctico	Secundario	
Turístico		

UBICACIÓN DEL LIG

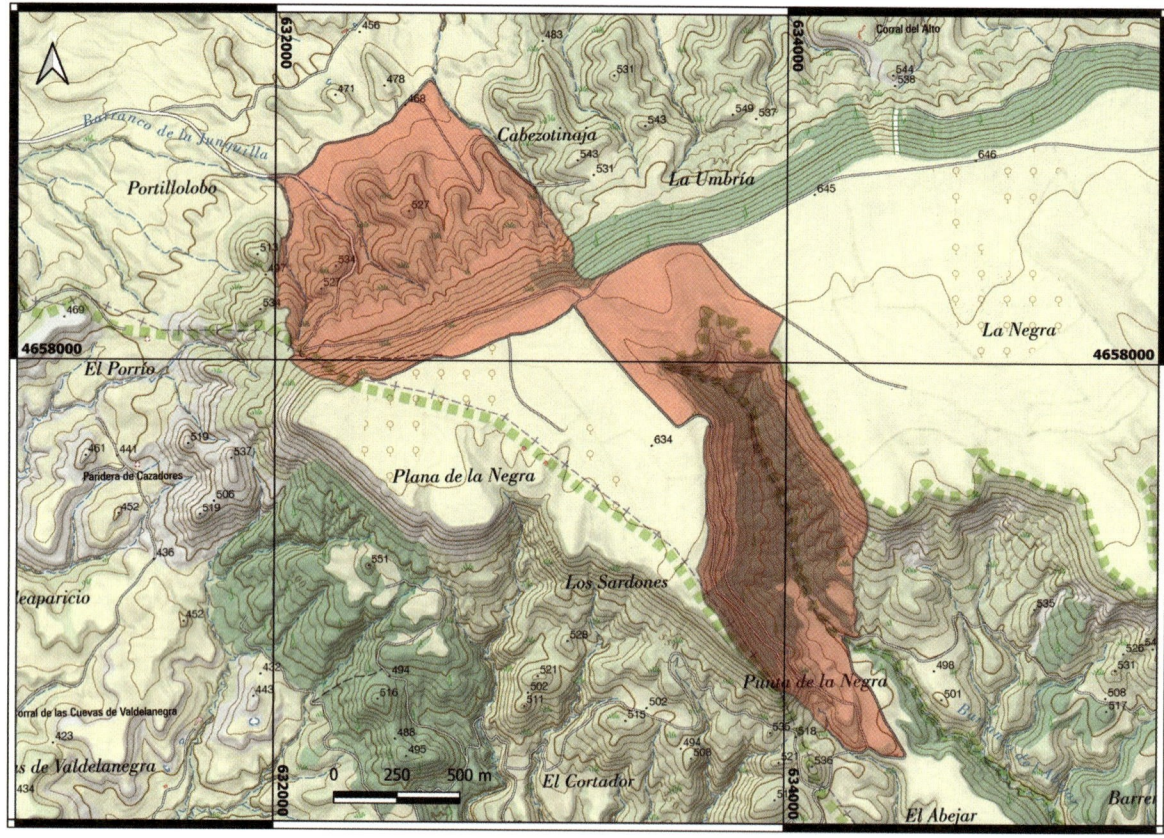

Ubicación y accesos	Dado que estas áreas están ubicadas dentro del Parque Natural, se deberán seguir las indicaciones y la normativa correspondiente, además de consultar los accesos y rutas autorizadas. Algunos escarpes expuestos y riesgo de desprendimiento de bloques.

POR QUÉ ES TAN IMPORTANTE ESTE LUGAR

En las laderas de los principales resaltes de este sector de la Bardena Negra se puede reconocer con claridad la serie estratigráfica miocena aquí aflorante, permitiendo llevar a cabo importantes reconstrucciones sedimentarias del ambiente de depósito.

LUGARES DE INTERÉS GEOLÓGICO DE NAVARRA.
DOMINIO DE LA DEPRESIÓN DEL EBRO

ESQUEMA GEOLÓGICO

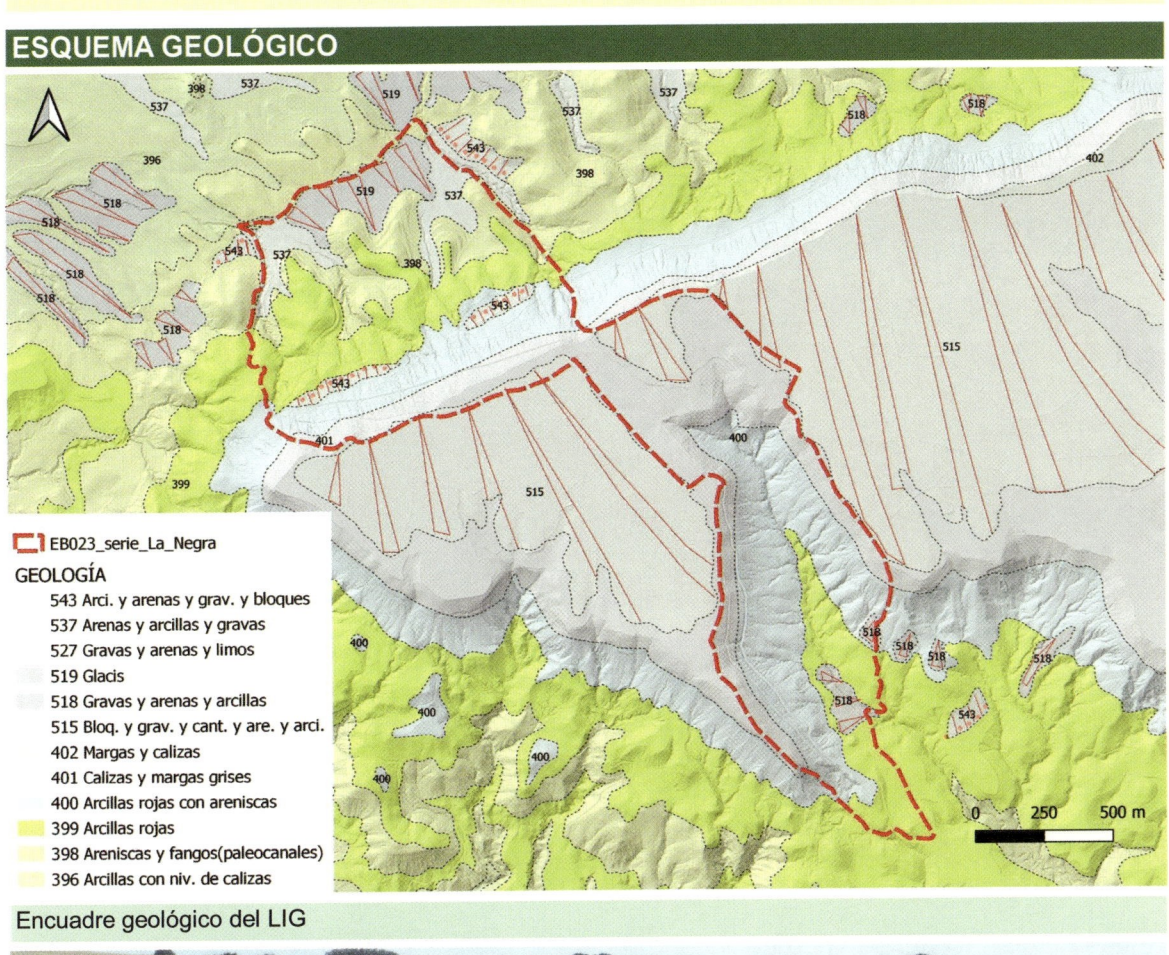

EB023_serie_La_Negra

GEOLOGÍA
- 543 Arci. y arenas y grav. y bloques
- 537 Arenas y arcillas y gravas
- 527 Gravas y arenas y limos
- 519 Glacis
- 518 Gravas y arenas y arcillas
- 515 Bloq. y grav. y cant. y are. y arci.
- 402 Margas y calizas
- 401 Calizas y margas grises
- 400 Arcillas rojas con areniscas
- 399 Arcillas rojas
- 398 Areniscas y fangos(paleocanales)
- 396 Arcillas con niv. de calizas

Encuadre geológico del LIG

Aspecto general del barranco del Abejar en la Plana de la Negra. Se observa claramente el contraste entre la unidad arcillosa rojiza y la unidad carbonatada blanquecina, ambas miocenas.

IMÁGENES REPRESENTATIVAS

Arriba, calizas miocenas grises de origen lacustre con intercalaciones de niveles margosos. Centro, vista panorámica del barranco, coronado por dichas calizas. Abajo, paleocanal de arenisca en los tramos arcillosos infrayacentes.

IMÁGENES REPRESENTATIVAS

Detalles de la variedad cromática de la sección miocena. La erosión diferencial de niveles de lutitas, areniscas, margas y calizas dan lugar a buenos niveles guía de geometría tabular.

LUGARES DE INTERÉS GEOLÓGICO DE NAVARRA.
DOMINIO DE LA DEPRESIÓN DEL EBRO

CÓDIGO Y DENOMINACIÓN

EB033 Fallas normales de Fustiñana

VALOR Y TIPO DE INTERÉS GEOLÓGICO

Valor del interés geológico	Tipo de interés geológico	
Científico	Principal	Tectónico
Didáctico	Secundario	
Turístico		

UBICACIÓN DEL LIG

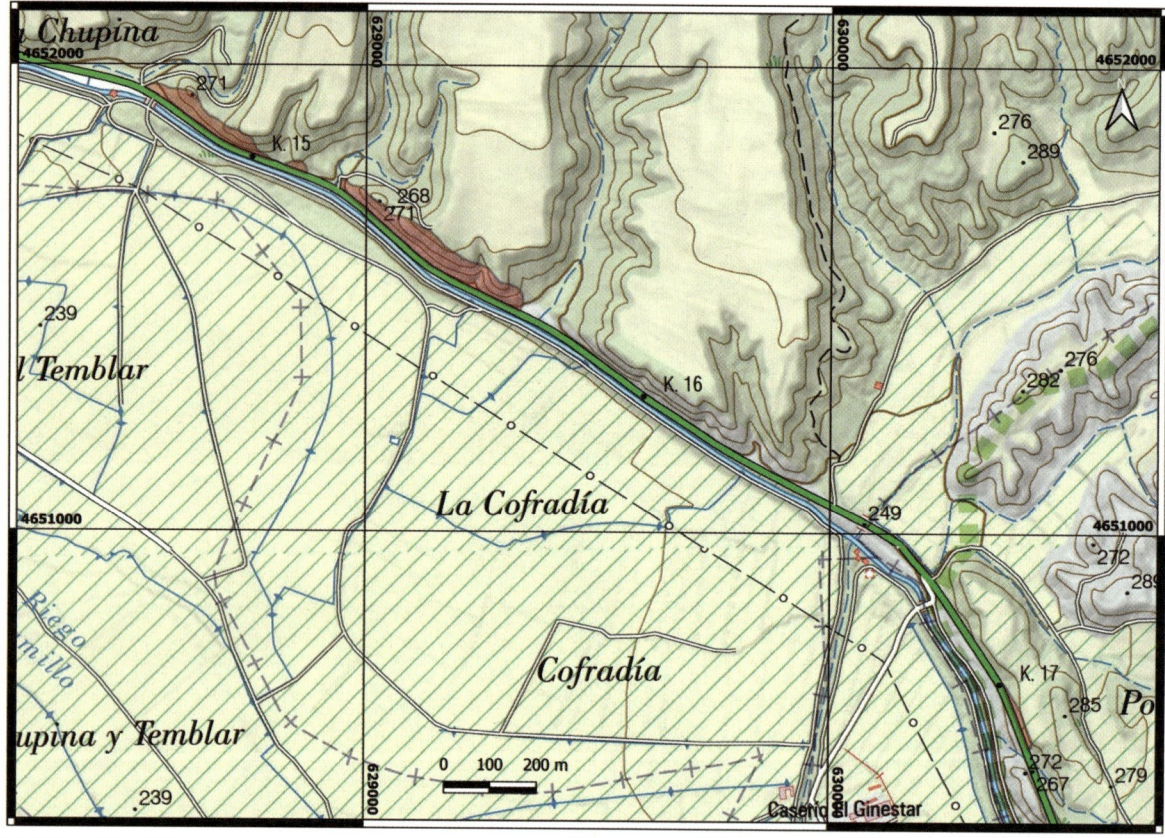

Ubicación y accesos	La mejor forma de observar estos rasgos es recorrer los caminos de tierra que discurren paralelos al canal de Tauste y a la carretera NA-126, entre Fustiñana y Buñuel. No está autorizado estacionar ni transitar a pie por la carretera.

POR QUÉ ES TAN IMPORTANTE ESTE LUGAR

Constituyen un buen ejemplo de un sistema de fallas normales conjugadas que afectan al sustrato rocoso mioceno. La variedad cromática de dicho sustrato facilita la visualización de los saltos de falla que los afectan.

ESQUEMA GEOLÓGICO

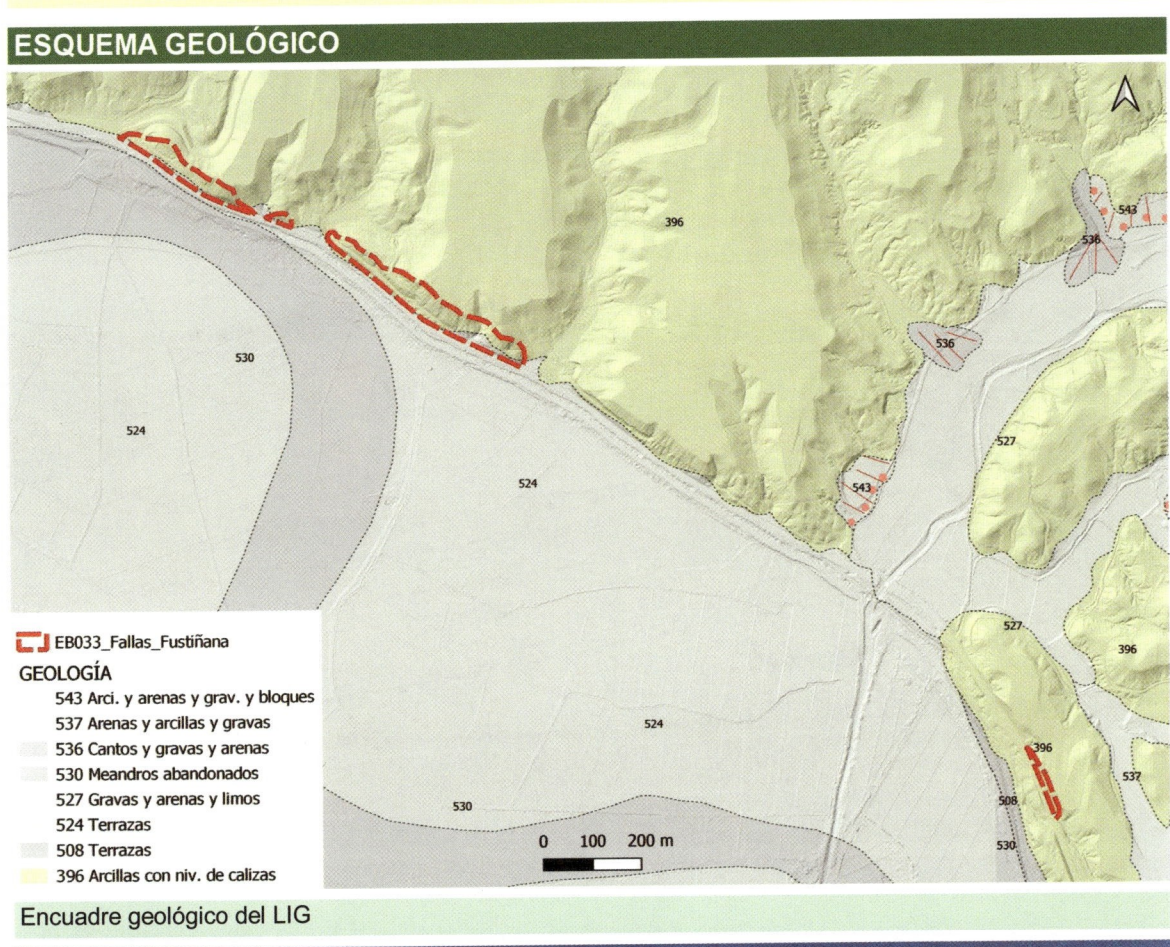

EB033_Fallas_Fustiñana

GEOLOGÍA

543 Arci. y arenas y grav. y bloques
537 Arenas y arcillas y gravas
536 Cantos y gravas y arenas
530 Meandros abandonados
527 Gravas y arenas y limos
524 Terrazas
508 Terrazas
396 Arcillas con niv. de calizas

0   100   200 m

Encuadre geológico del LIG

Aspecto general del macizo rocoso en la carretera entre Fustiñana y Buñuel. Se observa un tramo inferior más arcilloso y tonos rojizos y un tramo superior más margoso y yesífero y que en conjunto se consideran como la unidad superior de la Facies Tudela.

IMÁGENES REPRESENTATIVAS

Arriba, sistema de fallas normales en la formación miocena. Los niveles más competentes permiten visualizar mejor el salto de falla. Abajo, falla normal con basculamiento de un bloque intermedio y que permite apreciar la magnitud métrica del salto de falla.

IMÁGENES REPRESENTATIVAS

Arriba, dos fallas visibles. La primera de ellas, a la izquierda, con plano de falla muy tendido. La segunda, a la derecha, con un plano de falla prácticamente vertical. Abajo, detalle de falla normal con bloque hundido en la izquierda.

LUGARES DE INTERÉS GEOLÓGICO DE NAVARRA.
DOMINIO DE LA DEPRESIÓN DEL EBRO

CÓDIGO Y DENOMINACIÓN
EB024a Cuenca endorreica de la Laguna de Pitillas

VALOR Y TIPO DE INTERÉS GEOLÓGICO

Valor del interés geológico	Tipo de interés geológico	
Científico	Principal	Hidrogeológico
Didáctico	Secundario	
Turístico		

UBICACIÓN DEL LIG

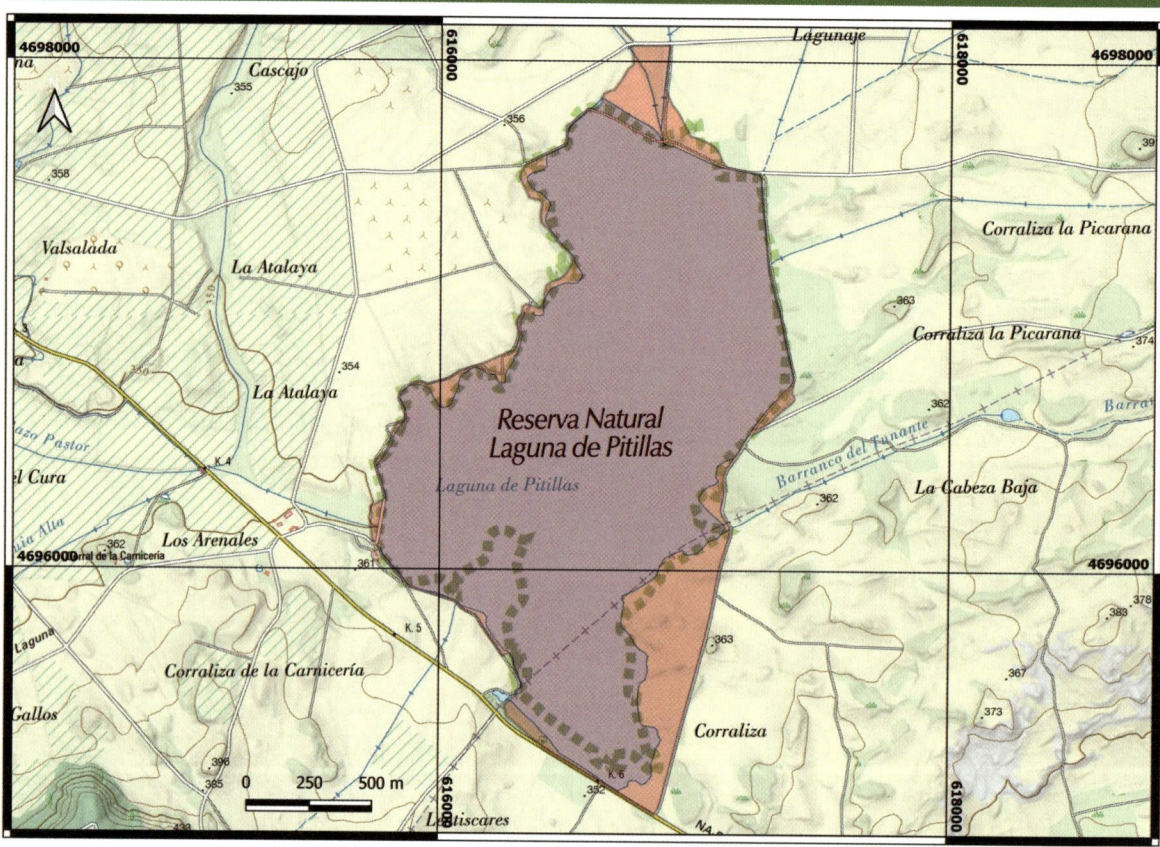

Ubicación y accesos	Acceso desde la localidad de Pitillas, por la carretera NA-5330. Seguir en todo momento las indicaciones de la Reserva Natural.

POR QUÉ ES TAN IMPORTANTE ESTE LUGAR
Se trata de un área endorreica con un sustrato geológico impermeable que ha permitido el desarrollo de un humedal de tipo estepario de gran relevancia y que alberga una amplia comunidad de aves.

LUGARES DE INTERÉS GEOLÓGICO DE NAVARRA.
DOMINIO DE LA DEPRESIÓN DEL EBRO

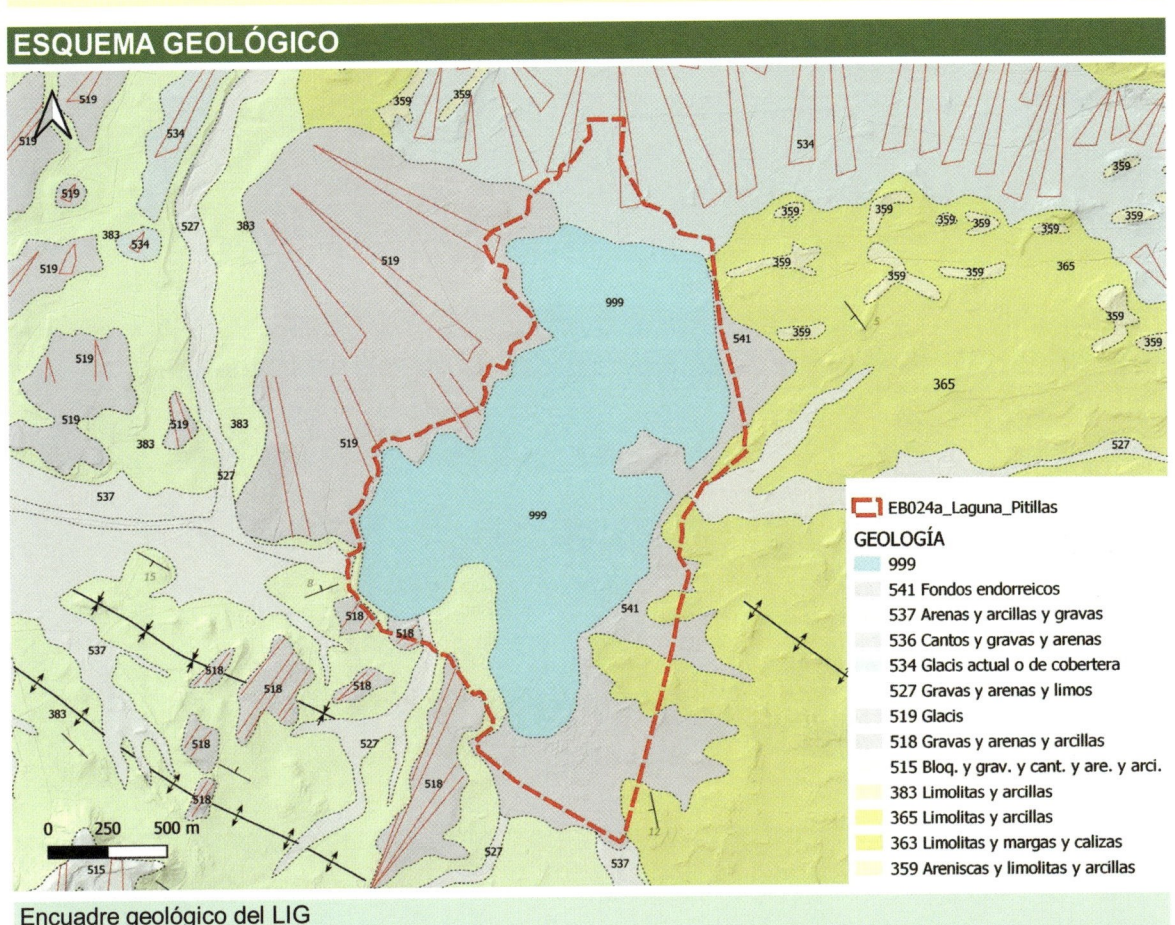

EB024a_Laguna_Pitillas

GEOLOGÍA
- 999
- 541 Fondos endorreicos
- 537 Arenas y arcillas y gravas
- 536 Cantos y gravas y arenas
- 534 Glacis actual o de cobertera
- 527 Gravas y arenas y limos
- 519 Glacis
- 518 Gravas y arenas y arcillas
- 515 Bloq. y grav. y cant. y are. y arci.
- 383 Limolitas y arcillas
- 365 Limolitas y arcillas
- 363 Limolitas y margas y calizas
- 359 Areniscas y limolitas y arcillas

Encuadre geológico del LIG

Aspecto general del Embalse de Pitillas.

443

IMÁGENES REPRESENTATIVAS

Aspecto general de la cuenca endorreica de Pitillas.

LUGARES DE INTERÉS GEOLÓGICO DE NAVARRA.
DOMINIO DE LA DEPRESIÓN DEL EBRO

CÓDIGO Y DENOMINACIÓN
EB024b Pantano salobre de Las Cañas en Viana

VALOR Y TIPO DE INTERÉS GEOLÓGICO

Valor del interés geológico	Tipo de interés geológico	
Científico	Principal	Hidrogeológico
Didáctico	Secundario	
Turístico		

UBICACIÓN DEL LIG

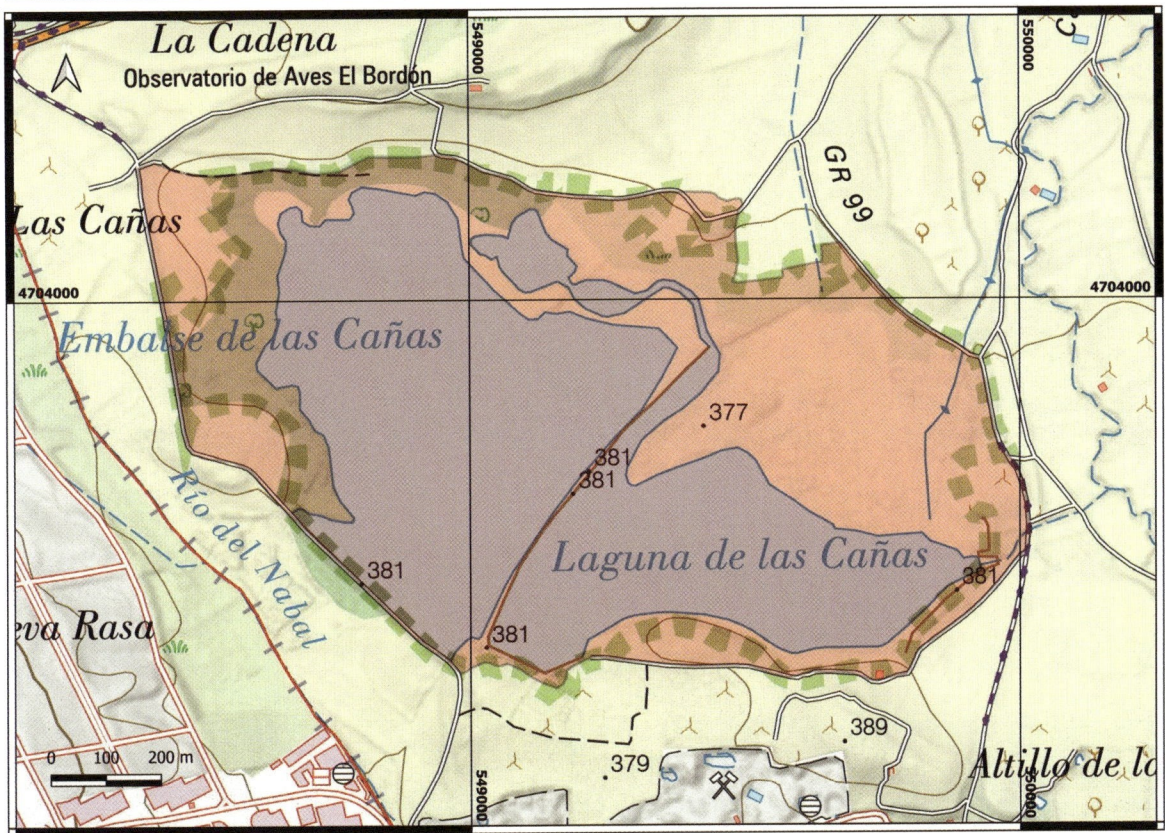

Ubicación y accesos	Acceso desde Viana, por la carretera N-111. Existen recorridos perimetrales alrededor de la laguna. Seguir en todo momento las indicaciones de la Reserva Natural.

POR QUÉ ES TAN IMPORTANTE ESTE LUGAR
Se trata de un área endorreica con un sustrato geológico impermeable que ha permitido el desarrollo de un humedal de tipo estepario de gran relevancia. La recarga del agua del embalse se realiza por escorrentía superficial y también el aporte de aguas subterráneas de las terrazas fluviales bajas del río Ebro.

LUGARES DE INTERÉS GEOLÓGICO DE NAVARRA.
DOMINIO DE LA DEPRESIÓN DEL EBRO

ESQUEMA GEOLÓGICO

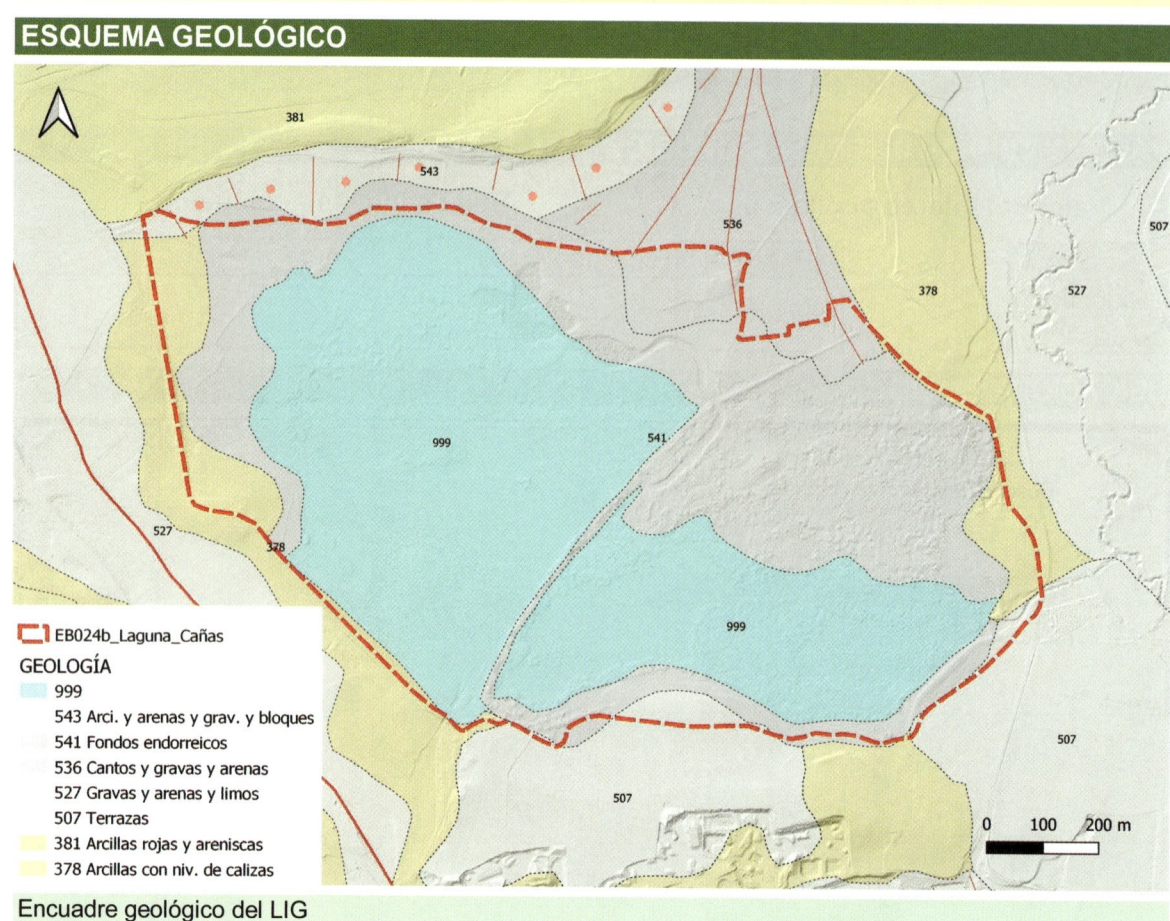

EB024b_Laguna_Cañas

GEOLOGÍA

- 999
- 543 Arci. y arenas y grav. y bloques
- 541 Fondos endorreicos
- 536 Cantos y gravas y arenas
- 527 Gravas y arenas y limos
- 507 Terrazas
- 381 Arcillas rojas y areniscas
- 378 Arcillas con niv. de calizas

0   100   200 m

Encuadre geológico del LIG

Vista general de la laguna salobre de Las Cañas (fuente: Alberto Jiménez / Ostadar).

IMÁGENES REPRESENTATIVAS

Vista general de la laguna salobre de Las Cañas. Abajo, detalle del sustrato rocoso arcilloso mioceno.

CÓDIGO Y DENOMINACIÓN

EB028 Anticlinal de Sartaguda

VALOR Y TIPO DE INTERÉS GEOLÓGICO

Valor del interés geológico	Tipo de interés geológico	
Científico	Principal	Tectónico
Didáctico	Secundario	Estratigráfico
Turístico		

UBICACIÓN DEL LIG

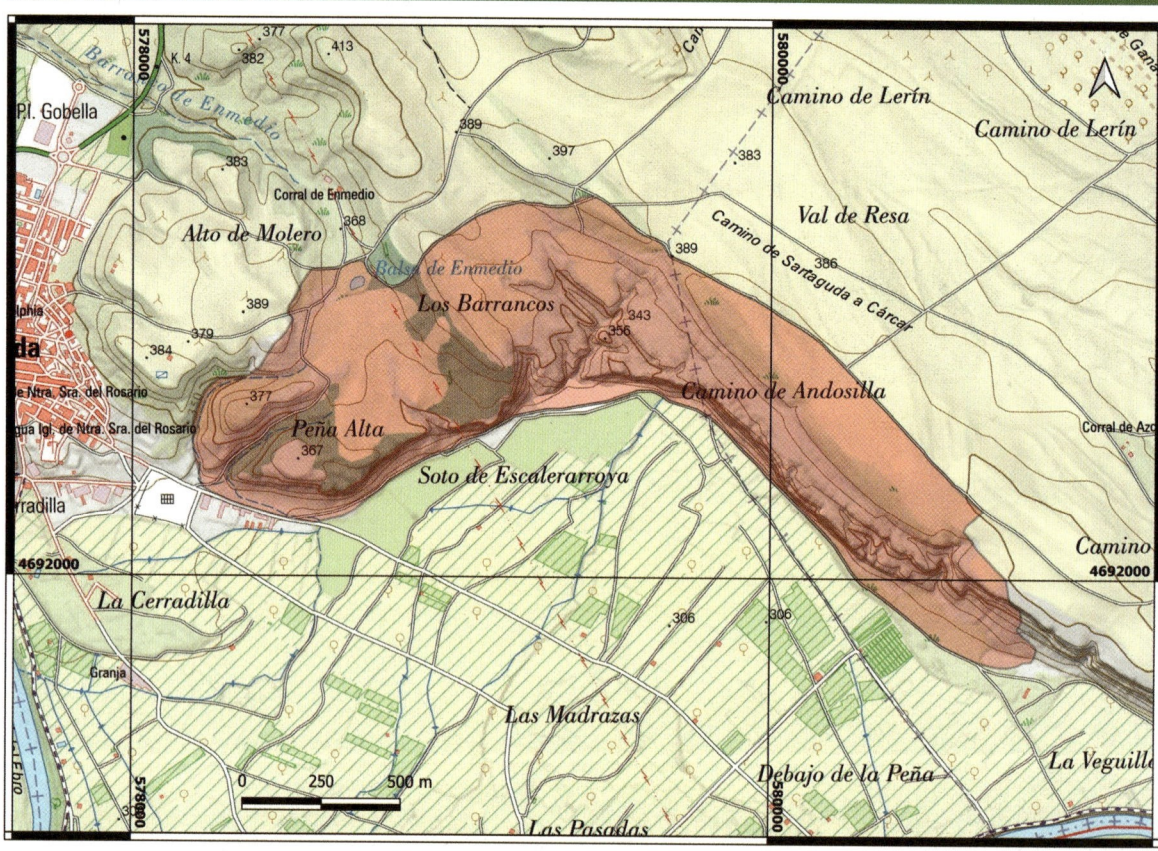

Ubicación y accesos	El recorrido puede llevarse a cabo por la pista de tierra que parte de la localidad de Sartaguda hacia el este bordeando Peña Alta, en la llanura de inundación del río Ebro. Precaución en épocas de crecida. Zona superior con escarpes expuestos y riesgo de desprendimiento de bloques.

POR QUÉ ES TAN IMPORTANTE ESTE LUGAR

Se trata de una estructura geológica muy llamativa debido a su variedad cromática, ya que en ella alternan unidades detríticas de tonos rojizos con unidades yesíferas de colores grises y blancos. En su núcleo aflora la unidad de Yesos de Falces y se dispone paralela al sinclinal de Lodosa cuyo eje se sitúa más al norte. Pese a que el eje de este anticlinal es paralelo al escarpe rocoso, la erosión y retroceso de los escarpes rocosos permite dejar a la vista la sección tranversal del pliegue hasta su núcleo.

LUGARES DE INTERÉS GEOLÓGICO DE NAVARRA.
DOMINIO DE LA DEPRESIÓN DEL EBRO

ESQUEMA GEOLÓGICO

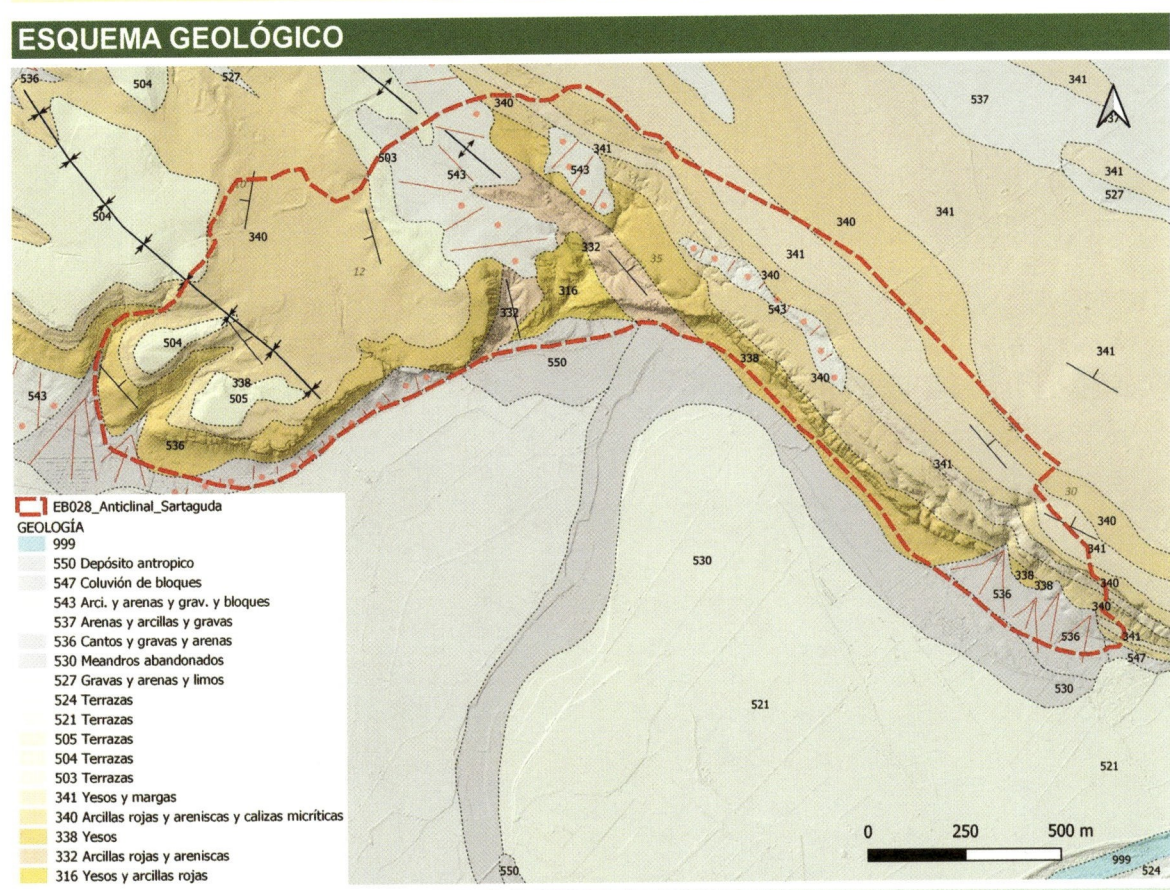

EB028_Anticlinal_Sartaguda

GEOLOGÍA
- 999
- 550 Depósito antropico
- 547 Coluvión de bloques
- 543 Arci. y arenas y grav. y bloques
- 537 Arenas y arcillas y gravas
- 536 Cantos y gravas y arenas
- 530 Meandros abandonados
- 527 Gravas y arenas y limos
- 524 Terrazas
- 521 Terrazas
- 505 Terrazas
- 504 Terrazas
- 503 Terrazas
- 341 Yesos y margas
- 340 Arcillas rojas y areniscas y calizas micríticas
- 338 Yesos
- 332 Arcillas rojas y areniscas
- 316 Yesos y arcillas rojas

Encuadre geológico del LIG

Aspecto general de los afloramientos rocosos a lo largo del camino que discurre al este de la localidad de Sartaguda. Se observa un gran contraste cromático entre la formación arcillosa rojiza y la formación yesífera de tonos blanquecinos.

IMÁGENES REPRESENTATIVAS

Arriba, vista del escarpe rocoso al este de Sartaguda. En primer plano, estratos con buzamiento al sur y en segundo plano, estratos con buzamiento norte, reflejando los dos flancos del anticlinal de Sartaguda cuyo eje es paralelo al talud. Abajo, detalle del núcleo del pliegue anticlinal en materiales arcillosos oligocenos.

IMÁGENES REPRESENTATIVAS

Arriba, vista panorámica del pliegue anticlinal de Sartaguda, con núcleo formado por una unidad rojiza arcillosa. Abajo, detalle de un replegamiento que afecta a una unidad arcillosa y una unidad yesífera suprayacente.

LUGARES DE INTERÉS GEOLÓGICO DE NAVARRA.
DOMINIO DE LA DEPRESIÓN DEL EBRO

CÓDIGO Y DENOMINACIÓN
EB029 Cabalgamiento de Tafalla

VALOR Y TIPO DE INTERÉS GEOLÓGICO

Valor del interés geológico	Tipo de interés geológico	
Científico	**Principal**	Tectónico
Didáctico	**Secundario**	
Turístico		

UBICACIÓN DEL LIG

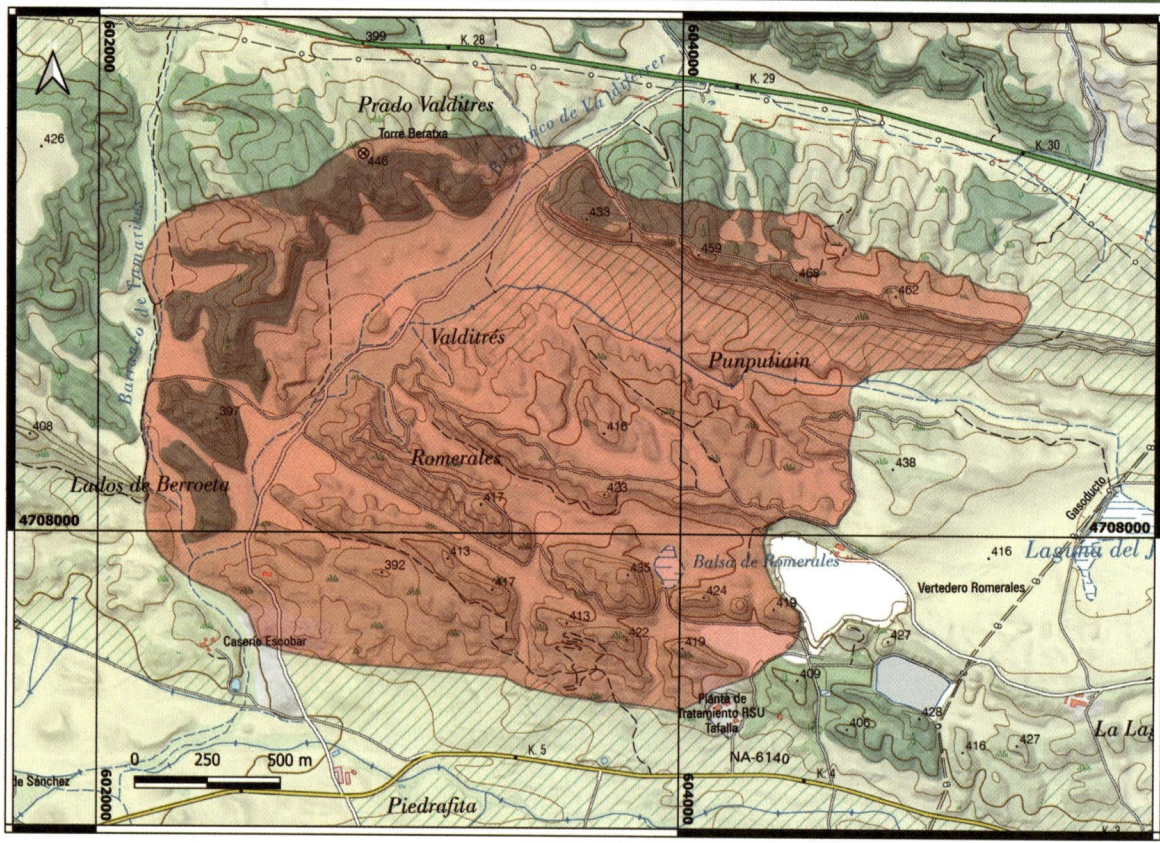

Ubicación y accesos	A la zona se accede desde Tafalla hacia el oeste, bien por la carretera NA-132 a la altura del Km. 29, o bien desde la carretera NA-6140 Km. 5,5. También por pista desde la propia localidad de Tafalla. Los puntos singulares son el barranco de Valditrés y las lagunas de Romerales y El Juncal, entre otros. Precaución en la cantera de yesos del barranco de Valditrés, con puntos de visibilidad con taludes expuestos y zona parcialmente inundada.

POR QUÉ ES TAN IMPORTANTE ESTE LUGAR

Pese a tratarse de una estructura geológica que está bastante desdibujada en superficie por la erosión, un recorrido por la zona permite identificar claramente la unidad de yesos oligocenos de Tafalla, también denominados en la literatura como Yesos de Falces y Yesos de Desojo, con importantes replegamientos de estilo halocinético, disponiéndose sobre las unidades detríticas arcillo-arenosas más modernas.

LUGARES DE INTERÉS GEOLÓGICO DE NAVARRA.
DOMINIO DE LA DEPRESIÓN DEL EBRO

ESQUEMA GEOLÓGICO

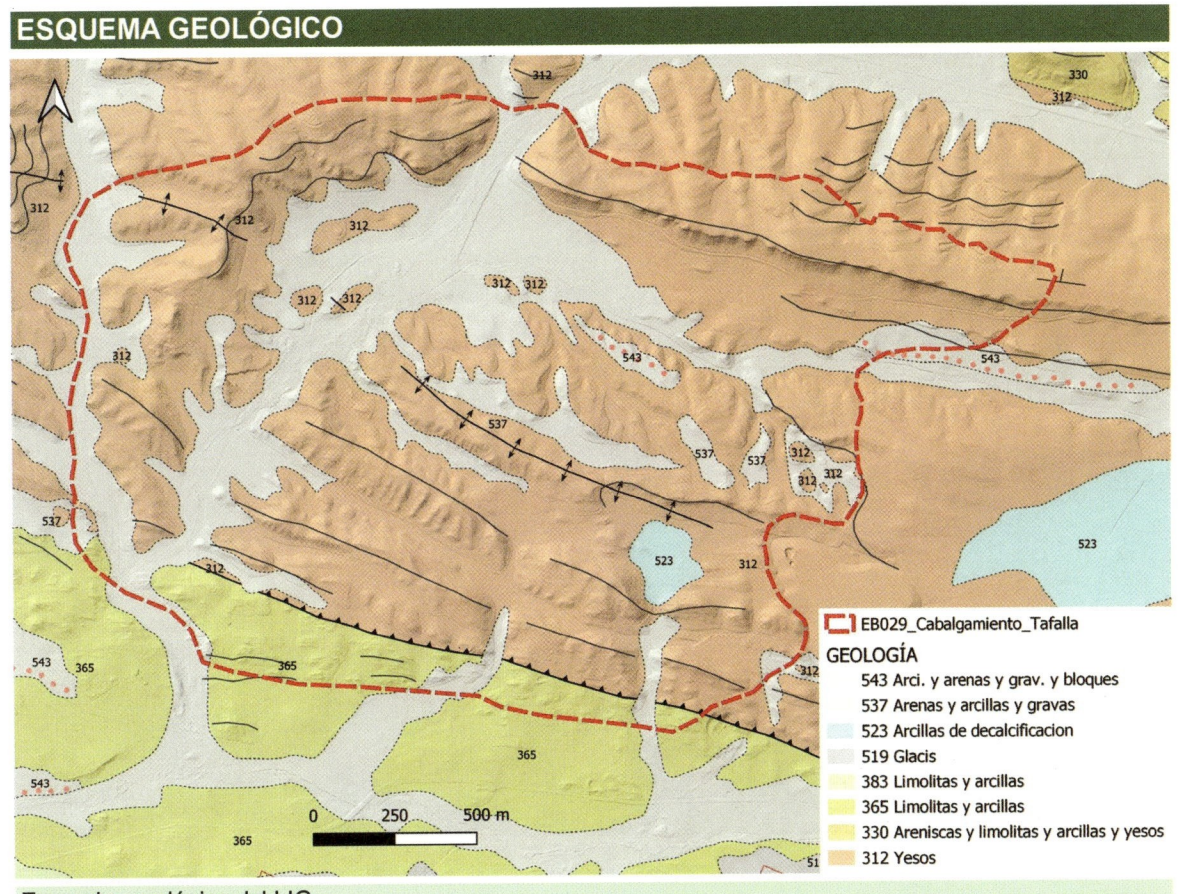

EB029_Cabalgamiento_Tafalla

GEOLOGÍA
- 543 Arci. y arenas y grav. y bloques
- 537 Arenas y arcillas y gravas
- 523 Arcillas de decalcificacion
- 519 Glacis
- 383 Limolitas y arcillas
- 365 Limolitas y arcillas
- 330 Areniscas y limolitas y arcillas y yesos
- 312 Yesos

0   250   500 m

Encuadre geológico del LIG

Resalte morfológico de la formación yesífera que forma el frente de cabalgamiento de Tafalla.

453

IMÁGENES REPRESENTATIVAS

Arriba, resaltes cubiertos de vegetación arbórea correspondientes a la unidad yesífera. Al fondo, llanura constituida por materiales miocenos detríticos más modernos. Abajo, laguna del Romeral sobre la unidad evaporítica de Yesos de Falces.

IMÁGENES REPRESENTATIVAS

Arriba, detalle de los replegamientos de la unidad yesífera. Abajo, vista del barranco de Valdiferrer hacia el norte. En primer plano, junto al camino, se aprecia un afloramiento de areniscas, limolitas y arcillas. Al fondo, sustrato yesífero blanquecino más antiguo.

LUGARES DE INTERÉS GEOLÓGICO DE NAVARRA.
DOMINIO DE LA DEPRESIÓN DEL EBRO

CÓDIGO Y DENOMINACIÓN

EB032 Deslizamiento de Miranda de Arga

VALOR Y TIPO DE INTERÉS GEOLÓGICO

Valor del interés geológico	Tipo de interés geológico	
Científico	Principal	Geotécnico
Didáctico	Secundario	
Turístico		

UBICACIÓN DEL LIG

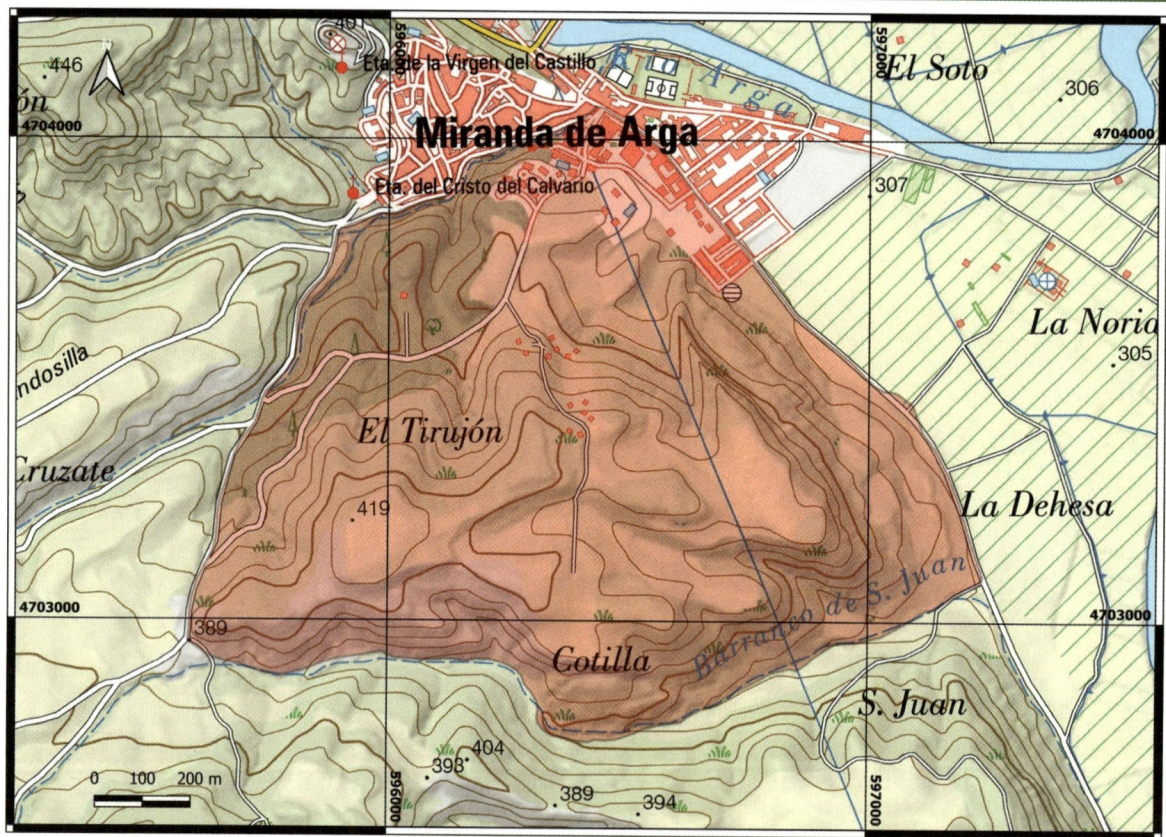

Ubicación y accesos	Recorridos que parten de la misma localidad de Miranda de Arga, siguiendo la red de pistas y senderos existentes. Escarpes expuestos. Algunos taludes verticales tienen riesgo de desprendimientos de bloques. Precaución en terrenos susceptibles de deslizamientos.

POR QUÉ ES TAN IMPORTANTE ESTE LUGAR

Los recientes deslizamientos de El Alto Hundido en la parte alta de la localidad de Miranda de Arga lo convierten en un ejemplo de estudio de procesos de ladera en materiales arcillosos, en este caso pertenecientes a la unidad Facies de Tudela.

LUGARES DE INTERÉS GEOLÓGICO DE NAVARRA.
DOMINIO DE LA DEPRESIÓN DEL EBRO

ESQUEMA GEOLÓGICO

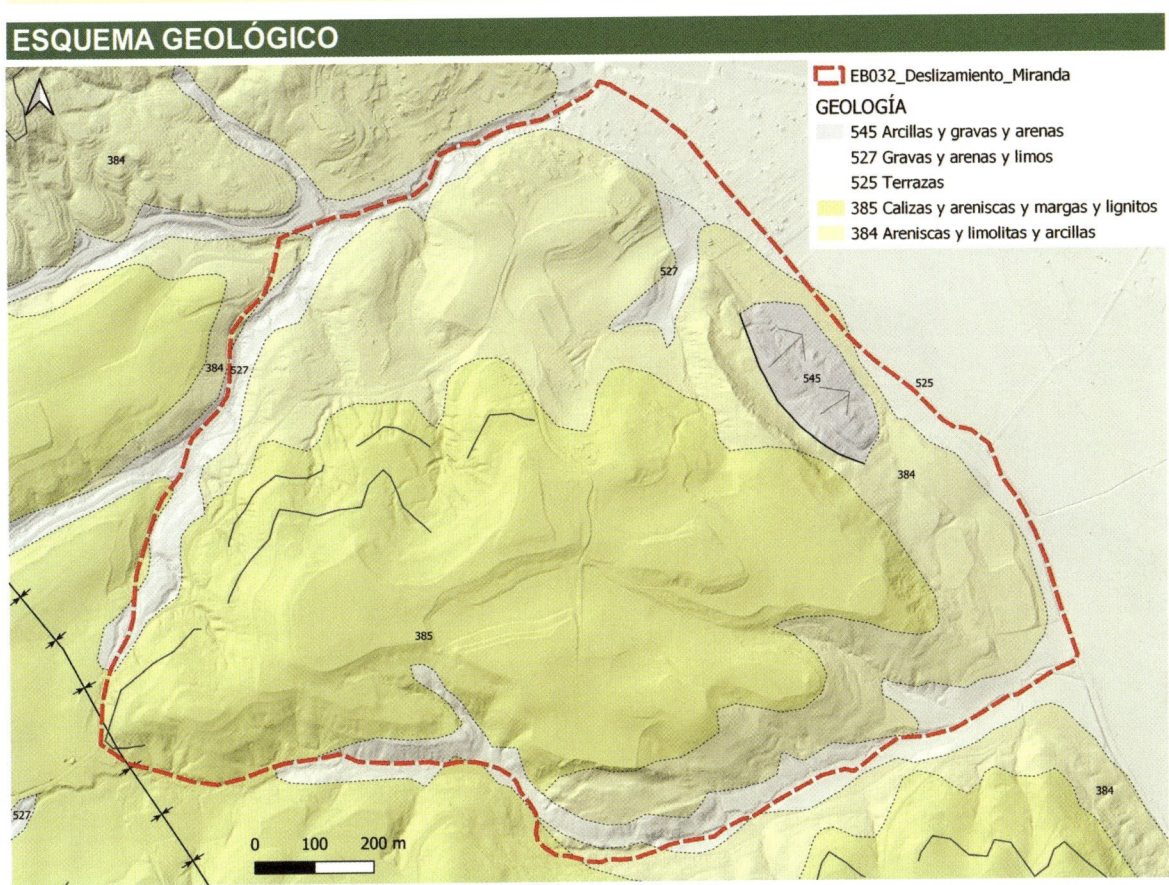

EB032_Deslizamiento_Miranda
GEOLOGÍA
- 545 Arcillas y gravas y arenas
- 527 Gravas y arenas y limos
- 525 Terrazas
- 385 Calizas y areniscas y margas y lignitos
- 384 Areniscas y limolitas y arcillas

Encuadre geológico del LIG

Vista general del frente de deslizamiento al sureste de la localidad de Miranda de Arga, que afecta principalmente a la unidad miocena formada por lutitas, areniscas y limolitas.

IMÁGENES REPRESENTATIVAS

Arriba, talud rocoso resultado de un deslizamiento y en el que se observan algunos pliegues en la formación miocena. Abajo, detalle del frente de deslizamiento donde se observa la estratificación prácticamente horizontal en la unidad miocena Facies de Tudela.

IMÁGENES REPRESENTATIVAS

Arriba, notable variedad cromática de la formación miocena en un tramo deslizado y fracturado, con bloques y pináculos basculados. No se recomienda acceder a la base de la ladera por riesgo de caída de grandes bloques. Abajo, detalle de la erosión con desarrollo incipiente de cárcavas en la misma unidad, coronada en cabecera por un depósito cuaternario granular.

LUGARES DE INTERÉS GEOLÓGICO DE NAVARRA.
DOMINIO DE LA DEPRESIÓN DEL EBRO

CÓDIGO Y DENOMINACIÓN
EB034 Paleocanales fluviales oligomiocenos de Artajona

VALOR Y TIPO DE INTERÉS GEOLÓGICO

Valor del interés geológico	Tipo de interés geológico	
Científico	Principal	Sedimentológico
Didáctico	Secundario	
Turístico		

UBICACIÓN DEL LIG

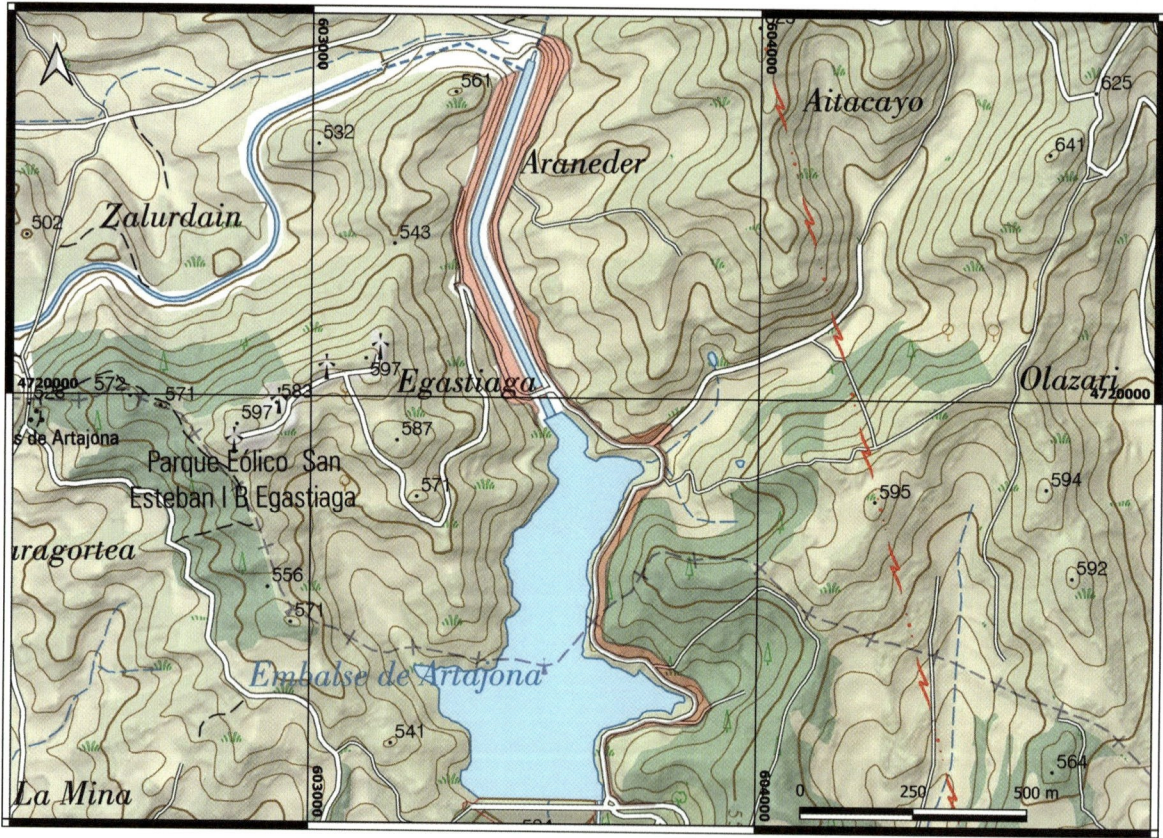

Ubicación y accesos	Los principales puntos de observación se sitúan en las inmediaciones de la presa de Artajona, a través de las pistas de tierra existentes. No está permitido transitar a pie por la carretera. Seguir en todo momento las indicaciones y señalizaciones del entorno del embalse.

POR QUÉ ES TAN IMPORTANTE ESTE LUGAR
Constituye un buen ejemplo de sedimentación fluvial con desarrollo de paleocanales arenosos de base erosiva, amalgamados unos con otros y con abundantes estructuras sedimentarias.

ESQUEMA GEOLÓGICO

☐ EB034_paleocanales_Artajona

GEOLOGÍA

537 Arenas y arcillas y gravas
527 Gravas y arenas y limos
398 Areniscas y fangos(paleocanales)
359 Areniscas y limolitas y arcillas
327 Yesos y arcillas grises
324 Limolitas y arcillas y margas

Encuadre geológico del LIG

Vista general de la presa de Artajona, donde aflora la unidad del Oligoceno Superior formada por areniscas, limolitas y lutitas.

IMÁGENES REPRESENTATIVAS

Arriba y centro, tramo con desarrollo de paleocanales de arenisca amalgamados y que ocasionalmente se cortan unos a otros. Abajo, afloramiento más al norte donde la formación detrítica se dispone en capas cada vez más verticales, identificándose tramos arcillosos y otros con mayor concentración de areniscas.

IMÁGENES REPRESENTATIVAS

Arriba, afloramiento de areniscas de la unidad geológica Areniscas de Leoz en capas amalgamadas que, de según la bibliografía, representan varias fases erosivas en un medio sedimentario fluvial. Centro, detalle de lutitas y areniscas de la misma unidad. Abajo, unidad de lutitas y areniscas con buzamiento subvertical.

IMÁGENES REPRESENTATIVAS

Afloramientos donde se observa el desarrollo de un perfil de suelo sobre el sustrato rocoso de arenisca. De acuerdo con la bibliografía, predominan suelos con textura limosa y franco arcillo-limosa. A veces, el contacto entre el suelo y el sustrato de arenisca es muy neto.

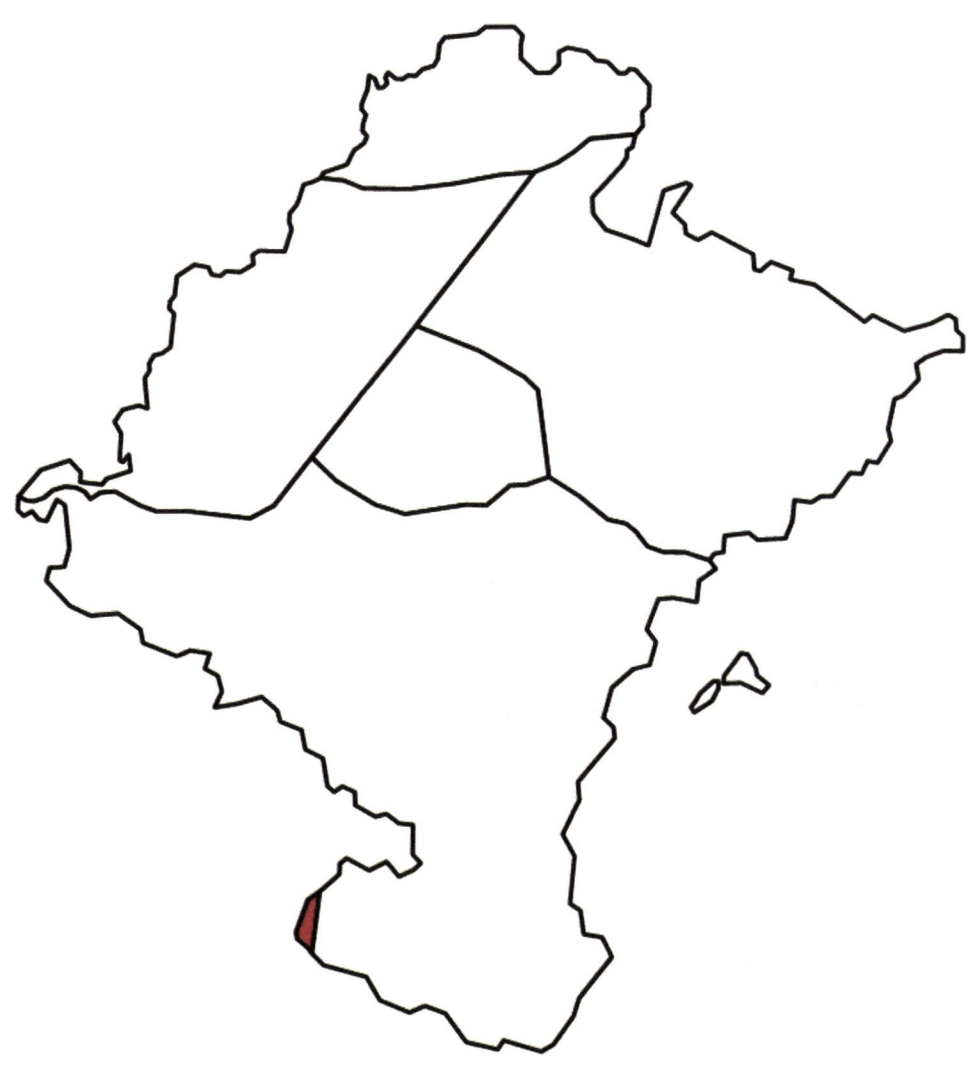

LUGARES DE INTERÉS GEOLÓGICO DE NAVARRA.
DOMINIO IBÉRICO

CÓDIGO Y DENOMINACIÓN
IB258 Resaltes rocosos mesozoico-cenozoicos de Fitero

VALOR Y TIPO DE INTERÉS GEOLÓGICO

Valor del interés geológico	Tipo de interés geológico	
Científico	Principal	Estratigráfico
Didáctico	Secundario	Geomorfológico, petrológico y tectónico
Turístico		

UBICACIÓN DEL LIG

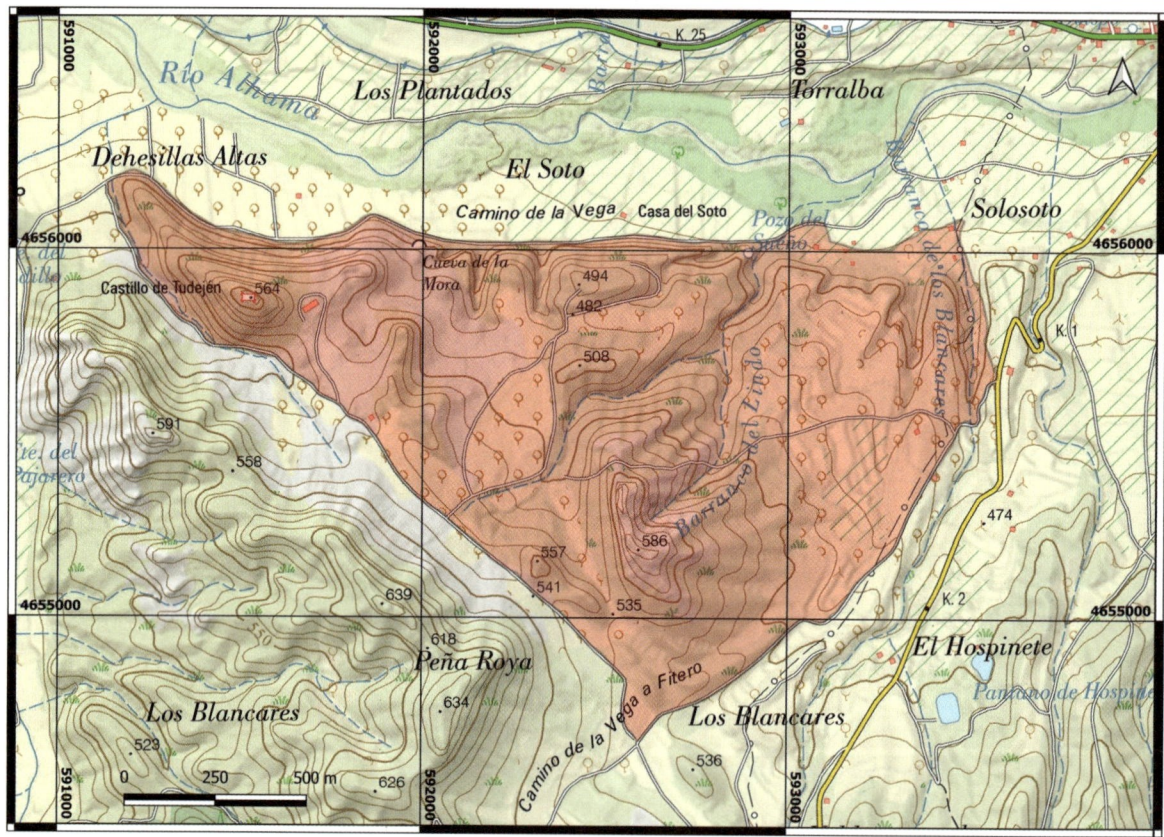

Ubicación y accesos	Existen varios recorridos a pie a través de pistas y senderos que parten de la localidad de Fitero. Los puntos singulares del recorrido son Tudején y las Roscas de Fitero. Algunos sectores con escarpes expuestos. Se recomienda seguir los senderos marcados y no acceder a la cima. Posible desprendimiento de bloques.

POR QUÉ ES TAN IMPORTANTE ESTE LUGAR

Se trata del único entorno en el contexto del sistema ibérico que aflora en territorio navarro. En esta área pueden identificarse diversas unidades geológicas, desde basaltos pérmicos, unidades carbonatadas jurásicas, facies Keuper triásicas y conglomerados miocenos de Fitero. La acción modeladora del sistema fluvial del río Alhama da lugar a un valle fluvial con diversos niveles de terraza fluvial. Además, destacan otras formas de gran interés resultado del proceso de erosión como son las "Roscas de Fitero", de gran interés geomorfológico.

LUGARES DE INTERÉS GEOLÓGICO DE NAVARRA.
DOMINIO IBÉRICO

ESQUEMA GEOLÓGICO

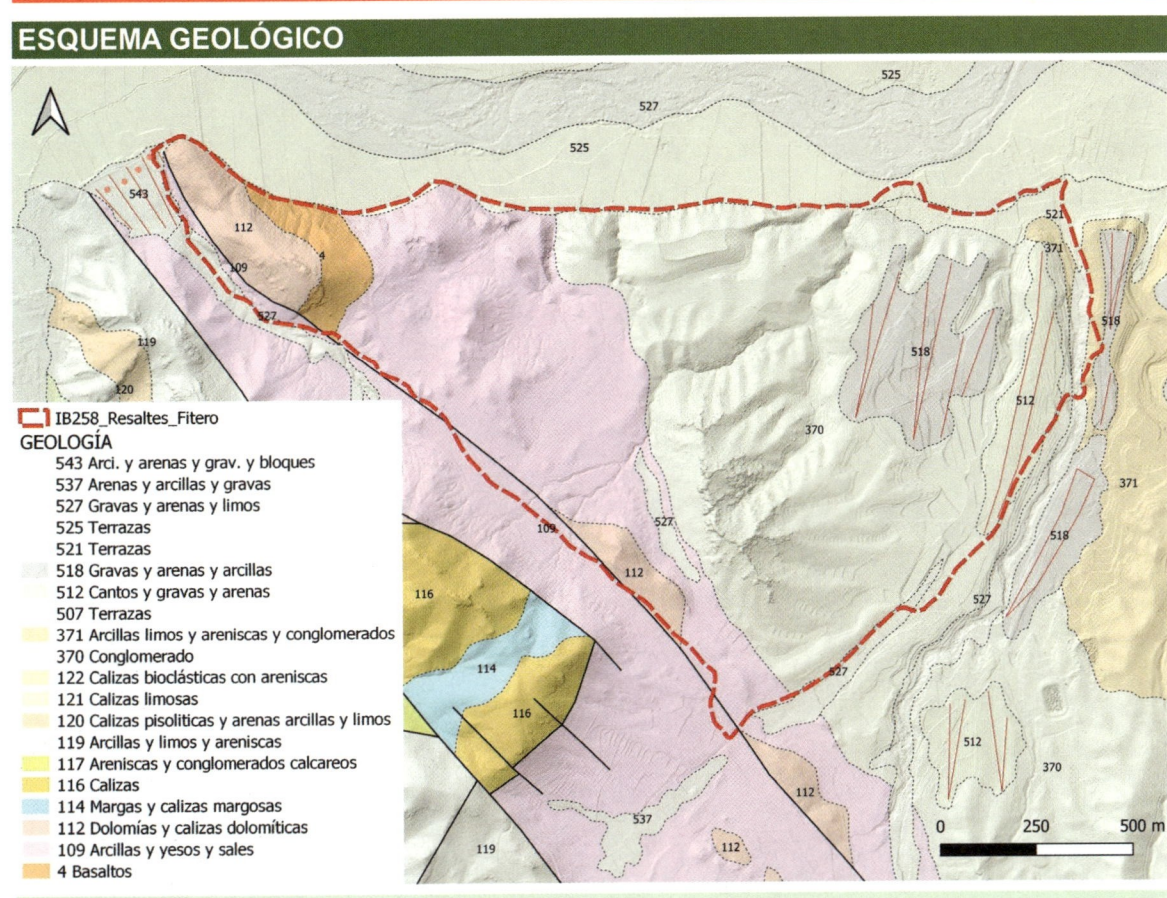

IB258_Resaltes_Fitero
GEOLOGÍA
- 543 Arci. y arenas y grav. y bloques
- 537 Arenas y arcillas y gravas
- 527 Gravas y arenas y limos
- 525 Terrazas
- 521 Terrazas
- 518 Gravas y arenas y arcillas
- 512 Cantos y gravas y arenas
- 507 Terrazas
- 371 Arcillas limos y areniscas y conglomerados
- 370 Conglomerado
- 122 Calizas bioclásticas con areniscas
- 121 Calizas limosas
- 120 Calizas pisolíticas y arenas arcillas y limos
- 119 Arcillas y limos y areniscas
- 117 Areniscas y conglomerados calcareos
- 116 Calizas
- 114 Margas y calizas margosas
- 112 Dolomías y calizas dolomíticas
- 109 Arcillas y yesos y sales
- 4 Basaltos

Encuadre geológico del LIG

Aspecto general del valle fluvial del río Alhama entre las localidades de Fitero y Baños de Fitero, junto al paseo fluvial.

IMÁGENES REPRESENTATIVAS

Arriba, detalle de los basaltos pérmicos de color rojizo con vacuolas rellenas de mineralizaciones verdosas. Abajo, detalle de un afloramiento de materiales carbonatados del Jurásico Inferior con signos de replegamiento. Sobre ellos se ha desarrollado un pequeño perfil de suelo.

IMÁGENES REPRESENTATIVAS

Arriba, afloramiento de yesos de tonos grises, pertenecientes a la unidad del Triásico Superior. Abajo, vista panorámica del valle fluvial del río Alhama con los resaltes morfológicos de Tudején y Roscas de Fitero.

IMÁGENES REPRESENTATIVAS

Arriba, aspecto general del área denominada "Roscas de Fitero". Abajo, detalle de la parte superior de este resalte y la formación de algunos monolitos rocosos que quedan aislado debido al progresivo desmantelamiento del macizo rocoso, formado por conglomerados con intercalaciones de areniscas.

IMÁGENES REPRESENTATIVAS

Vistas del área denominada "Roscas de Fitero", constituida por la unidad miocena Conglomerados de Fitero, formada por potentes capas de conglomerados que alternan con niveles de arenisca. La erosión diferencial de ambos materiales favorece la individualización de los bancos de conglomerado en forma de "roscas".

LUGARES DE INTERÉS GEOLÓGICO DE NAVARRA. DOMINIO IBÉRICO

CÓDIGO Y DENOMINACIÓN

IB259 Sistemas hidrotermales de Navarra. Baños de Fitero

VALOR Y TIPO DE INTERÉS GEOLÓGICO

Valor del interés geológico	Tipo de interés geológico	
Científico	Principal	Petrológico-geoquímico
Didáctico	Secundario	Hidrogeológico, tectónico
Turístico		

UBICACIÓN DEL LIG

Ubicación y accesos	Punto de partida en los balnearios de Ventas de Fitero. Escarpes pronunciados en la parte alta de la zona de balnearios con riesgo de desprendimiento de bloques.

POR QUÉ ES TAN IMPORTANTE ESTE LUGAR

Está asociado a la unidad hidrogeológica de Fitero, que forma parte del Dominio tectónico de la Cordillera Ibérica. Se trata de uno de los sistemas hidrotermales más importantes de Navarra, que drenan las aguas subterráneas de los macizos jurásicos. Destacan por la elevada temperatura de sus aguas (en torno a 50ºC) respecto al resto de sistemas hidrotermales de Navarra.

LUGARES DE INTERÉS GEOLÓGICO DE NAVARRA.
DOMINIO IBÉRICO

ESQUEMA GEOLÓGICO

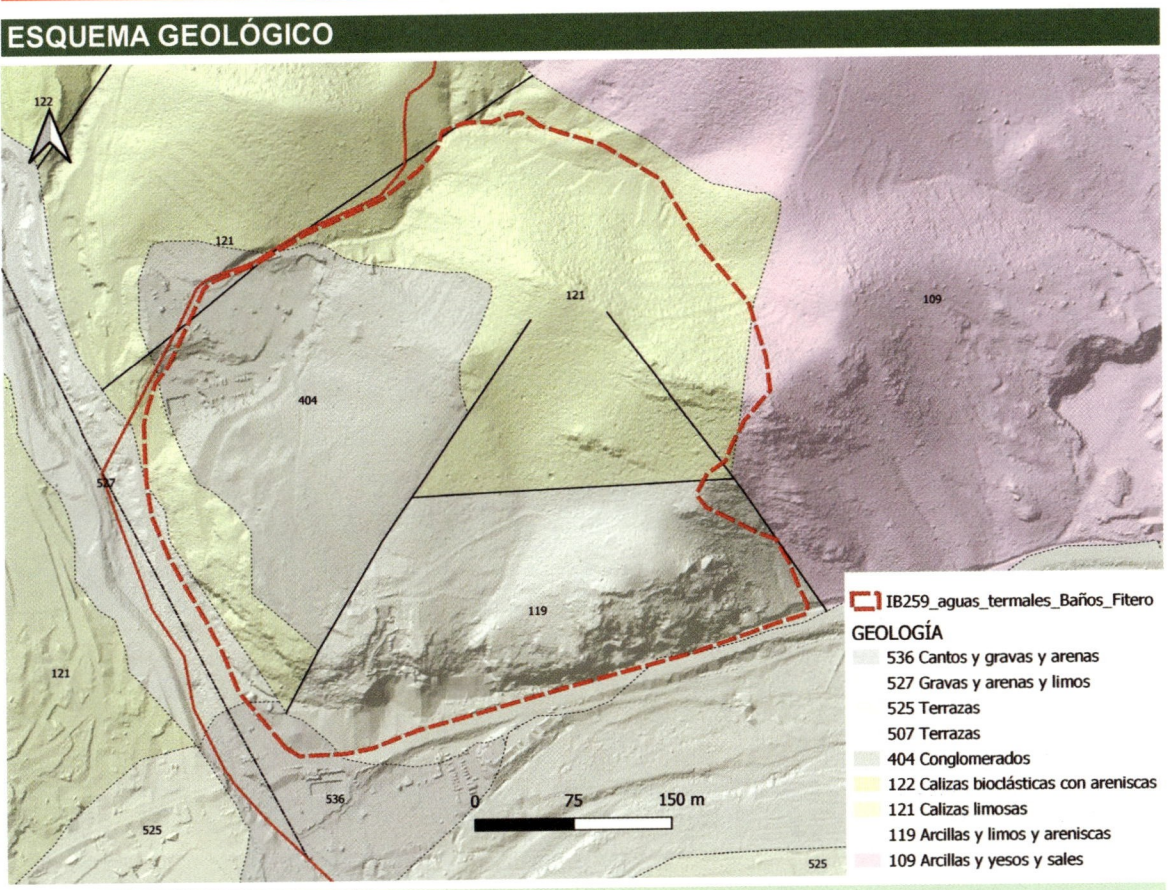

IB259_aguas_termales_Baños_Fitero

GEOLOGÍA

- 536 Cantos y gravas y arenas
- 527 Gravas y arenas y limos
- 525 Terrazas
- 507 Terrazas
- 404 Conglomerados
- 122 Calizas bioclásticas con areniscas
- 121 Calizas limosas
- 119 Arcillas y limos y areniscas
- 109 Arcillas y yesos y sales

Encuadre geológico del LIG

Zona del balneario de Fitero y el sustrato rocoso jurásico adyacente.

IMÁGENES REPRESENTATIVAS

Vista panorámica de la zona de balnearios de Baños de Fitero. Representa uno de los sistemas hidrotermales más importantes de Navarra, con aguas que emanan a una temperatura en torno a 50ºC y de carácter clorurado-sódico y sulfatado.

PROPUESTA DE LUGARES DE INTERÉS GEOLÓGICO ADICIONALES EN NAVARRA

Los potenciales LIGs propuestos a continuación permiten implementar la información existente sobre el conjunto total de lugares de interés geológico de Navarra. Dichas áreas serán analizadas para medir su valor y viabilidad en un futuro como LIG. Algunos de ellos tienen un carácter muy local, pero forman parte del nutrido inventario de puntos existentes. No se han incluido algunos lugares de interés especialmente vulnerables.

1. Calizas esquistosas cretácicas de Vera de Bidasoa
2. Calizas carboníferas de Yanci
3. Cascada de Putzubeltz en Arantza
4. Diabasas triásicas en Cinco Villas
5. Lherzolitas de Ziga
6. Cascada Xorroxin (Elizondo)
7. Deslizamiento de Ilurdotz
8. Campo de deslizamientos de Errea-Setuain
9. Karst de Sorogain
10. Cuarcitas devónicas de Alduides
11. Klippe tectónico de Txamantxoia
12. Klippe tectónico de Lákora
13. Olistostroma de la Sierra de Arrigorrieta
14. Estructuras sinsedimentarias de la Sierra de San Miguel
15. Resaltes rocosos de Berrendi
16. Polje de Erremendía
17. Cabalgamiento de Larrau
18. Sinclinal de Güesa
19. Cascada del Cubo en la Selva de Irati
20. Replegamientos de Orbaizeta
21. Entorno kárstico de Mendilaz
22. Foz de Santa Colomba
23. Foz de Aspurz
24. Afloramientos margosos de Artieda-Grez
25. Facetas triangulares de Liédena
26. Sinclinal de Rocaforte
27. Replegamientos en facies flysch de Saigots
28. Brechas calcáreas de la Sierra de Zarikieta
29. Foz de Gaztelu (Usoz)
30. Poche de Txintxurrenea en Itoiz
31. Flysch detrítico de Irurozqui en Zabaldika
32. Discordancia erosiva de Landaben
33. Meandros del río Elorz en Pamplona
34. Cabalgamiento de Iza
35. Desprendimiento rocoso de Añezcar
36. Discordancia angular eocena en Cizur Mayor
37. Secuencia estratigráfica de Biurrun-Undiano
38. Deslizamiento de Intza
39. Deslizamiento de Eguarats

40. Deslizamiento de Beorburu
41. Paleodeslizamiento de Azpirotz
42. Diapiro de Lekunberri
43. Salinas de Arruitz
44. Crestas rocosas del Monte Oskía
45. Deslizamiento del Puerto de San Migueltxo
46. Flysch de bolas de Urbasa
47. Cambio lateral de facies de Artabia-Basaura
48. Polje de Aldarana y depresión kárstica de Ustalaza
49. Polje del Raso de Ebiso
50. Polje de Lezamen
51. Fuentes del Raso de Urbasa
52. Polje de Aguarana
53. Brechas calcáreas de Arrangarte
54. Polje de Sosa
55. Campo de dolinas de Sarasako Sakana
56. Anticlinal de Ergoyena y paraje kárstico en los Altos de Goñi
57. Polje de La Planilla en Andía
58. Sinclinal de Peñas de Azanza
59. Diapiro de Anotz
60. Comba anticlinal del monte Gaztelu
61. Foz de Burón
62. Discordancia de la ermita de San Quiriaco
63. Falla de Villamayor de Monjardín
64. Cuencas piggy-back de Acedo y Legaria-Murieta
65. Depresión endorreica de Lagonazos en Cabredo
66. Hogbacks de Sierra de San Pedro
67. Pozo del Toro y Pozo de las Hiedras en Aibar
68. Laderas escalonadas de la Sierra de Ujué
69. Serie neógena de Murillo el Fruto
70. Entorno yesífero de Lazagurría
71. Laguna de Lor en Ablitas
72. Laguna de Rada
73. Lago de La Estanca en Corella
74. Balsa de Agua Salada en Castejón
75. Sistemas hidrotermales de Navarra. Elgorriaga

BIBLIOGRAFÍA

Abad, M., Alzua, A., Gundin, A., y Gibaja, J. J. (2003). Factores determinantes en el uso de espacios naturales: El caso del parque natural de Peñas de Aia. *Lurralde, 26*, 23-44.

Ábalos, B., Alkorta, A. y Iríbar, V. (2008). Geological and isotopic constraints on the structure of the Bilbao anticlinorium (Basque–Cantabrian basin, North Spain). *Journal of Structural Geology, 30*(11), 1354-1367.

Abendaño, V., Martínez-Juango, P., y Hermoso de Mendoza, A. (2000). Basanberroko Ziloa. El karst de Garralda. *Karaitza, 9*, 15-26.

Acín, V., Díaz, E., Granado, D., Ibisate, A., y Ollero, A. (2011). Cambios recientes en el cauce y la llanura de inundación del área de confluencia Aragón-Arga (Navarra). *GEOGRAPHICALIA, 59-60*, 11-25.

Acosta, E., Gómez, M., López, M., Garcés, M., Beamud, E., Larrasoaña, J. C., y Cabrera, Ll. (2008). Eocene-Oligocene magnetostratigraphy from the central part of the SE margin of the Ebro basin. *Geotemas, 10*, 1159-1162.

Agirrezabala, L. M., y Dinarès-Turell, J. (2013). Albian syndepositional block rotation and its geological consequences, Basque–Cantabrian Basin (western Pyrenees). *Geological Magazine, 150*(6), 986-1001.

Agueda, J. A., y Salvador, C. I. (s.f.). *Lead-Zinc and iron mineralizations in the urgonian of the basque-cantabrian basin.* (pp. 91-98).

Aguerre, M. R., Ederra, A. M., Hueto, C., Moreno, A., y Sara, C. (1985a). *Itinerarios geológicos por Navarra para alumnos de BUP y COU. Itinerario I Cuencas de Pamplona y Lumbier. Sierra de Leyre. Inédito.*

Aguerre, M. R., Ederra, A. M., Hueto, C., Moreno, A., y Sara, C. (1985b). *Itinerarios geológicos por Navarra para alumnos de BUP y COU. Itinerario II Curso superior del río Arga. Valle de Esteribar. Inédito.*

Aguerre, M. R., Ederra, A. M., Hueto, C., Moreno, A., y Sara, C. (1985c). *Itinerarios geológicos por Navarra para alumnos de BUP y COU. Itinerario III Cuenca de Pamplona. Sierra de Aralar. Nacedero del río Larraun. Inédito.*

Aguerre, M. R., Ederra, A. M., Hueto, C., Moreno, A., y Sara, C. (1985d). *Itinerarios geológicos por Navarra para alumnos de BUP y COU. Itinerario III Cuenca de Pamplona, Sierra de Aralar y Nacedero del río Larraun. Inédito.*

Aguerre, M. R., Ederra, A. M., Hueto, C., Moreno, A., y Sara, C. (1985e). *Itinerarios geológicos por Navarra para alumnos de BUP y COU. Itinerario IV Ruta de los diapiros. Sierra de Andía. Inédito.*

Aguirre, A. (2018). Turismo y actividades culturales en Navarra 2017. Príncipe de Viana, 270, 341-349.

Aguirre, E. (2009). Astitzeko kobazuloa, mentrokilo, mendukilo. *Sedek, 7*, 79-99.

Aiestaran de la Sotilla, M., Ruiz González, D., Iriarte Avilés, E., Sesma Sesma, J., García Gazólaz, J., Mujika Alustiza, J., y Agirre Mauleon, J. (2021). Trabajos arqueológicos en el yacimiento de Irulegi (Valle de Aranguren), 2019-2020. *Trabajos de Arqueología Navarra, 31 32*, 223-229.

Aiestaran De La Sotilla, M., Ruiz-Gonzalez, D., Iriarte, E., Sesma, J., García, J., Mujika, J., y Mauleon, J. (2023). Arqueología en el yacimiento de Irulegi (Valle de Aranguren) 2022. *Trabajos de Arqueología Navarra*, 91-98.

Albert Beltrán, J. F. (1979). *Estudio geotérmico preliminar de Navarra* (p. 21) [Informe técnico].

Alberto, F., y Machin, J. (1990). *Formaciones de suelos.* (Los grupos humanos en la Prehistoria de Encía-Urbasa.). Fundación Jose Miguel de Barandiarán.

Alberto, F., Machín, J., Cuchí, J. A., y Poza, M. R. (1946). *Memoria y guía de las excursiones científicas de la VIII Reunión Nacional de Suelos: Suelos sobre terrazas y glacis.* 114.

Alcolea, M. A. (2011). *Foz de Lumbier (Navarra).* Universidad Complutense de Madrid.

Alegría, D. (2009a). *Guía del patrimonio histórico de los ríos de la Comarca de Pamplona. Río Arga.* Mancomunidad de la Comarca de Pamplona.

Alegría, D. (2009b). *Guía del patrimonio histórico de los ríos de la Comarca de Pamplona. Río Ultzama.* Mancomunidad de la Comarca de Pamplona.

Alegría, D. (2011). *Historia del abastecimiento de agua en la Comarca de Pamplona* (Mancomunidad de la Comarca de Pamplona).

Alonso, A. M., Martín, R., Meléndez, A., y Martín, A. (2008). *Memoria del estudio de las condiciones de formación y transformaciones del aragonito en el área del valle de Ulzama. Caracterización petrológica y mineralógica y de los espeleotemas de aragonito en la cueva de Lantz y sus posibles transformaciones en calcita.* [Informe técnico].

Altuna, J., y Mariezkurrena, K. (1982). Restos óseos del yacimiento prehistórico de Abauntz (Arraiz, Navarra). *Trabajos de Arqueología Navarra*, *3*, 347-353.

Altuna, J., Mariezkurrena, K., y Elorza, M. (2002). Arqueozoología de los niveles paleolíticos de la cueva de Abauntz (Arraiz, Navarra). *Saldvie*, *2*, 1-26.

Alvarez, I., Bodego, A., Aranburu, A., Arriolabengoa, M., del Val, M., Iriarte, E., Abendano, V., Ignacio Calvo, J., Garate Maidagan, D., Hermoso de Mendoza, A., Ibarra, F., Legarrea, J., Tapia Sagarna, J., y Agirre Mauleon, J. (2018). Geological risk assessment for rock art protection in karstic caves (Alkerdi Caves, Navarre, Spain). *Journal of Cultural Heritage*, *33*, 170-180.

Alvarez-Estrada, D., y Durán, P. (1965). Estudio de magnesitas españolas. *Estudio de magnesitas españolas*, 355-375.

Amezketa, E., y Del Valle de Lersundi, J. (2008). Soil classification and salinity mapping for determining restoration potential of cropped riparian areas. *land degradation & development*, *19*, 153-164.

Anastasio, D. J., Teletzke, A. L., Kodama, K. P., Parés, J. M., y Gunderson, K. L. (2020). Geologic evolution of the Peña flexure, Southwestern Pyrenees mountain front, Spain. *Journal of Structural Geology*, *131*, 1-11.

Arakama, S. (2021). *Caracterización hidroquímica de aguas procedentes de fuentes naturales de la comarca de Sakana (Navarra).* Universidad de Zaragoza.

Aramburu, A. (1983). *Estudio del medio físico de Txingudi* (Gobierno Vasco. Departamento de política territorial y transportes). Sociedad de Ciencias Aranzadi.

Aranbarri, J., Sancho, C., Arenas, C., Bartolomé, M., Alcolea, M., Celant, A., Leunda, M., y González-Sampériz, P. (2019). Reconstrucción de la vegetación asociada a depósitos tobáceos fluviales holocenos del sistema ibérico. *XV Reunión nacional Cuaternario*, 293-296.

Aranegui, P. (1927). Terrazas cuaternarias deformadas de la cuenca del Ebro. *Boletín de la Real Academia Española de Historia Natural*, 429-434.

Arbizu, M., Álvarez-Lao, D., y Adan, G. (2005). Una guarida de Crocuta crocuta en Leguín (Echauri, Navarra). *Munibe*, *57*, 131-138.

Arenas, C. (2017). Tobas y facies asociadas. Una factoría de carbonatos continentales en el Cuaternario. *Enseñanza de las Ciencias de la Tierra*, *25*(1), 65-73.

Arenas, C., Casanova, J., y Pardo, G. (1997). Stable-isotope characterization of the Miocene lacustrine systems of Los Monegros (Ebro Basin, Spain): Palaeogeographic and palaeoclimatic implications. *Palaeogeography, Palaeoclimatology, Palaeoecology*, *128*(1-4), 133-155.

Arenas, C., y Pardo, G. (1996). Late Oligocene-Early Miocene syntectonic fluvial sedimentation in the Aragonese Pyrenean domain of the Ebro Basin: Facies models and structural controls. *Cuadernos de geología ibérica*, *21*, 277-296.

Arenas, C., Pardo, G., y Villena, J. (1990). Las unidades tectosedimentarias del margen septentrional de la Depresión del Ebro en el sector Luesia-Riglos (provincias de Zaragoza y Huesca). *Geogaceta*, *8*, 92-94.

Arenillas, I., Arz, J. A., y Molina, E. (1997). El límite Cretácico/Terciario con foraminíferos planctónicos en Osinaga y Músquiz (Navarra, Pirineos). *Geogaceta*, *21*, 25-28.

Arenillas, I., Arz, J. A., y Molina, E. (1998). El límite Cretácico/Terciario en Zumaya, Osinaga y Músquiz (Pirineos): Control bioestratigráfico y cuantitativo de hiatos con foraminíferos planctónicos. *Revista de la Sociedad Geológica de España*, *11*(1-2), 127-138.

Arlegi, M., Rios-Garaizar, J., Rodriguez-Hidalgo, A., López-Horgue, M., y Gómez-Olivencia, A. (2018). Koskobilo (Olazti, Nafarroa): Nuevos hallazgos y revisión de las colecciones. *Munibe Antropologia-Arkeologia*, *69*, 21-41.

Arostegui, J., Ramón-Lluch, R., Martínez-Torres, L. M., y Eguilluz, L. (1987). Contribución de los minerales de la arcilla a la diferenciación de las placas ibérica y europea en el Pirineo vasco. *Geogaceta*, *2*, 34-36.

Arricibita, F. J., Del Valle de Lersundi, J., Enrique, A., Eslava, J., Lasarte, M., Ruíz Sagaseta, A., Sanz, F. J., Senar, A., y Virto, I. (2023). *XXXIII Reunión Nacional de Suelos. Cuaderno de campo.*

Arricibita, F. J., Iñiguez, J., y Val, R. M. (1988). Estudio de los gypsiorthids de Navarra. *Anales de edafología y agrobiología*, *XLVII* (1-2), 1-13.

Arriolabengoa, M., Hermoso de Mendoza, A., Abendaño, V., Álvarez, I., Aranburu, A., Bodego, A., y Calvo, I. (2019). Sistema kárstico multi-nivel Alkerdi-Zelaieta (Urdazubi/Urdax, Navarra): Bajada del nivel freático frente a la (re)sedimentación. *Geogaceta*, *66*, 7-10.

Arriolabengoa, M., Iriarte, E., Aranburu, A., Yusta, I., y Arrizabalaga, A. (2015). Provenance study of endokarst fine sediments through mineralogical and geochemical data (Lezetxiki II cave, northern Iberia). *Quaternary International*, *364*, 231-243.

Artal, P., Van Bakel, B., Fraaije, R. H. B., Jagt, J., y Klompmaker, A. (2012). New Albian-Cenomanian crabs (Crustacea, Decapoda, Podotremata) from Monte Orobe, Navarra, northern Spain. *Revista Mexicana de Ciencias Geológicas*, *29*(2), 398-410.

Arz, J. A., y Molina, E. (2002). Bioestratigrafía y cronoestratigrafía con foraminíferos planctónicos del Campaniense superior y Maastrichtiense de latitudes templadas y subtropicales (España, Francia y Tunicia). *Neues Jahrbuch für Mineralogie - Abhandlungen Journal of Mineralogy and Geochemistry, 224*(2), 161-195.

Astibia, H. (2018). Paleontología y paleobiodiversidad. Apuntes sobre el registro fósil de los Pirineos occidentales. *Servicio de publicaciones del Gobierno Vasco*, 13-33.

Astibia, H., Bardet, N., Pereda-Suberbiola, X., Payros, A., De Buffrénil, V., Elorza, J., Tosquella, J., Berreteaga, A., y Badiola, A. (2010). New fossils of Sirenia from the Middle Eocene of Navarre (Western Pyrenees): The oldest West European sea cow record. *Geological Magazine, 147*(5), 665-673.

Astibia, H., Corral, J. C., Alvarez-Pérez, G., López-Horgue, M., y Payros, A. (2020). Nuevos datos sobre las faunas marinas del Eoceno medio-superior de Navarra (área surpirenaica occidental). Revisión de los fósiles de la colección Ruiz de Gaona. *Estudios Geológicos, 76*(2), 1-43.

Astibia, H., Del Valle de Lersundi, J., y Murelaga, X. (1994). Icnitas de artiodáctilos (mamalia) del paleógeno de Olcoz (Depresión del Ebro, Navarra). *Estudios Geológicos, 50*, 119-126.

Astibia, H., Elorza, J., Pisera, A., Álvarez-Pérez, G., Payros, A., y Ortiz, S. (2014). Sponges and corals from the Middle Eocene (Bartonian) marly formations of the Pamplona Basin (Navarre, western Pyrenees): Taphonomy, taxonomy, and paleoenvironments. *Facies, 60*(1), 91-110.

Astibia, H., Mazo, A. V., y Santafé, J. V. (1987). Los macromamíferos del mioceno medio de las yeseras de Monteagudo (Depresión del Ebro, Navarra). *IV Congreso latinoamericano de paleontología*, 415-441.

Astibia, H., Merle, D., Pacaud, J. M., Elorza, J., y Payros, A. (2018). Gastropods and bivalves from the Eocene marly formations of the Pamplona Basin and surrounding areas (Navarre, western Pyrenees). *Geodiversitas, 40*(2), 211.

Astibia, H., Murelaga, X., Payros, A., Pereda, X., y Tosquella, J. (1999). Tortugas y sirenios fósiles en el Eoceno marino de Navarra y Cuenca de Jaca. *Geogaceta, 25*, 15-18.

Astibia, H., Payros, A., Ortiz, S., Elorza, J., Álvarez-Pérez, G., Badiola, A., Bardet, N., Berreteaga, A., Calzada, S., Corral, J. C., Díaz-Martínez, I., Merle, D., Pacaud, J. M., Pereda-Suberbiola, X., Pisera, A., Rodríguez-Tovar, F., Tosquella, J., y Bitner, M. A. (2016). Fossil associations from the middle and upper Eocene strata of the Pamplona Basin and surrounding areas (Navarre, western Pyrenees). *Journal of Iberian Geology, 42*(1), 7-28.

Astibia, H., Payros, A., Suberbiola, X., Elorza, J., Berreteaga, A., Etxebarria, N., Badiola, A., y Tosquella, J. (2005). Sedimentology and taphonomy of sirenian remains from the Middle Eocene of the Pamplona Basin (Navarre, western Pyrenees). *Facies, 50*(3-4), 463-475.

Astibia, H., Pereda, X., Murelaga, X., Badiola, A., y Berreteaga, A. (2005). Registro fósil precuaternario de tetrápodos en los Pirineos occidentales. *Munibe, 57*, 43-54.

Astibia, H., Pereda-Suberbiola, X., Bardet, N., Payros, A., Berreteaga, A., y Badiola, A. (2006). Nuevos fósiles de sirenios en el Eoceno medio de la Cuenca de Pamplona (Navarra). *Spanish Journal of Palaeontology, 21*(1), 79.

Astibia, H., Rodríguez-Tovar, F., Díaz-Martínez, I., Payros, A., y Ortiz, S. (2017). Trace fossils from the Middle and Upper Eocene (Bartonian-Priabonian) molasse deposits of the Pamplona Basin (Navarre, western Pyrenees): Palaeoenvironmental implications: Trace Fossils from the Eocene of the Pamplona Basin (Western Pyrenees). *Geological Journal*, *52*(2), 327-349.

Astibia, H., Suberbiola, X., Payros, A., Murelaga, X., Berreteaga, A., Baceta, J. I., y Badiola, A. (2007). Bird and Mammal Footprints From the Tertiary of Navarre (Western Pyrenees). *Ichnos*, *14*(3-4), 175-184.

Atarés del Campo, A., Ortega-Lozano, A., y Pérez-Lorente, F. (1983). Fallas cuaternarias en las proximidades de Alcanadre y en la Rioja baja. *Cuadernos de Investigación Geográfica*, *IX*, 29-40.

Auqué, F., y Femández, J. (1988). Las aguas termales de Fitero (Navarra) y Arnedillo (Rioja). Análisis geoquímico de los estados de equilibrio-desequilibrio de las surgencias. *Estudios Geológicos*, *44*, 285-292.

Auqué, L. F., Fernández, J., y Tena, J. M. (1988). Las aguas termales de Fitero (Navarra) y Arnedillo (Rioja). Análisis geoquímico de los estados de equilibrio-desequilibrio en las surgencias. *Estudios Geológicos*, *44*, 285-292.

Auqué, L. F., Fernández, J., Tena, J. M., Mandado, J., y Tolosa, P. (1989). Análisis de los estados de equilibrio termodinámico en el reservorio de las surgencias termales de Fitero (Navarra) y Arnedillo (Rioja). *Revista de la Sociedad Geológica de España*, *2*, 125-132.

Auza, I., Busselo, J., García, C., y Ugalde, T. (2010). *Ensayo con trazador en el sumidero de Arritzaga (Aralar). Memoria preliminar.* [Informe técnico]. Félix Ugarte Elkartea.

Auza, I., Busselo, J., García, C., y Ugalde, T. (2014). Verificación mediante ensayos de trazado de la conexión hídrica entre las unidades hidrogeológicas Jurásico central y Urgoniano norte de la sierra de Aralar. *Karaitza*, 12-17.

Azambre, B., Rossy, M., y Lago, M. (1987). Caractéristiques pétrologiques des dolérites tholéiitiques d'âge triasique (ophites) du domaine pyrénéen. *Bulletin de Minéralogie*, *110*(4), 379-396.

Azpilicueta, L., y Domench, J. M. (Eds.). (1998). *El Parque Natural de Urbasa y Andía* (Gobierno de Navarra, Navarra Medio Ambiente). Ed. Caja de Ahorros de Navarra.

Azpilicueta, L., y Domench, J. M. (1999). *El parque natural de las Bardenas Reales.* (Gobierno de Navarra, Departamento de Medio Ambiente, Ordenación del Territorio y Vivienda. Caja de Ahorros de Navarra.).

Azpilicueta, L., y Domench, J. M. (2001). *El Parque Natural del Señorío de Bertiz.* Departamento de Medio Ambiente, Ordenación del Territorio y Vivienda del Gobierno de Navarra.

Baceta, J. I., Wright, V. P., Beavington-Penney, S. J., y Pujalte, V. (2007). Palaeohydrogeological control of palaeokarst macro-porosity genesis during a major sea-level lowstand: Danian of the Urbasa–Andia plateau, Navarra, North Spain. *Sedimentary Geology*, *199*(3-4), 141-169.

Baceta, J. I., Wright, V. P., y Pujalte, V. (2001). Palaeo-mixing zone karst features from Palaeocene carbonates of north Spain: Criteria for recognizing a potentially widespread but rarely documented diagenetic system. *Sedimentary Geology*, *139*(3-4), 205-216.

Baceta, J., Orue-Etxebarria, X., Apellaniz, E., Martín Rubio, M., y Bernaola, G. (2012). *El flysch del litoral Deba-Zumaia una «ventana» a los secretos de nuestro pasado geológico.* Universidad del País Vasco.

Bádenas, B. (1996). El jurásico superior de la sierra de Aralar (Guipuzcoa y Navarra): Caracterización sedimentológica y paleogeográfica. *Estudios Geológicos, 52,* 147-160.

Bádenas, B., Aurell, M., Fontana, B., Gallego, M. R., y Meléndez, G. (s.f.). *Estratigrafía y evolución sedimentaria del Jurásico de la cordillera vasco-cantábrica oriental (Navarra y Guipuzcoa). Inédito.*

Badiola, A., Arlegi, M., Astibia, H., Bardet, N., Berreteaga, A., Corral, J. C., Díaz-Martínez, I., Gómez- Olivencia, A., Lopez-Horgue, M., Perales-Gogenola, L., y Pereda-Suberbiola, X. (2019). The most representative vertebrate fossil record and palaeontological heritage from the western Pyrenees. *Spanish Journal of Palaeontology, 34*(1), 103.

Baigorri, I., y Vinagre, A. (2016). La gestión de las materias primas silíceas en el Pirineo Occidental: La ocupación Magdaleniense de Berroberria (Urdax, Navarra). *Munibe Antropologia-Arkeologia, 67,* 285-293.

Barandiarán, I. (1974). Arte paleolítico en Navarra: Las cuevas de Urdax. *Príncipe de Viana, 35*(134), 9-48.

Barandiarán, I. (1977). Prospecciones arqueológicas en Sogiñen-Leze (Zugarramurdi-Navarra). *Príncipe de Viana, 38*(148), 349-370.

Barandiarán, I. (1979). Excavaciones en el covacho de Berroberría (Urdax): Campaña de 1977. *Trabajos de arqueología Navarra, 1,* 11-60.

Barandiarán, I. (1991). *Cueva de Berroberria (Urdax). III Campaña 1988. Informe preliminar* (pp. 389-394) [Informe técnico].

Barandiarán, I. (1992). *Cueva de Berroberría (Urdax). IV Campaña de 1989. Informe preliminar.* (pp. 395-400) [Informe técnico].

Barandiarán, I. (1993). Cueva de Berroberría (Urdax): Informe de las campañas de excavación V (1990), VI (1991), VII (1992) y VIII (1993). *Trabajos de arqueología Navarra, 11,* 243-247.

Barandiarán, I. (1995). Las cuevas de Berroberría y Alkerdi (Urdax): Informe al final de la campaña de 1194. *Trabajos de arqueología Navarra, 12,* 263-269.

Barandiarán, I. (1997). *Las cuevas de Berroberría y Alkerdi (Urdax), Informe al final de la campaña 1994* (pp. 1995-1996) [Informe técnico].

Barandiarán, I., Cava, A., y Elorrieta, I. (2010). Alternancia/complementariedad en la ocupación de las cuevas de Alkerdi y Berroberría. *Cuadernos de Arqueología, 18,* 9-40.

Barandiarán, I., y Montes, L. (1992). Ocupaciones del Paleolítico en Urbasa (Navarra). El sitio de Mugarduia Norte. *Trabajos de arqueología Navarra, 10,* 21-67.

Barnolas, A., y Chiron, J. C. (1995). *Synthèse géologique et géophysique des Pyrénées* (BRGM-ITGE). 94pp.

Barnolas, A., y Gil-Peña, I. (2001). Ejemplos de relleno sedimentario multiepisódico en una cuenca de antepaís fragmentada: La Cuenca Surpirenaica. *Boletín Geológico y Minero, 112*(3), 17-38.

Barnolas, A., y Pujalte, V. (2004). La Cordillera Pirenaica: Definición, límites y división. En *La Cordillera Pirenaica: Definición, límites y división.* (SGE-IGME, pp. 233-343).

Barragán, E., Arricibita, F. J., y Bescansa, P. (1993). Tipología y propiedades de tres suelos desarrollados bajo bosque de hayas en la Navarra húmeda. *Revista Príncipe de Viana, 13*.

Barragán, E., Bescansa, P., Arricibita, F. J., y Enrique, A. (1997). Efectos en el suelo de los tratamientos de claras ensayados en hayedos de Navarra. *Boletín de la Sociedad Española de la Ciencia del Suelo, 3*(2), 471-477.

Barragán, E., y Iñiguez, J. (1981). Suelos del valle de Ulzama (Navarra). Ultisoles. I. Morfología, propiedades químicas y clasificación. *Anales de edafología y agrobiología, XL*(3-4), 427-440.

Barragán, E., y Iñiguez, J. (1982). Lepidocrocita, goethita y vermiculita en el solum de un ultisol de Ulzama (Navarra). *Anales de edafología y agrobiología, XLI*(11-12), 2145-2159.

Bascones, J. C. (1997). *Ficha informativa de los humedales Ramsar. Laguna de Pitillas*.

Bastida, J., Osácar, M. C., Muñoz, A., y Sancho, C. (2010). Características mineralógicas de los sedimentos aluviales holocenos del Barranco Grande (Bardenas Reales de Navarra). *Geogaceta, 48*, 167-170.

Beguiristain Gúrpide, M. A. (2018). Primeros habitantes de Navarra. Los cazadores-recolectores del Paleolítico Inferior. *Cuadernos de Arqueología, 3*, 33-52.

Benedicto, C. (s.f.). *Paragénesis de yeso-sílex en el Sector Aragonés de la Cuenca Terciaria del Ebro*. Universidad de Zaragoza.

Benito, G., Pérez González, A., Gutiérrez, F., y Machado, M. J. (1996). Modelo morfo-sedimentario de evolución fluvial cuaternaria. *Cuadernos de geología ibérica, 21*, 395-420.

Benito-Calvo, A., Pérez-González, A., Magri, O., y Meza, P. (2009). Assessing regional geodiversity: The Iberian Peninsula. *Earth Surface Processes and Landforms, 34*(10), 1433-1445.

Berastegi, A., Zaldua, A., Ibarrola, I., Larumbe, J., Pérez, J., Zulaika, J., Carreras, J., Valderrábano, J., Díaz, T. E., Bueno, A., Mora, A., Fernández, E., Rubinos, M., Hinojo, B., y Ramil, P. (2016). *Manual de buenas prácticas en la gestión de turberas y humedales* (Equipo Life Tremedal). Life Tremedal.

Bernal Martínez, J. M. (2008). *Ciencias para el mundo contemporáneo aproximaciones didácticas*. Fundación Española para la Ciencia y la Tecnología.

Bernal-Wormull, J. L., Moreno, A., Bartolomé, M., Arriolabengoa, M., Pérez-Mejías, C., Iriarte, E., Osácar, C., Spötl, C., Stoll, H., Cacho, I., Edwards, R. L., y Cheng, H. (2023). New insights into the climate of northern Iberia during the Younger Dryas and Holocene: The Mendukilo multi-speleothem record. *Quaternary Science Reviews, 305*, 108006.

Beruete, E., Arbea, J. I., Baquero, E., y Jordana, R. (2021). The family Onychiuridae (Collembola) from karst caves of the Basque biospeleologic district, with description of four new species. *Zootaxa, 5040*(2), 151-194.

Bescos, A., y Camarasa, A. M. (2018). Caracterización hidrológica del rio Arga (Navarra): El agua como recurso y como riesgo. *Estudios Geográficos, 59*(232), 389.

Blasco, M., Auqué, L. F., Gimeno, M. J., Acero, P., y Asta, M. P. (2017). Geochemistry, geothermometry and influence of the concentration of mobile elements in the chemical characteristics of carbonate-evaporitic thermal systems. The case of the Tiermas geothermal system (Spain). *Chemical Geology, 466*, 696-709.

Blasco, M., Gimeno, M. J., y Auqué, L. F. (2018). Low temperature geothermal systems in carbonate-evaporitic rocks: Mineral equilibria assumptions and geothermometrical calculations. Insights from the Arnedillo thermal waters (Spain). *Science of The Total Environment*, *615*, 526-539.

Blasco, M., Gimeno, M. J., Auqué, L. F., Mandado, J., Asta, M. P., y Acero, P. (2016). Evaluation of the Oxygen Isotope Fractionation in Aragonitic Travertines from the Fitero Thermal Springs (Navarra, Spain). *Revista de La Sociedad Española de Mineralogía*, *21*, 14-16.

Bodego, A., Iriarte, E., Agirrezabala, L. M., García-Mondéjar, J., y López-Horgue, M. (2015). Synextensional mid-Cretaceous stratigraphic architecture of the eastern Basque–Cantabrian basin margin (western Pyrenees). *Cretaceous Research*, *55*, 229-261.

Bodego, A., Iriarte, E., López-Horgue, M. A., y Álvarez, I. (2018). Rift-margin extensional forced folds and salt tectonics in the eastern Basque-Cantabrian rift basin (western Pyrenees). *Marine and Petroleum Geology*, *91*, 667-682.

Bodego, A., Mendia, M., Aranburu, A., y Apraiz, A. (Eds.). (2014a). *Geología de la cuenca Vasco-Cantábrica: Recursos geológicos y geodiversidad*. Servicio editorial de la Universidad del País Vasco.

Bodego, A., Mendia, M., Aranburu, A., y Apraiz, A. (2014b). *Registro fósil de la Región Vasco-Cantábrica y áreas adyacentes de los Pirineos Occidentales. Geología de la Cuenca Vasco-Cantábrica*. Unpublished.

Bomer, B., y Riba, O. (1965). Deformaciones tectónicas recientes por movimiento de yesos en Villafranca de Navarra. *I Coloquio internacional sobre las obras públicas en terrenos yesíferos*.

Borda, J. A. S., Díaz, C. A., y Cortezón, J. A. R. (s.f.). *Restauración Hidráulico-Ambiental del río Aragón en el Soto Contiendas (Marcilla, Navarra)*.

Bramoulle, Y., Larribau, J. D., De Valicourt, E., Parent, G., Douat, M., Lauga, M., y Dupre, E. (1983). Le Massif d'Urkulu-Mendilaz. Des horizons nouveaux au Pays-Basque. *C.A.R.S.T. cent. atur. rech. terre*, *4*, 3-49.

Buffrénil, V., Astibia, H., Suberbiola, X., Berreteaga, A., y Bardet, N. (2008). Variation in bone histology of middle Eocene sirenians from western Europe. *Geodiversitas*, *30*(2), 425-432.

Cabrera, A. M., Vegas, J., y Carcavilla, L. (2019). *Definición de criterios para generar una propuesta de localidades de seguimiento para los diferentes tipos de formaciones tobáceas*. (Ministerio para la Transición Ecológica). 17pp.

Cabrera, A., Vegas, J., y Lozano, G. (2020). «Apadrina una roca» te invita a participar activamente en la conservación del patrimonio geológico. *revista PH Instituto Andaluz del Patrimonio Histórico*, *100*, 4-5.

Caja de Ahorros de Navarra (Ed.). (1986). *Gran atlas de Navarra*. Caja de Ahorros de Navarra.

Calderón, S. (1910). *Los minerales de España. Tomo I*. Imprenta Eduardo Arias. 1026pp.

Calvo, M., y Viñals, J. (2003). Los minerales de las explotaciones de magnesita de Eugui (Navarra). *Revista de minerales*, *1*, 6-21.

Calvo Rebollar, M. (2012). El patrimonio mineralógico y minero como parte del patrimonio geológico. *Geotemas*, *12*, 35-38.

Calvo Rebollar, M., Gascón, F., y Cavia, J. M. (1993). *Minerales de las Comunidades Autónomas del País Vasco y Navarra.* (p. 156 p). Diputación Foral de Alava, Dpto. de Cultura.

Calzada, S., y Astibia, H. (1996). Sobre Plicatula pamplonensis Carez: Revisión. *Boletín de la Sociedad de Historia Natural, 132*, 65-69.

Cámara, P., y Klimowitz, J. (1985). Interpretación geodinámica de la vertiente centro-occidental surpirenaica (Cuencas de Jaca-Tremp). *Estudios Geológicos, 41*, 391-404.

Campos, J. (1979). Estudio geológico del pirineo vasco al W del río Bidasoa. *Munibe, 1-2*, 3-139.

Canudo, J. I. (1994). Bioestratigrafía y evolución de los foraminíferos planctónicos en el tránsito Cretácico-Terciario en España. *Extinción y Registro Fósil: Zaragoza, Cuadernos Interdisciplinares*, 141-164.

Canudo, J. I., y Molina, E. (1992a). *Bioestratigrafía y evolución de los foraminíferos planctónicos del límite Cretácico / Terciario en Osinaga (Pirineo de Navarra). 2*, 54-62.

Canudo, J. I., y Molina, E. (1992b). Biostratigraphy with planktonic foraminifera from the Paleogene of the Pyrenees. *Neues Jahrbuch für Geologie und Paläontologie, 186*(1-2), 97-135.

Caperochipi, F. (2019). Los secretos de Zugarramurdi (1609-1610). *Pregón siglo XXI, 54*, 36-40.

Carcavilla, L. (2017). *Patrimonio geológico, gestionando la parte abiótica del patrimonio natural.* Instituto Geológico y Minero de España.

Carcavilla, L., Belmonte, A., Durán, J. J., y Hilario, A. (2011). Geoturismo: Concepto y perspectivas en España. *Enseñanza de las Ciencias de la Tierra, 19*(1), 81-94.

Carcavilla, L., Cabrera, A., Díaz-Martínez, E., Luengo, J., y Vegas, J. (2022). Treinta años de geoconservación en España. *Museología e Patrimonio*, 54-82.

Carcavilla, L., Delvene, G., Díaz-Martínez, E., García-Cortés, A., Lozano, G., Rábano, I., Sánchez, A., y Vegas, J. (2014). Geodiversidad y Patrimonio Geológico. *Instituto Geológico y Minero de España*, 21.

Carcavilla, L., Díez-Herrero, A., Vegas, J., Díaz, E., García-Cortés, A., Baeza, E., Rábano, I., Serrano, M., Gutiérrez-Marco, J., y Gómez-Heras, M. (2019). Sistema de indicadores para el seguimiento del estado de conservación del patrimonio geológico en la red de parques nacionales. En *Amengual, P. (Ed.) Proyectos de investigación en Parques Nacionales: 2013-2017.* (Organismo autónomo Parques Nacionales, pp. 95-115).

Carcavilla, L., Durán, J. J., García-Cortés, Á., y López-Martínez, J. (2009). Geological Heritage and Geoconservation in Spain: Past, Present, and Future. *Geoheritage, 1*(2-4), 75-91.

Carcavilla, L., Durán, J. J., y López-Martínez, J. (2008). Geodiversidad: Concepto y relación con el patrimonio geológico. *Geotemas, 10*, 1299-1303.

Carcavilla, L., López, J., y Durán, J. J. (2007). *Patrimonio geológico y geodiversidad: Investigación, conservación, gestión y relación con los espacios naturales protegidos* (Cuadernos del museo geominero). Instituto Geológico y Minero de España.

Carcavilla, L., Vegas, J., y Cabrera, A. M. (2019). *Establecimiento de una tipología específica de formaciones tobáceas.* (Ministerio para la Transición Ecológica).

Casalí, J., Giménez, R., Santisteban, L. D., Campo, M. A., Álvarez Mozos, J., Goñi, M., y Gastesi, R. (2013). Estado actual del conocimiento sobre la erosión por flujos concentrados en Navarra. *Cuadernos de Investigación Geográfica, 35*(1), 63-85.

Casas, A. M., Gil, I., Leránoz, B., Millán, H., y Simón, J. L. (1994). Quaternary reactivation of flexural-slip folds by diapiric activity: Example from the western Ebro Basin (Spain). *Geologische Rundsch, 83*, 853-867.

Castiella, J. (1984). *Curso de perfeccionamiento sobre ciencias naturales. Geología. Aguas subterráneas.* Comunidad Foral de Navarra. Departamento de Educación y Cultura. Servicio de enseñanzas no universitarias.

Castiella, J., y Solé, J. (1987). *Plan de perfeccionamiento del profesorado. La importancia de la geología y la investigación geológica en una comunidad autónoma (Navarra) en función de su aplicación en la planificación y el desarrollo regional.* Gobierno de Navarra, Departamento de Obras Públicas, Transportes y Comunicaciones.

Castiella, J., Solé, J., Niñerola, S., y Otamendi, A. (1982). *Las aguas subterráneas en Navarra. Proyecto Hidrogeológico* (Diputación Foral de Navarra, Dirección de Obras Públicas, Servicio Geológico).

Cava, A., Elorrieta, I., y Barandiarán, I. (2009). El Graventiense de la cueva de Alkerdi (Urdax, Navarra): Análisis y contexto de su industria lítica. *Munibe Antropologia-Arkeologia, 60*, 51-80.

Cebrián, J. (1923). Aguas minero-medicinales de Betelu (Navarra): Tres manantiales distintos: «Iturri Santu» sulfuradas sódicas nitrogenadas, «Dama Iturri». *Talleres Tipográficos de I. M. Tapia*, 24.

Cendón, D. I., Ayora, C., y Pueyo, J. J. (1998). The origin of barren bodies in the Subiza potash deposit, Navarra, Spain: Implitacions for sylvite formation. *Journal of Sedimentary Research, 68*(1), 43-52.

CEPSA. (1971). *Bioestratigrafía y microfacies del Jurásico y Cretácico del norte de España, región cantábrica.* [Tesis]. Archivo Gobierno de Navarra.

CGS. (1986). *Estudio geoquímico del sistema hidrotermal de Yesa. (Inédito).*

Chasco, A., y García, C. (2014). Estructura del macizo de Larra. Una interpretación a partir del conocimiento de las redes subterráneas. *Karaitza*, 58-67.

Chavez, A. (1986). *Systemes de depots et evolution sedimentaire des series marin-continental en l'quest du bassin sud-pyrénéen secteur sierra Santo Domingo-Yesa.*

Chiarini, V., Duckeck, J., y De Waele, J. (2022). A Global Perspective on Sustainable Show Cave Tourism. *Geoheritage, 14*(3), 82.

Cifuentes, J. (2022). El género Alloschizidium Verhoeff, 1919 en la península ibérica, con la descripción de dos nuevas especies (Crustacea, Isopoda, Oniscidea). *Boletín de la Asociación Española de Entomología, 46*(1-2), 1-14.

Cifuentes, J., y Beruete, E. (2020). Descripción de una nueva especie de Trichoniscoides Sars, 1899 de Navarra, norte de España: T. govillari n. Sp. (Crustacea, Isopoda, Trichoniscidae). *Boletín Asociación Española de Entomología, 44 (1-2)*, 11.

Ciry, R., Amiot, M., y Feuillee, P. (1963). Les transgressions crétacées sur le massif d'Oroz-Betelu (Navarre espagnole). *Bull. Soc. Géol. France, 5*, 701-707.

Cobo, R., García-Redondo, A., Griin, R., Hoz, P., Julià, R., Martín, C., Ortiz, J. E., Sanchiz, B., Satorrak, G. E., y Sesé, C. (2014). *La historia del Oso de las Cavernas: Vida y muerte de un animal desaparecido. Nuevas aportaciones de la excavación de la cueva de Amutxate (Aralar, Navarra).* (T. Torres).

Colino, F. (2018). *Erosión por piping en las formaciones arcillosas terciarias de la provincia de Huesca.* [Trabajo de Fin de Máster].

Coloma López, P., Martínez Gil, F. J., y Sánchez Navarro, A. (1996). El drenaje subterráneo de la sierra de Cameros en la Cuenca del Ebro y su implicación en la génesis de depósitos marginales evaporíticos miocenos. *Geogaceta, 20*(6), 1264-1266.

Coloma López, P., Martínez Gil, F. J., y Sánchez Navarro, J. A. (1997). Las aguas mineromedicinales de las cuencas riojanas orientales como patrimonio hidrogeológico. *Zubía, 15*, 55-62.

Coloma López, P., Sánchez Navarro, J. A., y Martínez Gil, F. J. (1995). El drenaje subterráneo de la Cordillera Ibérica en la depresión terciaria del Ebro (sector riojano). *Geogaceta, 17.*

Coloma López, P., Sánchez Navarro, J. A., y Martínez Gil, F. J. (1996). Procesos geotérmicos causados por la circulación del agua subterránea entre la Sierra de Cameros y la depresión terciaria del Ebro. *Geogaceta, 20.*

Coloma López, P., Sánchez Navarro, J. A., Martínez Gil, F. J., y Pérez, A. (1997). El drenaje subterráneo de la Cordillera Ibérica en la depresión terciaria del Ebro. *Revista de la Sociedad Geológica de España, 10*, 205-218.

Coloma López, P., Sánchez Navarro, J. A., y Ulecia, J. C. (1998). Simulación matemática del flujo y transporte de calor del sector oriental de la Cuenca de Cameros. *Zubía, 10*, 45-61.

Coloma López, P., Sánchez-Navarro, J. A., y Martínez Gil, F. J. (1997). Sistemas de flujo subterráneo regional en el acuífero carbonatado mesozoico de la sierra de Cameros. Sector oriental. *Estudios Geológicos, 53*, 159-172.

Conesa, C., y Pérez, P. (2014). Alteraciones geomorfológicas recientes en los sistemas fluviales mediterráneos de la Península Ibérica: Síntomas y problemas de incisión en los cauces. *Revista de geografía Norte Grande, 59*, 25-44.

Confederación Hidrográfica del Ebro. (s. f.). *Masa de agua subterránea de la Sierra de Leyre (031).* Confederación Hidrográfica del Ebro.

Cortés Gracia, A. L., y Casas Sainz, A. M. (1997). Fosas neógenas asociadas a reactivación de pliegues en el borde sur de la sierra de Cantabria (Alava-Navarra). *Geogaceta, 21*, 81-84.

Crespo, V., Ruíz-Sánchez, F. J., Mansino, S., González-Pardos, M., Ríos, M., Colomina, E., Murelaga, X., Larrasoaña, J. C., Montoya, P., y Freudenthal, M. (2012). New findings of the genus Altomiramys (Mammalia, Gliridae) in the Lower Miocene (Agenia, Ramblian and Aragonian) of the Ebro and Ribesalbes-Alcora basins (Spain). *Peckiana, 8*, 245-254.

Crofts, R., Tormey, D., y Gordon, J. E. (2021). Introducing New Guidelines on Geoheritage Conservation in Protected and Conserved Areas. *Geoheritage, 13*(2), 33.

Cuchí-Oterino, J. A., Rodríguez-Caro, J. B., y García de la Noceda, C. (2000). Overview of hydrogeothermics in Spain. *Environmental Geology, 39*(5), 482-487.

Cuenca, G., Canudo, J. I., Laplana, C., y Andrés, J. A. (1992). Bio y cronoestratigrafia con mamíferos en la Cuenca Terciaria del Ebro: Ensayo de síntesis. *Acta geológica hispánica, 27*(1-2), 127-143.

Damas Mollá, L., Aranburu Artano, A., y García Garmilla, F. (2005). Alteración diagenética en conchas de rudistas radiolítidos del Cretácico Medio de Urdax (Navarra). *Geogaceta*, *37*, 171-174.

Damas Mollá, L., Fano, H., Aranburu, A., y García, F. (2013). Rocas ornamentales del País Vasco y Navarra (II): El 'Gris Deba/Rosa Duquesa' y el 'Gris/Rojo Baztán'. *Tierra y tecnología*, *43*.

De Boer, H. U., Krausse, M. F., Mohr, K., Müller, R., Pilger, A., y Requadt, H. (1974). La région de magnésite d'Eugui dans les Pyrénées occidentales espagnoles: Une explication de la carte géologique. *Pirineos*, *111*, 21-39.

De Felipe, I., Pedreira, D., Pulgar, J. A., Iriarte, E., y Mendia, M. (2012). Petrografía, mineralogía e isótopos estables en oficalcitas del entorno de Ziga (Región Vasco Cantábrica). *VIII Congreso Geológico de España*, *13*, 505-508.

De Felipe, I., Pedreira, D., Pulgar, J. A., Iriarte, E., y Mendia, M. (2017). Mantle exhumation and metamorphism in the Basque-Cantabrian Basin (NSpain): Stable and clumped isotope analysis in carbonates and comparison with ophicalcites in the North-Pyrenean Zone (Urdach and Lherz). *Geochemistry, Geophysics, Geosystems*, *18*(2), 631-652.

De Felipe, I., Pedreira, D., Pulgar, J. A., Van Der Beek, P. A., Bernet, M., y Pik, R. (2019). Unraveling the Mesozoic and Cenozoic Tectonothermal Evolution of the Eastern Basque-Cantabrian Zone–Western Pyrenees by Low-Temperature Thermochronology. *Tectonics*, *38*(9), 3436-3461.

De Jorge, E. (1942a). Guía geológica de Alsasua a Cortes. *Príncipe de Viana*, *8*, 335-367.

De Jorge, E. (1942b). Guía geológica. De Alsasua a Cortes por Carretera. Segunda parte. *Príncipe de Viana*, *9*, 479-485.

De Torres, T., Cobo, R., Hermoso de Mendoza, A., y Abendaño, V. (2004). La Cueva de los Osos de Aralar (ii). *Karaitza*, *12*, 2-11.

De Felipe, I., Pedreira, D., Pulgar, J., y Pik, R. (2017). Alpine exhumation history of the eastern Basque-Cantabrian Zone–western Pyrenees from low-temperature thermochronology. *Geophysical Research Abstracts*, *21*.

Del Santo, G., García-Sansegundo, J., Sarasa, L., y Torrebadella, J. (2000). Nota sobre la estratigrafía y estructura del Terciario del sector oriental de la cuenca del Ebro (NE de España). *Geotemas (Madrid)*, *2*, 197-199.

Del Valle, J. (1985). *Curso de perfeccionamiento sobre ciencias naturales. Geología: La cuenca de Pamplona. Inédito.*

Del Valle, J. (1993). *Acuíferos de la Cuenca de Pamplona.* Inédito.

Del Valle, J. (1996). La Hoja de Pamplona. Evolución de su conocimiento geológico. *Príncipe de Viana. Suplemento de Ciencias*, *14/15*, 195-206.

Del Valle, J. (1998). Las cuencas potásicas surpirenaicas. *Naturzale*, *13*, 35-50.

Del Valle, J., y Del Val, J. (1990). Procesos de erosión y análisis de sus condicionantes en una región semiárida: La cuenca de Cornialto (Bardenas, Navarra). *Cuaternario y Geomorfología*, *4*, 55-67.

Del Valle, J., y Donézar, M. (1991). *La erosión hídrica en las áreas cultivadas de Navarra.* (p. 12) [Informe técnico]. Sección de Suelos y Climatología del Departamento de Agricultura, Ganadería y Montes.

Del Valle, J., Riba, O., y Maldonado, A. (1973). *Mapa geológico de España 1:200.000 Hoja Irun-Pamplona*. (IGME) [Map].

Del Valle, J., y Villanueva, F. (1988). *Síntesis geológica de Navarra*. (Gobierno de Navarra, Departamento de Educación y Cultura).

Delgado, J., Aznar, M., y Corella, J. (1996). Calcined dolomite, magnesite and calcite for cleaning hot gas from a fluidized bed biomass gasifier with steam: Life and usefulness. *Ind. Eng. Chem. Res.*, *35*, 3637-3643.

Delvene, G., Vegas, J., Jiménez, R., Rábano, I., y Menéndez, S. (2018). From the Field to the Museum: Analysis of Groups-Purposes-Locations in Relation to Spain's Moveable Palaeontological Heritage. *Geoheritage*, *10*(3), 451-462.

Desir, G., y Marín, C. (2009). Caracterización de la erosión en áreas acarcavadas de la Fm. Tudela (Bardenas Reales, Navarra). *Cuadernos de Investigación Geográfica*, *35*(2), 195-213.

Desir, G., y Marín, C. (2013). Role of erosion processes on the morphogenesis of a semiarid badland area. Bardenas Reales (NE Spain). *CATENA*, *106*, 83-92.

Desir, G., Marín, C., y Gutiérrez, M. (2009). Influencia de los procesos de sofusión (Piping) en la evolución del modelado. Bardenas Reales (Navarra). *Avances en estudios sobre desertificación: aportaciones al Congreso Internacional sobre Desertificación en memoria del profesor John B. Thornes, (Murcia, 2009)*, 223-226.

Díaz-Martínez, E. (2021). Contribución española al avance global de la geoconservación. *De Re Metallica*, *36*, 3-14.

Díaz-Martínez, E., García Cortés, A., y Carcavilla, L. (2013). Los fósiles son elementos geológicos y el patrimonio paleontológico es un tipo de patrimonio natural—Fossils are geologic elements and paleontological heritage is a type of natural heritage. *Cuadernos del Museo Geominero. Instituto Geológico y Minero de España*, *15*, 583-589.

Díaz-Martínez, E., Guillén, F., Mata, J. M., Muñoz, P., Nieto, L. M., Pérez, F., y De Santisteban, C. (2008). Nueva legislación española de protección de la Naturaleza y desarrollo rural: Implicaciones para la conservación y gestión del patrimonio geológico y la geodiversidad. *Geotemas*, *10*, 1311-1314.

Díaz-Martínez, E., Herrero, N., Hilario, A., Mata-Perelló, J., Meléndez, G., Monge-Ganuzas, M., y Utiel, J. C. (2016). La conservación del patrimonio geológico de los espacios naturales protegidos. *Europac España*, *42*, 34-35.

Díaz-Martínez, E., Guillén, F., Mata, J. M., Muñoz, P., Nieto, L. M., Pérez, F., y De Santisteban, C. (2008). Nueva legislación española de protección de la Naturaleza y desarrollo rural: Implicaciones para la conservación y gestión del patrimonio geológico y la geodiversidad. Geotemas, 10, 1311-1314.

Díaz-Martínez, E., Salazar, A., y García-Cortés, A. (2014). El patrimonio geológico en España. *Enseñanza de las Ciencias de la Tierra*, *22*(1), 25-37.

Díaz-Martínez, E., Vegas, J., Cabrera, A., Carcavilla, L., Lozano, G., y Luengo, J. (2022). Criterio experto en la selección de patrimonio geológico: Ejemplos del inventario español (IELIG). Geotemas, 19, 20-23.

Díaz-Martínez, I., López-Horgue, M., Agirrezabala, L., Cónsole-Gonella, C., y Pereda-Suberbiola, X. (2022). Dinosaur tracks in a Cretaceous (lower Albian) braid delta system (Basque–Cantabrian Basin, western Pyrenees): Linking trace fossils suites and short-term preservation windows. *Geological Society, London, Special Publications*, *522*(1), SP522-2021-2197.

Díaz-Martínez, I., Suarez-Hernando, O., Larrasoaña, J. C., Martínez-García, B., Baceta, J. I., y Murelaga, X. (2020). Multi-aged social behaviour based on artiodactyl tracks in an early Miocene palustrine wetland (Ebro Basin, Spain). *Scientific Reports*, *10*(1), 1-16.

Díaz-Martínez, I., Suarez-Hernando, O., Martínez-García, B., Larrasoaña, J. C., y Murelaga, X. (2016a). First bird footprints from the lower Miocene Lerín Formation, Ebro Basin, Spain. *Palaeontologia Electronica*, *19*(1), 1-15.

Díez-Herrero, A., Vegas, J., Carcavilla, L., García-Cortés, A., Martín, A., Gutiérrez-Marco, J. C., Rábano, I., y Baeza, E. (2015). Geoindicadores para la evaluación de los procesos geológicos que afectan al estado de conservación y uso público del patrimonio geológico. LIG Boquerón del Estena (P. N. de Cabañeros, Ciudad Real). *Cuadernos del Museo Geominero. Instituto Geológico y Minero de España*, 227-232.

Diputación Foral de Gipuzkoa. (1992). *LIG PV004 Facies híbridas del granito de Aia*.

Diputación Foral de Navarra. (1977). *Proyecto hidrogeológico de Navarra. Informe técnico nº 19. Estudio geotérmico preliminar*.

Dubernois, C., Floquet, M., y Humbel, B. (1972). *Sierra de Aralar, estratigrafía y estructura*. (Archivo del Gobierno de Navarra).

Durán, J. J., Pardo-Igúzquiza, E., y Robledo, P. A. (s. f.). Ciclicidad en espeleotemas: ¿qué señales climáticas registran? *Boletín Geológico y Minero*, 16.

Duran, J. J., y Robledo, P. A. (2009). Carbonate and evaporite karst systems of the Iberian Peninsula and the Balearic Islands. En *SPANISH GEOLOGICAL FRAMEWORKS AND GEOSITES. An approach to Spanish geological heritage of international relevance.* (pp. 200-214). IGME.

Edeso, J. M. (2006a). Caracterización graulométrica, morfométrica, litológica y sedimentológica de las terrazas fluviales del rio Oiartzun (Guipuzcoa, País Vasco). *Lurralde*, *29*.

Edeso, J. M. (2006b). El relieve del País Vasco. En *El relieve del País Vasco* (Instituto Geográfico Vasco, pp. 18-31).

Edeso, J. M. (2007). Caracterización geomorfológica de diversos depósitos coluviales localizados en la cabecera del río Oiartzun (Gipuzkoa). *Lurralde*, *30*, 95-107.

Eguíluz Alarcón, L., y Martínez Torres, L. M. (1985). Sobre la existencia de una superposición de plegamientos en el domo paleozoico de Oroz-Betelu (Navarra, Pirineo Occidental). *Cuadernos de ciencias naturales*, *2*, 194-199.

Elía, C. (1982). *Carga variable y potencial en suelos derivados de ofitas. (Inédito)*. Universidad de Navarra.

Elorrieta Baigorri, I., y Tarriño Vinagre, A. (2016). La gestión de las materias primas silíceas en el Pirineo occidental: La ocupación magdaleniense de Berroberria (Urdax, Navarra). *Munibe*, *67*, 285-293.

Elorza, J., y Astibia, H. (2017). El anélido Rotularia spirulaea (Lamarck, 1818) (Polychaeta, Serpulidae) de las margas del Eoceno de la Cuenca de Pamplona (Navarra): Microestructura, tafonomía y paleoecología. *Spanish Journal of Palaeontology*, *32*(2), 343-366.

Elorza, J., y Astibia, H. (2018). Fosildiagénesis del anélido Rotularia spirulaea (Lamarck, 1818) (Polychaeta, Serpulidae) en el Eoceno del dominio pirenaico occidental. *Spanish Journal of Palaeontology*, *33*(2), 299-320.

Elósegui, J., Guerendiain, P., Pérez, F., y Redón, F. (1980). *Navarra. Guía ecológica y paisajística.* (Caja de Ahorros de Navarra).

Elósegui, J., y Pérez, F. (1982). *Navarra, naturaleza y paisaje.* (Caja de Ahorros de Navarra).

Enadimsa. (1985a). *Proyecto de investigación sobre el borde oeste del Perdón. Tomo 1: Informe de resultados.* (p. 78) [Informe técnico].

Enadimsa. (1985b). *Sondeo de Uterga* (p. 194) [Informe técnico].

Eraso, A. (1958). *Polje de Zaldive*. 247-279.

Eraso, A. (1959). Karst en yeso del diapiro de Estella. *Munibe*, *4*, 201-230.

Etxeberria, F., y Astigarraga, J. J. (1980). Estudio de Zonas Kársticas de Guipúzcoa: El Urgoniano Sur de la Sierra de Aralar. *Munibe*, *3-4*, 207-256.

Femández, J., Auqué, L. F., Sánchez Cela, V., y Guaras, B. (1988). Las aguas termales de Fitero (Navarra) y Arnedillo (Rioja) 11. Analisis comparativo de la aplicacion de técnicas geotermométricas químicas a aguas relacionadas con reservorios carbonatado-evaporlticos. *Estudios geológicos*, *44*, 453-469.

Femández, J., Auqué, L. F., Sánchez, V., y Guaras, B. (1988). Las aguas termales de Fitero (Navarra) y Arnedillo (Rioja). Análisis comparativo de la aplicación de técnicas geotermométricas químicas a aguas relacionadas con reservorios carbonatado-evaporíticos. *Estudios Geológicos*, *44*, 453-469.

Fernández de Manzanos, M. T. (2016). *Paseos botánicos y geológicos por Azagra.* (pp. 171-173). Ayuntamiento de Azagra.

Fernàndez, M., Marzán, I., Correia, A., y Ramalho, E. (1998). Heat flow, heat production, and lithospheric thermal regime in the Iberian Peninsula. *Tectonophysics*, *291*(1-4), 29-53.

Fernández, M., y San Martín, P. (1998). Ruta transfronteriza de las Cuevas: Itinerario cultural entre las cuevas de Urdax, Zumarramurdi y Sara. *Actas del Congreso Europeo sobre Itinerarios Culturales y Rutas Temáticas*, 329-366.

Fernández Mendiola, P. (1987). El complejo urgoniano sector oriental anticlinorio Bilbao. *Kobie*, *XVI*, 7-184.

Floristán, A. (1988). Fundamentos geomorfológicos de la división geográfica del pirineo navarro. *Homenaje a Pedro Monserrat.*, 977-982.

Floristán, A. (1995). *Geografía de Navarra. Tomo 1 (El Solar-1) y Tomo 2 (El Solar-2).* (Diario de Navarra).

Floristán, A., & Martín, J. (1997). *Bardenas Reales de Navarra*. Caja de Ahorros de Navarra. 143pp.

Fontana, B., Gallego, M. R., Meléndez, G., Aurell, M., y Badenas, B. (1994). Las calizas con esponjas del Bajociense de la Cordillera Vasco-Cantábrica oriental (Navarra). *Geogaceta*, *15, 30-33*.

Forner, E., y Moreno, T. (2016). Leptosalenia botanzi sp. Nov. (Echinodermata: Echinoidea) del Albiense de la cuenca Vasco-Cantábrica. *Munibe*, *64*, 99-119.

Fraaije, R. H. B., López-Horgue, M., Bruce, N. L., Van Bakel, B., Artal, P., Jagt, J. W. M., y Klompmaker, A. (2019). New isopod and achelatan crustaceans from mid–Cretaceous reefal limestones in the Basque-Cantabrian Basin, northern Spain. *Cretaceous Research*, *101*, 61-69.

Frouté, J. Y. (1988). *Le rôle de l'accident d'Estella dans l'histoire géologique crétacé supérieur à miocène des bassins navarro-alavais (Espagne du Nord)* [These de doctorat, Pau].

Fuertes, I. (2013). *Patrimonio geológico y ordenación del territorio. Implicaciones en la gestión de espacios naturales protegidos.* Tesis doctoral. León.

Fuertes-Gutiérrez, I., y Fernández-Martínez, E. (s. f.). Inventariar para conocer, conocer para valorar. Trabajando con el patrimonio geológico en el entorno de los centros educativos. *Enseñanza de las Ciencias de la Tierra, 22*(1), 38-48.

Fuertes-Gutiérrez, I., Pérez, M., González, R., Arias, F., Hernández, R., De Miguel, J., Escorihuela, J., Cuevas-González, J., y García Aguilar, J. M. (2014). El valor didáctico del patrimonio geológico y el valor patrimonial de los recursos didácticos. *Enseñanza de las Ciencias de la Tierra, 22*(1), 69-80.

Galán, C. (1988). Zonas kársticas de Guipúzcoa: Los grandes sistemas subterráneos. *Munibe, 40*, 73-89.

Galán, C. (1991). Disolución y génesis del karst en rocas carbonáticas y rocas silíceas: Un estudio comparado. *Munibe, 43*, 43-72.

Galán, C. (2003). Fauna cavernícola, hidrogeología y mineralogía de espeleotemas en una mina-cueva de Leiza, Navarra. *Sociedad de Ciencias de Aranzadi*, 27.

Galán, C. (2004). Espeleología física del karst de Aralar. Una visión global de sus principales cavidades y sistemas subterráneos. *Sociedad de Ciencias de Aranzadi*, 27.

Galán, C. (2012). Nota sobre especies cavernícolas troglobias nuevas para la ciencia de cuevas de Gipuzkoa (País Vasco): Adenda y estado de las investigaciones. *Sociedad de Ciencias de Aranzadi*, 10.

Galán, C. (2015). Espeleotemas de yeso, illita, calcita y ópalo-CT en cuevas en arcilla (Bardena Negra). *Sociedad de Ciencias de Aranzadi*, 35.

Galán, C. (2018). Hallazgo de una interesante cavidad en la formación Yesos de Falces (Caparroso, Navarra). *Sociedad de Ciencias de Aranzadi*, 1-28.

Galán, C. (2020a). Biología subterránea de una cavidad en caliza arrecifal en el valle del río Larraun (Muguiro, Sierra de Aralar, Navarra). *Sociedad de Ciencias de Aranzadi*, 33.

Galán, C. (2020b). Hallazgo del anfípodo Stygobio Niphargus Cismointanus Margalef, 1952 en un nivel freático interceptado por una mina de hierro y galena argentífera en el macizo granítico paleozoico de Peñas de Aia (Gipuzkoa, País Vasco). *Sociedad de Ciencias Aranzadi*, 1-25.

Galán, C., Forstner, J., y Herraiz, I. (2020). Macizo de las Roscas: Geoformas, cavidades, y abrigos de roca en conglomerados miocenos de la Formación Fitero. *Sociedad de Ciencias de Aranzadi*, 1-32.

Galán, C., Herrera, F., Forstner, J., y Miner, A. (2017). Túneles y cavidades de piping en arcillas miocenas en la parte central del barranco de los Sorianos, Loma de la Madera (Bardenas). *Sociedad de Ciencias de Aranzadi*, 43.

Galán, C., y Nieto, M. (2015). Cuevas de tubificación y cárcavas en arcilla: Pseudokarst de las Bardenas. *Sociedad de Ciencias Aranzadi*.

Galán, C., Nieto, M., Forstner, J., y Rivas, J. M. (2019). Simas en yeso y fracturas de borde en los acantilados de Falces (Sur de Navarra). *Sociedad de Ciencias de Aranzadi*, 54.

Galán, C., Nieto, M., Herraiz, I., y Miner, A. (2019). Cuevas de Cárcar: Cavidades en yeso laminado con margas en la base de un acantilado en los márgenes del río Ega (Navarra). *Sociedad de Ciencias Aranzadi*.

Galán, C., Nieto, M., Miner, A., y Forstner, J. (2017). Notas sobre fauna y espeleotemas en la mina de los Alemanes y minas de Txangoa (Navarra). *Sociedad de Ciencias Aranzadi*, 21.

Galán, C., Nieto, M., Rivas, J. M., y Arrieta, D. (2016). Nuevos datos sobre cavidades en la cresta sur del valle de Ata (Madotz—Sierra de Aralar). *Sociedad de Ciencias Aranzadi*, 28.

Galán Pérez, G., y Palacio Suárez-Valgrande, J. (2011). *La diversidad geológica de Navarra. Patrimonio Geológico.* (Gobierno de Navarra, Departamento de Obras Públicas, Transportes y Comunicaciones).

Galé, C. (2005). *Evolución geoquímica, petrogenética y de condiciones geodinámicas de los magmatismos pérmicos en los sectores central y occidental del Pirineo.* Universidad de Zaragoza.

Gallego, R., Aurell, M., Badenas, B., Fontana, B., y Meléndez, G. (1994). Origen de las brechas de la base del Jurásico de Leitza (Cordillera Vasco-Cantábrica oriental, Navarra). *Geogaceta*, *15*, 26-29.

Gaona-Narvaez, T., Maurrasse, F. J.-M. R., y Moreno-Bedmar, J. A. (2013). Stable carbon-isotope stratigraphy and ammonite biochronology at Madotz, Navarra, northern Spain: Implications for the timing and duration of oxygen depletion during OAE-1a. *Cretaceous Research*, *40*, 143-157.

Gárate, D., Rivero, O., Hermoso de Mendoza, A., Tapia Sagarna, J., Medina-Alcaide, M., Álvarez, I., Aranburu Artano, A., Bodego Aldasoro, A., Arriolabengoa, M., y Iriarte, E. (2020). Arte parietal paleolítico de la cueva de Alkerdi 2 (Urdazubi/Urdax, Navarra). *Trabajos de Arqueología Navarra*, *31-32*, 355-361.

Gárate, D., y Rivero Vilá, O. (2015). La 'Galería de los Bisontes': Un nuevo sector decorado en la Cueva de Alkerdi (Urdazubi/Urdax, Navarra). *Zephyrus*, *75*(1), 17-39.

García-Cortés, A., Agueda, J., Palacio, J., y Salvador, C. I. (2009). *Spanish geological frameworks and geosites. An approach to Spanish geological heritage of international relevance* (Instituto Geológico y Minero de España). 236pp.

García-Cortés, A., y Cabrera, A. (2021). El inventario español de lugares de interés geológico (IELIG): Metodología y reflexiones para su futura actualización. *De Re Metallica*, *36*, 53-68.

García-Cortés, A., Rábano, I., Locutura, J., Bellido, F., Fernández-Gianotti, J., Martín-Serrano, A., y Quesada, C. (2000). Contextos geológicos españoles de relevancia internacional: Establecimiento, descripción y justificación según la metodología del proyecto Global Geosites de la IUGS. *Boletín Geológico y Minero*, *111*(6), 5-38.

García-Cortés, A., Vegas, J., Carcavilla, L., y Díaz-Martinez, E. (2012). *Un sistema de indicadores para la evaluación y seguimiento del estado de conservación del patrimonio geológico.* 1272-1275.

García-Cortés, A., Vegas, J., Carcavilla, L., y Díaz-Martínez, E. (2019). *Bases conceptuales y metodología del inventario español de lugares de interés geológico (IELIG).* Instituto Geológico y Minero de España. 106pp.

García-Garizabal, I., Gimeno, M. J., Auque, L. F., y Causape, J. (2014). Salinity contamination response to changes in irrigation management. Application of geochemical codes. *Spanish Journal of Agricultural Research, 12*(2), 376.

García-Mondéjar, J. (1982). Tectónica sinsedimentaria en el Aptiense y Albiense de la región vascocantábrica occidental. *Cuadernos de Geología Ibérica´, 8*, 23-26.

García-Mondéjar, J., Owen, H. G., y Fernández-Mendiola, P. A. (2015). Early Aptian sedimentary record and OAE1a in Cuchía (northern Spain): New data on facies and ammonite dating. *Neues Jahrbuch Für Geologie Und Paläontologie - Abhandlungen, 276*(1), 1-26.

García-Mondéjar, J., Owen, H. G., Raisossadat, N., Millán, M. I., y Fernández-Mendiola, P. A. (2009). The Early Aptian of Aralar (northern Spain): Stratigraphy, sedimentology, ammonite biozonation, and OAE1. *Cretaceous Research, 30*(2), 434-464.

García-Mondéjar, J., Pujalte, V., Amiot, M., y Mathey, B. (1982). El Cretácico de España. Región Vasco-Cantábrica y Pirineo navarro. En *El Cretácico de España. (Universidad Complutense de Madrid, Ed.).* (p. 681). Universidad Complutense de Madrid.

García-Ortiz, E., Fuertes-Gutiérrez, I., y Fernández-Martínez, E. (2014). Concepts and terminology for the risk of degradation of geological heritage sites: Fragility and natural vulnerability, a case study. *Proceedings of the Geologists' Association, 125*(4), 463-479.

García-Ruíz, J. M., y Puigdefábregas-Tomás, J. (1982). Formas de erosión en el flysch eoceno surpirenaico. *Cuadernos de Investigación Geográfica, VIII*, 83-126.

García-Sansegundo, J. (2014). La estructura geológica del entorno del embalse de Itoiz (Navarra, España): Un caso de sismicidad inducida por un embalse. *Revue de Géologie pyrénéenne, 1*(1), 7.

García-Sansegundo, J., y Bañolas, A. (2000). La terminación occidental del cabalgamiento de la Sierra de Illón (Pirineos navarros, España). *Geotemas, 1*(2), 93-96.

García-Veigas, J., Ayora, C., y Pueyo, J. J. (1994). Composición de las inclusiones fluidas en la halita del sondeo Biurrun (cuenca potásica de Navarra). *Geogaceta, 15*, 70-73.

Garrido Schneider, E. A., y Sánchez Navarro, J. A. (2004). Contexto hidrogeológico de las manifestaciones geotérmicas y de aguas termales en la Cuenca del Ebro. *Contexto hidrogeológico de las manifestaciones geotérmicas y de aguas termales en la Cuenca del Ebro., 26*, 411-420.

GEMASA. (1991). *Reconocimiento geofísico del aluvial del río Aragón en las proximidades de Funes (Navarra). (Inédito).*

Gestión Ambiental de Navarra, S.A. (2012). *Las aguas subterráneas en las cuencas cantábricas de Navarra.* © Gestión Ambiental de Navarra S.A.

Gibbons, W., y Moreno, M. T. (Eds). (2002). *The geology of Spain.* Geological Society. London. 144pp.

Gil, A., Simón, J. L., Pueyo, O., Millán, H., Pocoví, A., Andrés, J. A., Arantegui, A., Arlegui, L. E., Arranz, E., Liesa, C. L., Artieda, O., Edo, V., Galindo, G., Maestro, A., Sánchez, E., y Rico, M. T. (2006). Desarrollo simultáneo de pliegues, esquistosidad y cabalgamientos en el Eoceno inferior de Isaba (Valle del Roncal, Pirineo navarro). *Geogaceta*, *40*, 31-34.

Gil, I., y Casas, A. (1995). *Análisis de paleoesfuerzos. Geometría y análisis. Aplicación en la Ribera de Navarra*. [Informe técnico].

Gil, I., y Liesa, C. (1994). *El campo de fallas de la sierra de Andía: Modelo genético*. II Congreso del Grupo Español del Terciario (Jaca), 117-120

Gil, I., y Simón, J. L. (1992). Aproximación al cálculo de los valores absolutos de paleoesfuerzos compresivos en el Mioceno Inferior de Tudela (Navarra). *Geogaceta*, *11*, 31-34.

Gisbert, J., Buj, O., y Franco, B. (2005). Caracterización petrofísica de areniscas del Eoceno Medio – Superior del Pirineo Occidental. *Geogaceta*, *38*, 239-242.

Gobierno de Navarra. (1985a). *1º Excursión: Bardenas Reales. Laguna de Rada*. Inédito.

Gobierno de Navarra. (1985b). *2º excursión: Soto de la Remonta, Fitero, Alto del Fraile. Inédito.*

Gobierno de Navarra. (1985c). *Excursión a Etxauri, Ibero, Muniain, Salinas de Oro, Arteta. Inédito.*

Gobierno de Navarra. (1985d). *Excursión a la laguna de las Cañas, Valle de Lana*. Inédito.

Gobierno de Navarra. (1985e). *Excursión a los macizos kársticos de Aralar y Andía*. Inédito.

Gobierno de Navarra. (1985f). *Excursión geológica a la sierra de Andía. Diapiro de Salinas de Oro. Peña de Etxauri. Inédito.*

Gobierno de Navarra. (1985g). *Excursión geológica a los alrededores de la Sierra de Leyre. Inédito.*

Gobierno de Navarra. (1985h). *Geología de Navarra*. Inédito.

Gobierno de Navarra. (1985i). *Geología histórica de la Cuenca Pamplona*. Inédito.

Gobierno de Navarra. (1985j). *La Cuenca de Pamplona*. Inédito.

Gobierno de Navarra. (1985k). *Resumen geológico del área de Salinas de Oro, Sierra de Sarvil. Inédito.*

Gobierno de Navarra. (1985l). *Resumen geológico del área de Tafalla y Monte Plano. Inédito.*

Gobierno de Navarra. (1997). *Mapa Geológico de Navarra 1:200.000*. (Dpto. Obras Públicas, Transportes y Comunicaciones. Servicio de Obras Públicas. Fondo de Publicaciones del Gobierno de Navarra.).

Gobierno de Navarra, y Gestión Ambiental de Navarra. (2015). *Bases técnicas para el plan de gestión de la ZEC / ZEPA. Embalse de Las Cañas*. (26pp) [Informe técnico].

Gobierno de Navarra, y Gestión Ambiental de Navarra. (2016). *Bases técnicas para el plan de gestión del LIC «Tramos bajos del Aragón y del Arga» (ES2200035)*. [Informe técnico].

Gobierno de Navarra, y Gestión Ambiental de Navarra S. A. (2014). *Regata de Orabidea y Turbera de Arxuri. Bases técnicas para el plan de gestión del lugar*. [Informe técnico].

Gobierno de Navarra, y Gestión Ambiental de Navarra S. A. (2015). *Bases técnicas para el plan de gestión de la zona especial de conservación (ZEC) y zona de especial protección para las aves (ZEPA). Embalse de Las Cañas.* (38pp) [Informe técnico].

Gobierno de Navarra, y Gestión Ambiental de Navarra S. A. (2016). *Bases técnicas para el plan de gestión de la zona especial de conservación (ZEC) y zona de especial protección para las aves (ZEPA). Laguna de Pitillas.* (38pp) [Informe técnico].

Gómez de Llarena, J. (1948). *¿Huellas del glaciarismo cuaternario en la sierra de Aralar (Guipúzcoa-Navarra)?* s.n.

Gómez de Llarena, J. (1952). La magnesita sedimentaria de los pirineos navarros. *Actas del Primer Congreso Internacional de Estudios Pirenaicos., 2*, 381-395.

Gómez de Llarena, J. (1965). Aportaciones gráficas al estudio de la magnesita sedimentaria de Asturreta (Navarra). *Estudios Geológicos, 20*, 315-337.

Gómez-Olivencia, A., Arlegi, M., Arceredillo, D., Delson, E., Sanchis, A., Núñez-Lahuerta, C., Fernández-García, M., de Alvarado, M., Galán, J., Pablos, A., Rodríguez-Hidalgo, A., López-Horgue, M., Rodríguez-Almagro, M., Martínez-Pillado, V., Rios-Garaizar, J., y van der Made, J. (2020). The Koskobilo (Olazti, Navarre, Northern Iberian Peninsula) paleontological collection: New insights for the Middle and Late Pleistocene in Western Pyrenees. *Quaternary International, 566-567*, 113-140.

Gómez-Paccard, M., Larrasoaña, J. C., Sancho, C., Muñoz, A., McDonald, E., Rhodes, E. J., Osácar, M. C., Costa, E., y Beamud, E. (2013). Early Holocene environmental variability in a fragile semi-arid landscape (Bardenas Reales Natural Park, NE Spain): A palaeo- and environmental magnetic approach. *Catena, 103*, 30-43.

González, R., Domínguez, A., y Martínez, A. (2014). Intervención arqueológica en la cueva de Zelaieta I (Urdax-Urdazubi, Navarra). *Trabajos de arqueología Navarra, 26*, 205-248.

Gorosti. (1985a). *Cartografía geológica.* Gobierno de Navarra, Departamento de Educación. [Documento interno]

Gorosti. (1985b). *Estructuras geológicas e interpretación de mapas.* Gobierno de Navarra, Departamento de Educación. [Documento interno]

Gorosti. (1985c). *Excursión nº 2. Ambientes sedimentarios continentales. Muro Astrain, Alto del Perdón, Larraga, Falces, Olleta, Unzué.* [Documento interno].

Gorosti. (1985d). *Introducción a la geología de Navarra.* Gobierno de Navarra, Departamento de Educación. [Documento interno]

Gorosti. (1985e). *La interpretación del pasado.* Gobierno de Navarra, Departamento de Educación. [Documento interno]

Gorosti. (1985f). *Los principios de la estratigrafía.* Gobierno de Navarra, Departamento de Educación. [Documento interno]

Gorosti. (1985g). *Síntesis de la historia geológica de la montaña navarra.* Gobierno de Navarra, Departamento de Educación. [Documento interno]

Gorosti. (1986). *Bosquejo geológico de la mitad sur de Navarra.* Gobierno de Navarra, Departamento de Educación. [Documento interno]

Gracia, F. J. (1986). Dinámica erosiva del piping: Un ejemplo en la depresión del Ebro. *Cuadernos de Investigación Geográfica, 12*, 11-24.

Gracia, F. J., y Simón, J. L. (1986). El campo de fallas miocenas de la Bardena Negra (provincias de Navarra y Zaragoza). *Boletín Geológico y Minero, XCVII-VI*, 693-703.

Grellet-Tinner, G., Murelaga, X., Larrasoaña, J. C., Silveira, L. F., Olivares, M., Ortega, L. A., Trimby, P. W., y Pascual, A. (2012). The First Occurrence in the Fossil Record of an Aquatic Avian Twig-Nest with Phoenicopteriformes Eggs: Evolutionary Implications. *PLOS ONE, 7*(10), 1-14.

Guerrero, J. (2017). Dissolution collapse of a growing diapir from radial, concentric, and salt-withdrawal faults overprinting in the Salinas de Oro salt diapir, northern Spain. *Quaternary Research, 87*(2), 331-346.

Hall, C. A., y Johnson, J. A. (1986). Apparent western termination of the North Pyrenean Fault and tectonostratigraphic units of the western north Pyrenees, France and Spain. *Tectonics, 5*(4), 607-627.

Head, M. J., Pillans, B., Zalasiewicz, J. A., y the ICS Subcommission on Quaternary Stratigraphy. (2021). Formal ratification of subseries for the Pleistocene Series of the Quaternary System. *Episodes, 44*(3), 241-247.

Heddebaut, C. (1973). *Estudios geológicos de los macizos paleozoicos vascos (traducido del francés).* [Tesis].

Heras, P., Infante, M., Biurrun, I., Campos, J. A., y Berástegi, A. (2010). Tipología, vegetación y estado de conservación de los hábitats hidroturbosos del noroeste de Navarra. *Acta Botánica Barcelona, 53*, 27-45.

Hermoso de Mendoza, A. (1999). *Estudio del sedimento del yacimiento paleontológico de la cueva de Amutxate. Informe preliminar de las campañas de exploración del año 1998 y 1999. (Inédito).*

Hermoso de Mendoza, A. (2007). Exploraciones en el valle de Larraun. *Karaitza, 14.*

Hermoso de Mendoza, A., Abendaño, V., Calvo, J. I., y Los Arcos, K. (2007). Exploraciones en el sinclinal central de Aralar. *Karaitza, 15*, 18.

Hermoso de Mendoza, A., Abendaño, V., Orce, J., De Torres, T., y Cobo, R. (2001). Amutxate'ko Leizea, la cueva de los osos de Aralar (Navarra). *Karaitza, 10*, 3-13.

Hernández-Pacheco, F. (1947). Rasgos fisiográficos y geológicos del Suroeste y Este de las tierras navarras. *Príncipe de Viana.*

Hernández-Pacheco, F. (1949). Las Bardenas Reales. *Revista Príncipe de Viana.*

Hernando, C. (2001). A new cave-dwelling Trechus Clairville, 1806 from the north of the Iberian Peninsula (Coleoptera: Carabidae: Trechinae). *Heteropterus Revista de Entomología, 1*, 7-11.

Herraiz, M., De Vicente, G., Lindo-Ñaupari, R., Giner, J., Simón, J. L., González-Casado, J. M., Vadillo, O., Rodríguez-Pascua, M. A., Cicuéndez, J. I., Casas, A., Cabañas, L., Rincón, P., Cortés, A. L., Ramírez, M., y Lucini, M. (2000). The recent (upper Miocene to Quaternary) and present tectonic stress distributions in the Iberian Peninsula. *Tectonics, 19*(4), 762-786.

Hilario, A. (2015). *Patrimonio geológico y geoparques, avances de un camino para todos.* Instituto Geológico y Minero de España.

Homonnay, E. (2015). *Caractérisation pétrologique, géochimique et structurale des ophites du Pays Basque Espagnol* [Tesis]. Universite D'Orleans.

Ibisate, A., Martín-Vide, J. P., Díaz, E., Baldissone, C. M., Acín, V., Granado, D., y Ollero, A. (2012). Caracterización granulométrica de barras sedimentarias en la zona de confluencia de los tramos bajos de los ríos Arga y Aragón (Navarra). *XII Reunión Nacional de Geomorfología*, 469-472.

IGME. (s.f.). *Minería en Navarra*. IGME.

Ingles, M., Salvany, J. M., Muñoz, A., y Pérez, A. (1998). Relationship of mineralogy to depositional environments in the non-marine Tertiary mudstones of the southwestern Ebro Basin (Spain). *Sedimentary Geology, 116*(3), 159-176.

INYPSA. (1990a). *Programa de exploración sistemática de recursos minerales CES en los macizos de Cinco Villas y Quinto Real (Navarra)*.

INYPSA. (1990b). *Programa de exploración sistemática de recursos minerales CES en los macizos de Cinco Villas y Quinto Real (Navarra). Cartografía y exploración geoquímica. Memoria*.

Iñiguez, J., Munilla, C., y Sánchez Carpintero, R. M. (1982). Mapa de suelos de Navarra. Escala 1:50.000 Hoja 141. Pamplona. *Príncipe de Viana, 2*.

Iñiguez, J., Val, R. M., Moreno, A., y Romero, A. (1981). Suelos de Bardenas (Navarra). I. Mollisoles. *Anales de edafología y agrobiología, XL*(9-10), 1672-1686.

Iriarte, E., Aranburu, A., y García-Mondéjar, J. (2000). Cuarzo idiomorfo detrítico en la base del Cretácico Superior de la Depresión Intermedia (Navarra): Implicaciones paleogeográficas. *Geogaceta, 28*, 75-78.

Iriarte, E., y García-Mondéjar, J. (2001). Flysch siliciclástico y flysch carbonatado en el relleno del graben cretácico de Latsaga (Depresión Intermedia, Navarra). *Geogaceta, 30*, 207-210.

Iribarren, L. (1998). *Revisión de los datos de espeleología de cara al interés hidrogeológico del macizo de Aralar. (Inédito)*.

Iribarren, L. (2001). *Estudio estructural del macizo de Aralar mediante tratamiento digital de imagen* [Informe técnico].

ITGE. (s. f.). *Estudio sectorial de yesos. Depresión del Ebro y Cuenca del Duero*.

ITGE. (1988). Estudios para actualización de datos e infraestructura hidrogeológica en el País Vasco (Sierra de Aralar). Ensayo de trazadores en el sumidero de Igaratza. *Instituto Geológico y Minero de España, 1*, 28.

ITGE. (1990). *Programa de exploración sistemática de recursos minerales CES en los macizos de Cinco Villas y Quinto Real (Navarra). Cartografía y exploración geoquímica. Memoria*. [Informe técnico].

ITGE. (1991). *Estudio hidrogeológico de la unidad Sur, sector de Gallipienzo-Garinoain. (Inédito)*.

IUGS. (2021). *The first 100 IUGS geological heritage sites-*. IUGS. 153pp.

Jammes, S., Manatschal, G., Lavier, L., y Masini, E. (2009). Tectonosedimentary evolution related to extreme crustal thinning ahead of a propagating ocean: Example of the western Pyrenees: Extreme crustal thinning in the Pyrenees. *Tectonics, 28*(4).

Klarr, K. (1974). La structure géologique de la partie sud-est du Massif des Aldudes-Quinto Real (Pyrénées Occidentales d'Espagne). *Pirineos, 111*, 59-67.

Krausse, H. F. (1974). The tectonical evolution of the western Pyrenees. *Pirineos*, *111*, 69-96.

Lacan, P., y Ortuño, M. (2012). Active Tectonics of the Pyrenees: A review. *Journal of Iberian Geology*, *38*(1), 9-30.

Lagabrielle, Y., Labaume, P., y de Saint Blanquat, M. (2010). Mantle exhumation, crustal denudation, and gravity tectonics during Cretaceous rifting in the Pyrenean realm (SW Europe): Insights from the geological setting of the lherzolite bodies. *Tectonics*, *29*(4).

Lago, M., Pocoví, A., Bastida, J., y Besteiro, J. (1989). El magmatismo alcalino del tránsico Trias-Lias inferior en el área del Moncayo: Aspectos geológicos, petrológicos y geoquímicos. *Turiaso*, *9*, 91-108.

Lamare, P. (1943). Les roches intrusives anté-hercyniennes des Pyrénées basques d'Espagne. *Bulletin de Minéralogie*, *66*(1), 337-370.

Lamolda, M. A., Paul, C. R. C., Peryt, D., y Pons, J. M. (2014). The global boundary stratotype and section point (GSSP) for the base of the Santonian Stage, «Cantera de margas», Olazagutia, northern Spain. *Episodes*, *37*(1), 1-13.

Larrasoaña, J. C. (2000). *Estudio magnetotectónico de la zona de transición entre el pirineo central y occidental. Implicaciones estructurales y geodinámicas.* [Tesis]. Universidad de Zaragoza.

Larrasoaña, J. C. (2006). *Nuevos estudios magnetoestratigráficos y paleontológicos de la Formación Tudela en las Bardenas reales de Navarra: Hacia una sección de referencia para el Mioceno inferior continental en Europa.* Inédito. (Gobierno de Navarra). 15pp

Larrasoaña, J. C., Beamud, E., Olivares, M., Murelaga, X., Tarriño, A., Baceta, J. I., y Etxebarria, N. (2016). Magnetic Properties of Cherts from the Basque-Cantabrian Basin and Surrounding Regions: Archeological Implications. *Frontiers in Earth Science*, *4*(35), 1-8.

Larrasoaña, J. C., Garcés, M., Murelaga, X., y Beamud, E. (2004). Magnetoestratigrafía y magnetismo ambiental de las Facies de Tudela (Mioceno inferior) en las Bardenas Reales de Navarra (sector occidental de la cuenca del Ebro). *Geotemas*, *6,4*, 295-298.

Larrasoaña, J. C., León Zudaire, J. M., Piedrafita, J. L., y Del Valle, J. (2023). *Cuando el nombre lo dice todo: El deslizamiento del Alto (Miranda de Arga).* Sociedad Geológica de España. Geolodía Navarra 2023.

Larrasoaña, J. C., Murelaga, X., y Garcés, M. (2006a). Magnetobiochronology of Lower Miocene (Ramblian) continental sediments from the Tudela Formation (western Ebro basin, Spain). *Earth and Planetary Science Letters*, *243*(3-4), 409-423.

Larrasoaña, J. C., Murelaga, X., y Garcés, M. (2006b). Magnetoestratigrafía de las sucesiones continentales Miocenas de las Bardenas Reales de Navarra (sector occidental de la cuenca del Ebro. *Geotemas*, *9*, 137-140.

Larrasoaña, J. C., Murelaga, X., Peña, J. L., y Sancho, C. (2018). *Bardenas Reales de Navarra. Geología. Guía del visitante.* Comunidad de Bardenas Reales de Navarra. 43pp

Larrasoaña, J. C., Murelaga, X., Suárez, O., y Sancho, C. (2018). Patrimonio geológico y geodiversidad de las Bardenas Reales de Navarra. Registro Fósil de los Pirineos Occidentales. Bienes de Interés paleontológico y geológico. En *Registro fósil de los Pirineos occidentales. Bienes de interés paleontológico y geológico. Proyección social* (pp. 273-275). Gobierno Vasco = Eusko Jaurlaritza, Servicio Central de Publicaciones.

Larrasoaña, J. C., Parés, J. M., Del Valle, J., y Millán, H. (2003). Triassic paleomagnetism from the Western Pyrenees revisited: Implications for the Iberian-Eurasian Mesozoic plate boundary. *Tectonophysics*, *362*(1-4), 161-182.

Larrasoaña, J. C., Parés, J. M., Millán, H., del Valle, J., y Pueyo, E. (2003). Paleomagnetic, structural, and stratigraphic constraints on transverse fault kinematics during basin inversion: The Pamplona Fault (Pyrenees, north Spain). *Tectonics*, *22*(6), 1-22.

Larrasoaña, J. C., Parés, J. M., y Pueyo, E. (2003). Stable Eocene magnetization carried by magnetite and magnetic iron sulfides in marine marls (Pamplona-Arguis Formation, southern Pyrenees, N Spain). *Studia Geophysica et Geodaetica*, *47*(2), 237-254.

Larrasoaña, J. C., Pueyo, E., Del Valle de Lersundi, J., Millán, H., y Parés, J. M. (1996). Datos magnetotectónicos del Eoceno de la cuenca de Jaca-Pamplona: Resultados preliminares. *Geogaceta*, *20-5*.

Larrasoaña, J. C., Pueyo, E., Millán, H., Parés, J. M., y Del Valle, J. (1997). Deformation mechanisms deduced from AMS data in the Jaca-Pamplona basin (southern Pyrenees). *Physics and Chemistry of the Earth*, *22*(1-2), 147-152.

Larrasoaña, J. C., Pueyo, E., y Parés, J. (2004). An integrated AMS, structural, palaeo- and rock-magnetic study of Eocene marine marls from the Jaca-Pamplona basin (Pyrenees, N Spain); new insights into the timing of magnetic fabric acquisition in weakly deformed mudrocks. *Geological Society, London, Special Publications*, *238*(1), 127-143.

Lasheras, E. (2002). *Estudio de suelos desarrollados a partir de rocas ígneas. Basaltos, diques doleríticos y ofitas bajo tipos climáticos húmedos del pirineo navarro.* Universidad de Navarra.

Lasheras, E., Lago, M., García Bellés, J., y Arranz, E. (1999). Emplazamiento de sills y diques del Pérmico superior en el Macizo de Cinco Villas (Pirineo navarro). *Geogaceta*, *25*, 123-126.

León, I. (1985). *Sistemas de depósitos y evolución sedimentaria de las series marino-continentales en el oeste de la cuenca surpirenaica, sector Sangüesa-Izaga. (Título en francés).*

León, J. M., Larrasoaña, J. C., Del Valle, J., y Piedrafita, J. L. (2021). *Entre yesos y lagunas. ¿Hasta dónde llega el Pirineo?* Sociedad Geológica de España. Geolodía Navarra 2021.

León, L., Puigdefábregas-Tomás, J., y Ramírez del Pozo, J. (1971). Variaciones sedimentarias durante el Eoceno medio en la sierra de Andía (Navarra). *Acta Geológica Hispánica*, *VI*(2), 36-41.

León Zudaire, J. M. (1985). *Mapa de puntos de interés geológico. Memoria.* Instituto Navarro del Suelo.

Léon-Gonzalez, L. (1972). Síntesis paleogeografica y estratigrafica del Paleoceno del Norte de Navarra. *Boletín Geológico y Minero.*

Leránoz, B. (1993). *Geomorfología y geología ambiental de la Ribera de Navarra.* Universidad de Zaragoza. Tesis doctoral. Publicaciones del Instituto Geológico y Minero de España. Serie tesis doctorales nº 33.

Lertxundi, D., y García-Mondéjar, J. (1997a). El surco de Aia-Zaldibia (Aptiense inferior, Aralar, Gipuzkoa). *Geogaceta*, *22*, 105-108.

Lertxundi, D., y García-Mondéjar, J. (1997b). Trazas de minerales evaporíticos en el Albiense superior de Bi Haizpeak / Dos Hermanas (Aralar, Nafarroa): Implicaciones paleotectónicas. *Geogaceta*, *22*, 101-104.

Lewis, C. J., Sancho, C., McDonald, E. V., Peña-Monné, J. L., Pueyo, E. L., Rhodes, E., Calle, M., y Soto, R. (2017). Post-tectonic landscape evolution in NE Iberia using staircase terraces: Combined effects of uplift and climate. *Geomorphology*, *292*, 85-103.

Llanos, H. J. (1980). *Estudio geológico del borde sur del macizo de Cinco Villas. Transversal Huici-Leiza (Navarra)*. Universidad del País Vasco.

Llimona, X. (1976). Prospecciones liquenológicas en el alto Aragón occidental. *Collectanea Botanica*, *X*(12), 281-328.

Llopis, N. (1955). Glaciarismo y carstificación en la Región de la Piedra de San Martín (Navarra). *Geographica*, *2*(5).

Llopis, N. (sf). Sobre las características hidrogeológicas de la red hipógea de la Sima de la Piedra de San Martín (Navarra). *Revista de la Universidad de Oviedo*, 11-53.

Lobato, A. (2002). *Estratigrafía de las formaciones yesíferas de Navarra*. [Informe técnico].

López de Azcona, J. M. (1991). *Consideraciones generales sobre el Balneario de Fitero (Navarra)*. Real Academia Nacional de Farmacia.

López, G. (1996). Aportaciones de los inocerámidos (Bivalvia) al conocimiento del Cretácico Superior del Valle de la Barranca (Navarra). *Príncipe de Viana. Suplemento de Ciencias*, *14-15*, 97-124.

Sariego, I., Ariño, A. H., Muro, J. A., y Pons, J. J. (s.f.). El sistema fluvial de los ríos Irati, Urrobi y Erro. Fundamentos para el aprovechamiento turístico sostenible de los recursos hídricos en la Red Natura 2000 de Navarra. VII Congreso Nacional del Medio Ambiente. 1-25.

López, J. (1982). Excursión geológica al macizo kárstico de Larra, cañones franceses y Sala de la Verna. *Reunión monográfica sobre el karst y Jornadas sobre planificación de las expediciones espeleológicas. Larra 1982*.

López, J. (1986). *Geomorfología del macizo kárstico de la Piedra de San Martín, Pirineo occidental. Tomos 1 y 2*. [Tesis].

López, J. M. C. (2017). *La educación patrimonial para la adquisición de competencias emocionales y territoriales del alumnado de enseñanza secundaria*. 16.

López Jimeno, C., Llorente Gómez, E., García Bermúdez, P., y Vega Calle, J. (2007). *El recorrido de los minerales en la Comunidad Foral de Navarra*. Comunidad Foral de Navarra. Departamento de Innovación, Empresa y Empleo. Instituto Geológico y Minero de España. 148pp. Textos Comunidad Foral de Navarra: Carmen Marchán (IGME) y María del Mar Trapote (CF Navarra).

López Martínez, J. (2013). Disolución de rocas carbonatadas: Cuantificación del proceso actual de karstificación en el macizo de la Piedra de San Martín (Pirineo Occidental). *Cuadernos de Investigación Geográfica*, *10*, 127-138.

López, S., y López Fernández, M. L. (2014). Toberas briofíticas activas en Navarra: Mapa de su localización. *Documentos Aljibe "on-line"*, *I*(3).

López-Fernández, M. L. (1972). Aportación al conocimiento corológico y fitosociológico de las Sierras de Urbasa, Andía, Santiago de Lóquiz y El Perdón (Navarra). *Anales del Instituto Botánico A. J. Cavanilles*, 63-90.

López-Horgue, M. (2004). *Geología de Aralar*. Inédito.

López-Horgue, M. A., Lertxundi, D., y Baceta, Y. J. I. (s. f.). *Evolución sedimentaria del episodio mixto carbonatado- terrígeno del Albiense Superior-Cenomaniense Inferior entre Altsasu (Nafarroa) y Asparrena (Araba): La unidad Albeniz.*

López-Horgue, M. A., Owen, H. G., Rodríguez-Lázaro, J., Orue-Etxebarria, Fernández-Mendiola, P. A., y García-Mondéjar, J. (1999). Late Albian-Early Cenomanian stratigraphic succession near Estella-Lizarra (Navarra, central northern Spain) and its regional and interregional correlation. *Cretaceous Research, 20*(4), 369-402.

López-Horgue, M., y Bodego, A. (2017). Mesozoic and Cenozoic decapod crustaceans from the Basque-Cantabrian basin (Western Pyrenees): New occurrences and faunal turnovers in the context of basin evolution. *Bulletin de La Société Géologique de France, 188*(3), 14.

López-Horgue, M., Fernández-Mendiola, A., y García-Mondéjar, J. (1998). El modelo de bajío calcarenítico de Aramendia (Cenomaniense inferior, Estella-Lizarra, Navarra). *Geogaceta, 24*, 191-194.

López-Horgue, M., Klompmaker, A. A., y Fraaije, R. H. B. (2022). Decapod crustacean diversity and habitats in the Upper Albian deposits of Navarre (western Pyrenees, Spain): The Koskobilo quarry limestones and their coevan deposits. *8th Symposium on Fossil Decapod Crustaceans*, 84.

López-Horgue, M., Lertxundi, D., y Baceta, J. I. (1996). Evolución sedimentaria del episodio mixto carbonatado- terrígeno del Albiense Superior-Cenomaniense Inferior entre Altsasu (Nafarroa) y Asparrena (Araba): La unidad Albeniz. *Príncipe de Viana. Suplemento de Ciencias, 14-15*, 81-96.

Lorda, M., Remón, J. L., Peralta, J., y Berastegi, A. (2016). Flora y hábitats del enclave turboso de Baigura (Pirineo Occidental, Navarra). *XI Coloquio Internacional de bótánica-pirenaico-cantábrica.*

Lozano, G., Vegas, J., y García-Cortés, A. (2011). Representación cartográfica de los lugares de interés geológico: Consideraciones de cara a la gestión, Enguídanos (Cuenca). *IX Reunión Nacional de laComisión de Patrimonio Geológico*, 152-155.

Mandado, J., y Tena, J. M. (1989). Las litofacies yesíferas de la transición entre la vertiente norte del macizo del Moncayo y el valle del Ebro. *Turiaso, IX*, 147-161.

Marín, C., y Desir, G. (2003). Comparación entre distintas técnicas para la determinación de la pérdida de suelo. Bardenas Reales (Navarra). *Edafología, 10*(3), 215-225.

Marín, C., y Desir, G. (2004). Influencia de las propiedades físico-químicas del regolito en los procesos de erosión. Bardenas Reales (Navarra). En *Riesgos Naturales y Antrópicos en Geomorfología.* (Benito, G. y Díez Herrero, A. (Eds.), p. 543).

Marín, P., Romero, A., y Sánchez, A. (2013). Influencia del porcentaje de sodio intercambiable en los procesos de erosión subsuperficiales (piping). *Macla, 17*, 65-66.

Martín, C. (2011). Algunos rasgos de los meandros del río Ebro en su curso próximo a Calahorra. *Kalakorikos, 16*, 307-317.

Martín, J., y Floristán, A. (1997). *Bardenas Reales de Navarra*. Caja de Ahorros de Navarra. 143pp.

Martínez-García, B., Suarez-Hernando, O., y Murelaga, X. (2015). Estudio de la asociación de ostrácodos en sedimentos actuales de balsas de las Bardenas Reales de Navarra. *Geogaceta*, *58*, 55-58.

Martínez-García, B., Suarez-Hernando, O., Suárez-Bilbao, A., Pascual, A., Ordiales, A., Larrasoaña, J. C., Murelaga, X., y Ruiz-Sánchez, F. J. (2015). Asociaciones de Ostrácodos del Mioceno Temprano—Medio de Loma Negra (Bardenas Reales de Navarra, Cuenca del Ebro): Evolución Paleoambiental de un Medio Lacustre. *AMEGHINIANA*, *51*(5), 405-419.

Martínez-Torres, J. M., Merino, A., y Lago, M. (1998). *Análisis morfoestructural de la Cuenca Terciaria de Miranda-Treviño (Cuenca Vasco-Cantábrica)*. *13*, 229-238.

Martínez-Torres, L. M. (1982). Génesis de la estructura de Cervera, Sierra de Cantabria (Álava). *La formación de Álava: 650 aniversario del Pacto de Arriaga (1332-1982)*, *2*, 591-598.

Martínez-Torres, L. M. (1984). *Geología de la sierra de Cantabria (Alava). Estratigrafía y tectónica*. (Álava: Diputación Foral, Departamento de Publicaciones, D.L.).

Martínez-Torres, L. M. (1989). *El manto de los mármoles, pirineo occidental. Geología estructural y evolución geodinámica*. (Universidad del País Vasco, Servicio Editorial).

Martínez-Torres, L. M. (1993). Corte balanceado de la Sierra Cantabria (cabalgamiento de la Cuenca Vasco-Cantábrica sobre la Cuenca del Ebro). *Geogaceta*, *14*, 113-115.

Martínez-Torres, L. M. (1997). Transversal a la cuenca vasco-cantábrica: Introducción a la estructura y evolución geodinámica. Guía de campo. *IX Reunión de la comisión de tectónica de la S.G.E.* (Vitoria).

Martínez-Torres, L. M. (2000). *Datación absoluta argón-argón del metamorfismo alpino del Manto de los mármoles, Pirineo occidental*. [Informe técnico].

Martínez-Torres, L. M., Morales, T., Ramón-Lluch, R., y Ibarra, V. (1988). Interferencia de plegamientos alpinos en el tercio occidental del Arco Vasco (Cuenca Vasca). *Geogaceta*, *5*, 5-6.

Martínez-Torres, L. M., Ramón-Lluch, R., y Eguilluz, L. (1990). La Falla de Urriza (Pirineo Occidental): Neotectónica en materiales del Cretácico Superior del norte de Navarra. *Geogaceta*, *8*, 50-51.

Martínez-Torres, M. (2019). Transversal a la Cuenca Vasco-Cantábrica. En *Geo-guías. Rutas geológicas por la Península Ibérica, Canarias, Sicilia y Marruecos. XXX Aniversario de la Comisión de Tectónica de la SGE. 336pp.* (p. 6). Sociedad Geológica de España.

Martín-García, R., Alonso-Zarza, A. M., Martín-Pérez, A., Schröder-Ritzrau, A., y Ludwig, T. (2014). Relationships between colour and diagenesis in the aragonite-calcite speleothems in Basajaún Etxea cave, Spain. *Sedimentary Geology*, *312*, 63-75.

Martín-Gil, J., Martín-Ramos, P., y Martín-Gil, F. J. (2016). Sobre las aguas minerales naturales de España: Asociaciones entre su composición química y localización geográfica. *Geographicalia*, *37*, 2-7.

Mata-Perelló, J., Sanz Balagué, J., y Vilaltella Farrás. (2013). Recorrido geológico desde Liédana a Lumbier, Biguezal, Castilnuevo, Salvatierra de Esca, Sigüés, Yesa y al

Monasterio de Leyre, a través del patrimonio geológico y minero de las comarcas del nordeste de Navarra y de la Jacetania. *Algeps revista de geologia, 657*, 1-18.

Méndez Aparicio, J. A. (2007). *Memorias de las aguas minero-medicinales españolas: Siglos XIX y XX.* (Universidad Complutense de Madrid). Balnea.

Mezquíriz, M. A. (1987). La villa romana de San Esteban de Falces (Navarra). *Trabajos de Arqueología Navarra, 4*, 157-184.

Miguel-Velasco, A. M. (Ana M. de, y Ederra, A. (Alicia). (1982). *Briófitos de Arbayún (Navarra). 13*(1), 201-210.

Millán, H., Pocoví, A., y Casas, A. (1995). El frente de cabalgamiento surpirenaico en el extremo occidental de las Sierras Exteriores. *Revista de la Sociedad Geológica de España, 8*(1-2), 73-90.

Millán, H., Pueyo, E., Aurell, M., Luzón, A., Oliva, B., Martínez, M. B., y Pocoví, A. (2000). Actividad tectónica registrada en los depósitos terciarios del frente meridional del Pirineo central. *Revista de la Sociedad Geológica de España, 13*(2), 279-300.

Millán, I. (2009). El contexto geológico de la cueva de Mendukilo: La sierra de Aralar. *Sedek, 7*, 9-21.

Millán, M. (2009). *Palaeoceanographic changes record during the early aptian of aralar (N. Spain)* [Tesis, Universidad del País Vasco].

Millán, M. I., Fernández-Mendiola, A., y García-Mondéjar, J. (2008). The Mendiurkullu Member of the Lareo Formation: A delta-estuarine progradational system from the Etxegarate trough (Early Aptian western Aralar Mountains). *Geogaceta, 45*, 43-46.

Millán, M. I., Fernández-Mendiola, P. A., y García-Mondéjar, J. (2007). Pulsos de inundación marina en la terminación de una plataforma carbonatada (Aptiense inferior de Aralar, Cuenca Vasco-Cantábrica). *Geogaceta, 41*, 127-130.

Millán, M. I., Weissert, H. J., Fernández-Mendiola, P. A., y García-Mondéjar, J. (2009). Impact of Early Aptian carbon cycle perturbations on evolution of a marine shelf system in the Basque-Cantabrian Basin (Aralar, N Spain). *Earth and Planetary Science Letters, 287*(3-4), 392-401.

Millán, M. I., Weissert, H. J. y López-Horgue, M. A. (2014). Expression of the late Aptian cold snaps and the OAE1b in a highly subsiding carbonate platform (Aralar, northern Spain). *Palaeogeography, Palaeoclimatology, Palaeoecology, 411*, 167-179.

Millán, M. I., Weissert, H. J., Owen, H., Fernández-Mendiola, P. A., y García-Mondéjar, J. (2011). The Madotz Urgonian platform (Aralar, northern Spain): Paleoecological changes in response to Early Aptian global environmental events. *Palaeogeography, Palaeoclimatology, Palaeoecology, 312*(1-2), 167-180.

Ministerio de Industria y Energía, Dirección general de Minas, Catastro minero nacional, Navarra. (1992). *Fichas de explotación de rocas industriales del Ministerio de Industria.*

Molina, E., Company, M., Dies, M. E., Sandoval, J., y Sierro, F. J. (2018). Principales yacimientos marinos de interés para el patrimonio paleontológico en la Península Ibérica e Islas Baleares. *revista PH, 64*.

Monge-Ganuzas, M., Martínez-Jaraíz, C., Martínez-Ríus, A., Adrados, L., Belmonte, A., Brilha, J., Carcavilla, L., Coello, J., Castaño de Luis, R., Díaz-Martínez, E., Diez-Herrero, A., Fernández-Martínez, E., García de Celis, A., Gómez, L., Jiménez, R., Martínez-Graña, A., Ramil-Rego, P., Roldán, F., Salazar, A., … Villalobos, M. (2019).

Introducción al patrimonio geológico de interés turístico de la Red Española de Reservas de la Biosfera. (Primera edición: diciembre 2019). Organismo Autónomo de Parque Nacionales (OAPN).

Mueller, D. (1969). *Perm und Trias im valle del Baztán (Spanische west-pyrenaeen).* [Tesis]. Claustral, Fak. br Natur und Geiteswissenschaften der Technische U.

Müller, R. (1974). Sur la géologie du bord occidental du massif Quinto Real entre Lanz et le col de Velate (Navarra). *Pirineos, 111*, 97-107.

Muñoz, P., Alonso-Zarza, A. M., Sánchez-Moral, S., Martínez, E., Cuezva, S., Gil-Peña, I., Lario, J., y Martín-Pérez, A. (2006). Un sistema de indicadores para la evaluación y seguimiento del estado de conservación del patrimonio geológico. *Trabajos de geología, 26*, 175-185.

Mureaga, M. (2014). Minería romana en el cantábrico oriental. *Cuadernos de prehistoria y arqueología, 24*, 267-300.

Murelaga, X., Almar, Y., Beamud, B., Larrasoaña, J. C., y Garcés, M. (2006). Nueva localidad fosilífera en el Mioceno Inferior de Bargota (Navarra) (Cuenca del Ebro, Península Ibérica). *Geogaceta, 40*, 171-174.

Murelaga, X., y Astibia, H. (2012). La sabana de Monteagudo. *Plaza nueva.* (*artículo de prensa*)

Murelaga, X., Astibia, H., Baceta, J. I., Almar, Y., Beamud, B., y Larrasoaña, J. C. (2007). Fósiles de pisadas de aves en el Oligoceno de Etaio (Navarra, Cuenca del Ebro). *Geogaceta, 41*, 143-146.

Murelaga, X., Astibia, H., Pereda Suberbiola, X., Sesé, C., Lapparent de Broin, F., Rage, J. C., y Soria, D. (2003). *Tetrápodos del Mioceno inferior de las Bardenas Reales de Navarra (Cuenca del Ebro, Península Ibérica).* XIX Jornadas de la Sociedad Española de Paleontología, Morella.

Murelaga, X., Astibia, H., Sese, C., Soria, D., y Pereda-Suberbiola, X. (2004a). Mamíferos del Mioceno inferior de las Bardenas Reales de Navarra (Cuenca del Ebro, Península Ibérica). *Munibe, 55*, 7-102.

Murelaga, X., Astibia, H., Sese, C., Soria, D., y Pereda-Suberbiola, X. (2004b). Mamíferos del Mioceno inferior de las Bardenas Reales de Navarra (Cuenca del Ebro, Península Ibérica). *Munibe, 55*, 7-102.

Murelaga, X., Baceta, J. I., Astibia, H., Badiola, A., Pereda, X., y Suberbiola, X. (2000). Icnitas de perisodáctilos en el Oligoceno de Navarra: Posición estratigráfica y sistemática. *Geogaceta, 27*, 15-18.

Murelaga, X., De Lapparent de Broin, F., Pereda, X., y Astibia, H. (1999). Deux nouvelles espèces de chéloniens dans le Miocène inférieur du bassin de l'Èbre (Bardenas Reales de Navarre). *C. R. Acad. Sci. París, Sciences de la terre et des planètes / Earth & Planetary Sciences, 328*, 423-429.

Murelaga, X., Larrasoaña, J. C., y Garcés, M. (2004). Nueva localidad fosilífera en el Mioceno inferior de las Bardenas Reales de Navarra (cuenca del Ebro, Península Ibérica). *Geogaceta, 36*, 179-182.

Murelaga, X., Larraz, M., Sancho, C., Muñoz, A., y Ortega, L. A. (2008). Gasterópodos del registro aluvial holoceno en Bardenas Reales de Navarra. *Geogaceta, 44*, 127-130.

Murelaga, X., Suberbiola, X., Rage, J. C., Duffaud, S., Astibia, H., y Badiola, A. (2002). Amphibians and reptiles from the Early Miocene of the Bardenas Reales of Navarre (Ebro Basin, Iberian Peninsula) Amphibiens et reptiles du Miocène inférieur des Bardenas Reales de Navarre (Dépression de l'Ebre, Péninsule ibérique). *Geobios, 35*, 347-365.

MyA Ingeniería (2018). *Estudio en profundidad sobre las posibilidades de aprovechamiento geotérmico en Navarra e identificación de las zonas con mayor potencial.* [Informe técnico]

Narbarte, J., Aiestaran, M., Pescador, A., Iriarte, E., Mendizabal Sandonís, O., Alonso, E., Resa, C., y Agirre Mauleon, J. (2022). Los perfiles sedimentarios del yacimiento arqueológico de Resa (Andosilla, Navarra). *Trabajos de Arqueología Navarra, 33*, 13-42.

Navarro, J. I. (2011). Estratigrafía y sedimentología del terciario de la región de Bardenas Reales (Aragón y Navarra). *Revista del Centro de Estudios Merindad de Tudela, 19*, 135-177.

Navas, A. (1989). Implicaciones geomorfológicas del contacto en los cauces entre formaciones yesíferas y las aguas circulantes en la cuenca del Ebro. *Anales Aula Dei, 19*(3-4), 313-320.

Nichols, G. J. (1987). The Structure and Stratigraphy of the Western External Sierras of the Pyrenees, Northern Spain. *Geological Journal, 22*(3), 245-259.

Nichols, G. J. (2004). Sedimentation and base level in an endorheic basin: The early Miocene of the Ebro Basin, Spain. *Boletín Geológico y Minero, 115*(3), 427-438.

Nogales, I., Aranburu, A., y Molia, M. (2014). Petrología de las concreciones carbonatadas de Jaizkibel (Eoceno, Gipuzkoa). *Munibe Monographs. Nature Series, 2*, 59-67.

Oliva-Urcia, B., Casas, A. M., Pueyo, E. L., y Pocovi-Juan, A. (2012). Structural and paleomagnetic evidence for non-rotational kinematics of the South Pyrenean Frontal Thrust at the western termination of the External Sierras (southwestern central Pyrenees). *Geologica Acta*.

Oliva-Urcia, B., Larrasoaña, J. C., Pueyo, E. L., Gil, A., Mata, P., Parés, J. M., Schleicher, A. M., y Pueyo, O. (2009). Disentangling magnetic subfabrics and their link to deformation processes in cleaved sedimentary rocks from the Internal Sierras (west central Pyrenees, Spain). *Journal of Structural Geology, 31*(2), 163-176.

Olivé, A., Huerta, J., y Ramirez, J. I. (2001). *Actualización e informatización de la cartografía geológica de Navarra a escala 1:25.000. Hoja 206-I Miranda de Arga.* (p. 80). INYPSA-CGS.

Ortí, F. (2000). Unidades glauberíticas del Terciario ibérico: Nuevas aportaciones. *Revista de la Sociedad Geológica de España, 13*(2), 227-249.

Ortí, F., Rosell, L., Inglés, M., y Playá, E. (2007). Depositional models of lacustrine evaporites in the SE margin of the Ebro Basin (Paleogene, NE Spain). *Geologica Acta, 5*(1), 19-34.

Orti, F., y Salvany, J. M. (1986). *Programa de investigación de las formaciones evaporíticas en Navarra. Vol.1, Estudio Geológico, 121 pp.; Vol.2, Estudio Geoeconómico, 126 pp.; 2 anejos, informe inédito para el Gobierno de Navarra.*

Ortí, F., y Salvany, J. M. (1990). *Formaciones evaporíticas de la cuenca del Ebro y cadenas periféricas, y de la zona de Levante. Nuevas aportaciones y guía de superficie.* Enresa y GPPG.

Ortí, F., Salvany, J. M., Rosell, L., Pueyo, J. J., e Inglés, M. (1986). Evaporitas antiguas (Navarra) y actuales (Los Monegros) de la Cuenca del Ebro. *Guía de las excursiones del XI Congreso Español de Sedimentología.*

Ortuño, V. (1997). Presencia de Leptinus Testaceus Müller, 1817 (Coleoptera: Leptinidae) en la provincia de Álava (Norte de España). *Estudios del Museo Natural de Álava, 12,* 141-144.

Otero, V., Les, J., y Malanda, R. (2009). Tres años de estudios microclimáticos en la cueva de Mendukilo. *Sedek, 7,* 45-59.

Pardo, G., Arenas, C., González, A., Luzón, A., Muñoz, A., Pérez, A., Pérez-Rivarés, F. J., Vázquez, M., y Villena, J. (2004). Cuenca del Ebro. En *Geología de España. Capítulo 6: Cuencas cenozoicas* (Instituto Geológico y Minero de España). Torres Pérez-Hidalgo, Trinidad José (Ed).

Pardo-Igúzquiza, E., y Durán, J. J. (2022). Un paseo geoturístico por el patrimonio geológico de Cárcar. *Terra Stellae, 13,* 86-103.

Pardo-Igúzquiza, E., Mata, M. P., Gil-Peña, I., Larrasoaña, J. C., y Salazar, A. (2013). Resultados preliminares del estudio de los depósitos de loess yesífero en los afloramientos de Cárcar (Ribera Navarra). *Geotemas, 18,* 259-262.

Payros, A., Astibia, H., Cearreta, A., Pereda-Suberbiola, X., Murelaga, X., y Badiola, A. (2000). The Upper Eocene South Pyrenean Coastal deposits (Liedena sandstone, navarre): Sedimentary facies, benthic formanifera and avian ichnology. *Facies, 42*(1), 107-131.

Payros, A., Orue-etxebarria, X., Baceta, J. I., y Pujalte, V. (1994). Las megaturbiditas y otros depósitos de resedimentación carbonatada a gran escala del Eoceno surpirenaico: Nuevos datos del área Urrobi-Ultzama (Navarra). *Geogaceta, 16,* 94-97.

Pedreira, D. (2004). *Estructura cortical de la zona de transición entre los Pirineos y la Cordillera Cantábrica.* [Tesis]. Universidad de Oviedo.

Peña Monné, J. L. (2018). Geoarchaeology applied to paleo-environmental reconstruction: Late Holocene evolution in NE Spain. *Boletín Geológico y Minero, 129*(1-2), 285-303.

Peralta, J. (1985). *Suelos y vegetación del macizo de las Peñas de Aya.* [Tesis]. Universidad de Navarra.

Peralta, J. (2005). *Hábitats de Navarra de interés y prioritarios (Directiva Hábitats).* (Universidad Pública de Navarra). 145pp.

Peralta, J., Biurrun, I., García-Mijangos, I., Remón, J. L., Olano, J. M., Lorda, M., Loidi, J., y Campos, J. A. (2018). *Manual de hábitats de Navarra* (2.ª edición actualizada). Gobierno de Navarra, Departamento de Desarrollo Rural, Medio Ambiente y Administración Local = Nafarroako Gobernua, Landa Garapeneko, Ingurumeneko eta Toki Administrazioko Departamentua. 578pp.

Peralta, J., Iñiguez, J., y Bascones, J. C. (1989). Suelos y vegetación de Peñas de Aia (Navarra y Guipuzcoa). *Anales de edafología y agrobiología, 5-12.*

Peralta, J., Zaldua, A., y Berastegi, A. (2018). *Evaluación de la restauración del humedal de Jauregiaroztegi (Auritz/Burguete, Navarra): Cambios en la vegetación en el periodo 2011-2015. En Identificación, valoración y restauración de turberas: Contribuciones recientes. (En Fernández-García, J. M. y Pérez, F. J. Eds).* Fundación Hazi.

Peréx, M. J. (2012). Uso terapéutico del agua en época romana: El caso de Navarra. *Trabajos de Arqueología Navarra*, *24*, 131-141.

Peréx, M. J., y Unzu, M. (1992). Termalismo y hábitat en el valle medio del Ebro en época antigua. *Espacio Tiempo y Forma. Serie II, Historia Antigua*, *5*, 295-308.

Pérez, A., Muñoz, A., Pardo, G., y Arenas, C. (1989). Estratigrafía y sedimentología del Terciario de la región Tarazona-Tudela (sector navarro-aragonés de la Depresión del Ebro). *Turiaso*, *IX*, 109-119.

Perez, A., Muñoz, A., Pardo, G., y Villena, J. (1989). Evolución de los sistemas lacustres del margen iberico de la Depresion del Ebro (sectores central y occidental) durante el Mioceno. *Acta geológica hispánica*, *24*(3-4), 243-257.

Pérez Rivarés, F. J. (2016). *Estudio magnetoestratigráfico del Mioceno del sector central de la cuenca del Ebro: Cronología, correlación y análisis de la ciclicidad sedimentaria.* Universidad de Zaragoza. [Tesis] 314pp.

Pérez-Rivarés, F. J., Garcés, M., Arenas, C., y Pardo, G. (2004). Magnetostratigraphy of the Miocene continental deposits of the Montes de Castejón (central Ebro basin, Spain): Geochronological and paleoenvironmental implications. *Geologica Acta*, *2*(3), 221-234.

Pflug, R. (1973). El diapiro de Estella. *Munibe*, *2-4*, 171-202.

Pflug, R., y Schöll, W. U. (1976). Un bloque de material jurásico metamorfizado en el Keuper del Diapiro de Estella (Navarra). *Munibe*, *4*, 349-353.

Pilger, A. (1974). Dévonien suérieur, Carbonifére inférieur et Namurien avec la magnésite d'Eugui au sud-ouest du massif d'Aldudes-Quinto Real dans les Pyrénées Occidentales espagnoles. *Pirineos*, *111*, 129-145.

Pinto, V., Rivero, L., y Casas, A. (2000). Modelo gravimétrico de los diapiros de Estella y Alloz y localización de nuevos diapiros no aflorantes en la zona sur de Atauri, cubeta alavesa. *Revista de la Sociedad Geológica de España*, *13*(3-4), 529-538.

Pocoví, A., Millán, H., Navarro, J. J., y Martínez, M. B. (1990). Rasgos estructurales de la Sierra de Salinas y zona de los Mallos (Sierras Exteriores, Prepirineo, provincias de Huesca y Zaragoza). *Geogaceta*, *8*, 36-39.

Pocoví, J., Millán, H., Pueyo, E., Larrasoaña, J. C., y Oliva, B. (2004). El frente surpirenaico en el sector central. En *Geología de España (Vera, J.A. Ed.)*. IGME.

Millán, H. (1996). *Estructura y cinemática del frente de cabalgamiento surpirenaico del sector occidental de la cuenca de Jaca-Pamplona, Sierra de Alaiz* [Tesis]. Universidad de Zaragoza.

Pueyo, O. (2012). *Estudio de fábricas magnéticas y su relación con la deformación en el sector centro-occidental del Pirineo Central (Aragón y Navarra)* [Tesis]. Universidad de Zaragoza. 391pp.

Pueyo, O., Millán, H., y Pocoví, A. (2007). Zona de transferencia en el sector occidental del Pirineo Central, ejemplo de la falla de Oroz-Betelu-Unzué. Zona surpirenaica. Navarra. *Geogaceta*, *42*, 19-22.

Pueyo, O., Pocoví, A., y Gil, A. (2013). Análisis de fábricas magnéticas y su relación con la deformación en el sector occidental del pirineo central (Aragón y Navarra). *Revista de la Sociedad Geológica de España*, *26*(1), 5-24.

Puigdefábregas, J., y Balcells, E. (1970). Relaciones entre la organización social y la explotación del territorio en el valle del Roncal (Navarra oriental). *Pirineos*, *98*, 53-89.

Puigdefábregas, T. (1975). La sedimentación molásica en la Cuenca de Jaca. *Monografías del Instituto de Estudios Pirenaicos*, *104*, 131.

Pujalte, V., Baceta, J. I., Dinarès-Turell, J., Orue-etxebarria, X., Parés, J. M., y Payros, A. (1995). Biostratigraphic and magnetostratigraphic intercalibration of latest Cretaceous and Paleocene depositional sequences from the deep-water Basque basin, western Pyrenees, Spain. *Earth and Planetary Science Letters*, *136*(1-2), 17-30.

Pujalte, V., Baceta, J. I., Payros, A., Orue-Etxebarria, X., y Serra-Kiel, J. (1994). *Late Cretaceous-Middle Eocene Sequence Stratigraphy and Biostratigraphy of the SW and W Pyrenees (Pamplona and Basque Basins, Spain). Seminario de campo (4 días) Ambito: Groupe d'Etude du Paléogène (GEP) y el grupo de trabajo del IGCP Project 286.*

Quesada, C., y Oliveira, J. T. (Eds.). (2019). *The Geology of Iberia: A Geodynamic Approach: Volume 3: The Alpine Cycle.* Springer International Publishing.

Quiralte, V., Murelaga, X., Larrasoaña, J. C., y Astibia, H. (2011). New data on Andegameryx (Mammalia, Ruminantia) from the Lower Miocene of Bardenas Reales (Navarra, Spain. *Estudios Geológicos*, *67*(2), 629-635.

Ramil-Rego, P., y Rodríguez Guitián, M. (2017). *Hábitats de turbera en la Red Natura 2000: Diagnosis y criterios para su conservación y gestión en la región biogeográfica atlántica.* Horreum Ibader. 427pp.

Ramírez del Pozo, J. (1971). Algunas observaciones sobre el Jurásico de Alava, Burgos y Santander. *Cuadernos Geología Ibérica*, *2*, 491-508.

Ramírez del Pozo, J., y López-Martínez, N. (1988). Estratigrafía del Cretácico Superior en las cabezeras de los Valles de Ansó y Roncal (Pirineo Occidental). *Revista de la Sociedad Geológica de España*, *1*(1-2), 37-52.

Ramos, G., Azcón, A., Araguás, L., y García de Domingo, A. (2004). *Estudio del impacto hidrogeológico de la inyección profunda de salmuera procedente de las operaciones mineras de Potasas de Subiza (Navarra).* (p. 138) [Informe técnico].

Rat, P. (1988). The Basque-Cantabrian Basin between the iberian and european plates. Some facts but still many problems. *Revista de la Sociedad Geológica de España*, *1*(3-4), 327-348.

Remón, J. L., y Lorda, M. (2019). *Seguimiento de las actuaciones de restauración del proyecto LIFE Tremedal: Okolin (Lantz)* (p. 23) [Informe técnico].

Remón, J. L., Lorda, M., Peralta, J., y Berastegi, A. (2016). *Flora y hábitats del enclave turboso de Alkurruntz (Pirineo Occidental, Navarra).* XI Coloquio Internacional de bótánica-pirenaico-cantábrica.

Requadt, H. (1974). Apercu sur la stratigraphie et le facies du devonien inferieur et moyen dans les Pyrenees Occidentales d'Espagne. *Pirineos*, *111*, 109-127.

Riba, O. (1964). Estructura sedimentaria del terciario continental de la Depresión del Ebro en su parte riojana y navarra. *Aportación española al XX Congreso geográfico internacional*, 127-138.

Riba, O. (1992). Las secuencias oblicuas en el borde Norte de la Depresión del Ebro en Navarra y la Discordancia de Barbarín. *Acta geológica hispánica*, *27*(1-2), 55-68.

Rico, I. I. (2008). Glacial morphology and evolution in the Arritzaga valley (Aralar range, Gipuzkoa). *Cuaternario y Geomorfología, 25*(1-2), 83-104.

Rivas-Martínez, S., Báscones, J. C., Díaz, T. E., Fernández, F., y Loidi, J. (1991). Vegetación del Pirineo Occidental y Navarra. *Itinera Geobotanica, 5*, 5-456.

Robador, A., Pujalte, V., Orue-Etxebarria, X., Baceta, J. I., y Robles, S. (1991). Una importante discontinuidad estratigráfica del Paleoceno de Navarra y del País Vasco: Caracterización y significado. *Geogaceta, 9*, 62-65.

Robles, S., Aranburu, A., y Apraiz, A. (2014). La Cuenca Vasco-Cantábrica: Génesis y evolución tectonosedimentaria. *Enseñanza de las Ciencias de la Tierra, 22*(2), 99-114.

Rodríguez, D., Lasheras, E., Elustondo, D., Bermejo, R., González-Miqueo, L., y Garrigo, J. (2008). Caracterización Edáfica y Geoquímica de los Suelos de Bertiz (Navarra), Resultados Preliminares. *Revista de la Sociedad Española de Mineralogía, 9*, 209-210.

Rodríguez, J. J. V. (2012). Historia y leyenda de las brujas de Zugarramurdi. De los akelarres navarros a las hogueras riojanas. *El Futuro del Pasado: revista electrónica de historia, 3*, 554-559.

Rodríguez Méndez, L. (2011). *Análisis de la estructura varisca y alpina en la transversal Sallent-Biescas (Pirineos centrales, Huesca)* [Tesis]. Universidad del País Vasco.

Rodríguez-Almagro, M., Sala, N., Wiβing, C., Arriolabengoa, M., Etxeberria, F., Rios-Garaizar, J., y Gómez-Olivencia, A. (2021). Ecological conditions during the Middle to Upper Palaeolithic transition (MIS 3) in Iberia: The cold-adapted faunal remains from Mainea, northern Iberian Peninsula. *Boreas, 50*(3), 686-708.

Roncal, E., Astiz, L., y Morgado, A. (1994). Informe preliminar sobre las prospecciones arqueológicas del Valle de Longuida y Aoiz (Navarra). *Cuadernos de Sección. Prehistoria-Arqueología*, 179-199.

Rosillo, J. F., Alías, M. A., Sánchez-Navarro, A., y Guillén, F. (2022). Los conocimientos y usos tradicionales de la geodiversidad en España: Situación actual, legislación e inventario. *Geotemas, 19*, 2792-2308.

Rubio, J., Baltuille, J. M., Alberruche, E., Bel-lan Ballester, A., Corrral, M. M., Marchán, C., y Pérez, F. (2007). *Libro Blanco de la Minería de Aragón* (Gobierno de Aragón e Instituto Geológico y Minero de España).

Ruiz de Gaona, M., Villalta, J. F., y Crusafont, M. (1946). El yacimiento de mamíferos fósiles de las Yeseras de Monteagudo (Navarra). *Notas y Comunicaciones del Instituto Geológico y Minero de España, 16*, 157-165.

Ruiz, M., Gallart, J., Díaz, J., Olivera, C., López, C., González, J. M., y Pulgar, J. A. (2002). Actividad sísmica en el extremo Occidental de los Pirineos. *3º Asamblea Hispano Portuguesa de Geodesia y Geofísica*, 1-4. Valencia.

Ruiz, Y. (2023). *Patrimonio geológico de la Reserva Natural del Nacedero del Urederra y su entorno. Trabajo de Fin de Máster.*

Ruíz-Sánchez, F. J., Murelaga, X., Freudenthal, M., y Larrasoaña, J. C. (2012). A new species of Vasseuromys (Gliridae, Rodentia) from the Aragonian (Miocene) of Ebro Basin (north-eastern Spain). *Acta Palaeontologica Polonica, 57*(2), 225-239.

Ruíz-Sánchez, F. J., Murelaga, X., Freudenthal, M., Larrasoaña, J. C., Furió, M., Garcés, M., González-Pardos, M., y Suarez-Hernando, O. (2012). Rodents and insectivors from the

Lower Miocene (Agenian and Ramblian) of the Tudela Formation (Ebro Basin, Spain). *Journal of Iberian Geology*, *38*(2), 349-372.

Ruíz-Sánchez, F. J., Murelaga, X., Freudenthal, M., Larrasoaña, J. C., Furió, M., Garcés, M., González-Pardos, M., y Suarez-Hernando, O. (2013). Micromammalian faunas from the Middle Miocene (Middle Aragonian) of the Tudela Formation (Ebro Basin, Spain). *Bulletin of Geosciences*, *88*(1), 131-152.

Ruíz-Sánchez, F. J., Murelaga, X., Freudenthal, M., Larrasoaña, J. C., y Garcés, M. (2012). Vasseuromys rambliensis sp. Nov. (Gliridae, Mammalia) from the Ramblian (Lower Miocene) of the Tudela Formation (Ebro Basin, Spain). *Palaeontologia Electronica*, *15*(1, 4A), 1-16.

Ruíz-Sánchez, F. J., Murelaga, X., Larrasoaña, J. C., Freudenthal, M., y Garcés, M. (2012). Hypsodont Myomiminae (Gliridae, Rodentia) from the Lower Miocene Tudela Fomation (Bardenas Reales, Ebro Basin, Spain) and their bearing on the age of the Agenian-Ramblian boundary. *Geodiversitas*, *34*(3), 645-663.

Salazar, Á., Cabrera, A., Lozano, G., y Vegas, J. (2021). La Historia de la Geología en el Inventario Español de Lugares de Interés Geológico. *Geotemas*, *18*, 2792-2308.

Salla, E., y Canals, A. (2013). Las magnesitas de Eugui (Pirineos occidentales): Datos texturales y microtermométricos. *Macla*, *17*, 105-106.

Salvany, J. M. (1989a). Aspectos petrologicos y sedimentologicos de los yesos de Ablitas y Monteagudo (Navarra): Mioceno de la cuenca del Ebro. *Aspectos petrologicos y sedimentologicos de los yesos de Ablitas y Monteagudo (Navarra): Mioceno de la cuenca del Ebro*, *9*(1), 121-146.

Salvany, J. M. (1989b). *Ciclos y megaciclos evaporiticos en las formaciones Falces y Lerin. Oligoceno-Mioceno inferior de la cuenca del Ebro, Navarra—La Rioja.* 83-86.

Salvany, J. M. (1989c). *Las formaciones evaporíticas del terciario continental de la Cuenca del Ebro en Navarra y La Rioja. Litoestratigrafía, petrología y sedimentología.* [Tesis].

Salvany, J. M. (1989d). Los sistemas lacustres evaporiticos del sector Navarro-Riojano de la Cuenca del Ebro durante el Oligoceno y Mioceno inferior. *Acta geológica hispánica*, *24*(3-4), 231-241.

Salvany, J. M., Muñoz, A., y Pérez, A. (1994). Nonmarine evaporitic sedimentation and associated diagenetic processes of the southwestern margin of the Ebro Basin (lower Miocene), Spain. *Journal of Sedimentary Research*, *A64*(2), 190-203.

Salvany, J. M., y Ortí, F. (1994). Miocene Glauberite Deposits of Alcanadre, Ebro Basin, Spain: Sedimentary and Diagenetic Processes. *Sedimentology and Geochemistry of Modern and Ancient Saline Lakes, SEPM Special Publication.*, *50*, 203-215.

Sánchez Navarro, J. A., y Coloma López, P. (1998). Hidrogeología de los manantiales de Arnedillo. *Zubía*, *10*, 11-25.

Sánchez Navarro, J. A., Coloma López, P., y Perez-Garcia, A. (2004). Evaluation of geothermal flow at the springs in Aragón (Spain), and its relation to geologic structure. *Hydrogeology Journal*, *12*(5), 601-609.

Sánchez-Carpintero, I. (1972). *Estudio Geológico de las Sierras de Leyre y Navascués. Contribución al conocimiento estratigráfico* [Tesis].

Sancho, C., Benito, G., Muñoz, A., Peña, J. L., Longares, L. A., McDonald, E., y Rhodes, E. (2007). Actividad aluvial durante la Pequeña Edad del Hielo en Bardenas Reales de Navarra. *Geogaceta, 42*, 111-114.

Sancho, C., Muñoz, A., Rhodes, E., McDonald, E., Peña, J. L., Benito, G., y Longares, L. A. (2008). Morfoestratigrafía y cronología de registros fluviales del Pleistoceno superior en Bardenas Reales de Navarra: Implicaciones paleoambientales. *Geogaceta, 45*, 47-50.

Sancho, C., Peña, J. L., Muñoz, A., Benito, G., McDonald, E., Rhodes, E. J., y Longares, L. A. (2008). Holocene alluvial morphopedosedimentary record and environmental changes in the Bardenas Reales Natural Park (NE Spain). *CATENA, 73*(3), 225-238.

Sancho, C., Rhodes, E., Peña, J. L., Muñoz, A., McDonald, E., Benito, G., y Longares, L. A. (2007). Cronología del registro aluvial Pleistoceno superior-Holoceno de la depresión de la Bardena Blanca (Navarra). *Resúmenes XII Reunión Nacional de Cuaternario*, 33-34.

Santesteban, I. (1971). Pinturas rupestres en Navarra. Príncipe de Viana, 32, 263-266.

Santesteban, I. (1986). Detección de los conductos preferenciales de circulación en macizos kársticos. *Kobie, XV*, 175-187.

Santesteban, I., y Acaz, C. (1992). *Catálogo espeleológico de Navarra.* Sección de Recursos Hidraúlicos, Departamento de Obras Públicas, Transportes y Comunicaciones. 604pp.

Sanz, E. (2018). *Caracterización paisajística del entorno de la Foz de Lumbier (Navarra). Trabajo de fin de Grado.* Universidad de Zaragoza.

Sanz, F. (2016). Ruta por los paisajes de Navarra: Lección de geología. *Conocer Navarra, 44*.

Sanz, F. (2017). Río Arga, paisajes de la Comarca de Pamplona. *Conocer Navarra, 46*.

Sanz, F. (2022a). *Rutas por el patrimonio geológico de Navarra: Guiones de campo* (cuenca de Pamplona, sierra de Aralar oriental, diapiro de Estella, diapiro de Salinas de Oro, foz de Ugarrón, Sierra de Alaiz, monte Larun, Peñas de Aia, sierra de Andía, sierra de Alaiz, yesos de Falces-Peralta-Funes, flysch de Isaba, Bardenas Reales de Navarra, Roscas de Fitero, monte Alkurruntz, diapiro de Arteta, sierra de Peña). Universidad Pública de Navarra. [Inéditos].

Sanz, F. (2022b). *Sierra de Aralar. La ruta de los paisajes kársticos.* Dirección General de Obras Públicas e Infraestructuras del Gobierno de Navarra.

Sanz, F., Beruete, E., y Govillar, A. (2021). *Evaluación de la geodiversidad y biodiversidad de las cuevas de Los Cristinos, Akuando y Noriturri, en el monte Limitaciones, Sierra de Urbasa (Navarra).* [Informe técnico].

Sanz, F., y Vegas, J. (2021). *Geological heritage of Navarra: A new proposal for an inventory of sites of geological interest and its application as an educational resource.* 10º International ProGEO online Symposium. Abstract book.

Sarriés, O. (2008). *Mineralogía de las ofitas en las áreas de influencia metamórfica de la zona de Almandoz, Valle del Baztán. (Inédito).*

Sarriés, O. (2011). *Definición y proyección de la sistemática mineralógica de Eugui-Esteribar.* [Informe técnico].

Saspiturry, N., Razin, P., Baudin, T., Serrano, O., Issautier, B., Lasseur, E., Allanic, C., Thinon, I., y Leleu, S. (2019). Symmetry vs. asymmetry of a hyper-thinned rift: Example of the Mauléon Basin (Western Pyrenees, France). *Marine and Petroleum Geology, 104*, 86-105.

Serrano, E. (1989). Las aportaciones más recientes sobre las glaciaciones cuaternarias de los Pirineos. *Ería: Revista cuatrimestral de geografía. Universidad de Oviedo, 18,* 74-77.

Serrano, E., y Ruiz-Flaño, P. (2007). Geodiversity: A theoretical and applied concept. *Geographica Helvetica, 62*(3), 140-147.

Silva Barroso, P. G., Bardají, T., Baena-Preysler, J., Giner-Robles, J. L., Van der Made, J., Zazo, C., Rosas, A., y Lario, J. (2021). Tabla cronoestratigráfica del Cuaternario de la península ibérica (v 3.0): Nuevos datos estratigráficos, paleontológicos y arqueológicos. *Cuaternario y Geomorfología, 35*(3-4), 121-145.

Silva Barroso, P. G., Bardají, T., Roquero, E., Baena-Preysler, J., Cearreta, A., Rodríguez-Pascua, M. A., Rosas, A., Zazo, C., y Goy, J. L. (2017). El Periodo Cuaternario: La Historia Geológica de la Prehistoria. *Cuaternario y Geomorfología, 31*(3-4), 113-154.

Sinués Del Val, M. (2018). La cueva de Basaula (Baríndano) y el arte postpaleolítico navarro. *Cuadernos de Arqueología, 14,* 69-116.

Soler, J. (1971). El Jurásico Marino de la Sierra de Aralar (Cuenca Cantábrica occidental): Los problemas poskinméricos. *Cuadernos de geología ibérica, 2,* 509-532.

Soler, M., y Puigdefábregas, C. (1970). Líneas generales de la geología del Alto Aragón Occidental. *Pirineos, 96,* 5-20.

Suárez-Bilbao, A., Elorza, M., Castaños, J., Arrizabalaga, A., Iriarte-Chiapusso, M. J., y Murelaga, X. (2020). The Late Pleistocene avifauna from Artazu VII (Basque Country, northern Iberian Peninsula). *Historical Biology, 32*(3), 307-320.

Suárez-Hernando, O. (2012). *Magnetobiocronología del tránsito Rambliense-Aragoniense en las Bardenas Reales de Navarra (Formación Tudela, Mioceno inferior-medio, Cuenca del Ebro).* [Trabajo de Fin de Máster]. 61pp. Universidad de Zaragoza.

Suarez-Hernando, O. (2017). *Magnetobiocronología y paleoecología del Mioceno inferior-medio en las Bardenas Reales de Navarra (Cuenca del Ebro).* Universidad del País Vasco. [Tesis]. 338pp.

Suarez-Hernando, O., Martínez-García, B., González-Pardos, M., Pascual, A., Larraz, M., Ruiz-Sánchez, F., y Larrasoaña, J. C. (2013). Primeros datos paleontológicos de la sección de Loma Negra (Bardenas Reales de Navarra, Mioceno inferior-medio). *Geogaceta, 54,* 63-66.

Suarez-Hernando, O., Zuluaga, M. C., Martínez-García, B., Suárez-Bilbao, A., y Larrasoaña, J. C. (2016). Análisis mineralógico de las arcillas del tránsito Mioceno inferior-medio en la sección Loma Negra (Bardenas Reales de Navarra, Cuenca del Ebro). *Geogaceta, 60,* 111-114.

Tapia Sagarna, J. (2024). Prospección de cuevas en el valle del Araxes (Araitz-Betelu, Navarra). Campaña de 2023. *Trabajos de Arqueología Navarra, 35,* 203-208.

Tarriño, A. (2004). Los recursos minerales en la Prehistoria. Capítulo III. En *Euskal Herria en el tiempo y el espacio: Orígenes y formación de la población vasca en la Prehistoria* (Vol. 1, pp. 185-201).

Tarriño, A. (2006). *El sílex en la cuenca Vasco Cantábrica y el Pirineo navarro: Caracterización y su aprovechamiento en la prehistoria.* Ministerio de Cultura, Secretaría General Técnica, Subdirección Beneral de Publicaciones, Información y Documentación. 254pp.

Tarriño, A., Muñoz-Fernández, E., Elorrieta, I., Normand, C., Rasines del Río, P., García-Rojas, M., y Pérez-Bartolomé, M. (2016). El sílex en la cuenca Vasco-Cantábrica y el Pirineo occidental: Materia prima lítica en la prehistoria. *CPAG*, *26*, 191-228.

Tarriño, A., Olivares, M., Etxebarria, N., Baceta, J. I., Larrasoaña, J. C., Yusta, I., Pizarro, J. L., Cava, A., Barandiarán, I., y Murelaga, X. (2007). El sílex tipo Urbasa". Caracterización petrológica y geoquímica de un marcador litológico en yacimientos arqueológicos del Suroeste europeo durante el Pleistoceno superior y Holoceno inicial. *Geogaceta*, *43*, 127-130.

Tavani, S., Bertok, C., Granado, P., Piana, F., Salas, R., Vigna, B., y Muñoz, J. A. (2018). The Iberia-Eurasia plate boundary east of the Pyrenees. *Earth-Science Reviews*, *187*, 314-337.

Teixell, A. (1992). *Estructura alpina en la transversal de la terminación occidental de la zona axial pirenaica.* [Tesis].

Teixell, A. (1996). The Ansó transect of the southern Pyrenees: Basement and cover thrust geometries. *Journal of the Geological Society*, *153*(2), 301-310.

Teixell, A. (2000). Geotectónica de los Pirineos. *Investigación y Ciencia*, *288*, 54-65.

Teixell, A., Arboleya, M. L., y Barnolas, A. (2019). Tectónica de cabalgamientos y sedimentación sinorogénica en el Pirineo centro-occidental. *Geo-Guías. Sociedad Geológica España*, 173-182.

Teixell, A., y García-Sansegundo, J. (1995). Estructura del sector central de la Cuenca de Jaca (Pirineos meridionales). *Revista de la Sociedad Geológica de España*, *8*(3), 215-228.

Teletzke, A. L. (2012). *Sedimentary and tectonic evolution of the Peña flexure, southwest Pyrenean mountain front, Spain* [Tesis]. 76pp. Lehigh University.

Tena, J. M., Mandado, J., y García-Anquela, J. A. (1984). Influencia de la recristalización de sales en los procesos de meteorización subaérea en el valle del Ebro. *Cuadernos de Investigación Geográfica*, *10*, 189-200.

Torres Saenz, J. A., y Viera Ausejo, L. I. (1998). *Geología del valle de Oiartzun*. Aranzadi.

Torres, T., Ortiz, J. E., Cobo, R., Moreno, L., y Díaz, A. (2010). Un mundo diferente: Las cuevas de osos. El caso de la cueva de Amutxate (Aralar, Navarra). *Zona Arqueológica*, *13*, 366-374.

Torres, T., y Ortiz, J. E. (2009). El yacimiento de oso de las cavernas de la cueva de Amutxate (Aralar, Navarra). *Sedek*, *7*, 111-119.

Trueba, C., Millán, R., Schmid, T., Lago, C., Roquero, C., y Magister, M. (1999). Base de Datos de Propiedades Edafológicas de los Suelos Españoles. Volumen XIII. NAVARRA y LA RIOJA. *Ciemat*, *907*, 152.

Turner, J. P. (1988). *Tectonic and Stratigraphic Evolution of the West Jaca Thrust-top Basin, Southwest Pyranees* [PhD Thesis]. 249pp. University of Bristol.

Uchman, A. (2001). Eocene flysh trace fossils from the Hecho group of the Pyrenees, northern Spain. *Beringeria*, *28*, 3-41.

Urabayen, P., y Chasco, A. (2001). *Estudio del karst yesífero en el diapiro de Estella. Las formaciones exokársticas y su relación con la evolución vertical del mismo.*

Uriz, E. (1996). Los diapiros en Navarra. *Gorosti: Cuadernos de Ciencias Naturales de Navarra*, *12*.

Uriz, E. (1999a). Geologia de San Cristobal- Ezkaba. *Gorosti: Cuadernos de Ciencias Naturales de Navarra, 14.*

Uriz, E. (1999b). *Zonas y puntos de interés geológico y paleontológico de Navarra. Inédito.*

Urteaga, M. (2014). Minería romana en el cantábrico oriental. *CPAG, 24,* 267-300.

Utrilla Miranda, P. (1982). El yacimiento de la cueva de Abauntz (Arraiz-Navarra). *Trabajos de arqueología de Navarra, 3,* 203-345.

Utrilla, P., Mazo, C., y Domingo, R. (2015). Fifty thousand years of prehistory at the cave of Abauntz (Arraiz, Navarre): A nexus point between the Ebro Valley, Aquitaine and the Cantabrian Corridor. *Quaternary International, 364,* 294-305.

Val, R. M., y Iñiguez, J. (1981). Suelos podsolicos y podsoles de la Sierra de Urbasa. II. Mineralogía de arcillas, micromorfología y génesis. *Anales de edafología y agrobiología, XL*(3-4), 395-409.

Val, R. M., y Sanchez-Carpintero, I. (1992). *Guía de campo del III Congreso Nacional de la Ciencia del Suelo.* SECS-Universidad de Navarra. Pamplona. 48pp.

Valero, B. (1993). La estratigrafía de la Grès rouge pyrénéen en el Pirineo aragonés durante el siglo XIX. *Lucas Mallada, 5,* 127-147.

Vázquez, M. (2008). *Caracterización y significado ambiental de depósitos tobáceos neógenos en la Cuenca del Ebro. Comparación con ambientes cuaternarios.* [Tesis]. Universidad de Zaragoza.

Vegas, J., Alberruche, E., Carcavilla, L., Díaz-Martínez, E., García-Cortés, A., García de Domingo, A., y Ponce de León, D. (2013). *Guía metodológica para la integración del patrimonio geológico en la evaluación de impacto ambiental: Encomienda de gestión de trabajos en materia de impacto ambiental de producción y consumo sostenible.* Ministerio de Agricultura, Alimentación y Medio Ambiente Instituto Geológico y Minero de España.

Vegas, J., Carcavilla, L., y Cabrera, A. (2019). Selección y descripción de variables que permitan diagnosticar el estado de conservación de la estructura y función de los diferentes tipos de formaciones tobáceas. *Ministerio para la Transición Ecológica, 32.*

Vegas, J., Delvene, G., Jiménez, R., Menéndez, S., y Rábano, I. (2017). Analysis of the collectives involved in the collection, tenure and trading of the moveable geoheritage in Spain. *Cuadernos del Museo Geominero. Instituto Geológico y Minero de España, 21,* 173-178.

Vegas, J., Delvene, G., Menéndez, S., Cabrera, A., García-Cortés, A., Díaz-Martínez, E., Carcavilla, L., y Rábano, I. (2019). Metodología y estado actual del patrimonio paleontológico en el inventario español de lugares de interés geológico. *Spanish Journal of Palaeontology, 34*(1), 17-33.

Vegas, J., Delvene, G., Menéndez, S., Rábano, I., García-Cortés, A., Díaz-Martínez, E., y Jiménez, R. (2018). El patrimonio paleontológico en España: Una necesidad de consenso sobre su gestión y marco legal. *PH94 perspectivas. Instituto Andaluz del Patrimonio Histórico, 94,* 326-329.

Vegas, J., y Díez-Herrero, A. (2019). *Best practice guidelines for the use of the geoheritage in the city of Segovia.* Ayuntamiento de Segovia.

Vegas, J., y Díez-Herrero, A. (2021). An Assessment Method for Urban Geoheritage as a Model for Environmental Awareness and Geotourism (Segovia, Spain). *Geoheritage*, *13*(2), 27.

Vegas, J., Lozano, G., García-Cortés, A., Carcavilla, L., y Díaz-Martinez, E. (2011). *Adaptación de la metodología del inventario español de lugares de interés geológico a los inventarios locales de patrimonio geológico: Municipio de Enguídanos (Cuenca).* Actas de la IX Reunión Nacional de la Comisión de Patrimonio Geológico, León.

Vegas, J., Salazar, A., Díaz-Martinez, E., y Marchán, C. (Eds.). (2013). *Patrimonio geológico: Un recurso para el desarrollo* (Instituto Geológico y Minero de España). Instituto Geológico y Minero de España.

Velasco, F. (1994). *Geología, mineralogía y exploración geoquímica de los indicios auríferos de Arizakun, Baztán (Navarra).* [Informe técnico].

Velasco, F., Pesquera, A., Arce, R., y Olmedo, F. (1987). A contribution to the ore genesis of the magnesite deposit of Eugui, Navarra (Spain). *Mineralium Deposita*, *22*(1).

Velasco, J. L., Soriano, O., Alvarez, M., y Rubio, A. (1999). Estudio limnológico de seis medios leníticos de La Rioja (España). *Ecología*, *13*, 65-81.

Velasque, P. C., Ducasse, L., Muller, J., y Scholten, R. (1989). The influence of inherited extensional structures on the tectonic evolution of an intracratonic chain: The example of the Western Pyrenees. *Tectonophysics*, *162*(3), 243-264.

Vera, J. A., Ancochea, A., Calvo Sorando, J. P., Barnolas, A., y Bea Carredo, F. (2004). *Geología de España* (Sociedad Geológica de España e Instituto Geológico y Minero de España).

Vidal Bardan, M. (1993). Estudio de los paleosuelos de las cuencas de Pamplona y Lumbier (Navarra). *Cuaternario y Geomorfología*, *7*, 143-156.

Vielzeuf, D. (1984). Relations de phases dans le facies granulite et implications geodynamiques. L'exemple des granulites des Pyrenees. Tome I. *Annales scientifiques de L'Universite de Clermont-Ferrand II*, *36*(79), 1-302.

Villalobos, L. (1971). Corte de Dos Hermanas y sección del nacedero de Iribas. *Cuadernos de geología ibérica*, *2*, 625-630.

Villalobos, L., y Del Pozo, J. R. (1974). Contribución al estudio del Cretácico Superior de facies flysch de Navarra. *PIRENEOS*, *30*(11), 5-20.

Villalobos, L., y Ramírez del Pozo, J. (1971). Estratigrafía del jurásico del NW de Navarra. *Cuadernos de geología ibérica*, *2*, 541-558.

Villar, L. (1973). Explotación y conservación de la naturaleza en el Alto Roncal {Navarra oriental). *Publicaciones del Instituto de Biología Aplicada*, *54*, 129-145.

Walgenwitz, F. (1976). *Etude petrologique des roches intrusives triasiques, des ecailles du socle profond et des gites de chlorite de la region d'Elizondo (Navarre espagnole).* [Tesis].

Yves, J. (1988). *El papel del accidente de Estella en la historia geológica. Cretácico superior a Mioceno de las cuencas navarro-alavesas, España norte.* [Tesis].

Zamora, S., Aurell, M., Veitch, M., Saulsbury, J., López-Horgue, M., Ferratges, F. A., Arz, J. A., y Baumiller, T. K. (2018). Environmental distribution of post-Palaeozoic crinoids from the Iberian and south-Pyrenean basins (NE Spain). *Acta Palaeontologica Polonica, 63*, 779-794.

Zamora, S., y López-Horgue, M. (2022). A shallow-water cyrtocrinid crinoid (Articulata) from the upper Albian of the Western Pyrenees, North Spain. *Cretaceous Research, 134*, 1-12.

Zapatero, M. A., Reyes, J. L., Martínez, R., Suárez, I., Arenillas, A., y Perucha, M. A. (2009). *Estudio preliminar de las formaciones favorables para el almacenamiento de CO2 en España. Resultados del análisis de la información geológica y petrolera.* (Informes técnicos Ciemat No. 1175; p. 141). Departamento de Medio Ambiente.

Zeiller, R. (1895). *Notes sur la flore des gisements houillers de la Rhune et d'Ibantelly (Basses-Pyrénées), BSGF, 34.*